现代化学专著系列·典藏版　30

能量色散 X 射线荧光光谱

吉　昂　卓尚军　李国会　编著

科学出版社

北京

内 容 简 介

本书系统介绍了能量色散 X 射线荧光光谱分析所涉及的基础知识、探测器和激发源、不同类型(包括微束全聚焦、全反射等)谱仪的结构、谱处理技术、基体效应及校正、定性、半定量和定量分析测试技术、薄试样分析、样品制备、不确定度评定和标准方法及应用等。对现代能量色散和波长色散谱仪的性能作了较系统的比较,并对不同类型能量色散 X 射线荧光光谱在地质分析、电子电气产品中限用物质分析、文物分析和水泥原材料分析等领域的实际应用作了详细介绍。

本书基本概念清晰、图文并茂,通过实例阐述基本知识,又以基本原理解释实验现象,力求使能量色散 X 射线荧光光谱工作者知其所以然。本书可作为高等院校有关专业的教学用书,是从事 X 射线荧光光谱分析研究与应用人员和相关专业的研究者的一本有价值的参考书。

图书在版编目(CIP)数据

现代化学专著系列:典藏版 / 江明,李静海,沈家骢,等编著. —北京:科学出版社,2017.1

ISBN 978-7-03-051504-9

Ⅰ.①现… Ⅱ.①江… ②李… ③沈… Ⅲ.①化学 Ⅳ.①O6

中国版本图书馆 CIP 数据核字(2017)第 013428 号

责任编辑:杨 震 黄 海 张小娟 / 责任校对:林青梅
责任印制:张 伟 / 封面设计:铭轩堂

科学出版社 出版
北京东黄城根北街 16 号
邮政编码:100717
http://www.sciencep.com

北京厚诚则铭印刷科技有限公司印刷
科学出版社发行 各地新华书店经销
*

2017 年 1 月第 一 版 开本:720×1000 B5
2017 年 1 月第一次印刷 印张:30 3/4
字数:620 000

定价:7980.00 元(全 45 册)

(如有印装质量问题,我社负责调换)

前　言

近年来随着硅漂移探测器性能不断改进、基本参数法日益完善和谱处理电子学线路由模拟电路改为数字电路,能量色散 X 射线荧光光谱仪在小型化、智能化、专业化制造和应用方面有了质的飞跃,现已成为生产质量控制、生态环境监测、地质普查、医药食品检测和文物分析等诸多领域的首选分析仪器之一,被普遍应用于实验室分析、现场和原位分析。由于硅漂移探测器在 300kcps 情况下仍有 130eV 的分辨率,除超轻元素的分析外,能量色散谱仪在分析的精密度和准确度方面已基本达到波长色散谱仪的水平。

经过几代人的努力,我国国产的能量色散 X 射线荧光光谱仪已在国内市场中占有重要份额,甚至还销往多个国家,其中微束毛细管聚焦透镜的研制与生产,在国际 X 射线荧光学界受到普遍认可。

为适应 X 射线荧光光谱分析日益发展的需要,近十多年我国学者相继出版了一些专著,其中曹利国主编的《能量色散 X 射线荧光方法》于 1998 年出版,该书较系统地介绍方法的原理、低分辨率谱仪测试技术以及在矿山现场分析中的应用。吉昂等编著的《X 射线荧光光谱分析》一书作为中国科学院研究生教学丛书之一于 2003 年出版,至 2009 年已印刷三次, X-Ray . Spectrom.杂志副主编、日本京都大学教授河合润在 Adv . X-Ray . Chem . Anal., Japan 年刊(2009,40:243)上对该书作了介绍,他称该书"是一本水平很高的书,也是 X 射线荧光分析研究者所必备的书籍"。梁钰编著的《X 射线荧光光谱分析基础》(2007 年 9 月)与罗立强等编著的《X 射线荧光光谱仪》(2008 年 1 月)相继出版。卓尚军等著的《X 射线荧光光谱的基本参数法》亦于 2010 年 11 月出版。基于能量色散和波长色散 X 射线荧光光谱在基本原理、基体校正、定量分析和样品制备等方面有许多共性,这些书虽未对能量色散 X 射线荧光光谱作系统论述,但从事能量色散 X 射线荧光光谱的工作者依然可从上述著作中获得许多有益的知识。不过在许多方面如偏振、全反射、X 光透镜、谱的接收和处理等基础知识以及在现场和原位分析中所涉及的问题等,上述专著涉及甚少或未予介绍,但这些问题对从事能量色散 X 射线荧光光谱工作者而言却是必不可少的。

作者于 1974 年开始从事 X 射线荧光光谱分析工作,主要从事基体校正和化学态等方面的应用性基础研究。1989 年起在开展应用性基础研究的同时,自筹资金着手研制能量色散 X 射线荧光光谱仪,谱仪先后使用正比计数管、Si(Li)和 Si-PIN 探测器。并与中南大学赵新娜教授、满瑞林博士一起首次将偏最小二乘法用于低分辨率能量色散 X 射线荧光(EDXRF)光谱仪的谱处理和基体校正。经不断完善,这些仪器在 20 世纪 90 年代成功地应用于镀 Zn 层和 ZnFe 合金层生产质量控制、大洋锰结核和铜矿现场分析、不锈钢中多元素分析等。1998 年 12 月我由中国科学院上海硅酸盐研究所退休,至 2010 年 5 月在帕纳科公司任顾问。在这期间虽以较多精力解决不同用户的实际问题与教学培训工作,但也积累了许多经验,接触了该公司最新产品信息和应用报告,这些均有助于对基础知识的理解和对实践中出现的问题的思考。与此同时这几年国内外学者在 EDXRF 谱仪的基础研究和应用研究取得了不少进展。基于上述诸点,我于 2009 年 5 月着手组织撰写本书,欲将多年的积累奉献给读者,希望对从事 X 射线荧光光谱研究与实际工作的科研技术人员能有所帮助。

在多年教学或培训过程中,一些初学者反映在阅读《X 射线荧光光谱分析》一书时有困难,认为实例较少。为此本书增加了一些应用的实例,即使在论述基础知识时也尽可能引用一些实例,以利于读者对基础的理解。本书在相关应用章节中对实验现象与结果从理论上予以阐述,其目的是使读者从中学习工作方法,在解决实际问题时能起到触类旁通之效果。此外本书对过去已成定论的问题提出一些新的看法,如矿物效应过去仅从质量吸收系数差异或 2θ 角度微小变化影响分析结果,而本书中的观点则认为矿物效应在本质上是由于元素的化学态变化而导致荧光产额、谱线分数、吸收限等基本参数改变所致。类似这样的观点在书中尚有一些,由于本人和其他作者工作的局限性和水平所限,书中所提及的一些观点正确与否只能请读者鉴别与指正。

本书共分二十章,其中第十六章由中国地质科学院地球物理地球化学勘查研究所教授级高级工程师李国会编写,第十三至第十五章由中国科学院上海硅酸盐研究所研究员卓尚军博士编写,我则执笔其余各章并负责全书总编。

作者们在写作过程中得到众多专家、学者和同事的帮助。陶光仪研究员审阅第六章后提出了有益的见解。在帕纳科公司任顾问期间得到许多同事及用户的帮助,本书所引用的一些实例就取之于这期间的工作,而其中制样工作主要是侯莹莹高级工程师完成的。国家地质实验中心詹秀春研究员提供了他的有关论文并为我翻译了有关日文文献。Bruker 公司和天瑞公司分别提供了各自有关 EDXRF 谱仪最新产品信息和应用报告,Bruker 公司高级应用专家应晓浒先生多次向我详细介绍手持式 EDXRF 谱仪、μ-XRF 和 TXRF 产品和应用情况,并回答我所提出的问题。中国科学院上海硅酸盐研究所和该所 XRF 课题组为本书出版提供资助,这对已退休十多年的我来说,无疑是很大的安慰。XRF 课题组盛成和申如香两位女士多次为我下载文献资料。在此一并表示深切的谢意。并衷心感谢科学出版社杨震、张小娟、黄海编辑为本书出版所付出的艰辛劳动。

吉　昂

目　　录

绪　　论
能量色散和波长色散 X 射线荧光光谱的比较

§0.1　概　　述

波长色散 X 射线荧光（WDXRF）光谱仪和能量色散 X 射线荧光（EDXRF）光谱仪分别于 20 世纪 50 年代初和 70 年代初商品化。我国于 20 世纪 50 年代末和 70 年代末引进和研制这两类仪器，建立了 X 射线荧光光谱分析；我国学者虽起步较晚，但在 20 世纪 X 射线荧光理论强度计算、原级谱强度分布的测定、基本参数法和理论影响系数法校正元素间吸收增强效应的程序编制等方面均有所建树；为适应生产和科研工作的需要，我国 XRF 分析工作者无论是在分析方法的制定还是样品制备技术方面均做了非常出色的工作。现在国内生产的 EDXRF 谱仪和用于水泥行业的 WDXRF 谱仪均已占有相当高的市场份额。

为使初学者对 WDXRF 和 EDXRF 谱仪的各自特点有较全面的认识，依据这两类谱仪的色散方法、分辨率、检出限和分析时间、准确度和精度诸方面予以比较。虽然这类比较国外早在 20 世纪 80 年代就有报道，1999 年张学华等[1]曾对低分辨率（探测器为封闭式正比计数管）同位素 EDXRF 谱仪对太平洋多金属结核中 Mn、Fe、Co、Ni 和 Cu 等元素的现场分析结果与实验室用 WDXRF 谱仪（Rigaku 3080 E3）分析结果进行了比较。作者认为低分辨率 EDXRF 谱仪可以满足太平洋多金属结核现场分析中矿物品位的测定。詹秀春[2]曾以地质样品为例，使用日本 Rigaku RIX2100 型 WDXRF 谱仪和德国 Spectro–LAB2000 型偏振 EDXRF 谱仪，用相同的标样，分析了 100 个未知样。在此基础上比较两类仪器的准确度和精密度，得出如下结论：WDXRF 在精度和准确度方面较优于 EDXRF 谱仪，但对大多数元素而言，两者相似；检出限方面 EDXRF 对 Mo~Ba 则优于 WDXRF 谱仪，而对轻元素和钴则是 WDXRF 谱仪优于 EDXRF 谱仪。两个方法均可分析 30 个以上元素，可满足地球化学分析的要求。Brouwer[3]曾将 EDXRF 谱仪和 WDXRF 谱仪的基本性能和特点比较列于表 0–1。

表 0-1　EDXRF 谱仪和 WDXRF 谱仪性能和特点比较[3]

	EDXRF 谱仪	WDXRF 谱仪
测定元素范围	Na-U*	Be-U
检出限	轻元素不理想,重元素较好	对轻、重元素均较好
灵敏度	轻元素不理想,重元素较好	轻元素尚可,重元素较好
分辨率	轻元素不理想,重元素较好	轻元素较好,重元素不理想
功率消耗	9～600W	200～4000W
测量方式	同时收集全谱	顺序/同时收集多个元素谱
读取特征谱强度方式	谱峰面积	谱峰位强度
因仪器引起的谱线干扰	和峰	高次线,晶体荧光
扣背景方法	拟合	依据特征谱线一侧或两侧选择适当角度

* 使用超薄窗半导体探测器,轻元素可测至 7 号原子序数氮。

　　基于 EDXRF 谱仪和 WDXRF 谱仪的激发源、探测器和谱仪的整体性能均有质的飞跃,如以实验室常用的谱仪为例,EDXRF 谱仪有功率仅为 9W 或 50W 的常规谱仪和功率为 50W、400W 或 600W 的偏振 EDXRF 谱仪,除此之外,还有手持式和可移动式 XRF 谱仪、微束和共聚焦 XRF 谱仪以及全反射 XRF 谱仪等。这些谱仪均以谱峰面积读取特征谱强度并收集全谱,故可将之归于 EDXRF 谱仪。WDXRF 谱仪也有多种:除常见的扫描道、固定道和两者相结合的谱仪外,以功率为例,就有 200W、1kW、2.4kW、3kW 和 4kW 的 WDXRF 谱仪。因此将两类谱仪予以全面比较虽是必要的,但确是困难的。因此在比较过程中,遵循表 0-1 中所列各项内容,对实验室中常用的谱仪,在使用基本相似的标样和对所用仪器测试条件予以优化的情况下,对谱仪的检出限、分辨率、方法的精密度和准确度等予以比较。

§0.2　WDXRF 和 EDXRF 谱仪色散方法

　　WDXRF 谱仪色散方法是建立在 X 射线波动性基础上,依据布拉格定律对样品发射出的特征 X 射线及原级谱的散射线进行分光,再将待测元素的特征 X 射线与基体中某些元素的高次线射入探测器并将光信号转换为电信号,经放大后,再通过模数转换(ADC)将电信号转换为数字信号,然后由脉冲高度分析器[以 PANalytical 公司生产的 Axious 仪器为例,用双多道分析器(MCA)]筛除高次线、晶体荧光等,通过数据处理将特征 X 射线强度转换为浓度。谱仪光路示意于图 0-1。

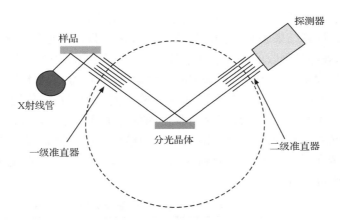

图 0-1　WDXRF 谱仪光路结构示意图

　　EDXRF 谱仪是建立在粒子性基础上,由光源(如 X 射线管)激发样品所产生的特征 X 射线及原级谱的散射线直接进入探测器,探测器将光信号转换为电信号,由主放大器输出的脉冲传送到 ADC,脉冲幅度的模拟信号在这里转换成数字信号,产生的数字作为与多道分析器(MCA)连接的地址,然后根据这些地址分检不同的脉冲即 X 射线的能量,并记录相应脉冲的数目。数据存储在类似传统计算机存储器的 MCA 存储器中。从本质上讲,WDXRF 谱仪和 EDXRF 谱仪基本原理是一样的,均是建立在莫塞莱定律基础之上;其最大差异是因色散方法的不同导致 WDXRF 谱仪记录单个特征谱的峰位强度,而 EDXRF 谱仪是记录试样发射出的 X 射线全谱,对特征谱而言是记录谱峰的面积。EDXRF 谱仪光路图参见图 0-2。

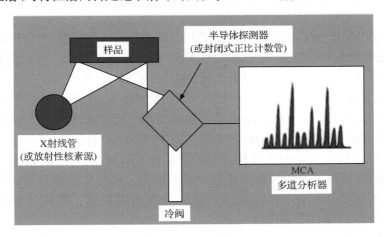

图 0-2　EDXRF 谱仪光路结构示意图

Bertin[4] 以计算平晶波长色散 X 射线光谱仪为例,计算 X 射线管靶发出的并射入到样品上的 X 射线光子数，和由计算样品发出的和随后进入探测器的特征 X 射线光子数。计算结果表明，由 W 靶(50kV,50mA)发出的原级谱光子数为 10^{16}，射入样品后，被样品吸收的原级谱光子数是 1.34×10^9；铜样产生的 CuK 层空穴数是 1.17×10^9，发射出 4.12×10^8 条 CuKα 线，经过准直器和晶体衍射后到达探测器 CuKα 线光子数为 244，有效率仅 0.00006%，而 EDXRF 谱仪因样品发射出 X 射线直接进入探测器，且样品与探测器之间的距离短，又无准直器，因此效率比 WDXRF 谱仪高 4～5 数量级[5]。Bruker 公司给出不同探测器接受来自于样品的入射 X 射线光子数和探测器探测到的光子数，如表 0-2 所示。可见 EDXRF 谱仪使用低功率亦可获得好的结果。

表 0-2　入射 X 射线光子数和探测器探测到的光子数

参数	正比计数器	PIN	SDD
有效面积(mm²)	1100	25	30
能量分辨率	约 950eV	190eV	50eV
计数率	典型 10kcps 最高 50kcps	12～15kcps	≥200kcps
入射光子数*	13300	7900	9400
探测到光子数	11900	4300	9300

* CuKα,40kV,1mA。

§0.3　用于 WDXRF 和 EDXRF 比较的谱仪

目前 WDXRF 谱仪依然分为顺序式和多道同时式两类仪器，所分析元素从 Be 到 U；用于常规分析的配置，可以满足从 F 到 U 定量分析要求。商品仪器均在真空或 He(或 N)气氛下工作，功率有 2.4 kW,3 kW 和 4 kW 之分。分析元素含量范围在 0.1ppm～100%($1ppm=10^{-6}$，下同)之内。还有使用透射靶的功率仅 200W 的谱仪，用于水泥、玻璃陶瓷等方面的分析。近年来 WDXRF 谱仪在智能化、软硬件方面均有很大的发展，如光源采用 SST-mAX 射线管，确保了射线管在电流强度高达 160mA 时仍能维持优异的稳定性，不存在灯丝挥发物污染 X 射线管 Be 窗现象，提高了仪器长期分析轻元素的能力。仪器生产商开发了多种功能的分析软件模块，以及针对不同用户提供的专业用仪器。用作比较的仅限于 200W 和 4kW 的 WDXRF 谱仪。

EDXRF 谱仪早期有非色散型仪器，主要在光源或探测器前加滤光片法，也有在光源与探测器前均加滤光片法，利用透射与吸收法获取所测元素的特征谱的强度，目前这类仪器仅应用于特定场合。本章用作比较的 EDXRF 为常用的通用型

EDXRF 谱仪和偏振、高能偏振 X 射线荧光光谱仪。手持式 EDXRF 谱议、微束（包括共聚焦微束）EDXRF 谱仪和全反射 X 射线荧光光谱在谱仪光路设计和应用方面均有其特点，似不太适合与 WDXRF 谱仪相比较。

§0.3.1　通用 EDXRF 谱仪

实验室中常用的 EDXRF 谱仪视分析对象而异，谱仪光路结构参见图 0-2。可选用下述探测器中的一种，即液氮冷却的 Si(Li)漂移探测器、Si 漂移探测器（SDD）或 Si-PIN 探测器。近年来 SDD 探测器由于具有电制冷、分辨率高、计数率受探测器面积影响小、峰背比高和峰尾比高等特点，在商品 EDXRF 谱仪配置中已占据主导地位。谱仪用于 X 射线管的高压通常为 30～50kV，功率 9～50W。配有无标定量分析软件，基体校正软件有基本参数法、理论 α 系数和经验系数等功能；有较先进的谱处理软件。通常可分析原子序数 11 号 Na 到 92 号 U，分析元素含量为 100%～10^{-4}%；对痕量级（<0.2%）Na、Mg 的定量分析有困难。这类仪器通用性强，适用于多种类型试样分析，可满足各种常规分析的要求。

§0.3.2　偏振和高能偏振 EDXRF 谱仪

偏振能量色散 X 射线荧光光谱仪的光源、样品和探测器之间光路结构为三维结构，参见图 0-3。

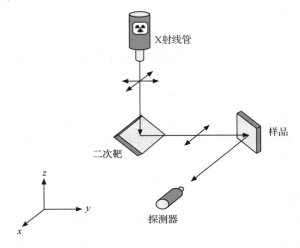

图 0-3　偏振 EDXRF 谱仪三维光路示意图

德国 Spectro 公司最早推出偏振能量色散 X 射线荧光谱仪。它有两种型号，一种为通用型(台式),配备 Pd 靶 X 射线管,最高电压 50 kV,最大电流 2mA,最大功率 50W;硅漂移探测器,铍窗厚度 15 μm,分辨率 148eV(5.9keV 处),电制冷型;配备 Zr,Pd,Co,Zn,CsI,Mo,Al$_2$O$_3$ 和 HOPG 等 8 个二次靶(偏振靶),其中 HOPG 靶为布拉格靶,使用者可根据分析元素选用;带 X 射线快门的 12 位置样品自动交换系统,可在氦气和空气两种介质下进行测定。仪器总质量为 150kg;另一种为 400W,Si(Li) 半导体探测器,最高电压 50 kV,最大电流 8mA。

1999 年 Harada 等[6]详细报道了实验室中应用高能 X 射线能量色散荧光光谱仪的优点。2004 年 Nakai[7]对高能 X 射线荧光光谱近况和应用作了评述,文中介绍了 2003 年 PANalytical 公司推出的 Epsilon 5 EDXRF 光谱仪[8]。它采用三维几何结构光路,以确保实施高度偏振;在 100kV 高电压、功率 600W 情况下工作,使用 Gd 靶或 Sc-W 复合靶的 X 射线管;为了对周期表中从 Na 到 U 进行选择激发,配置了 9 个二次靶以满足其需要。使用高纯 Ge 探测器,对 MnKα 分辨率小于 140eV,可满足 1~120keV 能量区间的 X 射线检测,对重元素的 K 系线测量效率接近 100% 。该仪器在管电压固定情况下,为适应不同类型的样品检测,管电流可自动调节,以保证样品的最佳激发效率。探测器接收的电脉冲由复杂的电子学系统组成,该仪器在 MCA 等电子学系统和谱处理等方面采用了许多新技术。基于使用 100kV 高电压,可激发从原子序数 56Ba 到 71 号 Lu 的 K 系线,与以前分析这些元素的 L 系线相比,更减少了谱线干扰,从而使得这些痕量重金属元素的分析达到了一个全新的水平,为 XRF 分析技术用于准确测量 10^{-7} ~ 10^{-6} g 量级的 Cd,Sb,Se,Ta,Tl,I 及从 Pr 到 Lu 的 13 个稀土元素成为可能,在某种意义上弥补了目前 WDXRF 谱仪的不足。

§0.4　WDXRF 和 EDXRF 谱仪本身引起的谱线干扰

WDXRF 谱仪是建立在布拉格定律基础上,使用晶体分光将不同波长(能量)的 X 射线予以分开,在晶体分光(衍射)过程中,产生的高次线及其逃逸峰、晶体荧光可能对待测元素特征谱线形成干扰,虽可利用脉冲高度分析装置予以甄别,但有时也存在一定困难。

图 0-4 是测定石灰石中痕量 Mg 的脉冲高度分布图,该图清楚地表明 Ca 的三级线的逃逸峰、PX1 晶体产生的晶体荧光 Si 的 K 系线和 W 的 M 系线对 Mg 造成严重干扰,即使利用脉冲高度分析装置仍不能完全消除干扰。

布拉格方程 $n\lambda = 2d\sin\theta$ 中,n 表示衍射级数,在不使用脉冲高度分析器的情况下,n 级线的强度大体等于上一级线强度的 $\frac{1}{3}$。表 0-3 列出 MoKα 线 1~5 级线的实测强度,测量是用 LiF$_{200}$ 晶体,且不用脉冲高度分析器。

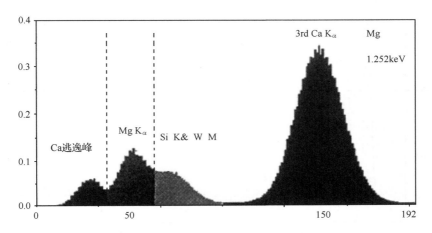

图 0-4　测定石灰石中痕量 Mg 的脉冲高度分布图

表 0-3　高次线的预测强度和实测强度比较[5]

n	1	2	3	4	5
I	100	33	11	3.7	1.2
$I_{测定值}$	100	35	10	2.5	1.1

　　EDXRF 谱仪使用多道分析器和谱处理技术将不同能量 X 射线予以分开,不用晶体分光,故不会产生高次线和晶体荧光对待测元素构成干扰,但会产生和峰。和峰是指在探测系统有效分辨时间内可能有两个或多个光子同时或几乎同时进入探测器的概率增加,这些光子产生的电子空穴对被认为是能量等于这些光子能量和的一个光子所产生的。由于探测系统不能分开这些粒子,因此测量时将在相应这些光子的能量加和处出现和峰。和峰是光子的堆集效应引起的。在电子学线路中虽加入抗堆积电路可有效地减少脉冲堆积,但并不能完全消除和峰。至于逃逸峰像 WDXRF 谱仪一样也会出现在 EDXRF 测定的谱中。这里选用 Epsilon5 高能偏振 EDXRF 谱仪测定黄铜样品,谱仪配有 Ge 二次靶,高纯 Ge 探测器。以 75kV、1mA 激发黄铜样品,Cu 和 Zn 的含量分别为 69.9%、29.49%,光谱图如图 0-5 所示。对谱图 0-5 出现的和峰部(框中部分)予以放大后示于图 0-6。

　　图 0-5 和图 0-6 表明 Epsilon 5 高能偏振 EDXRF 谱仪对和峰是进行拟合处理的。图 0-6 中数字分别为不同谱线形成的和峰:

1. $CuK_\alpha + CuK_\alpha$(16.06keV); 2. $CuK_\alpha + ZnK_\alpha$(16.67keV);
3. $CuK_\alpha + CuK_\beta$(16.94keV); 4. $ZnK_\alpha + ZnK_\alpha$(17.26keV);
5. $CuK_\beta + ZnK_\alpha$(17.6keV); 6. $ZnK_\alpha + ZnK_\beta$(18.20keV);
7. $CuK_\beta + ZnK_\beta$(18.47keV)。

依据"真"谱及其逃逸峰的位置和面积,计算出所有和峰的位置和相应的面积,

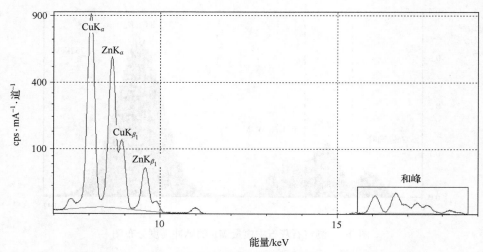

图 0-5　黄铜样品 Cu 和 Zn 的 $K_α$ 和 $K_β$ 线组合的主峰与和峰谱图

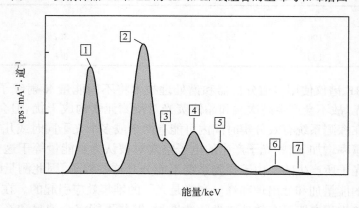

图 0-6　高能偏振 EDXRF 谱仪测定黄铜样品的和峰放大图

它与特征谱一样,有固定的谱线位置和相对强度;和峰的实际面积仅取决于脉冲对判别,将以相同因子影响总面积;通常不需要知道脉冲对(pulse pair resolution)判别真值,解出和峰但不标出,即无需确认和峰是由哪两个脉冲形成的。但若分析该试样中待测元素的能量在 16~18.5keV,将会有严重干扰。因此在识别特征谱时尤应注意。

§0.5　检　出　限

检出限是定量分析方法中必不可少的指标,该指标不仅与所用仪器有关,而且与定量分析方法(制样方法、测定条件和测定时间)有关。为使读者有较全面的认识,分几种情况予以说明。

1. 先将近几年来文献中日本理学 ZSX100E 型和 PANalytical MagiX WDXRF 谱仪、Spectro X-Lab2000 偏振 EDXRF 和 PAnalytical Epsilon 5 EDXRF 谱仪分析地质样品的检出限列于表 0-4。这几种方法均是使用国家土壤、水系沉积物和硅酸盐岩石标样,标样数量大体相同,但测量时间和计算检出限的样品不尽相同,因此其可比性仅作参考。

表 0-4　不同 WDXRF 和 EDXRF 谱仪分析土壤中元素的 LLD 值

	1	2	3	4		1	2	3	4
Na	1966	790	37.1	500	Zr	1	0.6	3.8	2
Mg	434	344	30	500	Nb	0.8	0.4		2
Al	30	298	95	500	Mo	1.4	0.5		0.5
Si	30	500	94		Ag	0.4	0.2		
P	19	12	3.3	10	Cd	0.5	0.2		
S	20	10		7	In	0.5	0.3		
Cl	9.4	14		7	Sn	0.8	0.5		3
K	10	26	60	500	Sb	0.8	0.5		
Ca	11	19.8	42	500	Te	0.6	0.5		
Ti	5	14	12	10	I	2	0.4		
V	8.8	12	4.8	3	Cs	3.4	0.7		
Cr	2	6	3.3	3	Ba	2	1	9	10
Mn	3	5	6.1	10	La	5.3	1.1	7.1	5
Fe	5	7	21	500	Ce	6.1	1.3	1	3
Co	30	0.6	1.2	1	Pr	16	1		
Ni	1.4	2	1	2	Nd	35	1.5		
Cu	0.9	1	1.2	1	Sm	1.6	1.5		
Zn	1	1.5	1.9	2	Hf	6.3	1		0.8
Ga	0.9	1		2	Ta	12	1		
Ge	0.9	1			W	4.6	1		
As	2	1	0.8		Hg	0.6	0.1		
Se	0.6	0.4			Tl	1.2	0.3		
Br	0.5	0.3		0.8	Pb	1.6	2	1.8	2
Rb	0.9	0.5	1.4	2	Bi	1.4	0.4		
Sr	1	0.4	1.2	2	Th	1.3	1	2.4	2
Y	0.8	0.6	0.9	1	U	2.5	1		0.8
Sc		13		3	Eu		0.5		

1：X-Lab200[10];2：Epsilon 5;3：Magix[11];4：ZSX100E[12]。

从表 0-4 可知,基于 Epsilon 5 用高能和不同二次靶选择激发其 K 系线,因此检出限与同类型的 X-Lab200 偏振 EDXRF 谱仪相比,从原子序数 33 号 As 开始就优于 X-Lab200,当原子序数为 40～74 时,则改善 2～5 倍;而比 WDXRF 谱仪 (Magix ,ZSX100E)改善了 9～10 倍。

需要指出的是在表 0-4 中未列出 Epsilon 5 EDXRF 测定 Gd-Lu 的数据,因文献中其他三种仪器未能检测这些元素。

为了在同样标样情况下进行比较,分别列出:

Advance Axios WDXRF 谱仪和 Epsilon 5 EDXRF 谱仪的检出限。Advance Axios WDXRF 谱仪使用 Pro-Trace 分析方法,Epsilon 5 EDXRF 谱仪使用国家水系沉积物和土壤标样制定的分析方法,测定元素的检出限是采用同一种地质样品(GSS7 标样,称 6.0g 试样用硼酸镶边压片)进行测定。其结果如图 0-7 示。从图 0-7 可知:Advance Axios WDXRF 谱仪的检测限除 ^{51}Z(Sb)～^{62}Z(Sm)大于 2ppm * (Ce,La,Nd,Sm ,Cs ,Ba ,Te ,I 等元素在 5～6ppm 外),通常小于 2ppm;而 Epsilon 5 EDXRF 谱仪从 ^{48}Z(Cd)到 ^{78}Z(W)的检出限均优于 WDXRF 谱仪,基本上小于 1ppm。

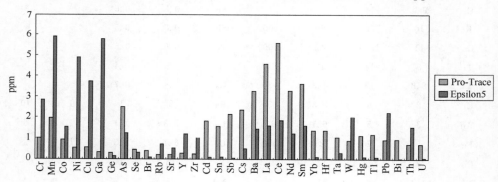

图 0-7　Axios WDXRF 谱仪和 Epsilon 5 EDXRF 谱仪检出限比较

2. 低功率 WDXRF 谱仪(200W ,Cr 透射靶 ,Venus 200 ,最高电压 50kV)和低功率 EDXRF 谱仪(9W ,Rh 靶 ,MiniPal 2 ,最高电压 30kV)检出限的比较。两仪器均使用 Pro-Trace 方法的标样,在 100s 内予以测量,结果列于图 0-8。

图 0-8 结果表明,由于 WDXRF 使用 Cr 靶,对激发 V、Ti、Sc 和原子序数为 45～74 的元素有利,其检出限优于 EDXRF;原子序数为 27～42 及 Tl、Pb、Th、U 的元素,两种谱仪检出限基本相似。

综上所述,在同样条件下,对轻元素的检出限 WDXRF 谱仪优于 EDXRF 谱仪,原子序数大于 26 号的元素,K 系线的检出限 EDXRF 谱仪则优于 WDXRF 谱

---

　*　ppm 为非法定单位。一般可改写为"$\times 10^{-6}$",也可根据具体情况改为诸如 $\mu g/g$、mg/L 等。

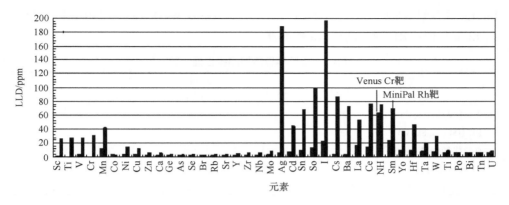

图 0-8　低功率 WDXRF 谱仪和低功率 EDXRF 谱仪检出限的比较

仪或相近,功率 9W 的 EDXRF 谱仪由于仅使用 30kV 高压,对 Ag、Cd、Sn 和 I 等重元素的检出限远不如功率 200W 的 WDXRF 谱仪。

§0.6　分　辨　率

分辨率是考察 EDXRF 谱仪的另一重要指标,通常以 5.9keV 处的 MnK$_\alpha$ 线最大幅度一半处的谱线宽度(FWHM)来表示,计数率控制在 2000cps 时测定。EDXRF 谱仪分辨率涉及的因素很多,它与计数率、探测器面积和谱处理时设定的时间常数等因素有关。

半导体探测器的分辨率与探测器和谱线能量有关,如高纯 Ge 探测器分辨率如下式所示:

$$\mathrm{FWHM} = \sqrt{\left(\frac{\mathrm{NOISE}}{2.35482}\right)^2 + 0.00289 \cdot \mathrm{FANO} \cdot E}$$

式中:NOISE 为前置放大器电子学噪声;高纯 Ge 平均电离能为 2.89eV,Si 平均电离能分别为 3.6eV(温度为 300K)和 3.8eV(温度为 77K);修正因子 FANO 通常小于 2;E 为谱线能量。SDD 和 Si-PIN 等探测器分辨率亦可用上式计算,只是要依据所计算的探测器输入相应的电离能和谱线能量。目前 EDXRF 谱仪所用的半导体探测器的性能比较见表 0-5。

WDXRF 谱仪分辨率取决于分光晶体和谱线能量,作者曾测定 PW1404 WDXRF 谱仪的谱分辨率,测定条件为 LiF$_{220}$ 晶体,一级准直器为 150μm,流气正比计数管;所测特征 X 射线能量在 3.93~16.62 keV,绝对和相对谱分辨率分别为 10.0~130.8eV 和 0.2%~0.78%[14],这种结果与图 0-9 相一致。

为了显示在不同能量区间 WDXRF 谱仪和 EDXRF 谱仪分辨率的差异,分别用 Axios WDXRF 和 Epsilon 5 EDXRF 谱仪测定 GBW0729 样中 Cu 和 Zn、Mo、

Ba、La 等元素,结果可参见图 0-10～图 0-12。Axios WDXRF 谱仪用 LiF₂₀₀ 晶体,Epsilon 5 EDXRF 使用高纯 Ge 探测器。

表 0-5　商用半导体探测器性能比较[13]

	Si(Li)	Hp(Ge)	Si-PIN 300μm	Si-PIN 500μm	Si 漂移
FWHM(5.9keV)	129	125	158	250	129
FWHM(59.6keV)	360	300			
有效能量范围/keV	1～60	1～120	1～25	1～35	1～25
成形时间/μs	6～12	6	20	20	5
冷却系统	液氮	液氮	电制冷	电制冷	电制冷

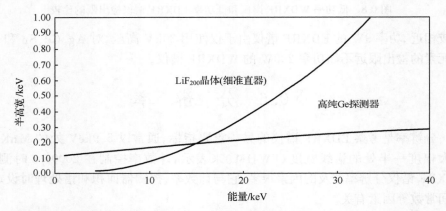

图 0-9　波长色散 X 射线荧光谱仪使用 LiF₂₀₀ 晶体的分辨率和 Epsilon 5 EDXRF 使用 Ge 探测器的分辨率比较

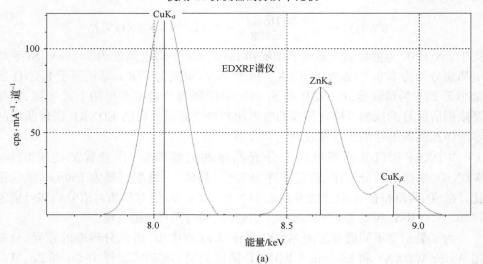

(a)

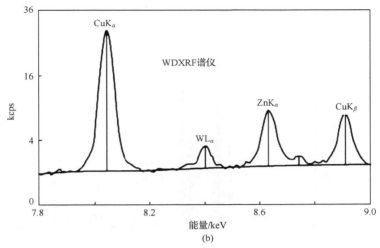

(b)

图 0-10 Epsilon 5 EDXRF 谱仪(a) 和 Axios WDXRF 谱仪(b)对 Cu 合金的部分扫描图

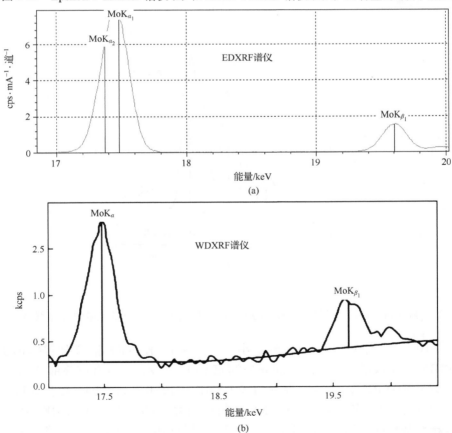

图 0-11 Epsilon 5 EDXRF 谱仪(a) 和 Axios WDXRF 谱仪(b)对 Mo 的 K 系线谱扫描图

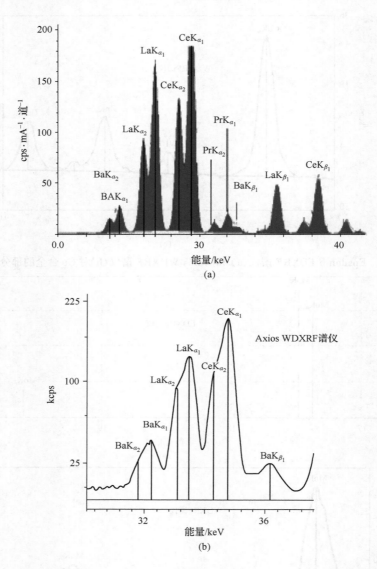

图 0-12　Epsilon 5 EDXRF 谱仪(a)和 WDXRF 谱仪(b)对 Ba、Ce、La 等元素的 K 系线谱扫描图

　　从图 0-10～图 0-12 可知,能量小于 10keV 时 EDXRF 谱仪分辨率远小于 WDXRF 谱仪,如图 0-10 中 Epsilon 5 测定 CuK$_\beta$ 和 ZnK$_\alpha$ 线有重叠部分,能量大于 17keV EDXRF 谱仪的分辨率与 WDXRF 谱仪相当,在能量大于 20keV 时 EDXRF 谱仪的分辨率则优于 WDXRF 谱仪,而大于 30 keV 时 EDXRF 谱仪分辨率远好于 WDXRF 谱仪,Epsilon 5 EDXRF 谱仪对 Ba,Ce,La,Pr 等相邻元素的 K

系线均能分开,还能将 K_{α_1} 和 K_{α_2} 分开,如图 0-12 所示。因此不能简单地称 WDXRF 谱仪优于 EDXRF 谱仪。

§0.7　准确度和精密度

谱仪长期稳定性是保证分析方法精密度的前提,如在验收 Axios WDXRF 谱仪长期稳定性时,待测元素的计数统计误差小于等于 0.025% 时,16h 的长期稳定性相对标准偏差小于 0.05% ;Epsilon 5 EDXRF 谱仪长期稳定性应小于 0.1% ,前提是计数统计误差应小于等于 0.07。在测定仪器长期稳定性时要选择轻元素、过渡金属元素和重元素应同时进行测定。Minipal EDXRF 谱仪因每个小时自动校正仪器能量刻度和强度,未给出指标,经测试 24h 谱仪长期稳定性相对标准偏差亦小于 0.1% 。从 PANalytical 公司生产的这两种谱仪来看,若将计数统计误差控制一样,则两类谱仪的长期稳定性指标基本相近。

张勤等[15,16]分别以 PANalytical 公司生产的 Epsilon 5 高能偏振 EDXRF 谱仪和 Axios WDXRF 谱仪测定土壤和水系沉积物中主量、次量和痕量元素,他们测量精密度是按测定条件选择两个标样连续测定 10 次的结果。他们的结果表明 WDXRF 分析主次量元素(Na_2O、MgO、Al_2O_3、SiO_2、K_2O、CaO、Ti 和 Fe_2O_3)的精密度测量 10 次的相对标准偏差在 0.5% ~2.0% ,痕量元素(含量≤0.2%)为 0.5% ~30.0% ;EDXRF 谱仪测定主量、次量和痕量元素的精密度分别为 0.27% ~10.90% 和 0.9% ~21.0% 。地质样品用 WDXRF 谱仪分析,不同谱仪的准确度可参阅文献[11,12,16],文献中准确度值均系取 3 个或 4 个标样作未知样测定,将结果与标准值进行比较,多年来这些方法已应用于 76 种元素全国地球化学图集编制分析,实践表明方法是可靠的。因 Se,Ta,Tl,I 及从 Pr 到 Lu 的 13 个稀土元素含量过低,所有 WDXRF 谱仪与常规偏振 EDXRF 谱仪[2]未能测得结果。

为了进一步说明痕量 Cd、Cs、全部稀土元素、Hf、Tl 和 Mo 等元素分析结果的准确度,这里介绍作者用高能偏振 EDXRF 谱仪对 12 个土壤和 15 个水系沉积物的国家标样定值工作,将高能偏振 EDXR 谱仪测定值(Y)与标样定值(X)用线性回归方法相比较求得截距、斜率、K 和 RMS 值,在表 0-6 中以 1 示之;将标准值±3 倍不确定度值与标准值依同样方法予以计算,在表 0-6 中以 2 示之。从表 0-6 可知 27 个标样 EDXRF 谱仪测定值与定值比较,除个别样品中个别元素外,测定值均在三倍不确定度范围内,最后 EDXRF 谱仪测定值参与诸标样定值。为了更直观显示其方法效果,在表 0-7 中列出 Ho 的标准定值(X 轴)和 EDXRF 谱仪测定值(Y 轴)回归结果的比较,27 个标样仅选 23 个,其余 4 个含量均小于 0.3ppm。由表 0-7 可知,23 个测定值中仅 GSS25 超差,GSS25 的不确定度为 0.08。

表 0-6　高能偏振 EDXRF 谱仪测定值与标样定值线性回归结果比较

	D		E		RMS		K		单位
	1	2	1	2	1	2	1	2	
Cd	−0.00001	−0.00001	0.00015	0.00012	0.00002	0.00003	0.00008	0.00011	%
Cs	−0.00009	0.00021	0.00011	0.00007	0.00006	0.00025	0.0002	0.00078	%
La	−0.00013	0.00041	0.0001	0.00009	0.00011	0.00047	0.00033	0.00147	%
Ce	0.00075	0.00155	0.00009	0.00008	0.00025	0.00097	0.00076	0.00299	%
Pr	0.00004	0.00041	0.0001	0.00004	0.00005	0.0002	0.00017	0.00063	%
Nd	0.00051	0.00122	0.00009	0.00006	0.00013	0.00063	0.00042	0.00198	%
Sm	0.0001	0.00008	0.00009	0.00009	0.00005	0.00006	0.00017	0.00018	%
Eu	0.00002	0.00004	0.00009	0.00007	0.00001	0.00001	0.00004	0.00004	%
Gd	−0.00045	0.00015	0.00019	0.00007	0.00009	0.00007	0.0003	0.00021	%
Tb	−0.00001	0.00003	0.00011	0.00007	0.00001	0.00001	0.00004	0.00004	%
Dy	0.00009	0.00024	0.00009	0.00005	0.00009	0.00009	0.00028	0.00027	%
Ho	−0.00001	0.00004	0.0001	0.00007	0.00001	0.00002	0.00003	0.00005	%
Er	−0.00002	0.00015	0.00011	0.00004	0.00001	0.00005	0.00016	0.00016	%
Tm	C	0.00002	0.00011	0.00005	0.00001	0.00001	0.00003	0.00003	%
Yb	0.00011	0.00015	0.00004	0.00003	0.00011	0.00011	0.00035	0.00034	%
Lu	0.00001	0.00002	0.00008	0.00005	0.00001	0.00001	0.00003	0.00004	%
Hf	0.00007	0.00028	0.00009	0.00006	0.00004	0.00015	0.00014	0.00047	%
Tl	0.00002	0.00003	0.00009	0.00007	0.00003	0.00002	0.00008	0.00005	%
Mo	−0.00001	0.00002	0.0001	0.00009	0.00003	0.00003	0.00008	0.00011	%

表 0-7　Ho 的高能偏振 EDXRF 谱仪测定值与标样定值线性回归结果比较

	23
D	−0.00001
E	0.0001
F	0
RMS	0.00001
K	0.00003

标样	计算值/ppm	标样定值/ppm	绝对差/ppm	EDXRF 测定值/ppm
GSD15	0.77	0.83	−0.05641	0.8
GSD16	0.46	0.33	0.1325	0.5
GSD19	1.19	1.27	−0.08163	1.2
GSD20	0.67	0.7	−0.03011	0.7
GSD21	0.88	0.93	−0.05272	0.9
GSD22	0.88	0.92	−0.04272	0.9
GSD23	1.19	1.04	0.14837	1.2

标样	计算值/ppm	标样定值/ppm	绝对差/ppm	EDXRF 测定值/ppm
GSD3A	1.08	1.04	0.04467	1.1
GSD4A	1.19	1.05	0.13837	1.2
GSD5A	0.98	1.03	−0.04902	1
GSD7A	0.77	0.59	0.18359	0.8
GSD8A	1.19	1.06	0.12837	1.2
GSS17	0.57	0.46	0.1062	0.6
GSS18	0.77	0.84	−0.06641	0.8
GSS19	0.77	0.77	0.00359	0.8
GSS20	0.67	0.8	−0.13011	0.7
GSS21	0.88	0.98	−0.10272	0.9
GSS22	0.88	0.93	−0.05272	0.9
GSS23	0.98	1.08	−0.09902	1
GSS24	1.19	1.22	−0.03163	1.2
GSS25	0.98	1.5	−0.51902	1
GSS26	0.98	0.99	−0.00902	1
GSS28	1.19	1.27	−0.08163	1.2

$$K = \sqrt{\frac{1}{n-k} \cdot \sum \frac{(C^{\mathrm{T}} - C^{\mathrm{C}})^2}{C^{\mathrm{T}} + W}} \qquad \mathrm{RMS} = \sqrt{\frac{1}{n-k} \sum (C^{\mathrm{T}} - C^{\mathrm{C}})^2}$$

式中：C^{C} 是校准曲线计算值；C^{T} 是标样的标准值；k 是回归计算的系数；n 是参加计算的标样数[17]。

在 §0.10 节中列出了在同一台仪器上在相同的测定条件下利用 WDXRF 谱仪和 EDXRF 谱仪方法测定同一批标样和试样的结果比较。

§0.8　分析时间

如表 0-1 所述 EDXRF 谱仪收集测量的样品发射出的全部谱线，而 WDXRF 谱仪测量某一特征谱线的强度，前者总计数率限制于 0.5～200kcps，后者某一特征谱线的计数则为 1500～3000kcps。若两种谱仪分别测定试样某一个元素，且均在最大计数的情况下工作，特别是测定硅酸盐试样中 Na_2O、MgO、Al_2O_3、SiO_2、P_2O_5、SO_3、K_2O、CaO、TiO_2、MnO 和 Fe_2O_3 等时，在相同时间内 WDXRF 谱仪的数据精度则明显优于 EDXRF。然而若对试样进行多元素分析时，EDXRF 谱仪可同时收集样品中多个痕量元素的特征谱，而 WDXRF 谱仪则要单个测定特征谱和背景，因此两种仪器在同样的时间内有可能获得相似的精度和准确度。

§0.9　EDXRF 和 WDXRF 谱仪比较小结

对 EDXRF 和 WDXRF 谱仪进行了比较,其中涉及两类仪器的能量分辨率、检测限、常规分析中分析精度和准确度和非规则样品中重元素的测定等方面。可获得如下结论:

(1) 高能偏振 EDXRF 谱仪采用了 100kV 高电压,可激发重元素的 K 系线,使用偏振技术降低背景,有多个荧光靶可用于选择激发,良好的硬件和谱处理技术,所有这些使得对于痕量重金属元素的分析,达到了一个全新的水平,为 XRF 分析技术用于测量 10^{-7} g 级级的 Cd、Sb、Se、Ta、Tl、I 及从 Pr 到 Lu 的 13 个稀土元素成为可能,这是目前 WDXRF 各类谱仪尚无法做到的[11-13]。

(2) 在制定分析方法过程中,偏振型 EDXRF 谱仪依据具体对象选择二次靶和滤光片,在校正基体效应过程中有多个荧光靶的特征谱或康普顿谱选作内标道,有利于对多变的基体特别是非均匀样品和非规则样品中重元素的定量分析。

(3) 与高功率 WDXRF 谱仪相比较,EDXRF 谱仪由于功率低更适宜于易挥发的样品和易挥发的元素(Hg,Tl)的分析,如塑料、生物样品,避免了这类样品用高功率 WDXRF 谱仪产生的辐照损伤和散射背景高等缺陷。功率 4kW WDXRF 谱仪辐照样品数分钟后,某些样品温度可高达 70℃,产生明显的辐射损伤。

(4) EDXRF 谱仪是全谱分析,可实现多元素的同时分析。因此已发展为环境、地质、污染物的监控应用方面的首选方法。但是,时至今日,在一些传统的过程控制分析领域,如金属加工、水泥原材料全分析、采矿,并不认可 EDXRF 光谱分析技术。主要原因是 EDXRF 谱仪在轻元素如 Na、Mg 的分析方面性能欠佳,单个元素的计数信号太低。在较短的分析时间内,对轻元素的分析,或仅分析试样中某几个元素时,在准确度和精度方面,WDXRF 谱仪依然优于 EDXRF 谱仪。

(5) 从一次性投资来看 EDXRF 谱仪是 WDXRF 谱仪的 1/3～1/2,若不用液氮的 EDXRF 谱仪日常消耗仅限于少量的电费。

综上所述,两类谱仪各有特色,对主量、次量元素准确度要求高的生产质量控制分析(如钢铁、有色金属、水泥等行业)和质量认证检测,以及试样中需要测定 B、C、F、Na 和 Mg 等元素,依然选用 WDXRF 谱仪;原位和现场分析则以 EDXRF 谱仪为主。其他领域则两类谱仪均可使用,若将 WDXRF 谱仪和 EDXRF 谱仪的各自优点予以充分发挥,构建一台新的仪器即用 WDXRF 谱仪测定轻元素(原子序数为 5～19)和以 EDXRF 谱仪测定其他元素也许是最佳选择。

§0.10　EDXRF 和 WDXRF 谱仪合为一体的谱仪

在钢铁和有色金属冶炼过程中要求分析速度要尽可能地快,以准确地调整合金成分和冶炼条件,减少能量和材料的损失。为满足这类过程控制分析要求,目前依然采用一个通道分析一个元素的多道 WDXRF 谱仪。这种传统的仪器可以同时精确分析所要求的元素,但是测量时间取决于强度最低的元素。测量 10～30 个元素的典型测量时间约需 40s。由于在金属冶炼过程中加入的废金属越来越多,要求采用更灵活的分析手段;除了常规元素,还要分析有害元素和影响金属产品质量的元素。为此,多道 WDXRF 谱仪上又另外配置了顺序道测角仪,当要分析额外的元素时,需要延长分析时间。因此将传统的 WDXRF 和最新的 EDXRF 探测器结合起来,或许是未来的发展方向。其实在 20 世纪 80 年代已有人想到了这一点,但是这个想法当时有点超前,如飞利浦公司推出了配备有半导体 Si(Li)漂移探测器的低功率或高功率的 WDXRF 谱仪。但基于当时所用的 Si(Li)漂移探测器,谱图的最大总计数率只能达到 40 kcps 左右,而 WDXRF 当时所用的封闭式计数管或闪烁计数管单元素的计数率超过 100kcps,加之在高功率情况下,Si(Li)漂移探测器容易饱和,因此这类谱仪对于测量精密度优于 0.05% 的主量成分,需要约 10min 或更长,所以并没有找到真正成功的应用领域。另外一个问题是,WDXRF 谱仪测量的每个元素单峰位强度与 EDXRF 谱仪测量的每个元素积分面积强度的结合,没有合适的评估策略,对用户和应用科学家来讲都不是个简单的工作。最后,Si(Li)探测器需要加液氮,在偏远地区,有时不适用于工业过程控制。

最新开发的可用于商用仪器的探测器技术是硅漂移探测器(SDD),只需要采用一个基于帕尔帖技术的内部电制冷装置。采用这种新技术的探测器,几乎不存在计数率低、分辨率差、运行费用高等缺点。如德国布鲁克(Bruker)公司研发的 XFlash 探测器(SDD),在 MnK_{α_1} 的计数率为 100 000 cps 时,分辨率可以小于 129 eV,当探测器死时间保持在 10% 的范围内,可处理高达 300kcps 的输入计数率和高达 130kcps 的输出计数率,以缩短实际测量时间。更为重要的一点是,在探测不同计数率的信号时,它的能量分辨率保持一致。这样,在信号处理时,不仅可以采用谱峰匹配算法(峰面积积分),也可以采用峰高算法。XFlash 探测器以及其他厂家,分别使用聚合物薄窗膜或 $6\mu m$ Be 窗膜,扩大了分析元素的范围,高含量碳和氟的特征谱可以检出,最重要的是 Na 的特征谱强度较以往的探测器提高 5 倍以上,所以,XFlash 技术扩大了 EDXRF 谱仪的分析领域,在相当大的程度上满足了轻元素分析、高精度分析、复杂样品分析的要求。

2011 年 Bruker 推出了将传统的 WDXRF 谱仪通道和现代的 XFlash SDD 探测器结合在一台仪器上，其型号为 S8 Dragon。它的基本思路是减小围绕在 X 射线管的 WDXRF 谱仪通道的装配空间。将最大的通道数限制在 16 个，可以获得非常短距离的 X 射线管阳极－样品表面－探测器的组合。其中一个通道是 EDXRF 谱仪通道，为保证谱仪可以在 4 kW 满功率情况下工作，以便给 WDXRF 通道提供足够的荧光强度，在 XFlash 探测器前端安装一个衰减器或吸收片，以降低或选择接收来自于试样发出的元素特征 X 射线和原级谱散射线，以避免探测器饱和。这种设计形成的紧凑光路，可以获得更高的强度，从而获得更好的分析精度。根据应用要求，分析精度要求最高的元素配置 WDXRF 谱仪元素通道（固定道），所有其他元素采用 XFlash EDXRF 谱仪分析。该谱仪的光路示意图见图 0-13。在 WDXRF 谱仪记录最大峰位的强度的同时，XFlash 探测器采集了样品的全谱图。

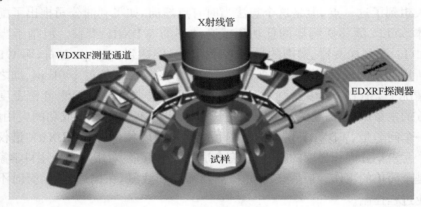

图 0-13　S8 Dragon 谱仪光路示意图

　　这里以分析黄铜样为例说明 S8 Dragon 谱仪在实际过程控制分析的可行性和优越性。在同样管压、管流和相同时间内测定一组黄铜标样，其黄铜试样的谱图如图 0-14 所示。获取标样强度数据后，以基本参数法校正基体效应并制定校准曲线。标准样品的浓度范围及校准曲线的标准偏差列于表 0-8。取 45-381 铝青铜样品在同样条件下测定 10 次，用于计算方法精密度，其结果分别列于表 0-9。

　　由表 0-8 和表 0-9 可知，经过 40s 测量时间，在过程控制分析中对 Cu 和 Zn 主量元素要求分析精度小于 0.05%，故用 WDXRF 谱仪元素通道分析，精密度可以小于 0.03%。其他元素用 XFlash 探测器测量，其准确度和精度也能满足要求。这样原来用 9 个固定道的 WDXRF 谱仪现只需 2 个固定道和一个 XFlash 探测器即可满足要求，在经济上更便宜。以往采用多道 WDXRF 谱仪，只能测量谱峰的最高强度,一般不能测定背景,现在 WDXRF 通道测量的谱峰可通过 EDXRF 所测量的全谱中找出无干扰的背景点。每个过程控制样品都进行了全元素测量,保存了每个样品的光谱图。如果发现所测样品有污染,比如引入了一个错误的废金属,可以重新处理评估原来的光谱图。每个样品的特征信息可自动保存。XFlash 探测器提供了用于评估和备份的第二个数据源。

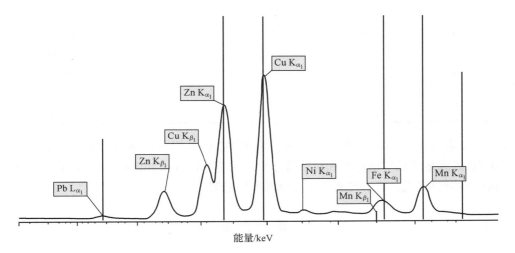

图 0-14　黄铜样品的 EDXRF 光谱图与 WDXRF 元素通道的单一强度值的组合图

表 0-8　在同样条件下 WDXRF 和 EDXRF 谱仪分析黄铜校准曲线比较

元素	含量范围/%	校准曲线标准偏差/% *	
		WDXRF	EDXRF
Al	0～1.7		0.030
Si	0～0.95	0.005	0.010
Mn	0～2.20	0.014	0.017
Fe	0～0.3	0.001	0.010
Ni	0～0.8	0.013	0.012
Cu	58～59.14	0.16	0.22
Zn	34～40	0.09	0.16
Sn	0.02～0.10	0.013	0.022
Pb	0.4～2	0.019	0.033

* 按 1σ 计算。

表 0-9　45-381 样的精密度

元素	WDXRF		EDXRF	
	平均值 /%	标准偏差 /%	平均值 /%	标准偏差 /%
Cu	57.839	0.027		
Pb	0.458	0.009	0.489	0.027
Fe	0.316	0.006	0.286	0.006
Sn	0.056	0.001	0.063	0.010
Al			1.536	0.064
Mn	1.952	0.004	1.979	0.009
Ni	0.121	0.0005	0.127	0.005
Zn	38.822	0.035	36.814	0.111

　　在未来相当长的时间内,如何充分发挥 EDXRF 谱仪和 WDXRF 谱仪各自的优点,以满足产品质量控制和科学技术发展过程中所提出的课题的需要,将两类谱仪以不同形式组合成一种新谱仪可能是发展趋势。

参 考 文 献

[1] 张学华,吉昂,卓尚军,陶光仪. SZ-1 型同位素 X 射线荧光分析仪分析多金属结核中锰铁钴镍铜. 岩矿测试. 1999, 18(2):124~127,130.

[2] Zhan X C. Application of polarized EDXRF in geochemical sample analysis and comparison with WDXRF. X-Ray Spectrom. 2005,34:207~212.

[3] Brouwer P. Theory of XRF. PANalytical BV,The Netherlands. 2003:32.

[4] Bertin E P. Principles and practice of X-ray spectrometric analysis .2nd .New York:Plenum Press,1975:539.

[5] Willis J P,Duncan A R. Understanding XRF spectrometry. Volume 1. Basic Concepts and Instrumentation. PANalytical BV,The Netherlands. 2008:2~16.

[6] Harada M,Sakurai K. K-line X-ray fluorescence analysis of high-Z elements. Spectrochim. Acta B. 1999,54:29~39.

[7] Nakai I. High-energy X-ray fluorescence//Tsuji K,Injuk J,van Grieken R. X-Ray Spectrmetry:Recent Technological Advances. New York:John Wiley & Sons.,2004:355~372.

[8] XRF Globe PANalytical,2003:1-2,12-13.

[10] 詹秀春,罗立强. 偏振激发-能量色散 X 射线荧光光谱法快速分析地质样品中 34 个元素. 岩矿测试,2004,23(4):804~807.

[11] 张勤,樊守忠,潘宴山,李国会. X 射线荧光光谱法同时测定多目标地球化学调查样品中主次痕量组分. 岩矿测试,2004,23(1):19~24.

[12] 梁述廷,刘王纯,胡浩. X 射线荧光光谱法同时测定土壤中碳氮等多元素. 岩矿测试,2004,23.(2):102~108.

[13] Cesareo R,Brunetti A,Castllano A ,Rosales M A. Portable equipment for X-ray fluorescence analysis // Tsuji K,Injuk J,van Grieken R. X-Ray Spectrometry ;Recent Technological Advances. New York ; John Wiley & Sons. 2004 ;30～40.

[14] 吉昂,陶光仪,卓尚军,罗立强. X 射线荧光光谱. 北京：科学出版社，2005：57.

[15] 樊守忠,张勤,李国会,吉昂. 偏振能量色散 X-射线荧光光谱法测定水系沉积物和土壤样品中多种组分. 冶金分析. 2006，26(6);27～31.

[16] 张勤,李国会,樊守忠,潘宴山. X-射线荧光光谱法测定土壤和水系沉积物等样品中碳、氮、氟、氯、硫、溴等 42 种主次和痕量元素. 岩矿测试. 2008，27(11);51～57.

[17] 吉昂,李国会,张华. 高能偏振能量色散 X 射线荧光光谱仪应用现状和进展. 岩矿测试,2008,27(6)：451～462.

第一章 X射线荧光光谱物理学基础

§1.1 X射线的本质和定义

1895年德国物理学家伦琴（W. C. Röntgen）在研究稀薄气体放电现象时，发现一种以前从来没有观察到的射线，他将这种射线命名为"X"射线，就是未知的意思。1912年劳厄（M. von Laue）通过实验证明了X射线的波动性，并估计X射线的波长约为可见光的万分之一。X射线是由高能量粒子轰击原子所产生的电磁辐射，具有波、粒二象性。X射线的这种波、粒二象性，可随不同的实验条件表现出来。显示其波动性有：以光速直线传播、反射、折射、衍射、偏振和相干散射；显示其微粒性有：光电吸收、非相干散射、气体电离和产生闪光等。在能量大于1.02Mev时，可生成正负电子对。X射线荧光光谱所使用的波长范围在0.01～10nm，能量为124～0.124keV。其短波段与γ射线长波段相重叠，其长波段则与真空紫外线的短波段相重叠（图1-1）。

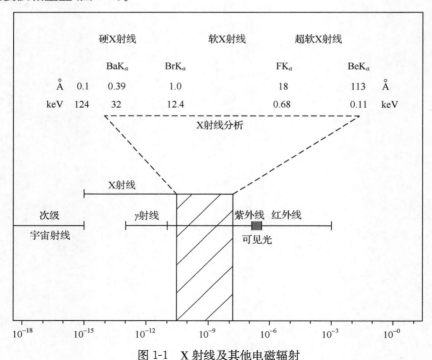

图 1-1　X射线及其他电磁辐射

用于元素分析的 X 射线光谱所使用的波长范围在 0.01～11nm，能量为 0.111～124keV，目前波长色散 X 射线荧光光谱可分析的原子序数最小的元素为 Be，其 K_α 能量为 0.11keV，UK_{β_1} 能量是 111.289keV。由此可知其短波段与 γ 射线长波段相重叠，其长波部分则与真空紫外线的短波段相重叠。X 射线荧光光谱习惯将特征 X 射线分为 3 种类型：

硬 X 射线是指 BrK_α～UK_α，波长 0.104～0.0128nm，11.923～98.428keV；

软 X 射线是指 FK_α～BrK_α，波长 1.8307～0.104nm，0.677～11.923keV；

超软 X 射线是指 BeK_α～FK_α，波长 11.3～1.8307nm，0.11～0.677keV。

量子理论将 X 射线看成由一种量子或光子组成的粒子流，每个光子具有的能量为：

$$E_x = h\nu = h\frac{C}{\lambda} \tag{1-1}$$

式中：E_x 为 X 射线光子的能量（keV）；h 为普朗克常数，其值为 6.6262×10^{-34} J·s；ν 为振动频率；C 为光速，值为 2.99792×10^{10} cm·s^{-1}；λ 为波长，以 nm 表示；$1eV = 1.6022\times19^{-19}$ J，将上述数值代入式(1-1)，可得：

$$E_x(keV) = \frac{1.23984}{\lambda} \tag{1-2}$$

式(1-2)将 X 射线波、粒二象性统一起来，依据 X 射线的波长即可计算出其能量。应当指出光的波动理论和光的量子理论是彼此互补的。用电磁波解释光的传播方式，而用光量子解释光与物质作用时的能量交换方式，这两种形式是完全独立的，只有用这两种不同的理论方能全面认识 X 射线的本质。

§1.2　X 射线与物质的相互作用

X 射线是一种电磁辐射，其辐射能是由光子传输的，而光子所取的路径是由波动场所引导。本节所述 X 射线，是指由 X 射线管发出的 X 射线即原级谱或称作一次 X 射线，通常被用作 X 射线荧光光谱的光源。

基于 X 射线与物质的相互作用是十分复杂的，因此，这里仅讨论与 X 射线荧光光谱分析相关的一些主要性质，如图 1-2 所示。主要概括为四种类型：因光电效应产生的 X 射线荧光、康普顿散射、瑞利散射和吸收。

（1）产生辐射。①粒子辐射：离子、受原级或次级 X 射线激发产生的光电子、俄歇电子、反冲电子和电子偶（在能量大于 1.022MeV 时）等；②电磁辐射：对入射 X 射线的透射、反射、折射、偏振、衍射以及相干和不相干散射等；由物质发射出的特征 X 射线和伴线，以及物质受光电子、俄歇电子和反冲电子激发而产生的轫致辐射等及其他辐射。

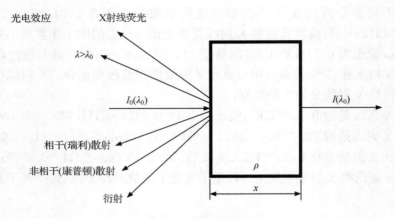

图 1-2　X 射线与物质的相互作用示意图

（2）当 X 射线被物质吸收时,该物质会产生热效应、电离效应、光解作用、感光效应、荧光或磷光、次级特征 X 射线、光电子、俄歇电子或反冲电子的激发,辐射损失,以及对生物组织的刺激和损害等。

§1.2.1　光电效应和特征 X 射线荧光辐射的产生

§1.2.1.1　原子结构

原子是由原子核和核外电子组成,原子核则由带正电的质子和不带电的中子组成,核外电子分布在一定的轨道上。量子理论表明,在原子中,每个电子绕原子核作轨道运动是由四个量子数决定的。这四个量子数是:

（1）主量子数:主量子数代表电子绕原子序数为 Z 的原子核运动范围的大小,即轨道半径的大小。主量子数符号为 n,它给定电子主要能级,具有相同主量子数的电子距原子核的距离大致相等,其能量也大致相等,可表示为:

$$E_n = - RhCZ^2 \left(\frac{1}{n^2} \right) \tag{1-3}$$

式中:h,C 的定义如前;Z 为原子序数;R 为里伯德常数,$R_\infty = 1.09737 \times 10^7 \, \mathrm{m}^{-1}$;$n$ 为正整数,其值为 1,2,3,4,…,与之相对应的轨道分别为 K,L,M,N,…。

（2）轨道角动量量子数:在多电子原子中,电子除了作圆周运动外,还可能作径向运动,即向着或离开原子核的运动。它代表轨道的形态和轨道的角动量,使同一主量子数 n 的电子在能量上有少量变化。轨道的角动量的量子数,以 L 表示,它的可能值为 0 到 $(n-1)$ 间所有整数,$L=0$ 对应于圆型轨道。因此,核外第一层（$n=1$）电子的角动量为 0;第二层（$n=2$）L 值为 1 和 0,赋予两个子壳层稍微不同的上升能量,以此类推。当 n 给定时,由 L 决定的状态类型通常表示为 $L=0,1,2,3,4,5$。

类型:s,p,d,f,g,h。

当有两个电子处在 $n=1$ 和 $L=0$ 的状态时,一般以 1s2 表示,余类推。有时轨道量子数又称作角量子数。

(3)轨道方向量子数:电子绕原子核运动的角动量只是一个矢量,即它具有本身的方向性。用轨道方向量子数 m_L 来表示轨道在空间可能的取向。它不涉及轨道电子的能量。其值为 $-L$ 与 $+L$ 间所有的整数,其中包括 0。在 s 子壳层中,$L=0,m=0$。在 p 子壳层中,$L=1,m$ 可为 $-1,0,+1$,即在 p 子壳层中有 3 个 p 轨道函数,通常用 p_x,p_y 和 p_z 表示。

(4)自旋量子数:用自旋量子数以 m_s 表示,用来描述电子的自旋角动量。表示与轨道角动量量子数同向或反向。取值为 $+\frac{1}{2}$ 或 $-\frac{1}{2}$。

根据泡利不相容原理(Pauli exchueion principle),原子中没有两个电子具有相同的一组量子数。也就是说,在任何给定的原子中,每个电子组态最多只能容纳一个电子。四个量子数的各种组合得到各种可能的电子组态,量子数的每种组合遵守各个量子数的限制。这样,可算出 K,L,M,… 壳层的最大电子数,除氢原子外,K 壳层最大电子数为 2,L 壳最大电子数为 8,等等。表 1-1 中列出了 K 和 L 能级电子的量子数。

表 1-1　K 和 L 能级电子的量子数

	K 能级		L 能级							
n	1	1	2	2	2	2	2	2	2	2
L	0	0	0	0	1	1	1	1	1	1
m	0	0	0	0	-1	-1	0	0	1	1
s	$+1/2$	$-1/2$	$+1/2$	$-1/2$	$+1/2$	$-1/2$	$+1/2$	$-1/2$	$+1/2$	$-1/2$

泡利不相容原理解决各壳层可容纳电子的数量问题。在多电子的情况下,电子应以什么顺序占据什么轨道的问题,尚需解决。核外电子的分布在不违背泡利不相容原理的原则下,必须服从能量最低原理,即电子总是尽先占据能量最低的轨道。当轨道角动量量子数相同时随着主量子数的增大,轨道的能级升高,如 1s<2s<3s…,2p<3p<4p…在主量子数相同时,轨道的能级随轨道角动量量子数增大而升高,$ns<np<nd$…在主量子数和轨道角动量量子数都改变时,有时会出现"能级交错"现象,即某些主量子较大的原子轨道其能级反而比主量子数较小的原子轨道低,如 4s<3d,5s<4d,6s<4f<5d<6p…总之在多电子原子中原子轨道的能级除取决于主量子数外,还取决于轨道角动量量子数,当然不能仅根据近似能

级图来确定各个轨道之间的电子的分布问题。洪特规则认为在主量子数和轨道角动量量子数都相同的轨道上电子总是尽先占据不同的轨道,而且自旋平行。自旋平行的电子数增多可使体系的能量降低。以 W 原子为例,核外电子壳层能级、每个壳层电子数及发射 K_{α_1}、L_{α_1} 和 M_{α_1} 特征谱线图,示于图 1-3。

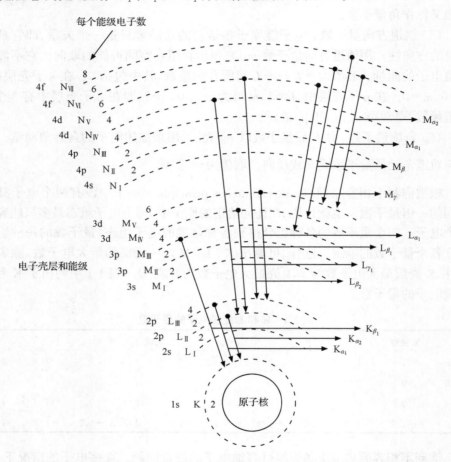

图 1-3　W 原子电子壳层能级与电子分布及发射 W 的 K、L 和 M 系特征谱线

　　此外,在多电子原子中的电子除受到原子核作用外,还存在着和其余电子的相互作用。一种近似方法是将多电子中其余电子对指定电子的相互作用简单地看成是抵消一部分核电荷对指定电子的作用,使核电荷减少,并提出了有效核电荷的概念。抵消核电荷的程度可由实验求得的经验常数即屏蔽常数(σ)衡量。有效核电荷数 Z' 等于核电荷数减去屏蔽常数。即

$$Z' = Z - \sigma \tag{1-4}$$

这样式(1-3)可表示为

$$E = -RhC \frac{(Z-\sigma)^2}{n^2} = -13.606\left(\frac{Z-\sigma}{n}\right)^2 \tag{1-5}$$

式中屏蔽常数的取值:外层对内层电子为零,同层电子之间为 0.35(在 K 层为 0.30),(n-1)层对 n 层为 0.85,(n-1)层以内的为 1.00。式中所取能量为负值, 是将离原子核无穷远(n=∞)的电子的能量规定为零。前面所述最低能量原理中 区分能量的高低,也是采用了这种表示法。

§1.2.1.2　轨道电子结合能和临界激发能量

在表述 X 射线能级能量时,是与前面所述轨道电子能级表示相一致,即用近 似公式(1.5),但符号相反。轨道电子结合能指的是某一原子某一轨道电子被原子 核所结合的能量。各轨道电子能量大小表达为 K>L>M>N …;在同一轨道电 子中,不同支层的能级能量表达为 $L_1>L_2>L_3$, $M_1>M_2>M_3>M_4>M_5$ 等。应 该指出的是随着原子序数的增加,相同主量子数的各个轨道电子,由于轨道角动量 量子数不同而发生能级分裂,同时各个轨道的能级也不断地下降。表 1-2 列出了 锡的能级分布和相应的电子结合能。

表 1-2　锡的能级分布和相应的电子结合能[1]

能级	子能级	n	L	J	最大电子数	E/keV
K		1	0	1/2	2	29.20
L	L_1	2	0	1/2	2	4.465
	L_2	2	1	1/2	2	4.156
	L_3	2	1	3/2	4	3.929
M	M_1	3	0	1/2	2	0.8844
	M_2	3	1	1/2	2	0.756
	M_3	3	1	3/2	4	0.714
	M_4	3	2	3/2	4	0.493
	M_5	3	2	5/2	6	0.485
N	N_1	4	0	1/2	2	0.137
	N_2	4	1	1/2	2	0.089
	N_3	4	1	3/2	4	0.089
	N_4	4	2	3/2	4	0.024
	N_5	4	2	5/2	6	0.024
	N_6	4	3	5/2	6	
	N_7	4	3	7/2	8	

　　X 射线特征谱的发射机制可以用能级概念予以描述。欲从原子中逐出一个 K

层电子,入射光子(或其他粒子)必须克服电子与原子核之间的结合能 E_K ,即轨道电子的结合能。因此,入射光子所具有的能量必须等于或大于 E_K 。临界激发能在数值上等于轨道电子结合能。临界激发能量以 E_{crit} 表示。正如轨道电子结合能一样,临界激发能量也随轨道电子能级的变化而变化。为便于在计算机上进行数据处理,Poehn 等[2]提出计算临界激发能量的近似表达式为

$$E_{crit} = a + bZ + cZ^2 + dZ^3 \qquad (1\text{-}6)$$

该式适合 K、L 能级,其拟合常数 a、b、c 和 d 值,列于表 1-3。

表 1-3　临界激发能量拟合参数[2]

能级	E_K	E_{L1}	E_{L2}	E_{L3}
Z	$11\sim63$	$28\sim83$	$30\sim83$	$30\sim83$
a	-1.304×10^{-1}	-4.506×10^{-1}	-6.018×10^{-1}	3.390×10^{-1}
b	-2.633×10^{-3}	1.566×10^{-2}	1.964×10^{-2}	-4.931×10^{-2}
c	9.718×10^{-3}	7.599×10^{-4}	5.935×10^{-4}	2.336×10^{-3}
d	4.144×10^{-5}	1.792×10^{-5}	1.843×10^{-5}	1.836×10^{-6}

§1.2.1.3　X 射线荧光的产生

当一束粒子如 X 射线光子与一种物质的原子相互作用时,在其能量大于原子某一轨道电子(如 K 层电子)的结合能时,就可从中逐出一个轨道电子而出现一个"空穴",层中的这个"空穴"可称作空位。原子要恢复到原来的稳定状态,这时处于较高能级的电子将依据一定的规则跃迁而填补该"空穴",这一过程将使整个原子的能量降低,因此可以自发进行。所逐出的电子称作光电子。这种跃迁将导致如下几种情况产生:

(1) 两个壳层之间的能量差以 X 射线光子的形式发射出原子,该 X 射线光子的波长与原子的原子序数有关,且其波长大于入射 X 射线波长,称作 X 射线荧光。该辐射是辐射跃迁。当原子受到高能粒子激发后,并不是所有轨道电子之间都能产生电子跃迁发射 X 射线光子。电子跃迁时必须符合选择定则(表 1-4)。

表 1-4　选择定则

量子数	选择定则
主量子数 n	$\Delta n \geqslant 1$
角量子数 m	$\Delta L = \pm1$
角动量 J	$\Delta J = \pm1$ 或 0

(2) 所产生的 X 射线荧光没有发射出原子,而是将原子中另一电子逐出原子,形成具有双空穴的原子,这一电子称作俄歇电子,这就是所谓俄歇效应,是无辐射

跃迁。产生X射线荧光和俄歇电子如图1-4所示。图的上半部分为产生俄歇电子过程,下半部分为正常激发产生X射线荧光SiK_α。

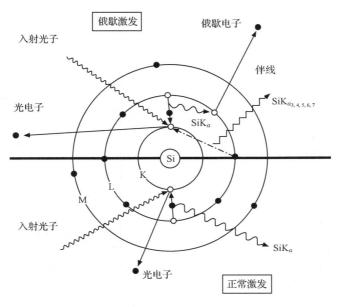

图1-4　产生X射线荧光和俄歇电子过程示意图[15]

俄歇效应最初是在研究光电子的威尔逊云室中观察到一批慢电子时发现的。这些慢电子,就是后来所称的俄歇电子。实验表明俄歇电子具有如下的规律性:光电子和伴随俄歇电子出现在同一点上,即它们同时从一个原子中跳出来;俄歇电子的能量与入射线的能量无关,俄歇电子射出的方向与光电子射出的方向无关;最后需指出的是产生俄歇电子的过程中,原子产生两个轨道空位,其中一个是填充原始空位产生的,另一个是由俄歇过程引起的。俄歇效应所产生的双电离效应,是产生伴线的重要来源,所谓伴线是相对于主要的特征谱线而言的,它伴随着特征谱线出现。

伴线可以分为两类,其波长比母线短的,称为短波伴线;反之,称为长波伴线。

在K_α系的伴线中,最重要的是$K_{\alpha_{3,4}}$,它们的母线分别为K_{α_1}和K_{α_2},这些伴线的产生,基本上也是由原子的双电离随即引起LL-KL双跃迁的结果。Si的K_α线及其伴线光谱图可参见图1-5。图1-5的右侧图表明Si的K_α线及其伴线能级跃迁的结果。对于轻元素而言,不同化合物的K系线峰位发生位移,谱形亦有所差异。例如硅的不同化合物K_α和K_β谱线及其伴线的能量、非对称因子α(低能侧和高能侧半高宽比)等测定结果列于表1-5。伴线对元素在物质中所处的环境很敏感,如表1-5中$SiK_{\beta'}$是SiK_β的伴线,单质Si不存在该伴线,不同Si化合物中Si的

K_β 线和伴线 $K_{\beta'}$ 线峰位间的能量差和其强度比均有明显差异,因此可用于化学态分析。

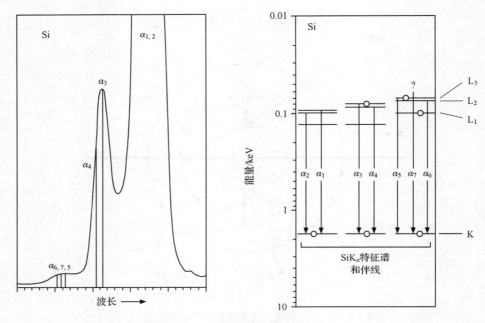

图 1-5　Si 的 K_α 线及其伴线 SiK_{α_3}、SiK_{α_4} 和 SiK_{α_5}[15]

表 1-5　硅、碳化硅、氮化硅和二氧化硅中硅的 K 系谱分析结果[9]

样品	K_α/keV	K_{α_3}/keV	K_{α_4}/keV	K_β/keV	$K_{\beta'}$/keV	$\dfrac{\alpha}{K_\alpha}$	$\dfrac{\alpha}{K_{\alpha_3}}$	$\dfrac{\alpha}{K_{\alpha_4}}$	$\dfrac{\alpha}{K_\beta}$	$\dfrac{\alpha}{K_{\beta'}}$	$\dfrac{I_{K_\beta}}{I_{K_{\beta'}}}$
Si	1.7393	1.7493	1.7522	1.8353		1.99	2.47	1.68	1.58		
SiC	1.7395	1.7503	1.7520	1.8352	1.8261	2.24	0.71	1.19	2.11	2.32	7.8
Si_3N_4	1.7398	1.7507	1.7537	1.8333	1.8227	2.31	1.32	1.30	1.35	1.89	5.6
SiO_2	1.7400	1.7509	1.7533	1.8313	1.8181	2.33	2.55	2.32	1.17	2.38	5.1

(3) 比 K 层高的壳层随角动量量子数的不同而分为不同的亚层。如果初始空穴出现在这样的壳层,那么,除了上述两种跃迁之外还可能存在相同壳层(主量子数相同)中另一亚层(角动量量子数不同)的电子跃迁,这就是所谓 Coster-Kronig 跃迁。由于能级间隔小,这种跃迁非常快,它也属于无辐射跃迁。

综上所述,入射 X 射线与原子中电子相互作用而发生的光电效应,将产生符合选择定则特征的 X 射线荧光、受禁跃迁谱线和伴线。原级 X 射线与原子相互作用时,若能逐出 K 层电子,也能逐出 L、M、N 层电子。

§1.2.1.4　特征 X 射线的符号

特征 X 射线的符号表示方法有常用名(或称作 Siegbahn)和国际纯粹与应用化学联合会(IUPAC)命名两种,后者采用跃迁能级命名,其优点是既可了解能级跃迁,也不易将不同谱线来源与名称混淆。在 X 射线荧光光谱中常用的特征 X 射线的符号表示方法列于表 1-6。

表 1-6　X射线荧光光谱中常用的特征 X 射线的常用名和 IUPAC 表示法比较

K		L		M	
常用名	IUPAC	常用名	IUPAC	常用名	IUPAC
K_α	$K-L_{2,3}$	L_{α_1}	L_3-M_5	$M_{\alpha_{1,2}}$	$M_5-N_{6,7}$
K_{α_1}	$K-L_3$	L_{α_2}	L_3-M_4	M_β	M_4-N_6
K_{α_2}	$K-L_2$	L_{β_1}	L_2-M_4		
K_{β_1}	$K-M_3$	L_{β_2}	L_3-N_5		
$K_{\beta_{1,3}}$	$K-M_{2,3}$	L_{γ_1}	L_2-N_4		
K_{β_1}	$K-N_{2,3}$	L_η	L_2-M_1		
		L_l	L_3-M_1		

§1.2.2　X 射线在物质中的吸收

当一束 X 射线通过物质时,将由于光电效应、康普顿效应及热效应等使 X 射线消失或改变能量和运动方向,从而使入射 X 射线方向运动的相同能量 X 射线光子数目减少,这一过程称为吸收。也就是说,X 射线强度的衰减是它受到物质的吸收和散射的结果。由于吸收和散射是两个不相关的概念,故予以分别讨论。

§1.2.2.1　质量吸收系数

假定一束波长为 λ 的平行 X 射线束,沿着 x 轴的方向,垂直入射到均匀吸收体表面上的强度为 I_0,即 $x=0$ 时 $I=I_0$,当此 X 射线束在 $x=0$ 和 $x=\mathrm{d}x$ 之间的路程上改变了 $\mathrm{d}x$ 距离时,则其强度改变为 $\mathrm{d}I_0$。实验证明,因物质的吸收和散射所造成的强度衰减 $\mathrm{d}I_0$ 不仅与入射线的强度 I_0 成正比,并取决于吸收体的厚度 $\mathrm{d}x$、质量 $\mathrm{d}m$ 或单位截面上所遇到的原子数 $\mathrm{d}n$。如以 μ_x、μ_m 和 μ_a 分别代表它们的比例系数,则它们之间的关系为

$$\mathrm{d}I_0 = -I_0 \cdot \mu_x \mathrm{d}x \text{ 或 } \mu_x = -\frac{\mathrm{d}I_0/I_0}{\mathrm{d}x}$$

$$\mathrm{d}I_0 = -I_0 \mu_m \mathrm{d}m \text{ 或 } \mu_m = -\frac{\mathrm{d}I_0/I_0}{\mathrm{d}m} \tag{1-7}$$

$$dI_0 = -I_0 \mu_a dn \text{ 或 } \mu_a = -\frac{dI_0/I_0}{dn}$$

式中：负号表示 X 射线束通过物质时强度的衰减；μ_x、μ_m、μ_n 分别称为线性吸收系数、质量吸收系数和原子吸收系数,其物理意义分别为：在单位路程(1cm)、单位质量(1g)、单位截面上遇到原子时所发生的 X 射线束强度的相对变化,其单位各为 cm^{-1}、$cm^2 \cdot g^{-1}$ 和 cm^2。这些系数之间的关系为：

$$\mu_x = \mu_m \rho = \mu_a \cdot \rho \cdot N_0/A \tag{1-8}$$

设此 X 射线束沿 x 轴通过厚度为 t 的吸收体时的强度为 I_t,将本节所述公式积分,可得：

$$\ln I_t - \ln I_0 = -\mu_x \cdot t \tag{1-9}$$

若以质量吸收系数表示,则 $I = I_0 e^{-\mu_m \rho_t}$,这就是著名的比尔-朗伯定律在 X 射线学上的一种表达式。

　　X 射线荧光光谱分析最常用的吸收系数,是质量吸收系数,吸收过程实质上是 X 射线光子与原子、电子相互作用的过程。因为将吸收系数 μ 与原子同 X 射线作用截面相联系,更能说明吸收过程的物理实质且更具有实际意义。

　　宏观的吸收系数是每一个原子总作用截面 σ_a 的叠加,即

$$\mu = \frac{N_0}{A}\sigma_a \tag{1-10}$$

式中：$\frac{N_0}{A}$ 表示每克原子中所含原子数。

　　在特征 X 射线能量范围内,总的质量吸收系数由两部分组成,即光电吸收系数(τ)和散射系数(σ)

$$\mu = \tau + \sigma = (\tau_K + \tau_L + \tau_M + \cdots) + \sigma \tag{1-11}$$

式中：τ_K 表示 K 层 1s 电子光电吸收系数,τ_L 为 L 层中 2s 电子光电吸收系数 τ_{L_1}、2p 电子光电吸收系数 τ_{L_2} 和 τ_{L_3} 三者之和,τ_M 亦可如此类推。在图 1-6 中列出钨的光电吸收系数与波长的关系。由图 1-6 可见,光电吸收系数 τ 随 X 射线波长的加大而迅速加大。这表明在某种限定范围内,一个入射光子逐出一个原子中的一个轨道电子的概率随其能量的减弱而增大,其极限使吸收曲线中呈现陡变的不连续性。这些不连续性与我们前面所述的临界激发能及相应的波长有关。解释这种不连续性是容易的。如辐射能量 $E = 1.5keV$ 时,辐射受到钨原子的强烈吸收,而使 P、O 和 N 轨道电子发生电离,但入射光子不可能与内层电子发生相互作用,当 $E = 1.8keV$ 时,其能量达到激发 M_V 能级的临界值,可能发生电离,吸收急剧增大,这一临界值称为 M_V 吸收限。欲激发钨的 L_3、L_2、L_1 能级时,光子能量应大于或等于 10.2keV、11.5keV 和 12.1keV,即可观察到三个吸收限。散射系数 σ 又可分为相干散射和非相干散射系数,将在下面讨论。

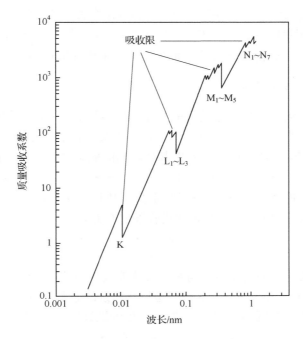

图 1-6　钨的质量吸收系数与波长的关系

对于多组分物质或混合物,其等效质量吸收系数 $\overline{\mu}_m$ 为各组分质量吸收系数的加和:

$$\overline{\mu}_m = \sum_i W_i \mu_{mi} \qquad (1\text{-}12)$$

式中:μ_{mi} 为元素 i 的质量吸收系数,W_i 为元素 i 在吸收体中的质量百分含量。

§1.2.2.2　质量吸收系数与 λ、Z 的关系

质量吸收系数 μ_m 是波长 λ 和元素的原子序数 Z 的函数,早在 1914 年 Bragg 和 Pierce 就证明,在任何两个相邻吸收限之间,单个原子的吸收系数 μ_a 与波长和 Z 之间具有下述关系:

$$\mu_a = CZ^4 \lambda^3 \qquad (1\text{-}13)$$

式中:C 是与吸收体和吸收限有关的常数。Think 和 Leroux[3] 采用了另一种模式:

$$\mu = CE_{ab}\lambda^n = CE_{ab}\left(\frac{12.3981}{E}\right)^n \qquad (1\text{-}14)$$

式中:C 是常数;E_{ab} 是两个吸收限中低吸收限能量(keV),λ 或 E 位于两吸收限之间;n 为两个吸收限之间具有不同值的指数。陶光仪等[4-6] 对已发表的并有一定影响的质量吸收系数的特点,通过实验进行了比较,提出了一种混合的质量吸收系数

算法:①当入射线能量<1.0keV 时,用 Heinrich 算法[7];②当入射线能量落在 N₁ 和 L₁ 吸收限之间时,波长>0.06nm 时,用 Heinrich 算法;若波长≤0.06nm,则采用 de Boer 算法[8];③除此之外的其他情况下均采用 Thinh 等[3]的算法。

§1.2.2.3　吸收限跃迁因子

光电吸收系数随波长或能量而呈不连续性,可以用一个原子吸收一个光子的概率予以解释。当入射 X 射线能量大于或等于某一元素 K 层电子轨道结合能时,光电吸收系数应包括原子中所有能做各种电离的概率,即 $\lambda_a \leqslant \lambda_{aB}$ 或 $E_a \geqslant E_{ab}$ 时,

$$\tau_A = (\tau_K + \tau_1 + \tau_2 + \tau_3 + \tau_M + \cdots \tau_P)\lambda_a \qquad (1\text{-}15)$$

在任一特定的不连续处,两种光电吸收系数的比称为吸收限突变 γ。通常以较大的值被较小的值除,如 K 系吸收限的吸收限突变为:

$$\gamma_K = \frac{\tau_K + \tau_1 + \tau_2 + \tau_3 + \cdots}{\tau_1 + \tau_2 + \tau_3} \qquad (1\text{-}16)$$

在某一特定波长范围内的总吸收与某一具体能级相关的吸收份数称为吸收限跃迁因子(absorption jump factor),本质上是待测元素的原子吸收入射 X 射线光子后,逐出某一轨道电子的概率。如对于波长 λ_a 处的跃迁因子 J_K 为:

$$J_K = \frac{\gamma_k - 1}{\gamma_k} = \frac{\tau_K}{\tau_K + \tau_1 + \tau_2 + \tau_3 + \cdots} \qquad (1\text{-}17)$$

跃迁因子的测定是比较困难的,这是因为:①吸收限短波限的吸收曲线往往发生畸变;②散射随原子序数的下降而变得越来越不可忽略,对于较轻的元素,难以估计光电吸收系数 τ 的真实值。

Poehn 等[3]在前人所提供数据表基础上,对 K 壳层和 L₃ 壳层的吸收限跃迁因子提出了很有用的近似计算公式,对于 K 壳层的吸收限跃迁因子,在 11≤Z≤50 范围内表达式为:

$$J_K = 17.54 - 0.6608Z + 0.014\,27Z^2 - 1.1 \times 10^{-4}Z^3.$$

L₃ 壳层的吸收限跃迁因子。在 30≤Z≤83 范围内,其表达式为:

$$J_{L_3} = 20.03 - 0.7732Z + 0.011\,59Z^2 - 5.835 \times 10^{-5}Z^3.$$ 对所有元素 L₂ 和 L₁ 处吸收限跃迁因子值是常数,并分别等于 1.41 和 1.16。

§1.2.3　X 射线在物质中的散射

X 射线在物质中的散射现象,可分为四种形式:

(1) 不变质散射(弹性散射),其特点是入射 X 射线波长不发生变化;

(2) 变质散射(非弹性、康普顿散射),入射 X 射线波长发生变化;

(3) 当入射 X 射线和散射 X 射线之间存在着一定相位关系时,将发生相干

散射；

(4) 反之,若没有特定的相位关系时,就产生不相干散射。这里,变质散射必定是不相干的,然而所有不相干散射未必都是变质散射。衍射是相干散射的一种特例。在 X 射线荧光光谱分析中,通常将散射分为瑞利(Raylelgh)散射和康普顿(Compton)散射。X 射线管所产生的原级 X 射线照射在样品上,因散射构成待测元素的背景,对元素的测定特别是痕量元素的测定带来不利影响;然而利用散射线作内标,则可校正基体的吸收效应和非均匀效应。因此研究 X 射线在物质中的散射现象是十分重要的。

线性散射系数 σ 为:

$$\sigma = Zf^2 + (1 - f^2) \tag{1-18}$$

式中:Zf^2 表示相干散射,$1 - f^2$ 表示不相干散射,f 为电子结构因子,它表征一个电子的散射能力。

§1.2.3.1　瑞利散射和瑞利散射截面(系数)

根据经典电动力学理论,在入射 X 射线的交变电磁场的作用下,一个电子会受迫振动而形成具有变电矩的偶极子。这种变电矩的偶极子形成了交变的电磁场,并成为辐射的电磁波的波源,从这个电子辐射出来的次级辐射,即为散射的 X 射线,由于电子受迫振动的频率与入射 X 射线的振动频率相一致,故散射线频率与入射 X 射线频率相同。这就是说,由电子辐射出来的散射线波长与入射 X 射线波长相一致。这种散射称作瑞利散射。

由于入射 X 射线波长与原子间的距离具有相同的数量级,因此,利用这种条件,即可观察到散射线的干涉现象。这种相干散射现象是在晶体中 X 射线产生衍射现象的物理基础。

非偏振光子的微分瑞利散射截面由下式给出[9]:

$$\frac{d\sigma_R}{d\Omega} = \frac{1}{2} r_e^2 / C_z \cdot \left[F(x, Z) \right]^2 (1 + \cos^2 \theta) \tag{1-19}$$

式中:r_e 是经典电子半径 $(r_e = \frac{e^2}{mc^2})$;C_z 是换算系数,将散射截面的单位从 barn·atom^{-1} 换成人们习惯使用的单位 cm^2·g^{-1};$F(x, Z)$ 是原子结构因子,主要解释原子轨道中 Z 个电子散射的散射波的相位差异。因为在入射线方向上不存在相位差,因此在入射线方向上散射 X 射线强度最大,振幅是一个电子散射的 Z 倍,强度是一个电子散射波强度的 Z^2 倍,其他方向上的散射波强度根据散射角增大和(或)入射波长减小而降低。

$$F(x, Z) = \int_0^\infty \rho(r) 4\pi r \frac{\sin\left[\left(\frac{2\pi}{\lambda} \right) rs \right]}{(2\pi/\lambda) rs} dr \tag{1-20}$$

式中：$\rho(r)$ 是总电子密度，r 是离原子核的距离，$s = 2\sin(\theta/2)$。原子结构因子的计算，当 $Z < 26$ 时，用 Hartree 电子分布，$Z > 26$ 用 Fermi-Thomas 分布。

每个原子的瑞利散射截面，由下式算出：

$$\sigma_R = \frac{1}{2} r_0^2 \int_{-1}^{1} (1 + \cos^2 \theta) \mid F(x, Z) \mid^2 2\pi d(\cos\theta)$$

$$= \frac{3}{8} \sigma_{th} \int_{-1}^{1} (1 + \cos^2 \theta) \mid F(x, Z) \mid^2 d(\cos\theta) \tag{1-21}$$

§1.2.3.2　康普顿散射能量的计算

康普顿（Compton）认为非相干散射是一个入射光子（$E = h\nu$）与一个自由度较大即与原子核结合松弛的电子产生碰撞，形成的反冲电子以 ϕ 角逸出，入射光子损失部分能量以 θ 角逸出的过程，如图 1-7 所示。设入射光子的波长为 λ，能量为 E，出射角为 θ，则计算康普顿散射峰波长的公式可表述如下：

$$\lambda_c = \lambda + \frac{h}{m_e c}(1 - \cos\theta) \tag{1-22}$$

根据

$$\lambda(\text{nm}) = hc/E = 1.2398/E(\text{keV})$$

$$\frac{h}{m_e c} = \frac{hc}{m_e c^2} = \frac{0.1240 \text{keV} \cdot \text{nm}}{510.996 \text{keV}} = 0.002426 \text{nm}$$

则有

$$\Delta\lambda(\text{nm}) = 0.002426(1 - \cos\theta) \tag{1-23}$$

康普顿散射能量 E_c 为

$$\lambda_c = \lambda + \frac{h}{m_e c}(1 - \cos\theta) = \lambda + 0.002426(1 - \cos\theta)(\text{nm})$$

$$E_c = \frac{E_i}{1 + \dfrac{E_i}{m_e c^2}(1 - \cos\theta)} = \frac{E_i}{1 + \dfrac{E_i}{510.996}(1 - \cos\theta)} (\text{keV})$$

故

$$E_c = \frac{E_0}{1 + (E_0/mc^2)(1 - \cos\theta)} \tag{1-24}$$

当 $\theta = 0$ 时，波长不发生变化；$\theta = 90°$ 时，波长变化为 0.002426nm，θ 角等于谱仪入射角和出射角之和；$\theta = 180°$ 时，波长变化最大，其值为 0.00485nm。

进一步研究发现，对于轻的基体，康普顿散射角与限制原级 X 射线入射光束的光阑的大小和试样厚度有关。Kundra[10] 通过测定不同厚度的石墨样康普顿散射角的实验结果证实了这一结论。图 1-8 中（A）30mm 光阑；（B）15mm 光阑；横坐标为石墨试样厚度；纵坐标为 RhK$_\alpha$ 特征 X 射线的康普顿散射角 2θ。

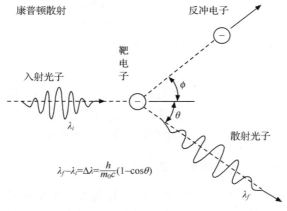

图 1-7　康普顿散射

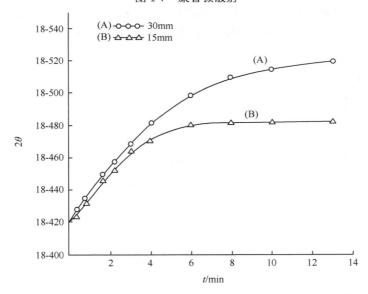

图 1-8　RhKₐ特征 X 射线的康普顿散射角与石墨试样厚度的关系[10]

非相干散射截面计算公式：

$$\frac{\mathrm{d}\sigma_c^Z}{\mathrm{d}\Omega} = \frac{1}{2} r_e^2 / C_Z \cdot S(x, Z) \cdot H(\alpha, \theta) \tag{1-25}$$

式中：$S(x, Z)$是非相干散射函数，解释电子散射波长的相位差。实际上，由于 Z 个轨道电子不是自由电子，受到原子核的束缚，因此，一个原子的散射截面小于一个电子的 Z 倍。

$$H(\alpha, \theta) = \left[1 + \alpha(1 - \cos\theta)\right]^{-2}\left[1 + \cos^2\theta + \frac{\alpha^2(1 - \cos\theta)^2}{1 + \alpha(1 - \cos\theta)}\right] \tag{1-26}$$

$$\alpha = \frac{h\nu}{m_0 c^2} = \frac{E(\text{keV})}{511.003} \tag{1-27}$$

式中，$x = \sin(\theta/2)/\lambda$；$\frac{1}{2} r_e^2 = 0.039705$；$C_z = \frac{A}{N_A} \times 10^{24}$，$A$ 为原子量，N_A 为阿伏伽德罗常数。

原子结构因子 $F(x, Z)$ 和非相干散射函数 $S(x, Z)$ 与 x 和原子序数 Z 之间的关系是极为复杂的，目前还无具体的函数形式。前人根据原子中电子分布的模型如 Hartree-Fock 或 Thomas-Fermi 模型进行处理，计算数据见文献[12, 13]。

§1.2.3.3　瑞利散射和康普顿散射峰强度比

瑞利散射和康普顿散射峰强度比与入射 X 射线的能量和基体有关，当入射 X 射线的能量一致时，其强度比随基体的平均原子序数的增加而增加，即康普顿散射峰强度随基体的平均原子序数的增加而降低。以 Zr 二次靶分别激发 Cu 合金、Al 合金和 ABS 塑料为例，Zr 的瑞利散射和康普顿散射峰如图 1-9。

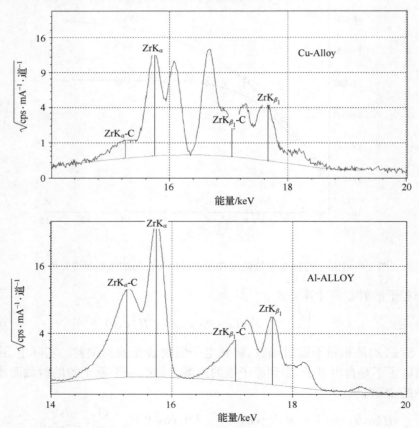

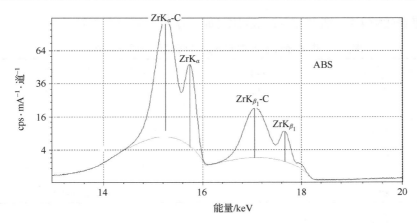

图 1-9　锆二次靶分别激发铜合金、铝合金和 ABS 塑料时 Zr 的瑞利散射和康普顿散射峰

　　若基体固定,瑞利散射和康普顿散射峰强度比随入射 X 射线的能量增加而降低,即康普顿散射峰强度比随入射 X 射线的能量增加而增加。图 1-10 为 Fe、Zr 和 CsI 二次靶激发 ABS 空白样的瑞利散射和康普顿散射峰强度。

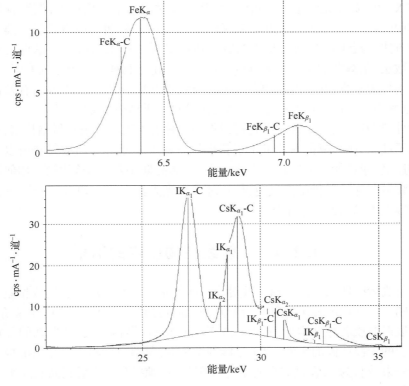

图 1-10　Fe 和 CsI 二次靶分别激发 ABS 塑料空白样瑞利散射和康普顿散射峰强度

康普顿散射和瑞利散射峰强度比与原子序数关系如表 1-7。

表 1-7　康普顿散射和瑞利散射峰强度比与原子序数关系[14]

原子序数	元素	I(康普顿散射)$/I$(瑞利散射)
3	Li	全部康普顿散射
6	C	5.5
16	S	1.9
26	Fe	0.5
29	Cu	0.2
82	Pb	全部瑞利散射

§1.2.3.4　瑞利散射和康普顿散射的应用

X 射线荧光光谱分析特别是波长色散 X 射线荧光光谱分析中,50% 的背景来自于瑞利散射和康普顿散射[15],散射线对分析元素谱线构成重叠干扰,或加大探测器死时间等不利因素。

在 X 射线荧光光谱定量分析中,康普顿散射被用来补偿仪器漂移、样品形态和基体中吸收效应的影响,利用康普顿散射线作内标是测定地质样品中痕量元素的主要方法。近年来 X 射线管靶的特征谱在试样中产生的康普顿散射已被用于基本参数法,估算非测定超轻元素的含量。在测定生物样品中痕量元素时,用瑞利散射作内标也是常用的方法,例如 Pb 的峰强度与瑞利散射之比可以有效消除几何角、重叠组织厚度、骨的形状及距离变化等对分析结果的影响[16]。

此外,瑞利散射和康普顿散射可以作为一种有用工具用来获得结构信息、研究基态电子性质,康普顿散射还可用于获得材料密度。通常瑞利散射峰可以比较准确地描述,但康普顿散射峰则由于峰形变宽,非高斯函数因子等影响,如何准确拟合康普顿散射峰目前仍是能量色散 X 射线荧光光谱领域中研究热点之一。这方面的内容在本书后面章节中将予详述。

§1.2.4　X 射线在物质中的衍射

X 射线衍射现象起因于相干散射的干涉作用,当两个波长相等、位相差固定和振动于同一平面内的相干散射波沿着同一方向传播时,则在不同的位相差条件下,这两种散射波或者相互增强(同相),或者相互减弱(异相)。这种振动的叠加现象称为振动的干涉或波的干涉,由于干涉的结果,在某些方面将产生衍射的极大值。

当一束波长为 λ、经过准直的单色 X 射线,以掠射角 θ 投射到晶面间距为 d 值的一组晶面(hkl)上时,则在每一晶面上的原子都向各种方向发射出次级散射线,

其中有些散射线可以看成是各层原子面按照反射定律对入射线反射的结果,参见图 1-11。它的衍射条件为:

（1）入射束和反射束及衍射面（hkl）的法线均在同一平面上;

（2）入射束和反射束同衍射面之间的夹角相等,即掠射角 θ 等于出射角 θ;

（3）从顺次晶面上反射出来的射线,其光程差为波长 λ 的整数倍。

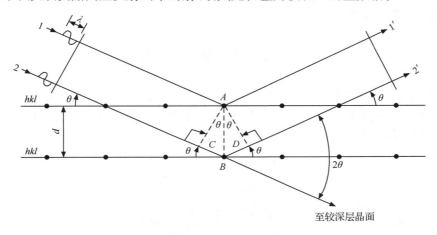

图 1-11　晶体的布拉格衍射模型

从图 1-11 可以看出,当入射 X 射线 1 和 2 投射到两个顺序的晶面上时,即在各个方向上发射出散射线,其中只有 1′和 2′满足了衍射条件,这样,射线 1A1′和 2B2′之间的光程差为

$$CBD = CB + BD = 2AB\sin\theta = 2d\sin\theta \qquad (1\text{-}28)$$

如果这些射线是同相的,其光程必须是波长 λ 的整数倍（n）,即

$$n\lambda = 2d\sin\theta \qquad (1\text{-}29)$$

式(1-29)就是著名的布拉格定律。

需要指出的是,布拉格定律只给出了平行光束经过晶体内原子散射后强度的最大方向,并不限定其他方向完全没有散射线。布拉格定律所表示的物理意义是:

（1）如果入射的 X 射线具有一定的波长 λ,则只有掠射角 θ 满足下式 :$n\lambda = 2d\sin\theta$ 的射线,经过晶体衍射后才能得到最大强度的衍射线;

（2）如果入射的 X 射线具有一定入射方向 θ,则只有波长 λ_n 满足下式:$2d\sin\theta = \lambda_n$ 的射线,才能得到最强的衍射线;

（3）因为 $\sin\theta$ 的绝对值只能 $\leqslant 1$,所以 $2d/n\lambda$ 必须 $\leqslant 1$,当 $n=1$ 时,λ 必须 $\leqslant 2d$ 值,才能得到晶面簇衍射。因此,反射级 n 不能大于 $2d/\lambda$,故 X 射线与晶体相互作用时,所发生的衍射极大值受到一定限制。

从上面所述,可看出 X 射线衍射与光学反射是不相同的:

（1）光学反射完全是表面作用，而 X 射线衍射则深入到晶体内部，其内层原子面也参与反射作用；

（2）光学反射可选择任意的入射角，而 X 射线的反射则受布拉格定律制约，即必须满足布拉格定律。布拉格定律是波长色散 X 射线荧光光谱使用分光晶体分辨待测元素特征谱线的理论基础。也是能量色散 X 射线荧光光谱使用二次靶-布拉格靶的理论基础。

§1.2.5　偏　　振

如在 §0.1 节中所述，X 射线是一种电磁波，由电矢量 E 和磁矢量 B 组成（如图 1-12）。若电矢量都在一个平面上，称该 X 射线是线性偏振，电矢量在无择优取向情况下，称 X 射线为非偏振光。

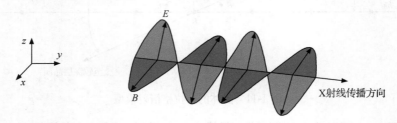

图 1-12　X 射线是一种电磁波[17]

任何方向上的电矢量均可分解成相互垂直的两部分。图 1-13 中显示了从 X 射线管发射的原级 X 射线被分解为垂直和水平方向的情况，当以 90° 射到二次靶上时，假如二次靶上非偏振 X 射线呈 90° 反射（散射），则垂直电矢量 E_z 不会被反射（散射），$E_z=0$，反射后只剩下水平电矢量，$E_x\neq0$，即散射后的原级 X 射线被水平偏振化了。

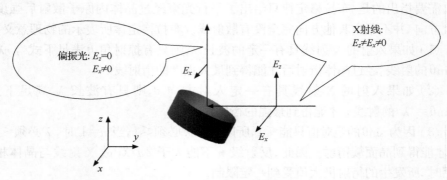

图 1-13　一次散射后的偏振[17]

图 1-14 表明,若从二次靶中产生的一次散射后的偏振光以 90°射向样品,产生第二次反射,水平分量不会被反射,这样入射的原级 X 射线经过两次反射后就不再能进入探测器,从而基本消除测定试样时由原级谱在试样中散射引起的背景。

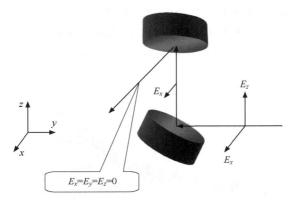

图 1-14　一次和二次散射后的偏振[17]

§1.2.6　反射和折射

波动从一种介质传到另一种介质时,在两种介质的分界面上,传播方向要发生变化,产生反射和折射现象。

当入射波在两种介质的分界面上发生反射时,反射线、入射线和分界面的法线均在同一平面内,且反射角等于入射角。这称为波的反射定律。对于 X 射线而言,反射和折射如在图 1-15 中所示。在图 1-15 展示了不同入射角时 X 射线的反射情况,ϕ 是指入射线与反射体表面之间的角度,即所谓全反射临界角 ϕ_c,单位为弧度。在图 1-15A 中,当 $\phi > \phi_c$ 时,入射线穿过界面进入到介质内部;当 $\phi = \phi_c$ 时,如图 1-15B 中所示,反射线沿着介质表面传播;若 $\phi < \phi_c$,入射线在界面上完全被反射,如图中 C。

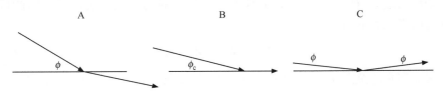

图 1-15　入射角、临界角和全反射

当入射 X 射线小于临界角 ϕ_c 时,大部分入射 X 射线将离开样品,背景显著降低,这一过程及入射角度变化与背景的关系如图 1-16 所示。临界角以下式表示[18]：

$$\phi \approx \frac{1.65}{E} \sqrt{\frac{Z\rho}{N_A}} \tag{1-30}$$

临界角 ϕ_c 以弧度表示，E 的单位为 keV，Z 为原子序数，ρ 为密度，单位 g/cm²，N_A 为阿伏伽德罗常数。由式(1-30)可知临界角 ϕ_c 与入射 X 射线能量、介质的 Z 有关。

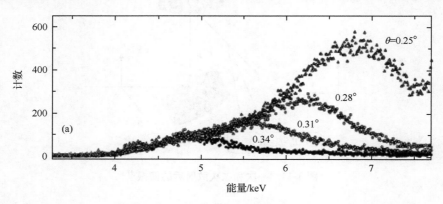

图 1-16　入射角、能量与背景的关系[16]

§1.3　莫塞莱(Moseley)定律

莫塞莱早在 1913 年详细研究了不同元素的特征 X 射线，依据实验结果确立了原子序数 Z 与 X 射线波长之间的关系。可由图 1-9 中 K_{α_1} 谱线的波长与原子序数之间的线性关系证明。它表明同名特征 X 射线谱的频率的平方根与原子序数成正比，即

$$\sqrt{\nu} = Q(Z - \sigma) \tag{1-31}$$

式中：Q 为常数，$\nu = \frac{1}{\lambda}$。

如前所述，特征 X 射线的能量等于发生跃迁的两个壳层轨道电子的能量差，所发射的 X 射线能量为：

$$\Delta E = E_i - E_f = RhC(Z - \sigma)^2 \left(\frac{1}{n_f^2} - \frac{1}{n_i^2} \right) \tag{1-32}$$

对于 K_{α_1} 谱线，假定屏蔽常数 $\sigma = 1$，$n_f = 1$，即 K 壳层；$n_i = 2$，为 L 壳层，则

$$E_{K_{\alpha_1}} = \frac{3}{4} RhC(Z - 1)^2 \tag{1-33}$$

对于 K_{β_1} 线，$n_i = 3$，即 M 壳层

$$E_{K_{\beta_1}} = \frac{8}{9} RhC(Z - 1)^2 \tag{1-34}$$

同样,对于 L 壳层, n_f 等于 2,那么

$$E_{L_{\alpha_1}} = \frac{5}{36}RhC(Z-\sigma)^2 \tag{1-35}$$

应该指出,实际的原子结构比经过简化的原子模型要复杂得多,屏蔽常数只能看作准常数,从图 1-17 可以看出 $\frac{1}{\sqrt{\lambda}}$ 与原子序数之间的关系并非完全是线性关系。莫塞莱定律为 X 射线光谱定性分析奠定了基础,表明 X 射线的特征谱给人们提供了一种识别新元素的可靠方法——X 射线分析法。

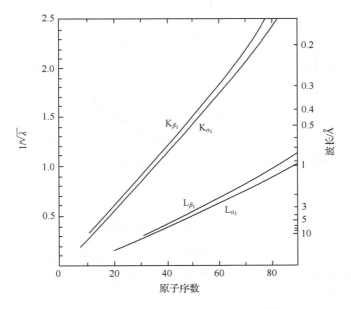

图 1-17　X 射线光谱线的莫塞莱定律[9]

§1.4　荧 光 产 额

如图 1-3,当一束能量足够大的 X 射线光子与一种物质的原子相互作用时,逐出一个轨道电子而出现一个空穴,所产生的空穴并非均能产生特征 X 射线,还会产生俄歇电子和 Coster-Kronig 跃迁。

产生特征 X 射线跃迁的概率就是荧光产额(ω),俄歇跃迁的概率称俄歇产额(a),Coster-Kronig 跃迁的概率为 Coster-Kronig 产额(f),这三者之和应为 1。在通常情况下,一般不考虑 Coster-Kronig 跃迁概率。以 K 系为例:

$$\omega = \frac{\sum(n_{K_i})}{N_K} = \frac{n_{K\alpha_1} + n_{K\alpha_2} + n_{K\beta_1} + \cdots}{N_K} \tag{1-36}$$

式中：n_{Ki} 为单位时间内元素 i 的 K 系线所产生 X 射线荧光的总光子数，N_K 为同一时间 K 壳层所产生的空穴数。K、L 和 M 系线荧光产额与原子序数云间关系如图 1-18 所示。

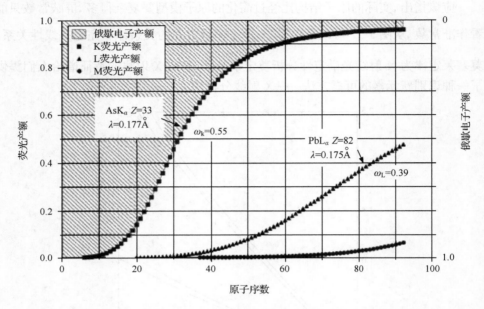

图 1-18　荧光产额与原子序数关系图[15]

　　荧光产额是 X 射线荧光光谱分析中重要的参数，这里仅介绍计算荧光产额的经验公式，经验公式是将实验测得的荧光产额通过拟合获得的，常用的经验公式有 Burhop[19] 提出的经验公式：

$$\left[\omega/(1-\omega)\right]^{\frac{1}{4}} = A + BZ + CZ^3 \tag{1-37}$$

其 K、L、M 的 A、B、C 值列于表 1-8。

表 1-8　荧光产额计算时所用常数值

常　　数	ω_K	ω_L	ω_M
A	−0.3795	−0.11107	−0.00036
B	0.03426	0.01368	0.00386
C	−0.1163×10⁻⁵	−0.2177×10⁻⁶	0.20101×10⁻⁶

　　在 NRLXRF 程序[20] 中也是用式(1-37)，但所用常数不一样，对于 ω_K 值的常数分别为：$A=0.015$，$B=0.0327$，$C=-0.6×10^{-6}$。ω_{L_2} 和 ω_{L_3} 的计算通过以下经验公式进行：

$$\omega_i = e^{-c} \tag{1-38}$$

式中：c 为与原子序数 Z 有关的常数。当 $i=L_2$ 时，由下述一组 Z 和相应的 c 值：

$$Z = 25,35,60,85,100$$

$$c = 6.91,4.34,2.04,0.916,0.223$$

再通过内插法得到不同原子序数时的 c 值。当 $i=L_3$ 时，同样用一组相对应的 Z 和 c 值：

$$Z = 20,40,60,100$$

$$c = 6.91,3.51,1.90,0.223$$

同样采用内插法得到不同原子序数时的 c 值。ω_{M5} 时则用实验值通过直接内插的方法得到：

$$Z = 0,60,63,67,70,73,76,79,83,86$$

$$c = 0.000,0.006,0.011,0.015,0.021,0.023,0.026,0.033,0.036,0.050$$

直到现在 ω_K 值的准确程度比 ω_L 高，这是因为 ω_K 与一个壳层的能级相关，而 ω_L 是 L_1、L_2、L_3 三个能级的加权平均。

§1.5　谱　线　分　数

所谓谱线分数是指某一特征 X 射线在该线系中的相对强度。在 NRLXRF 程序[19]中，K_α 的谱线分数依据原子序数 Z 和 K_β/K_α 进行内插得到。

$$Z(0,20,30,60,100)$$

$$K_\beta/K_\alpha(0.07,0.13,0.14,0.25,0.27)$$

对于给定的 Z，经过插值得到 K_β/K_α 后，计算 K_β 和 K_α 的谱线分数是通过下式

$$f_{K_\alpha} = \frac{1}{1+\dfrac{K_\beta}{K_\alpha}} = \frac{K_\alpha}{K_\alpha + K_\beta} \tag{1-39}$$

式中：$K_\alpha = K_{\alpha_1} + K_{\alpha_2}$；$K_\beta = K_{\beta_1} + K_{\beta_2} + K_{\beta_3} + \cdots$

以同样插值方法计算 L_α 和 L_{β_1} 的谱线分数。

对 L_α：$Z(38,40,44,50,60,80,94)$

$$g_{L_\alpha}(0.95,0.95,0.89,0.85,0.81,0.77,0.73)$$

对 L_{β_2}：$Z(38,40,44,50,60,80,94)$

$$g_{L_{\beta_2}}(0.0,0.01,0.07,0.12,0.16,0.20,0.23)$$

$$L_\alpha = L_{\alpha_1} + L_{\alpha_2}$$

$f_{L_{\beta_1}}$ 和 f_{M_α} 均等于 1。De Boer 是根据实验值通过最小二乘法拟合求得 f_{K_α}，通过 $1 - f_{K_\alpha}$ 求得 f_{K_β}。

在 K、L 和 M 各自线系内重要谱线的近似相对强度表 1-9。至于 K、L 和 M 线系之间相对强度约为 $100:5\sim10:1$。

表 1-9　K、L 和 M 的各自线系内重要谱线的近似相对强度

K 系线			L 系线			M 系线		
K-L$_3$	K$_{\alpha_1}$	100	L$_3$-M$_5$	L$_{\alpha_1}$	100	M$_5$-N$_7$	M$_{\alpha_1}$	100
K-L$_2$	K$_{\alpha_2}$	50	L$_2$-M$_4$	L$_{\beta_1}$	50	M$_5$-N$_6$	M$_{\alpha_2}$	100
K-L$_{2,3}$	K$_{\alpha_{1,2}}$	150	L$_3$-N$_5$	L$_{\beta_2}$	12	M$_4$-N$_6$	M$_\beta$	52
K-M$_{2,3}$	K$_{\beta_{1,3}}$	15	L$_2$-N$_4$	L$_{\gamma_1}$	6	M$_3$-N$_5$	M$_\gamma$	5
K-N$_{2,3}$	K$_{\beta_{2,4}}$	3	L$_3$-M$_1$	L$_l$	5			
			L$_1$-M$_3$	L$_{\beta_3}$	10			
			L$_1$-M$_2$	L$_{\beta_4}$	7			
			L$_2$-M$_1$	L$_\eta$	5			

　　另外要注意谱线分数并非是恒定值,有时会随元素的化学态变化而变;对于 L 系线的谱线分数更随管电压而有所变化,若管电压可以激发所测元素的 K 系线,与不能激发 K 系线相比较,L 系线的强度比是有显著差异的。

参 考 文 献

[1] Lachance G R,Claisse F. Quantitative X-ray fluorescence analysis theory and application. New York：John Wiley & Sons 1998.

[2] Poehn C,Wernisch J,Hanke W. Least-squares fits of fundamental parameters for quantitative X-ray analysis as a function of Z(11 .ltoreq .Z .ltoreq .83) and E(1 keV .ltoreq .E .ltoreq .50 keV). X-ray Spectrom. 1985. 14;120~124.

[3] Thinh T P,Lerocex J. New basic empirical expression for computing tables of X-ray masic attenuation coefficients. X-ray Spectrom. 1979. 8,85~95.

[4] 陶光仪,卓尚军,吉昂. X 射线荧光光谱中理论计算相对强度的主要因素. 化学学报. 1998,56：873~879.

[5] 陶光仪,卓尚军,吉昂. 提高 X 射线荧光理论计算相对强度准确度的研究.分析化学. 1998. 26：1350~1352.

[6] Tao G Y,Zhuo S J,Ji A. Norrish K,Fazey P,Senff U E. X-Ray Spectrom , 1998. 27;357~366.

[7] Heinrich K J F. 1987. Mass absorption coefficients for electron probe microanalysis. National Bureau of Standards , Gaithersbury , MD.

[8] De Boer D K G. Fundamental parameters for X-ray fluorescence analysis. Spectrochim. Spectrochim. Acta. Part B 1989. 44;1171~1190.

[9] 吉昂,陶光仪,卓尚军,罗立强. X 射线荧光谱分析. 北京;科学出版社,2003;22~27.

[10] Kundra K D. X-ray Spectrom. 1992,21;115~117.

[11] Hubbell J H. National standard reference data series ,Report No. 29. National Bureau of Standards , Washington ,1969.

[12] Ibers J A,Hamilton W C. International tables for X-ray crystallography .Vol. 4 .Birmingham ;Kynoch Press ,1974.

［13］Hubbell J H，Veigele W J，Briggs E A，Brown R T，Cromer D T. Howerton R J. Phys J. Chem. Ref. Data，1975，4，471．

［14］Bertin E P. Principles and practice of X-ray spectrometric analysis .2nd ed .New York；Plenum Press，1975，p .71．

［15］Wills J M，Duncan A R. Understanding XRF spectrmetry. Copyright（c）PANalytical B. V Lelyweg 1，7602 EA，Almelo，p7-1 .2008．

［16］罗立强，詹秀春，李国会 .X射线荧光光谱仪 . 北京：化学工业出版社，2008，65．

［17］Brouwer P. Theory of XRF. PANalytical BV，2003，22～23．

［18］赖因霍尔德·克洛肯凯帕 . 全反射X射线荧光分析 .王晓红，王毅民，王永奉 译 . 北京：原子能出版社，2002，30．

［19］Burhop E H S. J. Phys. Radium .，1955，16；625～629．

［20］Criss J W. NRLXRF，COSMIC Program and Documentation DOD-65，Computer Software Management and Information Center，University of Georgia，Athens，GA30602，USA，1977．

［21］De Boer D K G. Fundametal parameters for X-ray fluorescence analysis. Spectrochim . Acta .Part B，1989，44；1171～1190．

第二章 激发和激发源

EDXRF 谱仪所用激发源有高能电子束、质子、X 射线管、放射性同位素、同步辐射光源等,使用质子和同步辐射光源需要特定设备,投资巨大。这里需要指出,第三代同步辐射光源已在上海投入使用,以其优良的特性,已成为物理、化学、生命科学、医药、材料、环境等学科领域基础和应用研究的一种最先进的、不可替代的工具,有着重要而广泛的应用前景。用高能电子束激发早已发展成独立的电子探针学科,将不予介绍。

§2.1 X 射 线 管

§2.1.1 X射线管的基本结构

X 射线管近年来有很大发展,但依然可分为侧窗靶、复合靶、端窗靶和透射靶。

X 射线管本质上是一个在高电压下工作的二极管,包括一个发射电子的阴极和一个收集电子的阳极(即靶材),并密封在高真空的玻璃或陶瓷外壳内。发射电子的阴极可以是热发射或场致电子发射,热阴极 X 射线管是根据热电子发射的原理制成的。阳极有反射式或透射式两种类型,EDXRF 通常用反射式靶;透射式靶先用于 WDXRF 谱仪,现在已应用于 EDXRF 谱仪。2001 年,Mxtek 公司发展了一种阳极透射靶,使用 Pd 或 Ag 阳极,电压 10~30kV,电流 0~0.1mA,尺寸为 18cm×7cm×3cm,质量 450g。透射靶在 Be 窗内镀 0.25mm 厚,体积约为 30mm³。这种靶可用于手持式 EDXRF 谱仪。电源通常交直流两用。

发射电子的阴极一般由螺旋状的灯丝组成,灯丝的材料通常是钨丝。灯丝在一稳定的灯丝电流加热下发射电子,在灯丝周围形成一定密度的电子云,电子在阳极高压作用下,被加速飞向阳极,与阳极材料中原子相互作用,发射 X 射线,它由特征 X 射线和连续谱组成,通常称为原级 X 射线。改变灯丝电流的大小可以改变灯丝的温度和电子的发射量,从而改变管电流及 X 射线照射量的大小。

透射靶产生 X 射线的机理示意于图 2-1。从图 2-1 可见,透射靶的阳极是在铍窗的内层,该阳极在电子束轰击下所产生的 X 射线透过靶材和铍窗射向试样。透射靶阴极接地,薄片状靶处于正高压。靶与样品间距离更近,配合合理的光路设计,所获得的原级谱的强度比反射靶高 3~5 倍。

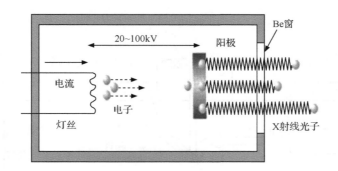

图 2-1 透射式 X 射线管结构示意图

端窗靶和侧窗靶在电子束轰击下所产生的 X 射线由靶材表面射出,通过铍窗射向试样。其结构示意图如图 2-2 和图 2-3 所示。

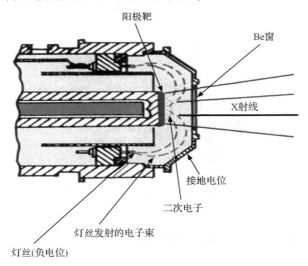

图 2-2 端窗靶结构示意图

近年来将侧窗管与聚束毛细管透镜组合在一起,用作微束 EDXRF 光源,如图 2-4 所示。

为获得足够通量密度的 X 射线,电子轰击阳极靶面的区域应限制在一定范围内,通常称作靶面焦斑。电子从阴极飞向阳极的路径中,设有一聚焦极,保证电子在阳极高压的加速下飞向阳极,能在阳极表面形成一个较大的焦斑。焦斑的形状和大小取决于灯丝和聚焦极的结构、阴极和阳极之间的距离,以及靶面相对于电子束入射方向的倾角等因素。

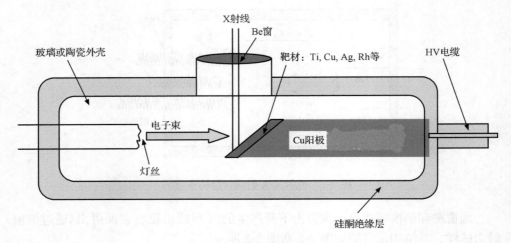

图 2-3　侧窗靶结构示意图

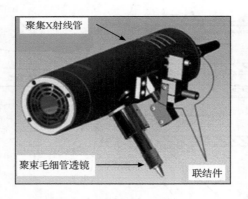

图 2-4　微束 EDXRF 谱仪微聚焦 X 射线管（Bruker，公司）

　　能量色散 X 射线荧光光谱仪用的 X 射线管应具有如下特点：

　　(1) 要求能连续的工作于不同的功率（如 5W～1kW）水平，不仅要求能在高电压（100kV）、低电流（10μA）情况下工作，也能在低电压（4kV）、高电流（mA）情况下工作，且不同工作状态的切换需在 1～5s 内完成，并保证稳定；

　　(2) 提供较大的 X 射线通量，因此允许采用较大的焦斑，窗口较大；

　　(3) 在保证 X 射线管使用寿命的情况下，窗用材料铍片应尽可能薄；Walen 等[1]研究表明，厚度为 25μm 铍窗的 X 射线管对于波长 0.08～2nm 的 X 射线透过率为厚度 75μm 铍窗的 X 射线管的 10～100 倍，薄窗靶特别适用于长波段的 X 射线荧光的测定。若仅用于测定较重元素如金、银和铜的低分辨率谱仪，所用 X 射

线管管窗材料亦可是硼酸盐玻璃(如硼酸锂铍玻璃);

(4)靶材纯度要高,杂质谱线的强度应小于总强度的 1%;为减少 X 射线的散射和吸收,通常要求靶面抛光成镜面;

(5)为满足多种分析要求,可配备多种靶材供选择,但端窗靶一般选用铑为阳极材料;

(6)提供 X 射线管的高压和管电流的高压电源输出稳定,波长色散谱仪通常应小于 0.001%,能量色散谱仪应在 0.01%;

(7)体积小,质量轻,除特殊情况下通常用空气冷却。

能量色散谱仪种类繁多,不同用途的谱仪需求不一样,如手持式 EDXRF 谱仪所用 X 射线管需满足如下条件:①低功率:管压 5～50kV,管流 10μA 至数百微安,管压管流可调;②用空气或内部冷却 X 射线管及其高压电源;③为满足可持式要求,其尺寸要小,质量要轻,如小于 500g;④阳极材料需满足所分析元素的要求;⑤具有良好的防护和准直装置,确保向唯一方向辐射;⑥最好要有薄的 Be 窗。

§2.1.2　X 射线管靶材的选择

EDXRF 谱仪由于有手持式、微束、中低分辨率谱仪(即使用封闭式正比计数管或 Si-PIN 电制冷探测器)常用侧窗靶,功率为 4～50W;但在用二次靶或偏振光作激发源时,则要用较高功率的 X 射线管,如 SPECTRO X-LAB2000 高性能 X 射线荧光光谱仪最大输出功率高达 400W,最高电压 60kV,最大电流 15mA,阳极材料为 Pd。而 PANalytical 公司高能偏振用的 X 射线管则为 600W,最高电压达到 100kV,最大电流 25mA,可激发稀土元素的 K 系线。阳极材料为 Gd,近年来为便于提高轻重元素的激发效率,使用 Sc-W 复合靶,在低管压情况下工作,主要由 Sc 靶产生特征 X 射线谱,激发轻元素;而在高管压情况下,W 靶所产生的连续谱和特征谱适用于原子序数为 22～92 之间的元素的有效激发。就地质样品而言,使用 Sc-W 复合靶优于 Gd 靶,W 和 Hg 例外。飞利浦公司在 20 世纪 90 年代推出的 1.6kW 的能量色散用 X 射线管,最高电压可达 160kV,管流 10mA,这样可用于激发周期表中所有元素的 K 系线,并可方便使用二次靶或偏振光,所获得的原级谱单色性强,但未用于商品仪器。

台式或现场分析用的 EDXRF 仪器,要求所用 X 射线管日益小型化和专用化,参见表 2-1。

表 2-1　小尺寸和手持式 EDXRF 谱仪用 X 射线管[2]

待分析元素	阳极材料	电压/kV	X 射线谱
Al,Si,P,S,Cl	Ca	5～8	3.7keV Ca K 系线和连续谱
Al,Si,P,S,Cl	Ag(L 系线)或 Pd	5～10	3keV Ag L 系线和连续谱
Cl,Ar,K,Ca	Ti	10	4.5keV Ti K 系线和连续谱
Ca-Y K 系线;W-U L 系线	Mo	30	17.5keV Mo K 系线和连续谱
Ca-Mo K 系线;W-U L 系线	Ag	30	22 keV Ag K 系线和连续谱
Ca-Sn K 系线;W-U L 系线	W	35	8.3 和 9.8 keV W L 系线和连续谱
Fe-Ba K 系线;W-U L 系线	W	50	8.3 和 9.8 keV W L 系线和连续谱
稀土,La-Hf L 系线	Mo	30	17.5keV Mo K 系线和连续谱
Na-Mo K 系线,Tc-U L 系线	Rh	50	20.165 keV Rh K$_\alpha$ 系线,2.696keV Rh L$_\alpha$ 系线和连续谱

§2.2　原级谱激发

　　X 射线管是 X 射线荧光光谱的最常用的激发源,它所产生的 X 射线光谱被称作原级 X 射线谱,是由连续谱和特征谱组成。在 X 射线管中,当所加的管电压很低时,只有连续谱产生;当所加电压大于或等于 X 射线管的阳极材料激发电势时,特征 X 射线光谱即以叠加在连续谱之上的形式出现。这种特征光谱的波长取决于 X 射线管的阳极材料。连续光谱与白色光相似,具有连续的一系列波长的 X 射线;特征 X 射线光谱与单色光相似,是若干具有一定波长而不连续的线状光谱,可称之为单色 X 射线。原级 X 射线谱强度分布随 X 射线管类型、阳极材料、X 射线管所用的窗口材料(铍片)的厚度、焦斑形状、施加电压和 X 射线管的出射角等条件而变。

　　原级谱激发样品中待测元素时,其能量必须大于或等于待测元素的某一能级的临界激发能量。

§2.2.1　连　续　谱

　　用钨作为阳极材料的 X 射线管,灯丝发射出的电子在 100kV(实用单位)高压加速情况下,射向阳极时,阳极材料钨所发射出来的连续光谱和特征光谱的强度分布情况如图 2-5 所示。

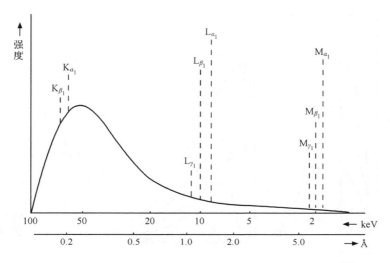

图 2-5　在 100kV 工作电压下的钨靶 X 射线光谱强度分布[1]

在 X 射线管中用电子激发所产生的连续光谱具有如下特点(如图 2-6 所示)：

(1) 每一连续光谱强度分布曲线都存在着短波限 λ_0，λ_0 的大小仅取决于 X 射线管内电子加速电压 V，与所加电流 I 和靶材无关。X 射线管的加速电压 V 和短波限 λ_0 具有以下简单的关系：

$$\lambda_0(\mathrm{nm}) = 1.23984/V(\mathrm{kV}) \tag{2-1}$$

加速电压与连续光谱短波限的 X 射线光子能量是一致的，波长为 1nm 的 X 射线光子，其能量为 1.23984keV。由于存在康普顿散射，实际测量值比计算值低。

(2) 连续谱的强度变化强烈地受 X 射线管的加速电压 V 的影响，当 V 升高时，其积分强度迅速增大。但均存在最强谱线 $\lambda_{\max}$，λ_0 和 $\lambda_{\max}$ 具有近似的关系：

$$\lambda_{\max} \approx \left(2 \sim \frac{3}{2}\right)\lambda_0 \tag{2-2}$$

式中，λ_0 和 $\lambda_{\max}$ 取决于加速电压。

(3) 从图 2-6(a)可知，当管电压固定时，其相对强度与电流成正比关系；图 2-6(c)则表明当管电压固定时，相对强度与靶材的原子序数成正比关系；图 2-6(b)则显示相对强度与电压的平方成正比。

早在 20 世纪 20 年代，Kulenkampff 研究了许多阳极材料产生的连续谱，对连续谱强度分布与 X 射线管的靶材的原子序数和管电压之间的关系，提出如下经验关系式：

$$I_\lambda = CZ\frac{1}{\lambda^2}\left(\frac{1}{\lambda_0} - \frac{1}{\lambda}\right) + BZ^2\frac{1}{\lambda^2} \tag{2-3}$$

式中，B 和 C 是常数。Kramers 从理论上推导了连续谱强度分布公式，其表达式是

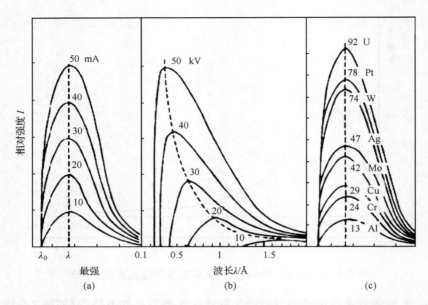

图 2-6　X 射线管管电流、电压和阳极材料的改变对连续谱的影响[1]

$$I_\lambda = CZ \frac{1}{\lambda^2} \left(\frac{1}{\lambda_0} - \frac{1}{\lambda} \right) \tag{2-4}$$

随着基本参数法的提出,在计算试样的理论强度时,只有原级谱的能量大于待测元素特征谱吸收限能量时才能有效激发,因此必须要知道原级谱的强度分布,为此从 20 世纪 70 年起国内外学者实测了不同类型 X 射线管在不同波长处的相对强度。Pella 和我国学者鄞梁垣[3,4]应用电子探针,使用 Si(Li) 半导体探测器,在多种操作电压下,测定了许多厚靶(Cr、Cu、Se、Zr、Mo、Rh、Ag、Sb、Te、Dy、Tb、W、Pt和 Au)的连续谱,在此基础上通过对探测效率、不完全的电荷收集、尾峰、和峰和逃逸峰的修正,并转换为常用的计数或发射光子的单位,提出了如下的表达式:

$$I_\lambda = 2.72 \times 10^{-6} Z \frac{1}{\lambda^2} \left(\frac{\lambda}{\lambda_0} - 1 \right) f W_{ab} \tag{2-5}$$

式中,W_{ab} 为 Be 窗吸收限校正,$W_{ab} = \exp(-0.35 \lambda^{2.86} t_{Be})$,其中 t_{Be} 为 Be 窗厚度,f 的定义为

$$f = (1 + C\xi)^{-2} \tag{2-6}$$

通过对实验数据进行曲线拟合,获得 ξ 和 C:

$$\xi = \left(\frac{1}{\lambda_0^{1.65}} - \frac{1}{\lambda^{1.65}} \right) \mu_{tg} \csc \psi \tag{2-7}$$

式中,ψ 为出射 X 射线与靶之间的角,即出射角;μ_{tg} 为靶元素的质量吸收系数;常数 C 表示为

$$C = \frac{1 + (1 + 2.56 \times 10^{-3} Z^2)^{-1}}{[1 + (2.56 \times 10^3) \lambda_0 Z^2](0.25\xi + 1 \times 10^4)} \tag{2-8}$$

式(2-5)与式(2-3)相比,增加了对 X 射线管中 Be 窗厚度校正,并引入了经验修正系数 f。

Pella 提出的经验公式是建立在广泛实验基础上的,所计算的数据与实验结果基本一致,使用方便。

§2.2.2　特征 X 射线

X 射线管产生的原级 X 射线光谱,除连续 X 射线光谱外,还有阳极材料所产生的特征 X 射线光谱。欲产生特征 X 射线光谱,要求加速电压必须升到一定数值。如要获得图 2-5 中所示的 W L_{α_1} 线,则 X 射线管的电压必须大于 10.198kV(W L_3 吸收限);即使等于 10.2kV 时,也只能获得很低的 W L_{α_1} 强度,若电流很小,有时甚至观察不出来。因此,为了获取不同元素不同谱系的特征 X 射线,对管电压要求是各不相同的。

X 射线特征谱的发射机制可以用能级概念予以描述。欲从原子中逐出一个 K 层电子,入射光子(或其他粒子)必须克服电子与原子核之间的结合能 E_K,即轨道电子的结合能。因此,入射光子所具有的能量必须等于或大于 E_K。临界激发能在数值上等于轨道电子结合能,以 E_{crit} 表示。正如轨道电子结合能一样,临界激发能量也随轨道电子能级的变化而变化。为便于在计算机上进行数据处理,Poehn 等[6]提出计算临界激发能量的近似表达式为

$$E_{crit} = a + bZ + cZ^2 + dZ^3 \tag{2-9}$$

该式适合 K,L 能级,其拟合常数 a, b, c 和 d 值列于表 2-2。

表 2-2　临界激发能量拟合参数[5]

能级	E_K	E_{L_1}	E_{L_2}	E_{L_3}
Z	11~63	28~83	30~83	30~83
a	-1.304×10^{-1}	-4.506×10^{-1}	-6.018×10^{-1}	3.390×10^{-1}
b	-2.633×10^{-3}	1.566×10^{-2}	1.964×10^{-2}	-4.931×10^{-2}
c	9.718×10^{-3}	7.599×10^{-4}	5.935×10^{-4}	2.336×10^{-3}
d	4.144×10^{-5}	1.792×10^{-5}	1.843×10^{-5}	1.836×10^{-6}

计算铁（$Z=26$）的 K 系线临界激发能量,将表 2-2 中常数代入式(2-9),则:

$E_{crit} = -0.1304 - 2.633 \times 10^{-3} \times 26 + 9.718 \times 10^{-3} \times 26^2 + 4.144 \times 10^{-5} \times 26^3$

$= 7.098(\text{keV})$

若以波长表示临界激发能量,其物理意义是指激发给定原子中某一轨道壳层电子,

并能产生特征 X 射线的最小波长，

$$\lambda_{ab} = 1.23984 / E_{crit}(keV) \qquad (2\text{-}10)$$

式中：λ_{ab} 又称为吸收限，单位为 nm。

当一束高能粒子与原子相互作用时，其能量大于或等原子某一轨道电子的结合能时，即可将该轨道电子逐出，形成空穴。原子发生电离，电子的能量分布失去平衡，在极短时间内外层电子向空穴跃迁，使原子恢复到正常状态。在这跃迁过程中，两电子壳层的能级差将以特征 X 射线逸出原子。这种跃迁必须符合量子力学理论，即在任何跃迁中，初始能级与最终能级的量子数必须遵守表 1-4 所示的选择定则。

图 2-7 显示了由选择定则判据的跃迁，其中包含分析工作者常用的谱线。表 2-4 列出元素 Ba 的结合能，特征 X 射线能量及相应的波长。

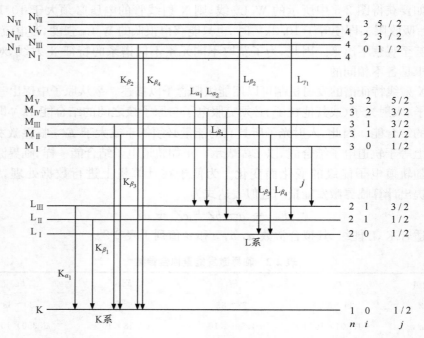

图 2-7　Ba 的 K 和 L 系特征 X 射线部分能级图

在 X 射线谱中，还可以看到一些不符合选择定则的受禁跃迁谱线，主要来源于外层轨道电子间没有明晰的能级差的情况。例如过渡金属元素的 3d 电子轨道，当电子轨道中只有部分电子充填时，其能级与 3p 电子类似，故可观察到弱的受禁跃迁谱线（β_5）。当存在双电离情况时，则可能会观察到第三类谱线——伴线（卫星线）。

Pella 和鄞梁垣等[3,4] 通过对实验结果的拟合，并在前人工作的基础上，提出了计算特征谱和特征谱所在处连续谱强度比公式：

$$\frac{N_{chr}}{N_{con}} = \exp\left[-0.5\left(\frac{U_0-1}{1.17U_0+3.2}\right)^2\right] \times \left[\frac{a}{b+Z^4} + d\right]\left[U_0\ln U_0/(U_0-1)-1\right]$$

(2-11)

式中：

$$U_0 = \frac{E_0}{E_q} \approx \frac{E_0}{E_i} = \frac{\lambda_i}{\lambda_0}$$

(2-12)

式中，E_0 为电子的初始能量，即施加电压；E_q 为与特征谱相应的电子壳层临界激发能；E_i 为某一特征谱线（i）的能量，事实上 $E_q > E_i$，但他们对此作近似处理；a，b，d 为常数，其值列于表 2-3。

表 2-3　式(2-11)中常数值[3]

特征 X 射线谱线	a	b	d
K_α	3.22×10^6	9.76×10^4	-0.39
K_{β_1}	5.13×10^5	2.05×10^5	-0.014
$L_{\alpha_{1,2}}$	2.02×10^7	2.65×10^6	0.21
L_{β_1}	1.76×10^7	6.05×10^5	-0.09

对于 M_α 线的 N_{chr}/N_{con} 强度比及未列于表 2-3 中的其他 L 线的强度可参阅文献[5]。Pella 等[3]所得出的计算连续光谱强度和特征 X 射线谱与特征 X 射线谱波长所在处连续光谱强度比的经验公式，已广泛用于国内外许多厂家所生产的波长色散和能量色散谱仪的软件中，是计算理论影响系数和基本参数法所必需的物理参数。

§2.3 二次靶激发

EDXRF 谱仪经常使用二次靶作激发源，有利于选择激发和降低背景，如图 2-8 所示。用二次靶发出的 X 射线激发样品，对样品而言，二次靶相当于激发源。二次靶发出的 X 射线由三部分组成[5]：①二次靶发出的特征 X 射线；②来自于 X 射线管原级谱中连续谱散射线；③来自于 X 射线管靶材特征 X 射线的散射线。二次靶的优点是降低背景，提高峰背比，其检出限将比直接用 X 射线管激发提高 5～10 倍。

偏振 EDXRF 谱仪是将图 2-8 配置成三维光学系统，是指 X 射线光路不在一个平面上，而是在两个垂直的平面上，即 X 射线管发出的原级 X 射线谱垂直入射到二次靶上，二次靶产生的 X 射线再垂直入射到样品中，所产生的荧光及二次靶的特征谱及散射线再进入探测器。如图 2-9 所示。

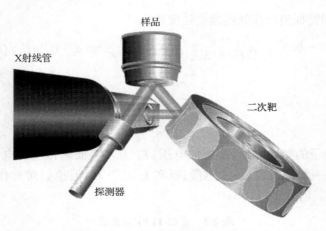

图 2-8　EDXRF 谱仪二次靶配置示意图[8]

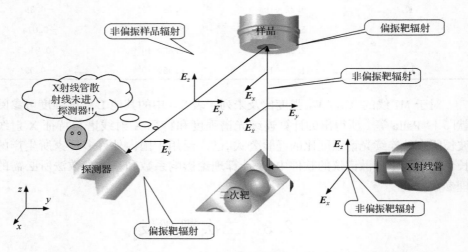

图 2-9　偏振 EDXRF 谱仪三维光路示意图[8]

　　X 射线是一种电磁波,由电矢量 **E** 和磁矢量 **B** 组成。在 X 射线荧光光谱分析中,电磁波的振幅相应于 X 射线能量,电磁波是横波,说明电矢量与传播方向是垂直的。任何方向上的电矢量都可以分解成相互重直的两部分,如图 2-9 中 X 射线发射出的非偏振的 X 射线可分解为 E_x 和 E_z,垂直入射到二次靶上,这时垂直电矢量 E_z 不会被散射;二次靶以 90°辐照样品,电矢量水平分量 E_x 也不被散射,这样来自于 X 射线发射出的非偏振的 X 射线经过两次散射后不能进入探测器,从而消除原级谱在样品上散射引起的背景。

　　二次靶用作激发源,分为 X 射线荧光靶、巴克拉(Barkla)靶和布拉靶三种类型[8]。

§2.3.1　X 射线荧光靶

荧光靶是由单质金属材料或化合物组成,在激发样品中某一元素的特征 X 射线时,所选的二次靶的特征 X 射线能量必须稍大于待测元素特征谱的吸收限,这样可有效选择性地激发待测元素,避免共存元素的干扰。如在分析含有 2300ppm Pb 和 120ppm As 时,用 Mo 二次靶和用 KBr 二次靶激发显示完全不同的效果,前者 PbL 和 AsK 系线均被激发,而用 KBr 二次靶,它产生的 BrKα 谱线能量 (11.907keV)大于 AsK 系线吸收限(11.860keV),小于 PbL₃(13.041keV)吸收限,因此只能激发 AsK 系线,而不能激发 PbL 系线,在此条件下 As 的检测限可达 1ppm,如图 2-10 所示。

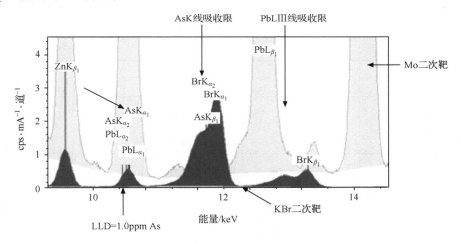

图 2-10　Mo 二次靶和 KBr 二次靶激发含有 2300ppm Pb 和 120ppm As 的样品

EDXRF 谱仪可配制的荧光靶及其适用范围参见图 2-11。图 2-11 中荧光靶适用范围是用荧光靶的 Kα 线激发数个待测元素的最优选择,但商用谱仪不可能配制如此多的荧光靶,在实际工作中也不可能这样做。图 2-11 显示的用 Mo 激发元素 Y 最有利,但若在样品中同时分析 Zr,Mo 靶只有 Mo Kβ 线可激发 Zr,这是否可用 Ag 靶激发呢? 图 2-12 表明若要同时分析 Y、Zr、Nb 等元素用 Ag 靶优于 Mo 靶,尽管 Y 的强度比用 Mo 靶低。基于此,通常对原子序数在 50 之内的元素,选择如下几种荧光靶:Al(^{11}Z、^{12}Z)、Ti(^{13}Z~^{20}Z)、Ge(^{21}Z~^{30}Z 的 K 系线、^{72}Z~^{75}Z 的 L 系线)、Zr(^{31}Z~^{37}Z 的 K 系线、^{74}Z~^{85}Z 的 L 系线)、CsI(^{31}Z~^{50}Z 的 K 系线)。

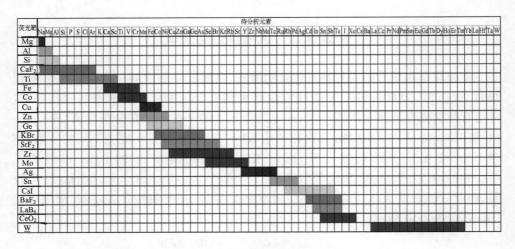

图 2-11　荧光靶的配制及其应用

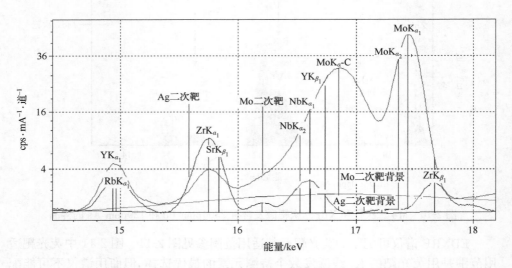

图 2-12　Mo 和 Ag 二次靶激发 GSD2 样品 Y 和 Zr 谱图

§2.3.2　巴克拉(Barkla)靶

　　巴克拉靶是用 X 射线管的原级谱散射线的高能区激发样品，靶材由高密度轻元素组成，如 B_4C 和 Al_2O_3。靶的原级谱在 Al_2O_3 的巴克拉靶上散射线比重元素组成的荧光靶上要强得多，因此适用于激发重元素，如稀土元素的 K 系线。巴克拉靶自身产生的 Al K 系 X 射线荧光由于能量太低并不能激发样品中较重元素。Swoboda

等[9]于 1993 年提出用 Al₂O₃ 为巴克拉靶,他们在不同能量区间比较了 Be、BC₄、高定向热解石墨(highly oriented pyrolytic graphite,HOPG)和 Al₂O₃ 四种靶材对原级谱的散射强度,发现在 30keV 以上能量范围内,Al₂O₃ 作巴克拉靶,其散射效率最大。

图 2-13 是使用 X 射线管 Gd 靶,高压 100kV,高纯 Ge 探测器,Al₂O₃ 巴克拉靶,125μm Zr 滤光片,激发 GSS5 土壤标样中稀土元素的谱图,由图 2-13 看出,样品含 Ce 91ppm、Lu 3.5ppm W 34ppm。

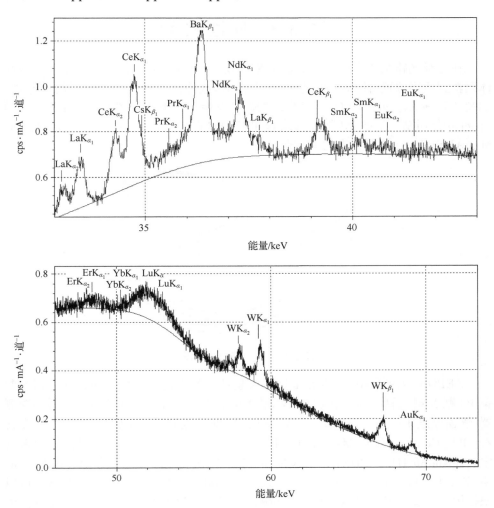

图 2-13　Gd 阳极靶激发 GSS5 标样中稀土元素 K 系线谱图

从图 2-13 可以得出如下结论：

（1）可以激发 La、Ce～Lu 等稀土元素的 K 系线，稀土元素的 K_{α_1} 和 K_{α_2} 均可分开，表明谱仪分辨率好于使用 LiF_{200} 晶体的 WDXRF 谱仪；

（2）Gd 靶 X 射线管的原级谱特别是 GdK 系特征谱线未出现在谱图中，Gd 靶原级谱的连续谱的散射线由于偏振作用也降低了许多；

（3）在 30～60keV 之间，背景依然存在，其原因为在三维光路中尚存在非垂直入射光。

§2.3.3　布拉格靶

在三维光路系统中将晶体安装在 X 射线管和样品之间，依据布拉格定律将晶体调整到适当位置，使入射线呈 90°产生衍射，这种靶可作为一个极好的偏振器，如图 2-14 所示。如 XEPOS＋型台式偏振激发能量色散 X 射线荧光光谱仪（德国 Spectro 公司制），配备 Pd 靶 X 射线管和 HOPG 晶体，分光后以 Pd L_{α} 线激发 Na、Mg、Al、Si、P、S、Cl 等元素的 K_{α} 线。

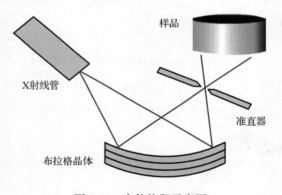

图 2-14　布拉格靶示意图

XEPOS 型台式偏振激发能量色散 X 射线荧光光谱仪（德国 Spectro 公司），配备 Pd 靶 X 射线管，最高电压 50 kV，最大电流 2mA，最大功率 50W；硅漂移探测器，铍窗厚度 15 μm，分辨率 148eV（5.9keV 处），电制冷型，无需液氮冷却；配备 Zr，Pd，Co，Zn，CsI，Mo，Al_2O_3 和 HOPG 等 8 个二次靶，可根据分析元素选定。Epsilon5 HE-P-EDXRF 谱仪配备 15 个二次靶，基本配置为：Al、CaF_2、Fe、Ge、Zr、Mo、Ag、CeO_2、Al_2O_3 9 个，另外 7 个（BaF_2、CsI、KBr、Ti、Mg、W、Rh）可以根据用户需要选择。除 Al_2O_3 巴克拉靶外，其他均为荧光靶。二次靶的配置已可覆盖元素周期表中 Na～U 所有元素。

§2.4 放射性核素激发源

放射性核素作为激发源,目前主要用于现场和在线分析的能量色散谱仪,以及低分辨率谱仪,如 Ca-Fe 谱仪、手持式能量色散谱仪。放射性核素激发源的优点是体积小、无须外电源,且所产生的射线接近于单色光。在选择放射性核素激发源时,其射线能量必须大于待测元素的激发电位,并在激发试样时所产生的韧致辐射不至于干扰待测元素的测量;激发源的半衰期应足够长,并能制成活度合适、均匀的小型放射源;要求激发源具有良好的物理化学稳定性,不能造成环境污染;最后,要求价格便宜,装配方便。常用的放射性核素激发源有软 γ 射线源(如 ^{241}Am)、X 射线源(^{55}Fe 和 ^{109}Cd)和 β-X 射线源(^{3}H/Ti)。详见表 2-4。

表 2-4　常用放射性核素源的特性[1]

放射性核素	衰变方式	半衰期/年	光子发射类型	能量/keV	光子产额/%	能激发的元素范围	源中可能存在的杂质和附加辐射
^{55}Fe	电子俘获	2.7	MnK X 射线	5.9	10～15	^{13}Al～^{24}CrK	可能有 ^{59}Fe,^{54}Mn,量小于 1%
^{238}Pu	α 衰变	86.4	UL X 射线	12～17	5～10	^{20}Ca～^{35}BrK ^{74}W～^{82}PbL	
^{109}Cd	电子俘获	1.3	AgK X 射线 γ 射线	22.2 88.2	80	^{20}Ca～^{43}TeK ^{74}W～^{92}UL	可能存在 ^{65}Zn
^{241}Am	α 衰变	458	γ 射线 NpL X 射线	59.6 14～21	59.6 14～21	Sn～^{69}TmK	有 662keV 的 γ 射线
^{137}Cs	β 衰变	30	γ 射线	662	～80	所有重元素 K	
^{57}Co	电子俘获	0.74	γ 射线 γ 射线 γ 射线 FeK X 射线	136 122 14 6.4	～80 1～10		可能有 ^{58}Co 和 ^{56}Co 的存在,约为 1%,有 700keV 的 γ 射线,产额约 0.2%

现就表中有关参数作一简单说明:

半衰期:放射性活度减弱为原有活度一半时所需的时间,称为放射性核素的半衰期,以 $t_{1/2}$ 表示,$t_{1/2} = \ln2/A = 0.693/A$,$A$ 为衰变常数。

原子核的放射性衰变模式是 α、β、γ 衰变。内转换现象和 K 电子俘获也是放射性衰变的产物。内转换现象是指原子核在衰变过程中产生的射线或粒子将原子内部电子直接逐出,所逐出的电子称为内转换电子,并在电子轨道上形成空穴。接着外壳层电子向空穴跃迁的同时放射出特征 X 射线。如 ^{129}I 在衰变过程中放射出 β⁻ 射线,逐出碘原子中 K 层电子,产生 ^{129}XeK$_α$ 射线。放射性核素衰变时以内转换现象出现,其衰变产物的原子序数比放射性核素大于 1,并发射特征 X 射线。若内转换的核素不是从核中逸出 β 线,而是 γ 射线,则原子序数不变。与内转换相反的现象,即 K 电子俘获,即某些核素可以在原子本身的内层电子轨道上俘获一个电子,完成原子核内质子向中子的衰变,并在内层电子轨道上形成空穴。如[55]Fe 原子核捕获其 K 层电子,形成空穴,即产生 MnKα 射线。[241]Am 和[238]Pu 都是 α 辐射体,在 α 衰变时发射 γ 射线。[241]Am 源价格便宜,半衰期长。α 衰变时发射 γ 射线的能量分别为 59.54keV 和 26.4keV 两种。处于激发态的衰变产物[237]Np 内转换系数很大,因而发射产额很高的 NpL 系 X 射线。主要的 NpL 系 X 射线能量及其与 59.54keV γ 射线的相对照射量率如表 2-5 所示。

表 2-5　　[241]Am 谱线相对辐射量率[1]

谱线名	能量/keV	相对辐射量率
γ	59.54	1
NpL_{α_1}	13.95	0.252
NpL_{β_1}	17.7	0.364
NpL_{β_2}	16.84	0.065
NpL_{γ_1}	20.7	0.085

[57]Co 是一种常用的 γ 射线源。在衰变时产生的 γ 射线能量高达 121.9keV 和 136.3keV。可以激发 W,Hg,Au,Pb,Bi,Th 和 U 等元素的 K 系线。X 射线荧光光谱分析所用放射性核素源在结构上通常由源芯、防护层、出射窗和源外壳所组成。源芯含有放射性物质的活性体,是由所选用的放射性物质和固定这些物质的非放射性物质组成,如玻璃、搪瓷或电镀衬底等。防护层常由重金属合金组成,以防止射线向其他方向出射。出射窗是放射性核素源发出射线的通道。所用窗材料取决于放射性核素源的性质和射线的能量及强度,可选用有机膜、铍片或薄的不锈钢片,要能够防止放射性物质泄漏。

放射性核素源的形状主要有点源、片源和环源三种,常用的[241]Am 和[238]Pu 是片源,[55]Fe 是环源,点源不常用。环状源可以充分利用探测器有效区域,提高探测效率;另一方面,环状源从不同方向激发试样,激发试样面积相对较大,对试样不均匀性、表面不平整等而导致的分析误差有一定抑制作用。采用何种源形状主要取决于试样的形状、大小和所需激发源初级辐射量率和探测器装置的几何布置。其目的是提高待测元素 X 射线荧光的强度和信号-背景比。

§2.5　同步辐射光源

同步辐射是电子在做高速曲线运动时沿轨道切线方向产生的电磁辐射,该辐射是在同步加速器上首次观察到的,人们称这种由接近光速的带电粒子在磁场中运动时产生的电磁辐射称为同步辐射(synchrotron radiation,SR)。由于电子在圆形轨道上运行时产生能量损失,故发出的能量是连续分布的。

我国已相继建成 BSRF 北京同步辐装置(中国科学院北京高能物理研究所)、SR-

RC 中国台湾同步辐射研究中心（中国台湾新竹）、NSRL 国家同步辐射实验室（合肥，中国科学技术大学）和 SSRF 上海同步辐射装置（上海张江，中国科学院上海应用物理研究所），其中 SSRF 为第三代光源，电子能量 3.5GeV，构造示意图见图 2-15。

(a)

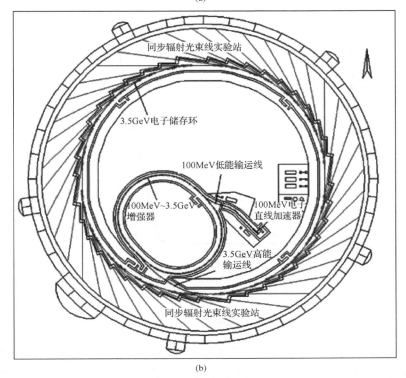

(b)

图 2-15　上海光源（SSRF）外貌（a）和构造示意图（b）

　　主要构件有：产生和加速电子的注入器（由直线加速器和增强器串接而成）；存储高能电子束团，使其做稳定回转，并发射出同步辐射的电子储存环；加工同步辐射并将其引导到实验站的光束线和进行探索性科学实验与开发高新技术的实验站。中国同步辐射光源的重要参数、光束线和实验站的有关情况表可参见文献[10]。

　　与一般 X 射线光源相比较，同步辐射光源有如下特性[10]：

　　（1）高强度（高亮度）：第一代同步辐射 X 射线亮度比 60kW 旋转阳极 X 射线源所发出的特征辐射的亮度高出 3～6 个量级。同步辐射光源亮度的进展如图 2-16 所示。

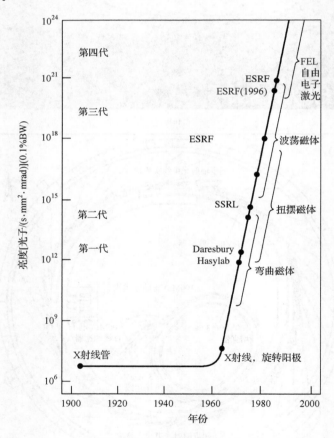

图 2-16　同步辐射光源亮度进展[10]

　　（2）宽而连续分布的谱范围：同步辐射光源的光谱分布跨越了从红外线、可见光、紫外线、软 X 射线到硬 X 射线整个范围。谱分布的另一特点是临界波长（又称特征波长)λ_c具有表征同步辐射谱的特性,即大于 λ_c 和小于 λ_c 的光子总辐射能量相等。若将最大通量处辐射波长定义为 λ_p,则其与 λ_c 的关系如下:

$$\lambda_p = 0.75\lambda_c \qquad (2-13)$$

(3)高度偏振:同步辐射在运动电子方向的瞬时轨道平面内电场矢量具有 100% 偏振,遍及所有角度和波长积分约 75% 偏振,在中平面以外呈椭圆偏振。

(4)准直性良好:由于同步辐射光束具有天然的准直性和低的发散度,故有小的源尺寸。能量越高,光束的平行性越好。这是因为在轨道平面的垂直方向上的辐射张角为

$$\langle \phi^2 \rangle^{1/2} \approx \frac{1}{r} \qquad (2-14)$$

式中,$r = E/mc = E/E_0$。由此可知,能量越高,光的发射角越小。如电子能量为 800MeV,则 $r \approx 1600$,使辐射张角$\langle \phi^2 \rangle^{1/2} \approx 0.625\text{mrad}$。

(5)具有精确的可预算的特性:同步辐射光源具有精确的可预算的特性,使得同步辐射光的波长可以用作各种波长的标准光源。

(6)同步辐射绝对洁净:因为同步辐射是在超高真空中产生,所以没有任何干扰,如阳极、阴极和窗口带来的干扰。

(7)庞大的同步辐射光源设备和庞大的实验站设备:基于上述特性,同步辐射光源可用作多种光谱的激发源,主要有 X 射线荧光光谱、X 射线吸收谱和 X 射线吸收近限结构(XANES)、扩展 X 射线吸收精细结构(EXAFS)、X 射线衍射、软 X 射线磁圆二色谱、光电子能谱、俄歇电子能谱、红外吸收谱、紫外吸收谱、拉曼谱和 X 射线非弹性散射谱。

同步辐射光源由许多而复杂的设备组成,它的建造和日常运行都是个大工程。与普通实验的设备相比,同步辐射光源使得试样周围空间大,适合安装联合实验设备,用各种方法对试样进行综合测量分析和研究,来自于同步辐射的光源,经过单色器处理可获得可变能量和微束(数纳米至 10μm)的强光源,同时进行 μXRF、μXRD、μXAFS 和 CT 成像等联合实验,从而获得更完整的信息。

综上所述,同步辐射光源与 X 射线管相比较,有如下特点:

(1)选择激发,可用晶体单色器选择波长小于待测元素吸收限或小于试样中待测元素吸收限的单色 X 射线激发样品,有助于降低原级谱在试样中因散射组成的背景。

(2)光源不仅亮度高且具有偏振特性,采取适当措施,可以有效降低背景,其检出限已向 ppb 量级发展。

(3)由于同步辐射准直性好,可实现微区 X 射线荧光分析,空间分辨率已达到微米级,应用第三代光源可达 50nm。

（4）同步辐射光源的各种参数可以计算获得，这样可以精确计算入射光的强度和能谱结构，从而有利于提高无标样分析的精确度和准确度。

§2.6 质 子 激 发

早在 1912 年已发现除电子外，其他带电粒子如 α 粒子轰击样品时也能发射出 X 射线，1970 年 Jahansson 等以几兆电子伏的质子轰击样品，发射出特征 X 射线。该项发现为质子诱发 X 射线分析技术（proton-induced X-ray emission，PIXE）奠定了基础。

质子是从质子静电加速器导出的，它具有如下特点：

（1）质子激发与电子激发相比较，虽质子的电荷数为 1，但其质量比电子大了 1837 倍。因而质子与物质作用时的辐射损失值为电子辐射损失的 10^{-6}。即 PIXE 是在极低背景条件下进行的，具有很低的检出限。这对微量元素分析很有利。

（2）质子可以在磁透镜中聚焦成微束，可进行微束分析，质子束流密度大，如可对单颗粒大气漂尘、生物单细胞中元素分析。通过人体中单个细胞内金属元素分布研究药物中金属元素在细胞内分布，有助于判断治疗效果。

（3）质子在物质中的穿透能力很弱，即使在较高能量（1～3MeV）质子激发下，激发深度依然很小（微米量级），因而 PIXE 分析是一种表面测量方法。

（4）质子激发在产生 X 射线的同时，也会产生瞬发的 γ 射线和质子的卢瑟福散射，因此，可以和其他粒子束分析方法相结合，获得更多的信息。

综上所述，激发源有多种，且各有特色，X 射线管激发是最早使用的激发源，现在已能根据测定对象选择相应的阳极靶材和靶型，它依然是目前应用最普遍的一种电磁辐射源。放射性核素源在现场或在位分析中应用最普遍，它的优点是轻便和不需要外加能源，缺点是辐射量率低，约为 X 射线管的 10^{-4}，还存在安全管理问题。至于同步辐射光源则只能根据课题需要提出申请。

参 考 文 献

[1] 吉昂，陶光仪，卓尚军，罗立强. X 射线荧光谱分析. 北京：科学出版社，2003：8～17.

[2] Cesareo R, Brunetti A, Castellano A, Rosales M A. Portable equipment for fluorescence analysis. X-ray spectrometry//Tsuji K, Injuk J, Van Grieken R. X-ray spectrometry: Recent technological advances. John Wiley & Sons. Ltd., 2004: 31.

[3] Pella P A, Feng L, Small J A. Analytical algorithm for calculation of spectral distributions of X-ray tubes for quantitative X-ray fluorescence analysis. X-ray Spectrometry, 1985, 14：125～135.

[4] Pella P A, Feng L, Small J A. Addition of M- and L-Series Lines to the NIST algorithm for calculation of X-ray tube output specral distribution. X-Ray Spectrometry, 1991, 20：109～110.

[5] Feng L, Pella P A, Cross B J. A versatile fundmental alphas program for use with either tube or second-

ary target excitation. Advances in X-ray Analysis, 1990,33:509～514.

[6] Poehn C,Wernish J,Least-squares fits of fundamental parameters for quantitative X-ray analysis as a function of Z（11. ltoreq. Z. ltoreq. 83）and E（1keV. ltoreq. E. ltoreq. 50 keV）. X-ray Spectrometry, 1985,14:120～124.

[7] Bertin E P. Principles and practice of X-ray spectrometric Analysis. 2nd ed. New York: Plenum Press, 1975:20.

[8] Brouwer P. Theory of XRF. Almelo, The Netherlands:PANalytical, 2002:21～36.

[9] Swoboda W, Beekhoff B,Kanngiesser B, Seheer J. Use of Al_2O_3 as a Barkla scatterer for the production of polarized excitation radiation in EDXRF. X-Ray Spectrometry,1993,22:317～322.

[10] 程国峰,黄月鸿,杨传铮. 同步辐射 X 射线应用技术基础. 上海:上海科学技术出版社,2009:22～27.

第三章 探 测 器

§3.1 概 述

探测器的作用是将 X 射线荧光光量子转变为一定形状和数量的电脉冲,以表征 X 射线荧光的能量和强度。实质上它是一个能量-电量的传感器。也就是说无论何种探测器都是将 X 射线的能量转变为电信号,通常以电脉冲的数目表征入射 X 射线光子的数目;以电脉冲的幅度表征入射光量子的能量。

不同的探测器具有不同的特性,因此在使用探测器时要考虑其特性与 X 射线的特征,作出最佳的选择。用作测量 X 射线的探测器具有如下特点:

(1) 在所测量的能量范围内具有较高的探测效率;

(2) 具有良好的能量线性和能量分辨率;

(3) 具有良好的高计数率特性,死时间较短,这与配套的电子学线路有关;

(4) 具有较高的信-背比,要求暗电流小,本底计数低;

(5) 输出信号便于处理;

(6) 寿命长,使用方便,价格便宜。

波长色散 X 射线荧光光谱仪主要使用正比计数器(流气式和封闭式)和闪烁计数器,测量 X 射线范围从铍到铀。能量色散 X 射线荧光光谱仪主要使用以 Si(Li) 和高纯 Ge 半导体探测器为代表的固体半导体探测器,用液氮冷却;Si-PIN 和 Si 漂移探测器,通过电制冷方法,谱仪可在常温下工作。封闭式正比计数器在特定情况下依然在使用,如钙铁分析仪。Si 漂移探测器现在已在诸多领域取代 Si(Li) 探测器。

§3.2 X 射线探测器的主要技术指标

§3.2.1 探 测 效 率

从一般概念出发,探测效率可以理解为被记录到的脉冲数与入射 X 射线光量子数之比。因为 X 射线与物质的作用不是连续进行的,同时一个 X 射线光量子不一定会与物质作用而产生电离或磷光,所以 X 射线探测器的探测效率总是小于 1。

探测效率通常分为绝对效率和本征效率[1]。绝对效率 ε_a 定义为：记录到的 X 射线光量子数和辐射源发射的量子数之比。辐射源发射的量子数在 4π 空间内均匀发射，只有一部分在探测器对源的有效张角立体角 Ω 内的量子进入探测器的灵敏区。故绝对探测效率 ε_a 不仅取决于探测器的特性，还与装置的几何条件有关。本征效率 ε_i 的定义为：记录到的脉冲数和入射到探测器上的 X 射线量子数之比。ε_i 不包含装置的几何因素，而直接表征探测器的特性。它取决于探测器的工作原理、材料、有效厚度、投影面积和入射 X 射线的性质和能量。然而，在实际工作中，要准确计算 ε_a 和 ε_i 是很困难的。为此，引入"相对探测效率"的概念，即以 $\phi75\mathrm{mm}\times75\mathrm{mm}$ NaI(Tl) 闪烁计数器或某一特定计数器在同样几何条件下对同一辐射源发射的量子数 N_P 为 100%，被探测器测量的计数为 $N_{P'}$，则相对探测效率 ε_{pr} 为：

$$\varepsilon_{pr} = \frac{N_{P'}}{N_P} \tag{3-1}$$

探测效率与探测器的结构有关，每种探测器的探测效率制约谱仪对不同能量的 X 射线的测量，由图 3-1 可知，用 Si-漂移（SDD）探测器测定 CdKα 线（23.106keV），其相对探测效率约 0.2，Si(Li)(3mm) 约为 0.8，而用高纯 Ge 探测器为 1.0。同一类型探测器其本征层愈厚，对同一能量的相对探测效率愈高。通常能量大于 25keV 时即使用 $450\mu\mathrm{m}$ 本征层的 SDD 探测器相对探测效率也仅为 0.2 左右，因此对大于 25keV 的 X 射线最好用高纯 Ge 探测器。而对轻元素探测效率则取决于 Be 窗厚度，如 $7.5\mu\mathrm{m}$ Be 窗吸收 NaKα X 射线 35%，而 $25\mu\mathrm{m}$ Be 窗吸收 NaKα X 射线 95%。

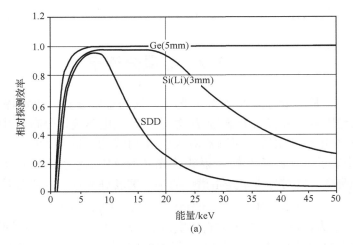

(a)

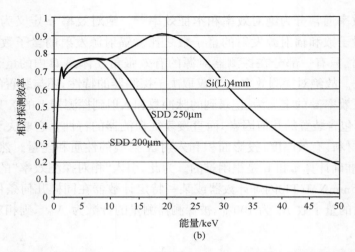

图 3-1　高纯 Ge、Si(Li) 和 Si-漂移(Drift)(a) 和不同本征层厚度(b)
的相对探测效率与能量关系图

Bruker 公司给出所用的三种探测器对 CuKα 的探测效率,结果列于表 3-1。

表 3-1　正比计数器、PIN 和 SDD 的探测效率

参数	正比计数器	PIN	SDD
捕获角度	0.36	0.022	0.033
能量分辨率	950eV	190eV	150eV
入射光子数	13300	7900	9400
探测到光子数	11900	4300	9300
探测效率 /%	89.5	54.4	98.9

§3.2.2　能量分辨率

　　能量分辨率是能量色散 X 射线荧光光谱仪的重要参数。决定探测器的能量
分辨率的关键因素主要有三个,即前置放大器噪声、电离统计分布和其他线性变宽
因子,如不完全电荷收集等。探测器对入射 X 射线的不同能量的分辨能力用"能
量分辨率"来表示。在波长色散 X 射线荧光光谱仪中,谱分辨率可分为绝对分辨
率和相对分辨率。绝对分辨率是指谱峰的半高宽度(FWHM),可用下式表示:

$$\mathrm{FWHM} = \{(\mathrm{FWHM}_x)^2 + (\mathrm{FHWM}_s)^2\}^{\frac{1}{2}} \tag{3-2}$$

式中:FEHM_x 为特征 X 射线谱的自然宽度,FWHM_s 为谱仪函数(即谱仪像差和
狭缝宽度等引起的谱线加宽)。谱仪函数取决于谱仪的一级和二级准直器的固体
角和晶体的性质。相对分辨率定义为:

$$R_r = \frac{\Delta E}{E_p} \tag{3-3}$$

式中：E_p 分别为测得谱线峰值处的能量或波长，ΔE 和是以能量或波长表示的谱峰的半高宽度。

在能量色散 X 射线荧光光谱仪中，能量分辨率通常以能量高斯分布曲线的半高宽（FWHM）来表示。

$$FWHM = \Delta E = 2.35(E\varepsilon)^{\frac{1}{2}} \tag{3-4}$$

式中：ε 为每产生一对荷电粒子所需的平均能量。能量分辨率的好坏主要取决于产生一个信息载流子（电子-离子对、电子-空穴对和光电子）所需要的能量。对于不同的探测器介质，其值有很大差异，产生一个信息载流子所需要的能量愈小，分辨率愈好。为便于比较，列出如下常用介质的值：

$$\varepsilon_{Ar} = 26.3eV，常温$$
$$\varepsilon_{Si} = 3.6eV，300K$$
$$\varepsilon_{Si} = 3.8eV，77K$$
$$\varepsilon_{Ge} = 2.89eV，77K$$

X 射线与物质相互作用时，除因光电吸收过程产生荷电粒子外，还产生二次电子，另外还有一部分能量消耗于其他类型的激发过程而产生光量子，也还有一部分转化为热量。所以实际测得的 ε 值应是上述诸过程消耗能量的总和，故比实际值偏高。为此，在计算时通常要引入一个小于 1 的修正因子 F（Fano factor）。这样，式（3-4）改写为：

$$\Delta E = 2.35(E\varepsilon F)^{\frac{1}{2}} \tag{3-5}$$

式中：F 值一般不超过 0.2。

能量色散 X 射线荧光光谱仪的分辨率通常以 MnK_α（5.9keV）线最大幅度一半处的谱宽度（FWHM）来表示。谱仪分辨率涉及的因素很多，它与计数率、探测器灵敏面积和时间常数等因素有关。时间常数可以简单定义为脉冲处理器所使用的时间即当 X 射线光子进入探测器后，它用在测量和处理能量所使用的时间量。谱仪分辨率与探测器的有效面积、时间常数和分析效率之间的关系是，一般地说探测器有效面积愈小，分辨率愈好；在有效面积固定的情况下，随着时间常数增加，分辨率也将明显改进。它们之间的关系可总结为：死时间大，分析效率下降；反之亦然。时间常数大，分辨率改善；反之亦然。为了说明其关系，这里列出杨银祥[2]用 ^{55}Fe 放射源，VITUS 硅漂移探测器（SDD，silicon drift detector）进行探测，有效面积为 10mm²，探测器温度为 -35℃，测定结果列于表 3-2。由表 3-2 可知，当计数率在 10～20kcps 时，时间常数从 0.25μs 增加到 4μs，SDD 分辨率由 163.2eV 改善到 126.9eV；当时间常数恒定为 0.5μs，计数率从 10kcps 增加到 50kcps，分辨率由 146.0eV 改变为 146.5eV，应该说基本未受影响。

表 3-2　　SDD 探测器能量分辨率与时间常数和计数率的变化关系[2]

时间常数 /μs	活时间计数率				
	10kcps	20kcps	30kcps	40kcps	50kcps
4	129.6eV	129.8(17kcps)			
3	130.6	130.8	1311.2(23kcps)		
2	131.8	131.9	132.2	132.5(34kcps)	
1	136.8	137.2	137.4	137.3	137.5
0.5	146.0	146.4	146.1	146.4	146.5
0.25	163.2	163.2	163.1	163.5	163.3

　　硅漂移探测器(SDD)近年来在性能上有很大改进,以 KETEK 新一代产品为例,它采用外部场效应管(VITUS SDD)解决了场效应管与 SDD 探测器之间的相互干扰,并且工作电压很宽,保证了探测器长期稳定工作。SDD 与 PIN、Si(Li)探测器相比较,探测器灵敏面积增加对谱仪分辨率影响甚小,如图 3-2 所示,这为增加谱仪计数率奠定了基础。

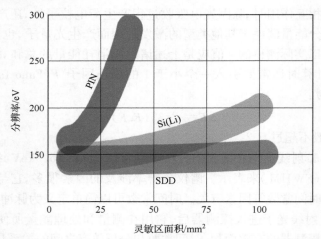

图 3-2　PIN、Si(Li) 和 SDD 探测器灵敏区面积和能量分辨率的关系[2]

§3.2.3　探测器的峰背比和峰尾比

　　通常制造厂家不将探测器的峰背比和峰尾比作为技术指标公布于众,其实峰的拖尾对解谱有很大关系,若有效提高峰背比(P/B)、峰尾比(P/T),无疑是有利于提高谱仪性能的。硅漂移探测器(SDD)基本上解决了体内集成的场效应管和探测器之间过渡区域电荷收集不充分引起的低能拖尾问题。图 3-3 为 ^{55}Fe 源测定的谱图,目前已提高 P/B 为 18756,P/T 为 2433,而 2000 年产品 P/B 和 P/T 分别为 2000 和 774。

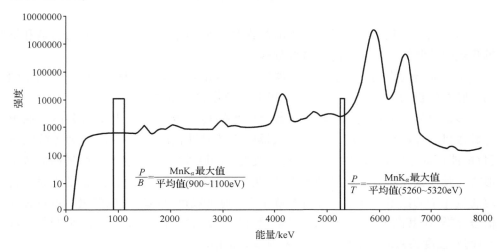

图 3-3 SDD 探测器测定 ^{55} Fe 放射源谱图[2]

基于 EDXRF 谱仪可依据测定对象和要求配制不同的激发源和探测器,作为使用谱仪的工作者,需要了解不同的探测器的性能,探测器的主要性能如表 3-3 所示。

表 3-3 商用探测器主要性能的比较(2004 年)

	Si(Li)[a]	HpGe[b]	Si-PIN[c] 300μm	Si-PIN[d] 500μm	Si-漂移[e]	HgI[f]	CZT[g]
FWHM(5.9keV)	129	115	158	250	129	180	190
FWHM(59.6keV)	360	300	—	—	—	480	500
有效能量范围/keV	1~60	1~120	1~25	1~35	1~25	2~120	2~120
时间常数/μs	6~12	6	20	20	5	12	3
冷却系统	液氮	液氮	电制冷	电制冷	电制冷	电制冷	电制冷

a Si(Li),10mm^2,3mm 厚,Vacu Tec Messtechnik GmbH,Germany;

b HpGe,20mm^2,3.5mm 厚,PGT Princeton Gamma Tech,www.pgt.com/Nuclear/Xray_detector.html;

c Si-PIN,7mm^2,300μm 厚,AMPTEK Inc.,Bedford,MA,USA,www.amptek.com;

d Si-PIN,25mm^2,500μm 厚,AMPTEK Inc.,Bedford,MA,USA,www.amptek.com;

e Si-漂移(SDD),3 mm^2,300μm 厚,EIS-XRS,Rome Italy,eissrlrm@tin.it;

f HgI2,5 mm^2,1mm 厚,Constallation Techn.,Largo,FL,USA,www.contech.com;

g CZT,9 mm^2,2mm 厚,AMPTEK Inc.,Bedford,MA,USA,www.amptek.com。

§3.3　能量探测器组成

能量探测器除半导体探测器和前置放大器外,还有主放大器、多道分析器和抗堆积线路等共同组成完整的能量探测器。

主放大器的作用是将前置放大器微弱信号和低信噪比的信号放大成型,以便用于脉高分析,并滤掉和压制极高和极低频信号,改善能量分辨率。

多道分析器由模拟信号转换至数字信号的转换器(ADC)与累计各能量通道计数数目的存储系统构成。将主放大器输出的脉冲幅度(伏特)转换为等效的数目(即能量通道数目),则用来测量每一放大后的脉冲信号,并将其模数转换成数字形式。脉冲幅度对应于入射光子能量,在一定脉冲高度下所累计的数量代表了特定能量光子的数量。即多道分析器首先确定脉冲高度(即道,对应能量),再将脉冲信号分类,按其高度大小排队,记录数量(即计数,对应强度),从而得到以道-计数或能量-强度关系表示的能量色散 X 射线光谱谱图。

在室温下,锂具有很高的扩散速率。故锂漂移探测器以及前置放大器必须保持在低温下,以降低噪声,抑制锂的迁移,保证最佳分辨率。为了获得低能光谱和保证高探测效率,真空和薄的 Be 窗也是必要的。

此外,能量探测器死时间较长,当多个光子到达探测器时,由于长的脉冲周期,而使输出脉冲畸变,脉冲输出为多个光子响应脉冲的线性加和,这种畸变被称为脉冲堆积。所以,能量探测器一般还具有死时间校正和抗脉冲堆积电学系统,以消除其影响。

能量探测器的探测效率受到多种因素的影响,高能 X 射线需要较厚的探测区域,而轻元素分析则需要使用更薄的 Be 窗。其他影响因素还包括不完全电荷收集,逃逸峰损失,探测器材料产生的荧光及其死区吸收,接触层吸收与荧光等。

§3.4　常用的探测器简介

§3.4.1　正比计数器

正比计数器是以某种气体(如氙、氩、氪或甲烷等)在 X 射线或其他射线照射下产生电离而形成电脉冲为依据的核辐射探测器。由于它寿命长、体积小和可在常温下工作且有较好的能量分辨率,是波长色散 XRF 谱仪必备的探测器,因此在能量色散 XRF 谱仪中仍有广泛的应用。

正比计数器从原理上看是一个充气的电容器。在两极加上电压的情况下,入射的 X 射线若在电容器空间形成电子-离子对时,电荷将被电极收集而形成电信号。在外加电压足够高的情况下,由 X 射线光子所引起的每个电子只发生一次雪崩,且这种雪崩限制于阳极丝附近的区域内,这样各个雪崩之间不发生任何相互作用。雪崩次数基本上与气体的初始电离对的数目相同,由于所有电子都被收集,故所收集的总电荷数正比于 X 射线光子的能量。

电流脉冲的幅度不仅取决于初始电离所形成的电子-离子对数(与入射 X 射线能量和所充气体有关),而且与电容器上所加电压具有一复杂的关系,如图 3-4 所示,取不同的电压区间,可制成不同类型探测器。当电压加高,电子和离子在强电场作用下加速并获得能量。当电子获得的能量大于气体的功函数时,就可能使气体发生次级电离以形成更多的电子-离子对,使电脉冲幅度倍增。随电场强度继续增加,次级电离的电子可能再次电离以发生气体电离电流的雪崩过程,电流脉冲幅度迅速增加,形成的电子-离子对数达到初始电离的 K 倍。K 称为气体放大因子。其数值在不同电压下可达到 $10^2 \sim 10^6$。在外加电压一定情况下,K 是常数。即电流脉冲幅度与初始电离成正比,即正比区。

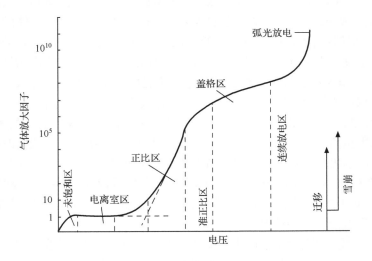

图 3-4 电离电流与外加电压关系

在正比区中,输出脉冲幅度与入射 X 射线能量成正比,其比例系数与探测器所充气体气压、外加电压和计数器结构具有强烈的依赖关系。在外加电压稳定时,这一正比关系也相当稳定,因而可以得到较好的分辨率。封闭式正比计数管结构示于图 3-5。

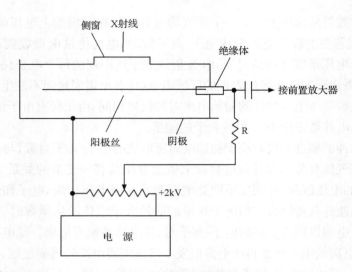

图 3-5　封闭式正比计数管结构示意图

　　封闭式正比计数器的入射窗口由铍片制成,铍片的厚度为 $25\sim100\mu m$,视被测量的 X 射线能量而定。最近为了测 Na 和 Mg 等轻元素,用 $13\mu m$ 的铍窗厚度。正比计数器内所充气体与需要测定的入射 X 射线的能量有关。气体的主要作用是将入射 X 射线的能量成比例地转变成电荷。同时,还要防止正离子移向阴极时,从阴极上逐出电荷而引起二次放电,故需使之猝灭。通常选用惰性气体 Ne、Ar、Kr、Xe 等作为探测气体,将 X 射线光子的能量转变为电荷。加入一定量的有机气体如甲烷、乙烷、丙烷和二氧化碳等作为猝灭气体。所充气体的成分和纯度对测量结果有很大影响,如气体中混入空气、水蒸气等容易形成负离子的气体,在雪崩放电中,因负离子运动缓慢,因此与电子引起的雪崩性质不同,从而改变了气体放大倍数,使输出电脉冲幅度降低。在长期工作过程中,猝灭气体分解所产生的碳可能附着在探测器壁和阳极丝上,尤其是阳极上少量附着物会影响电场的形状。

　　X 射线光子进入探测器后,在正此计数区与所充气体(假定气体是氩)相互作用下,其过程可分为四种情况。

　　(1) X 射线光子进入探测器后,通过气体时完全未吸收,而被探测器壁吸收或从后窗口逸出,不会输出脉冲信号。X 射线光子波长愈短,发生这种情况的可能性愈大。

　　(2) X 射线光子可使探测气体原子发生外层电子光电离,并将其能量交给光电子。光电子在获得能量后,又在其路径上电离探测气体原子,生成 Ar^+ 和 e^- 离子对,这些离子对引起一个复杂的气体放大过程,有大量的雪崩放电冲击阳极,使高压瞬时降落。这种电位降以脉冲形式,经电容器输入放大器和测量电路,而形成一个输出脉冲,该输出脉冲所拥有的电子数相当于 X 射线光子引起的初始电子数

的 $10^2 \sim 10^{10}$ 倍。这种放电过程发生在 X 射线光子被吸收后大约 $0.1 \sim 0.2 \mu s$ 的时间内。在阳极电压的恢复正程中(约 $1\mu s$),正比计数器对另一个入射 X 射线光子不发生响应,这个时间叫做探测器的死时间。其实,即使是单色 X 射线光子,所产生的离子对数也并不完全相等,而是呈高斯分布。每个输出脉冲的平均幅度都正比于入射光子的能量。

(3)逃逸峰的形成。若 X 射线光子的能量大于氩的 K 层电子的激发电位,氩原子的 K 层电子被激发,发射出 ArK_α 射线。由于 Ar 的外层电离电位为 15.7eV,而其 K 层电子激发电位为 3.2keV,ArK_α 射线几乎不为 Ar 吸收而逸出。这样,K 层电离产生的光电子的能量应为入射 X 射线光子的能量 E_x 减去 ArK_α 射线的能量(2.96 keV),将使 Ar 产生离子对,其过程如(2)所述一样,形成一个脉冲输出,该输出脉脉冲的平均幅度正比于 $E_x - 2.96keV$。该脉冲形成的峰称作逃逸峰。

(4)入射 X 射线光子在激发氩原子的 K 层电子过程中,如第一章所述,可能产生氩的俄歇电子。

正比计数器所充气体的种类很多,窗口材料也有所不同,但上面所述 X 射线与所充气体相互作用过程也适用于其他各种探测气体。选择合适的正比计数器的一般原则是,通常使用原子序数小的材料制成薄的窗口,使入射 X 射线吸收较少,提高探测效率。原子序数较低的工作气体,如 Ne 或 Ar 等,对低能 X 射线的吸收系数较大,因而探测效率就高;而能量较高的 X 射线就需要用原子序数较大的工作气体,如 Kr 或 Xe 等。图 3-6 表示不同窗口材料对 X 射线的透射能力和不同工作气体正比计数器的探测效率。

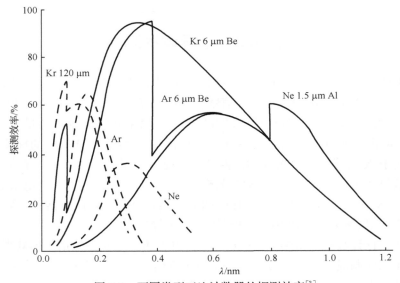

图 3-6 不同类型正比计数器的探测效率[3]

§3.4.2　闪烁计数器

X 射线荧光分析所用的闪烁计数器由闪烁体、光导和光电倍增管及相关电路组成。入射的 X 射线与闪烁体作用,使之发光。光子经光导进入光电倍增管光电阴极,并产生光电子。光电子在电位不同的各个再生极之间加速并产生倍增,在阳极上形成较强的电脉冲信号。电信号经前置放大器输出,供电路处理。闪烁计数器构造参见图 3-7。基于该种探测器由于分辨率低,在能量色散 X 射线荧光光谱仪中已很少使用,故这里不予介绍。

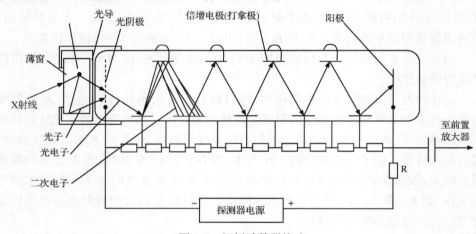

图 3-7　闪烁计数器构造

§3.4.3　半导体探测器

X 射线在半导体中产生电子-空穴对,在探测器电场作用下,电子-空穴对被收集产生与入射 X 射线能量成正比的信号,经放大以后记录。由于产生一电子-空穴对的平均能量只要 3.62eV(Si)和 2.96eV(Ge),故半导体探测器能量分辨率高。它在 20 世纪 70 年代中期已广泛用作能量色散 X 射线荧光分析仪的探测器。用于能量色散 X 射线荧光分析仪的探测器主要是 Si(Li)和高纯 Ge 半导体探测器,需要在液氮状态下工作;Si(Li)谱仪分辨率已达 $135\sim145eV$。20 世纪末,发展起来的 Si-PIN 光电二极管探测器、HgI_2 和 CdZnTe 等半导体探测器不需要在液氮冷却下工作,虽然分辨率比 Si(Li)和高纯 Ge 半导体探测器低,约在 $200\sim300eV$,但毕竟比正比计数器好得多。因此已在台式和便携式能量色散谱仪器获得广泛使用。至于已研制成功的超导隧道结(STJ)和微热量计等探测器,其分辨率已达几个到十几个电子伏特,已可与晶体分光相媲美。

§3.4.3.1 锂漂移硅探测器

锂漂移硅探测器和其结构示意图分别参见图 3-8 和图 3-9。

锂漂移硅探测器是在多晶硅中扩散掺入锂（p-i-n 结）的形式，可被看做为一种分层结构，其中本征区（锂扩散有效作用区）将 p 型入口端与 n 型端分开。在锂漂移本征区的两端，扩散起始面过剩的锂层和经漂移达到补偿的 n^+ 层接电源的正端；而在另一端的 p 层常被保留极薄的一层，作为电源负端的接点。在锂漂移硅片的两面真空喷镀厚约 20nm 的金层膜构成电极，再与场效应管前置放大器组合在一起，然后装一个厚度 $7\mu m$ 或更厚的铍窗口，其边缘用胶密封起来。窗口和胶罩可保护探测器，防止污染。

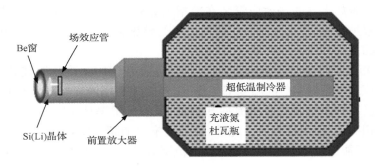

图 3-8　锂漂移硅探测器示意图

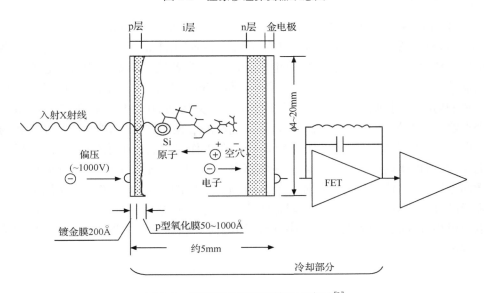

图 3-9　锂漂移硅探测器结构示意图[3]

在约 600V 的反偏压下,有效作用区就像一个绝缘体,在其整个体积内有一个电场梯度。当一个 X 射线光子进入探测器的本征区后就产生光电离,如前所述每 3.8eV 的光子能量可产生一个电子-空穴对,在反向电场的作用下,电荷被收集而形成电流。在理想情况下,探测器应能收集每一入射光子产生的电荷,并仅对入射光子的能量作出响应。转换成电荷后加到场效应晶体管(FET)上。场效应管和其他有关电路组成了前置放大器,它的输出正比于 X 射线光子的能量。当使用光脉冲前置放大器时则输出呈阶梯状。

探测器必须在液氮温度(−196℃)或电制冷情况下工作,防止 Li^+ 的反向漂移,并减少噪声和确保最佳的分辨率。实际应用 Si(Li)半导体探测器还包括一套提供低温的装置,这套装置包括低温容器(杜瓦瓶)、冷指、真空室和探测器支架。探测器和前置放大器的场效应管装在冷指上,整个支架要保证良好的导热性能。冷指是一根纯铜棒,作为探测器与液氮之间的导热装置。真空室的作用是保持探测器部分的低温和保证探测器表面的清洁。

1990 年 KEVEX 公司推出新一代探测器,采用 Peltier 冷却原理,使探测器能在与液氮冷却探测器相似的温度下工作,工作时无需用液氮冷却。近年来这种电制冷方法已在许多场合代替液氮冷却装置,虽然分辨率从 135eV 下降为 160eV,但仪器体积缩小,使用也方便。此外,该公司推出的超薄窗(super quantum)的探测器,扩大了能量色散谱仪测定轻元素的范围,从钠扩大到氮。

§3.4.3.2　硅漂移探测器

硅漂移探测器(SDD,silicon drift detector)早期叫 silicon drift chamber (SDC),是由意大利的 Emilio Gatti 和美国的 Pavel Rehak 提出的。由气体探测器中的漂移室类比得出的名字,所以也叫硅漂移室或者硅漂移室探测器。硅漂移探测器的原理与以往的半导体探测器全然不同,硅漂移探测器(SDD)是在高纯 n 型硅片的射线入射面制备一个大面积均匀的 pn 突变结,在另外一面的中央制备一个点状的 n 型阳极,在阳极的周围是许多同心的 p 型漂移电极,外部电压 U_{CR} 和内部电压 U_{IR} 有较大差异,示意图如图 3-10。在工作时,器件两面的 pn 结加上反向电压,在器件体内产生一个势阱。在漂移电极上加一个电位差会在器件内产生一横向电场,它将使势阱弯曲从而迫使入射辐射产生的信号电子在电场作用下先向阳极漂移,到达阳极(读出电极)附近才产生信号。硅漂移探测器的阳极很小因而电容很小,同时它的漏电流也很小,所以用电荷灵敏前置放大器可降低噪声,快速地读出电子信号。*

---

　*　杨银祥,硅漂移探测器发展历史及其最新进展,私人通信。

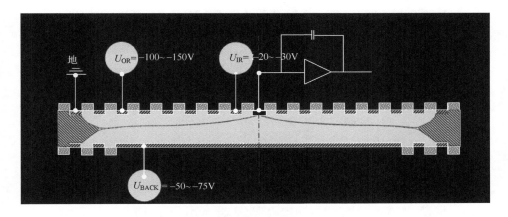

图 3-10 硅漂移探测器结构与原理示意图[2]

锂漂移硅探测器和硅漂移探测器是两种不同的探测器,锂漂移硅探测器是因为在制造过程中采用了锂离子漂移补偿的方法而得名,而硅漂移探测器则是射线产生的载流子(电子-空穴对)中的电子先必须漂移到阳极区以后才能形成可以测量的电信号(硅漂移探测器中空穴对电信号没有贡献)而得名。硅漂移探测器的原理和制备过程与锂漂移硅探测器截然不同,硅漂移探测器灵敏区的所有表面都有高质量的二氧化硅保护层,同时硅漂移探测器中没有锂离子,更没有锂离子扩散的问题,因而硅漂移探测器在室温下没有变坏的问题。

图 3-11(a)示范了三个 X 射线的吸收和测定,它们同时进入探测器,但击打到不同的位置。图 3-11(b)显示所产生的 3 个电子空穴对组成的云,它们在电场的作用下被分开,空穴跑向电极,而电子则滚到势能最小处并且漂向阳极。在前置放大器的输入处立即记录到 1 号 X 射线,因此其收集时间是很短的。2 号 X 射线所激发的电子必须漂移较长的距离才能到达阳极,当它们一经过内漂移环就会感应出电荷。3 号 X 射线所激发的电子必须漂移最长的距离才能到达阳极,所以它们到达阳极要晚好多。第一个信号的上升时间很短,因为电子不用漂移就被收集了。第二个信号的上升时间要长一些,这是因为电子云在漂向阳极的路上会扩散。第三个信号的情况需要更长时间,因为电子漂移的距离最长,电子云的扩散最大。

硅漂移探测器的特性如下:

(1)在漂移过程中电子云是被屏蔽的,只有当电子云越过最里边的漂移环以后它才产生信号。

(2)由于在漂移至阳极的过程中电子云会扩散,所以信号的上升时间与漂移距离有关。

(3)硅漂移探测器有可能探测到几个同时被吸收的 X 射线光子(其他半导体

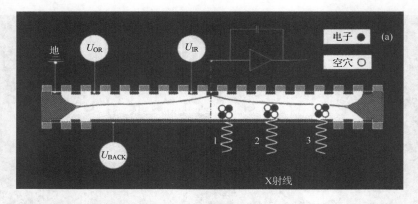

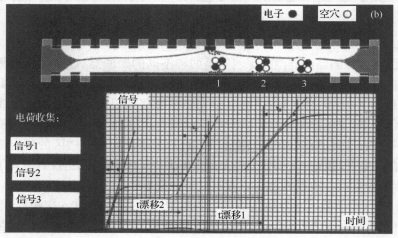

图 3-11　入射的 X 射线与硅漂移探测器相互作用示意图[2]

探测器没有这种能力),前提是它们打在探测器的不同位置且其漂移时间大于前面信号的上升时间。

(4) 对大面积硅漂移探测器来说,如果电子穴的成形时间太短,漂移时电荷的扩散可引起信号的弹道亏损。

硅漂移探测器的结构要比以前的半导体探测器复杂许多,对设备要求更高,制造难度也很大。但是硅漂移探测器的性能极为优异;探测器的电容也要比 Si-PIN 和硅面垒探测器小 2 个数量级左右,所以噪声很低,并且可以快速地读出电子信号,是探测光、X 射线和带电粒子的最佳选择,其能量分辨本领和高计数率性能是所有半导体探测器中最好的,最好的能量分辨已经达到 127eV,远远好于 Si-PIN 探测器,也明显好于传统的硅(锂)[Si(Li)]探测器,能谱采集的速度也比一般硅(锂)探测器快 5～10 倍,而且不需要液氮,是硅 PIN 探测器和硅(锂)探测器的换代产品。

总之,硅漂移探测器可同时接收多个 X 射线光子,X 射线光子所产生的电信号因漂移距离不一样,使之到达阳极时间有差异,为后续电路进行处理可提供更多的时间,从而允许高计数率且不影响分辨率,是很有前途的一种探测器,若能提高大于 15keV 能量 X 射线的探测效率,将是一种理想的探测器。

§3.4.3.3 Si-PIN 探测器

Si-PIN 探测器最初主要用于卫星等宇宙与太空探测,并在火星探路者中得到实际应用,其极端环境下的实用性和可靠性得到验证。1993 年商用型 Si-PIN 探测器投入使用。

在 20 世纪 80 年代后,采用了平面二极管制造技术。通常的光电二极管由简单的 p-n 结组成,耗尽层未施偏压。如果结合离子植入技术,在 p-型和 n-型 Si 之间插入本征(i)硅层,而不是采用 Li 漂移技术,并运用 SiO_2 钝化工艺,就可制成具有较大厚度耗尽层的 PIN 光电二极管,即 Si-PIN 探测器。中间插入层也可是薄的涂层。

图 3-12 是 Si-PIN 探测器结构示意图。Si-PIN 探测器的基质可以是掺杂度低的 n-型硅,中间为本征硅,前面为掺杂度高的 p-型硅,其表层为约 100nm 的 SiO_2 保护膜,后部为掺杂度高的 n-型硅,如图 4-10 所示。对于不同硅晶片,可选用不同的掺杂物,例如对于 p-型硅基质,可采用硼作为掺杂物,对 n-型硅,采用磷作为掺杂物。前后表面层处理的目的在于是使非辐射载流子结合概率减至最小,从而增强探测效率。一般可采用 Al-Si(1%)沉积形成接触面。

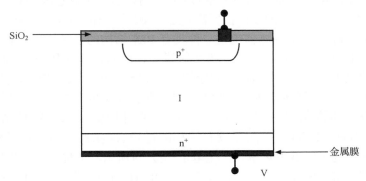

图 3-12　Si-PIN 探测器结构示意图[4]

Si-PIN 光电二极管可制成具有一定厚度和有效面积的 X 射线探测器,漏电流小,具有较高的分辨率,由于没有 Li 漂移问题,故无须液氮冷却,仅用温差电冷器即可,20 世纪 90 年代由于用于火星土壤探测,受到广泛重视,目前现场和原位分析依然在使用。但 Si-PIN 探测器的有效面积仅几个 mm^2,允许最大计数率仅是 SDD 探测器的十分之一左右,分辨率也比 SDD 差,在常规 EDXRF 谱仪中应用有减少之势。

§3.4.3.4　锂漂移锗探测器和高纯锗探测器

硅的原子序数低,探测器死区对低能 X 射线吸收也小,逃逸峰出现的概率低, Si(Li) 探测器对 20 keV 以下的能量探测效率高,通常用于 $1\sim40$ keV 能量范围的射线检测。但对高能射线,则最好选择高能探测器,例如高纯 Ge 探测器。

锂漂移锗[Ge(Li)]探测器的结构和原理与 Si(Li)探测器一样。与硅相比较,本征锗具有几点差别:①禁带宽度小,仅为 0.665eV,因此,在入射面上镀金层附近形成的死层的稳定性较差,一般很少应用于 $nkeV\sim n\times10keV$ 能量范围的 X 射线探测。禁带宽度小的另一缺点是在常温下 Li^+ 与受主杂质结合所形成的中性离子对有一部分会离解,从而破坏了原来在漂移过程中形成的补偿——反漂移。这样,在常温下由于热激发产生的载流子很多,以致形成很强的反向体电流,使探测器无法工作。②在常温下,锗电阻率小($47\Omega\cdot cm$),载流子迁移率大,Li^+ 离子可以扩散到 Ge 材料的深部。同时在加反向偏压的漂移过程中,容易形成较厚的本征区,使有效灵敏厚度远大于锂漂移锗探测器。③锗的相对原子质量、原子序数和密度均大于硅,对于入射的 X 射线或 γ 射线有较大的光电吸收系数,因此,该探测器对 γ 射线具有较好的探测效果。④Ge(Li)探测器的主要优点是对 γ 射线的能量分辨率通常优于 1‰,但探测效率较低。综上所述,Ge(Li)探测器适用于测定复杂谱线的能量和计数率,如测定稀土元素;或需要从较强的连续谱中测定弱的谱线。在实际工作中希望获得大的体积和厚度厚的 Ge(Li)探测器,但制造较困难。

在 20 世纪 70 年代制成了 p 型高纯锗探测器(Hp. Ge)。其杂质浓度低至 $10^{10}\sim5\times10^9 cm^{-3}$。Ge 探测器也是一种具有 PIN 结构的半导体二极管,本征区敏感于电离辐射,特别是高能 X 射线和 γ 射线。在反向偏压作用下,入射光子在耗尽层产生的电子-空穴对和载流子分别流向 p、n 极,其电荷大小与入射光子能量成正比,并经前置放大器转换成电压脉冲。其中包括剩余的受主杂质(例如 Al)或与锗材料本身内部晶体缺陷相联系的受主中心。在外加偏压 1000V 时,结区厚度可达 $1.2\sim1.4cm$。Hp. Ge 探测器没有漂移的过程,探测器不需要在低温下保存。在实际工作中为了降低由热激发产生电子-空穴对所引起的体电流,故仍需在液氮温度下工作。常用的面积为 $80mm^2$,厚 7mm 的 Hp. Ge 探测器对 ^{55}Fe X 射线分辨率为 130eV。可测定从 Na-U 的 K 系线,特别是重元素的 K 系线探测效率可达 100%。

§3.4.3.5　化合物半导体探测器

经过多年的努力,20 世纪末化合物半导体探测器,特别是 HgI_2 和 CdTe 探测器已在商品仪器中获得广泛应用。

常温半导体探测器的材料,在性能上应具有如下的特点:

首先具有较大的电子和空穴的迁移率,在电场的作用下,电子和空穴能够迅速移向电极。载流子寿命长,在产生载流子后,不会在短时间内产生复合或被俘获而消灭。通常用途移率-寿命积来表征电子或空穴在材料中的漂移长度。迁移率越高,寿命越长,电子或空穴在材料中漂移就越大。这一长度必须大于探测器灵敏度的厚度。其二,载流子在灵敏区内尽量少产生复合和被俘获,否则不仅影响电荷的收集,被俘获的载流子(主要是空穴)也会形成空间电荷使探测器极化,使探测器性能逐渐变坏。俘获截流子的概率以及载流子的寿命都与材料中杂质有关,杂质浓度愈高,载流子在漂移过程中就愈容易被杂质俘获。其三,在相同能量的 X 射线入射到半导体材料后,所产生的平均电离能越小,所产生信息载流子数目就越多。其计数的相对统计涨落越小,能量分辨率也越好。

HgI_2 探测器可用于 X 射线和软 γ 射线,对 ^{55}Fe 的分辨率为 300eV。而 CdZnTe 探测器 (缩写为 CZT)主要用于 γ 射线。

近年来,由超导温度计构成的微热量计可将 X 射线能量转换为热,通过测量检出器的温度可以确定光子的能量,从而进行能量分布测量,美国国家标准技术研究院(NIST)已研制出能量分辨率为 3~4eV 的微量计,通过进一步研究,微热量计的能量分辨率可望达到 0.5~1eV。此外,超导隧道结探测器也显示了巨大的潜力。用作成像光谱分析的半导体探测器,气体正比闪烁计数器等均有很大进展,若需了解,可参见已有的评述[5,6]。

参 考 文 献

[1] 曹利国. 能量色散 X 射线荧光分析方法. 成都:成都科技大学出版社,1998:83.

[2] 杨银祥. 硅漂移探测器发展历史及其最新进展. 三亚:第七届全国 X 射线光谱学术报告会论文集,2008:25.

[3] 吉昂,陶光仪,卓尚军,罗立强. X 射线荧光光谱,北京:科学出版社,2003:60.

[4] 罗立强,詹秀春,李国会. X 射线荧光光谱仪. 北京:化学工业出版社,2008:33.

[5] Strüder L,Luty G,Lechner P,Sortau H,Holl P. Semiconductor Detectors for (Imaging)X-ray Spectroscopy //Tsuji K,Injuk J,Van Grieken R. X-Ray Spectrometry:Recent Technological Advances,2004:133~193.

[6] Conde C A N, Gas Proportional Scintillation Counters for X-Ray Spectrometry //Tsuji K,Injuk J,Van Grieken R. X-Ray Spectrometry:Recent Technological Advances,2004:195~215.

第四章 能量色散 X 射线荧光光谱仪结构

§4.1 概 述

1969 年美国海军实验室 Birks 研制出第一台能量色散 X 射线荧光光谱仪,于 20 世纪 70 年代中期已有商品仪器。我国早在 20 世纪 70 年代末开始研制能量色散 X 射线荧光光谱仪,国产的 Si(Li)半导体探测器、封闭式正比计数管、小功率 X 射线管及电子学线路如多道分析仪等已能满足国内需要,从 20 世纪 90 年代起我国已有多个厂家生产能量色散 X 射线荧光光谱仪,其中有用于水泥工业中钙铁分析仪、镀锌厚度和金首饰的测试等专用仪器。目前我国生产的能量色散 X 射线荧光光谱仪在国内外市场已占有一定的地位。经过四十年的发展,能量色散 X 射线荧光光谱仪现已成为一种强有力的定性和精确定量的分析测试技术。它在环境保护、石油化工、建筑材料、金属和无机非金属材料、陶瓷、文物鉴定、生物材料、药物、半导体材料、有毒物质、地质矿产、核反应材料和薄膜材料等诸多领域的样品分析中发挥着很大的作用。为满足不同领域的需要,近十年来已开发出多种用途的仪器,以 X 射线管为光源的 EDXRF 谱仪大体分为五种类型:手持式 P-EDXRF 谱仪;微束 μ-EDXRF 谱仪;通用型的 EDXRF 谱仪;偏振和高能偏振 X 射线荧光光谱仪和全反射 X 射线荧光光谱仪。上述五种类型 EDXRF 谱仪的基本结构框图如图 4-1 所示,即由激发源系统(X 射线管和高压电源或放射性核素源)、探测器(含探测器高压电源和冷却系统)和记录单元组成。由于上述类型仪器在应用 X 射线

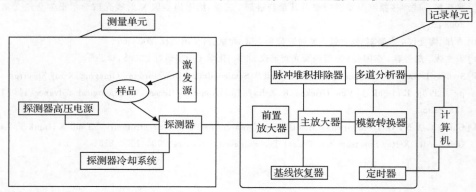

图 4-1 能量色散 X 射线荧光光谱仪框图

的性质有所不同,因此结构和配置上会有较大差异,主要表现在测量单元,而记录单元则共性为主。

本章对上述五种类型谱仪的测量单元配置分别予以介绍,记录单元则介绍其各个部件的功能。一台完整的谱仪除测量单元和记录单元外,还配有对记录的光谱进行处理的谱处理软件、基体效应校正、定性、半定量、定量分析等软件,这些内容在以后章节中介绍。

§4.2　通用型和手持式 EDXRF 谱仪测量单元

不同厂家生产的通用型 EDXRF 谱仪会提供不同的 X 射线管靶材、探测器,X 射线管的功率有较大差异,但结构上基本如图 4-2 所示,X 射线管、样品和探测器的光路为二维,X 射线管和样品、探测器和样品之间夹角为 45°。这类谱仪要适应各类分析样品中轻重元素(Na~U)分析的要求,其激发源一般选用 Rh 靶,功率在 5~50W 范围,高压为 30keV 或 50kV。较佳的选择应是 50W 和最高高压为 50kV,探测器选用 SDD 或 Si(Li),并配置真空和通氦系统。为消除或降低原级谱对待测元素的影响,在样品和 X 射线管之间配置合适的滤光片,且有多个滤光片供选择,有关滤光部分在本章中另节介绍。

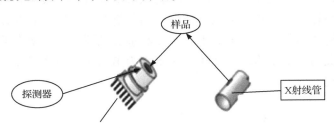

图 4-2　EDXRF 谱仪二维结构示意图

Cesareo 等[1]对手持式 EDXRF 谱仪从结构到应用曾作过评述,近年来国内外生产厂推出多种类型、多种用途的谱仪,该类谱仪主要用于现场或筛选分析,因此这类谱仪专用性强,往往依据用户要求予以定制。如用于高温现场合金分析,需在 400℃以上环境中工作,自然要增加保护测量头的配置;而另外为测定轻元素 Na 和 Mg,则要配置充氦或真空系统;有些厂家通过使用内置的彩屏 CCD 相机和选配的 3mm 小点瞄准装置,方便用户进行定位样品的检测区域,然后将检测区域的图像和数据同时储存。该类谱仪发展迅速,难以一一予以介绍,现就共性部分作一些说明。其外貌各个厂家有所不同,但通常具有如图 4-3 所示的功能和配置。

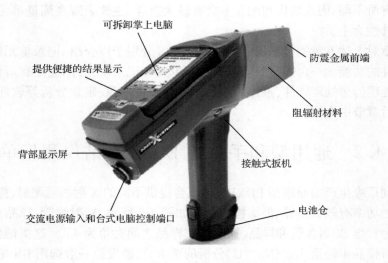

图 4-3　INNOV-X 手持式 EDXRF 外貌

　　手持式 EDXRF 谱仪是由微型 X 射线管（可参见第 3 章表 3–1）、高分辨率探测器（Si–PIN 或 SDD）组成，不配置样品室；记录单元与通用型谱仪相似；重量包括电池在内要控制在 2kg 以内；内置 USB 和蓝牙通讯设备，可以直接向用户的电脑或网络存储设备传输数据；依据不同分析对象提供相应的数据处理软件。有的还将手持式谱仪装在三脚架上，并在测量头光源部分与聚束毛细管透镜联用，以便测量文物等不便移动之试样。图 4–4 为 Bruker 公司的产品 ARTAX 谱仪及测量单元结构。

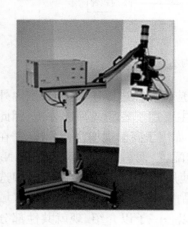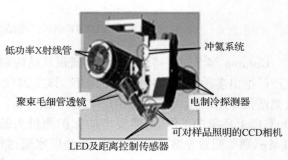

图 4-4　Bruker 公司的产品 ARTAX 谱仪及测量头结构

徐海峰等[2]给出用于矿产普查的手持式 EDXRF 谱仪结构框图,该谱仪用放射性核素源²³⁸Pu 作为激发源,省去了 X 射线管及其高压电源等,为适应野外探矿的需要,增加了 GPS 装置,其结构如图 4-5 所示。

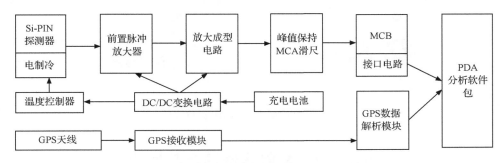

图 4-5　IED-2000P 新型手提式 XRF 仪器总框图[2]

§4.3　微束 EDXRF 谱仪测量单元

微束 EDXRF 谱仪要求激发源是微束光,静电加速器产生的质子和同步辐射光源是理想的光源,但不是一般实验室所能配置的。以 X 射线管为激发光源,根据实际工作要求,获取微束光源的方法有两种,如图 4-6 所示。一种是通过光阑的孔径调节激发源光源的光斑直径,光斑直径为 0.1～1mm[图 4-6(a)],这种方法的优点是制造简单,但光源强度低,仅适用于主量、次量元素测定,如珠宝、首饰分析等。应用光阑获得微束光源的谱仪,早在 1982 年已有商品仪器。另一种方法是用聚束毛细管透镜(会聚 X 射线透镜)通过多重全反射形成聚焦光束或平行光束[图 4-6(b)]。X 射线透镜始于 20 世纪 80 年代中期,由库马霍夫教授提出用大量 X 射线导管组合 X 射线聚束系统。北京师范大学材料科学与工程系 X 射线学实验室于 1992 年首次推出导管 X 射线聚束系统用于微束 EDXRF 谱仪,在相同光源条件下得到的微束强度比使用光阑提高了 1000 倍以上,虽然光源功率仅为 1.5W,但元素的最低检测限已达到 10^{-9}～10^{-11}g[3]。1995 年率先推出了最小束径 $50\mu m$ 的整体 X 射线透镜[4,5],X 射线透镜有装配式和整体式两种。整体 X 射线透镜是将单 X 射线导管拉制成复合管,再由复合管组合一次或多次拉制而成。整体透镜体积小,机械性能好,便于安装。经多年研究,北京师范大学低能核物理研究所已拥有与不同光源如高功率的旋转靶、同步辐射光源和常规 X 射线管构建成 μ-XRF 谱仪的 X 射线透镜,近年来又研制出三维共聚焦 X 射线荧光光谱仪[6]。

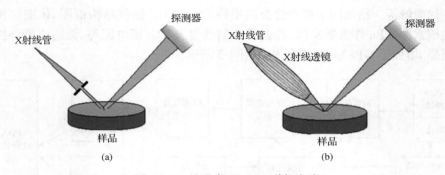

图 4-6　二维微束 EDXRF 谱仪光路

§4.3.1　X 射线透镜及其性能

目前有三种整体 X 射线透镜：平行束透镜（半聚透镜）、会聚透镜和微聚焦准行束透镜，其示意图见图 4-7。

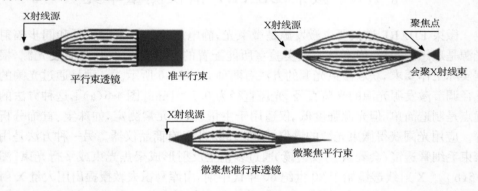

图 4-7　三种 X 射线透镜示意图

会聚 X 射线透镜是微束 EDXRF 谱仪关键部件，用它通过多重全反射形成聚焦光束激发样品。它的一个显著特性是具有入口焦距和出口焦距，出入口焦距通常大于 10mm，可以根据需要设计和制作具有不同焦距的 X 射线透镜。它的主要特性有[4]：

（1）聚束特性：当 X 射线源位于透镜入口焦点位置时，被透镜收集的 X 射线在导管内壁全反射，并以相当高的传输效率通过透镜。由于导管的导向作用，收集的 X 射线改变了方向，自透镜出射的 X 射线在透镜出口焦点处汇聚。于是在透镜出焦点处可获得功率密度最高、束径最小的微束 X 射线。与采用准直管获得的微束 X 射线相比，在照射到样品上光斑大小相同的条件下，多导管的毛细管透镜产生的光子通量要高 1.5×10^3 倍以上。

(2)能谱特性：由 X 射线透镜聚焦后的 X 射线的能谱都有一定的传输效率能量带宽,带宽的下限由导管对 X 射线的吸收决定,上限则取决于 X 射线的全反射临界角。在 X 射线透镜材质相同的情况下,X 射线的全反射临界角与 X 射线能量成反比。低能量的 X 射线通过 X 射线透镜后其焦斑比高能量的 X 射线大,这种现象是由低能 X 射线以更大的角度离开 X 射线透镜的出端所造成的。使用 X 射线透镜获得微束 X 射线的这一特性可有效降低高能 X 射线引起的背景,从而提高了信噪比,降低了检测限。X 射线透镜的能谱特性可以通过选择不同能量带宽来提高 μ-XRF 分析系统对某些元素的分析灵敏度。

(3)强度分布：聚束 X 射线透镜的强度分布,在垂直 X 射线光轴平面上,X 射线强度沿径向呈高斯分布,聚焦束中心部分比其边缘部分有较硬的 X 射线能谱。依据这一特性,使用 X 射线透镜和光阑组合系统来提取聚束 X 射线束中最强的部分,不仅可以获取更小束径的 X 射线,同时进一步提高了微束 X 射线功率密度。

(4)等效距离：如果无透镜时离 X 射线源较近的某一点处 X 射线功率密度等于在透镜右焦点处(即透镜出口处)获得的 X 射线微束的 X 射线功率密度,则把该点到 X 射线源的距离定义为等效距离。它与透镜两焦点间的距离和透镜的放大倍数有关。整体 X 射线透镜的等效距离仅几毫米。

综上所述,由 X 射线管产生的原级谱经 X 射线透镜后,其原级谱分布和强度均有很大改变。衡量 X 射线透镜性能的主要参数有束斑直径、放大倍数、全束斑的等效距离。

§4.3.2 微束 EDXRF 谱仪结构

二维微束 EDXRF 谱仪结构,如图 4-8 所示[6],它由 $50\mu m$ 微聚焦源和会聚 X 射线透镜组成,Mo 靶,最高电压为 50kV,最大电流为 1mA,连续可调。X 射线透镜的位置可通过三维手动调节,其轴向与水平方向呈 $45°$ 夹角,谱仪入射部分和出射部分之间的夹角为 $90°$。探测器固定于三维移动平台上,其位置可通过手动调节,调节精度为 0.02mm;放置样品的调试架可通过计算机控制做三维平动,被测量点的位置由样品正下方的 CCD 监视,当样品位于透镜后焦点时,监视窗口中的十字交叉点与透射镜焦斑重合,因此在分析样品时,只需将测量点置于十字交叉点处即可,以上装置可完成样品的二维分布分析。当在探测器(Si-PIN)前装一个半透镜时,调节半透镜位置,使其焦点与会聚透镜的后焦点重合,能进行样品的深度分析。并编制了控制软件,该软件(MXRF-XOL1)集光谱探测、数据存储、样品定位和监视功能于一体,可以真正实现对样品的三维自动分析。

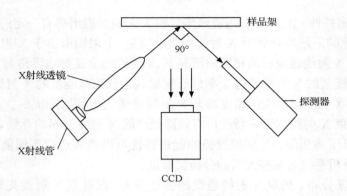

图 4-8　微束 EDXRF 谱仪结构示意图[6]

与其他谱仪相比,微束 X 射线荧光光谱仪的光路系统需要精密的机械和控制系统进行调节,微动平台的定位精度和稳定性需达到要求,CCD 系统成像清晰。杨健等[7]对微束微区 X 射线荧光探针的机械系统及其关键技术进行研究,从仪器的空间分辨率和高能量分辨率要求出发,详细讨论了仪器的载物微动平台和 X 射线管系统的支撑及传动系统的机械设计,提出微束微区 X 射线探针仪机械系统及工作原理如图 4-9。

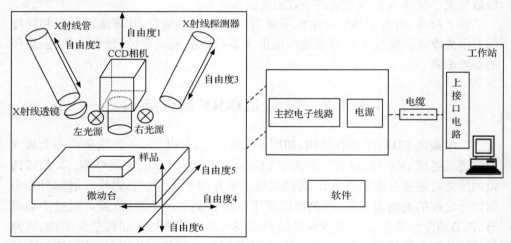

图 4-9　微束微区 X 射线探针仪工作原理图[9]

由于 X 射线具有很强的穿透能力,而且 X 射线荧光的发射在 4π 立体角是等方向性的,因此,即使入射 X 射线束斑能够达到几个微米甚至纳米,探测到的仍然是穿透试样范围达到几十微米、几百微米甚至毫米量级的 X 射线荧光信号,因此通常二维的 μ-XRF 谱仪对深度信息无法分辨,如图 4-10 所示,穿透深度取决于待测元素特征 X 射线的能量和基体组成。

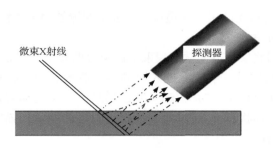

图 4-10　μ-XRF 入射与出射光路

　　若在探测器前放置一个半透镜时,调节半透镜位置,使其焦点与会聚透镜的后点重合,能够进行样品的深度分析。谱仪结构示意图如图 4-11 所示[7]。图中虚线方框内是共聚焦谱仪的核心工作区。结构紧凑是该谱仪的一大特点。谱仪透镜参数列于表 4-1。共聚焦 X 射线荧光分析与普通的微束 XRF 分析相比,有两大优点:

　　(1) 可以实现对样品的深度分析,当样品沿着垂直于共聚焦方向从上向下移动时,可得到样品由表及里的元素分布情况;

　　(2) 可以得到三维元素分布图,普通的微束 XRF 分析仅能获得样品的二维元素分布图。

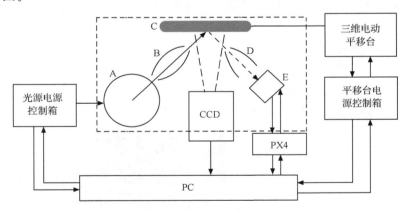

图 4-11　共聚焦 3D XRF 谱仪结构示意图[9]

A.X 射线管;B.会聚透镜;C.样品;D.半透镜;E.探测器

表 4-1　实验用透镜参数

	l/mm	ϕ/μm	f/mm
L_1	62	39(17.4keV)	$f_{前}$=41.9,$f_{后}$=17.1
L_2	20.2	30.9(17.4keV)	10.8

表 4-1 中 L_1 表示光源用会聚透镜，L_2 表示探测器用半透镜，l 表示透镜长度，f 表示焦距，ϕ 表示焦斑大小。

上海光源应用北京师范大学的聚束半透镜获取微束激发光源和接收由微区发射的 X 射线荧光通过另一半透镜进入探测器。在入射的光源和样品发出的特征 X 射线可以同时进行共聚焦的状态下，通过样品的三维运动实现三维元素分布无损分析。并在共聚焦状态下，通过元素吸收边附近的能量扫描实现微区元素近邻结构分析，其优点有[10]：

（1）无需对样品进行切片等处理，即可同时获取三维元素和化学态分布图。

（2）共焦点区域以外的 X 射线荧光及散射 X 射线均不能进入探测器，提高了信噪比，降低了元素的检测限。

（3）信号与微区直接对应，结果准确性高；上层分析结果可用于修正下层的结果，使 3D 定量分析的可靠性更高。

§4.4　偏振 EDXRF 谱仪测量单元

偏振 X 射线荧光光谱仪的光源、样品和探测器之间光路结构为三维结构，如图 4-12，其原理已在第二章中 §2.3 节中予以表述。影响偏振 EDXRF 谱仪功能的主要有 X 射线管及二次靶、探测器。目前商品仪器仅有两家，其产品各有特色。

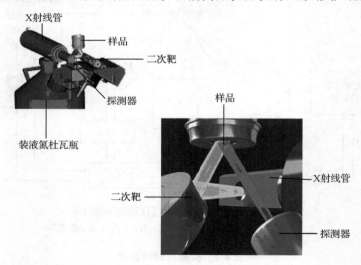

图 4-12　偏振 EDXRF 谱仪三维结构示意图（Epsilon 5）

（1）PANalytical 公司的产品 Epsilon 5 EDXRF 谱仪，100kV 高电压、管电流 25mA，在功率 600W 情况下工作，使用 Gd 靶或 Sc-W 复合靶的 X 射线管。为了对周期表中从 Na 到 U 进行选择激发,配置了 9 个二次靶以满足其需要,可配制 15 个二次靶,其中 1 个为巴克拉靶,其他为荧光靶。配备了液氮冷却的高纯 Ge 探测器,对 MnKα 分辨率小于 140eV,可满足 1~100keV 能量区间的 X 射线检测,对重元素的 K 系线测量效率接近 100%。

(2) Spectro 公司的产品,配备 Pd 靶的 X 射线管,最高电压为 50 kV,最大电流为 2mA,最大功率为 50W;硅漂移探测器,铍窗厚度为 15 μm,分辨率为 148eV (5.9keV 处),电制冷型;配备 Zr、Pd、Co、Zn、CsI、Mo、Al$_2$O$_3$ 和 HOPG 等 8 个二次靶(偏振靶),其中 HOPG 靶为布拉格靶,使用者可根据分析元素选用;带 X 射线快门的 12 位置样品自动交换系统,可在氦气和空气两种介质下进行测定。仪器总质量为 150kg。

(3) 配备 Pd 靶 X 射线管,最大功率为 400W,Si(Li) 半导体探测器,最高电压为 50 kV,最大电流为 8mA。

这里要指出的是有的谱仪配置二次靶,在几何结构上,来自 X 射线管的原级谱并不是以 90°垂直入射到二次靶,二次靶发射的 X 射线不是以 90°垂直入射到样品,这种配置主要目的是利用二次靶的选择性有效激发,并不能消除原级谱对试样测定的影响。为了进一步降低原级谱对测量背景的影响,在 X 射线管和二次靶之间配有多种滤光片供选择。

§4.5　全反射 EDXRF 谱仪测量单元

早在 1923 年康普顿就发现了全反射现象,即在仅约 0.10°的临界角以下,平面靶的反射率骤然增加。Yoneda 和 Horiuchi 在 1971 年提出将少量样品放在平滑的全反射支撑物上进行分析,此后这种技术在欧洲得到发展,第一台商品仪器于 1980 年在德国问世,并将该类仪器称作全反射 X 射线荧光光谱仪。

在我国,刘亚文[11]在 20 世纪 80 年代后期首先撰文介绍了这一技术,她所在课题组于 1990 年研制出有 2 个反射体的实验装置[12]。此后我国其他学者相继制造了用 X 射线光源和 2 个反射体的小型全反射谱仪、同步辐射为光源的全反射谱仪和三重全反射光路的 TXRF 谱仪。近几年国内已有数家生产商品仪器的企业。

王晓红等[13]将 TXRF 领域公认的专家 Reinhold Klockenkämper 教授所著的 *Total-Reflection X-Ray Fluorescence Analysis* 一书译成中文,该书论述了 TXRF 谱仪的原理和基础、谱仪结构、分析的性能和可能的应用,虽然该书在 20 世纪 90 年代后期出版,但对从事该工作的科技工作者来说依然是很有益的参考书。

由于它与常规的 EDXRF 谱仪有相似之处,如都有 X 射线光源、能量色散探测器和处理脉冲的电子学系统,故将之归入 EDXRF 体系。但应该知道,要阐明全反射的特性和相关方法,还需要一些基础知识,特别是干涉和驻波现象。这两点在本书第一章涉及很少,现仅作简单介绍,有兴趣的读者可参阅王晓红等的译著。

§4.5.1　全反射 EDXRF 谱仪理论基础

第一章所涉及的基础知识对全反射 X 射线荧光光谱而言是不够的,还需要补充如下基础知识。

(1) X 射线的干涉:干涉现象是两束(双束干涉)或两束以上(多束干涉)X 射线叠加产生的,通常以波的图像来解释。在叠加区,生成的波场显示出包含极大值、极小值的干涉图像。如果两个叠加波是单色而且相干,即它们有相同的波长和固定的相差,则这些起伏非常明显。当相差为 π 的奇数倍时,振幅相抵消,达极小值,这种干涉称作相消干涉,极小值处叫做波节;若相差为 π 的偶数倍,振幅相加,达极大值,这种干涉为相长干涉,相应的点称作波幅。这些波节和波幅点连起来分别为波节和波幅线或面。产生干涉的最简单方式是使两束射线在同一直线传播。X 射线在厚衬底上沉积的薄层的上、下界面的反射可产生双束干涉。

(2) 驻波场:干涉形成的波形可沿一定方向以一定速度传播,但也可以在某一方向驻定不动,这种现象称作驻波。一种产生驻波的简单方法是使宽入射波与宽反射波相叠加。在厚底的全反射面前,或者在沉积在该衬底上的薄层内,甚至多层内都可形成驻波。这是全反射 X 荧光基础。激发全反射 X 射线荧光就是发生在全反射平滑衬底前,或者发生在高反射层内。

(3) X 荧光强度计算模式:在用基本参数法计算理论强度时,要知道原级谱强度分布。而全反射 X 射线荧光谱、原级束的强度可由波在具有平坦界面的层中传播的光学理论来解释,通常以菲涅耳(Fresnel)定律计算。荧光强度可以作为掠射角的函数进行计算并用荧光测量值予以验证。对于给定的掠射角在薄层 ν 深度 z 处的原级束强度和用探测器测量的 X 荧光强度公式与 Sherman 基本参数法方程相比要复杂得多。在 Klockenkämper 的书中均有较详细的介绍[13]。

§4.5.2　全反射 EDXRF 谱仪结构

为保证外全反射,原级束掠射角必须相当小。全反射临界角与介质和不同 X 射线能量有关。目前商品 TXRF 谱仪所用激发源为 X 射线管,检测对象通常是粒状残留物,该残留物在样品表面,且仅在一固定临界角度进行测量,为此,谱仪必须满足如下条件:

(1) 掠射角必须设定在约 70% 的全反射临界角,依据激发能量和载体材料,应固定在 0.07°,原级束偏差应限制在 0.01°。要求仪器组合必须非常稳固和严密。

（2）原级谱的高能部分必须消除，以使全反射出现在一个适中的角度。否则高能部分在较大的掠射角下被全反射而造成背景的增强。

Klockenkämper[13]介绍了 20 世纪的 TXRF 谱仪结构，光源有两种类型：①由高压发生器和精细聚焦的 X 射线管组成。输出功率为 3～4kW。②采用高功率 X 射线光源，X 射线管为旋转阳极靶，功率最大可达 18kW 甚至更高，最高电压为60kV、最大电流为 300mA。通过两准直狭缝或至少用两金属片作光阑对原级束予以整形。而为了在样品载体上发生全反射，原级束必须以临界角入射到作为第二载体的样品盘上。为此在第二载体前，采用单一和双反射体作为低通滤波器，以防止原级谱高能部分的不利影响，并保证整形后原级束以临界角入射到作为第二载体的样品盘。经多年发展，现商品仪器已很少用高功率 X 射线光源，这里将介绍另外的两种方法：一种是 Bruker 公司的商品仪器（S2 PICOFOX），功率为 50W。另一种为日本科学家 Kunimura 等[14]所研制的手提式全反射 X 射线荧光光谱仪，功率仅为 1W。

Bruker 公司生产的 S2 PICOFOX 型 TXRF 谱仪激发单元的配置示意图如图4-13 所示，它由 X 射线管、Ni/C 多层膜单色器、样品盘和探测器组成。

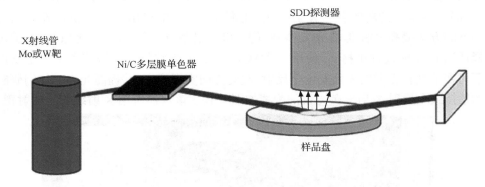

图 4-13　全反射 X 射线荧光光谱的仪器配置

X 射线源由高压发生器和精细聚焦的金属陶瓷 X 射线管组成，有两种 X 射线管供选择：①线聚焦 X 射线管：50 W，50kV，1mA，Mo 或 W 靶，光斑尺寸 1.2mm×0.1mm，空气冷却。②微聚焦 X 射线管：37W，50kV，0.75mA，Mo 靶，光斑尺寸可达 50μm。

由精细聚焦的 X 射线管所产生的原级谱光束通过单色器，去除其高能部分后，获得 17.5 keV 的近似单色光，约占总原级光束中 80%，如图 4-14 所示。该单色器由 Ni / C 多层膜组成。由单色器出射的单色光以 0.1°（临界角）入射到石英玻璃上的样品，在样品上产生的 X 射线荧光进入硅漂移（SDD）探测器。SDD 探测器，30 mm² XFlash®，能量分辨率＜155eV。原级束则全反射逸出。

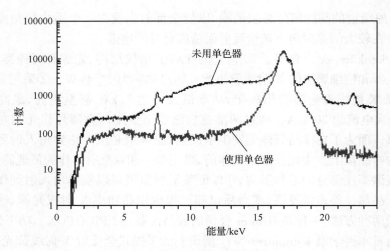

图 4-14　通过单色器前后的原级谱

多年来,总是认为原级 X 射线束强度越强分析灵敏度度越高,为了灵敏度高要用同步辐射光源。但是,Kunimura 等[14] 的研究工作表明,使用功率仅为 1W (50kV、200μA)的弱的多色 X 射线光源也能获得 Co 的检出限为 10pg。作者通过如下的方法提高灵敏度:①测定少量样品;②优化管压、管流;③优化掠射角;④选择适当的 X 射线管靶材;⑤使用 X 射线波导管(X 射线导管),该装置在一定条件下可在毛细管光滑内表面发生全反射,改变方向实现聚焦,并提高光强。他们研制的手持式全反射 X 射线荧光仪的配置如图 4-15。该仪器所用 X 射线管为透射靶,

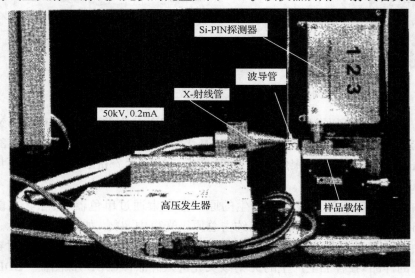

图 4-15　手持式全反射 X 射线荧光仪的结构图[14]

并将 X 射线管与波导装置（与双反射体功能相似）相连接，在该仪器中是用两片 X 射线全反射镜（单晶硅片）配置成水平，做成测角仪，入射 X 射线发散成分的一部分在硅片（silico wafer）上进行全反射，照射到试样上，以这种方法取代使用狭缝，为获得平行光束，狭缝通常为 10cm，而波导装置的长度为 1cm。这样做不仅可使谱仪小型化，且因光路由 10cm 以上缩短至 3cm，同时由于于全反射的关系，从而有效提高样品产生 X 射线荧光的强度。使用同样 X 射线管和同样功率的情况下，用准直和波导两种方法获得微束原级光束，激发 20ng 的 Cr，其光谱图参见图 4-16。

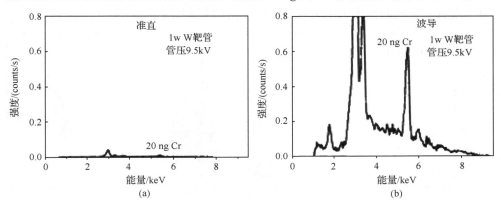

图 4-16　用准直（a）和波导（b）激发 20ngCr 样的光谱图[14]

图中波导管即 X 射线透镜

图 4-16 中测量条件是：①W 靶 X 射线管压管流分别为 9.5kV 和 150μA；②测量时间分别为：（a）2000s，（b）600s；③准直器限制 X 射线束为 100μm 高，而波导管限制 X 射线束为 50μm 高。

§4.6　测量单元中激发系统

使用 X 射线管激发样品时，原级谱的散射线是构成待测元素背景的主要来源，原级谱中特征谱的散射线也是干扰谱线的来源之一。为了改善原级谱的谱形和强度，以提高试样中待测特征谱的峰背比，除使用不同 X 射线管阳极靶材外，尚可采用滤光片、二次靶、准直器和 X 射线聚束系统（又称 X 射线透镜）等方法。

§4.6.1　靶材的选择

常用的靶材有 Rh、Mo、Ag、Cu、Cr 和 W，在第二章表 2-1 列出了小尺寸和手持式 EDXRF 谱仪用 X 射线管阳极靶材及适用范围。偏振 EDXRF 谱仪常用 Pd、

Gd 和 W-Sc 复合靶等。复合靶(Sc/W),对轻、重元素的激发效率均比 Gd 靶好,但 W 和 Hg 元素例外。

作为实验室用的常规谱仪则选用 Rh 靶,RhKα 可有效激发原子序数 29 号的 Cu 到 42 号的 Mo 的 K 系线,RhL 系线对激发原子序数 11 号的 Na 到 17 号的 Cl 有利,因此它对轻、重元素的激发均有利。但若是专业用谱仪,则应予以优化,例如需测定油品中几个 ppm 的硫,Rh 靶中 RhLₙ 线干扰 S 的测定,尤其是低含量 S,选择 Ag 靶则优于 Rh 靶,如图 4-17 和图 4-18。使用同类谱仪,300s 活时间分析油品中 S,使用 Ag 靶的检出限由 Rh 靶的 1.8ppm 降到 1.0ppm。

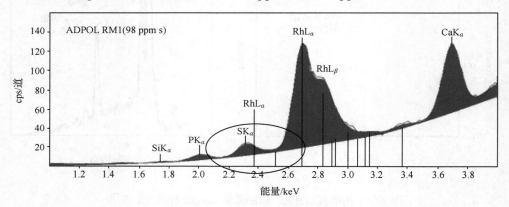

图 4-17　Rh 靶激发油品中 S 扫描图

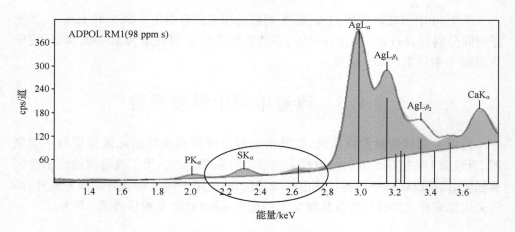

图 4-18　Ag 靶激发油品中 S 扫描图

在使用新仪器前需了解谱仪本身可能产生的特征谱,它可能来自于靶的杂质谱以及谱仪光路中其他部件产生的特征谱。可用高纯硼酸压成片状后,当未知样予以测试,通过靶的原级谱的散射线可确定其杂质谱,否则在定性分析时将影响对痕量元素的判断。如某种型号 Rh 靶原级谱在光谱纯硼酸中散射线的扫描图如图 4-19 所示,从该图可知该谱仪光路(Rh 靶和 SDD 探测器)系统中含有 Au、Cu、Ni、Fe、Cr 等杂质。在对轻基体进行定性或半定量分析时要予以考虑,若要分析试样中上述痕量元素,则使用适当滤光片滤去这些原级谱中的杂质谱线。

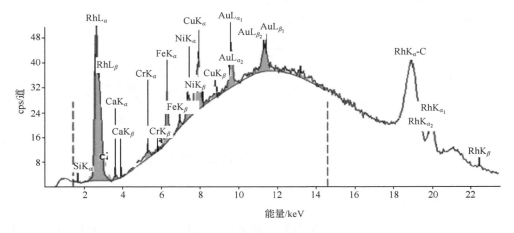

图 4-19　Rh 靶原级谱在光谱纯硼酸中的散射扫描

§4.6.2　滤　光　片

将滤光片与激发一起考虑,是因为原级谱通过滤光片后,在滤光片组成元素的吸收限两侧原级谱分布将发生较大的变化,从而改变原级谱对试样的激发性能。使用滤光片,可以有效降低背景和原级谱中特征谱对待测元素的干扰。在能量色散 X 射线荧光光谱仪中,还可通过配置滤光片进行能量选择。滤光片可用来抑制这些高含量组分的强 X 射线荧光,提高待测元素的测量精度。和波长色散 X 射线荧光光谱仪不同,能量色散 X 射线荧光光谱仪有两种类型滤光片:初级滤光片和次级滤光片。

§4.6.2.1　初级滤光片

所谓初级滤光片是将滤光片置于 X 射线管和样品之间,在谱仪中结构示意图见图 4-20。原级 X 射线谱通过某一薄片后,其强度变化可用下式表示,

$$I = I_0 e^{-\mu \rho d} \tag{4-1}$$

式中:μ 是质量吸收系数,ρ 是该薄片的密度,d 是厚度。其透过率表示为:

$$\eta = \frac{I}{I_0} = e^{-\mu \rho d} \tag{4-2}$$

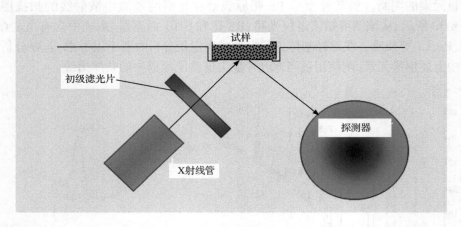

图 4-20　初级滤光片在 EDXRF 谱仪中位置

1. 初级滤光片功能

（1）利用初级滤光片降低或消除原级谱中特征谱对待测元素谱的干扰,如用 Rh 靶测定饮料中 0.1‰ Cd（图 4-21）,使用 Zr 滤光片可消除 Rh 的 K_β 线及其康普顿线对 CdK_α 的干扰,有效地提高 CdK_α 的峰背比。

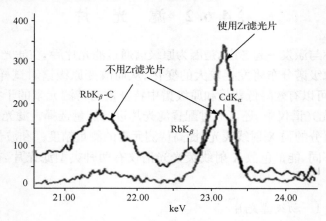

图 4-21　测定饮料中 0.1‰ Cd 时使用 Zr 滤光片效果图[16]

（2）选择合适滤光片有助于降低原级谱中连续谱强度,提高信噪比,如测定生物样品 GSV2 时,分别采用两种 0.2mm Al 和 0.1mm Ag 滤光片,其谱图示于图 4-22。由图 4-22 可知采用不同滤光片对原级谱的影响是有很大差异的,测定 Sr 和 Pb 时用 0.1mm Ag 滤光片优于 0.2mm Al,但测定 Cu 时则用后者为好。

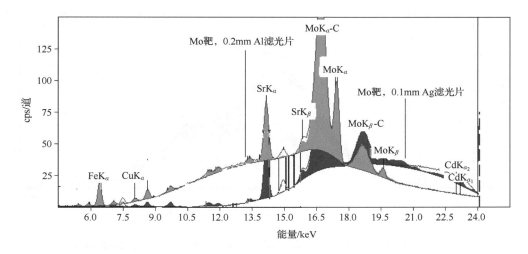

图 4-22　测定生物样品中 Sr、Pb、Cu

（3）选择合适滤光片有助于降低谱仪死时间，可有效减少测量实时间，如测定水泥及生料或类似样品的能量色散谱仪，使用 Cu 靶 X 射线管，初级滤光片材料选用 $3\mu m$ 的锡，以其靶的特征谱 CuK_{α} 为例，它通过 $3\mu m$ 的锡后的强度仅为原来的 0.573 倍（Sn 对 CuK_{α} 质量吸收系数为 $254cm^2/g$，Sn 的密度 $7.3g/cm^3$），有效降低谱仪的死时间。

（4）偏振 EDXRF 谱仪配置初级滤光片，是因为在三维光路中未配准直装置，因此并非所有原级谱均以垂直方向射向二次靶，这样就导致了对原级谱的偏振不完全；偏振度由下式表示：

$$P = \frac{1 - \cos^2\theta}{1 + \cos^2\theta} \tag{4-3}$$

式中：θ 为入射光与出射光之间夹角。

通常巴克拉靶对原级谱的偏振度约为 90%，因此需要配置初级滤光片。为了说明这一点，在 100kV 高压下，X 射线管阳极为 Gd，用巴克拉靶（Al_2O_3）在三种情况下（不用滤光片、分别用 Zr 和 Mo 滤光片）激发高纯硼酸样品，其结果如图 4-23 所示。由图 4-23 可见，不使用滤光片时，硼酸样品在 20～36 keV 出现的散射线强度逐渐增加，然后随能量的增加而降低。而这一背景的组成主要由 Gd 靶的 K_{β_1}、K_{α_1}、K_{α_2} 的特征谱（能量分别是 48.718keV、42.918keV、42.280keV）在试样中产生的瑞利和康谱顿散射，以及它们在 Ge 探测器中所产生的逃逸峰（能量分别是 38.844 keV、33.044 keV、32.406 keV）所组成。若测定这一能量区间的元素，当使用 Mo 滤光片散射线强度则降低很多，可显著改善峰背比。使用 Mo 滤光片对 GdK_{α} 的特征谱的过滤起了很大作用。

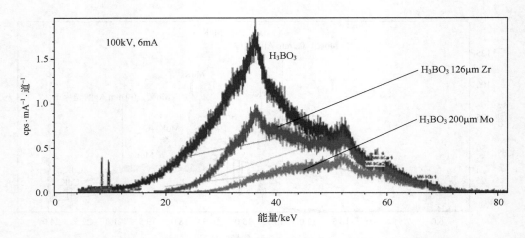

图 4-23　巴克拉靶（Al_2O_3）在不用和用 Zr 和 Mo 滤光片激发高纯硼酸样品

在商品 EDXRF 谱仪中通常配制五个以上的初级滤光片，以满足对不同元素的测定，其中必须有一个滤光片可除去原级谱中特征谱对待测元素的干扰，如使用 Cr 靶，应配有 $20\mu m$ 以上的 Ti 滤片，以消除 CrK 系线对待测元素的干扰。常用的初级滤光片材质、厚度及适用元素范围列于表 4-2。

表 4-2　常用的初级滤光片的材质、厚度及适用元素范围

材质	厚度/μm	元素适用范围	X 射线管靶材
Kapton	50	Al～Cl	Rh，Mo
Al_thin	50	S～Cr	Rh，Mo
Al	200	K～Cu	Rh，Mo
Ti	20	Mn～Fe	Cr
Cu	75	Mn～Mo	Mo
Zr	125	Mn～Y	Rh，Mo
Mo	100	Mn～Mo	Rh
Ag	100	Zn～Mo	Rh，Mo

§4.6.2.2　次级滤光片

从原理上说次级滤光片与激发无关。所谓次级滤光片是指样品和探测器之间放置的滤光片，这种滤光片主要用于非色散谱仪。其目的是对试样中产生的多元素的 X 射线荧光谱线进行能量选择，提高待测元素测量精度。如测定锰矿石中锰时,铁(E_{FeK_α}＝6.04keV)干扰锰(E_{MnK_α}＝5.898keV)的测定,使测量精度较差。若用 Cr 片作次级滤光片,因其吸收限为 5.988keV,能强烈吸收 FeKα 和 FeKβ 以及钴和镍的 X 射线荧光,而对 MnKα 吸收较小,这样使 MnKα 的强度在总强度中比例提高,从而提高了测量精度。有兴趣的读者可参阅文献[16,17]。

§4.7 探 测 器

目前在能量色散 X 射线荧光光谱仪中广泛应用的探测器有 Si(Li)、Si-PIN、SDD、高纯 Ge 探测器和封闭式正比计数管。探测器的分辨率是评价能量色散 X 射线荧光光谱仪性能的主要指标之一,厂商给出的分辨率是用[55]Fe 放射核素源在2000cps 计数率时的 MnKα 的半高宽值,即由右侧半高宽能量值减去左侧半高宽能量值后的差值。探测器分辨率及适用能量范围与应用领域示于第三章的表3-2。

§4.7.1 探测器的选用

除了探测器分辨率是需要考虑的重要因素外,在实际应用中,探测器的能量探测范围、探测器有效活性区、线性响应范围、铍窗厚度等也是选择探测器时需要考虑的重要因素。事实上,除 SDD 探测器外,分辨率、有效活性区和线性响应范围这三种因素正好相互制约。

前置放大器噪声主要由脉冲成型时间常数所决定,能量分辨率与脉冲成型时间常数的关系呈一种极小值曲线分布,故有时适当选择稍大的脉冲成型时间常数,可有较高的能量分辨率,但线性分析范围可能会受到影响。当希望保持高计数率而需要窄脉冲宽度时,则可选择具有较小脉冲成型时间常数的探测器。探测器的谱峰成型时间越短,线性响应范围越宽,但探测器的分辨率越低。例如谱峰成型时间为 0.8μs 的探测器的线性响应范围约为 20～40 万计数/秒,分辨率为 250eV;若谱峰成型时间为 25.6μs,其线性响应范围只有约为 1～1.5 万计数/秒,但分辨率则提高到 150eV,如图 4-24 所示。通常探测器面积越小,谱峰成型时间越长,分辨率越高。除硅漂移探测器外,探测器有效面积越大,分辨率越差。故当需要高计数率时,通常只能选用大面积的探测器。

探测器窗口材料和厚度是选择探测器需要考虑的另一个要点。从图 4-25可知分析超轻元素,应用聚合物窗;测定 Na 和 Mg 则希望铍窗越薄越好。但铍窗厚度过薄其使用寿命也会受到影响。因此选择铍窗厚度时,应根据拟分析的对象,确定合适铍窗厚度的探测器,如果没有实际需求,过分追求薄的铍窗是没有必要的。

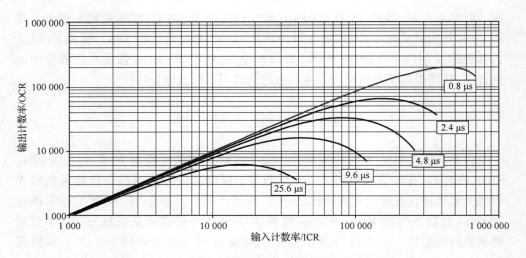

图 4-24　探测器脉冲成型时间与线性相应范围关系
AmpTek 公司 Si-PIN 探测器 XR-100CR 数据图

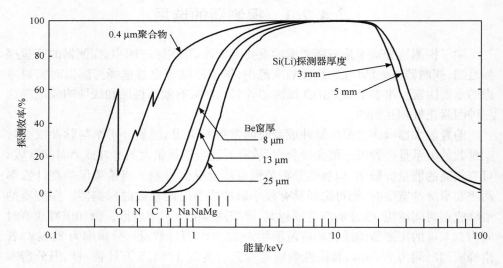

图 4-25　探测器厚度和铍窗厚度与探测效率关系曲线（Canberra Industries 公司）

　　在选购一台能量探测器时，一方面要考虑探测器的分辨率，另一方面还需要考虑是将主元素测定作为分析重点，还是偏重于微量元素分析。这些需综合考虑之。总之，在选择探测器时，应根据拟分析对象，综合考虑分辨率、线性响应范围、铍窗厚度、探测器厚度及有效探测面积，权衡主量、次量、痕量元素分析范围，有所侧重，以达到有效满足多数分析项目的目的。

§4.7.2　探测器冷却系统

　　Si(Li)和高纯锗探测器通常在液氮温度（—196℃）下工作，以减少噪声和确保最佳的分辨率。提供液氮的装置包括低温容器（杜瓦瓶）、冷指、真空室和探测器支架。探测器和前置放大器的场效应管与冷指相连接，整个支架要保证良好的导热性能。冷指是一根纯铜棒，作为探测器与液氮之间的导热装置。真空室的作用是保持探测器部分的低温和保证探测器表面的清洁。1990 年 KEVEX 公司采用帕尔帖（Peltier）制冷方法代替液氮冷却装置，用在 Si（Li）探测器上，虽然分辨率从 135eV 下降为 170eV，但仪器体积缩小，使用也方便。

　　帕尔帖制冷现象由法国 Peltier 于 1834 年发现。在电场作用下，当电子加速时，其动能就会增加，并转换成热能；而当电子减速时，动能下降，结点温度就会降低。该过程完全可逆，从而通过电场的变化，就可实现冷热的交换。如果将温差电冷原理用于 p-n 结半导体中，组成 pn 和 np 阵列，每一结点都与散热器相接，当按确定的极性接通电流后，半导体两端的散热器就会产生温差，一端温度上升，成为热池，另一端则温度下降，用作冷却器。其原理图如图 4-26 所示。采用无位错 p 型 Si 制造温差电冷型半导体探测器，其制造工艺的关键是使漏电流尽可能小，容量也要求小。可提供的制冷温差可达 —50～ —120℃[15]。目前采用帕尔帖制冷原理的 Si-PIN 和 SDD 半导体探测器已成功用于多种类型的商品仪器。

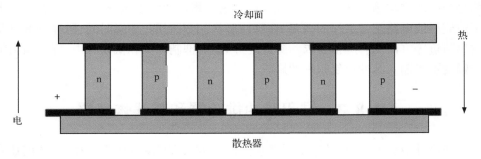

图 4-26　Peltier 半导体温差电制冷工作原理[15]

§4.8　记　录　单　元

　　无论是何种类型 EDXRF 谱仪，除激发源和探测器共有的部件外，欲将测定试样中待测元素的特征谱线在探测器中所形成的电脉冲信号转换为浓度，通常需配有图 4-1 所示的记录单元中电子学器件。下面将依据图 4-1 所示介绍各部件的主要功能。不同类型的谱仪为发挥其特点将有不同的配置,也将给以适当介绍。由图 4-1 可知,探测器输出的电脉冲由复杂的电子学系统处理。将探测器输出的电脉冲由场效应管组成的前置放大器放大;经带有基线恢复器和脉冲堆积排除器的主放大器进一步放大;由模数转换器(ADC)将电脉冲信号转换为数字信号,整形并分检,形成具有一定幅度的脉冲计数,存储于多道分析器(MCA)中。

§4.8.1　前置放大器

场效应管是最常用的工作在脉冲光反馈放电模式下的前置放大器。将探测器输出的电脉冲转换成低压脉冲,幅度或脉冲高度严格正比于电子-空穴对数,因此也正比于被探测 X 射线光子的能量。前置放大器安装在非常靠近探测器的地方,为了减小电子学噪声需用液氮或电制冷——帕尔帖装置冷却。

§4.8.2　主 放 大 器

为使模拟信号与模数转换数字电路相匹配,要求将信号进一步放大和成型,将前置放大器输出的毫伏脉冲放大到伏特水平。此外,将脉冲整形成具有不同幅度,并具有固定整形时间的特定波形。整形时间要选择适当,既要抑制电子学噪声,又要防止脉冲严重堆积。主放大器在将脉冲信号幅度放大时,要求在输出端得到的信号幅度严格与输入端信号幅度成正比。这一指标通常以微分非线性来表征。为了适应后续电路正常工作的需要,在脉冲形状、上升时间、下降时间、脉冲宽度以及输出阻抗等方面均有严格要求。除此之外,还要抑制高频和低频噪声,保证输出脉冲幅度不受输入脉冲重复频率的影响。

§4.8.3　堆积脉冲排除器和基线恢复器

在高计数率下,堆积效应变得严重。能谱放大器线路输出脉冲需经堆积脉冲排除器,以改善能谱分辨率,降低背景尽可能除去产生畸变的堆积脉冲。堆积脉冲排除器附有时变基线稳定器,在不影响系统信噪比的前提下,当计数率有较大变化范围时,峰的位置可以保持不变。并附有活时间校正线路,以控制多道活时钟正确地延长测量时间,补偿被排除的堆积脉冲和系统死时间造成的计数损失,确保在计数率高低变化情况下获得定量分析用的能谱。

堆积脉冲排除器只对应包含一个探测器讯号的放大器输出脉冲有输出。放大器成形脉冲宽度为 T_p,上升到最大值的时间为 T_L,排除器容许对一个脉冲有输出的条件为:

（1）在此脉冲出现之前的 T_p 时间内不出现探测器讯号；

（2）在此脉冲出现至上升到最大值的时间间隔 T_L 内不出现相继讯号。

当满足上述两条件时，在脉冲到达最大值时排除器输出一个幅度与此相等的矩形脉冲。探测器讯号的出现是利用放大器工中快讯号（即在成形网络积分之前的讯号）来识别。虽然使用堆积脉冲排除器，在高计数率情况下，若前一脉冲的分析尚未完成，第二个脉冲将被阻止再作进一步的处理。若没有这样的阻止，就将发生脉冲的堆积，从而导致产生一些和峰，和峰的能量等于第一个和第二个进入探测器的光子能量之和。实际上，即使有堆积脉冲排除器，对于测定一些强峰，仍可观察到它们的和峰。这是由于在小于甄别器可以分辨的时间内两个 X 射线光子同时进入探测器而造成的。和峰可在某强峰的两倍能量处，或某两个强峰之能量和处观察到。

§4.8.4　模数转换器（ADC）和多道分析器（MCA）

多道脉冲幅度分析器是一种基于模数转换和计算机存储原理而工作的装置。它通常由模数转换器（ADC）、地址寄存器、读出加"1"寄存器、存储器和读出显示单元组成。

主放大器的输出脉冲变为后面的模数转换数字电路（ADC）可接受的形式，由ADC 将电脉冲信号转换成数字信号。在转换时，A/D 转换一般要经过采样、保持、量化及编码 4 个过程。如图 4-27 所示，然后按分类编码分别记入存储器相应的各个地址单元中，产生的数字作为与多道分析器（MCA）连接的地址，再依据这些地址分检不同的脉冲并记录相应脉冲的数目。

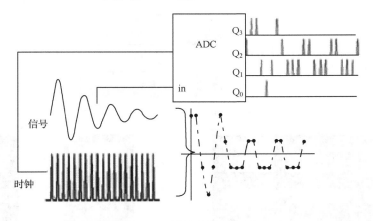

图 4-27　模数转换示意图

在 EDXRF 谱仪中使用的 ADC 通常与多道分析器连用,它具有如下的特点[18]:

(1) 由探测器输出的脉冲信号,经主放大器成形之后,波形是指数函数或近于高斯函数的尖顶脉冲,将其变换成数码较困难;

(2) 基于 X 射线产生的随机性,探测器输出的脉冲信号系列在时间上也是随机分布的。输入到 ADC 的相邻两个脉冲的时间间隔可能很小。为了减小计数损失,模数变换必须在很短时间内完成,即要求 ADC 有很快的变换速度;

(3) 多道脉冲分析器用于测量幅度谱,即测量不同幅度处各道宽内的脉冲计数,为了减少谱的畸变,要求不同幅度处道宽一致,而且稳定。也就是要求有较小的微分非线性和较高的道宽稳定性,这需要有提高时变换精度的要求;

(4) 多道脉冲分析器使用的模数变换器用于测量幅度谱,幅度谱的测量是很多个脉冲的测量结果,每道内的计数也是对很多个在幅度和时间上随机分布的脉冲进行分类计数得到的。因此,测得的幅度数据的误差并不等于对单个脉冲测量误差。利用这一点,采用一些特殊的电路技术,可以使模数变换达到比较小的微分非线性误差。模数转换器可分析的最大信号幅度(电压脉冲)通常不超过 10V。

目前 MCA 一般使用 4096 道和 8192 道,将不同能量的光子存储于不同道中,如光子最大能量为 80keV,通常用 8192 道或 16384 道。零道的能量应为零,每道的能量依次按一固有能量增加,不同能量的光子数存储于不同道的计数器中,如图 4-28 所示[19]。为了将不同道中 X 射线光子能量予以显示,需要对多道分析器进行能量刻度。

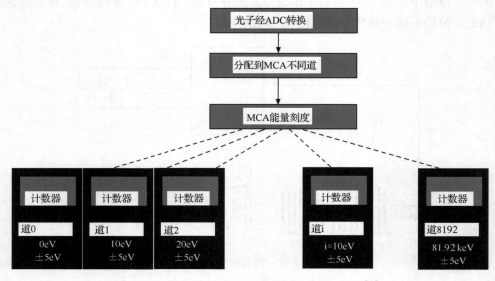

图 4-28　多道脉冲幅度分析器工作原理示意图[19]

　　对谱仪进行能量刻度的基本方法是对能量已知的放射性核素源、合金样或用纯元素进行测量,如早期在测定水泥的专用谱仪中,以封闭式正比计数管为探测器,所测元素能量范围在 0～10keV 时,可用金属铝和铁进行刻度。对于半导体探测器,由于具有很好的能量分辨率,通常只需要测量一个含有多个元素的样片,如在 0～20keV 的能量区间进行能量刻度,用铝合金,通过测定铝和铜,获得相应的能量-峰位点,作图或进行函数拟合,从而获得能量刻度曲线及其函数表达式。现代仪器均提供用于能量刻度的标样和相应的软件包,如图 4-28 中零道的能量以 Zero 表示,每一道的能量有一固定的能量范围,设为 Gain,则 $E_i = \text{Gain} \times i + \text{Zero}$。在调试过程中,Zero 应尽可能为零 eV,Gain 若设定为 10eV,以 8192 道 MCA 为例,若能量区间为 0～81.92keV,CuKα 的能量为 8040eV,则应在 804 道处出现 CuKα。

　　入射 X 射线能量与峰位之间的比例关系取决于探测器的转换特性、放大器的放大倍数和多道脉冲幅度分析器等。若改变探测器上所加高压、放大器放大倍数、模数转换器和改变多道脉冲幅度分析器的工作状态时,能量刻度曲线将会相应改变。因此,在能量刻度之前,应先用一标样如金属钛,进行校正,以便以后对谱仪的峰位和强度的变化,予以校正。应确保测量条件的一致。在一些谱仪中就是利用增益校正仪器的稳定性,通常需定时进行校正,或自动按时进行校正,以便确保测量条件的一致。

参 考 文 献

[1] Cesareo R, Brunetti A, Castellano A, Rosales M A. Portable Equipment for Fluorescence Analysis. X-ray Spectrometry // Tsuji K, Injuk J, Van grieken R. X-ray Spectrmetry: Recent Technological Advances. New York: John Wiley, 2004:307～341.

[2] 徐海峰,李成文,葛良全,等. 手提式 X 荧光分析仪在矿产普查中寻找伴生矿的应用研究. 核电子学与探测技术, 2009,29(2):445～448.

[3] 颜一鸣,丁训良. 使用 X 光聚束系统的 X 射线荧光分析. 核技术, 1994,17(6):340～342.

[4] 丁训良,梁炜,颜一鸣. 使用 X 光透镜的 XRF 谱仪的研究进展. 核技术, 1996,19(3):164～169.

[5] 丁训良,赫业军,颜一鸣. X 光透镜在 μ-XRF 分析中的应用. 原子核物理评论, 1997,14(8):155～157.

[6] 初学莲,林晓燕,程琳,等. 微束 X 射线荧光分析谱仪及其对松针中元素的分布分析. 北京师范大学学报, 2007,43(5):530～532.

[7] 杨健,葛良全,张邦,王汉彬. 微束微区 X 荧光探针仪的机械系统设计. 机械设计与研究, 2009,25(2):90～92.

[8] Wolfgang M, Birgit K. A model for the confocal volme of 3D micro X-ray fluorescence Spectrometer[J]. Spectrochimica Acta, 2005, Part B(60):1334.

[9] 林晓燕. 实验和理论模拟研究共聚焦 X 射线荧光谱仪的性能及对古文物的层状结构分析:[博士论文]. 北京:北京师范大学,2008.

[10] Wei X ,Lei Y ,Sun T , et al. Elemental depth profile of faux bamboo paint Forbidden City studied by syn-chrotron radiation confocal μ-XRF .X-Ray Spectrm . , 2008 ,37 ,595~598 .

[11] 刘亚雯 . 光谱学与光谱分析 . 1987 ,7(4) ;9~13 .

[12] 范钦敏 ,刘亚文 ,李道伦 ,魏成连 ,胡金生 . 光谱学与光谱分析 , 1990 ,10(6) ,64~67 .

[13] Klockenkämper R. 全反射 X 射线荧光分析 . 王晓红 ,王毅民 ,王永奉 ,译 . 北京 :原子能出版社 ,2002 : 87~121 .

[14] Kunimura S , Kawai J . Portable Total X-Ray Fluorescence Spectrometer for Ultra Trace Elemental Determination. Adv. X-Ray Chem. Anal. ,2010 ,41 ,29~43 .

[15] 罗立强 ,詹秀春 ,李国会 . X 射线荧光光谱仪 . 北京 :化学工业出版社 ,2008 ,32 .

[16] 吉昂 ,陶光仪 ,卓尚军 ,罗立强 . X 射线荧光光谱 . 北京 :科学出版社 ,2003 ,87~96 .

[17] 曹利国 . 能量色散 X 射线荧光方法 . 成都 :成都科技大学出版社 , 1998 ,55~135 .

[18] 屈建石 . 多道脉冲分析系统原理 . 北京 :原子能出版社 , 1987 .

[19] Epsilon 5 EDXRF Sectromete System User's Guide .PANalytical ,2003 .

第五章 谱 处 理

§5.1 引　　言

　　能量色散 X 射线荧光光谱处理除涉及谱平滑、寻峰、识谱和连续谱的拟合等功能外,最重要的应该是获取元素特征 X 射线荧光光谱的净峰面积。特征谱的净峰面积的计算,在能量色散 X 射线荧光光谱定量分析中可视为与样品制备和分析条件的设定处于同样重要地位,谱处理的效果直接影响定量分析结果的准确度。

　　在能量色散 X 射线荧光光谱谱仪的测量谱中含有待测元素的 K 系、L 系、M 系特征谱线、逃逸峰(可能来自于 K 系、L 系、靶的瑞利散射线和康普顿散射线)、和峰(可能来自于 K 系、L 系、靶的瑞利散射线和康普顿散射线)。若使用二次靶尚需考虑二次靶的瑞利散射线和康普顿散射线。此外还需要拟合背景和谱峰的拖尾。对于一个含量较高的重元素而言,在使用足够高的电压时,最多可能有多达 43 条谱线要处理。而其中和峰和康普顿峰的谱处理更有一定的难度,以和峰为例,由于探测器死层的存在,电荷的不完全吸收造成在和峰前部的粒子堆积,形成低能端拖尾,和峰向前展宽,导致和峰的形状产生严重畸变。为此我们可用强的峰前拖尾和较宽的峰形判断和峰的存在。即使在电子学线路中加入抗堆积电路可有效地减小脉冲堆积形成的本底,也并不能消除和峰。在使用 Ge 探测器时,由于特征谱的逃逸峰与特征谱能量相差较大,因此两者峰形有很大差异,这同样给谱处理带来困难。不少商用 EDXRF 谱仪对和峰、逃逸峰和康谱顿谱的处理效果较差,有的甚至不予处理。

　　EDXRF 谱仪是收集试样的全谱,因此要获取待测元素特征 X 射线荧光光谱的净峰面积,并不是一件容易做到的事,这样就不难理解,谱处理技术长期以来一直受到广泛关注,并成为一门专门的学问。基于最近十多年来探测器技术有了突破性的进展,在 20 世纪 70 年代早期 Si(Li)半导体探测器的 EDXRF 谱仪可使用的最大有效计数率仅为 10kcps,而最近几年间 50～300kcps 的计数性能已成为常用指标,像 Epsilon 5 高能偏振 X 射线荧光光谱仪的最大计数率可高达 200kcps。半导体探测器能量分辨率可达 130eV 左右,加上现代计算机的强大功能可以计算在谱处理过程中所需的大量参数,商品仪器厂家已提供谱处理软件包,但功能差异甚大。因此作为使用者对所用谱仪的谱处理技术应有所了解,方能保证试样分析结果的准确性。

　　谱峰处理大体分为如下几种方法：①最简单方法是设置感兴趣区，对感兴趣区内谱进行积分；②运用纯元素标准谱最小二乘法拟合；③应用高斯或经改进的高斯函数的最小二乘拟合法；此外为了准确扣除背景尚需要对连续谱进行拟合处理。特别要说明的是最近十多年来在编制谱处理软件时充分考虑和利用探测器响应函数，使拟合参数有较多的减少，提高拟合精度并在特定情况下拟合尾峰等成为可能。

　　本章对谱处理的常用方法予以介绍，以便了解各自特点。

§5.2　感兴趣区的设置和 $\dfrac{K_\alpha}{K_\beta}$ 强度比的应用

　　感兴趣区的设置虽然简单，但依然是常用的方法之一。特别是当待测元素含量很低而又相邻于含量较高元素一侧时，使用分析函数进行谱处理时，某些软件往往不能获得理想的结果，通常需设置感兴趣区解决之。或者待分析样待测元素含量适中且无明显干扰，如我国在水泥行业中使用的钙铁分析仪或多元素分析仪依然采用这种方法。

　　具体设置通常取峰位的两侧，即在低能区设起始能量（或道），在高能一侧设为终止能量（或道），对该能量区间的计数或计数率予以加和。如图 5-1 所示在 CrK_α 阴影区，即为 CrK_α 的感兴趣区。

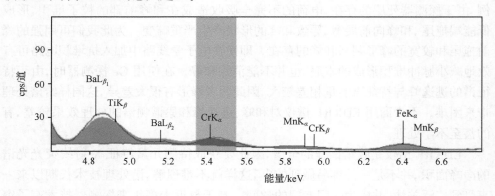

图 5-1　CrK_α 谱感兴趣的设置

　　感兴趣的设置与谱拟合的差异可从图 5-2 和图 5-3 中看出，图 5-2 的 FeK_α 感兴趣区设置，所得强度受 MnK_β 干扰，而图 5-3 依据 Mn 的 $\dfrac{K_\alpha}{K_\beta}$ 强度比法解得 FeK_α 谱，即依据 MnK_α 强度计算出 MnK_β 强度，然后从 MnK_β 与 FeK_α 合成峰中扣除。如果 Mn 的 $\dfrac{K_\alpha}{K_\beta}$ 强度比不受 Mn 的化学态以及基体组成的影响，可获得 FeK_α 谱的

净强度。但在实际工作中,待测元素的 $\dfrac{K_\alpha}{K_\beta}$ 强度比因基体效应而与理论值不一致,如图 5-4 以相对强度比解 GSD4 标样谱,FeK$_\beta$ 的拟合并不理想,相反不用相对强度比对各个谱分别解谱,FeK$_\beta$ 的拟合很好,如图 5-5 所示。

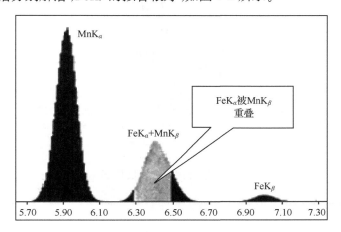

图 5-2 设置感兴趣区解得 FeK$_\alpha$ 谱[1]

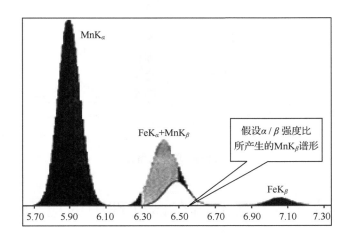

图 5-3 用 $\dfrac{K_\alpha}{K_\beta}$ 强度比法解得 FeK$_\alpha$ 谱[1]

这两种方法各有优缺点,感兴趣区的设置通常不适用于谱线重叠;但对于同类基体,可有效改善低强度时统计误差,提高痕量元素测量精度。而在用谱拟合方法解谱时,一般从强峰开始拟合,拟合过程中误差传递于弱峰,使弱峰拟合不能获得准确的净峰强度。设置感兴趣区通常不能自动扣除背景,若有拟合背景程序也是可以自动扣除背景的。谱拟合方法干扰谱线重叠影响小,可用参比样对仪器进行能量刻度和漂移校正,并可背景扣除。

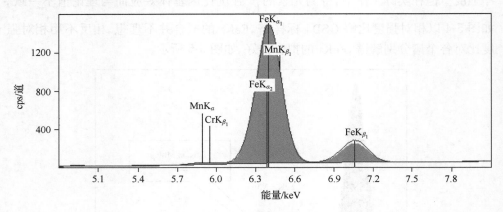

图 5-4　利用 $\dfrac{K_\alpha}{K_\beta}$ 强度比解

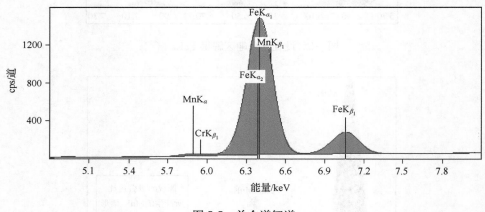

图 5-5　单个谱解谱

§5.3　基准谱在谱处理中的应用

所谓基准谱通常是指纯元素或其化合物物质在设定的条件下测得的谱,它在处理复杂的含有谱重叠的情况下,可求得谱线间相互干扰因子,这种方法常在谱仪分辨率较差的情况下使用。

§5.3.1　重叠谱的干扰因子

处理重叠谱最简单也是经常使用的方法之一是预先确定谱的干扰因子。该法在大多数情况下,特别是用正比计数管的 EDXRF 谱仪能给出与最小二乘法同样好的结果,而且速度要快得多。使用这种方法一般必须先在所选定的测试条件下,通过测定纯元素或纯氧化物谱,必要时应用空白样测定背景谱,将这些谱作为参考谱。当给出每一谱的感兴趣区时,经简单运算就可确定干扰因子。这里以低分辨率能量色散 X 射线荧光光谱仪分析水泥中钾、钙、铁、硫、硅和铝为例,说明如何使用纯元素谱进行解谱的。该仪器系用封闭式正比计数管,分辨率较差,相邻元素谱是不能分开的,在分析水泥生料中诸组分时,使用铜靶,选用 13kV、40μA 激发钙和铁[如图 5-6(a)],而用 4kV、600μA 激发铝、硅和硫[如图 5-6(b)]。

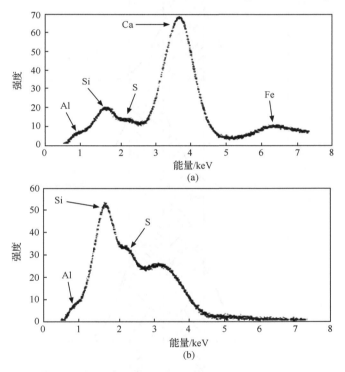

图 5-6　X 射线管使用不同管压、管流激发 Al、Si、S、K、Ca 和 Fe[1]

其处理方法如图 5-7 所示。图 5-7 中(a)和(b)示出减去背景后的两个纯元素谱,两个感兴趣区内的峰面积,对 Q 谱分别记为 Q_1 和 Q_2,对 R 谱记作 R_1 和 R_2。谱的干扰因子由下式给出:

$$q = \frac{Q_2}{Q_1}, \quad r = \frac{R_1}{R_2} \tag{5-1}$$

在图 5-5(c)的复合谱中,用适当的方法分别估算感兴趣区①与②内背景的贡献 B_1 和 B_2。感兴趣区①和②内的总计数可以表示为:

$$N_1 = N_Q + B_1 + rN_B$$

$$N_2 = N_R + B_2 + qN_Q \tag{5-2}$$

式中：N_Q 和 N_R 分别代表感兴趣峰 1 和 2 内的净计数，由式(5-2)可解出其值：

$$N_Q = \frac{N_1 - B_1 - r(N_2 - B_2)}{1 - qr} \tag{5-3}$$

$$N_R = \frac{N_2 - B_2 - q(N_1 - B_1)}{1 - qr}$$

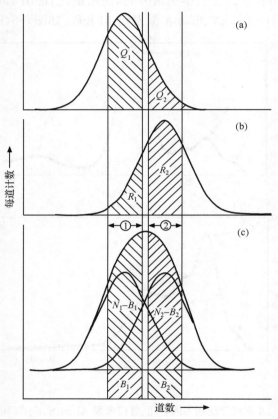

图 5-7　用谱干扰因子解重叠谱

　　有时为了简化背景的计算，将空白样用作测定背景谱，通过类似的计算，计算相应的干扰因子。这种方法广泛用于低分辨率能量色散 X 射线荧光光谱仪中待测元素净峰面积的计算。用纯元素谱作参考谱，用上达方法计算结果列于表 5-1。

　　这种重叠因子校正方法仅是解代数方程，其结果并无明确物理意义。按理来说，其他元素对待测元素的重叠因子应为负值，但从表 5-1 可知，重叠因子有正值。这并不妨碍获取准确定量结果。可根据谱之间的干扰因子计算出各待测元素谱的净强度(面积)。这种方法要求参考谱里各个谱的形状与位置与在复合谱里一致，满足这一点，在计算峰的净面积时不会有系统偏差。

表 5-1 水泥生料中 Fe、Ca、K、S、Si、Al 和 Mg 的干扰因子[1]

元素	K	Ca	Fe	B(K~Fe)	Mg	Al	Si	S	B(Mg~S)
感兴趣下阈/keV	3.05	3.48	5.94	7.31	1.02	1.31	1.55	1.99	2.69
感兴趣上阈/keV	3.48	4.03	6.79	7.31	1.31	1.55	1.90	2.54	3.86
峰值/keV	3.32	3.68	6.36	7.31	1.20	1.43	1.66	2.26	3.12
干扰因子									
K	1.236	−0.480	−0.012	−0.109	0.000	0.000	0.000	0.000	0.000
Ca	−0.591	1.235	−0.012	−0.189	0.000	0.000	0.000	0.000	0.000
Fe	−0.010	0.003	1.015	−0.218	0.000	0.000	0.000	0.000	0.000
B(Ca,Fe)	0.000	0.000	0.000	1.000	0.000	0.000	0.000	0.000	0.000
Mg	0.000	0.000	0.000	0.000	1.437	−0.969	0.283	−0.024	−0.004
Al	0.000	0.000	0.000	0.000	−0.757	1.817	−0.670	0.041	−0.007
Si	0.000	0.000	0.000	0.000	0.362	−1.017	1.391	−0.106	−0.016
S	0.000	0.000	0.000	0.000	−0.793	0.615	−0.283	1.056	−0.0250
B(Mg~S)	0.000	0.000	0.000	0.000	0.000	0.000	0.000	0.000	1.000

注：K、Ca、Fe 和 B(K~Fe)测定条件为 12kV，0.006mA；Al、Si、S 和 B(Al,Si)测定条件 4kV 和 0.6mA。

§5.3.2 最小二乘法拟合

将基准谱用于最小二乘法拟合是很成熟的技术，描述为纯元素谱线线性结合的未知样测量谱可为下述数学学公式表达：

$$y_i^{\text{mod}} = \sum_{j=1}^{m} a_j x_{ij} \qquad (5\text{-}4)$$

式中：y_i^{mod} 为拟合谱的通道 i 的计数；x_{ij} 为基准谱 j 在通道 i 处的计数；系数 a_j 表示基准谱 j 对未知样测量谱的贡献，其值通过多重最小二乘拟合法求得，测量谱和拟合谱之间加权平方差的总和在拟合时进行了最小化处理。式(5-5)中 χ^2 为测量谱 y_i 和拟合谱 Y_i^{mod} 在道 i_1 和 i_2 能量区间内之差的加权平方值和，道 i_1 和 i_2 分别代表拟合谱的起始道和终止道，在该项函数被写成：

$$\chi^2 = \frac{1}{i_2 - i_1 + 1 - m} \sum_{i=i_1}^{i_2} \frac{1}{\sigma_i^2} \left(y_i - \sum_{j=i_1}^{i_2} a_j x_{ij} \right)^2 \qquad (5\text{-}5)$$

σ_i^2 为测量谱的不确定性，通常取 $\sigma_i^2 = y_i$（Poisson 分布）。测量谱在这里被近似描述为基准谱的线性结合，该假设仅适用于部分范围的特征谱线，对连续谱无效，因此在进行最小二乘法拟合前需扣除背景,一般用数字滤波法予以扣除。此外该法对强峰侧处存在的弱峰处理有困难。

§5.4　分析函数在谱处理中的应用

长期以来学者们对高斯函数和某些分析函数用于 EDXRF 谱仪测量谱拟合的研究给予高度重视。通常情况下拟合由两部分组成,首先是拟合原级谱在样品中产生的连续谱,其目的是准确给出各特征谱的背景;其二是对样品所产生的特征 X 射线荧光光谱以及逃逸峰、和峰、康普顿峰的拟合。为拟合实测谱线形状与理想的高斯函数形状的偏差,在这些参数中增加了参数的数量。此外,另一特点是在拟合过程中充分考虑并利用探测器的响应功能[2]。

§5.4.1　谱拟合的基本概念

使用分析函数以最小二乘法拟合测量谱,求得待测元素的特征谱净面积,需要预先确定所用代数函数或拟合模型,包括重要的分析参数。χ^2 定义为谱在 i_1 和 i_2 区域范围内拟合谱与测量谱 y_i 之差的权重平方和:

$$\chi^2 = \frac{1}{i_2 - i_1 + 1 - m} \sum_{i=i_1}^{i_2} \frac{1}{\sigma_i^2} \left[y_i - y(i, a_1, \cdots, a_m) \right]^2 \qquad (5\text{-}6)$$

σ_i^2 和 a_i 均为函数中参数,在 χ^2 达到最小值的前提下获得最佳的参数值。为求得该值,令 χ^2 对参数 a_j 偏导数为零:

$$\frac{\partial \chi^2}{\partial a_j} = 0 \qquad (5\text{-}7)$$

如果在所有参数 a_i 的情况下拟合函数为线性,则这些等式给出了 $j=1 \sim m$ 的一组线性方程式,为最小二乘线性拟合法。如拟合模型中有一个或多个非线性参数,而不可能直接求解,则最佳参数值必须通过迭代法求出,这称作最小二乘法非线性拟合[3]。由于方程的求解决定了谱处理方法的实施性能,因此选择何种适用的最小化算法相当重要。目前基本均采用非线性算法[4]。

通常情况下拟合模型由两部分组成,第一部分描述连续谱,而第二部分则涉及元素特征谱线和其他谱(如和峰、逃逸峰、康普顿峰等),如下式表示。

$$y(i) = y_{\text{Cont}}(i) + \sum_{p=i}^{\text{Peaks}} y_p(i) \qquad (5\text{-}8)$$

式中:y_i 为 i 道的总计数,$y_{\text{Cont}}(i)$ 为连续谱在 i 道的计数,多个特征谱及其他谱峰在 i 道的计数以 $\sum_{P=i}^{\text{Peaks}} y_p(i)$ 示之。

§5.4.2　背景谱处理

当用 50kV 高压激发样品时,在 EDXRF 谱仪中可获得从原子序数 12 号的钠到 92 号元素铀的所有元素的 K 系线或 L 系线特征谱,以及原级谱在样品中散射所构成的背景。背景谱处理的目的是要准确获取特征谱及其他谱峰的背景值,获得特征谱的净强度。20 世纪 80 年代末 Arai 等[5,6]研究了 WDXRF 谱仪背景的强度与分布,指出背景是由 X 射线管靶元素产生的原级谱在试样中散射（汤姆逊和康普顿）所构成,并指出试样中主量、次量元素的吸收限将改变背景谱的分布,最后比较了 SiO_2 和 Fe_2O_3 粉末样和熔融样的,依据汤姆逊和康普顿散射理论计算值与实测值,其结果吻合很好。但要获得汤姆逊和康普顿散射理论计算值需要知道试样中每个组分的准确含量,这对分析未知样显然带来不确定性。王兴建等[7]利用小波多分辨率分析用于背景扣除予以研究,作者认为达到较好的实际运用效果。在实际样品分析中构成背景的连续谱,很难用一种函数予以拟合,必须在不同能量区段采用相应的函数。

常用的方法之一是以线性多项式拟合连续谱,线性多项式以下式表示:

$$y_{Cont}(i) = a_0 + a_1(E_i - E_0) + a_2(E_i - E_0)^2 + \cdots + a_k(E_i - E_0)^k \quad (5-9)$$

式中:E_i 为通道 i 的能量(keV),E_0 为使用的参考能量,通常选所拟合连续谱能量范围的中值。用户可选择多项式次数 k。$k=0$ 则产生常数项,$k=1$ 为线性,$k=2$ 为抛物线形连续谱,而 $k=4$ 及更高次数多项式易产生非真实振荡物理效应而很少应用。线性多项式常用于 2～3keV 能区的连续谱拟合,大于该能区通常会展现极其弯曲的形状,此时要以指数多项式代替线性多项式进行拟合。

$$y_{Cont}(i) = a_0 \exp[a_1(E_i - E_0) + a_2(E_i - E_0)^2 + \cdots + a_k(E_i - E_0)^k] \quad (5-10)$$

式中:k 为指数多项式次数,为适用 2～16keV 的连续谱拟合,常取 $k=6$ 或更高的数值。1981 年 Steenstrup[8]提出了以正交函数多项式拟合连续谱的方法。Vekemans 等[9]于 1994 年应用该方法进行了 μ-XRF 装置所测谱的计算。

目前在一些商品仪器中采用数字滤波器代替模拟滤波器对连续谱进行处理,前者比后者有更高的信噪比,且有模拟滤波器不可比拟的可靠性;数字滤波器在理论上可以实现用数学算法表示滤波结果。数学方法通常用傅立叶变换,该法将谱变换成三个显著不同的部分,低频部分代表背景,中频部分相对于峰,高频部分等效于背景噪声。低、高频部分用数字滤波法除去,只有中频部分被再变换。这种方法又称滤波技术,可给出一个已校正背景而仅含谱峰的谱。在数字滤波器的拟合过程中对原始数据可采用线性、均方根和 Log 三种方式,对痕量元素而言,其效果以对数形式最佳。连续谱的拟合在解谱前进行,特征谱处的连续谱将被减去,求得特征谱的净强度。通常采用二次靶激发,背景不仅被有效地大幅度降低,且易于处理,拟合谱与实测谱吻合得好。这为准确测定痕量元素奠定了基础。

§5.4.3　X 射线荧光特征谱的拟合

用高斯函数确定 X 射线荧光特征谱以三个参数表征,分别为峰位、峰宽和峰面积,由下式给出:

$$\frac{A}{\sigma\sqrt{2\pi}}\exp\left[\frac{(x_i-\mu)^2}{2\sigma^2}\right] \tag{5-11}$$

式中:A 为峰面积(计数),σ 以道数表述的高斯峰宽;μ 为最高峰位。峰的半高宽(FWHM)通过系数 $2\sqrt{2\ln2}$ 与 σ 相联系,即 $FWHM=2\sqrt{2\ln2}\sigma$。为处理所测特征谱,拟合函数必须含有相应数量特征谱的高斯函数,以每个元素有两个谱峰(K_α,K_β)计算为例,10 个元素就需要优化拟合 60 个参数。非线性最小二乘法的计算几乎不可能得出全部参数 x^2 的最小化。该问题需要用不同途径的方法解决。

§5.4.3.1　谱仪的能量和分辨率校正

校正的第一个途径是对每个独立谱的峰位和峰宽予以优化的设想。在 X 射线光谱仪中荧光特征谱线的能量可准到 1eV,被测特征谱的谱形与试样的元素成分直接相关,依据这些所测元素可预测构成的谱线及其能量。显然以能量形式给出峰的函数为最佳方式而非通道数;令零道的能量为"零(zero)",并以每个道的 eV 为谱线"增量(gain)",这样 i 道的能量由下式给出:

$$E_i = \text{zero} + \text{gain} \times i$$

X 射线能量为 E_{jk} 的高斯峰宽度 S_{jk} 可由下式计算

$$S_{jk} = \left[\left(\frac{\text{noise}}{2\sqrt{2\ln2}}\right)^2 + \varepsilon\times\text{Fano}\times E_{jk}\right]^{\frac{1}{2}} \tag{5-12}$$

式中:"noise(噪声)"为探测器系统电子噪声对峰宽的贡献,其典型 FWHM 值为 80~100eV;Fano 为 Fano 系数,对 Si(Li)探测器其值为~0.114,对高纯 Ge 探测器其值为通常小于 2;ε 为探测器产生一个电子空穴对所需的能量,对 Si(Li)探测器其值为 3.85eV,对高纯 Ge 探测器其值为 2.89eV。考虑到能量和分辨率的校正,高斯函数表述为:

$$\text{Gaussian}(E_i, E_{jk}) = \frac{\text{gain}}{S_{jk}\sqrt{2\pi}}\exp\left[-\frac{(E_i-E_{jk})^2}{2S_{jk}^2}\right] \tag{5-13}$$

式中:$\dfrac{\text{gain}}{S_{jk}\sqrt{2\pi}}$ 为对高斯函数规格化,以使全部道数之总和等于 1。通过对能量和分辨率的优化拟合用以取代对每个谱的峰位和峰宽的拟合,以减少谱处理过程的复杂性。这样在试样中测定 10 个元素(每个元素仍以处理 2 个谱为例)其参数由原来 60 个减少为 20 个。更为重要的是:谱图的全部有效信息在参数优化前提下可用于计算 zero、gain、noise 和 Fano,从而得出全部测量谱峰的峰位和峰宽。此法可极大地提高低计数的小叠加峰的计算精度,其前提是拟合区存在可利用的定义完善的参照峰,即要有用于能量刻度的固定参比样。

§5.4.3.2 以特征谱线组合代替单个谱峰拟合

为进一步减少拟合参数的数目,拟合全部元素时采用特征谱线组合而非单个元素峰进行拟合。通过该方法可将一个元素的全部 K 系谱线或 K_{α_1} 和 K_{α_2} 等相互关联的一定数量的谱线以模型方式作为一个特征谱线组合,如 Epsilon 5 高能偏振 EDXRF 谱仪就以下述方式拟合,令 $K_\alpha = K_{\alpha_1} + K_{\alpha_2}$(不含 K_{α_3});$K_\beta = K_{\beta_1} + K_{\beta_2} + K_{\beta_4}$(不含 K_{β_3} 和 K_{β_5});$L_\alpha = L_{\alpha_1} + L_{\alpha_2}$ 等等。所拟合各自特征谱线组合的面积参数 A 代表特征谱线组合内所含谱线计数之总和,以下式表示:

$$y_p(i) = \sum_{j=1}^{ng} A_j \left[\sum_{k=1}^{np(j)} R_{jk} \, \text{Gaussian}(E_i, E_{jk}) \right] \tag{5-14}$$

式中:R_{jk} 是某一独立谱线 k 在 j 特征谱线组合内的相对强度,E_i 是道 i 的能量,E_{jk} 是 j 特征谱线组合内谱线 k 的能量;在 $np(j)$ 特征谱线组合内所有谱线相对强度加和应为 1,即 $\sum_k R_{jk} = 1$。谱线分数或相对强度可从文献中查得,但相对强度通常与试样组成有关,因此最好依据标样的组分通过理论强度公式对基体进行吸收增强效应校正后,得出谱线间相对强度值。式中外部总和是要运算感兴趣谱线区域内规定的全部谱线的模型组。

§5.4.3.3 改进型高斯函数

改进型高斯函数是一种简单而有效的峰形的数学校正方法,用于处理峰尾,它应用纯元素测量谱与高斯函数峰形的偏差制作成数值表予以存储,该数值表的范围从零能量至 K_β 的高能量侧,并归一到 K_α 峰的面积,K_α 峰面积的计数可高达 10^7,计数统计误差小。这种纯元素测量谱最好用薄膜样,以便尽可能低地保持连续谱并避免吸收效应。在用高斯函数拟合测得的全部谱峰,获取其峰位、峰宽和峰面积时,需在其中最大峰的十分之一处的全部宽度(FWTM)作恒定连续谱,然后剥离谱图的高斯贡献部分,以该数学方法得到的非高斯部分被进一步平滑处理,随后用作峰形校正的数学参照。用作特征谱线的拟合函数在该情况下由下式给出:

$$y_p(i) = \sum_{j=1}^{ng} A_j \left\{ R_{jK_\alpha} \left[\text{Gaussian}(E_j, E_{jK_\alpha}) + C_i \right] + \sum_{k=2}^{np(j)} R_{jk} \, \text{Gassian}(E_i, E_{jk}) \right\}$$

$$\tag{5-15}$$

式中:C_i 为通道 i 的峰形校正值,表内数值以内插方式说明校正的能量尺度与谱线的实际能量校正之差。该方法的主要优点是计算被简化,且不需要额外的模型参数。然而运用这种数学方法难以取得良好的测试峰形的校正,且在某种程度上依赖于探测器等原因,现在通过分析函数进行校正的方法已取代了该数学法。

经改进的高斯函数用来描述实测谱,这些函数几乎全部包括一个平台(flat shelf)和一个指数拖尾(tail),两者均与高斯响应函数褶合。

$$F\left(E_i,E_{jk},f_{jk}^T f_{jk}^T,\gamma_{jk}\right) = \text{Gaussian}\left(E_j,E_{jk}\right) + f_{jk}^S\,\text{shelf}(E_i,E_{jk}) + f_{jk}^T\,\text{tail}(E_i,E_{jk},\gamma_{jk})$$

(5-16)

式中:
$$\text{shelf}\left(E_i,E_{jk}\right) = \frac{\text{gain}}{2\,E_{jk}}\times\text{erfc}\left(\frac{E_i-E_{jk}}{S_{jk}\sqrt{2}}\right)$$

$$\text{tail}\left(E_i,E_{jk}\right) = \frac{\text{gain}}{2\gamma_{jk}S_{jk}\exp\left(-\dfrac{1}{2\gamma_{jk}^2}\right)}\times\exp\left(\frac{E_i-E_{jk}}{\gamma_{jk}S_{jk}}\right)\times\text{erfc}\left(\frac{E_i-E_{jk}}{S_{jk}\sqrt{2}}+\frac{1}{\gamma_{jk}\sqrt{2}}\right)$$

$$\text{erfc}(x) = 1-\text{erf}(x) = 1-\frac{2}{\sqrt{\pi}}\int_0^x e^{-t^2}\,\mathrm{d}t = \frac{2}{\sqrt{\pi}}\int_0^{+\infty} e^{-t^2}\,\mathrm{d}t$$

式(5-16)中第一个函数首先由 Philips 和 Marlow(1976)导入[7],其后其他研究者[6,8~10]引用、拓展并改进了该函数。式中高斯峰宽度 S_{jk},也表示谱仪分辨率;γ_{jk} 为指数尾峰的变宽程度,与仪器分辨率无关;参数 f_{jk}^S 和 f_{jk}^T 分别描述 Shelf 和尾峰终止的光子分量;上述等式中 erfc(error function complement)为误差函数 erf 的补数,用作指数项的四舍五入并设置能级防止非物理性陡变限。实际上 erfc 补数源自峰尾指数和探测器高斯响应函数有关的平台(shelf)。图 5-8 是用 Si(Li)探测器测定 V 的薄膜标准样谱,用 0.05mm Rh 滤光片以 Rh 激发,分析时间 15 000s,图中两主峰分别是 VK$_\alpha$ 和 VK$_\beta$;图 5-9 是用改进型高斯函数对图 5-8 予以拟合处理,它很完善地考虑了将近 10^6 计数的 VK$_\alpha$ 最大强度,并对 VK$_\beta$ 峰的高能侧清晰的不一致之处(缘于 Lorentz 特性),VK$_\alpha$ 和 VK$_\beta$ 的逃逸峰,均拟合得很好。若用高斯函数拟合,在逃逸峰上计数拖尾需用理论计算,连续谱部分用一次线性多项式拟合(first-degree linear polynomial)。图 5-10 表明了简单高斯函数(a)和改进型高斯函数(b)对 NIST SRM 1106 黄铜样品拟合结果的比较,应用简单高斯函数拟合时,由于 NiK$_\alpha$ 受 Cu 尾峰的影响被高估,拟合结果不理想,而用改进型高斯函数拟合结果与实测谱相吻合。

这里需要指出运用改进型高斯函数拟合实测谱时,参数数目会极大地增加,因需要优化以用于每个峰的计算。除峰面积 A 外,峰尾参数 f_{jk}^S、f_{jk}^T 和 γ_{jk} 也包括在内,这样如上文所述测 10 个元素每个元素两个检测峰的示例中参数数目再次增加到 84 个!但在实际计算时并非所有的峰均需要改进型高斯函数拟合校正谱形的强度。为减少参数的数目,可应用平台(shelf)和拖尾的能量相关性,这样可再次

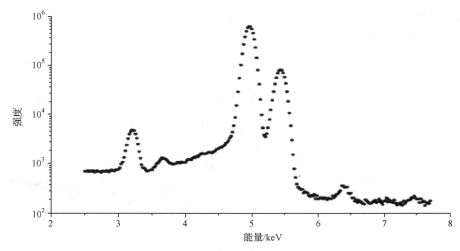

图 5-8 用 Si(Li)探测器测定 V 薄膜标准样谱,用 0.05mmRh 滤光片以 Rh
激发,分析时间 15000s[2]

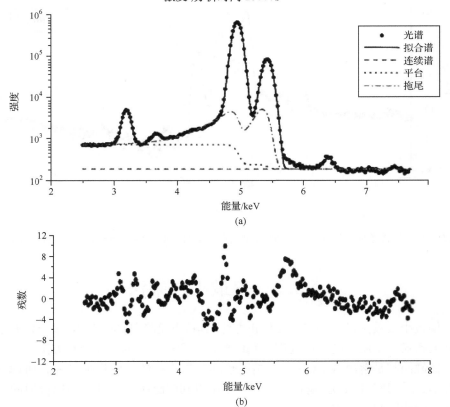

图 5-9 使用改进型高斯函数拟合图 5-8 中 V 薄膜标准样谱(a),(b)拟合谱和实测谱间差[2]

削减参数的总量。函数和探测器响应功能相结合用于谱处理仅仅十多年,现已成功地用于商品仪器中。

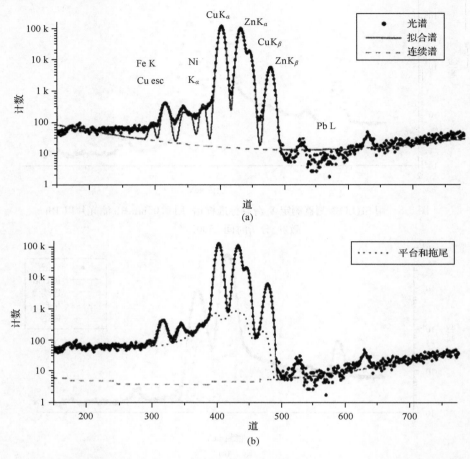

图 5-10　用简单的高斯函数(a)和改进型高斯函数(b)拟合 NIST SRM 1106 黄铜样品[2]

§5.5　偏最小二乘法

偏最小二乘法是一种多变量校正方法,其特点是将测得的 XRF 谱与元素浓度建立关系式。实质上是将谱处理与基体校正融合在一起的一种经验方法。

稳健回归是解决 XRA 中一些情况预测结果不稳的有效途径之一。而(稳健)偏最小二乘回归(PLS)正是目前分析化学中得到广泛研究并具有实用价值的一种较为稳健的回归分析方法。

§5.5.1 算　　法

偏最小二乘法是一种多元回归分析方法[2,15]，它是将测得的谱(强度)变量以矩阵 X 的方式予以收集，矩阵中行代表标样数目，列代表测量谱的道数。Y 矩阵中行等于标样数目，列为要测定的组分数。这个关系式可写成：

$$Y = XB + F \tag{5-17}$$

式中：F 为含有残差矩阵(不是模型所描述的变化，如噪声)，回归系数可通过几种模式计算，最常用的多重线性回归(MLR)方法给出最小二乘解：

$$B = (X'X)^{-1} X'Y \tag{5-18}$$

然而 X 变量在超出样品数目或存在高相关度(已知共线变量)的情况下最小二乘解并不稳定，这种情况的数学意义在于协方差矩阵 $X'X$ 的逆向并不存在。EDXRF 谱仪检测的通道数目远超过试样数目，并且每个峰相邻通道的强度和同一元素的多个特征谱均存在高度的相关性。PLS 方法可通过将 X 数据矩阵 $X = [x_1, x_2, \cdots, x_p]$(含有 n 个试样的 p 个光谱道)压缩为数目 A 的正交潜变量或得分矩阵 $T = [t_1, t_2, \cdots, t_A]$ 的方式处理共线问题。理论上潜变量的数目等于原有试样的数目，实际上，只有承载最大变化的最显著的数据被使用。压缩处理结束时，潜变量的数目通常小于 p 个变量的最初数目。得分 T 被用于 n 个观测数据的组合与 m 个相关浓度变量 $Y = [Y_1, Y_2, \cdots, Y_p]$ 的拟合。由于潜变量有正交(相互间无相关性的线性变量)特性，可方便地得出逆向共变矩阵，从而解出共线问题。每个组分建立一个 PLS 模型(PLS1)时，通过矩阵 $X'yy'X$ 的奇数值分解可求出矢量 t，在一个以上的组分被同一个 PLS 模型(PLS2)模拟的情况下，矢量 t 的导出在概念上增加了难度。PLS 模式可考虑为两个外相关和一个内相关的关系式构成，X 矩阵的一个外相关模式为：

$$X = TP' + E = \sum_a^A t_a p' + E \tag{5-19}$$

Y 矩阵为：

$$Y = UQ' + F = \sum_a^A u_a q_a' + F \tag{5-20}$$

式中：P 和 Q 分别为 X、Y 矩阵变量块输入负载，E、F 为含残差矩阵；A 表示 PLSR 模型所保持潜变量的数目。负载描述 X、Y 初始变量与 T、U 的关联方程。内相关式可写作：

$$u_a = b_a + t_a \tag{5-21}$$

本质上内相关式为 X、Y 计数块(block scores)之间最小二乘拟合。当全部必要的计数(scores)和负载(loadings)计算时，PLSR 模型可最终写为：

$$Y = TBQ' + F \tag{5-22}$$

图 5-11 说明了偏最小二乘法计算过程中矩阵块之间的关系。

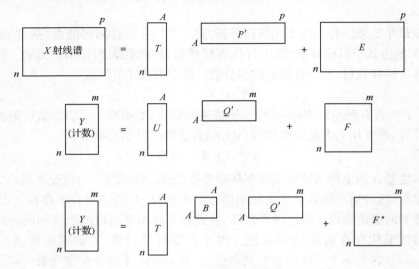

图 5-11　PLS 外相关和内相关模型示意图[2]

n 为样品数目，p 为光谱道数，A 为保留的潜变量数，m 为组成模型数

根据 PLS 方法将初始变量压缩为潜变量数目的解释，PLS 模型的验证必然涉及 PLS 量纲和组元的最佳数目的选择。此外，验证方法还需提供误差预测值，该预测可实现模型预测能力的评估。

PLS 最佳组元数目主要由下式计算确定：

$$\text{RMSE} = \sqrt{\frac{\sum_{i=1}^{n}(\widehat{y_i} - y_i)^2}{n}} \tag{5-23}$$

式中：n 表示观测值的数目；y 为所需检测组分的给定值；$\widehat{y}$ 为 PLS 模型的预测浓度。在常规情况下，RMSE 随 PLS 组元数目的增多而减少，直至达到最小值或恒定值为止，所对应的组元数目即为最佳数目。需指出 PLS 组元过少会导致拟合不定和重要信息未被拟合，而组元过多有可能造成过度拟合的后果，过度拟合则等效于噪声拟合。

偏最小二乘回归实际上是一种逐步回归算法，其核心是选择使偏回归平方和为最小的变量子集。引入变量的条件是其偏回归平方和经检验是显著的，并将不显著变量剔除，最终得到稳健的最优预测模型（变量子集）。因此在实际中，应根据体系特性选择单元素逐个预测模型或多变量同时预测模型。也可依据经验选择与特征谱线相关的道或感兴趣区，应尽可能考虑待测组分特征谱线所占有道的区间。

PLS 的标准计算步骤和多变量校正可参见 Martens 等的标准手册。

§5.5.2 偏最小二乘法的应用

我国学者[15-19]最早将偏最小二乘法用于 WDXRF 谱仪和低分辨率 EDXRF 谱仪,将谱处理和基体校正融为一体,并成功地将自制的低分辨率 EDXRF 谱仪用于现场测定东太平洋锰结核中 Mn、Fe、Co、Ni 和 Cu,在使用同样标样情况下,其结果与理学 3080 型波长色散谱仪相比较,数据合格率优于 95%。并对所用仪器的性能和方法的可靠性作了评价。方法经国家级标准物质验证,其测定值与标准值相符,RSD($n=42$)各元素均小于 1.0%,分析结果满足现场分析中矿物品位的测定要求。还曾将低分辨率 EDXRF 谱仪用于热镀锌钢板 Zn 的面密度质量控制分析以及钢板上形成的锌铁合金层面密度质量控制分析。这些实践表明 PLS 法适用于现场分析,像锰结核中 Mn、Fe、Co、Ni 和 Cu 的分析,用封闭式正比计数管情况下,是难以用普通的谱处理方法获得特征谱的净强度的。

将 PLS 应用于低分辨率能量色散 X 射线光谱分析技术测定水泥中的 CaO、SiO_2、SO_3、Al_2O_3、Fe_2O_3。研究中,他们[20]采用充气式正比计数管,12kV 和 4kV 管电压,0.1mA 管电流,分别激发 Ca、Si、S、Al、Fe(12kV),及 Ca、Si、S、Al(4kV)。在两种实验条件,考察了 PLS 模型的预测性能,特别是研究了潜在变元数、元素相关性和 PLS 模型间的关系。研究表明,可以获得平均相对误差等于或小于 5% 的分析结果;在建立 PLS 模型时,既可采用分析物的特征峰,也可在没有十分明显的特征峰时,通过采用不同组分间相关性特征数据来建立 PLS 模型;结合使用由不同测量条件获得的光谱建立 PLS 模型也是可行的。

偏最小二乘回归在波长色散 X 射线荧光分析中也得到了应用。事实上,绝大多数情况下,全维数回归模型误差最大,这是由于模型没有剔除噪声,故准确度不好,稳定性也差;多变量同时预测模型虽然应用 Cross-Validation 法,通过计算 PRESS 值选择最佳维数,但在选择最佳维数时需要同时兼顾体系中多个变量影响因数,并可能包含一些噪声,因此准确度稍差;单元素逐个预测模型建立在以每个元素的 PRESS 最小、维数最佳的基础上,剔除了噪声的影响,所以准确度最好,抗干扰能力最强。

标样数目和浓度范围的影响也是十分显著的。当训练样本不包含被测元素的最高和最低浓度样品时,标样数目对预测准确度有显著性影响;当训练样本数太少时,各模型都容易包含较多噪声,甚至出现显著性主组分和潜在变元提取不准的问题。尽管回代误差小,但预测误差很大,所建模型没有预测能力。当训练样本包含被测元素的最高和最低浓度样品时,在一定范围内,标样数目对预测准确度没有显著性影响。

常用的谱处理方法尚有 VOIGTIAN 方法、蒙特卡罗(MC)方法和偏最小二乘法(PLS)等,这些方法均有成功的应用实例。PLS 和其他多变量方法特别适用于现场或在线系统的便携式检测仪器。在此类专有应用中,试样的种类通常相同,如土壤分析、合金类分析、大洋锰结核和镀层分析等,在有足够多标样基础上,均可获得精确的分析结果。

参 考 文 献

[1] 吉昂,陶光仪,卓尚军,罗立强.X 射线荧光光谱分析.北京:科学出版社,2003;99~105.

[2] Lemberg P.Spectrum Evaluation//Tsuji K,Injuk J,van grieken R .X-Ray Spectrometry;Recent Technological Advances . New York;Wiley,2004;463~485.

[3] Levenberg K . A method for the solution of certain non-linear problems in least squares . Quart .Appl . Maths .,1944,2;164~168.

[4] Marquardt D W . An algorithm for least-squares estimation of non-linear parameters . J.Soc .Ind .Appl . Math .,1963,11;431~441.

[5] Arai T , Omote K . Intensity and ditribution of background X-rays in wavelength distpersive spectrometry . Advance in X-Ray Analysis ,.1988,31;507~514.

[6] Omote K ,Arai T .Intensity and ditribution of background X-rays in wavelength distpersive spectrometry . 2 .Applications Advance in X-Ray Analysis ,1989,32;83~87.

[7] 王兴建,葛良全,曾国强.小波多分辨率分析在 X 荧光谱线本底扣除中的应用研究.核电子学与探测技术, 2008,28(4);853~855.

[8] Steenstrup S J . Asimple procedure for fitting a background to a certain classof measured spectra . Appl . Crystallogr .,1981,14;226~229.

[9] Vekemans B ,Janssens K ,Vincze L , Adams F ,van Espen P . Analysis of X-ray spectra by iterative least squares (AXIL);new developments .X-Ray Spectrometry ,1994,23;278~285.

[10] Philips G W , Marlow K W .Automatic analysis of Gamma-ray spectra from Germanium detectors . Nucl .Instrum .Methods ,1976,137;525~536.

[11] Jorch H H , Campbell J L . On the analytic fitting of full energy peaks from Ge(Li) and Si(Li) photon detectors . Nucl .Instrum .Methods .,1977,143;551~559.

[12] Gardner R P , Doster J M ,Treatment of the Si(Li) detector response as a probability density function . Nucl .Instrum .Methods .,1982,198;381~390.

[13] Yacout A M ,Gardner R P , Verghese K .A semi-empirical model for the X-ray Si(Li) detector response function . Nucl .Instrum .Methods A ,1986,243;121~130.

[14] Matens H and Naes T Multivariate Calibration . Wiley ,Chichester .1989.

[15] Wang Y (王永东),Zhao X (赵新娜),Kowalski B R .X-Ray fluorescens calibration with partial least-squares . Appl . Specctrosc .,1990,44;998~1002.

[16] 满瑞林,赵新娜,吉 昂 . PLS 在同位素 X 射线荧光多组分同时分析中的应用 . 光谱学与光谱分析, 1991,11;50~54.

[17] 张学华,吉 昂,卓尚军,陶光仪 . SZ-1 型同位素 X 射线荧光分析仪分析多金属结核中锰铁钴镍铜 . 岩矿测试,1999,18;124~127.

[18] 罗立强,马光祖,吉 昂 . 分析化学,1992,20(9);1074~1077.

[19] Liqiang Luo , Ang Ji ,Changlin Guo ,Guangzu Ma . Predictability of partial least-squares regression in the determination of copper alloys by X-ray fluorescence analysis .J . Trace and Microprobe Techniques , 1998 ,16(4): 513～522 .

[20] Lemberge K , Van Espen P J ,Vrebos B . Analysi of cement using low-resolution energy-dispersive X-Ray fluorescence and partial least-squares regression .X-Ray Spectrom . ,2000 ,29: 297～304 .

第六章 基体效应

§6.1 引　言

X 射线荧光光谱定量分析方法是通过测量得到的强度 I_i，计算待测元素含量 C_i。在转换过程中含量 C_i 受下述因素影响：

$$C_i = K_i \cdot I_i \cdot M_i \tag{6-1}$$

式中：i 是待测元素；K 与 X 射线荧光光谱仪仪器因子有关，在 XRF 谱仪中，它与 X 射线管的原级 X 射线谱分布、入射角、出射角和探测器有关，基于 EDXRF 谱仪的长期稳定性通常小于 0.1%，WDXRF 谱仪更小于 0.04%，还可使用监控样校正仪器漂移，在制定校准曲线时与测定未知试试样前测定监控样，保证 K_i 值基本上是常数；I_i 是待测元素测得的特征 X 射线荧光净强度；M_i 为基体效应。

I_i 和 C_i 之间的换算关系可简单地表述为：真实浓度＝（表观浓度）×（校正因子）。表观浓度 $W_{i,u}$ 可从未知样的净强度 $I_{i,u}$ 与标准样品的净强度 $I_{i,s}$ 及其浓度 $C_{i,s}$ 之间的简单关系来获得。

$$W_{i,u} = \left(\frac{I_{i,u}}{I_{i,s}} \right) C_{i,s} \tag{6-2}$$

方程右边可以看成：未知样的净强度 $I_{i,u}$ 乘以灵敏度因子 $\dfrac{C_{i,s}}{I_{i,s}}$。灵敏度因子也可由净强度 $I_{i,s}$ 和浓度 $C_{i,s}$ 之间作图所得的曲线的斜率求得。为了得到准确的浓度值，分析工作者需要引入校正因子，该校正因子基本上是未知样（u）和标准样（s）的基体效应 M 的比。

$$C_{i,u} = W_{i,u} \cdot \left[\frac{u \text{ 中的基体效应}}{s \text{ 中的基体效应}} \right] \tag{6-3}$$

所谓基体，是指分析试样所含有的全部元素，包括 X 射线荧光光谱不能测定的元素。基体效应是指基体对所测定的特征谱线强度的影响，可分为样品的化学组成和物理-化学状态的变化对待分析元素的特征 X 射线强度所引起的变化，即元素间吸收增强效应和物理-化学效应两类。

当标样与试样的物理化学状态相似时，元素间吸收增强效应不仅是可以预测的，并可通过基本参数法或理论影响系数法进行准确的校正。若标样与试样的物理化学状态相差较大时，用基本参数法或理论影响系数法进行校正将产生较大误差。

§6.2　元素间吸收增强效应

　　元素间吸收增强效应包括：①原级 X 射线入射样品时所受的吸收效应；②样品中发射的 X 射线荧光在出射的路径中被吸收；③分析元素受样品中其他元素的激发所产生的二次或三次荧光，即增强效应。

　　在 X 射线荧光光谱分析中，测得的强度值一般并不与待测元素的浓度呈线性变化。这是由于试样内产生的 X 射线荧光强度值与试样中元素的质量分数以及其对原级光谱的质量吸收系数有关。同样，试样内诸元素对 X 射线荧光光谱的吸收也与其质量吸收系数有关。早先曾将这种强度与浓度分为四种类型，如图 6-1 中列出的那样。

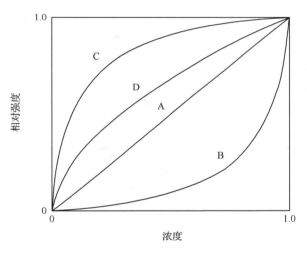

图 6-1　元素间效应体系
A-线性工作曲线，B-正吸收，C-负吸收，D-增强效应

　　图 6-1 中 A 的情况只有试样对原级和荧光 X 射线在一定含量范围内的质量吸收系数近似为常数时，尚可能产生。如果试样对原级 X 射线光谱或荧光 X 射线的吸收大于待测元素的活，那么测得的相对强度值会比线性关系给出的值低，如曲线 B 所示，并称之为正吸收。与 B 相反的情况为负吸收，如曲线 C 所示。D 则表示基体中元素对待测元素有增强效应。其实所谓正吸收和负吸收效应都是吸收效应，同时对试样中待测元素某一元素有增强效应，对起增强作用的元素必然被吸收，使其强度减弱。元素间相互影响以吸收增强效应表示，已为大家所公认。

　　为说明元素间吸收增强效应，以 Fe-Cr 和 Fe-Ni 二元合金为例，从表 6-1 可知 FeK$_\alpha$ 线能量为 6.403keV，大于 Cr 的 K 系线激发电位，因此可以激发 Cr 的 K 系线,同理 NiK$_\alpha$ 可以激发 Fe 的 K 系线。Fe 在 Fe-Cr 和 Fe-Ni 二元合金中的强度随其含量的变化可参见图 6-2。图 6-2 表明,若无其他元素存在,Fe 的强度与其浓度的关系为直线关系,即基体元素对 Fe 的影响可忽略;在 Fe-Ni 合金中 Fe 的强度,由于 Ni 对 Fe 有增强效应,使 Fe 的曲线向上弯曲;相反在 Fe-Cr 合金中由于 FeK$_\alpha$ 激发 Cr,使 Fe 的强度下降,Fe 的曲线向下弯曲。

表 6-1　CrFeNi 的 K$_\alpha$ 和 K 系激发电位

	CrK$_\alpha$	FeK$_\alpha$	NiK$_\alpha$
K$_\alpha$ 能量 /keV	5.414	6.403	7.477
K 系激发电位 /keV	5.998	7.111	8.331

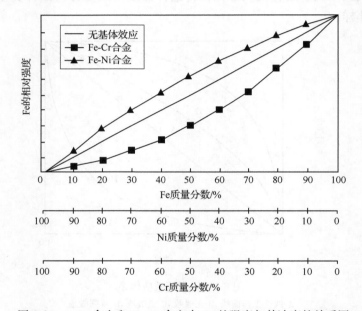

图 6-2　Fe-Ni 合金和 Fe-Cr 合金中 Fe 的强度与其浓度的关系图

在 Cr-Fe-Ni 三元体系,CrK$_\alpha$ 的一次荧光来自于 X 射线管原级谱的激发,CrK$_\alpha$ 的二次荧光来自于 FeK$_\alpha$、K$_\beta$ 以及 NiK$_\alpha$、K$_\beta$ 线的激发,Cr 的三次荧光来自于 NiK$_\alpha$、K$_\beta$ 线对 FeK$_\alpha$、K$_\beta$ 的激发所产生的 Fe 之二次荧光再激发 CrK$_\alpha$ 而产生的荧光,如图 6-3 所示。

为了进一步说明吸收增强效应中二次荧光和三次荧光现象,以 Cr-Fe-Ni 三元体系为例,Shiraiwa 等[1] 用样品的含量计算理论强度的公式,所计算的 Cr-Fe-Ni 三元体系中 Ni、Fe 和 Cr 的强度结果列于表 6-2。

表 6-2 中 I_{Ni}^1、I_{Fe}^1、I_{Cr}^1 系指原级 X 射线谱激发所产生的 Ni、Fe、Cr 的特征 X 射线荧光强度,I^2 或 I^3 系指二次 X 射线荧光和三次 X 射线荧光的强度。从表 6-2

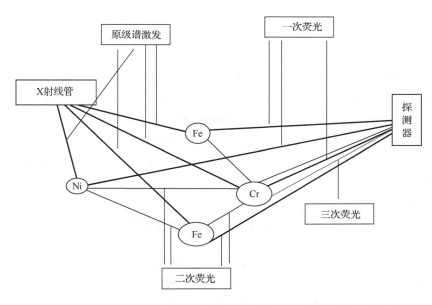

图 6-3　Cr-Fe-Ni 三元体系吸收增强效应示意图

可知,在 Cr-Fe-Ni 三元体系、Fe-Cr 和 Ni-Fe 二元体系中,Cr、Fe、Ni 三元素相对于纯元素 X 荧光强度可知,Ni 的 K_α 线被基体 Fe 和 Cr 强烈吸收,Fe 的 K_α 线在 Ni-Fe 二元体系中强度被增强,而 CrK_α 线无论在 Cr-Fe-Ni 三元体系还是在 Fe-Cr 或 Cr-Ni 二元体系中均被增强,对 CrK_α 线而言,在二元体系中,因 FeK_α 或 NiK_α 的特征 X 射线激发而产生二次荧光;在上述三元体系中则产生三次荧光。从表 6-2 中可知,在 90% Fe 和 10% Cr 的二元体系中,Cr 的二次荧光所占比例达到 29.88%。而三次荧光一般为 2% 以下,目前常用的商品软件通常予以忽略。但若要精确分析,还应考虑三次荧光。

表 6-2　X 射线荧光相对强度

Ni%	Fe%	Cr%	I_{Ni}	I_{Fe}^1	$I_{Fe}^2(NiK)$	$\sum I_{Fe}$	I_{Cr}^1	$I_{Cr}^2(NiK_\alpha)$	$I_{Cr}^2(FeK)$	I_{Cr}^3	$\sum I_{Cr}$
10	80	10	0.041	0.659	0.018	0.677	0.105	0.002	0.039	0.0012	0.148
20	60	20	0.089	0.424	0.024	0.448	0.202	0.008	0.048	0.0031	0.262
40	30	30	0.213	0.187	0.024	0.21	0.29	0.028	0.030	0.0046	0.354
50	10	40	0.299	0.056	0.009	0.065	0.38	0.052	0.012	0.0025	0.447
70	20	10	0.478	0.167	0.043	0.21	0.098	0.019	0.009	0.0029	0.129
80	10	10	0.615	0.085	0.033	0.118	0.097	0.025	0.005	0.0019	0.128
90	5	5	0.779	0.047	0.024	0.071	0.049	0.016	0.001	0.0007	0.066
	90	10		0.745		0.745	0.107		0.046		0.154
70	30		0.463	0.31	0.078	0.387					

§6.3　物理化学效应

样品的物理化学效应包括：①样品的均匀性、粉末的粒度、样品表面的光洁度以及金属样品的加工工艺等；如在分析地质试样时，因其含有复杂的矿物成分，若全部颗粒具有相同的或可以认为是相同的化学成分时，方可认为样品是均匀的，否则就是不均匀的。②化学状态的变化对分析线强度的影响，是指元素的化学状态（价态、配位、键性等）差异对谱峰位、谱形和基本参数（荧光产额，谱线分数）所产生的影响。

§6.3.1　不均匀性效应

均匀样品是指粉末和多晶试样颗粒的化学组成完全相同。而在不均匀样品中，存在着各种不同的粒度或化学组成的颗粒，因此，在这类样品中影响 X 射线荧光的强度要比均匀样品复杂得多。如果所有的颗粒尺寸相同，就称作粒度均匀；否则，就称作粒度不均匀。非均匀样在矿物或土壤类样尤为明显，这可从土壤标准物质 GSS1-GSS5 的矿物组成和粒度分布（表 6-3）窥见一斑。

由表 6-3 可知，在固体粉末样品中，不均匀效应包含粒度效应和矿物效应。1970 年 De Jongh[2] 将矿物效应分为矿物学效应（mineralogical effect）和矿物间效应（inter-miniral）。矿物学效应中，两相或多相均含有待分析元素，但对分析线的质量吸收系数是不同的；矿物间效应中，分析元素只存在于某一相中，但两相或多相对于分析线的质量吸收系数相差很大。

1974 年 Jenkins[3] 以图 6-4 为例对粒度效应曾作出这样的解释：

(1) 图 6-4 中若 Cu 仅存在于相 1 中，若相 1 和相 2 对 CuK_α 的质量吸收系数近似相等，则 CuK_α 在两相中的有效穿透厚度与在相 1 中平均颗粒时相比较，其差是小的，这种情况称作粒度效应（grain size effect），即这种影响主要取决于颗粒大小。若在分析面中相 1 通过研磨粒度变得更细小，则 CuK_α 的强度将增加。Jenkins 曾给出下面两个实例：①两相间质量吸收系数（MAC）相差相当大，如混有硫化铁矿（$MAC_{CuK_\alpha}=194cm^2/g$）的黄铜矿（$MAC_{CuK_\alpha}=129cm^2/g$）；②两相 MAC 差异很小，如含有 2% Cu 的黄铜矿（$MAC_{CuK_\alpha}=189cm^2/g$）和硫化铁矿（$MAC_{CuK_\alpha}=194cm^2/g$）。

表 6-3　土壤标准物质名称、矿物组成和颗粒度组成

样号	样品名称和采集地点	矿物成分(>0.074mm)	粒级/mm									
			>0.5	0.5~0.25	0.25~0.1	0.1~0.05	0.05~0.03	0.03~0.02	0.02~0.01	0.01~0.005	0.005~0.002	<0.002
GSS1	暗林壤(黑龙江西林)	石英、长石软锰矿、褐铁矿和高岭石等	1	1	2	4	15	13	20	17	12	15
GSS2	栗钙土(内蒙古四子王旗白乃庙)	石英、长石、云母、高岭石、褐铁矿、石榴石等	6	10	24	25	5	4	4	5	5	12
GSS3	黄林壤(山东掖县焦家)	石英、长石、石榴石、云母、褐铁矿、磁铁矿等	22	11	13	10	9	5	9	5	5	11
GSS4	黄色石灰(岩)土壤(广西宜山)	石英、褐铁矿、高岭土、软锰矿、赤铁矿、磷灰石等		2	2	5	4	6	10	9	9	53
GSS5	黄红壤(湖南浏阳七宝山)	褐铁矿、长石、石英、高岭石、赤铁矿等				7	7	7	17	16	20	26

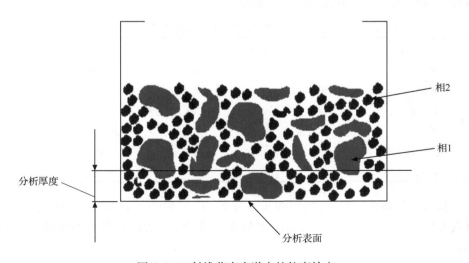

图 6-4　X 射线荧光光谱中的粒度效应

（2）另一种复杂的情况是当在每一相中 CuK$_\alpha$ 的 MAC 是不一样时，这种现象称作矿物间效应，由完全不同的 MAC 引起的。作为一个例子：黄铜矿和另一种硫化铁矿或硅酸盐矿或两者兼而有之，MAC 分别为：

黄铜矿（MAC$_{CuK_\alpha}$ = 129cm^2/g），硫化铁矿（MAC$_{CuK_\alpha}$ = 194cm^2/g），硅酸盐矿（MAC$_{CuK_\alpha}$ ~ 66cm^2/g）。

（3）若在试样中含有三相或更多相的情况下，每一相中均含有待测元素，且每一相对待测元素的 MAC 相差较大，这种效应称作矿物学效应。

Jenkins 等[3]将上述情况简化为表 6-4 所述。国内一些学者将矿物间和矿物学效应简称为矿化不均匀效应，它是由矿物中目标元素分布不均匀所致。

为了消除或减少粒度效应，必须将样品研磨很细，一般要求将粒径控制在所测谱线在试样中穿透厚度的五分之一以内，在某些情况下，要求颗粒度＜1μm，在目前这是很难做到的。某些样品在研磨过程中因机械化学反应而使组成发生变化，这是需要引起重视的。

粒度效应对分析矿石中 Na、Mg、Al、Si 的 K$_\alpha$ 线的影响相当大，因为这些元素的 K$_\alpha$ 线在试样中的穿透厚度约 5～50μm。依据样品的粒度通常要小于穿透厚度的五分之一，这样要求矿石的颗粒度要求在 1～10μm。此外，需注意特征谱线在试样中穿透厚度的一个重要事实，以普通岩石中 KK$_\alpha$ 线为例，50% 穿透样品的 KK$_\alpha$ 线来自于样品表面 4～5μm，80% KK$_\alpha$ 线来自于样品表面 10～11μm，90% 则取之 15μm，99% KK$_\alpha$ 穿透粉末样品厚度为 30μm。而对 BaK$_\alpha$ 无限厚达 7～11mm，这取决于基体组成和待测元素的波长。

表 6-4　XRF 光谱分析中粒度效应[3]

	元素存在相	存在/不存在	对待测元素的吸收	效应
1	相 1，Cu	存在	对 CuK$_\alpha$ 相似	粒度大小
	相 2，	不存在		
2	相 1，Cu	存在	对 CuK$_\alpha$ 差异大	矿物间
	相 2，	不存在		(inter-mineral)
3	相 1，Fe	存在	对 FeK$_\alpha$ 差异大	矿物学
	相 2，Fe	存在		(mineralogical)

粒状样品如金属碎片、削屑和粉末样等，其 X 射线的有效照射面积小于同一材料平面块样的表面积，导致所测得的强度变小，这就是所谓阴影效应（shadow effect），见图 6-5。

粒度与 X 射线荧光强度之间存在着比较复杂的形式。在 20 世纪 80 年代初谢忠信等[4]曾作过概述，他详细介绍了伯利（Berry R. F.）、裴鲁塔（Furuta T.）和罗兹（Rhodes J. R.）方程，简称伯利方程。该方程建立在比较简单的理论模型基

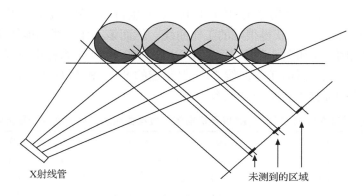

X射线管　　　　　　　　　　　　　未测到的区域

图 6-5　阴影效应的示意图

础上,用于校正不连续的粒度分布。该方程在较大范围内,解释来自固体粉末或浆料的 X 射线荧光谱线和散射线强度与粒度的关系、透射 X 射线强度与粒度的关系以及 X 射线荧光谱线强度与压紧份数的变化,均取得了较好的结果。伯利方程在本质上只限于讨论一种或最多两种类型的不连续的粒度。在实际样品中,通常都存在着不一样的粒度,如表 6-3 所示。亨特(Hunter C. B.)和罗兹(Rhodes J. R.)在伯利方程基础上进一步讨论了 X 射线荧光分析法中连续粒度分布对 X 荧光谱线强度的影响,提出了比较复杂的关系式。有兴趣的读者可查阅相关文献。

§6.3.2　不均匀性效应对分析结果的影响

为了说明不均匀性效应对分析结果的影响,以国家 GSB08-1110—1999 生料标准样品为标样制定工作曲线。该标样采用高低两个端点样品配制中间样品的制样方法,定值方法是通过测试高含量元素确定较低含量元素。两个端点标准样品化学成分定值结果及其标准偏差列于表 6-5。

表 6-5　两个端点标准样品化学成分定值结果(%)

成分	灼烧减量	SiO_2	Fe_2O_3	Al_2O_3	TiO_2	CaO	MgO	K_2O	Na_2O
XS1	36.05	11.13	3.82	2.14	0.11	45.10	0.81	0.35	0.22
s	±0.038	0.072	0.048	0.038	0.017	0.034	0.034	0.015	0.014
XS11	33.79	16.41	1.37	4.55	0.24	39.06	3.43	0.68	0.42
s	0.042	0.040	0.047	0.040	0.010	0.037	0.034	0.006	0.011

取其中 10 个标样,以粉末直接压片制得样片,在 WDXRF 谱仪上进行测定,将测得的净强度与浓度值用最小二乘法回归,求得校准曲线的 K 因子、RMS 及标准值与校准曲线的计算值之间的最大绝对差,其值参见表 6-6。

从表 6-6 可知,使用国家 GSB08-1110-1999 生料标准样品制定工作曲线,不需要对基体进行校正即可获得很好的工作曲线。然而该工作曲线不能用于生产厂家的日常分析,图 6-6 和图 6-7 是将国家 GSB08-1110-1999 生料标准样品(工作曲线1)和生产厂家的参考样(工作曲线 2)一起制定的 SiO_2 和 CaO 工作曲线。由于不均匀效应,两种标样均自呈线性关系。

表 6-6　校准曲线的 K 因子、RMS 及标准值与校准曲线的计算值之间的最大绝对差

	SiO_2	Fe_2O_3	Al_2O_3	TiO_2	CaO	MgO	K_2O	Na_2O
RMS	0.0741	0.1279	0.0267	0.0058	0.0599	0.0511	0.0132	0.0158
K	0.020	0.0758	0.0158	0.0118	0.0093	0.0336	0.0175	0.0259
最大绝对差/%	0.087	0.095	0.054	0.0104	0.129	0.0880	0.018	0.031

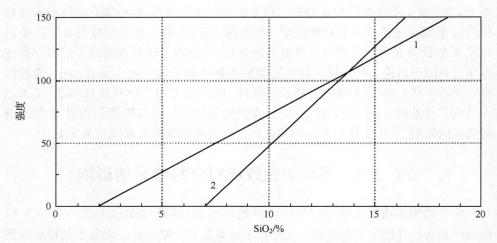

图 6-6　GSB08-1110-1999 生料标准样品和生产厂家的参考样制定 SiO_2 工作曲线

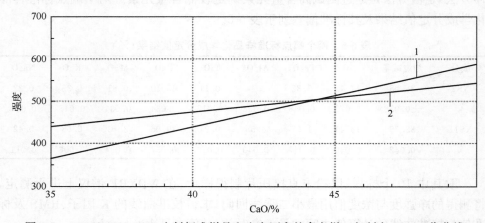

图 6-7　GSB08-1110-1999 生料标准样品和生产厂家的参考样一起制定 CaO 工作曲线

　　若以国标制定的工作曲线分析来用于不同产地的样品,分别应用粉末压片法和熔融法予以分析,其结果列于表6-7。

表 6-7　应用粉末压片法和熔融法分析结果

		SiO$_2$	Al$_2$O$_3$	Fe$_2$O$_3$	CaO	K$_2$O	Na$_2$O	MgO	TiO$_2$
GBX01	标准值	11.13	2.14	3.82	45.1	0.36	0.22	0.81	0.11
	熔融	11.01	2.05	3.89	45.2	0.36	0.24	0.77	0.11
	压片	11.24	2.01	3.79	45.5	0.34	0.20	0.72	0.11
9#	参考值	11.35	2.60	1..78	45.60	0.56	0.08	0.68	0.13
	熔融	11.46	2.59	1.84	45.5	0.57	0.09	0.67	0.13
	压片	11.4	3.15	1.68	45.3	0.60	0.03	0.73	0.13
1#	参考值	9.30	1.75	3.30	47.36	0.21	0.036	0.25	0.09
	熔融	9.25	1.82	3.26	47.4	0.22	0.04	0.26	0.10
	压片	9.95	2.04	2.97	48.3	0.19	0.00	0.11	0.10

　　其中1#的压片法样结果 Si、Al、Fe、Ca 和 Mg 均超差。为研究产生误差的原因,作者对这三个样进行粒度分布测试和用 XRD 测定矿物结构。其结果分别示于图 6-8 和表 6-8。

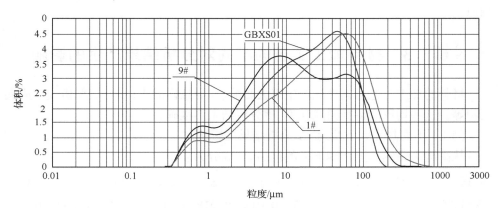

	$d(0.1)$	$d(0.5)$	$d(0.9)$
GBXS01	1.755	17.454	74.166
1#	2.358	26.705	117.359
9#	1.437	12.096	85.7

图 6-8　粒度分布图

表 6-8　GBXS01、9♯和 1♯样矿物结构

	Ref. Code	化合物名称	分子式	半定量结果/%
	01-083-0578	Calcite	$CaCO_3$	83
9♯	01-075-0443	Quartz	SiO_2	13
	00-007-0042	Muscovite-3\ITT\RG	$(K,Na)(Al,Mg,Fe)_2Si_{3.1}Al_{0.9}O_{10}(OH)$	
	01-083-0578	Calcite	$CaCO_3$	94
1♯	01-079-1906	Quartz	SiO_2	3
	01-089-6538	Kaolinite	$Al_2(Si_2O_5)(OH)_4$	3
	01-083-0578	Calcite	$CaCO_3$	85
	01-085-0796	Quartz	SiO_2	12
GBXS01	01-089-0691	Magnetite. syn	Fe_3O_4	1
	01-087-1164	Hematite	Fe_2O_3	1

从上述分析可知 1♯样用粉末压片法测定结果与参考值相差较大,其原因:①粒度远大于 GBXS01 系列标样;②矿物组成也有很大差异,1♯样石英仅为 3% ,存在的高岭土矿是标样中所没有的。而 9♯和 GBXS01 中石英均在 12% ~13% ;9♯样粒度和主要矿物组成与标样 GBXS01 系列基本相似,因此其结果与参考值相似。

§6.3.3　材料加工工艺的不同对分析结果产生的影响

材料的加工工艺对其性能产生很大影响,如导致样品表面多孔、偏析或生成夹杂物等。这些均影响特征谱线强度,使分析结果不准确。

例 1　不同热处理方法对 Cr 分析结果的影响

从高碳高铬钢棒上切割下来的样品,其成分为:

元素	C	Si	Mn	P	S	Cu	Ni	Cr	V
含量/%	2.21	0.51	0.45	0.019	0.018	0.070	0.19	13.83	0.48

该样品经淬火、回火、退火等热处理及保持轧制状态不作热处理的四种试样中 Cr 的 X 射线强度对 Cr 的分析结果的影响,如图 6-9 所示。

例 2　金相差异对分析结果的影响

武映梅[5]指出生铁、铸铁由于取样时铸型不同、冷却速度不一样,导致金相结构不一致。以采用公章型(图 6-10),其白口化程度经实验证明能满足仪器分析要求。

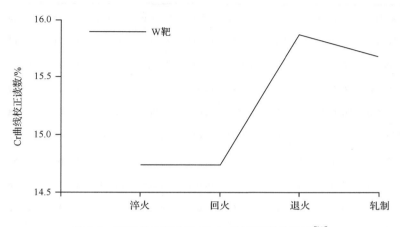

图 6-9　不同热处理方法对 Cr 分析结果的影响[10]

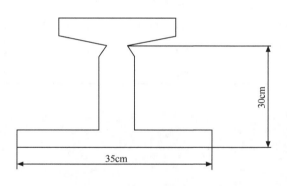

图 6-10　浇铸的生铁样品模型

　　浇铸后冷硬化生铁样品距离表面 0.5mm 以上的部分成分变化很大,不能用于分析,在深度方向能用于分析的范围也就是到 0.5~3mm 处的地方,更深的部位则未被冷硬化,表 6-9 列出不同深度方向的各元素的变化。硅、硫、锰、钛等元素在 0.1mm 的测量结果和 0.6mm 处的测量结果相比较,以 0.6mm 测定值为准,则 0.1mm 处测定值的相对误差分别高达 322.6%、164.3%、73.2%、146.98%。而 Cu、As、Ni、Cr、Sn 和 Nb 等元素却没有受到影响。这表明硅、硫、锰、钛等在激冷过程中,表面和 0.6mm 处冷却温度相差较大,试样内部冷却速度不均匀,是否形成不同的化合物,这有待进一步研究。但其晶相结构有明显的差异,如国标和生产样的晶相结构如图 6-11 所示。

表 6-9　不同研磨深度的检测结果(%)[5]

元素	0.1mm	0.2mm	0.3mm	0.4mm	0.5mm	0.6mm	0.7mm	0.8mm	0.9mm	1.0mm
Si	3.411	3.297	1.938	0.990	0.871	0.807	0.810	0.801	0.814	0.820
P	0.073	0.076	0.082	0.086	0.087	0.085	0.084	0.085	0.083	0.084
S	0.037	0.033	0.025	0.017	0.016	0.014	0.014	0.013	0.014	0.013
Cu	0.061	0.060	0.057	0.059	0.060	0.062	0.061	0.059	0.058	0.062
Mn	0.769	0.750	0.566	0.458	0.449	0.444	0.447	0.446	0.442	0.443
Ti	0.205	0.192	0.141	0.092	0.088	0.083	0.086	0.086	0.085	0.087
As	0.078	0.078	0.079	0.079	0.079	0.078	0.078	0.078	0.078	0.078
Cr	0.010	0.012	0.011	0.010	0.011	0.012	0.012	0.012	0.012	0.011
Ni	0.011	0.007	0.009	0.011	0.011	0.011	0.011	0.009	0.010	0.009
Zn	0.002	0.002	0.001	0.002	0.001	0.001	0.001	0.	0.002	0.001
V	0.015	0.014	0.013	0.013	0.011	0.012	0.012	0.012	0.012	0.012
Sn	0.035	0.035	0.035	0.036	0.033	0.034	0.034	0.037	0.034	0.035
Nb	0.004	0.004	0.005	0.004	0.004	0.004	0.004	0.004	0.004	0.004

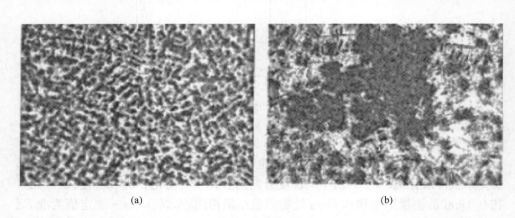

(a)　　　　　　　　　　　　　　　　　(b)

图 6-11　标样(a)和试样(b)

　　这种金相组织不一致现象,对使用 XRF 分析生铁和铸铁中碳、镁、硅、磷和硫的影响特别大,这里仅列出生铁中硅、磷的校准曲线,如图 6-12 和图 6-13 所示。国家标样和工厂实际生产样制定硅、磷的校准曲线分成两条(校准曲线 1 为国家标样,校准曲线 2 为生产样 ICP 分析值)。

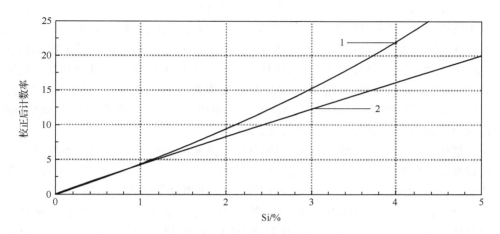

图 6-12　生铁中 Si 的校准曲线

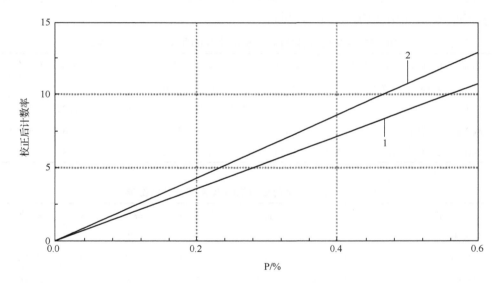

图 6-13　生铁中 P 的校准曲线

§6.3.4　化学形态差异影响特征 X 射线强度变化的机理初探

综前所述,矿化不均匀效应和相结构差异均导致待测元素的特征 X 射线强度产生较大的变化,而这种基体效应通常不能用基本参数法和理论影响系数予以校正,只能通过制样方法予以解决。在有足够多标样的情况下也可应用经验系数法和进行校正。

　　Jenkins 等[3]将粒度效应、矿物间效应和矿物学效应均归结为粒度效应,作者以为该说法并不能说明试样的物理化学效应,因粒度效应主要影响入射到试样的原级 X 射线照射试样的面积,而矿物效应则因元素在不同相中化学组成或结构变化使 X 射线荧光的强度产生变化,这种变化主要来自于试样对原级谱和特征谱的吸收,也可能来自于荧光产额和谱线分数等基本参数的变化,其作用机理有差异。为简便起见,将矿化不均匀效应、化合物组成和相结构的影响简称为结构效应,结构效应不包含颗粒度效应和表面粗糙度的影响。

　　结构效应产生的原因,前人绝大部分用不同相间的矿物对待测元素特征谱的质量衰减系数差异予以解释,这无疑是正确的,但又是不够的。当原子的价态、配位状态、结合键的离子性、晶体结构的不同以及相邻原子的种类不同时,由于价电子的分布状态及其在周围电场的变化,使其内层电子能级产生微小变化。从而导致其特征 X 射线荧光光谱的谱线位置、谱线形状和谱线间相对强度等发生变化,有时产生新的伴线,作者在《X 射线荧光光谱分析》[10]一书中有一章予以论述,为方便起见,这里引用两张表予以说明。

表 6-10　硅、碳化硅、氮化硅和二氧化硅中硅的 K 系谱谱分析结果[10]

样品	K_α/keV	K_{α_3}/keV	K_{α_4}/keV	K_β/keV	$K_{\beta'}$/keV	αK_α	αK_{α_3}	αK_{α_4}	αK_β	$\alpha K_{\beta'}$	$I_{K_\beta}/I_{K_{\beta'}}$
Si	1.7393	1.7493	1.7522	1.8353		1.99	2.47	1.68	1.58		
SiC	1.7395	1.7503	1.7520	1.8352	1.8261	2.24	0.71	1.19	2.11	2.32	7.8
Si_3N_4	1.7398	1.7507	1.7537	1.8333	1.8227	2.31	1.32	1.30	1.35	1.89	5.6
SiO_2	1.7400	1.7509	1.7533	1.8313	1.8181	2.33	2.55	2.32	1.17	2.38	5.1

表 6-11　不同铝化合物中铝的 K 系谱谱分析结果[10]

样品	K_α/keV	K_β/keV	$K_{\beta'}$/keV	αK_β	$\alpha K_{\beta'}$	$I_{K_\beta}/I_{K_{\beta'}}$
金属 Al	1.48710	1.55610	—	0.65		
α-Al_2O_3	1.48749	1.55312	1.5379	0.93	0.95	7.93
$AlPO_4$	1.48745	1.55181	1.5369	1.16	1.29	5.46
$Al(PO_3)_3$	1.48749	1.55118	1.5368	0.80	1.00	7.22
$Al_2O_3 \cdot 2SiO_2 \cdot 2H_2O$	1.48755	1.55299	1.5360	1.39	1.06	6.83
$K_2O \cdot Al_2O_3 \cdot 6SiO_2$	1.48737	1.55178	1.5369	1.19	1.19	4.98

　　注:α-Al_2O_3、$Al(PO_3)_3$ 和 $Al_2O_3 \cdot 2SiO_2 \cdot 2H_2O$ 为六配位铝,其他为四配位铝。

　　从表 6-10～表 6-11 可知:①用普通谱仪可从 K_α、K_β 的峰位、谱非对称因子(α)的变化获取元素所在分子中的信息,而其伴线如 K_{α_3}、K_{α_4}、K_β 随化学态变化更为明显。$K_{\beta_{1,3}}$ 是由 3p 电子向 1s 电子壳层跃迁,虽然强度很弱,但对化学态变化很灵敏,因在铝、硅和硫等低原子序数的元素中,3p 电子是价电子,在化合物中参与成键。同样 K_{α_3}、K_{α_4} 原子双电离引起的双跃迁 LL-KL,反映的化学态信息也较 K_α 明显。对硅和铝的 $K_{\beta'}$ 谱是其价电子与其相结合的元素的价电子形成的分子轨道电子向 K 层电子跃迁所致,因此,它的峰位直接表述相邻元素的信息。②对表 6-10 中不同硅化合物而言,因相邻元素不同而引起的化学位移,其 K_α 线向高能区位移,则 K_β 线向低能区位移,这种变化与相邻元素的电负性有关。这些变化可为研究元素化学态提供重要信息,但给定量分析产生不利的影响。在商用 XRF 谱仪中因化学态变化导致谱线能量变化对强度的影响是很小的,在 EDXRF 谱仪中甚至可忽略。但 $\dfrac{K_\alpha}{K_\beta}$ 比和谱形状的变化将影响解谱的结果。多年来众多研究者的研究表明,谱线分数和荧光产额在不同化合物中并不是常数。O.Sogut 等[6]应用 ^{241}Am 放射源测定了不同化合物中 I 和 Br 的荧光产额,其结果列于表 6-12。Erdogan Büyükkasap[7] 测定了 Cr_xNi_{1-x} 和 Cr_xAl_{1-x} 系列合金中 Cr 和 Ni 的荧光产额,其结果列于表 6-13。

表 6-12　I 和 Br 在不同化合物中的荧光产额[6]

化合物	实验值	理论值			原子间距*
		Krause[12]	Broll[13]	Hubbell	
Br	—	0.618	0.630	0.6275	—
Br_2	—	—	—	—	2.29
$C_{21}H_{16}Br_2O_3S$	0.325 ± 0.014	—	—	—	—
$C_7H_5O_2Br$	0.426 ± 0.013	—	—	—	—
$KBrO_3$	0.536 ± 0.013	—	—	—	2.94
C_6H_6BrN	0.572 ± 0.011	—	—	—	—
$C_{19}H_{10}Br_4S$	0.579 ± 0.011	—	—	—	—
KBr	0.724 ± 0.011	—	—	—	3.30
NaBr	0.787 ± 0.015	—	—	—	2.98
NH_4Br	0.892 ± 0.018	—	—	—	—
I		0.884	0.880	0.8819	—
NH_4I	0.845 ± 0.025	—	—	—	—
I_2	0.886 ± 0.028	—	—	—	2.66
$NaIO_3$	0.932 ± 0.029	—	—	—	3.16
Hg_2I_2	0.980 ± 0.032	—	—	—	—
KI	0.983 ± 0.026	—	—	—	3.53
KIO_3	0.990 ± 0.028	—	—	—	—

＊单位为 Å。

表 6-13　Cr_xNi_{1-x} 和 Cr_xAl_{1-x} 系列合金中 Cr 和 Ni 的荧光产额[7]

	Cr_xNi_{1-x}			Cr_xAl_{1-x}		Hubbel et al.	
x	Cr	Ni	x	Cr		Cr	Ni
0.0	—	0.360±0.009	0			0.2885	0.4212
0.5	0.407±0.010	0.292±0.007	0.6	0.205±0.005			
0.8	0.326±0.008	0.333±0.008	0.8	0.297±0.007			
1.0	0.307±0.008		1.0	0.307±0.008			

待测元素的谱线分数也因其化合物的差异而有所不同，Raghvaiah[8]测得的一些 Mn、Fe、V 元素和其化合物的 $\dfrac{K_\alpha}{K_\beta}$ 比，如表 6-14 所示。Kulshreshtha 等[9]测定 Ag 的化合物谱线分数 $\left(\dfrac{K_\alpha}{K_\alpha+K_\beta}\right)$ 列于表 6-15。Shioi 等[11]用波长色散谱仪和能量色散谱仪分别测定 Bi、$BiC_6H_5O_7$、$(BiO)CO_3$、$BiOCl$、$BiNaO_3$、$Bi_2(SO_4)_3$、Bi_2O_3、$BiCl_3$ 和 $Bi(NO_3)_3$ 化合物中 Bi 的 L_β 和 L_α 谱线强度比不是定值，微量 Bi 与 $Bi(NO_3)_3$ 相比较，后者比前者高出 4.73%，粉末状态 Bi 与 $Bi(NO_3)_3$ 相比较，亦高出 3.12%。

表 6-14　单质元素与其在不同化合物中 $\dfrac{K_\alpha}{K_\beta}$ 比

化合物	$\dfrac{K_\alpha}{K_\beta}$
$Mn/KMnO_4$	0.911±0.010
$Mn/MnSO_4$	0.957±0.010
$V/(NH_4)VO_3$	0.908±0.010
V/V_2O_5	0.921±0.010
Fe/FeS	0.970±0.010
$Fe/Fe(NO_3) \cdot 2.6H_2O$	0.940±0.010

表 6-15　Ag 的化合物谱线分数

	AgI	AgCl	Ag_2CO_3	Ag_2SO_4	$AgNO_3$	Ag	AgBr
$\dfrac{K_\alpha}{K_\alpha+K_\beta}$	0.8463	0.8354	0.8340	0.8319	0.8313	0.8292	0.8285

注：原文数据为 $\dfrac{K_\alpha}{K_\beta}$ 值，经换算求得 $\dfrac{K_\alpha}{K_\alpha+K_\beta}$。

谱线分数、荧光产额和吸收限跃迁比三者的乘积称作激发因子，是基本参数法运算时的基本参数，在计算理论强度过程中，这三个参数通常设定为常数值，不随基体的变化而变化。若基体结构变化引起谱线分数和荧光产额的数值有差异,自然导致基本参数法或理论影响系数的计算产生误差,由结构效应导致激发因子成为变量也许是影响 X 射线荧光强度的主要原因。这正是基本参数法和理论影响系数法要获得准确的可与化学分析结果相媲美的定量分析结果,必须要用与试样物理化学形态相似的标样的原因。

参 考 文 献

[1] Shiraiwa T ,Fujino N . Theoretical calculation of fluorescence X-ray intensities in fluorescent X-ray spectrochemical analysis .Jpn .J .Appl .Phys . ,1966 ,5 ,2289~2296 .

[2] De Jongh W K .Heterogeneity effects in X-ray fluorescene analysis .Sci .Anal .Equip .Bull .7000 .38 .0266 . 11 .6 ,pp .1970 .

[3] Jenkins R .An introduction to x-ray spectrometry . Heyden ,1974 ;170 .

[4] 谢忠信,赵宗玲,张玉斌,丰梁垣 .X 射线光谱分析 .北京 :科学出版社 ,1982 ;267~275 .

[5] 武映梅 .生铁的 XRF 光谱分析 . 理化检验-化学分册 ,2005 ,41 增刊 ;50~54 .

[6] Sogut O ,Kǔçkǒnder A ,Bǔyǔkkasap E , Kǔçkǒnder E ,et al . Measurement of K-shell fluorescence yields for Br and I compounds using radioisotope XRF .Journal of Quantitative Spectroscopy & Radiative Transfer . ,2003 , 76 ;17~21 .

[7] Erdogan Bǔyǔkkasap . Analytical note Alloying effect on K shell fluorescence yield in Cr$_x$Ni$_{1-x}$ and Cr$_x$Al$_{1-x}$ alloys .Spectrochimica Actc Part B . , 1998 ,53 ;499~503 .

[8] Raghvaiah C V , Venkateswara Rao N , Krisahan sree ,Murty G , et al .K$_\beta$/K$_\alpha$ rations and chemical effects in pattially filled 3d-shell elements . X-Ray Spectrom . ,1992 ,21 ;239~243 .

[9] Kulshreshtha S K ,Wagh D N ,Bajpei H N . Chemical effects on X-ray fluorescence yield of Ag$^+$ compounds X-Ray Spectrom . ,2005 ,34 ;200~202 .

[10] 吉昂 ,陶光仪 ,卓尚军 ,罗立强 , X 射线荧光光谱分析 .北京 ;科学出版社 ,2003 ;247~262 .

[11] Shioi R ,Yamamoto T ,Kawai J . Chemical effects on L$_\alpha$/L$_\beta$ ratios of X-Ray fluorescence spectra .Adv . X-Ray .Chem .Anal .Japan ,2009 ,40 ;127~135 .

[12] Krause M O .Atomic radiative and radiationless yields for K and L Shells . J . Phys . Chem . Ref .Data , 1979 ,8(2);307~327 .

[13] de Boer D K G .Fundermental parameters for X-ray fluorescence analysis .spectrochim . Acta ,1989 ,44B ; 1171~1190 .

第七章 元素间吸收增强效应的校正

§7.1 引 言

元素间吸收增强效应的校正是从 20 世纪 50 年代中期开始的,直到 20 世纪末,不少 XRF 工作者为之倾注了毕生的精力。这里特别要提到的有"现代影响系数之父"[1]之称的加拿大科学家 Gerry Lachance,在我国开展该项工作之初,应联合国开发计划署第 CPR/80/046 项目主任马光祖的邀请,于 20 世纪 80 年代初先后在北京和上海进行影响系数方面的学术交流,我国 XRF 的工作者从中受益甚多。

元素间吸收增强效应的校正发展过程中,基本上沿着三条路径发展:①基本参数法;②影响系数法;③基本参数法和影响系数法相结合。影响系数法则有经验系数法和理论影响系数法两种。而经验系数法又可分为含量模式和强度模式两种。第三种方法具有两种形式,一是先用基本参数法计算试样的浓度,再以该浓度为基础,计算理论影响系数法,通过迭代算出试样最终结果。可变理论 α 系数方法是该法另一种表述。其二在使用理论影响系数法或基本参数法时,为了校正结构效应,引入交叉经验系数以改善基体效应的校正。

从实际应用角度出发,基体校正大体分为三个阶段,20 世纪 60 年代至 80 年代初,主要使用经验系数法;在稍后的十多年中,则以理论影响系数法为主,基本参数法在多数情况下,作为脱机离线分析程序,如 NRLXRF 程序[2];至 20 世纪末,基本参数法方作为在线分析软件,广泛用作基体中元素间吸收增强效应的校正。

在经历了经验系数法的发展阶段和基本参数法与理论 α 系数算法的建立和逐渐成熟两个阶段后,从 20 世纪 90 年代中期至今,在 X 射线荧光分析数据处理技术与基体校正数学模型研究领域,经历了一个相对平稳发展期。一方面仍然有一些改进算法和软件出现,并有作者考察不同算法和软件的特点与适用范围,对影响 FP 的因素进行评估和修正;另一方面也有作者开展了神经网络、专家系统等化学计量学方法的研究,并取得了一些有价值的成果。在 X 射线荧光分析专家系统研制开发方面,已有能量色散专家系统和波长色散光谱定性解释专家系统问世。由于 X 射线荧光光谱已实现高度自动化控制,因此有条件实现从制样到最终报出分析结果的完全自动化。这无疑是一个既复杂但又充满前途的研究领域。

近年来一些作者指出原级谱在试样中产生的散射线对 X 射线荧光有增强作用,韩小元等[3] 在前人工作基础上,对相干散射和非相干散射 X 射线激发的荧光强度及一次或二次荧光因瑞利散射而进入探测器的荧光强度,从理论上对增强规律进行了合理解释。并通过研究发现,散射效应对荧光强度的增强随元素的特征谱线能量增大而增大,在纯元素样品中,上述三种散射效应增强的荧光强度约为一次荧光强度的几个百分点(通常小于 5%),非相干散射效应对荧光的增强非常小,可忽略。其二,由散射效应使荧光增强还与样品的基体有关,基体越轻,散射增强荧光强度越大。如 BaB 样品,当 Ba 的含量为 1% 时,散射效应增强荧光的强度占一次荧光强度的 20% 以上。而对熔融试样,三种散射效应增强荧光的强度占一次荧光强度的几个到十几个百分点。目前不少厂家在商品软件中将靶材特征谱康普顿散射线测量强度转换为理论强度,计算 XRF 不能测定的超轻元素的含量,优化了基本参数法测量结果,已成功应用于油品中金属元素的测定和无标定量分析。还要指出的是由厂家提供一套非相似标样基础上建立的所谓无标样定量分析软件,是建立在基本参数法基础之上,为分析不同类型和不同形状试样提供定量分析结果,现已成为筛选、剖析和精确定量分析前的预分析重要手段,对于需要使用相似标样 XRF 分析方法确实是一重大突破。

§7.2　基本参数法

§7.2.1　基本参数法的理论公式

Sherman[4] 在前人工作的基础上提出了多色激发的 X 射线荧光强度理论计算公式,并经 Shiraiwa 等[5] 及其他人的完善,提出计算理论强度的基本参数公式。三次荧光在荧光总强度中所占的百分比,即使在非常极端的情形下,也不会超过 3% ~ 4%。在绝大多数情况下均很小,一般可忽略。陶光仪[6] 曾对厚试样的一次、二次和三次荧光强度分别用单色激发和用 X 射线管激发时的理论强度计算有过详细描述。最近卓尚军等[7] 论述基本参数法的专著已出版,本书不再作详细介绍,仅对其应用中所涉及的有关问题予以表述。

（1）由 X 射线管原级谱激发试样中 i 元素的一次荧光强度公式为[6]：

$$P_i = G_i \cdot C_i \cdot \int_{\lambda_{\text{min.}}}^{\lambda_{\text{abs},\lambda}} \frac{I_\lambda \cdot \mu_{i,\lambda}}{\mu'_s + \mu''_s} \mathrm{d}\lambda \tag{7-1}$$

计算纯元素荧光理论强度公式：

$$P_i = G_i \cdot \int_{\lambda_{\text{min.}}}^{\lambda_{\text{abs},\lambda}} \frac{I_\lambda \cdot \mu_{i,\lambda}}{\mu'_s + \mu''_s} \mathrm{d}\lambda \tag{7-2}$$

式中：$G_i = E_i \cdot \dfrac{\mathrm{d}\Omega}{4\pi} \csc\varphi$

$$E_{\lambda_i} = J_i \cdot f_{\lambda_i} \cdot \omega = \frac{r_i - 1}{r_i} \cdot f_{\lambda_i} \cdot \omega$$

$$\mu_s' = \mu_\lambda \cdot \csc\varphi \qquad\qquad \mu_{s,\lambda} = \sum_i C_i \mu_{i,\lambda}$$

$$\mu_s'' = \mu_{s,\lambda_i} \cdot \csc\phi \qquad\qquad \mu_{s,\lambda_i} = \sum_i C_i \mu_{i,\lambda_i}$$

（2）理论计算二次荧光强度的公式[6]是：

$$S_i = S_{ij} + S_{ik} + \cdots$$

式中：

$$S_{ij} = S_{i\lambda_{j1}} + S_{i\lambda_{j2}} + S_{i\lambda_{j3}} + \cdots$$

$$S_{i,\lambda_j} = G_i C_i \int_{\lambda_{\min}}^{\lambda_{\mathrm{abs},j}} \frac{I_\lambda \mu_{i,\lambda}}{\mu_s' + \mu_s''} \big[e(e_j' + e_j'')\big]_{\lambda_j} C_j \,\mathrm{d}\lambda \qquad\qquad (7\text{-}3)$$

$$e = 0.5 E_\lambda \mu_{i,\lambda_j} (\mu_{j,\lambda}/\mu_{i,\lambda})$$

$$e' = \frac{1}{\mu_s'} \ln\Big[1 + \frac{\mu_s'}{\mu_{s,\lambda_j}}\Big]$$

$$e'' = \frac{1}{\mu_s''} \ln\Big[1 + \frac{\mu_s'}{\mu_{s,\lambda_j}}\Big]$$

仅考虑一次和二次荧光理论强度公式：$P_i + S_i$；一次和二次荧光理论相对强度公式：$(P_i + S_i)/P_i$。Criss 等[7]将式（7-1）和式（7-2）中使用波长的积分为整个波长区间加和的形式所代替，以便于在计算机上进行运算：

$$S_i = G_i \cdot C_i \cdot \sum_{\lambda_{\min}}^{\lambda_{\mathrm{abs},i}} \frac{D_{i,\lambda} \cdot I_\lambda \cdot \Delta\lambda \cdot \mu_{i,\lambda}}{\mu_s^*}$$

$$+ G_i \cdot C_i \sum_{\lambda_{\min}}^{\lambda_{\mathrm{abs},j}} \frac{D_{j,\lambda} \cdot I_\lambda \cdot \Delta\lambda \cdot \mu_{i,\lambda}}{\mu_s^*} * \big[e^* (e_j' + e_j'')\big]_{\lambda_i} \cdot C_j \qquad (7\text{-}4)$$

式中：i 是待分析元素；j 是基体元素；λ_i 是待分析元素 i 的波长；λ_j 是能激发是待分析元素 i 的基体元素 j 波长；λ 是原级谱波长；$\Delta\lambda$ 是在原级谱整个波长区间加和划分成波长间隔，一般间隔为 0.001nm；P_i 为 X 射线管激发试样中待测元素 i 的一次荧光强度；S_{i,λ_k} 为基体元素激发试样中待测元素 i 的二次荧光强度；I_{λ_k} 是波长间隔 $\Delta\lambda_k$ 的中间部分波长的原级谱强度；D_{i,λ_k}，如果原级谱波长 λ 小于等于 i 元素的吸收限波长 λ_i^{abs}，则等于 1，反之则为 0；$\lambda_{\min}$ 为原级谱的短波限，与 X 射线管所加电压 U 相对应，$\lambda_{\min}(\mathrm{nm}) = \dfrac{1.23984}{U}$；$D_{j,\lambda_k}$，如果原级谱波长 λ_k 小于等于 j 元素的吸收限波长 λ_j^{abs}，则等于 1，反之则为 0；$\Omega/4\pi$ 为几何因子；J_i 为跃迁因子，$J_i = \dfrac{r_i - 1}{r_i}$，$r_i$ 是吸收限跃迁比；ω 是荧光产额；f 是谱线分数；μ_i、μ_j、μ_s 分别是元素 i，基体元素 j 和试样 s 的质量吸收系数；μ_{s,λ_j}、μ_{s,λ_i}、μ_{s,λ_k} 分别是 λ_j、λ_i、λ_k 波长对试样 s 的质量吸收系数；φ，ϕ 分别是谱仪的入射角和出射角。$f_i \times J_i \times \omega_i$ 三者的乘积称作 i

元素的激发因子。

§7.2.2　基本参数法的计算方法

Criss 和 Birks[8]于 1968 年首先提出用基本参数校正元素间吸收增强效应,他们基于:

(1)强度与浓度之间关系的基本理论公式(7-4)和基本参数(质量吸收系数、荧光产额、吸收限跃迁因子、谱线分数等);

(2)测量的原级 X 射线光谱强度分布;

(3)入射的 X 射线管原级谱的波长积分用加和 $\Delta\lambda=0.001\text{nm}$ 代替;

(4)有一个迭代求解程序用作计算未知样的浓度。

Criss 等[9]经过 10 年的历程,于 1978 年推出了著名的软件——NRLXRF,该软件将 1968 年提出的基本参数法和理论影响系数法相结合,对未知样的测量结果逐个予以计算,求得浓度,主要计算过程为:

(1)从所用标样的浓度和测得的强度用公式(7-4)计算出相应的纯元素强度;

(2)用未知样测得的强度除以第 1 步求出的相应的纯元素强度以获得相对强度,归一后作为未知样的初始浓度;未知样的相对强度可以式(7-5)表示之:

$$R_{i,u} = \frac{I_{i,u}}{I_i} = \left(\frac{I_{i,u}}{I_{i,st}}\right)^{\text{mean}} \times \left(\frac{I_{iA,st} + I_{iE,st}}{I_{iA}}\right) \tag{7-5}$$

式中下标 u,i,st 分别代表未知样、纯元素和标样;

(3)以上述初始浓度模拟一组组分相似的假设标样,用公式(7-4)将假设标样的相对强度计算出来,并用实标标样校正之;

(4)由假设标样的浓度和经校正后计算强度,用校正方程

$$C_i = R_i \left(1 + \sum \alpha_{ij} C_j\right) \tag{7-6}$$

计算出相应的理论影响系数 α_{ij};

(5)由第 4 步中所用的校正方程,迭代求解未知样的浓度,并与上次的浓度值相比较,若不满足预先设定的精度(例如 0.05%),以此所求得未知样的浓度再模拟一组假设标样,重复第 3 至 5 步骤,直至满足精度,最后输出未知样的浓度。

由于计算机技术的发展,在迭代过程中,已不需要为了节省计算时间而采用理论影响系数,而是使用 $C_i = \frac{R_{i,u}^{\text{mean}}}{R_{i,u}^{\text{theo}}} \times C_{i,u}^{\text{latest}-\text{est}}$ 公式迭代,初始浓度是将未知样相对强度 $R_{i,u}^{\text{mean}}$ 归一后算出 C_{iu}^{est},依据 C_{iu}^{est} 计算理论相对强度 R_{iu}^{theo},并与测量的相对强度 $R_{i,u}^{\text{mean}}$ 予以比较,通过迭代,以 $C_i = \frac{R_{i,u}^{\text{mean}}}{R_{i,u}^{\text{theo}}} \times C_{i,u}^{\text{latest}-\text{est}}$ 计算出新的浓度值,则至满足预先设定的精度,迭代到最后 R_{iu}^{theo} 非常接近于或等于 $R_{i,u}^{\text{mean}}$。若用标准样品制定工作曲

线,以 $C_i = D_i + E_i R_i(M)$,可设定 $M=1$,计算初始浓度 C_{iu}^{est}。

可变理论影响系数法其实计算方法与上述方法相一致,随着计算机运算速度提升,现在通常不再计算第四步,直接由基本算法迭代。此外不同作者在编制程序时其迭代方法也有差异。

§7.2.3　改善基本参数法分析结果准确度的途径

基本参数法的优点,从方法本身要求而言,仅需纯元素标样,也可以用一个多元标样;若标准样品与试样的物理化学形态相似,用单标样亦可获得准确的结果。如表 7-1 中列出的 NRLXRF 软件对合金钢样分析结果,表 7-1 中 1159 和 1160 样与其他合金钢样不相同,1154 为标样,NBS 系标准值。

表 7-1　NRLXRF 软件对合金钢样分析结果

NBS SRM No	Si		P		S		Cr		Mn	
	NBS	XRF	NBS	XRF	NBS	XRF	NBS	XRF	NBS	XRF
1151	0.0037	0.0053	0.00011	0.00015	0.00034	0.00026	0.2213	0.2238	0.0217	0.0218
1152	0.0065	0.0117	0.00017	0.00017	0.00017	0.00029	0.1849	0.1880	0.0119	0.0115
1153	0.0082	0.0113	0.00053	0.00049	0.00032	0.00042	0.1661	0.1675	0.0061	0.0062
1154c	0.0109	Std	0.00038	Std	0.00033	Std	0.1958	Std	0.0174	Std
1155	0.0050	0.0083	0.00020	0.00038	0.00018	0.00041	0.1845	0.1881	0.0163	0.0164
1159d	0.0032	0.0159	0.00003	0.00003	0.00003	0.00032	0.0006	0.0043	0.00305	0.00277
1160d	0.0037	0.0092	0.00003	0.00036	0.00001	0.00016	0.0005	0.0043	0.0055	0.0052
1171	0.0054	0.0107	0.00018	0.00018	0.00013	0.00070	0.174	0.176	0.018	0.0180
1184	0.0070	0.0109	0.00015	0.00021	0.00012	0.00026	0.1944	0.1953	0.0104	0.0104
1185	0.0040	0.0101	0.00019	0.00029	0.00016	0.00026	0.1709	0.1742	0.0122	0.0124

NBS SRM No	Fe		Ni		Cu		Mo		总和	
	NBS	XRF	NBS	XRF	NBS	XRF	NBS	XRF	NBS	XRF
1151	0.6715	0.6677	0.0703	0.0703	0.0025	0.0025	0.0076	0.0076	0.9991	0.9993
1152	0.6781	0.6789	0.1021	0.1034	0.0050	0.0049	0.0037	0.0037	0.9925	1.0025
1153	0.6903	0.6834	0.1202	0.1207	0.0026	0.0026	0.0021	0.0021	0.9965	0.9947
1154c	0.6509	Std	0.1025	Std	0.0056	Std	0.0046	Std	0.9884	Std
1155	0.6445	0.6421	0.1218	0.1232	0.0017	0.0017	0.0238	0.0238	0.9980	1.0045
1159d	0.510	0.496	0.482	0.479	0.00038	0.00096	0.00010	0.00009	0.999	0.998
1160d	0.143	0.134	0.803	0.800	0.00021	0.00093	0.0435	0.0440	0.999	0.999
1171	0.682	0.677	0.112	0.113	0.0012	0.0036	0.00165	0.00155	0.995	1.001
1184	0.6564	0.6477	0.0947	0.0946	—	0.00078	0.0146	0.0148	0.9778	0.9749
1185	0.6588	0.6547	0.1318	0.1329	0.00067	0.00072	0.0201	0.0210	0.9988	1.0066

在使用基本参数法校正元素间吸收增强效应时,需知影响基本参数法分析结果的准确度的因素:

(1)基本参数的不准确性,如质量吸收系数(μ)一般有 5% ～10% 的相对误差,在一些区间内不同算法之间相差可达 30% ～40% ;荧光产额(ω)对 K 系谱线而言相对误差约为 3% ～5% ,而对 L 系谱线可达 10% ～15% 。X 射线管发射出的 X 射线(原级谱),实际上是一束强发散的圆锥体,而非计算理论强度的基本参数公式中的入射角(φ)。陶光仪等[10]曾系统研究了三种不同原级谱算法、四种质量吸收系数对相对理论强度的影响,并提出改善准确度的方法。

(2)如在"基体效应"一章中所述,最近十多年来一些作者已发现元素在不同化合物中,荧光产额与谱线分数(f)的值有较大差异,而在现有的以基本参数法为基础的软件中,与激发因子相关的参数均是作固定的常数。为消除这一影响,使用与基本参数法有关的软件要作精确的定量分析,仍需要求标样和试样的物理化学形态相似;XRF 工作者要切记该法仅能校正标样和试样中元素间吸收增强效应,而不能校正基体效应中表面效应、粒度和结构效应等。

(3)X 射线管原级谱强度分布的不准确性,无论是测量谱或计算谱,一般约为 10% ～15% 。但通过标样的理论强度计算,只要用其中一种原级谱强度分布数据,对未知样分析结果影响不大[10]。

(4)每台谱仪的 X 射线管阳极靶到试样的距离 r 是有差异的,原级谱到达试样的强度与 $1/r^2$ 成正比。这种影响在实验室仪器分析平整试样可以忽略,但对非规则样品依然是有影响的;现场或原位分析的仪器如手持式谱仪必须在软硬件的设计中予以考虑。

(5)在分析轻元素时,未考虑样品被激发时所产生的大量有相当能量的光电子对样品中超轻元素的再次激发,这种激发有时甚至会超过原级谱激发,引起超轻元素总辐射强度的增加;以及原级谱在试样中的散射线,可对试样中诸元素实施激发[10]。

(6)基本参数法分析未知样时要求待测试样所分析元素总和达到 99.5% 以上,方能获得准确的定量分析结果,这就要求对 XRF 不能分析的元素或化合物提供可靠的信息,通过靶特征谱的康普顿散射基本参数法将其测量强度转换为理论强度,以便进行校正。最简单的方法是将 XRF 不能分析的元素或化合物作为平衡项处理。

上述因素中除第 2 点外均可通过测定强度与纯元素强度比即相对强度予以消除,最近 Rousseau[12]提出可用监控样的强度替代纯元素强度,关于该内容,将在下一节说明。

§7.3　理论影响系数法

理论影响系数法的影响系数是由 Shiraiwa 等[3] 的 $I_i - C_i$ 的理论公式计算所得。选取特定浓度范围的设定标样,由二元或多元体系,应用 $I_i - C_i$ 的理论公式的基础上,计算相对理论强度后,依据一定的模型计算理论校正系数。理论 α 系数仍然随样品组成的改变而变化,因此就有了实时计算理论 α 系数的算法和程序(可变 α 系数的算法),其实这种算法是 NRLXRF 程序的另一种表述。可变 α 系数的算法特别适用于样品类型多、浓度范围宽的情况。

§7.3.1　理论影响系数方程和理论影响系数的计算

若将理论影响系数法的校正公式写成如下通式[13]:

$$C_i = R_i \left(1 + \sum_j \alpha'_{ij} C_j \right) \tag{7-7}$$

这样目前常用的几个校正公式中的 α'_{ij} 分别为:

(1) L-T 方程: $\alpha'_{ij} = \alpha_{ij}$ 　　　　　　　　　　　　　　　　　　　　(7-8)

(2) C-Q 方程: $\alpha'_{ij} = \alpha_{ij} + \alpha_{ijk} C_j C_k$ 或简化为: $\alpha'_{ij} = \alpha_{ij} + \alpha_{ijj} C_j$ 　(7-9)

(3) COLA 方程: $\alpha'_{ij} = \alpha_1 + \dfrac{\alpha_2 C_m}{1 + \alpha_3 (1 + C_m)}$ 　　　　　　　　　　(7-10)

上述 3 个校正方程中分别用了 1 个、2 个和 3 个 α 影响系数。理论影响系数可通过表 7-1 所列的相应二元假设标样浓度,由 $I_i - C_i$ 的理论公式计算出其相应的理论相对强度,再由所选的校正方程计算出理论 α 影响系数。其中 COLA 方程较为复杂,可依表 7-2 中所列标样浓度次序算出相应的三个 α'_{ij},并依次假设为 G1、G2 和 G3。则 COLA 方程中 $\alpha_1 = G3$;$\alpha_2 = G1 - G3$;$\alpha_3 = (G1 - G2)/(G2 - G3) - 1$。

使用 W 靶 X 射线管,谱仪入射角为 63°,出射角为 33°,原级谱分布取自 Pella 的经验公式,按表 7-1 的 COLA 方程的浓度,对 FeNi 二元合金以 COLA 方程计算 α_1、α_2 和 α_3 值结果列于表 7-3。

表 7-2　计算理论 α 影响系数所用的二元假设标样[10]

L-T 方程	$C_i = 50\%$,$C_j = 100\% - C_i = 50\%$ 或 C_i 用平均浓度		1 个假设标样浓度
C-Q 方程	$C_i = 20\%$	$C_j = 80\%$	2 个假设标样浓度
	$C_i = 80\%$	$C_j = 20\%$	
COLA 方程	$C_i = 0.1\%$	$C_j = 99.9\%$	3 个假设标样浓度
	$C_i = 50.0\%$	$C_j = 50.0\%$	
	$C_i = 99.9\%$	$C_j = 0.1\%$	

表 7-3 COLA 方程计算 FeNi 二元合金的 α_1、α_2 和 α_3 值[14]

	$i=$ Ni；$j=$ Fe（吸收）	$i=$ Fe；$j=$ Ni（增强）
α_1	1.842	−0.173
α_2	−0.232	−0.297
α_3	−0.746	0.597

（4）De Jongh 方程[14]

$$C_i = D_i + E_i R_i \left(1 + \sum_{j}^{n} \alpha_{ij} C_j \right) \qquad (7\text{-}11)$$

式中：D_i 为截距，E_i 为曲线斜率，D_i 和 E_i 仅与仪器漂移或成分的变化有关。若 R_i 是经背景校正后的净强度，从理论上讲 D_i 值应是零。

De Jongh 模式在形式上与 L-T 模式一样，但 α 系数的含义和求解方法均有所不同，这应引起注意。De Jongh 模式中 α 系数，是包含第三元素影响的。依据所用标准样品计算出各组分的平均值，计算 α 系数。所计算的 α 系数，在应用时适用于标准样品所给出的有限的浓度范围。其次，由于在使用 α 系数时可使用消去项或平衡项，这为应用带来很大方便。可将 X 射线荧光光谱不能测定或测定结果不理想的元素作为消去项或平衡项，如低合金钢标样中铁的含量通常无需给出，也不需要测定，在计算时铁作为平衡项；再如硅酸盐试样中的灼烧减量，使用熔融法制样时可作为消去项处理，在分析试样就不要预先测定灼烧减量，并可获得较好的分析结果。

灼烧减量作为消去项时的 α 系数计算方法如下：

令灼烧减量：$C_{loi} = 1 - C_i - C_j - \cdots - C_n$，代入式（7-11），整理后可得消去灼烧减量后的 α 系数：

$$\alpha_{ij}^{loi} = \frac{\alpha_{ij} - \alpha_{iloi}}{1 + \alpha_{iloi}} \qquad (7\text{-}12)$$

（5）基本算法（FA）：Rousseau[16,17] 从 1984 提出基本算法（fundamental algorithm），20 多年来对该算法不断完善，使之在理论上与 Sherman 方程具有同样的物理含义，未采用任何近似处理，而对元素间吸收增强效应的校正分别以校正吸收效应系数和增强效应系数表示，使用者一目了然。

$$C_i = R_i \frac{1 + \sum_j \alpha_{ij} C_j}{1 + \sum_j \varepsilon_{ij} C_j} \qquad (7\text{-}13)$$

式（7-13）中：

$$\alpha_{ij} = \frac{\sum_k W_i(\lambda_k) \beta_{ij}(\lambda_k)}{\sum_k W_i(\lambda_k)} \qquad (7\text{-}14)$$

$$\varepsilon_{ij} = \frac{\sum_k W_i(\lambda_k)\delta_{ij}(\lambda_k)}{\sum_k W_i(\lambda_k)} \tag{7-15}$$

权重因子 $W_i(\lambda_k)$,定义为:

$$W_i(\lambda_k) = \frac{\mu_i(\lambda_k) \cdot I_0(\lambda_k) \cdot \Delta\lambda_k}{\mu_i^*[1 + \sum_j C_j\beta_{ij}(\lambda_k)]} \tag{7-16}$$

$$\beta_{ij}(\lambda_k) = \frac{\mu_j^*}{\mu_i^*} - 1 \tag{7-17}$$

$$\mu_i^* = \mu_i(\lambda_k)\mathrm{cosec}\varphi + \mu_i(\lambda)\mathrm{cosec}\phi$$
$$\mu_j^* = \mu_j(\lambda_k)\mathrm{cosec}\varphi + \mu_j(\lambda)\mathrm{cosec}\phi \tag{7-18}$$

式中:δ_{ij} 为基体中元素 j 对 i 的增强,β_{ij} 为基体中元素 j 对 i 的吸收,均与原级谱波长 λ_k 有关;而 α_{ij} 为基体中元素 j 对 i 的吸收系数,ε_{ij} 为基体中元素 j 对 i 的增强系数。α_{ij} 和 ε_{ij} 值是在给定实验条件下和给出的试样组成前提下唯一的和基本的系数,与二元或三元体系求得的理论影响系数是有所不同的。

Lachance 将不同试样体系的理论影响系数分为:元素系统称为基本 α 系数,氧化物系为混合 α 系数,熔融片则称作修正 α 系数。

以 Si 或 SiO_2($C_i = 58\%$)和 Al 或 Al_2O_3($C_j = 42\%$)二元化合物为例,X 射线管为 Rh 靶,$\varphi = 64°$,$\phi = 35°$,则基本 α 系数为 3.339;混合 α 系数为 1.525;修正 α 系数为 0.296(1.00g 样 $+5.00$g$Li_2B_4O_7 + 0.3$gLiF_2)。从上例可见,基本 α 系数最大,由于氧的稀释,混合 α 系数不到基本 α 系数的一半,而修正 α 系数则仅为基本 α 系数的 1/10。目前计算不同试样体系的理论影响系数对仪器使用者而言,在制定方法时需输入实际试样体系即可。

Rousseau[15,16]提出的基本算法是将理论影响系数法和基本参数计算相结合的准确的 XRF 定量分析法。C-Q 方程用于初步组分的估算,然后估算的组分在基本参数法中用于计算 α_{ij} 和 ε_{ij} 系数值,每个试样只计算一次。在适当的校准以后,在基本算法中应用迭代过程,以得到精确的定量分析结果。由模式本身引入的相对误差仅约 0.1%。细心的读者可能发现,基本算法与 NRLXRF 程序差别在于用 C-Q 方程获取初步组分的估算后,后者用 Sherman 方程予以迭代,而前者用与 Sherman 方程等同的基本算法迭代,没有使用 Sherman 方程本身,节省了计算时间。

§7.3.2　校准曲线和未知样的分析

校准的方法,是将理论付诸实践。尚没有一种理论能在一切条件下都能准确的模拟所有仪器测得的结果,此外对给定的样品进行分析,要得到理论影响系数法中所需的纯元素是困难的,有时甚至是不可能的,这样就必须解决如何获得 R_i。

为了同时克服这两个困难,提出了用含有所有待测元素的一组多元素标准进行校准的方法。

相对强度:

$$R_i = \frac{I_i}{I_{(i)}} \tag{7-19}$$

将方程(7-7)改写为:

$$C_i = R_i\left(1 + \sum_j \alpha'_{ij} C_j\right) = \frac{I_i}{I_{(i)}}\left(1 + \sum_j \alpha'_{ij} C_j\right) \tag{7-20}$$

方程(7-20)可看作为通过原点的直线方程 $y_i = m_i S_i$,这样由纯分析元素 i 发射的谱线强度 $I_{(i)}$,可由校准曲线的斜率求得[13],它含有元素 i 的全部多元素标样求得,该值比由单个纯分析元素试样得到的数据更可靠。该方法的另一优点是,有助于对偏离校准曲线的点寻找误差来源。依据标样求得不同模式(L-T,C-Q,COLA,De Jongh 和 FA)的理论影响系数和曲线斜率存储于计算机中。求得未知样浓度的关键是初始浓度 C_i^0 值如何确定,通常 $C_i^0 = E_i I_i$ 或 $C_i^0 = D_i + E_i I_i$;而 C_j^0,C_k^0,…,同样给出,当各待测元素或组分二次相邻迭代浓度差值的绝对值均小于预先设定的精度时,即终止迭代并显示未知样的定量浓度结果。

§7.3.3　不同理论影响系数校正方程结果的比较

Pella 等[14]以 L-T 方程、C-Q 方程和 COLA 方程进行理论影响系数校正,比较了文献[18]中 FeNi 二元合金的校正结果列于表 7-4。

表 7-4　三种校正方程分析 Fe-Ni 二元合金标样结果比较(%)

样品编号	L-T 方程		C-Q 方程		COLA 方程		化学值	
	Fe	Ni	Fe	Ni	Fe	Ni	Fe	Ni
971	5.70	96.53	4.72	95.32	4.60	95.27	4.62	95.16
972	8.04	94.84	6.75	93.36	6.61	93.31	6.59	93.22
974	11.94	91.72	10.27	90.01	10.14	89.97	10.18	89.64
983	24.59	78.28	22.64	77.01	22.71	77.03	22.63	77.11
986	31.99	70.27	30.30	69.46	30.50	69.48	30.67	69.31
987	35.47	65.85	34.03	65.30	34.28	65.31	34.31	65.52
1159	50.91	48.20	50.72	48.21	51.05	48.18	51.00	48.20
126B	62.42	35.87	63.06	36.03	63.28	35.99	63.15	35.99
809B	95.67	3.33	96.05	3.28	96.01	3.30	95.76	3.29
平均相对误差	8.9	1.2	0.95	0.21	0.30	0.18		

Rousseau[12]同样以文献[17]中 FeNi、FeCr 二元合金和 FeNiCr 三元合金的数据,以 L-T 方程、C-Q 方程和 FA 方程进行理论影响系数校正,校正 Fe 的结果列于表 7-5。表 7-5 中使用文献[18]中 21 个数据,不包括 161 和 1189 两个样。

表 7-5　不同校正方程分析 FeNi、FeCr 二元合金和 FeNiCr 三元合金标样结果比较

	L-T 方程(校正增强)	L-T 方程(校正吸收)	C-Q 方程	FA 方程
平均绝对差/%	0.9	0.7	0.5	0.5
平均相对误差/%	2.2	1.7	1.2	1.0

§7.4　经验影响系数法

经验影响系数法是 20 世纪 60 年代发展起来的一种数学校正方法,它使用一定的数学模式,以及一组二元或多元标样,通过作图或多变量最小二乘法计算,求得元素间吸收增强效应的经验影响系数,在分析未知样时,将测得的强度和经验影响系数通过迭代,求得待分析元素的浓度。

通常将其分为浓度校正模式和强度校正模式两种模式,下面是这两种模式具有代表性的模式。

§7.4.1　浓度校正模式

具有代表性的浓度校正模式有下述四种。

1. Lachance-Traill(L-T)方程[19]

Lachance-Traill 于 1964 年和 1965 年间提出如下公式:

$$C_i = R_i \left(1 + \sum_j \alpha_{i,j} C_j \right) \tag{7-21}$$

式中:相对强度 R_i 为试样中待分析元素 i 与含 100% i 元素的强度比,j 为基体元素,C 指浓度,$\alpha_{i,j}$ 为 j 元素对 i 元素的经验影响系数(下同)。

2. Claisse-Quintin(C-Q)方程[20]

$$C_i = R_i \left[1 + \sum_j \alpha_{ij} C_j + \sum_j \alpha_{ijj} C_j^2 + \sum_j \sum_k \alpha_{ijk} C_j C_k \right] \tag{7-22}$$

该方程引入了共存元素浓度的二次项 C_j^2 及两个共存元素的浓度及相应的交叉系数 $\alpha_{i,j,k}$。

3. Rasberry 和 Heinrich(R-H)方程[18]：

$$C_i = R_i \left[1 + \sum_{i \ne j} \alpha_{ij} C_j + \sum_{i \ne j} \frac{\beta_{ij} C_j}{1 + C_i} \right] \tag{7-23}$$

该方程是作者对 Cr-Fe-Ni 合金体系的 X 射线荧光强度与浓度关系仔细研究后提出的校正模型。该模式首次将二次 X 射线荧光作为一种独立效应而不是仅仅作为负吸收效应来处理。他们将 L-T 方程改写成

$$\frac{C_i}{R_i} = 1 + \alpha_{ij} C_j \tag{7-24}$$

针对 Cr-Fe-Ni 三元体系，将 $\frac{C_i}{R_i}$ 对 C_j 作图(示于图 7-1)。结果表明，在 Ni-Cr、Fe-Cr 和 Ni-Fe 三种纯吸收体系中，得到的是一近似恒定的直线关系，从这种关系得到的 α_{ij} 实际上是常数值。在存在增强效应的其他三种(Cr-Fe、Cr-Ni 和 Fe-Ni)情况下，得到的是曲线。如 α_{FeNi} 的值随 Fe 的浓度而变化，则发现它以

$$\alpha_{ij} = \frac{\beta_{ij}}{1 + C_i} \tag{7-25}$$

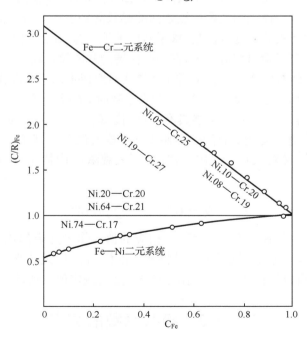

图 7-1　Ni-Cr、Fe-Cr 和 Ni-Fe 体系的 $\frac{C_i}{R_i}$ 对 C_j 曲线[18]

式(7-25)拟合更好。式(7-23)中 α_{ij} 用于吸收校正，而 β_{ij} 用于增强校正。计算 β_{ij} 时，

α_{ij} 为零。但该方程并未考虑第三元素影响,因此在用 R-H 方程处理上述三元体系时,Cr 的结果误差要大些。其实,即使在纯吸收情况下,α_{ij} 也不是恒定值。

　　4. 日本工业标准(JIS)校正方程

$$C_i = (a + bI_i + cI_i^2)\left(1 + \sum \alpha_{ij} C_j\right) \tag{7-26}$$

该方程与 L-T 方程的区别是用表观浓度 $C_{app} = a + bI_i + cI_i^2$ 代替了相对强度 R_i。

§7.4.2　强度校正模式

　　1961 年 Lucas-Tooth-Price[20] 提出了强度校正模式,其一般表达式为:

$$C_i = D_i + I_i\left(1 + k_0 + \sum_{j=i}^{j=n} k_{ij} I_j\right) \tag{7-27}$$

式中:D_i 是校正背景值,该值应是方法的平均背景;k_0,k_{ij} 是校正系数,这些系数与实验条件有关。强度校正模式是以测量的强度而不是浓度为根据进行计算的,该式适用于任何数量的元素。校正系数用于未知样分析时,计算是简单的,不需要通过迭代法求解。这一模式的主要优点是标准样只需知道所要分析元素的浓度 C_i,而无需知道其他元素的浓度。但是,求系数时原则上应测定基体中所有元素的强度。这种方法虽有风险但相对简单,在一些仪器的基体校正软件中仍被采用,特别在现场分析时依然被广泛使用。但需注意该法对组成不同于标准样的试样进行分析时其偏差要比其他方法大。用式(7-27)求系数时,I_i 或 I_j 通常是大数字,这意味着与其相关联的各种校正系数可能具有 10 的高幂。而 I_i 或 I_j 取决于实验条件,如仪器激发条件稍有变化,将给分析结果带来较大误差。基于上述原因,Lucas-Tooth 和 Pyne[21] 又对式(7-27)作了修改,用表观浓度代替 I_i 或 I_j,并将方程转换为

$$C_i = D_i + C_i^{app}\left(k_0 + \sum_{j=i}^{j=n} k_{ij} C_j^{app}\right) \tag{7-28}$$

式中:常数 k_0,k_{ij} 值不同于式(7-27)中相应的值。作者并未给出表观浓度 C_i^{app},C_j^{app} 的确切定义,只是可以通过未知试样和标准样的 X 射线荧光强度相比较来进行估算,或者还可以根据独立的 X 射线荧光强度的测定值来估计。

§7.4.3　经验系数的测定

　　在 20 世纪强度校正模式和浓度校正模式中的经验系数的测定方法是有所不同的,强度校正模式的计算程序是利用一些单独方程,这些方程包含了强度与校正因子的乘积和,测定 n 个元素,至少需要 $n+2$ 个标准样品。浓度较正模式中经验

系数的测定,通常用两种方法,即二元体系法和多元体系法。这两种方法各有特点,一般说用二元体系测定经验系数需要较多的标准样品,通常计算 n 个系数,至少要求 $n(n-1)$ 个二元标准样品。但在一定范围内,测定值与理论计算值相接近。现在随着计算机性能有了很大提高,使用谱仪所配备的软件直接进行计算,即依据标样的浓度和测得的强度按上述方程通过最小二乘法求得系数。经验系数法要求标准样品的化学组成和物理形态与待测样品相似,原则上测定 n 个元素,用 L-T 和 R-H 模式仅需 $n-1$ 个标准样品,对 C-Q 模式则要求 $2n-1$ 个标准样品。

　　浓度校正模式中的经验系数可通过解联立方程求得。这种方法的最大优点在于它不需要预先知道原级谱和 X 射线荧光的质量吸收系数等物理参数,但也存在着很大危险,即完全忽视理论的倾向,对于基体的影响盲目地进行校正。利用多重回归程序测定经验系数尤其危险,因为处理的不是真正意义上的数学式,而是在处理 X 射线强度数据和标准样品的浓度数据,这些数据都存在较大的随机和系统误差。若用过多的校正系数,很可能使校准曲线中的标准样品浓度和由 X 射线荧光强度计算出的浓度吻合得很好,但往往不能用于实际样品的分析,或在分析实际样品时迭代不收敛,获得错误结果。

1. 用二元体系测定经验系数

　　在早期讨论经验系数的时候,就建议用一组二元标准样品确定每个元素的系数值,并可将任何多组分体系,认为是由一系列二元体系组成。对二元体系来说,α 系数是可以测定的。用一个 Fe-Ni 二元合金就可以测定 Ni 对 Fe 和 Fe 对 Ni 的影响系数 α_{FeNi} 和 α_{NiFe},可由下式求得

$$\alpha_{FeNi} = \frac{C_{Fe} - R_{Fe}}{R_{Fe} \cdot C_{Ni}}$$

$$\alpha_{NiFe} = \frac{C_{Ni} - R_{Ni}}{R_{Ni} \cdot C_{Fe}} \tag{7-29}$$

式中:R 是相对强度,若得不到二元体系的两个纯元素,但至少有两个样品的组成是已知的,那么两个 α 系数依然可以测定。仍以 Fe-Ni 二元合金为例,将两个标准样的组成分别表示为 C_{Fe}^1、C_{Fe}^2、C_{Ni}^1、C_{Ni}^2,和测量强度 I_{Fe}^1、I_{Fe}^2、I_{Ni}^1、I_{Ni}^2 代入公式,得到两组联立方程:

$$C_{Fe}^1 I_{Fe} = I_{Fe}^1 + I_{Fe}^1 C_{Ni}^1 \alpha_{FeNi}$$

$$C_{Fe}^2 I_{Fe} = I_{Fe}^2 + I_{Fe}^2 C_{Ni}^2 \alpha_{FeNi}$$

$$C_{Ni}^1 I_{Ni} = I_{Ni}^1 + I_{Ni}^1 C_{Fe}^1 \alpha_{NiFe}$$

$$C_{Ni}^2 I_{Ni} = I_{Ni}^2 + I_{Ni}^2 C_{Fe}^2 \alpha_{NiFe} \tag{7-30}$$

解方程,即可求得 α_{FeNi}、I_{Fe} 和 α_{NiFe}、I_{Ni}。α 系数的准确度,完全取决于标准样的准确度和测量强度准确度。在实际工作中,应利用尽可能多的标准样品,将所得的结果

加以平均,取其平均值作为 α 系数值。用二元体系求得的 α 系数只表示一个元素对另一个元素的影响,与是否还存在其他的元素无关,同时取 α 系数平均值作为常数。因此,该系数不仅未考虑第三元素的影响,而且 α 系数只在与用来计算这些系数的标准样相应的一个狭窄的组成范围内才近似为一个常数。应该说二元体系所测得的 α 系数,与理论 α 系数相似。

2. 用与待测样相似的标准样测定经验系数

若用一套含有所有待测元素的多元素标准样同时测定所有的系数,这样不仅把原始标准样的数目减少到和待测元素的数目相当,而且也将二元标准样中的缺点减至最少。这种方法看似简单,如求解 L-T 或 R-H 模式中影响系数时,只要测量 n 个标准样中 n 个待测元素的特征谱线强度(该强度经过死时间、谱线干扰和背景的校正),列成联立方程组进行多重回归,就可得出 α 系数值。而测定 C-Q 模式中影响系数则至少要 $2n-1$ 个标准样。得到正确的 α 系数值的必要条件是,除需要有足够多的可靠的标准样品外,还要测得可靠的强度。上述这两个条件看似容易,实际上有时是难以获得的,如果基体元素中有一个含量范围很窄,如 20% ～ 21% 的话,要获得有效的和正确的系数,取决于含量值小数位上一个很小的变化能否在测得的强度上反映出来。有时只能用增加标准样数目的方法,才能部分解决这一问题。此外,如基体中有 n 个组分($n>4$),其含量在 0～3% 范围内,在这种情况下要用实验方法求出正确的 α 影响系数值几乎是不可能的,表现在系数的符号和大小是变化的。

§7.4.4　不同经验系数法分析结果的比较

陶光仪等[23]曾依据文献[18]中 Cr-Fe-Ni 二元和三元体系和人工合成的 PbO-ZrO_2-TiO_2-La_2O_3 四元体系熔融样的强度和浓度数据,用多变量最小二乘法求得 L-T、R-H 和 C-Q 模式中的影响系数,然后用与文献[13]中所描述基本相同的迭代程序,求得用上述三种模式校正后各分析元素之浓度。这里摘引其中 Cr-Fe-Ni 三元体系和 PbO-ZrO_2-TiO_2-La_2O_3 四元体系的结果,分别列于表 7-6 和表 7-7。AD 为化学值与计算值间绝对差。

由表 7-6 和表 7-7 可知,在吸收增强效应并不太显著,或因稀释而减弱,或在一个较狭的分析浓度范围内等情况下,L-T 模式仍然是一个简单和有效的校正模式;R-H 模式对增强效应的校正无疑比 L-T 模式要好得多;C-Q 模式在一般情况下均可得到较好的准确度。

表 7-6 三种不同校正方程在 Cr-Fe-Ni 三元合金中校正结果的比较[23]

样品	Fe/%				Ni/%				Cr/%			
	化学值	L-T	C-Q	R-H	化学值	L-T	C-Q	R-H	化学值	L-T	C-Q	R-H
5074	68.38	68.59	68.62	68.43	4.98	5.02	5.05	5.02	25.25	24.96	25.03	25.21
5181	69.45	69.07	69.02	68.98	9.96	10.02	9.92	10.01	19.98	20.05	20.07	19.07
5324	52.80	52.40	52.47	52.81	19.27	18.37	18.87	18.44	26.96	26.38	26.30	26.63
5321	59.19	58.23	58.18	58.76	20.02	20.06	20.08	20.12	19.88	20.02	19.96	19.00
7271	71.59	72.74	72.67	72.51	8.29	8.41	8.26	8.39	18.79	18.94	18.97	18.81
161	15.01	15.54	15.58	15.59	64.29	65.91	65.48	66.04	16.88	17.39	17.40	17.32
1189	1.40	1.35	1.36	1.40	72.60	74.13	71.81	74.15	20.30	19.74	19.85	19.79
AD±%		0.51	0.53	0.41		0.62	0.37	0.63		0.34	0.33	0.21

表 7-7 不同校正方程在 PbO-ZrO₂-TiO₂-La₂O₃ 四元体系中校正结果的比较[23]*

分析元素	AD/%			样品含量范围/%	标准样个数
	L-T	C-Q	R-H		
PbO	0.17	0.04	0.16	57～74	
ZrO₂	0.07	0.03	0.08	13～29	18
TiO₂	0.04	0.03	0.04	2～15	
La₂O₃	0.03	0.03	0.03	1～11	

* 标准样品由纯氧物配制,称取 0.5000g 标准样品,熔剂为四硼酸锂、四硼酸钠各 3.000g。

经验系数法的主要原理是利用回归方法计算经验影响系数,通常有如下的问题:

(1)由于通过数学方法对强度和浓度予以拟合,对这两个值极其敏感;

(2)参加校正的标样回代结果往往很好,而未参加校正的标样结果常常很差;

(3)如前所述,需要大量的标样计算影响系数;

(4)经验影响系数很少甚至毫无物理意义。

但在实际工作中,经验系数法在基体校正中依然是必不可少的。这是因为:

(1)对试样并不需要全分析,即仅分析试样中某些元素,各分析元素总和无需达到99.5%以上;

(2)在分析粉末试样时,如水泥生料、矿渣或矿物样品时,在很多情况下元素间吸收增强效应小至可忽略不计,但颗粒度和矿物结构效应严重,特别是有几种不同类型矿物时,即使有相似标样,用基本参数法或理论影响系数法校正基体效应,也不能制定可用的校准曲线,经验表明在许多情况下,若用经验系数法则可获得解决。这是因为测得标样的强度,已包含吸收增强效应和矿物结构效应的影响。在有足够多的相似标样基础上，用数学方法求得的经验系数，是可以满足实际工作要求的。

§7.5　基本参数法和影响系数法的比较

§7.5.1　基本参数法和影响系数法分析合金钢

为了说明基本参数法和影响系数法校正基体效应的效果，以两种情况为例予以说明。

（1）以理论影响系数法（T-α）、基本参数法（FP）分析一个钢种（Cr18Ni9Ti）为例，Cr18Ni9Ti 标样含量列于表 7-8。主量元素 Cr、Fe、Ni 的理论影响系数法（T-α）、基本参数法（FP）的校准曲线及净强度与浓度的回归曲线（I-C）校准曲线的 K 因子、RMS 值及标准值列于表 7-9，T-α、FP 和 I-C 方法的校准曲线计算值与标准值之间的绝对差也列于表 7-9。

表 7-8　Cr18Ni9Ti 标样含量（%）

标样号	C	Si	P	S	Ti	Cr	Mn	Fe	Co	Ni	Mo	W
Cr18Ni9Ti-1	0.0256	0.55	0.0071	0.0212		17.05	0.422	72.192		9.68	0.052	
Cr18Ni9Ti-2	0.072	0.955	0.0115	0.0134	0.278	14.89	0.756	71.956	0.0525	10.735	0.133	0.148
Cr18Ni9Ti-3	0.107	0.438	0.0158	0.0063	0.644	12.89	1.22	72.055	0.092	12.17	0.172	0.19
Cr18Ni9Ti-4	0.164	0.698	0.0229	0.0024	1.035	11.24	1.488	71.7	0.122	13.06	0.224	0.244
Cr18Ni9Ti-6	0.0508	0.157	0.009	0.0108	0.054	19.97	0.217	72.263	0.025	7.056	0.097	0.09

表 7-9　T-α、FP 和 I-C 工作曲线的 RMS 和 K 因子结果比较

分析元素	Cr			Fe			Ni		
校正方法	T-α	FP	I-C	T-α	FP	I-C	T-α	FP	I-C
RMS	0.03866	0.02361	0.14097	0.1365	0.10107	0.12779	0.02978	0.03006	0.08733
K	0.0097	0.00605	0.03389	0.0161	0.0119	0.01505	0.009	0.00909	0.02632
标 样 名	绝对差/%	绝对差/%	绝对差/%	绝对差/%	绝对差/%	绝对差/%	绝对差/%	绝对差/%	绝对差/%
Cr18Ni9Ti-1	−0.0171	0.00082	0.1596	−0.0202	−0.0207	−0.0632	−0.0096	−0.0097	−0.0891
Cr18Ni9Ti-2	−0.048	−0.0352	0.0338	0.1196	0.0900	0.0588	0.0258	0.02602	0.0197
Cr18Ni9Ti-3	0.0065	0.0079	0.0377	−0.0454	−0.0188	−0.1587	−0.0034	−0.0034	−0.0656
Cr18Ni9Ti-4	0.0206	0.0098	−0.0725	0.0129	−0.0215	0.1209	−0.0106	−0.0108	0.09312
Cr18Ni9Ti-6	0.0376	0.0165	−0.1622	−0.0414	−0.0293	0.0415	−0.0023	−0.0023	0.03979

（2）为了全面了解基本参数法和理论影响系数法校正元素间吸收增强效应的效果，这里以国内 30 多种不同类型的铁基、镍基和钴基等合金钢标样（共有 130 个）为对象，这些标样含量范围列于表 7-10。这些标样均在 Magix Pro WDXRF 谱仪上测得净强度，并以同样方法扣除谱干扰后，在 SuperQ 软件上分别以基本参数法加 Gamma 经验系数（FP＋Gamma）、基本参数法（FP）和 De Jongh 的理论影响系数法（T-α）对吸收增强效应进行校正。将吸收增强效应严重的 Cr、Fe 和 Ni 三个元素的校准曲线 K 因子和 RMS 值列于表 7-11。

表 7-10　标样含量范围*

元素	含量范围/%	标样数	元素	含量范围/%	标样数
C	0.023～1.32	86	Fe	0.06～99.55	110
Al	0.011～13.34	79	Co	0.0044～54.64	54
Si	0.027～7.36	107	Ni	0.00317～79.95	125
P	0.0006～0.057	95	Cu	0.012～3.44	46
S	0.014～0.054	89	Zr	0.057～0.186	18
Ti	0.0084～5.14	70	Nb	0.008～5.16	36
V	0.0092～3.57	49	Mo	0.011～15.2	105
Cr	0.013～36.83	124	Ta	1.80～8.0	10
Mn	0.005～13.95	98	W	0.067～21.75	54
Sb	0.011～0.033	12	Ce	0.006～0.054	6
Zr	0.0057～0.19	25	La	0.016～0.075	2
Y	0.017～1.53	5	Hf	0.06～1.25	5
Re	4.02	1	B	<0.074	30

注：所用标样和强度数据系中国科学院沈阳金属所李辉先生提供。

$$K = \sqrt{\frac{1}{n-k} \cdot \sum \frac{(C^T - C^c)^2}{C^T + W}} \tag{7-31}$$

$$\mathrm{RMS} = \sqrt{\frac{1}{n-k} \sum (C^T - C^c)^2} \tag{7-32}$$

相对误差以 Re 表示：

$$\mathrm{Re} = \frac{C^c - C^T}{C^T} \times 100\% \tag{7-33}$$

上述式中 C^c 是校准曲线计算值，C^T 是标样的标准值，k 是回归计算的系数，n 是参加计算的标样数。在对钢铁工业中所用的国际标准（ISO）的分析方法进行长期研究后可知，K 值应在 0.01～0.10。RMS 是未考虑权重因子情况下均方根偏差，是在所给出标准曲线的含量范围内计算的，通常当校准曲线 RMS 值≤方法所要求的 RMS 值时,所制定方法可用于常规分析[19]。在我国对不同钢种分析要求是有差异的。

为了进一步考察校准曲线,将元素含量分为:10% ～100%、1% ～10% 和 0.01% ～1%,设置相对误差 Re 分别为:<1%、<2.5% 和<5%,大于上述 Re 为超差,其计算结果列于表 7-11。

表 7-11　FP＋Gamma、FP 和 T-α 分析合金钢中 Cr、Fe 和 Ni 的校准曲线结果比较

校正方法	Cr			Fe			Ni		
	FP＋Gamma	FP	T-α	FP＋Gamma	FP	T-α	FP＋Gamma	FP	T-α
标样数	124	124	124	110	110	110	124	124	124
RMS	0.09318	0.1605	0.3375	0.2225	0.4328	2.5657	0.1763	0.2274	0.5820
K	0.0252	0.04255	0.08464	0.3226	0.0543	0.3053	0.03226	0.0421	0.0937
Gamma 系数	Fe,Ni,W			Co,Ni,W,Cu			Cr,Fe,Co,Ni		
超差标样数	8	18	61	3	15	88	6	10	49

注:所用标样和强度数据系中国科学院沈阳金属所李辉先生提供。

§7.5.2　结　　论

从§7.5.1 节两个实例可得出如下结论:

(1)若标样与试样物理化学形态相似,待分析元素总和大于 99.5%,元素含量范围变化幅度不大,则用理论 α 系数法和基本参数法均可获得准确结果。

(2)当使用 30 多种不同钢种(表 7-10)的标样,且这些标样的元素组成和加工工艺均有所不同,同时 Cr、Mn、Fe、Co、Ni 和 W 的含量范围变化幅度很大时,其结构自然也存在很大差异。为此作者使用理论 α 系数法、基本参数法和基本参数法加用少量交叉经验系数(Gamma),制定校准曲线,校准曲线的 RMS、K 因子和 Re 的不合格值均列在表 7-11。由表 7-11 可知,三种校正结果相比较,T-α 校正效果最差,这是因为理论影响系数不是常数,随浓度而变。De Jongh 的理论影响系数法计算理论 α 系数时,是使用标样的平均浓度,其最佳校正结果是在平均浓度的 ±10% 范围内,Cr、Fe 和 Ni 的平均浓度分别为 20.02%、48.88% 和 23.76%。其中 Fe 的校正浓度范围为(49.65±10)%,110 个标样中仅有 11 个标样在该浓度区间,因此校正结果差是预料中的事。在较大的浓度范围(如铁的浓度为 0.06% ～ 99.55%)内理论影响系数法校正元素间吸收增强效果不如基本参数法,用可变 α 系数会好些。使用 FP 方法则得到明显的改善,对铁而言不合格的校正标样由 88 个降低为 15 个。Cr 和 Ni 的校正结果与 Fe 类似。

(3)正如在"基体效应"一章所述,这些标样的元素组成和加工工艺均有所不同,有可能导致计算激发因子中所用的物理参数不同,从而影响基本参数法校正结果,为此在用基本参数法的基础上,与交叉经验系数法[19]联用。从表 7-11 可知,对 Cr、Fe 和 Ni 而言,与 Gamma 系数联用的基本参数法与仅用基本参数法相比较,其 RMS 和 K 因子值均有明显改善。基本参数法超差的标样数分别占总标样数 14.51%、13.63%、8.06%,使用 Gamma 系数的基本参数法超差的标样数占总标样数则降到 6.45%、2.72%、4.84%。对这些超差的标样的原因要作具体分析,它涉及制样、标准值的不确定度、测量及加工工艺等因素,是很复杂的。

(4)这三个元素的含量均从痕量到主量,浓度跨度在 1660 倍以上,通常主量、次量元素标准值可看作常数,而痕量元素的不确定度与标准值相比,其值较大。因此分别制定校准曲线更好。这方面问题在第十一章将进一步论述。

综上所述元素间吸收增强效应的校正经历几代人的努力,基本参数法和理论影响系数法虽已相当成熟并成功用于常规分析,经验系数法虽无物理意义,但在实际分析中依然有存在的价值。同时,正如上面所述的基本参数法的特点,有些理论和技术问题依然需要研究解决。

参 考 文 献

[1] Willis J P,Duncan A R.Understanding XRF Spectrometry Volume 1 Copyright © 2008 PANalytical B. V . ISBN 978-90-809086-4-2 Printed in the Netherlands . 2008:F-2 .

[2] Criss J W .'NRLXRF',COSMIC Program and Documentation DOD-65 ,Computer Software Management and Information Center ,University of Georgia ,Athens ,GA30602 ,USA(1977 and Update).

[3] Han X Y , Zhuo S J , Wang P L , Tao G Y , Ji A . Calculation of the contributions of scattering effects to the X-ray fluorescent intensities for light matrix samples . Analytica Chimica Acta ., 2005 ,538(1-2): 297~302 .

[4] Sherman J . The theoretical derivation of fluorescent X-ray intensities from mixture .Spectrochim .Acta , 1955 ,7:283~306 .

[5] Shiraiwa T ,Fujino N .Theoretical calculation of fluorescent X-ray intensities in fluorescent x-ray spectro-chemical analysis . Japan .J.Appl .Phys . ,1966 ,5:2289~2296 .

[6] 吉昂,陶光仪,卓尚军,罗立强.X 射线荧光光谱分析 . 北京:科学出版社 . 2009:33~44;166~185 .

[7] 卓尚军,陶光仪,韩小元.X 射线荧光光谱的基本参数法 . 上海:上海科学技术出版社,2010:122~133 .

[8] Criss J W , Birks L S.Calibration methods for fluorescent X-ray spectrometry . Anal .Chem ., 1968 ,40: 1080~1086 .

[9] Criss J W , Birks L S and Gilfrich J V . Versatile X-ray analysis program combining fundamental parameters and empirical coefficients . Anal .Chem .1978 ,50 :33~37 .

[10] Tao G Y ,Zhuo S J,Ji A ,Norrish K ,Fazey P , Senff U E .An attemp at improving the accuracy of cacu-lated relative intensities from theory in X-ray fluorescence spectrometry .X-ray Spectrom . ,1998 ,27: 357~366 .

[11] 梁钰 .X 射线荧光光谱分析基础 .北京:科学出版社 ,2007:66~67 .

[12] Rousseau R M .The quest for a fundamental algorithm in x-ray fluorescence analysis and calibration . The Open Spectroscopy Journal ,2009 ,3 ,31～42 .

[13] Lachance G R ,Claisse F .Quantitative X-ray fluorescene analysis ;Theory and application . ,Ltd .Chichester ;John Wiley ,402 .

[14] Pella P A ,Tao G Y , Lachance G .Intercomparison of fundamental parameter interelement correction methods-part 2 . X-Spectrom . ,1986 ,15 ;251～258 .

[15] De jongh W K .X-ray fluorescence analysis applying theoretical matrix correction ,stainless steel .X-Ray Spectrom . ,1973 ,2 ;151～158 .

[16] Rousseau R M ,Boivin J A . The fundamental algorithm ;a natural extension of the Sherman equation , part 1 ;theory .Rigaku J ,1998 ,15(1) ;13～15 .

[17] Rousseau R M .The fundamental algorithm between concentration and intensity in XRF analysis ,part 2 ; practical application .X-Spectrom . ,1984 ,13 ;121～125 .

[18] Rasberry S D ,Heinrich K F J .Calibration for interelement effects in X-ray fluorescence analysis . Anal . Chem . ,1974 ,48 ;81～89 .

[19] Lachance G R ,Traill R J .A practical solution to the matrix problem in X-ray analysis .Can .Spectrsc . , 1966 ,11 ;43～48 .

[20] Claisse F ,Quintin M . Generalization of Lachance-Traill method for the correction of matrix effect in X-ray fluorescence analysis .Cab .Jour .of Spectrosc . ,1967 ,12 ;129～134 .

[21] Lucas-Tooth H J ,Traill R J .A mathematical method for the investigation of interelement effects in x-ray fluorescence analysies . Metallurgia ,1961 ,64 ;149～152 .

[22] Lucas-tooth H J , Pyne C . Accurate determination of major constituent by X-ray fluorescent analysis in the presence of large interelement effects .Adv . X-Ray Anal . ,1964 ,7 ;523～541 .

[23] 陶光仪 ,吉 昂 . X 射线荧光分析中元素间吸收增强效应较正方法 . 化学学报 . ,1982 ,40 ;141～149 .

第八章 散射线在校正基体效应中的应用

§8.1 引 言

基体效应由元素间吸收增强效应、粒度效应、表面效应和结构效应等组成,对定量分析的影响及其形成机理在第六章已有详细论述。本章则侧重于校正基体效应中吸收效应、粒度效应、表面效应。

由于计算机的发展,基本参数法和理论影响系数法现已作为常规的分析方法。但要获得准确的结果必须满足如下的条件:要求对试样主次量元素进行分析,分析元素的总和要达到 99.5% 以上;对于 X 射线荧光光谱不能进行分析的元素,如使用 EDXRF 谱仪不能测定 B、C 和 N 等元素,若欲分析这类含有上述元素的样品,最好用其他方法测得其含量,作为固定含量输入程序参与计算,方能获得准确结果。而有时无需测定或不能测定主次量元素,但必须测定痕量元素含量,如电子电气设备中的 Cr、Cd、Pb、Br、Hg 等有害元素,土壤环境中 Cr、Ni、Cu、Zn、As、Pb、Hg、Cd 等 8 个元素和生物样品中痕量元素的测定等。在此种情况下不能用基本参数法和理论影响系数法校正元素间相互影响,通过应用靶的特征谱在试样中散射线校正基体中吸收效应即可获得可靠结果。

§8.2 散射线校正吸收效应的基本原理

在第一章曾指出当一束 X 射线通过物质时,将由于光电效应、康普顿效应及热效应等使 X 射线消失或改变能量和运动方向,从而使入射 X 射线方向运动的相同能量 X 射线光子数目减少。这一过程称为吸收。Jenkins 等[1]指出在基体效应中元素间吸收增强效应,通常若假定吸收效应为 100%,增强效应约为 10%。但在特定情况下,如依据第六章表 6-2 中数据可以算出 90% Fe、10% Cr 二元体系中 Cr 的一次荧光强度为总强度的 69.48%,被 Fe 激发的二次荧光强度为总强度的 29.87%。尽管如此,基体中元素间吸收增强效应依然是吸收效应占主导地位。

基体中总的质量吸收系数可表示为

$$\mu^* = \sum_n C_n \mu_n(\lambda)\operatorname{cosec}\phi + \sum_n C_n \mu_n(\lambda_i)\operatorname{cosec}\varphi \tag{8-1}$$

式中:μ^* 为样品的总质量吸收系数;$\sum_n$ 为试样中 n 个元素总和;C_n 为试样中某元

素 n 的浓度；$\mu_n(\lambda)$ 为元素 n 对原级 X 射线有效波长 λ 的质量吸收系数；$\mu_n(\lambda)$ 为元素 n 对试样发射出特征 X 射线波长 λ 的质量吸收系数；ϕ 和 φ 分别为入射和出射的 X 射线与试样平面间的夹角，即入射角和出射角。在式(8-1)原级谱中连续谱多色激发为等效波长 λ 激发所替代，λ 不是常数，随待分析元素和每个样品而变。然而，当所有待测样品均满足在康普顿峰与待测元素特征谱之间不存在主量、次量元素吸收限的条件下，λ 可视作常数；若主要由连续谱激发待测元素，那么 $\lambda \approx \frac{2}{3}\lambda^i_{edge}$，$\lambda^i_{edge}$ 是待分析元素吸收限[2]。如用 Rh 或 Ag 靶激发 CdKα 线，即用比靶特征谱能量大的连续谱激发。若以靶特征谱激发为主，则 $\lambda = \lambda$，如用 Sc 靶激发 Z≤20 或用 Rh 靶的 RhKα 线激发 Rb、Sr、Y、Zr、Nb、Mo 等。

Rousseau[2] 指出，在满足下述三个条件时：

(1) 当待分析元素含量局限在有限的范围内（如测定痕量元素）；

(2) 所要分析的一组未知样基体组成大体相似；

(3) 在康普顿峰与待测元素特征谱之间不存在主量、次量元素吸收限。可假定：

$$\mu_n(\lambda_e) \approx k\mu_n(\lambda_i) \tag{8-2}$$

式(8-2)中 k 是常数，式(8-1)中 λ 可被消去，改写为

$$\mu^*_s = \sum_n C_n\mu_n(\lambda)k\cosec\phi + \sum_n C_n\mu_n(\lambda)\cosec\varphi \tag{8-3}$$

经整理合并为：

$$\mu^*_s = k'\left[\sum_n C_n\mu_n(\lambda_i)\right] \tag{8-4}$$

k' 是与谱仪结构有关的常数。

用康普顿谱峰强度测定 μ^*_s。康普顿峰强度反比于样品的总质量吸收系数，即：

$$I_{\lambda_C} \approx \frac{1}{\mu_{\lambda_C}} \approx \frac{1}{\mu^*_s} \tag{8-5}$$

X 射线荧光强度与 μ^* 关系是：

$$I_i \propto \frac{C_i}{\mu^*_s} \tag{8-6}$$

这样：

$$\frac{I_i}{I_{\lambda_C}} \propto C_i \tag{8-7}$$

PANalytical 公司在此基础上推出使用波长色散 X 射线荧光光谱仪测定地质样品痕量元素的方法：SUPERQ Pro-Trace 程序[3]，其目的是在主量、次量元素不需要测定或在不知其含量的情况下，采用质量吸收系数法校正基体效应，准确测定试样中痕量元素。这里主量、次量元素是指峰背比大于 50 的元素，痕量元素的含

量在 0.2% 以下,峰背比从<50至2～3。

该程序提供 25 个标样用于 41 个痕量元素分析方法的建立。众所周知,痕量元素准确测定取决于能否获得准确的净强度。为此这些标样分别用于背景、谱线干扰、靶杂质谱线干扰的校正,从而获得准确的净强度,再经质量吸收系数计算,校正基体影响,建立校准曲线。考虑到主量、次量元素吸收限两侧吸收系数的差异,在这些标样中有 4 个标样用于计算 Fe 和 Ti 的吸收限跃迁,还提供谱仪校正的监控样 2 个。Pro-Trace 程序中用于背景、谱线干扰、靶杂质谱线干扰的校正和质量吸收系数计算等均有其独到之处。

该程序已成功地用于地质样品、水泥产品和生物样品中痕量元素的测定,由于该程序目前仅适用于波长色散 X 射线荧光光谱仪,故对其为获得净强度所采用的方法这里不作介绍,仅以其处理地质样品时如何应用质量吸收系数的计算及校正做简要说明。

基于地质样品中主量、次量元素除轻元素 SiO_2、Al_2O_3、CaO 外,通常还有 Ti 和 Fe,Pro-Trace 程序对于这些元素的质量吸收系数校正,分成三个部分(如图 8-1 所示):

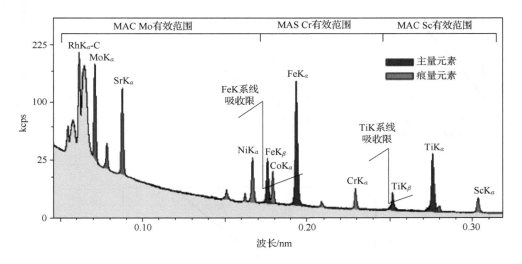

图 8-1　Pro-Trace 程序质量吸收系数(MAC)校正区间示意图[3]

(1)原子序数大于 Fe 的痕量元素,用 Mo 的质量吸收系数与其 Rh 靶的 K_α 线康普顿散射线的强度的倒数以二次曲线拟合作图,其结果如图 8-2 所示;

(2)对待测元素波长大于 $FeK_{\alpha\beta}$ 而又小于 $TiK_{\alpha\beta}$ 的痕量元素则应用图 8-3 的方法;

(3)对待测元素波长大于 $TiK_{\alpha\beta}$ 的痕量元素则应用图 8-4 的方法。康普顿峰强度(I_c)与试样的总质量吸收系数 μ_s^* 成反比。图 8-2(a)为二次曲线,其相关系数达到 0.9999;若以 $I_{RhK_\alpha}-c$ 的倒数与标样对 Mo 的总质量吸收系数 μ_s^* 以线性关系作图[图 8-2-(b)],其相关系数达到 0.9970;$I_{RhK_\alpha}-c$ 作内标可用于校正重元素的吸收效应。而测定 Fe、Mn、Cr、V 等元素时,因 Fe 是主或次量元素,故不能用 $I_{RhK_\alpha}-c$ 作内标计算质量吸收数,而采用 I_{FeK_β} 计算 Mo_{MAC}/Cr_{MAC} 比值,这样考虑了 Fe 吸收限两侧的总质量吸收系数,见图 8-3。同样对 Ti 如图 8-4 所示那样的处理。图 8-2 表明以靶特征谱的康普顿谱求样品的总质量吸收系数时,用二次曲线优于一次曲线,若靶特征谱的康普顿谱与待测元素特征谱之间无主量、次量元素吸收限存在,如图 8-2(a)所示,用线性关系也是可行的。

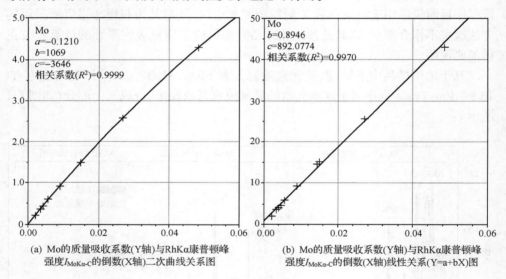

(a) Mo的质量吸收系数(Y轴)与RhKα康普顿峰　　　(b) Mo的质量吸收系数(Y轴)与RhKα康普顿峰
强度$I_{MoK\alpha}-c$的倒数(X轴)二次曲线关系图　　　　　强度$I_{MoK\alpha}-c$的倒数(X轴)线性关系(Y=a+bX)图

图 8-2

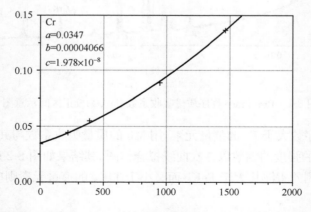

图 8-3　Mo_{MAC}/Cr_{MAC}(Y 轴)与 I_{FeK_β}(X 轴)之间二次曲线关系图

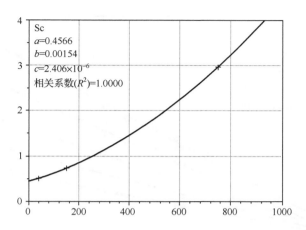

图 8-4　MAC_{cr} (cm² /g) /MAS$_{sc}$ (Y 轴) 和 I_{TiK_β} (kCPS) (X 轴) 二次曲线关系图

Pro-Trace 程序计算质量吸收系数时系用特制的标样,可参阅文献[3]。其基体校正公式以三种形式表示:

(1) 待测元素 i 特征谱线的能量大于 Fe 的吸收限的能量情况下使用下式:

$$W_i = E_i \cdot I_{net,i} \cdot \left[MAC_{RhK_\alpha - C} \right] \qquad (8\text{-}8)$$

(2) 待测元素 i 特征谱线的能量小于 Fe 的吸收限的能量但大于 Ti 的吸收限的能量,如 Mn、Cr 和 V 等元素的 K 系线或在该能量范围内的 L 系线,使用下式:

$$W_i = E_i \cdot I_{net,i} \cdot \left[MAC_{RhK_\alpha - C} \cdot \frac{1}{\sin\phi} + MAC_{Cr} \cdot \frac{1}{\sin\varphi} \right] \qquad (8\text{-}9)$$

(3) 待测元素 i 特征谱线的能量小于 Sc 的吸收限的能量情况下使用下式:

$$W_i = E_i \cdot I_{net,i} \cdot \left[MAC_{RhK_\alpha - C} \cdot \frac{1}{\sin\phi} + MAC_{Sc} \cdot \frac{1}{\sin\varphi} \right] \qquad (8\text{-}10)$$

上述计算基体效应公式表明,对大于主量、次量元素 Fe 吸收限能量的待测元素仅考虑使用 RhK$_\alpha$ 康普顿线求得的质量吸收系数;而对小于主量元素 Fe 吸收限能量而言不仅考虑 RhK$_\alpha$ 康普顿线求得的质量吸收系数(MCA),还应分别考虑 Cr 或 Sc 的质量吸收系数。$I_{net,i}$ 为待测元素净强度。

若靶特征谱的康普顿谱很弱,如 Sc 或 Cr 靶,亦可选用靶特征谱的瑞利散射线或无干扰的某处背景与 μ_i^* 的倒数作图,如图 8-5 所示。在背景上观察到散射峰,部分起源于样品,部分起源于谱仪。背景处的散射峰也是由相干和非相干散射所组成。

在能量色散 X 射线荧光光谱仪中由于尚未开发这类软件,通常仅能用靶的特征谱和特征谱的康普顿线作内标或在特征谱的高能边的背景作内标用以校正基体吸收效应,以式(8-5)校正。

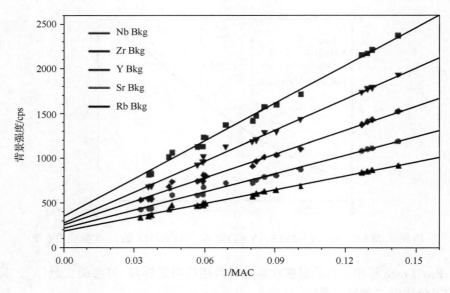

图 8-5　背景强度与 1/MAC 关系图[3]

§8.3　散射线在基体校正中的应用

　　华佑南等[4]和包生祥[5-7]对康普顿散射线在地质样品中的应用进行过系统研究,在波长色散 X 射线荧光光谱测定地质样品中痕量元素时,在一定波长范围内可同时用于基体吸收效应和背景校正,成功地测定了不同类型的地质样品中痕量元素,测定的元素范围从钴($Z=27$)到铀($Z=92$),其中铅用 L_β,铀和钍用 L_α,钴、镍、锌、铷、锶、钇和铌均用 K_α 线。该法的优点不仅可补偿基体影响和节省背景的测量时间,而且可直接用商品仪器的软件。我国学者曹利国[9]在其专著中也列举了散射线作内标用于不同矿山现场分析的成功范例。近年来康普顿散射线或瑞利散射线在基本参数法中获得广泛的应用,在第七章中已指出基本参数法要获得准确结果,其各元素含量之和要达到 99.5% 以上,以往通常将 X 射线荧光光谱不能测定元素(黑色基体)的处理采用两种方法:用其他方法测定后将其含量输入或作平衡项处理。这种处理存在一定困难,有时效果并不理想。如测定油品中痕量元素时,不同油品中 CH_2 和氧的含量差异较大,若将它们作平衡项处理时,其分子式难以确定;现在用康普顿散射强度与标样中 CH_2 的含量制备校准曲线,氧作为平衡项,就可通过基本参数法计算,对不同基体油品样中的基体效应进行校正,可获得多种油品中各待测元素的准确含量。类似这方面的应用及基本原理在第九章将有较详细论述。

　　对于偏振型 EDXRF 谱仪使用荧光靶的散射线作内标是很方便的,不过要注意靶的康普顿散射线在低能区的拖尾对待测元素的干扰,如图 8-6 中 MoKα-C 对 ZrKα 的干扰。

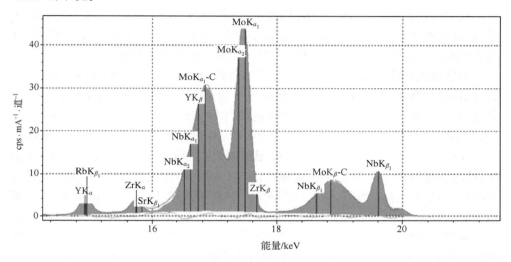

图 8-6　GSD2 标样中 MoKα-C 拖尾对 ZrKα 的干扰

　　二次靶的康普顿谱峰相对于瑞利散射线的能量位移与瑞利散射线的能量成函数关系,对 Epsilon 5 EDXRF 谱仪的这种函数关系示于图 8-7。

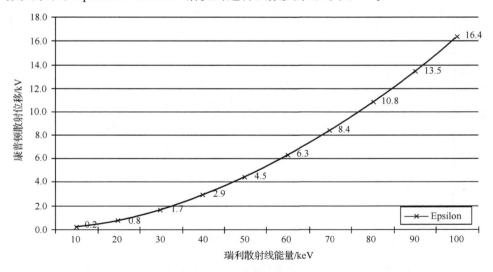

图 8-7　康普顿散射线位移与瑞利散射线之间能量函数关系

§8.3.1　使用巴克拉靶时如何选择二次靶的康普顿线作内标

在使用高能偏振 EDXRF 谱仪,通常选用巴克拉靶激发 Ba 和稀土元素的 K 系线,此时原级谱中特征谱及其康普顿谱因偏振关系,其强度几乎不能测出,如图 8-8 所示。这里介绍如何选择其他二次靶的康普顿线作内标的。

测定地质样品中全部稀土元素 K 系的条件:Gd 靶 X 射线管,Al_2O_3 偏振靶,真空,100kV 高压,管电流 6mA,可视样品自动调节。GSD2 样中 Ba 和部分稀土元素谱图如图 8-8。所用标样为国家地质标样 GSD1,2,4-9,11,14;GSS1-16;GBW07319-73211,07323-07325,07328,07329;GSB07432-35 共 37 个。将标样称取 6.00g 加 1.00g 石蜡粉,混匀后,以硼酸镶边在 30t 压力下压制成直径 40mm片,样品直径为 32mm,供测定。这里仅以 Nd 为例,不用康普顿谱作内标,以强度和浓度用最小二乘法回归,结果如图 8-9。GSS7 的标准值为 45.0ppm,曲线计算值为 31.2ppm,相差 13.8ppm。分别以 CeK_α-C、CsK_α-C 和 AgK_α-C 为内标时 Nd的净强度与浓度的工作曲线示于图 8-9～图 8-12。将图 8-9～图 8-12 中 K、RMS和相关系数 R 列于表 8-1,表 8-1 中还列出校准曲线计算值与标样含量间最大绝对差及标样名。

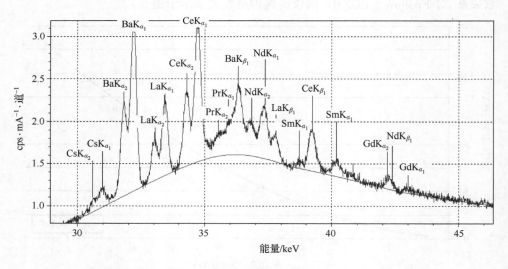

图 8-8　偏振靶 Al_2O_3 激发 GSD2 中 Cs、Ba 和部分稀土元素谱图

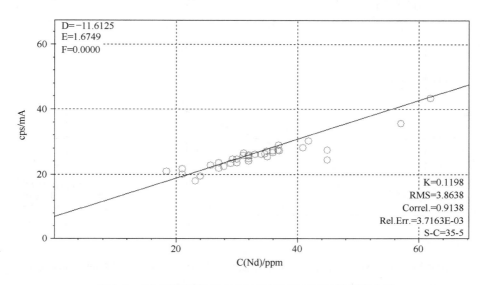

图 8-9　Nd 的净强度（Y 轴）与 Nd 浓度（X 轴）的校准曲线

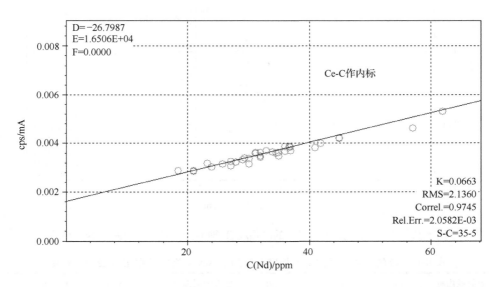

图 8-10　以 CeK$_α$-C 为内标时 Nd 的净强度（Y 轴）与 Nd 浓度（X 轴）的校准曲线

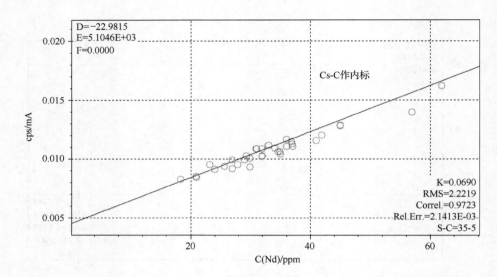

图 8-11 以 CsKα-C 为内标时 Nd 的净强度(Y 轴)与 Nd 浓度(X 轴)的校准曲线

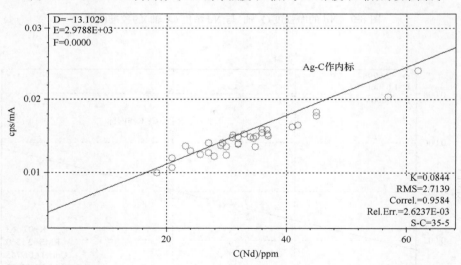

图 8-12 以 Ag-C 为内标时 Nd 的净强度(Y 轴)与 Nd 浓度(X 轴)的校准曲线

表 8-1 Nd 的在用不同内标时校准曲线的 K、RMS、相关系数 R 及最大绝对差

散射线内标	K	RMS	R	最大绝对差/ppm	标样名	标样含量/ppm
无	0.1198	3.8638	0.938	13.8	GSS7	45
CeKα-C	0.066	2.136	0.9745	4.9	GSS16	57
CsKα-C	0.069	2.22	0.9723	4.9	GBW07319	57
AgKα-C	0.0844	2.714	0.9584	5.5	GSB07434	34.9

从表 8-1 可知,当使用巴克拉靶激发样品中稀土时,没有适合的靶特征谱线的康普顿散射线作内标,可选用较待测元素特征谱能量低的二次靶的康普顿谱作内标,如 Ce 或 Cs 的二次靶康普顿谱作内标均可取得理想结果。

§8.3.2 使用散射线背景作内标校正样品中吸收效应和密度

当 EDXRF 谱仪使用靶线康普顿散射线作内标并不能获得理想的校准曲线时,可选择适当的背景感兴趣区,作内标予以校正。以测定生物样品 Cu 为例说明之。测定条件:Mo 靶,30kV,0.3mA,100μm Ag 滤光片;测定背景时用 30kV,0.05mA,200μm Al 滤光片。所用标样除中国国家级生物标样[BGS1-3(小麦、玉米、稻米),GSB1-9(分别为大米、小麦、玉米、黄豆、圆白菜、菠菜、茶叶、奶粉、鸡肉),GSV1-2(灌木枝叶)、GSV3(杨树叶)、GSV4(茶叶)]外,生物样品(80 目)放于 60℃的烘箱内烘 24h,放于干燥器内保存,称取(4.000±0.002)g 烘过的样品放于模具内,用硼酸镶边垫底,在 30t 的压力下,压制成试样直径为 34mm,镶边外径为 40mm 的样品;还有用于 ROHS 测定的 Toxel1-4 标样;除个别标样中 K、Cl、S、Si 四个元素的含量在 0.2% ~2.5% 外,其他金属元素含量均小于 0.12%,主量元素为 C、H 和 O。GSB7(茶叶)标样部分谱图如图 8-13 所示。Cu 的标样含量范围为 0.51~25.1ppm。GSB7(茶叶)含 Cu 量为 18.6ppm。将 Cu 的净强度与浓度按线性方程回归示于图 8-14。

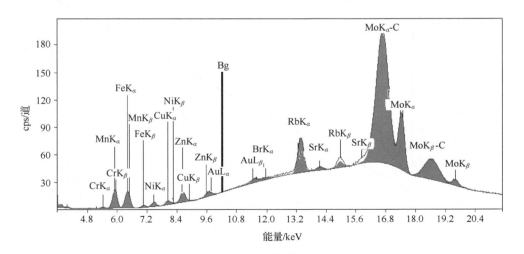

图 8-13　GSB7(茶叶)谱图

　　由于标样组成复杂,为改进工作曲线,分别以 MoKα 线的康普顿谱线和背景(感兴趣区是 12.8～13.2keV)为内标校正基体效应,其结果如图 8-15 和图 8-16。从图 8-14～图 8-16 可见,以靠近 CuKα 线处的背景作内标制定工作曲线,优于 MoKα 特征谱的康普顿谱为内标。

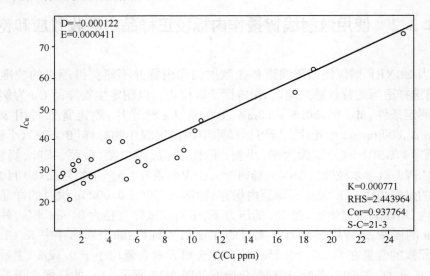

图 8-14　Cu 的净强度(Y 轴)与浓度(X 轴)的校准曲线

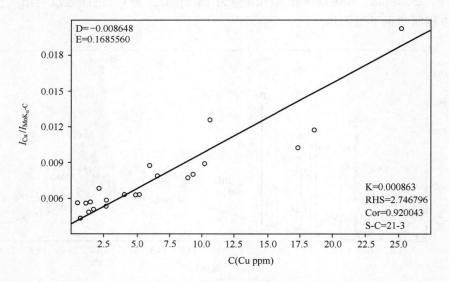

图 8-15　以 MoKα-C 为内标(Y 轴)与浓度(X 轴)的校准曲线

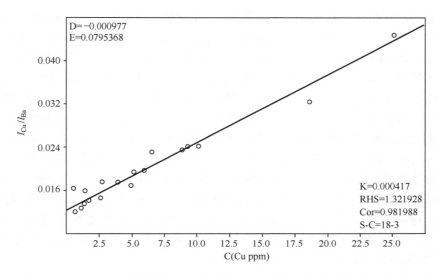

图 8-16　背景为内标(Y 轴)与浓度(X 轴)的校准曲线

　　将图 8-14~图 8-16 中数据整理于表 8-2 中,用 Mo 靶康普顿散射线作校准曲线,其效果最差,其原因在于不同生物样品的密度及结构相差较大,虽然其碳、氢和氧的含量在 97% 以上,由于对 Mo 的康普顿线未达到无限厚,而制样过程中引入硼酸镶边,硼酸对 Mo 的康普顿线亦作出贡献。而用与 Cu 能量相近的背景(感兴趣区:10.22~10.28keV)作内标,则将上述影响降到最小,故其效果最佳。

表 8-2　食品中 Cu 的不同校准曲线的 K、RMS、相关系数比较

校准曲线	K	RMS	相关系数
无内标	0.000771	2.44396	0.9373
Mo-C 作内标	0.000863	2.7468	0.9200
背景作内标	0.000417	1.32193	0.9819

§8.3.3　散射线在原位快速分析中的应用

　　轻便型或手持式 EDXRF 谱仪用于原生矿物上原位分析,不仅是一种轻便、快速、低成本方法,且可以现场取得大量数据,其结果具有更好的代表性。虽然测量误差较大,但大量数据及其分布能真实地反映测量对象的图像和变化细节。为获得矿石目标元素品位,需克服因基体效应、不平度(表面凹凸不平)效应和矿化不均匀效应。曹利国[8]提出用瑞利散射线强度和康普顿散射线强度比值作为元素含量计算的参量,可在很大程度上消除几何因素和试样密度不同引入的误差。作者指

出这种方法仅适用于轻基体中重元素测定,如玻璃、塑料中的填充剂、添加剂的含量测定或简单二元合金中重组分的分析。葛良全等[9,10]对取样中不平度效应进行研究,从理论上引出了"等效面积"和"等效源样距的概念",应用"特散比"基本参数克服不平度效应。通过模拟模型实验表明,当凹凸起伏等于 10mm 时,凹凸面测得的特散比值相对于光滑平面的相对误差绝对值的平均值小于 5‰。通过"特散比"实验发现,不平度效应在一定的变化范围内存在一最佳源样距,而最佳源样距随待测元素的能量变化而变化。在作者的实验条件下(^{241}Am,闪烁计数器)分别求得 Sn、Mo、Pb(Zn)最佳源样距为 23mm、20mm、14mm。在最佳源样距下,以^{241}Am 的散射线作内标,对 Sn 矿、PbZn 矿和 Mo 矿的坑道壁现场进行分析与传统的刻槽取样化学分析方法相比较,通过数十至上百个样品对比,其相对误差小于10‰。徐海峰等[11]使用^{238}Pu 核素作为激发源,Si-PIN 探测器的手持式 EDXRF谱仪,进行矿产普查中寻找伴生矿,取得有意义的结果。在该仪器基体校正的软件中,将"特散比"和强度校正经验模式相结合。

康普顿散射线还可用作 EDXRF 谱仪不能测定的超轻元素的测定,如油品中CH_2 的含量与 RhK$_\alpha$-C 强度可制定校准曲线,以估算未知样中 CH_2 的含量,用作基本参数法基体校正,从而有效改善待测元素的分析结果准确度。这方面的内容将在第九章介绍。

综上所述,在能量色散 X 射线荧光光谱仪校正基体吸收效应时,可采用 X 射线管阳极靶的特征谱的散射谱或相邻于待测元素的特征谱附近无干扰谱线的背景感兴趣区作内标,用于试样中痕量元素的测定,但要注意康普顿散射谱或背景与待测元素特征谱之间不存在主量、次量元素吸收限。散射线亦可用于形状各异和结构效应,同样应注意其适用范围,一般应通过实验予以认证。

参 考 文 献

[1] Jenkins R,De Vries J L .Practical X-ray spectrometry . 2nd ed .New York :Macmillan Press ,1983 ;110 .

[2] Rousseau R M ,Willis J P , Duncan A R .Practical XRF calibration procedures for major and trace elements . X-Ray Spectrom .,1996 ,25 ;179～189 .

[3] SuperQ Version 3 .0 Reference Manual ,Section SuperQ PRO-TRACE Edition 1020327 .

[4] Younan H Yap C T .Simultaneous matrix and background correction method and its application in XRF concentration determination of trace elements in geological materials . X-Ray Spectrom ., 1994 , 23 ;27～31 .

[5] Bao S X .A power function relation between mass attenuation coefficient and RhK $_\alpha$ compton peak intensity and its application to XRF analysis .X-Ray Spectrom .,1997 ,26 ;23～27 .

[6] Bao S X . Absorption correction method based on the power function of continuous scattered radiation . X-Ray Spectrom .,1998 ,27 ;332～336 .

[7] Bao S X . Combination of corrections for absorption , overlap and background in XRF spectrometry . X-

Ray Spectrom.,1999,28:141～144.

[8] 曹利国,丁益民,黄志奇.能量色散 X 射线荧光方法.成都:成都科学技术大学出版社,1998:258～261.

[9] 葛良全,章 晔.X 辐射取样中不平度效应的研究.核技术,1995,18(6):331～337.

[10] 葛良全,赖万昌,周四春,谢庭周,章晔.原位快速测定矿石品位的 X 辐射取样技术.金属矿山,1997,(2):16.

[11] 徐海峰,李成文,葛良全,张庆贤,李凤林.手提式 X 荧光分析仪在矿产普查中寻找伴生矿的应用研究.核电子学与探测技术,2009,29(2):445～448.

第九章 定性和半定量分析

§9.1 概 述

早在 1923 年 D. Coster 和 G. von Hevesy 就用 X 射线光谱发现了元素铪,表明 X 射线光谱具有很强的定性分析能力。由于 EDXRF 谱仪可收集试样的全谱(即从原子序数 11 号的 Na 到 92 号元素 U),故对试样进行定性分析是很有利的。20 世纪 50 年代初当商用 XRF 谱仪刚问世时,其主要功能即为元素的定性和半定量分析,随后则是以基体物理化学形态相似标样,制定校准曲线后再进行定量分析。在实际工作中,往往仅要求对试样中所存在的元素予以识别,或对其浓度作一粗略估计,并不要求进行准确的定量分析,如用户仅希望得到各种新材料及使用过程中发生变化,或对材料的快速成分剖析,或工业废弃物中有害元素的快速测定,他们希望不破坏样品的原始状态而得到近似定量分析的结果。其实对于完全未知试样,在精密定量分析之前也需要其半定量分析的数据,以利于选择标样和确定实验条件。在用 XRD 进行复杂未知物的物相分析时往往希望知道未知物的成分及大致含量等。多年实践表明,当代从事材料研究的研究所和高等学校实验室,XRF 谱仪半定量分析工作量约占总分析量的一半,由此可见半定量分析的重要性。

1974 年 Jenkins[1]在其书中就发表了两个半定量分析例子,Bertin[2]总结了 20 世纪 70 年代中期的半定量分析的研究工作。然而直至 20 世纪 80 年代末 XRF 半定量分析仍难以作为常规分析方法,其主要难点在于:

(1) 每种元素的激发电位不同;在相同的 X 射线管操作电压下,各个元素的激发效率不同;不同元素的谱线(例如 NaK$_\alpha$ 和 AsK$_\alpha$)之间及同一元素的不同谱线(例如 ZrK$_\alpha$、ZrK$_\beta$ 和 ZrL$_\alpha$)之间的灵敏度均不相同,有的相差甚大。例如美国 NIST 的 SRM 620 玻璃标样中,Na$_2$O 和 As$_2$O$_3$ 的浓度分别为 14.39% 和 0.056%,而测得的 NaK 和 AsK 谱线的净强度分别约为 60kcps 和 8.5kcps。也就是说,比 As$_2$O$_3$ 浓度高出 250 多倍的 Na$_2$O 测得的 NaK 谱线强度仅比 AsK 谱线高出约 7 倍。

(2) 试样基体效应对待测元素特征谱强度的影响。

(3) 谱仪结构对不同待测元素特征谱的影响有很大差异,如探测器对不同能量特征谱探测效率是不同的,晶体衍射效率随波长而变化等。

(4) 试样体系的不同(合金或氧化物,粉末压片或熔融片等)对待测谱线强度的影响。

(5) 直至 20 世纪 90 年代初计算机不仅昂贵,且内存小,计算速度慢,难以实施将基本参数法用作常规分析。

上述所有这些使得根据谱线强度进行半定量分析变得十分复杂和困难。

20 世纪 80 年代中期,随着小型计算机开始用于 XRF 的数据处理,人们的兴趣主要集中在定量分析中元素间吸收-增强效应的数学校正方面,至 20 世纪 90 年代理论影响系数法和基本参数法应用 XRF 定量分析日趋成熟。在此期间 Janssens 等[3,4]发表了用于电子探针能谱分析的定性分析专家系统,首次引入了人工智能。它分为预处理器和专家系统本身两部分。预处理器对多道谱仪收集到的谱图进行预处理,最后列出所发现谱峰及 ±100eV 范围内可能存在各元素的谱线。然后由知识库、数据库和推理机组成的专家系统本身,模拟领域专家的推理和判断,打印出试样中存在哪些元素。对大气飘尘试样分析的结果表明,其与专家判断的符合率为 80%～90%。该工作将定性分析智能化,为定性分析自动识别奠定基础,从而为 EDXRF 谱仪半定量分析提供了所需判断的待分析元素及特征谱峰面积等有用信息。与此同时元素间相互影响的数学校正研究成果开始用于半定量分析,结果是面貌焕然一新的半定量分析软件开始陆续问世,使得其无需标样即可对各种各样未知物进行近似定量。应该说它是近廿年来 XRF 研究的重大进展之一。

以 PANalytical 公司为例,无标定量软件十多年来从 PSA 开始,相继推出 SEMIQ、IQ＋和近年来的 Auto Quantify 和 Omnian 软件,并不断完善之。陶光仪[3]在《X 射线荧光光谱分析》一书中曾对本世纪初以前的 WDXRF 谱仪使用的半定量分析的软件作了全面的介绍,梁钰[6]在《X 射线荧光光谱分析基础》一书中简要介绍了日本理学应用光电子基本参数法和散射线基本参数法在半定量分析中应用实例。由于上述介绍的半定量分析均以 WDXRF 谱仪为对象,因此本书着重对 EDXRF 谱仪所用的定性和半定量分析的方法予以介绍,将涉及定性和半定量分析基本原理、测定条件、定性时峰识别、半定量分析时样品参数及靶线的康普顿散射线用于 EDXRF 谱仪半定量分析等内容。

§9.2　定性和半定量分析条件的设定

X 射线荧光光谱对试样进行定性分析是建立在莫塞莱(Moseley)定律的基础上的,现代 EDXRF 谱仪通常将定性与半定量分析功能合并在一起,在定性分析基础上,输入样品参数后,即可实行半定量分析。在多数情况下 XRF 分析人员只要按照操作程序,几分钟内即可自动获得定性和半定量分析结果。定性分析软件,一般均可对收集的谱图进行搜索和匹配,搜索包括对谱平滑、确定峰位、拟合背景和计算峰位的能量和净强度;而匹配则是从特征谱线数据库中进行配对,以确定是何种元素的某条特征谱线。

EDXRF 谱仪通常能对元素周期表中从 ^{11}Na 到 ^{92}U 的所有元素进行定性和半定量分析,有的谱仪已设置好,但也有些谱仪为了用户有更多的灵活性,在提供标样和半定量分析程序基础上,由用户自行制定校准曲线。这里介绍两种类型仪器的半定量分析测定条件。

1. 高能偏振 EDXRF 谱仪

以 PANalytical 公司生产的 Epsilon 5 EDXRF 谱仪为例,该仪器功率 600W,X 射线管最高电压为 100kV,最大电流为 25mA,可配有 15 个二次靶。X 射线管用 Gd 靶,定性和半定量分析程序仅选用 5 个二次靶,用于激发样品中从 Na 到 U 的所有元素,如表 9-1 所示。

表 9-1　高能偏振 EDXRF 谱仪用于定性和半定量分析的测定条件

条件	1	2	3	4	5
电压/kV	100	100	75	40	35
电流/mA	6	6	8	15	17
二次靶	Al_2O_3	Zr	Ge	Ti	Al
死时间/%	50	50	50	50	50
探测器设置	±10eV/道	±10eV/道	±10eV/道	±5eV/道	±5eV/道
分析元素范围	$^{38}Z\sim^{71}ZK$ $^{90}Z\sim^{92}ZL$	$^{31}Z\sim^{37}ZK$ $^{74}Z\sim^{83}ZL$	$^{21}Z\sim^{30}ZK$ $^{72}Z\sim^{73}ZL$	$^{13}Z\sim^{20}ZK_\alpha$	$^{11}Z\sim^{12}ZK_\alpha$

若用 Sc-W 复合靶则用 CaF2 和 Fe 两个二次靶取代 Ti 二次靶。

2. 台式 EDXRF 谱仪

台式 EDXRF 谱仪通常为 50W,最大电压为 50kV,最大电流为 1mA,Rh 靶或 Mo 靶,配有多种滤光片。这里介绍功率仅为 9W,最大电压为 30kV,最大电流为 1mA 的 EDXRF 谱仪,定性和半定量分析的测定条件列于表 9-2。

表 9-2　台式 EDXRF 谱仪用于定性和半定量分析的测定条件

条件	1	2	3	4
电压/kV	30	20	12	5
滤光片	Ag-100μm	Al-200μm	Al-50μm	
分析元素范围	$^{28}Z\sim^{44}ZK$ 系线 $^{74}Z\sim^{92}ZL$ 系线	$^{23}Z\sim^{29}ZK$ 系线 $^{57}Z\sim^{74}ZL$ 系线	$^{17}Z\sim^{24}ZK$ 系线 $^{45}Z\sim^{60}ZL$ 系线	$^{11}Z\sim^{16}ZK$ 系线

注:Z 为原子序数。

从表 9-1 和表 9-2 可知,为了有效激发待测元素,通常设定的电压至少大于待测元素激发电位,最有效激发需大于待测元素激发电位的三倍以上;为收集待测样的全谱,需设置不同的管电压。一般通过自动调节管电流保证谱仪死时间控制在 50% 以内。虽然这些测定条件在不同厂家生产的仪器上会有所不同,但其目的均为最有效地获得样品中 $^{11}Z \sim ^{92}Z$ 的元素全谱。在不同能量范围内,使用不同滤光片,其目的是有效降低原级谱对背景的影响,提高峰背比;同时可除去原级谱中杂质谱线。

§9.3　定性分析步骤

现代谱仪一般均可自动给出定性分析结果,已不需要人工判别每个峰。但由于实测试样的复杂性,所得结果并非 100% 可靠,作为分析工作者依然要具备识别峰的能力,这是一项必不可少的基本功。

定性分析通常分作三步。

(1) 峰定位:通常强峰定位的不确定度为 ±10eV,弱峰高达 ±50eV[7];弱峰有可能与强峰重叠而被忽略,特别是在低于 12keV 的能量范围内。由于在原子序数 22～35 的 K 系线和原子序数 56～92 的 L 系线,谱线重叠或干扰频繁发生,探测器分辨率低和 X 射线光谱计数率统计涨落使峰定位复杂化,而痕量元素的弱峰也可能在谱背景的涨落中消失。

(2) 峰识别:前面所说的峰位的不确定性必然影响到峰识别。经常是不止一个峰与谱图上一个能量位置相对应,还可能是两个或更多峰与图上一个宽带峰对应,在这种情况下可确定出许多峰。此外还要考虑和峰、逃逸峰与康普顿峰对特征谱的干扰。

(3) 确定元素:除轻元素中 Na、Mg、Al、Si、P 和 S 外,通常判定一个元素的存在,必须要有 2 个以上特征谱峰,对于 X 射线管电压为 30kV 以上时,原子序数 $^{19}Z \sim ^{42}Z$ 的元素,K_α 和 K_β 谱峰应同时出现,且要考虑同一元素不同谱线之间的相对强度比是否正确。

基于上述原因,在实际工作中有时需要人工干预,试以下面几个案例予以说明。

(1) 如图 9-1 中用二次靶 Ge 激发 GSS4 样品中 Fe 和 Mn,其 K_α 和 K_β 峰均存在,即可判断试样中含有 Fe 和 Mn;但在 Fe 和 Mn 的 K_α 和 K_β 峰处有 Dy 和 Eu 的 $L_{\alpha1}$ 和 $L_{\beta1}$ 峰,那么是否可以判断 Dy 和 Eu 肯定存在呢? 或者说试样中存在这两个元素,可否用其 L 线检测出来呢? 这在目前仅通过检索程序难以自动完成。要判断 Dy、Tb、Eu 和 Sm 是否存在,需要人工干预。最简单的方法是对 Fe 和 Mn 解谱时不考虑这些稀土元素存在,查看解谱结果,如图 9-2 所示。图 9-2 系不考虑稀土元素的 L 线存在的情况下,Fe 和 Mn 的 K_α 和 K_β 的解谱结果对实测谱拟合很好,这表明这些稀土元素的 L 线是可以忽略的。

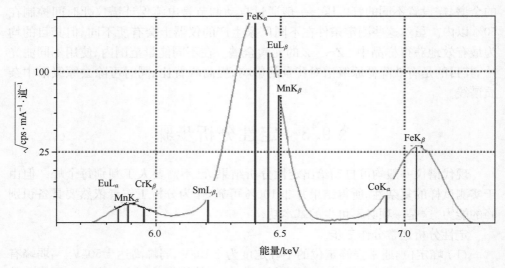

图 9-1　GSS4 中 Fe 和 Mn 的 K 系线能量区间扫描图

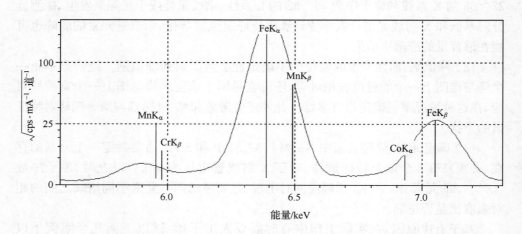

图 9-2　GSS4 中 Fe 和 Mn 的 K 系线能量区间扫描图

(2) 如图 9-3 中用 5.5keV 激发低合金钢 SS401 时,出现 V 的 K_α 和 K_β 峰,它们实际上是因为在拟合衍射峰时引进的误差,而不能算作真正的峰。但若改变测定条件,用表 9-2 中条件 3 激发,谱图如图 9-4 所示,图中 V 的 K_α 和 K_β 峰清晰可见,表明 V 元素是存在的。

因此条件的设置有时会因待测样品的差异而变。但在绝大多数情况下这些条件是实用的。

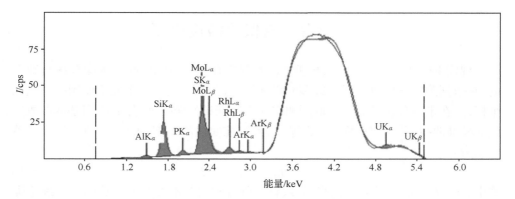

图 9-3　用表 9-2 中条件 4 激发低合金钢 SS401 图

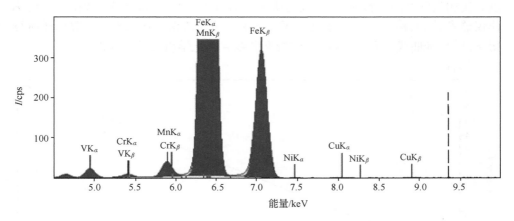

图 9-4　用表 9-2 中条件 3 激发低合金钢 SS401 图

§9.4　半定量分析的基本原理

　　Jenkins[1]使用类似理论强度公式方法对相对强度予以校正,对 Sn-Pb 焊料中 Sn、Pb、Sb 和 Bi 的半定量分析,其结果接近于真值。Bertin[2]对早期半定量分析所用归一化因子法和 Salmon 法予以详细的介绍,这些方法在计算过程中均使用标样。使用归一化因子法分析原子序数 13 号以后的 27 种元素,其准确度在实际含量的±20% 以内。这种方法对于两个待测元素的原子序数相差很大,且所用谱线不是同一线系,则完全不适用。所有这些方法在没有计算机的情况下,不可能在常规分析中获得应用。

§9.4.1　谱仪灵敏度因子

现代 EDXRF 谱仪半定量分析方法是建立在非相似标样的基本参数法基础上的,它依据测定条件对纯元素或多元素标样进行测定,通常每个元素使用一个或几个标样,在定性分析基础上获取所测定元素特征谱的净强度,然后应用基本参数法建立校准曲线,并设定截距(D)为零,求得校准曲线的斜率(E)。这种关系可简单表示为:

$$I_m = I_{cal.} = D + EI_{th} \tag{9-1}$$

式中:I_m、I_{cal} 和 I_{th} 分别为测得强度、计算强度和用基本参数法计算标样的理论强度。$D=0$,E 为曲线的斜率,它是基本参数法依据标样的组成计算得到的理论强度和实测强度之间的转换因子,仅与所用仪器有关,而与样品无关,转换因子可称作仪器参数,或称作谱仪灵敏度因子。图 9-5 即为依据 NIST2709 土壤标样所算得 Al 的校准曲线,而不是 Al_2O_3 的校准曲线。其化学组成见表 9-3。

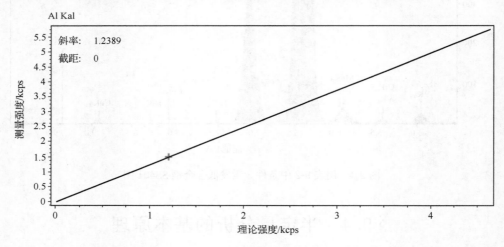

图 9-5　AlK_α 测量强度与理论强度曲线示意图

表 9-3　NIST2709 土壤标样化学组成(%)

Al_2O_3	SiO_2	MgO	Na_2O	P_2O_5	SO_3	K_2O	CaO	TiO_2	MnO	Fe_2O_3	Ba	CO_2
14.17	63.45	2.5	1.56	0.142	0.22	2.45	2.64	0.57	0.069	5.00	0.0968	7.13

若以原子序数为横坐标,曲线的斜率为纵坐标作图,得到的即为灵敏度曲线。如图 9-6 和图 9-7 所示。对于某些因无合适标样而未被测量的元素的灵敏度值可用内插法或外推法予以计算。这样计算出每个元素的灵敏度值,并存储于计算机中。

综上所述,在半定量分析中是以单质元素建立校准曲线,即校正元素浓度和强度的关系,在测定不同类型和形状的试样时,通过测得未知样元素的浓度换算为样品中化合物浓度。基于此,半定量分析方法可称作无标样方法。

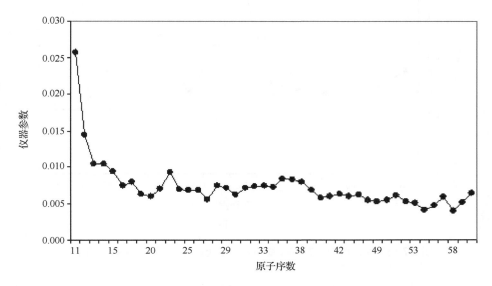

图 9-6　高能偏振 EDXRF 谱仪的 K_α 系线仪器参数(灵敏度因子)

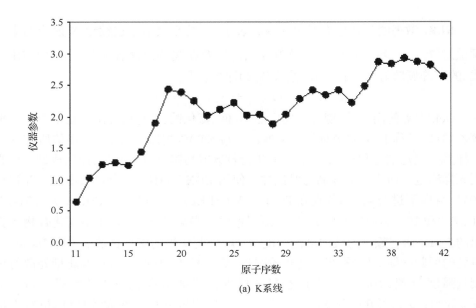

(a) K系线

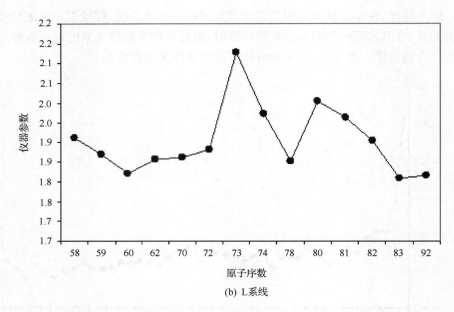

(b) L系线

图 9-7　通用 EDXRF 谱仪 Kα 线(a)和 Lα 线(b)仪器参数(灵敏度因子)

§9.4.2　RhKα 康普顿散射线的理论强度与测量强度的比较

RhKα 散射线的理论强度用 T_{S,RhK_α} 表示,它是原级谱中连续谱 X 射线的康普顿散射 $T_{C,Conti.}$、特征谱的瑞利散射 T_{R,RhK_α} 以及靶线特征谱 X 射线(在此为 RhKα 线)的康普顿散射 T_{C,RhK_α} 之和,按式(9-2)计算:

$$T_{S,RhK_\alpha} = T_{R,RhK_\alpha} + T_{C,RhK_\alpha} + T_{C,Conti.} \tag{9-2}$$

Ochi[8]等使用了铁、镍等金属样品 10 件,氯化钠、氧化镁等试剂粉末 10 件,聚氯乙烯(以下称 PVC)、聚对苯二甲酸乙酯(PET)等树脂 4 件,作为评估所需的试验样品。测定前,要对金属的测定面进行打磨或切割,试剂粉末要加压成型。树脂则原样测定。所采用的样品为厚试样。使用 EDX-700HX 能量色散谱仪,Rh 靶和 50kV 管压下进行测定,分别在 20.18keV(RhKα)、19.20keV(RhKα-C)、8.04keV(CuKα)和 10.55keV(PbLα)能量处测得谱峰的散射线强度,是用不同化合物计算出的 RhKα 康普顿散射线的理论强度 $T_{S,RhK_\alpha-c}$ 与实测的康普顿散射强度 $M_{S,RhK_\alpha-c}$ 得到的回归曲线,其中横坐标为理论强度,纵坐标为测量强度,其他能量处散射线测量强度与理论强度亦以上述方法处理。其结果参见图 9-8～图 9-11。由图 9-8～图 9-11可知散射线的理论强度与测定强度的相关性大致良好,虽有少量样品出现偏差,其原因可能有:金属、粉末样等物理形态差异;参数或计算公式本身存在不精确,如未考虑散射线对试样中待测元素产生激发效应导致散射线强度存在误差;此外还存在测量误差。即便如此,用康普顿散射线的理论强度和测量强度间的线性关系可表达为:

$$M_{S,RhK_\alpha-c} = E_{S,RhK_\alpha-c} T_{S,RhK_\alpha-c} \tag{9-3}$$

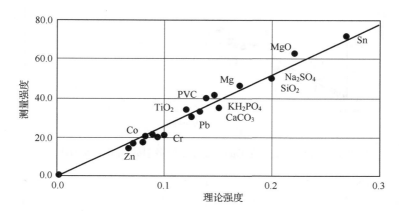

图 9-8　理论强度与 RhK_α 瑞利散射线测量强度的比较[8]

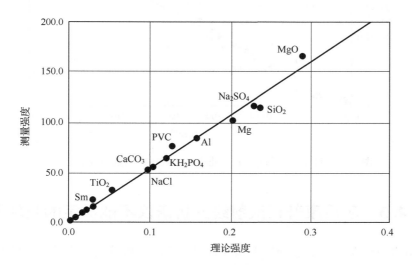

图 9-9　理论强度与 RhK_α 康普顿散射线测量强度的比较[8]

　　正如应用基本参数求得可测定元素的谱仪参数(灵敏度因子),亦可通过式(9-3)和基本参数法,用标样求得某个元素的灵敏度因子。

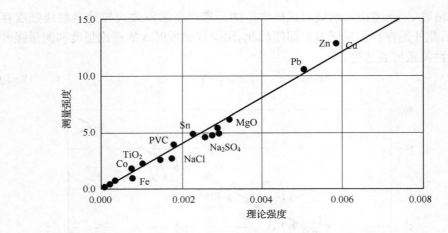

图 9-10　理论强度与在 CuK_α 处连续谱散射线测量强度的比较[8]

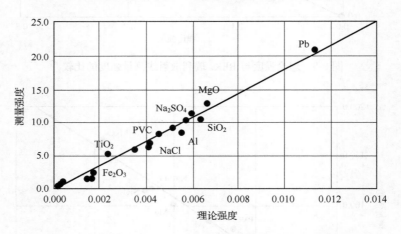

图 9-11　理论强度与在 PbL_α 处连续谱散射线测量强度的比较[8]

§9.4.3　应用康普顿散射线分析谱仪不能测定的超轻元素

如前所述,基本参数法分析未知样时要求待测样所分析元素总和达到 99.5% 以上,方能获得准确的定量分析结果,这就要求对 XRF 不能分析的元素对其他待测元素的吸收效应要进行校正。如地质样品中灼烧减量、玻璃中硼和有机物中碳氢化合物,早期通常用平衡项予以推算,在很多情况下或以 CO_2 表示平衡项,其实实际样品中可能是 H、Li、B、C、N、F 和 O 中任何一个或几个元素,若仅用平衡项处理或代表,用基本参数法计算显然是不准确的。从图 9-8～图 9-11 可知,对不同基体在不同能量位置处的康普顿散射线测量强度和理论强度具有很好的线性关系。当基体中其他元素含量可以准确测定时,若知道试样中不能测定的某元素,则可以用康普顿散射线强度求得该元素的含量,这样同时提高了可测元素的准确度。康普顿散射线强度与基体中超轻元素的原子序数的关系,如图 9-12 所示。对于厚样($9999\mathrm{mg/cm^2}$),原子序数大于 3 时,康普顿散射线强度随原子序数增加而显著降低。

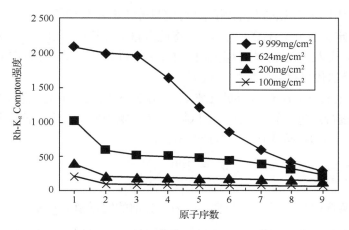

图 9-12 RhK$_α$康普顿强度和原子序数的关系[6]

Ochi 等[8]计算 X 射线管靶材特征谱线的康普顿散射线理论强度,用于推算非测量的轻元素含量及其对待测量元素的影响。X 射线管靶特征谱的康普顿散射线理论强度(T_c)公式为[8]

$$T_c = \frac{1}{\sin\psi} \frac{I_\lambda \sum\limits_i C_i}{\dfrac{\mu_{\lambda'}}{\sin\phi} + \dfrac{\mu_\lambda}{\sin\psi}} \tag{9-4}$$

式中:C_i 表示元素 i 的康普顿散射发生率,λ' 为康普顿散射线波长。λ' 和 C_i 以式(9-5)~式(9-7)表示:

$$\lambda' = \lambda - 0.02426(1 - \cos\theta) \tag{9-5}$$

$$C_i = 0.04782 \frac{W_i}{A_i} \frac{1 + \cos^2\theta}{2} T_c \tag{9-6}$$

$$T_c = Z_i \left[\frac{\lambda'}{\lambda} \right]^2 G(\nu) \tag{9-7}$$

$G(\nu)$是 ν 的函数,按照 Von L. Bewilogua 已经计算一部分[10]。ν 用公式(9-8)表示。

$$\nu = \frac{0.176}{Z_i^{2/3}} \frac{4\pi}{\lambda'} \sin\left[\frac{\vartheta}{2} \right] \tag{9-8}$$

从上述公式可知，当谱仪几何因子固定后，康普顿散射线理论强度和康普顿散射发生率与原子序数 Z 有关，并与谱线的波长即能量有关。

§9.5　RhKα 康普顿散射线的定量分析实例

Ogawa[9] 用 RhKα 康普顿散射线进行定量分析的步骤如下：

首先，假定主成分 CH_2O 的含量值，将此含量下计算的 RhKα 康普顿散射理论强度 $T_{S,RhK_\alpha-c}$ 代入式 (9-6)，与测定强度 $M_{S,RhK_\alpha-c}$ 进行比较，对所假定的 CH_2O 值进行修正。经迭代可得到稳定的含量值。

镉、铅和主成分 CH_2O 以外的元素，分别用其 X 射线的荧光强度，按以往的方法，用 FP 法进行定量计算。但是，当试样形状不规则时，全部元素的定量值加和达不到 100% 。此时，按式 (9-9) 进行归一计算：

$$W_i = 100 \frac{X_i}{\sum_j X_j} \tag{9-9}$$

式中：W_i 为换算（归一）后的定量值，X_i 为换算前的定量值，$\sum_j X_j$ 为包含 X_i 在内的全元素定量值总和。该作者曾以测定不同形状和质量的聚氯乙烯树脂中 Cd、Pb、Hg、Cr、Br、Cl 和 CH_2O 为对象，比较了将 CH_2O 作为平衡项和用 RhKα 康普顿散射线计算的两种基本参数法对分析结果的影响。样品形状如图 9-13。通过标样求得各个元素的灵敏度因子，Pb 的标样为纯 Pb，Cd 用纯 Zr 和 Sn 的灵敏度

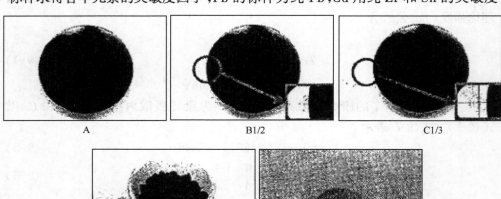

A　　　　　　　　　　B1/2　　　　　　　　　　C1/3

D许多粒子　　　　　　　　　　　　E单个粒子

图 9-13　聚氯乙烯树脂形状[9]

中间值,同样 Hg 用纯 Hf 和 Pb,Br 用纯 Cu 和 Zr,Cl 用 NaCl,Cr 用不锈钢,RhKα 康普顿散射线用纯 Fe 求得。

试验样品形状如图 9-13 所示,已定为厚板 3 种(整个、1/2、1/3 测定面),颗粒 2 种(多个、仅 1 个)。为了比较,将用传统的平衡项方法分析主成分 CH_2O 的结果,作为括号内的值也列入表 9-4 中。通过比较发现,使用本方法得出的定量值较采用平衡项法更为准确,受形状的影响也比较小。但该文存在两点不足:

(1)Cd、Hg 和 Br 是通过其原子序数两侧的元素灵敏度因子取平均值算得,与真值相比将引入较大误差,这在表 9-4 中已可察知。

(2)通常聚氯乙烯树脂有机分子应是 C_2H_3,作者在计算康普顿理论强度时使用 CH_2O 化学式,显然这将引入误差。最好所测定的元素均有相应的标样。

由表 9-4 可知,利用靶线的康普顿散射线强度不仅可用于计算 CH_2O 的含量,还可对不规则试样的校正有作用。这种方法已成功用于半定量分析,对 XRF 不能分析的元素进行计算。

表 9-4 使用不同 FP 法分析不同形状的聚氯乙烯树脂组成比较(%)[9]

样品	计算 CH_2O 方法	Cd	Pb	Hg	Cr	Br	Cl	CH_2O
A(全部)	$RhK_\alpha - C$	0.022	0.11	0.09	0.11	0.16	56.66	42.85
	(平衡项)	(0.040)	(0.20)	(0.15)	(0.20)	(0.28)	(72.5)	(26.7)
B1/2	$RhK_\alpha - C$	0.022	0.11	0.09	0.12	0.16	53.8	45.7
	(平衡项)	(0.009)	(0.05)	(0.04)	(0.05)	(0.07)	(31.2)	(68.6)
C1/3	$RhK_\alpha - C$	0.020	0.11	0.08	0.11	0.15	51.3	48.2
	(平衡项)	(0.001)	(0.05)	(0.00)	(0.00)	(0.01)	(5.99)	(94.0)
D 多个粒子	$RhK_\alpha - C$	0.020	0.12	0.09	0.11	0.17	46.2	53.3
	(平衡项)	(0.012)	(0.07)	(0.06)	(0.07)	(0.10)	(34.1)	(65.6)
E 单个粒子	$RhK_\alpha - C$	0.019	0.13	0.09	0.12	0.18	49.3	50.2
	(平衡项)	(0.013)	(0.08)	(0.06)	(0.08)	(0.12)	(38.6)	(61.1)
标准值		0.030	0.12	0.12	0.11	0.15	56.4	C_2H_3 43.0

§9.6 改善半定量分析结果准确度的方法

如前所述,半定量分析的工作曲线是建立在非相似标样和基本参数法基础之上的,标样可以纯金属,或用单个或多种氧化物通过熔融制得。对不同类型(固体、粉末、粉末压片、熔融片与液体)和形状各异的试样,仅使用一个标样制定工作曲线,可在没有相似标样的情况下,分析未知样并可获得较好的分析结果,依据化学计量式将元素浓度换算为化合物的浓度。分析结果通常用作趋势和筛选分析。但若要获得高度准确的结果,除需要获得待分析元素特征谱线净强度外,尚需满足如下的条件:

(1) 要尽可能多地掌握待测样的信息,如样品的形态、质量、厚度和可能存在的 EDXRF 谱仪不可分析的元素,并作为样品参数输入程序。

(2) 半定量分析软件要具有对厚度进行校正的功能,以及对轻基体或液体样品存在体积/几何效应(FVG)或称作楔子效应校正的功能。

(3) 众所周知,基本参数法不能校正矿物结构效应和颗粒度效应,且元素在不同化合物或材质中,其基本参数如荧光产额和谱线分数不是固定值。为了提高分析结果准确度,可选择相似标样,用作主量、次量元素的校准曲线制定,这在很大程度上可消除试样与标样间物理化学形态差异对分析结果的影响。或用熔融法制样。

(4) 对非规则试样或小面积试样而言,可用缩小照射面积并采用归一化方法。

(5) 软件有对不能检测的元素或称作黑箱基体校正的功能,即康普顿散射线基本参数法。若准确知道试样的矿物组成或分子结构,按已知矿物组成或分子结构计算更好;如石灰石试样中 Ca 和 Mg 不是以氧化物形式参与计算,而是以 $CaCO_3$ 和 $MgCO_3$ 形式参与计算,结果会更准确。

(6) 当待测样中所测元素强度和标样的强度相差很大时,可由标样中选择其中一个其强度十分接近于所定量的样品的标样的工作曲线。若能满足上述条件,半定量分析结果准确度可达到与定量分析结果相似的水平。

§9.6.1 校正楔子效应

对于轻基体试样如塑料、水溶液及油品等试样,其基体对 X 射线荧光的吸收很小,对于重元素而言,试样较深处发出的 X 射线荧光也可被测量到,在 XRF 谱仪中受样杯置具口的限制,实际测到的试样空间犹如一个楔子(示意图 9-14)。Uniquant 软件称作楔子效应(wedge effect)[12],PANalytical 公司的 Ominian 软件称作 FVG(荧光体积几何,fluorescence volume geometry)效应[13],后者还增加了厚度校正。目前不少谱仪生产厂所提供的软件中均包含楔子效应校正功能,在使用过程中其功能依然有所差异。

为了说明楔子效应,以 PE 的空白样品(共 8 块)为试样,分别以 1、2、3、4、5、6、7、8 块叠加来测定 $RhK_\alpha\text{-}C$ 线,将 $RhK_\alpha\text{-}C$ 线的测定强度和理论强度作图,使用 FVG 校正与不进行校正的结果见图 9-15。由图 9-15 可知当 PE 空白样由 1 块增加到 4 块后,不进行 FVG 较正,测量强度与理论强度相比,明显开始降低;若进行楔子效应校正,则两者基本呈线性关系。此外,在考虑楔子效应的同时还应考虑厚

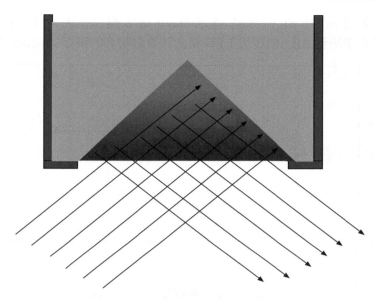

图 9-14　楔子效应（深色：X 射线穿透厚度，浅色：X 射线没有到达）

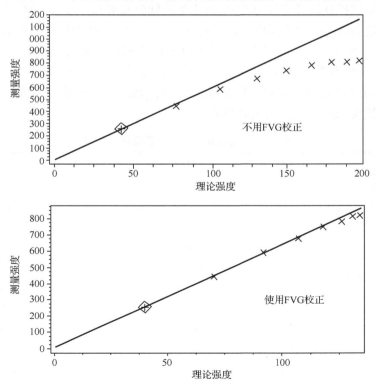

图 9-15　应用 FVG 校正与对 RhKα-C 线的测定强度和理论强度关系图[13]

度的影响,如对油品中 Sn 的测定,若用 Sherman 方程(FP 法)计算,随厚度的增加,则明显高于测量强度,但若用 FVG 模式计算则吻合的很好,结果示于图 9-16。

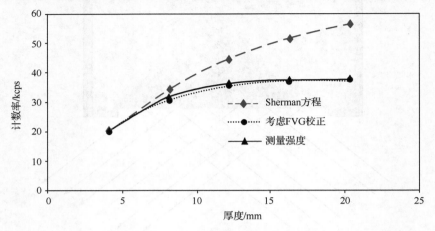

图 9-16　油品中 SnK_α 强度与油品厚度的关系[13]

　　在实际试样分析时,对待测特征谱能量较低的元素而言是无限厚,而对其能量较高的元素则需进行厚度和楔子效应的校正。以 BCR680 塑料标样作未知样进行分析,厚度～2mm,重 2g,厚度校正与否对分析结果的影响参见表 9-5。由表 9-5可知,原子序数小于 24 的 Cr 及 Ba(L_α)的元素无需厚度校正,表明对这些元素是无限厚,而表 9-5 中其他元素特别是 Br、Cd、Hg、Pb 等元素,校正厚度与否对分析结果影响甚大,如 Cd 的结果两者相差 7 倍!

表 9-5　厚度校正与否对分析结果的影响

元素	参考值	校正厚度	未校正厚度	单位
O		2.63	2.63	%
Al	(51)*	63	63	$\mu g \cdot g^{-1}$
Si		66	66	$\mu g \cdot g^{-1}$
S	670	359	359	$\mu g \cdot g^{-1}$
Cl	810	976	966	$\mu g \cdot g^{-1}$
Ca		52	51	$\mu g \cdot g^{-1}$
Ti	(0.1174)	0.1121	0.118	%
Cr	114.6	104	101	$\mu g \cdot g^{-1}$
Cu	(119)	153	121	$\mu g \cdot g^{-1}$
As	30.9	47	25	$\mu g \cdot g^{-1}$
Br	808	812	348	$\mu g \cdot g^{-1}$

元素	参考值	校正厚度	未校正厚度	单位
Cd(K_α)	140.8	187	25	$\mu g \cdot g^{-1}$
Ba(L_α)	(0.2818)	0.267	0.262	%
Hg	25.3	25	14	$\mu g \cdot g^{-1}$
Pb	107.6	115	44	$\mu g \cdot g^{-1}$
CH_2		96.65	96.74	%

＊括号中数据为估计值。

§9.6.2　相似标样法

　　基本参数法虽可用非相似标样,如前所述只要具有仪器灵敏度因子,即可对试样进行全分析。但要获得主量、次量元素较准确的结果,由于试样和标样间物理化学形态差异,将导致质量吸收系数、谱线分数等基本参数的差异,使分析结果不准,由此引起的相对误差可能在 5% ～10%。最理想的办法仍是采用相似标样对主量、次量元素重新制作校准曲线,再对未知样分析。而对痕量元素依然用原有程序中校准曲线,避免使用相似标样中痕量元素可能因其含量过低而造成误差。通用方法(仪器灵敏度因子方法)和 ASC(相似标样)法对普通不锈钢分析结果列于表 9-6。结果表明 Cr、Mn、Fe、Ni、Cu、Ti 等元素用 ASC 法基本达到定量分析的准确度。

表 9-6　通用方法和 ASC 法对 CKD152 不锈钢分析结果的比较

	参考值 /%	通用方法测量值 /%	使用 ASC 法测量值 /%
Al	0.30	0.242	0.23
Si	0.72	0.70	0.75
P	0.027	0.026	0.034
S	0.025	0.038	0.036
Ti	0.43	0.475	0.45
V	0.23	0.257	0.24
Cr	1.56	1.72	1.62
Mn	1.07	1.09	1.06
Fe	92.18	91.7	92.3
Co	0.02	0.002	0.05
Ni	1.99	2.21	1.96
Cu	0.45	0.514	0.44
Mo	0.79	0.797	0.75

§9.6.3　相似标样法和康普顿散射线基本参数法联用

在条件允许的情况下,为提高分析结果准确度,通常联合使用相似标样法(ASC 法)和康普顿散射线基本参数法。这里以粉末压片法制成的石灰石样为对象,分别采用通用方法和选择 ASC 法两种方法处理石灰石试样中不能分析的组分 CO_2。通用方法 1 和 2 分别代表化合物中 CO_2 作为平衡项和将参考值当固定值输入。同样 ASC 法-1、ASC 法-2 和 ASC 法-3 表示化合物中 CO_2 分别用作平衡项、参考值以固定值输入和用康普顿散射线基本参数法的计算值。所选择的物理化学形态相似的石灰石标样的化学组成(%):CaO-47.17;SiO_2-9.73;Al_2O_3-2.00;Fe_2O_3-1.272;MgO-1.138;CO_2-37.28。 还有 K_2O-0.374;SO_3-0.483;Mn_2O_3-0.04;Na_2O-0.087;P_2O_5-0.166;SrO-0.079。含量大于 1% 的组成用作计算新的校准曲线,含量小于 1% 的组成依然使用原有通用的校准曲线。其分析结果列于表 9-7。

表 9-7　不同半定量方法分析石灰石粉末压片样的结果比较

化合物	通用方法 1	通用方法 2	ASC 法-1	ASC 法-2	ASC 法-3	参考值	单位
Na_2O	0.205	0.228	0.207	0.21	0.202	0.18	%
MgO	1.215	1.359	1.229	1.249	1.414	1.67	%
相对误差 /%	27.25	18.62	26.41	25.21	15.32		
Al_2O_3	2.543	2.855	3.307	3.365	2.709	3.31	%
相对误差 /%	23.17	13.75	0.091	1.66	18.15		
SiO_2	10.423	11.769	13.071	13.312	11.359	13.32	%
相对误差 /%	21.75	11.64	1.87	0.06	14.72		
P_2O_5	0.075	0.085	0.079	0.081	0.08	0.112	%
SO_3	0.523	0.601	0.554	0.566	0.674	0.71	%
K_2O	0.477	0.558	0.51	0.523	0.526	0.58	%
CaO	38.474	46.257	43.438	44.668	45.251	43.86	%
相对误差 /%	12.28	5.46	0.96	1.84	3.17		
TiO_2	0.274	0.348	0.304	0.315	0.385	0.376	%
Cr_2O_3	0.012	0.015	0.013	0.013	0.022		%
MnO	0.036	0.045	0.039	0.041	0.062	0.059	%
Fe_2O_3	1.674	2.133	1.863	1.933	2.234	2.266	%
相对误差 /%	26.12	2.32	17.78	14.69	1.41		
ZnO	0.005	0.006	0.005	0.005	0.006		%
Rb_2O	0.004	0.005	0.004	0.004	0.005		%
SrO	0.059	0.075	0.065	0.067	0.074		%
PbO	0.006	0.007	0.006	0.007	0.008		%
CO_2 *	43.842-B	33.469-F	35.138-B	33.469-F	34.802-C	33.469	%

* 表中 CO_2 值中 B 为平衡项,F 为固定值输入,C 为用康普顿基本参数法计算值。

从表 9-6 的半定量分析结果大体可得到如下结论：

（1）对主量、次量元素而言，采用单个相似标样校正结果优于非相似标样的通用方法；

（2）对于不能测定的元素如 CO_2，以平衡项参与计算，是导致通用方法分析主量、次量元素误差的主要原因之一，但若将 CO_2 参考值或测量值手工输入程序，对 MgO、Al_2O_3、SiO_2 和 CaO 而言，通用方法与相似标样校正法比较后可知，前者因矿物结构效应其误差仍较大，使用相似标样法得到明显改善；

（3）以康普顿散射线基本参数法计算 CO_2 虽不如将测量值输入好，但已达到使用通用方法中将测量值输入的相似结果，这表明用康普顿散射线基本参数法计算 CO_2 是有效的。

§9.6.4　熔　融　法

对于地质类样品，若用粉末压片制样，即使采用相似标样，依然可能因粒度效应和矿物效应使分析结果不理想，获得较准确的方法是用熔融法制样，并在此基础上，应用相似标样法。如表 9-8 中用熔融法分析 GBW07215a 石灰石，制样方法是 10.000g $Li_2B_4O_7$ 和 1.0000g 样品，1100℃熔融制成熔片，CO_2 为固定值输入。

表 9-8　GBW07215a 半定量分析结果

化合物	参考值/%	ASC 法测定结果/%	相对误差/%
MgO	2.29	2.37	4.36
Al_2O_3	0.77	0.83	6.49
SiO_2	1.80	1.84	2.22
SO_3	0.755	0.71	5.96
K_2O	0.168	0.16	5.95
CaO	51.2	51.33	0.25
Fe_2O_3	0.446	0.51	15.02
SrO	0.059	0.075	27.11

§9.6.5　归　一　化

由于样品形状不规则及测量等过程都存在一定的误差，分析样品的浓度总和小 100%，假如所有的化合物均已测出或考虑到了，将浓度归一化，这样分析结果的误差要比不归一化小。以合金钢屑为例，将一钢屑铺在高纯硼酸表面，压制成样片，如图 9-17。半定量分析结果经归一化处理结果与参考值列于表 9-9。

图 9-17　钢屑压片

表 9-9　半定量分析结果经归一化处理结果与参考值

元素	参考值/%	测定值/%
Si	0.42	0.88
P	0.016	0.010
S	0.016	0.058
V		0.029
Cr	15.2	16.0
Mn	0.78	0.789
Fe		74.70
Co	0.04	0.034
Ni	6.26	7.00
Cu		0.175
As		0.023

　　但在分析像古陶瓷凹凸类样品，由于 Al_2O_3 和 SiO_2 含量之和在 80% 以上，有时仅用归一化方法并不能获得理想结果，何文泉等[15]提出了基本参数法和经验系数法中两种较为简单的处理方法，可满足形状不规则和凹凸类样品分析的需要。若有兴趣不用商品软件者可以参考。

　　除上述方法外，对粉末样品和液体样而言，欲获得准确的结果，必须考虑对聚酯膜(mylar film)中杂质元素的校正及支撑膜和氦气介质的吸收校正,在有些谱仪的半定量分析软件中提供了校正方法,但也有些谱仪不提供校正方法。在这种情况下,最好的校正办法是采用相似标样法。

§9.7 结　　论

综上所述半定量分析软件通常具有如下特点:

(1)仪器生产厂提供的半定量分析已设置好,通电后即可使用;或由生产厂提供标样,只需在软件设定时使用一次,求得灵敏度因子。

(2)通常 WDXRF 谱仪和 EDXRF 谱仪分别可提供 F～U 和 Na～U 的半定量分析结果,大多数痕量元素的检测限可达几个 10^{-6} g。分析一个试样所需时间 10～20min。对于完全未知性质的样品,原则上可以是不同种类、大小、形状各异,通过快速分析所获得近似定量分析结果,为进一步准确定量分析提供重要信息。

(3)可用于样品的筛选分析,检测有害元素,如 ROHS 分析。

(4)为 XRD 的相分析提供化学组成和含量。

(5)在分析未知样时,若能准确输入样品参数(质量、面积、元素分子式等),并使用相似标样,同时进行 FVG 校正和康普顿散射线基本参数法计算谱仪不能测定的基体组成等优化的条件下,半定量分析可获得相当准确的结果。

(6)若用熔融法消除基体中物理化学结构效应,并使用相似标样,即可获得与定量分析结果的准确度相似的结果。

半定量分析软件为使用者提供了一种强有力的方法,可用于各种类型试样的分析,并可获得近似准确定量的结果。但要指出,由于 XRF 分析从本质上讲是一种相对分析方法,因此即使使用相似标样法和康普顿散射线基本参数法,仍难以保证每个试样分析结果达到定量分析水平。

考虑由于原级谱在试样中散射而增强 X 射线荧光强度,原级谱激发试样产生的光电子及散射光电子对 X 射线荧光强度的增强,这种增强约相当于原级谱激发强度的 5％～10％[14],而这些均与基体有关。

若要准确定量结果,最佳的方案依然是选择或制备相似标样,按定量分析要求制定相应的定量分析方法。

参 考 文 献

[1] Jenkins R .Introduction to X-ray spectrometry . London;Henden and Son,Ltd.,1974,163.

[2] Bertin E P .Principles and practice of X-ray spectrometric analysis . 2nd ed .New York;Plenum Press,1975,450～457.

[3] Janssens K ,Espen P V . Implementation of an expert system for the qualitative interpretation of X-ray fluorescence spectra . Anal . Chimica Acta . ,1986 ,184 ;117～132 .

[4] Janssens K ,Espen P V .Title：Evaluation of energy-dispersive X-ray spectra with the aid of expert systems .Anal . Chimica Acta . ,1986 ,191 ;169～180 .

[5] 吉昂，陶光仪，卓尚军，罗立强 . X 射线荧光谱分析.北京；科学出版社,2003;142～154 .

[6] 梁钰 .X 射线荧光谱分析基础.北京；科学出版社,2007;63～69 .

[7] Klockenkamper R . 全反射 X 射线荧光分析.王晓红,王毅民,王永奉译.北京；原子能出版社,2002;143 .

[8] Ochi H ,Watanabe S .X-ray fluorescence analysis using theoretical intensity of scattered X-ray . Adv . X-Ray Chem .Anal . Japan . ,2006 ,37 ;45～63 .

[9] Ogawa R ,Ochi H ,Nishino S ,Ichimaru N ,Yamato R ,Watanabe S . X-ray fluorescence analysis for irregularly shaped resin samples using theoretical intensity of scattered X-ray . Adv . X-Ray Chem .Anal .Japan ,2009 ,40 ;233～242 .

[10] MacGillavry C H ,Rieck G D .International tables for X-ray crystallography ,Boston ;D .Reidel Publishing Company ,1968 ,3 ;159-247 .

[11] Kellogg R B .Adv . X-ray anal . ,1984 ,27 ;441 .

[12] UniQuant Manual .Omega data systems by ,The Netherlands ,1999 .

[13] Omnian training cource ,2009 .

[14] Fernández J E .Rayleigh and compton scattering contributions to X-ray fluorescence intensity . X-ray Spectro . ,1992 ,21 ;57～68 .

[15] 何文权,熊应菲 .表面弯曲的古陶瓷样品 X 射线荧光无损定量分析. 核技术,2002,25(7);581～586 .

第十章 定量分析方法(1)——分析条件的设置

§10.1 概　述

分析化学的全过程包括：首先是将原始分析对象通过"取样"收集在样品中，然后经"测量"取得分析结果，并通过"数据评价"来反映该分析对象的信息。

分析方法是为进行分析工作所规定的依据和程序，是确保分析数据质量最重要的因素，不同的分析方法其质量水平是有差异的，其适用性也是有限的。分析方法选择的原则有：满足用户的要求；符合相应的法规、标准和规范；分析成本、周期和效率等。通过多年实践表明，X射线荧光光谱分析是为许多领域选择分析方法中最佳方案之一。

X射线荧光光谱的定量分析是通过将测得的特征X射线荧光光谱强度转换为浓度，在不考虑取样误差情况下，其转换过程中受四种因素影响[1]：

$$C_i = K_i \cdot I_i \cdot M_i \cdot S_i \tag{10-1}$$

式中：C为待测元素的浓度，下标i表示待测元素；K为仪器校正因子，可看作待测元素i的校准曲线的斜率；I是测得的待测元素X射线荧光净强度；M是样品的基体效应，其内容在本书已有论述，这里则主要指元素间吸收增强效应；S是指样品和标样间的物理化学形态的相似程度，在实际工作中制备样品和标样方法一样，若物理化学形态相似，如液体或熔融片，则S可从式(10-1)中消去。

在制定分析方法时，不仅要考虑上述K、I、M、S四种因素，尚需了解分析样品的一些必要的背景信息，如分析的精度、准确度；分析样品的周期；分析的场所，是在现场或是在中试室；可供选择的仪器等。只有全面掌握这些信息，方可根据实际情况，制定出相应的分析方法。

X射线荧光光谱定量分析方法是通过测得的强度I_i，计算待测元素含量C_i，I_i和C_i之间的换算关系可简单地描述为：真实浓度 ＝ 表观浓度×校正因子。表观浓度$W_{i,u}$可从未知样待测元素i的净强度$I_{i,u}$与标准样品中元素i的净强度$I_{i,s}$及其浓度$C_{i,s}$之间的简单关系获得。

$$W_{i,u} = \left(\frac{I_{i,u}}{I_{i,s}} \right) C_{i,s} \tag{10-2}$$

式(10-2)未考虑基体中元素间吸收增强效应的影响和样品与标样间物理化学形态差异，因此有较大的局限性。为了得到准确的浓度值，需引入元素间吸收增强

效应校正因子,该校正因子基本上是未知样(u)和标准样品(s)的基体效应比,可表述为:

$$C_{i,u} = W_{i,u}\left(\frac{M_u}{M_s}\right) \tag{10-3}$$

式(10-3)若用基本参数法和理论影响系数法对基体予以校正,则仍不能校正样品与标样间物理化学形态差异。若用经验影响系数法校正,需要相当多的高质量相似标样,但可对基体中元素间吸收增强效应的影响和样品与标样间物理化学形态差异进行某种程度的校正。

制定定量分析方法前要了解所分析的样品是否有国内外标准方法,若有则应遵循之。

制定定量分析方法的基本步骤为:

(1)根据样品和标样的物理形态和对分析精确与准确度的要求,决定采用何种制样方法。制样方法一经确认,应了解所确认的制样方法的制样误差,制样误差应小于分析方法对精度的要求;

(2)用标准样品选择最佳分析条件,如 X 射线管管压、原级谱滤光片、解谱方法和测量时间等;

(3)制定校准曲线;

(4)用标准样品验证分析方法可靠性及其分析数据的不确定度,以便确认所制定分析方法的适用范围。

此外在制定分析方法过程中,要尽可能减少误差。若假设分析化学全过程各步骤的误差彼此无关,根据误差传递理论,分析总方差应为各步骤方差之和。Jenkins[2]曾论述 XRF 分析误差来源,如表 10-1 所示。在制定分析方法时需尽可能减少表 10-1 中误差源。总误差 σ_T 可用下式表示。

$$\sigma_T = \sqrt{(\sigma_1^2 + \sigma_2^2 + \sigma_3^2) + (\sigma_4^2 + \sigma_5^2 + \sigma_6^2)} \tag{10-4}$$

表 10-1　XRF 光谱仪误差源[2]

随机误差	计数统计误差(σ_1),取决于测量时间; 发生器和 X 射线管稳定性($\sigma_2 \approx 0.1\%$); 仪器误差($\sigma_3 < 0.05\%$);	
系统误差	样品误差(σ_4)	吸收(300%);增强(25%); 粒度效应(100%); 化学态(5%)
	仪器误差(σ_5)	(<0.05%)
	取样误差(σ_6)	取决于样品质量和粒度(100%)
测量标准偏差	$\sigma^2 = \sum (\sigma_i)^2$	

§10.2　取样和制样

取样和制样方法的精度是精确定量分析的前提,现代 WDXRF 谱仪和 EDXRF 谱仪的长期稳定性通常小于 0.1%,甚至优于 0.05%,因此只要分析条件选择适当,测量对分析结果所带来的误差与取样和制样引入的误差相比是可以忽略的。

§10.2.1　取　　样

多年来学术界虽对取样误差进行了广泛研究,地质和水泥等一些行业相应制定了取样方法的标准,如 21 世纪水泥行业制定了取样方法的国家标准,按 GB/T 12573 方法取样,送往实验室的样品应是具有代表性的样品。使用四分法缩分至约 100g,经 0.08mm 方孔筛筛析,用磁铁吸去筛余物中的金属铁,将筛余物经过研磨后使其全部通过 0.08mm 方孔筛。将样品充分混匀后,装入带有磨口塞的瓶中并密封。按照国家取样标准取样,将使取样误差降到最小。但分析工作者往往只对来样负责,而忽略了取样所带来的误差。

作者在 20 世纪末曾以水泥生料为例,对各类误差来源予以评估,其结果列于表 10-2[3]。表 10-2 中 δ_1 为仪器测量误差,即一个样品重复测定 10 次的标准偏差,δ_2 为未混匀的 300g 生料随机制备 10 个样的分析结果的标准偏差,δ_3 为将未混匀的 250g 生料混匀后制备 10 个样的分析结果的标准偏差,δ_4 为取样误差,δ_5 为制样误差。

$$\delta_4 = \sqrt{\delta_2^2 - \delta_1^2 - \delta_3^2} \qquad (10\text{-}5)$$

$$\delta_5 = \sqrt{\delta_3^2 - \delta_1^2} \qquad (10\text{-}6)$$

表 10-2　水泥生料的取样和制样误差[3]

试验项目	SiO_2	Al_2O_3	Fe_2O_3	CaO	MgO
δ_1 /%	0.015	0.011	0.0032	0.0071	0.0067
δ_2 /%	0.25	0.037	0.029	0.215	0.047
δ_3 /%	0.11	0.022	0.0076	0.057	0.0098
δ_4 /%	0.224	0.028	0.028	0.207	0.045
δ_5 /%	0.109	0.019	0.0069	0.056	0.0071

从表 10-2 可知,有时取样误差 δ_4 比制样误差 δ_5 高一倍以上,因此在制定方法时要予以高度重视。当取样的误差是测量误差的 3 倍或更高时,进一步改善测量

精度就显得不重要了。

　　需要强调的是,即使对于标准样品,为保证标样具有良好的均匀性,不同标样的最小取样量也是有差异的,如生物地球化学系列标准物质 GSB1～GSB9,称取 0.2g 样品有良好代表性,而苹果粉 GSB10 其最小取样量定为 0.5g[4]。

§10.2.2　制　　样

　　制样在定量分析中占有重要地位,分析结果的精度和准确度在很大程度上取决于制样,本书将在第十四章专门论述具体的制样方法。在制定分析方法的过程中,选择制样方法是前提,它需要考虑所选制样方法能否满足用户对分析精度和准确度的要求,实验室中是否具备相应的制样设备和适当的标样等。在方法制定前要确认制样方法和制样精度,必须小于制定的分析方法对分析精度和准确度的要求,这对获得准确定量分析结果是很重要的。

　　对于轻基体中重元素的测定,取样量的多少对分析结果影响甚大,如对大米样品中的镉进行快速测定时,CdKα 线强度随样品质量增加而增加[5],即使用康普顿散射线作内标仍应考虑样品的质量,结果如表 10-3 所示。从表 10-3 可知应取 0.75g 或 1.000g 大米样压片,I_{Net}/I_{Com} 相对标准偏差最小。

表 10-3　样品的质量和 XRF 平均强度的关系[5]

样品质量/mg	100	150	200	250	500	750	1000
$I_{Net}{}^a$/(cps/mA)	0.257	0.362	0.439	0.509	0.811	0.931	0.963
$I_{Com}{}^b$/(cps/mA)	974	1362	1724	1963	3010	3348	3481
$I_{Net}/I_{Com}{}^c$/10^{-4}	2.64	2.66	2.55	2.59	2.69	2.78	2.77
RSD^d/%	6.2	6.1	3.0	3.0	4.1	3.5	3.5
死时间/%	4.3	5.7	7.2	8.3	13.3	16.1	17.7

　　a Cd 的 XRF 强度使用 Al_2O_3 二次靶测得,b 用 CsI 二次靶获得康普顿散射线强度 I_{Com},
　　c Cd 的 XRF 强度被 I_{Com} 除,d I_{Net}/I_{Com} 相对标准偏差($n=10$)。

　　XRF 分析工作者对于制样要给予足够的重视,要熟知各种制样方法的优缺点,且需要长期的经验积累。从某种角度而言,制样是一门艺术,要依据实际样品和制样条件,提出一些新的制样方法。

§10.3　分析条件的选择

　　能量色散谱仪定量分析条件的选择与所用仪器有关,由于能量色散谱仪种类繁多,如通用型、偏振型、手持式和微束 EDXRF 谱仪,它们各有特色,有些仪器生产厂家已设置好校准曲线,使用者甚至无法更改。因此应在熟悉所用仪器性能和构件的基础上,就其特性选择最佳分析条件,以满足分析要求。较复杂的样品通常要设置几个测试条件,每个分析条件可分析多个元素,如表 10-4 和表 10-5 所显示的那样。测试条件的选择主要有:提供给 X 射线管的管压和管电流、谱线、滤光片的选择和测定时间。本章有些内容在第三章和第五章中论述得更详细,可结合起来考虑。

§10.3.1 通用型谱仪管电压的选择

管电压的设置通常要大于待测元素激发电位的 3～10 倍,以便获得最优化的激发。能量色散谱仪设置某一条件通常要测定多个元素,有时不同元素的激发电位相差很大,在设置管电压时要综合考虑诸种因素,如测定试样中主量、次量元素的含量时,因谱仪不同而导致所允许的最大计数率在 5～300kcps 变化,这就要求设置电流要有所限制,通常谱仪死时间的控制不得大于 50%,有些谱仪可通过管电流的自动调节而有所改善,但要保证所测元素获得最大强度。如用 Si-PIN 探测器的谱仪,用 Rh 靶作为激发光源,在分析水泥中镁、铝、硅、硫和钾时,选择 4kV、0.6mA,这样选择的目的是使高含量钙不被激发,死时间缩短,提高了测量效率。而测钙、钛和铁时,选择 13kV、0.1mA,并选用 200μm 铝作滤光片,除去 X 射线管发射的 RhL$_\alpha$ 线,以便降低铝、硅等元素的 X 射线荧光强度,从而提高钙和铁等元素的 X 射线荧光强度。

§10.3.2 偏振型 EDXRF 谱仪二次靶和管电压的选择

目前商品用偏振 EDXRF 谱仪仅有两种,PANalytical 生产的 Epsilon 5 可配置 15 种二次靶,最大管压管流分别为 100kV、24mA,功率 600W,X 射线管阳极有 Gd 靶或 Sc-W 靶供选择;而 Spectro X-LAB 2000 谱仪配置 5 种二次靶,其中有布拉格靶(HOPG),X 射线管阳极是 Pd 靶,最大管压 50kV,功率 400W。因此在选择二次靶和管电压时,视仪器而定。通常巴克拉靶用于重元素分析,使用谱仪的最高管电压激发样品;布拉格靶(HOPG)主要用 X 射线管靶线如 Pd 靶的 L$_\alpha$ 激发 Na～Cl 等轻元素,因此其管电压要选 PdL$_\alpha$ 吸收限的五倍以上,十倍以下,即 16～33kV。荧光靶的选择比较复杂,视分析要求而定。这里仅举使用这两种谱仪分析地质样品中主量、次量和痕量元素为例说明二次靶和管电压是如何选择的。詹秀春等[6]用 Spectro X-LAB 2000 谱仪快速分析地质样品中 34 种元素时所用二次靶和管压参见表 10-4。本书作者用 Epsilon 5 高能偏振谱仪测定地质样品中 63 种元素的测量条件参见表 10-5,X 射线管阳极 Gd。表 10-5 中管电压是固定的,管电流的值视样品计数率而自动调节,以便控制死时间保持在 50% 水平。

表 10-4　　Spectro X-LAB 2000 谱仪快速分析地质样品中 34 种元素测量条件[6]

顺序	管压/kV	管流/mA	二次靶	分析元素
1	40	1.50	Mo	原子序数[26]Z~[39]Z;Hf,Ta,W,Hg,Tl,Pb,Bi,Th,U
2	50	5.00	Al_2O_3	Zr,Nb,Mo,Ag,Cd,In,Sn,Sb,Te,I,Cs,Ba,La,Ce,Pr,Nd
3	30	6.00	Co	原子序数[19]Z~[25]Z;Sm
4	15	5.00	HOPG	原子序数[11]Z~[17]Z

表 10-5　　Epsilon 5 谱仪地质样品中 63 个元素测量条件

顺序	管压/kV	管流/mA	二级靶	分析元素
1	100	6	Al_2O_3	Cd,Sn,Sb,Cs,Ba,La,Ce,Pr,Nd,Sm,Eu,Gd,Tb,Dy,Ho, Er,Tm,Yb,Lu
2	100	6	BaF_2	Sn,Sb
3	100	6	CsI	Ag,In
4	100	6	Ag	Zr,Nb,Mo
5	100	6	Mo	Se,Br,Rb,Sr,Y,Pb,Tl,Hg,Tl,Pb,Bi,Th,U
6	100	6	KBr	Zn,Ga,Ge,As
7	75	8	Ge	Ti,Mn,Fe,Co,Ni,Cu,Ta,Pb
8	50	12	Fe	V,Cr
9	40	15	Ti	K,Ca,Sc
10	35	17.1	CaF_2	P,S,Cl,Al,Si
11	25	24	Al	Na,Mg

表 10-4 和表 10-5 其共同点是均用巴克拉靶分析重元素,表 10-4 最大电压仅为 50kV,因此分析的最重元素是 Nd(K_{ab}=43.569keV),而表 10-5 所用最大电压为 100kV,分析的最重元素是 Lu(K_{ab}=63.314keV);在分析 Na、Mg、Al、Si、P、S、Cl 时,表 10-5 使用两个荧光靶(Al,CaF_2)替代表 10-4 中布拉格靶(HOPG);最大差异是表 10-4 中使用两个荧光靶分析的元素,表 10-5 使用了 11 个荧光靶。

§10.3.2.1　荧光靶的选择

荧光靶的选择有助于对试样中待测元素予以选择性激发,达到避免谱线干扰的目的。众所周知 Pb $L_α$(10.550keV)和 As $K_α$(10.530keV)的谱线几乎重叠,即使用 WDXRF 谱仪亦无法分开。但用 KBr 二次靶中 Br 的特征谱($K_α$ 和 $K_β$)可激发 As,但 Br 的 $K_α$ 不能激发 Pb $L_α$,Br $K_β$ 虽能激发 Pb $L_α$,但其相对强度仅为 $K_α$ 强度的 16%,其能量比 Pb $L_α$ 大,实际上 Br $K_β$ 激发 Pb $L_α$ 的产生强度中,小于 16%。因此在很大程度上可避免 Pb $L_α$ 对 As $K_α$ 的干扰,有利于在 Pb 含量远大于

As 情况下测定 As。为便于说明,在图 10-1 展示了 KBr 和 Mo 二次靶激发 As 的谱图。

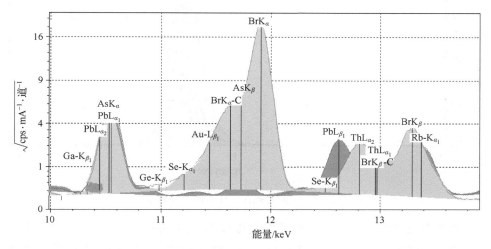

图 10-1　KBr 和 Mo 二次靶分别激发 GSS5 样品中 As(412mg/kg)和 Pb(552mg/kg)

由图 10-1 可知,在 PbL_{β_1} 处,使用 Mo 二次靶(图中深色部分)有一明显的谱,而用 KBr 二次靶仅存在拖尾,无谱峰出现。

§10.3.2.2　荧光靶的选择与 X 射线管阳极靶靶材的关系

为了说明选择二次靶时要考虑 X 射线管阳极靶靶材这个问题,以 CaF_2、Ti 和 Fe 三种荧光靶分别激发金属 Si 为例说明之(图 10-2 和图 10-3,谱仪 X 射线阳极为 Sc–W 复合靶,电压为 35kV)。

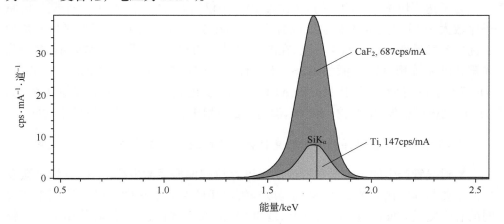

图 10-2　CaF_2 和 Ti 荧光靶在同样条件下分别激发金属 Si

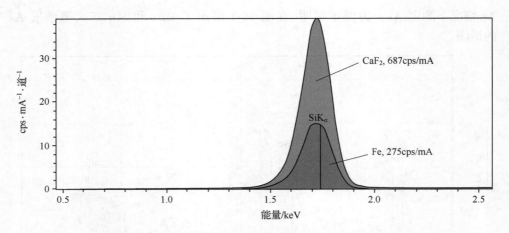

图 10-3　CaF₂ 和 Fe 荧光靶在同样条件下分别激发金属 Si

由图 10-2 和图 10-3 可知,Ti 靶的强度仅为 CaF₂ 的 21.39%,Fe 靶的强度为 CaF₂ 的 40.02%。按理 Ti Kα 能量与 Fe Kα 能量相比,更靠近 Si 的吸收限,故应更利于激发 Si。但结果相反,究其原因在于 X 射线管靶材是使用 Sc-W 复合靶,Sc 覆盖在 W 的表面,在管压 35kV 情况下,虽然 Sc 靶的特征谱均不能激发荧光靶 Ti 和 Fe,但 W 的 L 系线特征谱和连续谱最高强度 $\lambda_{max} \approx \frac{3}{2}U$ 更接近于 Fe,故在这种情况下连续谱激发 Fe 更有效,荧光靶 Fe 的强度远高于 Ti。但在 Gd 靶情况下,Ti 靶激发 Si 优于 Fe 靶和 CaF₂ 靶。这表明在荧光靶的选择过程中不仅要考虑荧光靶特征谱的能量,还应考虑 X 射线管产生的原级谱中特征谱是否可以激发荧光靶,特别是 Sc 阳极,在 35kV 的情况下,特征谱强度占原级谱强度 70% 以上。

为了达到快速分析的目的,如在表 10-4 中仅用 Co、Mo 和 Al₂O₃ 3 个靶分析原子序数大于 18 号元素的 K 系线或 L 系线,而在表 10-5 中用了 9 个靶,其目的是为了优化激发条件。为说明这一点,在图 10-4 中,在同样条件下选择 Mo、Ag 两个荧光靶和巴克拉靶 Al₂O₃ 激发 GSS4 土壤样。由图可知,Ag 荧光靶激发 Y、Zr 和 Nb 三元素的峰背比优于 Mo 和 Al₂O₃ 靶,Mo 靶激发 Sr 则优于其他两个靶,Al₂O₃ 靶虽可激发 Sr、Y、Zr 和 Nb,但与 Ag 靶相比,除 Sr 外,其激发效率均低。

§10.3.2.3　在同样功率下巴克拉靶产生的连续谱强度与管电压的关系

X 射线管产生的连续谱和特征谱经巴克拉靶偏振后激发样品,巴克拉靶激发样品主要与连续谱有关,原级谱的强度与管电压的关系参见图 10-5。管压 100kV 时的总强度是 30kV 的 100 倍以上,是 60kV 的 6.77 倍以上。作者曾用空气滤膜标样,在 100kV 高电压下,用巴克拉靶(Al₂O₃)激发重元素时,其检出限与 100kV

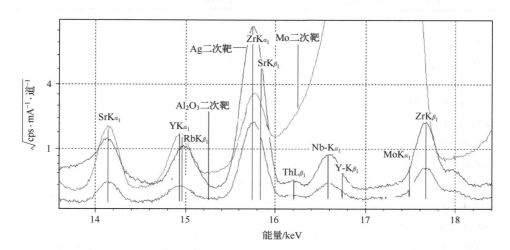

图 10-4　Ag、Mo 和 Al₂O₃ 3 种荧光靶分别激发 GSS4 样品中 Sr、Y、Zr 和 Nb 谱图

和待测元素吸收限 $K_{\alpha\beta}$ 比值之间的关系列于表 10-6。表 10-6 中 $kV/K_{\alpha\beta}$ 值从 Lu 的 1.5794 升到 Sn 的 3.4246,检出限(10^{-6} g/g)由 0.689 改善为 0.03,提高了 22 倍,可见使用巴克拉靶时,X 射线管的高电压对重元素的测定是多么重要。

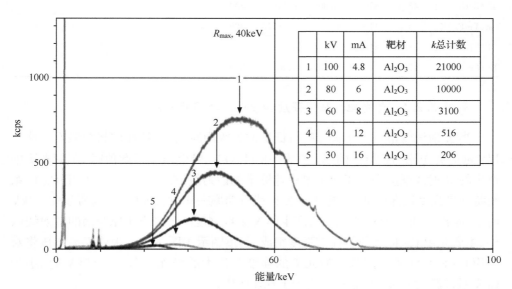

	kV	mA	靶材	k总计数
1	100	4.8	Al₂O₃	21000
2	80	6	Al₂O₃	10000
3	60	8	Al₂O₃	3100
4	40	12	Al₂O₃	516
5	30	16	Al₂O₃	206

图 10-5　巴克拉靶(Al₂O₃)连续谱的强度与管电压的关系[7]

表 10-6　待测元素检出限与 100kV 和待测元素吸收限 K_{ab} 比值之间的关系

		10^{-6}g/cm²	二次靶	10^{-6}g/cm²	kV/K_{ab}	Time/s
Sn	K_α	51.6	Al₂O₃	0.03	3.424658	300
Sb	K_α	48	Al₂O₃	0.03	3.279656	300
Te	K_α	43.2	Al₂O₃	0.03	3.14327	300
Cs(CsBr)	K_α	43.2	Al₂O₃	0.053	2.778036	300
Ba(BaF₂)	K_α	47	Al₂O₃	0.058	2.670869	300
La(LaF₃)	K_α	51	Al₂O₃	0.072	2.569043	300
Ce(CeF₃)	K_α	44.9	Al₂O₃	0.095	2.472616	300
Pr(PrF₃)	K_α	48.3	Al₂O₃	0.106	2.381463	300
Nd(NdF₃)	K_α	47.6	Al₂O₃	0.119	2.29521	300
Sm(SmF₃)	K_α	52.6	Al₂O₃	0.156	2.135201	300
Eu(EuF₃)	K_α	47.3	Al₂O₃	0.191	2.182501	300
Gd(GdF₃)	K_α	46.2	Al₂O₃	0.192	1.990485	300
Tb(TbF₃)	K_α	45.3	Al₂O₃	0.214	1.923225	300
Dy(DyF₃)	K_α	47.7	Al₂O₃	0.291	1.859116	300
Ho(HoF₃)	K_α	43.7	Al₂O₃	0.309	1.797979	300
Er(ErF₃)	K_α	43.7	Al₂O₃	0.307	1.728728	300
Tm(TmF₃)	K_α	38.5	Al₂O₃	0.483	1.683757	300
Yb(YbF₃)	K_α	53.5	Al₂O₃	0.638	1.63047	300
Lu(LuF₃)	K_α	47.8	Al₂O₃	0.689	1.57943	300

§10.3.2.4　荧光靶特征谱强度和管电压之间的关系

当 X 射线管电压大于荧光靶特征谱的吸收限时,它的特征谱将被激发。这里以 CeO₂ 荧光靶为例,Ce 的 K_{ab} 值为 40.443keV,管电压小于此值时,在荧光靶中产生的 X 射线强度来自于原级谱中连续谱的散射线,在 60kV 以上时,则 Ce K 系线特征谱强度逐渐增加,当施加在 X 射线管功率一样时,100kV 的总强度是 60kV 时 7.64 倍,这时 CeO₂ 荧光靶所产生的 X 射线强度除了来自于原级谱的散射线以外,主要是由 Ce K 系线特征谱强度组成,其谱图示于图 10-6。很明显高电压将对使用 Ce K 系线特征谱激发的元素的强度有很大的增加。高压≤40kV 时,小于 CeK 系线激发电位,故其 K 系线未出现在图中。

综上所述,如何选择荧光靶并不是仅依靠其特征谱能量大于待测元素激发电位那么简单,因为激发样中待测元素不仅来自于荧光靶的特征谱,还需考虑 X 射线管阳极靶材特征谱对荧光靶的激发,此外还需考虑包括经过偏振的原级谱的激发。在有多个荧光靶情况下,如何选择荧光靶,初学者最好通过实验、比较后,结合分析对象再选择。

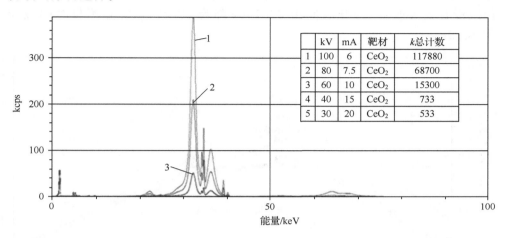

	kV	mA	靶材	k总计数
1	100	6	CeO_2	117880
2	80	7.5	CeO_2	68700
3	60	10	CeO_2	15300
4	40	15	CeO_2	733
5	30	20	CeO_2	533

图 10-6　荧光靶(CeO_2)连续谱的强度与管电压的关系[7]

§10.3.3　滤光片的选择

能量色散 X 射线荧光光谱仪使用滤光片,不仅可以有效降低背景和原级谱中特征谱对待测元素的干扰,还可降低死时间。在第五章§5.2.2节中对滤光片种类和功能已予以详细介绍,本节不再重复。通用的 EDXRF 谱仪为了消除 X 射线管原级谱中靶的特征谱干扰,使用滤光片已成习惯;然而在使用偏振型 EDXRF 谱仪时,往往会忽视初级滤光片功能,其实依然是很重要的。这里以两个例子予以说明。

(1) 偏振 EDXRF 谱仪使用原级滤光片在测定大米中低含量 Cd 时,检出限由 0.2mg/kg 降为 0.1mg/kg,结果列于表 10-7。

表 10-7　测量大米中 Cd(0.5mg/kg)用和不用滤光片对检出限影响

	X 射线管滤光片	
	无	Zr($125\mu m$)
X 射线电流 /mA	4.0	6.0
测量时间 T_{net}/s	1442	1494
死时间 /% *	20	17
CdK_α 净强度 I_{net}/cps	2.4	1.8
背景强度 I_{back}/cps	81	17
检出限 LLD /(mg/kg)	0.2	0.1

* 死时间和实际时间之比。

（2）在同样条件下（Gd 阳极靶 X 射线管 100kV，活时间 300s），用巴克拉靶 Al₂O₃ 测定地质样品中 Sn、Ba、La、Ce、Pr 等重元素，结果见图 10-7。虽然检出限没有太大改善，但死时间由 33.766s 降为 22.776s，实际测量时间减少了 10.9s。

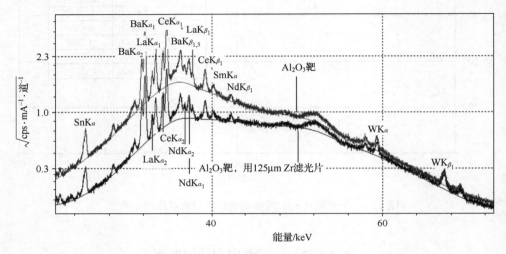

图 10-7　巴克拉靶用和不用 Zr-125 滤光片测定 GSD2 样品中稀土元素

§10.3.4　待测元素特征谱的选择

§10.3.4.1　待测元素特征谱要选择强线

EDXRF 谱仪对试样进行定量分析时，特征谱线 K_α、K_β、L_α、L_β、M_α 可供选择。谱仪最大管压为 30kV 时，原子序数小于或等于 42 的元素（Mo）选用 K 系线，大于 42 的元素用 L 系线，有时亦可选 M 系线；谱仪最大管压为 50kV 时，原子序数小于或等于 60 号的元素（Nd）选择 K 系线，大于 60 号的元素用 L 系线，有时亦可选 M 系线；而谱仪最大管压为 100kV 时，可有效激发原子序数小于或等于 71 号的元素（Lu）的 K 系线，从激发角度出发，高至 80 号元素可被 100kV 所激发，但激发效果并不优于在低电压时激发其 L 系线。在选择待测元素特征谱时应避免基体中共存元素的谱线干扰，并选择强线，在同样激发电压情况下，谱线强度 $K_\alpha >$ K_β，$L_\alpha > L_\beta$。

§10.3.4.2　选择待测元素特征谱时要避免和峰的干扰

和峰是指在探测系统有效分辨时间内可能有两个或多个光子同时或几乎同时进入探测器的概率增加，这些光子产生的电子空穴对被认为是能量等于这些光子能量和一个光子所产生的。由于探测系统不能分开这些粒子,因此测量谱在相应这些光子的能量和处出现和峰。和峰是光子的堆积效应引起的。唐士秀[8]曾就同步辐射 X 荧光分析中和峰的测量与计算开展研究。图 10-8 为用 Mo 靶在 30kV、200μA、Ag 滤光片激发 $Cr_{18}Ni_9Ti$ 标样系列中 1 号标样($Cr\%$:17.05;$Fe\%$:72.2;$Ni\%$:9.68)的部分测量谱,探测器为 Si 漂移探测器。在 10.5～14.5keV 能区内出现 Fe、Cr 和 Ni 的 K 系线和峰,如图 10-9 所示。这些表明只要试样所含元素的含量较高,这些元素的特征谱线自身或相互之间均可能形成和峰。由于 Si 漂移探测器死层的存在,电荷的不完全吸收造成在和峰前部的粒子堆积,形成低能端拖尾,和峰向前展宽,使和峰形状产生严重畸变。和峰的拖尾和展宽的程度较主峰严重得多,这给解谱增加了困难。但和峰是可以计算的,如高能偏振 EDXRF 谱仪在谱处理时就对和峰予以处理,虽未在谱图中标识和峰位置。避免和峰的干扰可采用适当滤光片降低主元素的谱线强度,如在测定涂料中 Pb 时,当 $Fe K_\alpha$ 谱的和峰(12.796keV)与 $PbL_{\beta1}$ 线(12.211keV)相重叠时,则影响 $PbL_{\beta1}$ 谱线的解谱。当涂料样品中含有 Fe-9.9%、As-5mg/kg、Pb-53mg/kg 时,30kV 管电压下测得的谱图示于图 10-10。图中浅色为用 Cu 滤光片(75μm),深色是用 Al 滤光片(200μm)。由图 10-10 可知使用 Cu 滤光片,Fe 的和峰对 $PbL_{\beta1}$ 谱峰干扰较用 Al 滤光片(200μm)降低很多,在这种情况下再在工作曲线制定过程中对 Fe 进行干扰校正,测量 Pb 的结果是可以接受的。

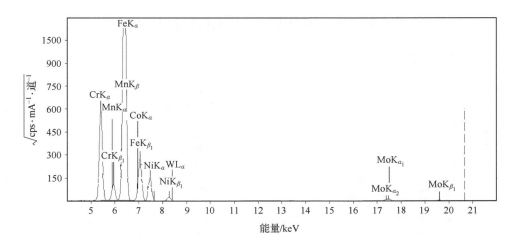

图 10-8　MiniPal 4 EDXRF 测定 $Cr_{18}Ni_9Ti$ 样品部分谱图

§10.3.4.3　选择待测元素特征谱要避免靶的特征谱及其康普顿谱的逃逸峰的干扰

　　选择待测元素谱线,特别是轻基体中痕量元素的测定时,应尽可能避免靶的特征谱及其康普顿谱的逃逸峰对待测元素特征谱的干扰。如用 Zr 荧光靶激发铝合金中 Cr 和 Mn,使用高纯 Ge 探测器,Zr 的 K_α 特征谱及其康普顿谱的逃逸峰将干扰 Mn 和 Cr 的特征谱,如图 10-11 所示。

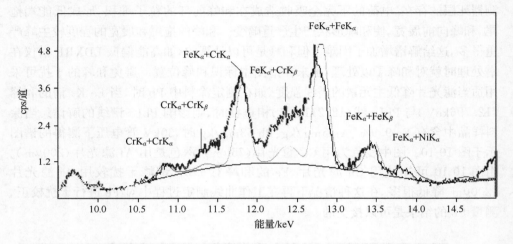

图 10-9　Cr18Ni9Ti 样品中 Cr、Fe、Ni 的 K 系间和峰谱图

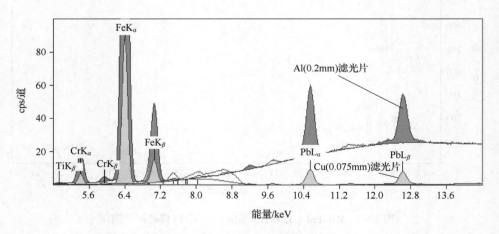

图 10-10　用不同滤光片时 FeK 系线和峰对 PbL_{β_1} 峰的影响

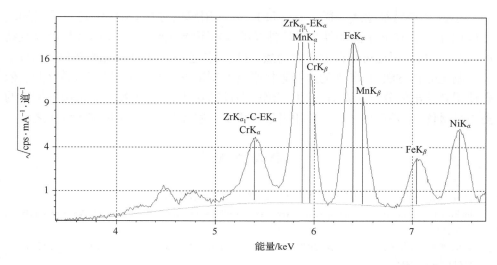

图 10-11　Zr 荧光靶的特征谱和康普顿谱的逃逸峰对 Mn(1.54‰)和 Cr(0.31‰)的干扰

§10.3.4.4　背景道的选择

在通用 EDXRF 谱仪测定某些元素时,有时需要设置背景用作内标道,校正不同基体的吸收效应,这就要求设置背景道,如测定涂料中有害元素时所设置的特征谱线及背景道,示于表 10-8。表 10-8 中背景道 BS 用作 Cd 内标道,Bs1 用作 Cr 内标道。Cu75 条件是用 30kV、75μm 厚 Cu 滤光片,Al 条件是用 30kV、200μm 厚 Al 滤光片,测量时间均为 200s。

表 10-8　测定涂料中有害元素测量条件表

元素名	标识道	单位	特征谱线	ROI 最小值/keV	ROI 最大值/keV	条件名
As	As	ppm	K_β			Cu75
Br	Br	ppm	K_α			Cu75
Cd	Cd	ppm	K_α			Cu75
Cr	Cr	ppm	K_α			Al
Fe	Fe	ppm	K_α			Cu75
Mo			K_α-C			Cu75
Pb	Pb	ppm	L_α			Cu75
Pb1	Pb1	ppm	L_β			Cu75
BS	BS		ROI	23.5	23.7	Cu75
Bs1	Bs1		ROI	6.65	6.85	Al

　　在表 10-8 特征谱线一栏中,K_α 和 L_β 表示用解谱方法,ROI 则是对感兴趣区予以积分。表 10-8 中除条件名中所涉及的内容不能更改外,其他项目是可以改动的,如元素和标识道可根据需要而增减,这比波长色散 X 射线荧光光谱仪要方便。

　　制定分析方法时,条件的选择直接影响所制定方法的优劣,目前商品仪器会依据使用者给出的分析元素,自动推荐测试条件的功能,应该说在很多情况下推荐的虽不是最优,但是可用的。若使用者已积累了一些经验,则应通过实验优化之。

参 考 文 献

[1] 吉昂,陶光仪,卓尚军,罗立强. X 射线荧光光谱. 北京:科学出版社,2003:111.

[2] Jenkins R . X-ray fluorescence spectrometry . ACS Audio Notes , American Chemical , Washington , D.C , 1978;121.

[3] 吉昂,卓尚军,陶光仪. MiniMate EDXRF 谱仪在水泥工业分析中的应用. 理化检验-化学分册,1999, 35(11):483～485.

[4] 中国地质科学院地球物理地球化学勘查研究所. 生物地球化学系列标准物质研制. 2005 年 5 月.

[5] Nagayama H , Konuma R , Hokura A , Nakai I , Matsuda K , Mizuhira M , Akai T . Determination of Cd at the sub-ppm level in brown rice by X-ray fluorescence analysis based on the Cd $K\alpha$ Line . Advances in X-ray Analysis(日本),2005,36:235～247.

[6] 詹秀春,罗立强. 偏振激发-能量色散 X-射线荧光谱法快速分析地质样品中 34 种元素. 光谱学与光谱分析,2003,23(4):803～807.

[7] The Analytical X-ray Company .Epsilon 5 course of PANalytical .

[8] 唐士秀. 同步辐射 X 荧光分析中和峰的测量与计算. 2003 年北京同步辐射年报.

第十一章 定量分析方法(2)——校准曲线的制定

§11.1 概 述

在第十章已指出制定校准曲线是定量分析的重要步骤之一。其过程是用优化后的定量分析条件测定已制好的标样,将标样的特征 X 射线荧光光谱净强度与浓度之间的关系,通过回归方法求得校正曲线的斜率和截距。

EDXRF 谱仪与 WDXRF 谱仪定量分析方法基本上是一样的,区别仅在于 EDXRF 谱仪测定的强度通常是测定特征谱的面积,而 WDXRF 谱仪是测定峰高(在半定量分析时有时亦用峰面积)。到目前为止,X 射线荧光光谱的定量分析基本上依然是一种相对分析方法。在标样和试样的制备与实验条件完全一致的条件下,依据定量分析条件测定标准样品,在实际工作中通过测得一组标准样品的特征 X 射线荧光光谱净强度与其相应的含量建立如下关系式 :

$$C_i = D_i + E_i I_i M_i \tag{11-1}$$

$$C_i = (D_i + E_i I_i) M_i \tag{11-2}$$

式中:C_i 和 I_i 分别是待测元素 i 的浓度和净强度,I_i 可用 R_i 代替,$R_i = \dfrac{I_i}{I_j}$,I_j 可以是靶材的康普顿散射线强度或是用作待测元素的内标元素的强度,也可用背景强度;M_i 是基体校正因子,有关基体校正的内容在第八、九章有详细的介绍,不同模型之间的区别在于定义和计算的方法不同。

全反射 X 射线荧光光谱仪在进行定量分析时,通常将样品制成液体,取样量是微量级(如 $0.5\mu L$),经干燥后成薄样,因此,可忽略元素间吸收增强效应与结构效应。生产仪器厂商一般会提供待分析元素的仪器灵敏度因子,在多数情况下使用内标法即可获得定量分析结果,测定单个元素时亦可用标准加入法。

手持式能量 X 射线荧光光谱仪进行定量分析时,生产仪器厂商依据用户的分析对象,选择相似标样进行测量,使用基本参数法或经验系数法校正基体效应,用户买后一般不再制定校准曲线。

除专业用的特定谱仪外,在实际工作中制定定量分析校准曲线过程中,为获得待测元素净强度,要扣除背景和谱线干扰,并考虑对基体进行校正,在此基础上将强度设为纵坐标,浓度设为横坐标,通过最小二乘法(回归方法)制定校准曲线。测得未知样待测元素的净强度后,由校准曲线计算未知样的组成含量。

§11.2　校准曲线模式

§11.2.1　线性校准曲线

在样品和标准样品的物理化学形态相似,含量在一定的较小范围内,元素间吸收增强效应可以忽略的情况下,即式(11-1)或式(11-2)中 M_i 等于或近似等于 1 时,元素的强度和谱线强度是一线性关系。

$$C_i = D_i + E_i I_i \tag{11-3}$$

式(11-3)是适用于某一类标样制定的校准曲线,只能分析同一类的样品,而不能用于另一类样品的分析。

§11.2.2　理论影响系数法

理论影响系数法有多种模式,在样品和标准样品的物理化学形态基本相似但组成变化的范围较大时,如主量元素组成含量变化在其平均值的 ±20% 之内,这时元素间吸收增强效应一般较为严重,可使用理论影响系数法,校正方程可表述为:

$$C_i = D_i + E_i R_i (1 + \sum \alpha_{ij} C_j) \tag{11-4}$$

式中: α_{ij} 表示元素 j 对分析元素 i 产生的吸收增强效应的值。α_{ij} 数值用基本参数法理论公式计算获得,称作理论 α 系数。理论 α 系数模式及其计算方法有多种,在第七章已有详细论述。式(11-4)是常用的一种模式,计算校准曲线 D_i 和 E_i 值至少需要两个标样,若 D_i 值固定,亦可用一个标样计算 E_i 值。理论影响系数法要求所有元素或化合物的浓度总和等于或近似等于 99.5% 以上,谱仪不能分析的元素如 C、N、B、O 和灼烧减量需用手工输入或作平衡项处理。

理论 α 系数除用标样的平均组成或设定的组成计算外,还有可变理论 α 系数,即依据试样的组成计算理论 α 系数。理论 α 系数通常适用于标样浓度范围内或标样组成含量平均值的 ±20% 范围,超越浓度范围则可能使试样分析结果不准确。而可变理论 α 系数原则上不受含量范围限制。

§11.2.3　经验影响系数法

经验影响系数法在 20 世纪 60 年提出后曾获得广泛应用,最近十多年在很多情况下已为理论影响系数法所替代,但依然是不可缺少的基体校正方法。只要有足够多的标样,在有限的浓度范围内,可适用于分析试样中少量元素而不用全分析,特别是用粉末压片法分析矿石样品如水泥生料,只要标样中包含不同矿山的矿样,经用其他分析方法定值,采用经验系数法可校正矿物结构效应。最常用校正模式是 Lachance-Traill(L-T)方程,方程形式与式(11-4)一致。

式中的 α 系数可通过解联立方程求得。这种方法不需要预先知道原级谱和 X 射线荧光的质量吸收系数等物理参数,因此不存在物理意义,这正是现代一些人不愿用的理由。的确,利用多重回归程序计算经验系数是存在危险,因为处理的不是真正意义上的数学式,而是在处理 X 射线强度数据和标准样品的浓度数据,这些数据特别是强度数据可能存在较大的随机和系统误差。若用过多的校正系数,很可能使校正曲线中的标准样品浓度和由 X 射线荧光强度计算出的浓度吻合得很好,但往往不能用于实际样品的分析,或在分析实际样品时迭代不收敛。其次若要计算 n 个经验系数,至少需要有 $2n-1$ 个优质标样。

除上述 L-T 方程外,在 EDXRF 谱仪配置中,还有 Lucas-Tooth-Price 提出的强度校正模式,其一般表达式为:

$$C_i = D_i + I_i(1 + k_0 + \sum_{j=i}^{j=n} k_{ij} I_j) \tag{11-5}$$

式中: D_i 是校正背景值,该值应是方法的平均背景; k_0 、 k_{ij} 是校正系数,这些系数与实验条件有关。强度校正模式是以测量的强度而不是浓度为根据进行计算的,该式适用于任何数量的元素。校正系数用于未知样分析时,计算是简单的,不需要通过迭代法求解。

§11.2.4　基本参数法

基本参数法是建立在 X 射线物理学基础上的一种方法。J. Sherman 提出的样品组成与元素强度之间的数学关系式,包含许多基本物理常数和参数,故称为基本参数法。在第七章已论述了基本参数法计算过程,依据参考样的组成计算每个元素的理论强度,由样品的理论强度(I_m)与实测强度(I_m)求得待测元素的仪器因子 $\left(I_F = \dfrac{I_m}{I_{th}}\right)$ 。如图 11-1 和图 11-2 所示。

在定量分析时,在已有相似标样或非相似标样的情况下,基本参数法校正基体效应的校正可表达为:

$$C_i = D_i + E_i R_i M_i \tag{11-6}$$

用 Sherman 方程计算方程中基体校正因子 M_i,为计算校准曲线 D_i 和 E_i 值至少需要两个标样,若 D_i 值固定,亦可用一个标样计算 E_i 值,每个标样的 M_i 都要分别计算, D_i 和 E_i 是所有参加校准曲线的标样用回归方法求得的,适用于浓度范围很宽的不同试样的分析。若仅用单标样或为了准确测定痕量元素,可设置 $D = 0$,式

(11-6)则改写为：

$$C_i = E_i R_i M_i \tag{11-7}$$

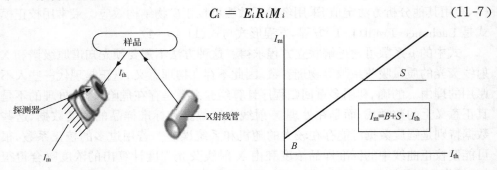

图 11-1　样品的理论强度和实测强度　　图 11-2　样品的理论强度和实测强度回归曲线

Sherman 方程只考虑样品组成中元素间吸收增强效应,不仅未考虑试样和标样间物理形态差异,也未涉及原级谱在试样中散射线对元素的激发和原级谱激发试样元素过程中所产生的可激发试样中轻元素的光电子;近十多年来研究指出基本参数法理论方程计算过程中必须使用吸收限跃迁比、荧光产额和谱线分数等基本参数并非均是恒定值,这些参数在不少情况下是随元素的物理化学形态变化而变化;所有这些均将导致 I_{th} 值的计算不准确,从而使分析结果不准确。因此若要获得结果,要达到标准偏差在 $\delta = 0.01\sqrt{C} \sim 0.05\sqrt{C}$($\delta$ 和 C 分别表示标准偏差和分析元素的浓度),仍需要求标样和试样之间不存在物理化学形态的差异。从这个角度出发 X 射线荧光光谱分析在本质上依然是一种相对分析方法。

§11.2.5　散射线内标法

散射线内标法是指原级谱特征谱散射线或二次靶的散射线作内标线。内标线可以是 X 射线管靶材的特征谱的瑞利散射和康普顿散射线,二次靶的康普顿散射线,某一待测元素特征谱峰某一侧的原级谱连续谱的感兴趣区的强度。散射线不仅可用作校正基体中吸收效应,还可对样品的物理形态如形状、密度和粒度等予以校正,但正如第八章所述,散射线不能校正增强效应。其表达式为：

$$C_i = D_i + E_i \frac{I_i}{I_c} \tag{11-8}$$

式中：I_c 为内标线强度,其他符号含义同前。

EDXRF 谱仪定量分析方法基本上是用上述五种方法,有时单独使用,亦有几种方法组合用于同一方法。此外还有标准加入法和比例常数法等用于某些试样中元素分析,有兴趣读者可参阅文献[1,2]中有关章节。

定量分析依据含量大小可分为三类:主量:1‰ ～100% ;次量:0.2% ～1% ;痕

量：$<0.2\%$ [3]。本章将以上述五种校准曲线方法的共性及在主量、次量和痕量元素中应用所涉及的问题予以论述。

§11.3　净　强　度

在式(11-1)～式(11-8)中，净强度 I_i 的概念是指测得谱的强度（I_p）减去背景的强度（I_B）和扣除全部干扰元素（I_j）在待测元素谱峰中所贡献的强度。能量色散 X 射线荧光光谱仪依据所设置的定量分析条件测定标准样品，通过谱拟合方法处理获得谱强度，该强度一般已扣除背景和谱线干扰，基本上可将该谱的强度认作净强度。但若用感兴趣区方法测得谱的感兴趣区内积分强度，虽可通过背景拟合方法扣除感兴趣区处的背景，但不能消除谱线间干扰。常见的谱线干扰如表 11-1，与 WDXRF 谱仪不同，待测元素特征谱还存在基体中主量、次量元素的和峰和二次靶的逃逸峰的干扰。和峰的谱形有时产生畸变，有些谱仪对和峰处理效果并不理想。在 EDXRF 谱仪中不存在晶体高次衍射线的干扰。

表 11-1　常见元素的谱线干扰

待测元素	主要干扰元素	待测元素	主要干扰元素	待测元素	主要干扰元素
NaK_α	ZnL_{β_1}	AlK_α	BrL_α	$SilK_\alpha$	RbL_{β_1}
$SK_{\alpha_{1,2}}$	$MoL_\alpha, NbL_\alpha,$ $NbL_{\beta_1}, ClK_\alpha, PbM$	CaK_α	KK_β	TiK_α	BaL_α
VK_α	$TiK_{\beta_{1,3}}, BaL_{\beta_3}$	CrK_α	$VK_{\beta_{1,3}}$	MnK_α	$FeK_\alpha, CrK_{\beta_{1,3}}$
FeK_α	$MnK_{\beta_{1,3}}$	CoK_α	$FeK_{\beta_{1,3}}$	NiK_α	$CoK_{\beta_{1,3}}$
CuK_α	$NiK_{\beta_{1,3}}$	ZnK_α	$CuK_{\beta_{1,3}}$	AsK_α	PbL_α, BiL_α
YK_α	$RbK_{\beta_{1,3}}$	ZrK_α	$SrK_{\beta_{1,3}}$	NbK_α	$YK_{\beta_{1,3}}$
MoK_α	$ZrK_{\beta_{1,3}}$	SnK_α	$AgK_{\beta_{1,3}}$	SbK_α	$CdK_{\beta_{1,3}}$
CdK_α	$RhK_{\beta_{1,3}}$	CdL_α	KK_α	PbL_α	AsK_α

因此，为获得净强度有时尚需借助于数学方法，在输入标样浓度和测定标样强度基础上，需用最小二乘法求得干扰元素对待测元素的重叠校正因子。其数学表达式应为：

$$C_i = D_i + E_i(I_i - I_B - \sum L_{ij} I_j) \tag{11-9}$$

$$C_i = D_i + E_i(I_i - I_B - \sum L_{ij} I_j) M_{ij} \tag{11-10}$$

式(11-9)未考虑基体影响。式(11-9)和式(11-10)均是非线性方程，计算重叠校正因子 L_{ij} 有困难。若校准曲线限定在一定的小范围内，M_{ij} 的变化也不大，假设 I_j 不存在基体效应或可以忽略，则式(11-10)可以表述为[4]：

$$C_i = D_i - \sum L_{ij} I_j + E_i I_i M_{ij} \tag{11-11}$$

式(11-11) 变成线性方程, 数学上很容易同时计算重叠校正因子和其他校正参数。但式(11-11) 中 I_i 已不是真正意义上的净强度, 这种近似有时将使分析结果变坏, 因此需要引起注意。

重叠元素的强度与它所属元素浓度成比例关系, 因此可使用浓度模式校正谱线干扰, 其表达式:

$$C_i = D_i - \sum L_{ij} C_j + E_i I_i M_{ij} \tag{11-12}$$

在使用式(11-11) 和式(11-12)分析未知样时, 式(11-12)中 C_j 是参与迭代计算过程的, 而式(11-11)中 I_j 仅计算一次, 不参与迭代计算。在多数情况下建议用式(11-11)。

§11.4　校准曲线的制定

在定量分析校准曲线制定过程中最常用的一种方法是线性方程, 以 I 为纵坐标, C 为横坐标作图(图 11-3)。图 11-3 中 B 为背景强度, S 为灵敏度, E 为曲线的斜率, D 为曲线的截距。

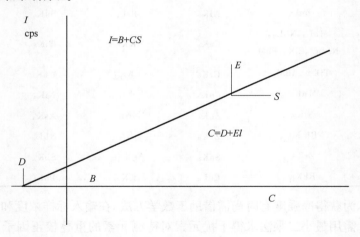

图 11-3　校准曲线

X 射线荧光光谱为建立校准曲线, 若一组标准样品的组成浓度在有限的浓度范围内, 其浓度与测定的强度之间的关系如图 11-3 所示; 但在大多数情况下它们之间的关系并不像图 11-3 所示那样呈简单线性关系, 而是必须借助于科学的方法予以解决, 如借助于回归分析[6,7]。

§11.4.1　一元线性回归分析在校准曲线中的应用

X 射荧光光谱分析通常用一元线性回归方法求解校准曲线的斜率和截距,一元线性回归方法是研究随机变量 y 和普通变量 x 关系的方法。所考察的两个变量,组成浓度是精确测定值,其测定误差同另一变量净强度相比是可以忽略不计的普通变量(x),而净强度的测定值是包含有测定误差的随机变量(y),它的测定值不仅与计数统计误差有关,还受基体效应和制样误差的制约。一元线性回归方程的一般形式:

$$y = a + bx \tag{11-13}$$

由于在实验过程中存在测定误差,y(净强度)与 x(浓度)的函数关系常常以相关关系表现出来,因此相应于 $x_1, x_2, \cdots, x_n$ 的实验测定值 $y_1, y_2, \cdots, y_n$ 与回归方程计算值 $Y_1, Y_2, \cdots, Y_n$ 并不相等,实验点 $(x_1, y_1), (x_2, y_2), \cdots, (x_n, y_n)$ 并不都落在按式(11-13)确立的回归直线上。可以用最小二乘法,通过选择合适的 a, b 值使

$$\sum_{i=1}^{n} (y_i - Y_i)^2 = 最小值 \tag{11-14}$$

并通过式(11-15)和式(11-16)求得每个元素的校正曲线的斜率(b)和截距(a),即可确定反映实验点真实分布状况的一元线性回归方程和回归直线

$$b = \frac{n\sum_{i=1}^{n} x_i y_i - (\sum_{i=1}^{n} x_i)(\sum_{i=1}^{n} y_i)}{n\sum_{i=1}^{n} x_i^2 - (\sum_{i=1}^{n} x_i)^2} \tag{11-15}$$

$$a = \frac{\sum_{i=1}^{n} y_i - b\sum_{i=1}^{n} x_i}{n} = \bar{y} - b\bar{x} \tag{11-16}$$

式中:n 为标样数。由式(11-16)可知,回归直线通过 $(\bar{x}, \bar{y})$ 点,记住这一结论对绘制回归直线是重要的[6]。

Rousseau 等[7]指出:

(1) 式(11-15)和式(11-16)适用于基体中主量、次量元素的测定,因为标样中主量、次量元素的浓度参考值的相对误差很小,故可看做普通变量 x;而对于很低浓度的痕量元素的参考值的相对误差在 5% ～20% 波动,不能当作普通变量,因此最好不用式(11-15)和式(11-16)进行回归分析,他们推荐使用 RMA(reduced major axis)回归方程。RMA 回归方程[3]表述如下:

$$b = \frac{\delta_y}{\delta_x} \tag{11-17}$$

式中：
$$\delta_y = \sqrt{\frac{n\sum\limits_{i=1}^{n} y_i^2 - \left(\sum\limits_{i} y\right)^2}{n-1}}$$

$$\delta_x = \sqrt{\frac{n\sum\limits_{i=1}^{n} x_i^2 - \left(\sum\limits_{i} x\right)^2}{n-1}}$$

$$a_i = \frac{\sum\limits_{i=1}^{n} y_i - b\sum\limits_{i=1}^{n} x_i}{n} \tag{11-18}$$

（2）由于一元线性回归方程是以式（11-16）为基础，因此上述式（11-1）、式（11-3）～式（11-5）需要改写成相对应的形式，方可用线性回归方程求解 b 和 a。如将式（11-4）按式（11-13）形式写成：

$$\frac{I_i}{I_{iM}} = \frac{C_i}{E_i(1 + \sum \alpha_{ij} C_j)} + a_i = b_i C_i + a_i \tag{11-19}$$

$b_i = \dfrac{1}{E_i}$，其他方程可类推。若将每个标样以下标 n 表示，将有

$$(x_i, y_i) = \left(\frac{C_i}{1 + \sum \alpha_{ij} C_j}, \frac{I_i}{I_{i,M}} \right) \tag{11-20}$$

当用回归方程求得斜率和截距，在分析未知样时按式（11-24）计算出浓度。

$$C_i = \frac{1}{b_i} \left(\frac{I_i}{I_{iM}} - a_i \right) \left(1 + \sum_i \alpha_{ij} C_j \right) \tag{11-21}$$

（3）若背景、谱线干扰、来自于激发源的谱线干扰等均已准确校正和扣除，这样当 i 元素浓度为零时，所测 i 元素的净强度应为零。此时 $a_i = 0$，

$$b_i = \frac{\sum\limits_{i=1}^{n} x_i y_i}{\sum\limits_{i=1}^{n} x_i^2} \tag{11-22}$$

在处理强度和浓度关系时，有时可使用二次多项式 $I_i = a_0 + a_1 C_i + a_2 C_i^2$ 或 $I_i = a_1 C_i + a_2 C_i^2$，但决不可用三次以上多项式，因 n 次多项式将会产生 $n-1$ 个拐点，如图 11-4 所示。在图 11-4 中二次方程未显示拐点，其实有时依然存在拐点，如图 11-5 中用二次曲线在高点部位形成拐点，若用一次方程，直线从两高点中间通过（图 11-5 中小图）。显然图 11-5 中二次曲线的 K、RMS 和相关系数均优于一次方程，但用于实际工作时在高含量处依然存在风险。

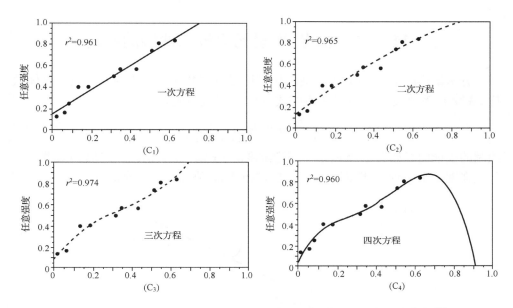

图 11-4 同样实验数据用一次、二次、三次和四次多项式拟合校准曲线[3]

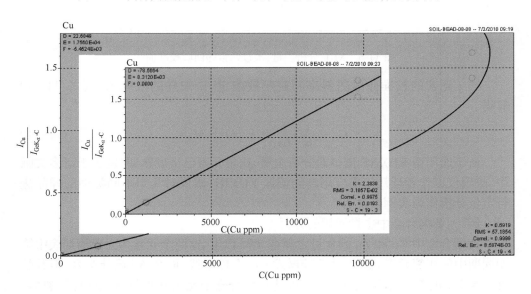

图 11-5 土壤中 Cu 的一次和二次校准曲线比较

§11.4.2　主量、次量元素校准曲线的制定

分析试样中主量、次量元素通常用理论影响系数法或基本参数法校正基体效应,浓度 C_i 和强度 I_i 之间的关系按式(11-11)形式写成:

$$\frac{I_i}{I_{iM}} = a_i + b_i \frac{C_i}{(1 + M_{ij})} \tag{11-23}$$

绘制的校准曲线如图 11-6 所示。假定浓度值(x 轴)是真值或固定值,i 元素的 X 射线强度示于 y 轴,表明测得的每个标样强度,其值遵守高斯分布。

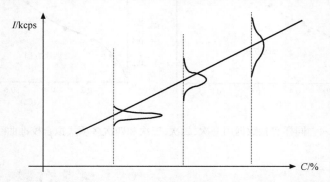

图 11-6　XRF 分析主量、次量元素的回归校准曲线

当 i 元素的校准曲线的斜率和截距被测定,未知样的浓度 C_i 从式(11-23)算得:

$$C_i = \frac{1}{b_i} \left(\frac{I_i}{I_{iM}} - a_i \right) (1 + M_{ij}) \tag{11-24}$$

由于通用型 EDXRF 谱仪对分析主量、次量元素已很成熟,并发表于诸多文献中,故现仅以作者近几年来应用高能偏振 EDXRF 谱仪对几个不同类型的样品进行定量分析作为实例以说明。

例一:黄铜合金中主量元素的分析

黄铜合金中 Cu 和 Zn 的含量之和在 99% 以上,这两个元素为元素周期表中第四周期中的相邻元素,ZnK$_\alpha$ 线不能激发 Cu 的 K 系线,而 ZnK$_\beta$ 虽能激发,但其强度约为 Zn 的 K 系线强度 15%[2],因此黄铜合金中元素间吸收增强效应可忽略。测量条件列于表 11-2。每个条件测定时间均为 100s,死时间控制在 50%,管电流自动调节。

表 11-2　黄铜合金中待测元素分析条件

二次靶	管电压/kV	待测元素	特征谱线
Cu	60	Mn,Fe	K_α
Ge	75	Ni,Cu,Zn	K_α
KBr	100	As	K_α
ICs	100	Ag,Cd	K_α
Zr	100	Pb	L_β

图 11-7 为 Ge 二次靶测定 MH1 标样(Ni:0.26%,Cu:66.16%,Zn:33.42%)谱图,以谱拟合方法解谱和扣除背景。

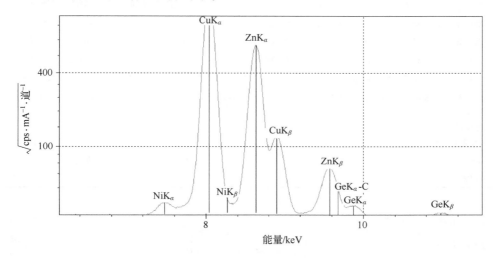

图 11-7　Ge 二次靶测定 MH1 标样谱图

在计算校准曲线时,除 As 和 Cd 外均未用谱线干扰校正,Ag、Cd 和 Pb 用 Cs 的 K_α 线的康普顿谱作内标,其他元素未进行基体校正。Cu 合金诸元素校准曲线的参数和标样浓度范围列于表 11-3。

由表 11-3 可获得下述结论:

(1) 在有限的浓度范围内,主量元素间吸收增强效应可以忽略的情况下,将谱处理获得的标样净强度与其浓度进行因归分析,用于验正校准曲线的三个参数 K、RMS 和相关系数均很好;亦可从图 11-8 和 11-9 的 Cu 与 Zn 的校准曲线可知,校准曲线计算值与标准值间最大绝对差分别小于 0.19% 和 0.06%,因此该方法可以用作常规分析。

(2) 由图 11-7 可知 CuK_β 对 ZnK_α 谱线有严重干扰,但在 Zn 的校准曲线计算过程中并未进行谱线干扰校正,依然获得理想的校准曲线,这表明谱处理程序若是好的,在一定情况下可通过解谱获得待测元素谱的净强度。

(3) 若试样的含量在所制定的工作曲线分析的标样含量范围之内,则该曲线是可用的。但若要分析试样的含量距离标样含量上、下限较大时,则结果不可靠。表 11-3 中 Cu 和 Zn 的截距分别为 3.006 和 −2.7005,这表明当 Cu 和 Zn 的强度为零时,它们的含量分别为 3.006% 和 −2.7005% 。

表 11-3　Cu 合金诸元素校准曲线的参数和标样浓度范围

	Mn/ppm	Fe/%	Ni/%	Cu/%	Zn/%	As/ppm	Ag/ppm	Cd/ppm	Pb/ppm
K	0.4259	5.80E-03	0.0136	0.0167	9.08E-03	0.9873	1.0045	1.5183	1.4737
RMS	16.382	2.79E-03	5.75E-03	0.1382	0.0489	32.5044	33.0616	51.5585	50.2456
相关系数	0.9993	0.9994	0.9989	0.999	0.9999	0.9966	0.9604	0.9375	0.9995
标样浓度范围	17.0000— 850	0.020— 0.190	0.0100— 0.260	66.16— 72.89	26.60— 33.42	11.0— 670	29.0— 250	12.0— 260.0	65.0— 3300
D	−1.9515	1.45E-03	8.26E-03	3.0064	−2.7005	1.77E+02	13.0952	65.3029	23.2529
E	42.8245	2.83E-03	2.99E-03	3.72E-03	3.38E-03	2.30E+02	8.58E+02	6.93E+02	1.37E+04
内标道	<None>	<None>	<None>	<None>	<None>	<None>	Cs-C	Cs-C	Cs-C
谱线重叠校正　干扰元素	<None>	<None>	<None>	<None>	<None>	Pb	<None>	Ag	<None>
I or C						强度		强度	
干扰系数						7.71E-04		1.93E-04	

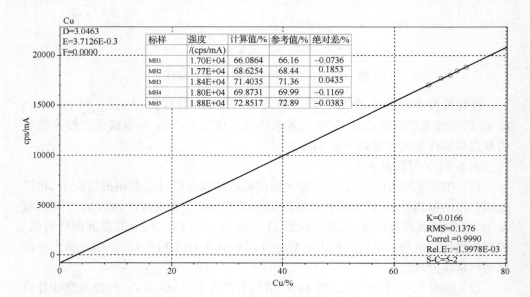

Cu
D=3.0463
E=3.7126E-0.3
F=0.0000

标样	强度 /(cps/mA)	计算值/%	参考值/%	绝对差/%
MH1	1.70E+04	66.0864	66.16	−0.0736
MH2	1.77E+04	68.6254	68.44	0.1853
MH3	1.84E+04	71.4035	71.36	0.0435
MH4	1.80E+04	69.8731	69.99	−0.1169
MH5	1.88E+04	72.8517	72.89	−0.0383

K=0.0166
RMS=0.1376
Correl.=0.9990
Rel.Eᴛ.=1.9978E-03
S·C=5·2

图 11-8　Cu 的校准曲线

　　(4) 若想将该种有限浓度范围的定量分析方法应用于其他类型的铜合金样品,在现有标样基础上,可用基本参数法校正元素间吸收增强效应,且令 Cu 和 Zn 的截距分别为零,重新计算截距和斜率。仍以 Cu 为例,示于图 11-9。将图 11-8 与图 11-9相比较,两者的 K、RMS 和相关系数基本一致。但图 11-6 校准曲线的适用范围更广、结果更可靠。当然基本参数法不能校正金属结构效应。

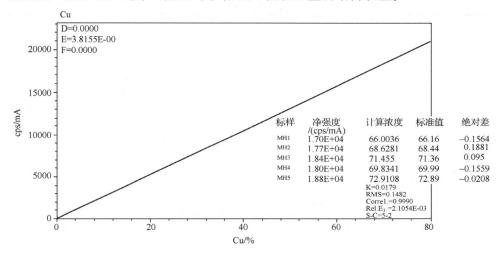

图 11-9　Cu 的截距为零值的校准曲线

例二. 熔融法分析硅酸盐中主量、次量元素

　　采用熔融法制样,应用波长色散 X 射线荧光光谱分析硅酸盐岩石样品中主量、次量元素,在我国已有标准方法[8]。但用能量色散 X 射线荧光光谱分析这类样品主量、次量元素,尚有一定困难,主要是 Na、Mg 强度较低。本法以 Epsilon 5 高能偏振 X 射线荧光光谱仪测定射线荧光光谱分析硅酸盐样品中主量、次量元素。制样时采用 1.0000g 样品 5.000g 混合熔剂(12∶22＝$Li_4B_2O_7$∶$LiBO_2$),于 1150℃熔制成直径 32mm 的样片,供测定。标样有 GSD2、GSD4、GSD7、GSD8、GSD10、GSD12、GSR1、GSR4、GSR7、GSR9、GSS9、GBW07296、NBS698,有些标准熔制两片供测定,共 20 个标准熔融片。

　　测定条件见表 11-4。灼烧减量采用人工输入,并将分析结果归一至 99.9%。表 3 中 ROI 系指用感兴趣区收集待测元素谱积分强度,并自动扣除背景。为说明谱拟合与感兴趣区处理谱结果差异,图 11-10 系用 Ti 二次靶激发 GSD4 样的 Al 和 Si 的谱图。

表 11-4　硅酸盐样品主量、次量元素测定条件

二次靶	管电压/kV	待测元素	特征谱线	活时间/s
Al	25	Na、Mg	K_α(ROI)	300
Ti	35	Al、Si、P、S、 K、Ca	K_α(ROI) K_α	300
Ge	75	Ti、Mn、Fe	K_α	200

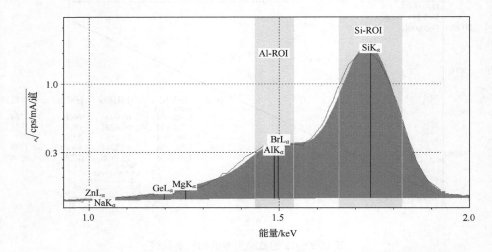

图 11-10　Ti 二次靶激发 GSD4 样中 Al 和 Si 的谱拟合和感兴趣区谱图

在制定工作曲线时用 De Jong 的理论 α 系数法,消去项为 SiO_2。谱线重叠校正和校准曲线的参数和标样浓度范围参见表 11-4。

由表 11-5 中标样浓度范围可知,标样中 Al、Si、Ca、Ti 和 Fe 的氧化物含量均属于主量、次量范围,而 Na、Mg、K 和 Mn 的氧化物含量则包含主量、次和痕量范围,这表明校准曲线的浓度范围变化很大,最低含量与最高含量相比,差百倍以上,而 MnO_2 浓度范围从 0.0245% ~ 49.3%,差 2000 倍以上。这样做的目的是为了扩大分析试样范围,以适应多种矿物或陶瓷样的分析。显然这不是一般意义上主量、次量分析,现就提高分析准确度中有关问题讨论如下。

表 11-5　硅酸盐样品主量、次量元素校准曲线的参数和标样浓度范围*

	Na_2O/%	MgO/%	Al_2O_3/%	SiO_2/%	K_2O/%	CaO/%	TiO_2/%	MnO_2/%	Fe_2O_3/%
K	0.102	0.0926	0.1095	0.0405	0.0248	0.0337	0.0188	5.78E-03	0.0666
RMS	0.1165	0.103	0.3237	0.3463	0.0396	0.0505	0.0205	0.0356	0.1418
相关系数	0.9988	0.9965	0.9995	0.9999	0.9999	0.9996	0.9995	1	0.9997
标样浓度范围	0.039~ 7.16	0.058~ 3.56	2.84~ 48.20	0.69~ 90.36	0.01~ 7.48	0.24~ 7.54	0.2118~ 2.3	0.0245~ 49.30	1.90~ 19.60

续表

	Na₂O/%	MgO/%	Al₂O₃/%	SiO₂/%	K₂O/%	CaO/%	TiO₂/%	MnO₂/%	Fe₂O₃/%
用于校准曲线标样	19	21	20	22	22	22	22	20	20
用于校准曲线系数	4	4	4	4	2	2	4	2	3
谱线重叠校正项	ZnO	Al₂O₃	Br	Rb			Ba		MnO₂
谱线重叠校正系数	−6.99E-04	0.0334	2.7881	1.34E-03			6.30E-03		6.50E-04
谱线重叠校正项	MgO	Na₂O	SiO₂	Al₂O₃			Lα		
谱线重叠校正系数	−0.9349	−0.8198	0.3216	0.0321			0.9311		

* 中国科学院上海硅酸盐研究所申如香同志参与制样等工作。

(1) 表 11-5 中所列诸氧化物的 K、RMS 和相关系数等均是按表 11-3 的条件测定标样后计算所得。在表 11-5 中 Na、Mg、Al、Si、P 和 S 均使用感兴趣区处理谱。现以 SiO₂ 为例说明之,以感兴趣区处理谱和谱拟合所得数据分别作校准曲线,示于图 11-11 和图 11-12。将校准曲线对标样的计算值与标样参考值相比较,同一个标样(GSD10)制成两片的绝对差分别为 0.29% 和 −0.59%,应该说误差是有点大,这种误差主要来自制样。从误差来看,GSD10 标样参考值为(88.89±0.19)%,这两个标样校准曲线的计算值基本上均在标样的三倍标准偏差附近,是可以满足一般分析要求的。而用谱拟合方法处理获得的强度数据,按与用感兴趣区处理谱的校准曲线一样的方法作校准曲线如图 11-12。两种谱处理详细结果列于表 11-6。

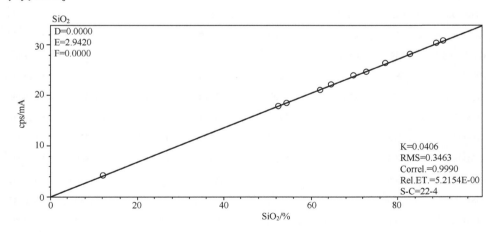

图 11-11　使用感兴趣区处理谱的 SiO₂ 校准曲线

由表 11-6 可知,以谱拟合方法所得谱的强度数据作回归曲线,计算含量值与参考值相比较,其绝对差高达 −6.3%,完全不能用于常规分析。故本工作中轻元素(Na、Mg、Al、Si、P 和 S)的分析均用感兴趣区处理谱。

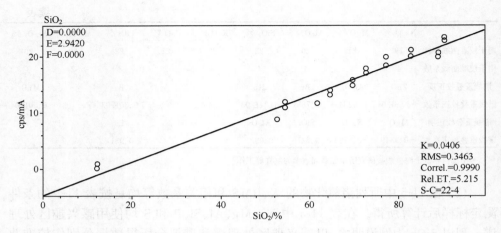

图 11-12　使用谱拟合法处理谱的 SiO_2 校准曲线

表 11-6　谱拟合法和感兴趣区法处理 SiO_2 谱结果比较

标样名称	强度(ROI) /(cps/mA)	计算值/%	参考值/%	绝对差/%	强度(拟合) /(cps/mA)	计算值/%	绝对差/%
GSD02	25.7424	70.3535	69.91	0.4435	14.7671	69.3382	−0.5718
GSD08	30.927	82.4335	82.89	−0.4565	21.4245	83.4087	0.5187
GSD2A	25.6954	70.2244	69.91	0.3144	13.7552	66.1954	−3.7146
NBS698	0.2843	0.6922	0.69	2.16E-03	0	0.4225	−0.2675
NBS698A	0.2856	0.6998	0.69	9.81E-03	0	0.5927	−0.0973
GW07296	4.1089	12.3578	12.3	0.0578	0.5473	16.7786	4.4786
GW07296A	4.0788	12.2638	12.3	−0.0362	0.7216	18.6673	6.3673
GSD04A	19.1079	52.8218	52.59	0.2318	8.7804	45.6834	−6.9066
GSD07	23.4147	64.7204	64.7	0.0204	13.3079	60.2167	−4.4833
GSD07A	23.5873	65.1773	64.7	0.4773	14.2767	63.2758	−1.4242
GSD08A	31.1295	82.9733	82.89	0.0833	22.5442	86.8307	3.9407
GSD10	33.8456	89.1757	88.89	0.2857	22.3006	83.4163	−5.4737
GSD10A	33.5103	88.2916	88.89	−0.5984	22.9109	85.2355	−3.6545
GSD12	28.7341	77.5045	77.29	0.2145	18.6521	77.4632	0.1732
GSD12A	28.694	77.3947	77.29	0.1047	20.4673	83.0654	5.7754
GSR1	26.5725	72.3513	72.83	−0.4787	16.4397	74.118	1.288
GSR1A	26.5849	72.3854	72.83	−0.4446	16.9501	75.7807	2.9507
GSR4	34.4732	90.8315	90.36	0.4715	25.513	93.3953	3.0353

续表

标样名称	强度(ROI)/(cps/mA)	计算值/%	参考值/%	绝对差/%	强度(拟合)/(cps/mA)	计算值/%	绝对差/%
GSR4A	34.2647	90.2973	90.36	−0.0627	25.857	94.429	4.069
GSR7	19.2177	54.0441	54.48	−0.4359	11.0289	53.3248	−1.1552
GSR7A	19.3279	54.3553	54.48	−0.1247	11.8656	56.009	1.529
GSS9	22.5239	61.811	61.89	−0.079	12.0788	55.5125	−6.3775
ROI							
K:	0.0405	RMS:	0.3463	Correl.:	0.9999		
拟合法							
K:	0.6848	RMS:	4.2006	Correl.:	0.9908		

（2）MnO_2 浓度范围为 0.0245% ～ 49.3%，采用谱拟合方法处理谱（如图 11-13），应用理论 α 系数法作校准曲线，以两种方法作校准曲线，方法 1 是按常规方法，用 20 个标样求解 D 和 E，参见图 11-14；方法 2 是用最高含量的标样，令截距 $D=0$；两种方法的校准曲线的回代结果列于表 11-7，方法 2 中只有 GBW07296 和 GBW07296A 标样参与制定校准曲线，其他标样未参与制定校准曲线，它的计算值可当做未知样由校准曲线算得。

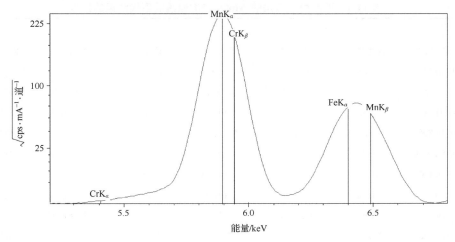

图 11-13 MnO_2 谱图

（3）由表 11-7 可知，使用 20 个标样与仅用高点单标样法（令 $D=0$）的谱拟合方法所得强度数据和浓度通过回归所得的两条校准曲线，均可用于常规分析。

MnO_2 的校准曲线表明，虽然存在 Nd、Eu、Gd 的 L 系线和 CrK_β 线的干扰以及 ZrK_a 线的逃逸峰对 Mn 的干扰，但 $D=0.00578$，且 $D=0$ 时，两条曲线的斜率

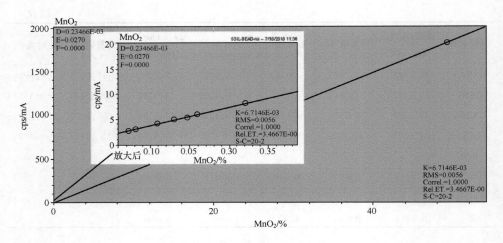

图 11-14　MnO₂ 校准曲线

均为 0.027,这表明谱拟合处理方法所得的净强度是可信的,不仅消除谱线干扰且能准确地扣除背景。而在拟合 Si 谱(图 11-10)时,如表 11-6 所示的拟合处理方法所得结果不可靠。因此即使用同一谱仪的软件,选择何种方法处理谱也要视具体情况而定。

表 11-7　两种处理方法的 MnO₂ 校准曲线的回代结果的比较

标样名称	参考值	方法 1		方法 2		基体校正
		计算值	绝对差	计算值	绝对差	
GSD02	0.038	0.0412	3.19E-03	0.0386	6.48E-04	0.3791
GSD08	0.053	0.0537	6.92E-04	0.0511	−1.85E-03	0.3751
GSD2A	0.038	0.0396	1.56E-03	0.037	−9.83E-04	0.3791
GW07296	49.3	49.4063	0.1063	49.4063	0.1063	0.4278
GW07296A	49.3	49.1932	−0.1068	49.1932	−0.1068	0.4278
GSD04A	0.1305	0.1344	3.90E-03	0.1319	1.36E-03	0.4051
GSD07	0.1092	0.1096	3.96E-04	0.1071	−2.15E-03	0.3872
GSD07A	0.1092	0.1108	1.56E-03	0.1082	−9.78E-04	0.3865
GSD08A	0.053	0.0535	5.39E-04	0.051	−2.01E-03	0.3751
GSD10	0.1598	0.1592	−5.53E-04	0.1567	−3.09E-03	0.3673
GSD10A	0.1598	0.1589	−9.14E-04	0.1563	−3.45E-03	0.3673
GSD12	0.2215	0.2232	1.73E-03	0.2207	−8.05E-04	0.3801
GSD12A	0.2215	0.2221	5.92E-04	0.2196	−1.94E-03	0.3801

续表

标样名称	方法 1			方法 2		
	参考值	计算值	绝对差	计算值	绝对差	基体校正
GSR1	0.0732	0.0729	−3.28E-04	0.0703	−2.87E-03	0.3846
GSR1A	0.0732	0.0746	1.44E-03	0.0721	−1.10E-03	0.3846
GSR4	0.0245	0.0215	−3.05E-03	0.0189	−5.60E-03	0.3672
GSR4A	0.0245	0.0238	−7.35E-04	0.0212	−3.28E-03	0.3675
GSR7	0.1471	0.1464	−7.01E-04	0.1439	−3.24E-03	0.3958
GSR7A	0.1471	0.1397	−7.42E-03	0.1371	−9.96E-03	0.3958
GSS9	0.0823	0.0808	−1.46E-03	0.0783	−4.00E-03	0.3915
方法 1	$D = 0.00253$	$E = 0.027$				
方法 2	$D = 0$	$E = 0.027$				
方法 1	K:	5.78E-03	RMS:	0.0356	相关系数:	1
方法 2	K:	0.0213	RMS:	0.1507	相关系数:	0.0723

　　主量、次量元素的校准曲线在制定时要考虑基体效应的校正,熔融法因试样被大量稀释,即使组成含量范围变化很大亦可用理论影响系数法校正元素间吸收增强效应;金属样品、无机非金属材料等样品可用基本参数法和可变理论影响系数法。在上述校正过程中需满足下述条件:待分析元素总和(含 XRF 不能测定的元素)需在 99.5% 以上。地质样品、水泥生料以及高温合金等样品,元素间吸收增强效应和矿物结构效应共存,可在基本参数法基础上适当加入经验影响系数法,标样数至少为 $2n-1$,n 为经验影响系数数。若要详细了解可参阅本书第六、七章。

　　(4) 熔融方法的准确度和精度:将 GSS12 土壤标样当未知样,熔融制得 10 个样片,测得结果列于表 11-8。由表 11-8 可知 Na、Mg、Al、Si 氧化物测量精度不如 WDXRF 谱仪。

表 11-8　熔融法的准确度和精度

	测得值	标准偏差	参考值	标准偏差	单位
Na_2O	1.97	0.62	2.00	0.06	%
MgO	2.45	0.15	2.43	0.07	%
Al_2O_3	13.48	0.26	13.27	0.11	%
SiO_2	59.51	0.336	60.01	0.27	%
K_2O	2.67	0.007	2.62	0.05	%
CaO	5.67	0.01	5.83	0.06	%
Ti	0.381	0.0019	0.392	0.002	%
MnO_2	0.1	0	0.1224	0.003	%
Fe_2O_3	4.6	0.01	4.21	0.06	%

§11.4.3　痕量元素校准曲线的制定

EDXRF 谱仪在测定痕量元素方面与 WDXRF 谱仪相比具有独特的优点,特别是偏振型的谱仪,它有多个二次靶可供选择激发,和对重元素的 K 系线探测效率接近于 100% ,以及低背景等特点,更有利于环境样品(污水、大气飘尘、土壤)、ROHS、生物和食品、石油化工产品、地质、古陶瓷、材料等试样中痕量元素分析。在诸多领域已被用作筛选和质量控制分析的推荐方法或标准方法[9]。这里以使用高能偏振能量色散 X 射线荧光光谱仪参与土壤和水系沉积物国家标样中部分痕量元素的定值工作为例,说明痕量元素分析中经常遇到的问题以及如何处置。

§11.4.3.1　仪器及测量条件

使用 Epsilon 5 偏振能量色散 X 射线荧光光谱仪。高压发生器:100kV、600W;X 射线管:侧窗,铍窗厚 $300\mu m$,钆阳极靶;PAN-32 锗 X 射线探测器,晶体的活性面积 $300m^2$ 、5mm 厚,能量分辨率≤140eV(2000cps MnKα),有效探测能量范围为 0.7～100keV,液氮冷却。实验在真空条件下进行。

本工作实验条件列于表 11-9。

表 11-9　痕量元素测定条件

二次靶	管电压/kV	待测元素	特征谱线	活时间/s
Al$_2$O$_3$	100	Cd、Ba、Cs、La、Ce、Pr、Nd、Sm、Eu、Gd、Tb、Dy、Ho、Er、Tm、Yb	Kα	300
Mo	100	Br、Y、Rb、Sr	Kα	300
		Tl、Th、Ta、Pb、Bi、U、Hf、W	Lα	
		Pb	Lβ	
KBr	100	Ge、As	Kα	300
Ge	65	Ni、Cu、Zn、Co、Mn	Kα	200
Ag	100	Nb、Mo、Zr	Kα	300
CsI	100	Ag	Kα	300
CaF$_2$	35	P、S、Cl	Kα	500
Ti	35	Sc	Kα	200

§11.4.3.2　标样和制样

标样有 GSS3～GSS16(土壤)、GSD01A、GSD2、GSD4～GSD6、GSD8、GSD9、GSD11、GSD14、GBW07319～GBW07325、GBW07328、GBW07329(水系沉积物)国家标准物质和 GSB07432～GBW07435 等用作为校准样品。待测元素的浓度范围参见表 11-10 中浓度范围。标样和待定值样的粒度均小于 $76\mu m$,取 6.000g 样在 30t 压力下压制成片,待定值样压制 3 片,供测定。

表 11-10　待测元素校准曲线参数

	Na₂O/%	MgO/%	Al₂O₃/%	SiO₂/%	P/ppm	S/ppm	Cl/ppm	K₂O/%	CaO/%	Sc/ppm	Ti/ppm	V/ppm	Cr/ppm	Mn/ppm	Fe₂O₃/%
K	0.7349	0.1622	0.1433	0.3234	2.5627	1.1216	0.349	0.0994	0.1226	0.0677	3.9628	0.4733	0.1645	1.7521	0.2184
RMS	0.7933	0.2135	0.5604	2.3283	1.02E+02	39.1049	11.4857	0.1219	0.1888	2.1526	2.88E+02	15.7442	5.4327	81.2423	0.4291
相关系数	0.5552	0.9709	0.986	0.9742	0.9441	0.9712	0.9791	0.9883	0.9984	0.9056	0.9973	0.9482	0.9986	0.9876	0.9915
相对误差	1.1066	0.1674	0.0375	0.0471	0.0658	0.0324	0.0106	0.1378	0.1217	2.13E-03	0.0589	0.0142	4.99E-03	0.0389	0.132
最低浓度	0.074	0.21	9.67	32.69	1.40E+02	80	28.1	0.2	0.0950	4.4	1.38E+03	16.5	7.6	2.40E+02	1.9
最高浓度	3.4	3.4	23.45	82.89	1.52E+03	7.84E+02	2.90E+02	5.2	16.4	28	2.02E+04	2.45E+02	4.10E+02	2.49E+03	1.19E+02
标样数*	35	37	35	37	32	23	30	36	37	36	27	33	30	31	36
系数数*	7	4	8	7	8	6	4	2	2	7	6	7	8	4	4
D	2.2406	-0.1549	4.5733	7.4444	5.63E+02	-16.2051	0.6519	-0.3012	-0.0731	4.4499	1.68E+03	12.4242	1.19E+02	1.66E+02	2.09E+00
E	0.01	9.5907	1.7129	0.6368	2.90E+03	1.19E+03	7.66E+02	0.0212	0.0165	4.014	1.05E+02	20.1472	45.4078	41.5457	5.1377
内标道															

	Co/ppm	Ni/ppm	Cu/ppm	Zn/ppm	Ga/ppm	Ge/ppm	As/ppm	Se/ppm	Br/ppm	Rb/ppm	Sr/ppm	Y/ppm	Zr/ppm	Nb/ppm	Mo/ppm
K	0.0955	0.078	0.1463	0.2949	0.0561	6.14E-03	0.2141	0.0151	0.0179	0.0421	0.1037	0.0386	0.396	0.0244	0.0147
RMS	3.0599	2.5138	5.236	10.4598	1.7918	0.1944	7.2608	0.4779	0.5652	1.419	3.5992	1.237	14.6234	0.7848	0.4657
相关系数	0.9844	0.9985	1	0.9983	0.9611	0.9031	0.9981	0.9046	0.9878	0.9999	0.9995	0.9921	0.9902	0.9992	0.9951
相对误差	2.98E-03	2.42E-03	4.13E-03	8.45E-03	1.76E-03	1.94E-04	6.35E-03	4.77E-04	5.64E-04	1.25E-03	2.99E-03	1.20E-03	0.0108	7.61E-04	4.63E-04
最低浓度	2.60E+00	2.70E+00	4.10E+00	3.10E+01	1.08E+00	1.09E+00	2.40E+00	1.10E+01	3.00E+00	1.60E+01	2.60E+01	1.50E+01	1.32E+02	8.60E+00	4.00E+01
最高浓度	97	2.76E+02	5.00E+02	7.97E+02	39	3.2	5.12E+02	5.07	18	4.70E+02	4.86E+02	67	5.24E+02	95	18
标样数*	34	36	34	37	35	33	38	30	29	36	36	36	36	36	36
系数数*	7	3	5	5	5	6	6	6	6	6	4	6	6	6	6
D	-9.3333	5.6199	1.7234	-25.7608	1.2236	-0.5322	12.1448	-1.1618	1.95E-03	-0.9133	6.0653	5.3774	-4.0445	2.3002	-0.8159
E	3.00E+02	2.63E+04	1.60E+03	1.28E+03	2.72E+03	1.35E+03	6.16E+02	6.89E+03	6.59E+03	3.60E+03	2.83E+03	2.31E+03	5.46E+03	4.12E+03	3.24E+03
内标道	Ge-C	Mo-C	Ge-C	Ge-C	Br-C	Mo-C	Br-C	Mo-C	Mo-C	Mo-C	Mo-C	Mo-C	Ag-C	Ag-C	Ag-C

续表

	Ag/ppm	Cd/ppm	In/ppm	Sn/ppm	Sb/ppm	I/ppm	Ba/ppm	Cs/ppm	La/ppm	Ce/ppm	Pr/ppm	Nd/ppm	Sm/ppm	Eu/ppm	Gd/ppm
K	3.04E-03	0.0111	6.90E-03	0.0388	0.0271	0.0808	0.5001	0.0249	0.0515	0.1413	0.0501	0.0844	0.0419	8.70E-03	0.0248
RMS	0.0961	0.3503	0.2183	1.2324	0.8607	2.5647	19.7395	0.7913	1.6646	4.7593	1.5953	2.7139	1.3313	0.2754	0.7872
相关系数	0.999	0.9943	0.9759	0.9998	0.9975	0.909	0.9963	0.987	0.9979	0.9971	0.9828	0.9584	0.8699	0.9085	0.8464
相对误差	9.60E-05	3.49E-04	2.18E-04	1.22E-04	8.54E-04	2.55E-03	0.0128	7.83E-04	1.60E-03	4.21E-03	1.58E-03	2.62E-03	1.32E-03	2.75E-04	7.83E-04
最低浓度	6.60E-02	3.70E-02	4.40E-02	5.00E-02	2.40E-01	3.00E-01	1.18E+02	2.70E+00	2.10E+01	3.90E+01	4.80E+01	1.84E+01	3.30E+00	0.6	3.40E+00
最高浓度	6.73	16.7	4.1	3.70E+02	60	19.4	1.21E+03	21.4	90	1.92E+02	18.6	62	10.8	3.4	9.5
标样数	18	35	22	36	37	23	35	36	36	36	37	35	37	31	34
系数数	5	2	4	5	6	6	5	6	6	5	4	5	6	5	6
D	0.1399	-0.0425	-0.759	4.6571	-9.5876	-15.6233	-70.3626	-5.0566	-16.0869	-28.2409	-41.0545	-13.1029	-14.0998	-3.1254	1.9223
E	3.17E+03	5.35E+03	1.86E+03	2.18E+03	1.82E+03	1.59E+03	6.44E+03	1.67E+04	4.63E+03	5.69E+03	4.77E+03	2.98E+03	7.14E+03	1.32E+03	4.24E+03
内标道	Cs-C	Cs-C	Cs-C	Cs-C	Cs-C	Ce-C	Ce-C	Ce-C	Cs-C	Cs-C	Cs-C	Cs-C	Cs-C	Cs-C	Cs-C

	Tb/ppm	Ho/ppm	Fr/ppm	Tm/ppm	Yb/ppm	Lu/ppm	Hf/ppm	Ta/ppm	W/ppm	Hg/ppm	Tl/ppm	Pb/ppm	Bi/ppm	Th/ppm	U/ppm
K	5.62E-03	2.52E-03	0.0168	3.21E-03	0.0198	3.43E-03	0.0389	0.0331	0.2278	0.1494	9.64E-03	0.1467	0.1235	0.0403	0.0186
RMS	0.1779	0.0799	0.5318	0.1014	0.6285	0.1086	1.2383	1.0485	7.3484	4.744	0.305	4.8487	3.986	1.2863	0.5881
相关系数	0.7538	0.9765	0.9121	0.8918	0.926	0.8839	0.9299	0.7474	0.972	0.9895	0.8551	0.9997	0.9836	0.994	0.9819
相对误差	1.78E-04	7.98E-05	5.30E-04	1.01E-04	6.27E-04	1.09E-04	1.22E-03	1.04E-03	7.07E-03	4.70E-03	3.05E-04	4.46E-03	3.82E-03	1.26E-03	5.85E-04
最低浓度	4.90E-01	5.30E-01	1.50E+00	2.50E-01	1.54E+00	2.40E-01	4.90E-01	7.60E-01	7.00E-02	8.00E-03	2.10E-01	1.40E-01	1.70E-01	6	1.3
最高浓度	1.80E+00	2.6	8.2	1.55	11	1.6	20	5.7	1.26E+02	16.7	2.9	7.31E+02	89.8	70	17
标样数	33	37	33	36	34	35	36	28	29	20	36	33	32	34	35
系数数	5	5	6	5	5	4	7	7	7	5	5	6	7	6	6
D	-1.0017	-0.4804	-4.3884	-0.0328	-1.1691	0.0368	-4.498	-5.0289	-1.73E+02	17.5353	-0.3809	0.1131	-12.7522	3.2443	-0.2145
E	9.80E-03	5.85E+02	2.66E+03	0.011	0.012	9.80E-03	2.50E+02	3.9641	4.21E+03	0.01	9.50E-03	1.51E+04	5.41E+03	1.14E+04	1.26E+02
内标道	Cs-C	Cs-C	Cs-C	Cs-C	Cs-C	Cs-C	Ge-C	Ge-C	Ge-C	Mo-C	Mo-C	Mo-C	Mo-C	Mo-C	Mo-C

注：系数数是指校准曲线计算过程中所用系数数目；该系数包括校准曲线的斜率、截距、谱线干扰系数和基体校正系数之和。

§11.4.3.3　校准曲线

本工作测定 Na～U 共 60 个元素,因用粉末压片法制样,由于粒度和物理效应的影响,主量、次量元素结果因误差较大未参与定值。参加标样定值的有 As、Ba、Br、Ce、Cl、Co、Cr、Cs、Cu、Dy、Er、Ga、Gd、Ge、Hf、La、Lu、Mn、Nb、Nd、Ni、P、Pb、Pr、S、Sc、Sm、Sr、Ti、Tm、V、W、Y、Yb、Zn 和 Zr 等 36 个元素。现将所测元素的校准曲线的 *K* 因子、RMS、相关系数等参数及标样浓度范围和内标道列于表 11-10。

由表 11-10 可知,痕量元素中相关系数小于 0.9 的有 Gd、Tb、Tm、Lu、Ta 和 Tl,其中 Gd 可能与用 Gd 靶有关,虽用巴克拉二次靶和经过偏振,可能仍有残留的特征谱的干扰。而 Tb、Tm、Lu 三元素,则由于标样最大浓度差均小于 1.6ppm,其极差值太小,加上标准值的相对误差高达 10%,因而相关系数不太理想。Ta 和 Tl 系用 L$_\alpha$ 线,检出限分别为 0.3ppm 和 0.2ppm。

§11.4.3.4　分析结果

对已制备 3 个压片的 24 个待定值的标样进行测定,现随意选水系沉积物(GSD)和土壤(GSS)各三个标样的部分痕量元素的测定平均值(三个压片)和最后标样的定值结果列于表 11-11,其中包括 Eu、Ho、Cd、Mo 和 Tl,因有部分数据不好未参与定值。在表 11-11 中除 La、Ce 外,以往其他元素的定值均不用 XRF 测定数据。

表 11-11　待测标样测定值和标准值及其标准偏差

	GSD3A			GSD4A			GD5A		
	E5 测定值	标准值	标准偏差	E5 测定值	标准值	标准偏差	E5 测定值	标准值	标准偏差
La	41.2	43	1	43.1	44	1	40.6	41	1
Ce	82.7	86	4	88.3	90	3	78.8	82	2
Pr	9.4	9.4	0.2	9.7	9.9	0.2	9.4	9.3	0.2
Nd	31	34	1	33.9	36	2	33.3	34	1
Sm	5.6	6.3	0.2	6.8	6.6	0.2	5.8	6.1	0.1
Eu	0.985	1.17	0.02	1.437	1.3	0.03	1.286	1.23	0.03
Gd	4.8	5.5	0.2	5.1	5.9	0.2	4.9	5.5	0.2
Tb	0.74	0.9	0.04	0.91	0.92	0.04	0.804	0.9	0.06
Dy	4.1	5.2	0.1	5.1	5.3	0.4	5.5	5.1	0.2
Ho	1.1	1.04	0.05	1.2	1.05	0.06	1	1.03	0.08
Er	2.5	3.1	0.2	2.7	3	0.3	2.7	3	0.2
Tm	0.4	0.51	0.03	0.5	0.5	0.03	0.4	0.48	0.03

	GSD3A			GSD4A			GD5A		
	E5 测定值	标准值	标准偏差	E5 测定值	标准值	标准偏差	E5 测定值	标准值	标准偏差
Yb	3.2	3.3	0.2	3.1	3.2	0.3	2.7	3.1	0.3
Lu	0.5	0.51	0.03	0.5	0.5	0.03	0.4	0.49	0.03
Mo	45.7	48	2	2	1.6	0.2	1.7	1.64	0.09
Ge	1.3	1.41	0.1	1.3	1.48	0.13	1.5	1.59	0.11
Hf	8.2	7.6	1.3	11	9.7	1.1	7.9	8.2	0.6
Cs	9.1	9.4	0.3	7.4	7.3	0.3	8.7	10.4	0.2
Tl	0.7	1.25	0.04	0.9	1.28	0.08	0.9	0.84	0.06
Cd	0.437	0.5	0.06	0.733	0.9	0.05	0.902	1.37	0.1

	GSS23			GSS24			GSS25		
	E5 测定值	标准值	标准偏差	E5 测定值	标准值	标准偏差	E5 测定值	标准值	标准偏差
La	42.1	42	2	45.4	44	1	36.5	35	1
Ce	79.6	78	5	88.7	89	3	72.8	71	3
Pr	8.5	9.3	0.4	10.2	9.8	0.4	7.2	8	0.5
Nd	35.6	36	2	36.2	38	2	31.2	31	1
Sm	5.4	6.6	0.3	7.3	7.1	0.2	4.9	5.8	0.3
Eu	1.01	1.4	0.1	1.188	1.25	0.04	0.993	1.2	0.06
Gd	4.8	5.8	0.2	5.5	6.3	0.2	5	5.3	0.3
Tb	0.912	0.93	0.05	0.99	1.08	0.06	0.901	0.86	0.06
Dy	4.1	5.4	0.3	5.4	6.1	0.2	4.2	5	0.4
Ho	1	1.08	0.1	1.2	1.22	0.09	1	1.5	0.2
Er	2.6	3	0.1	3.1	3.5	0.4	2.5	2.8	0.3
Tm	0.4	0.49	0.01	0.5	0.59	0.05	0.4	0.46	0.04
Yb	2.9	3.1	0.2	3.1	3.8	0.3	2.2	3.3	0.3
Lu	0.5	0.48	0.02	0.5	0.59	0.05	0.4	0.45	0.04
Mo	0.6	0.65	0.06	1.4	1.1	0.1	0.9	0.72	0.07
Ge[1]	1.398	1.4	0.08	1.625	1.52	0.09	1.201	1.31	0.04
Hf	5.6	6.1	0.4	9.8	10.6	0.5	6.9	7	0.7
Cs	8.8	9.3	0.5	10	9.8	0.2	7.3	7.2	0.3
Tl	0.7	0.71	0.06	0.8	0.86	0.06	0.6	0.59	0.06
Cd		0.15	0.02	0.106	0.07		0.024	0.175	0.01

进行痕量元素分析时,要获得准确的结果尚需要注意如下问题:

（1）重元素的谱线选择和二次靶的选择：测定重元素如稀土元素可选其 K_α 或 L_α 线，以美国空气滤膜纯元素薄样为例，用 Al_2O_3 巴克拉靶和用 Ge 的荧光靶分别激发 Sn、Sb、Ba 和稀土的 K_α 线和 L_α 线，其不同二次靶的检出限列于表 11-12。K_α 线随元素的激发电位增加，当加在 X 射线管上高压与待测元素吸收限之比大于 3 时，检出限值变化不大，如 Sn、Sb 和 Ba；若比值小于 2 时，比值愈小则检出限愈高。但 L_α 线的激发电位增加，能量在 $6.2 \sim 9.2 keV$，其检出限变化并不明显。仅从检出限出发，当 X 射线管高压最高为 100kV 时，用 Ge 荧光靶激发稀土的 L 线优于 K_α 线，特别是对重稀土而言，K_α 线的 LLD 值较 L_α 线高十倍以上。

表 11-12　空气滤膜中 Sn、Sb、Ba 和稀土元素的 K_α 和 L_α 线检出限 $(\mu g/cm^2)$

	标样含量 $/(\mu g/cm^2)$	K_α—LLD	L_α—LLD	K_{ab} *	L_{3ab} *
Sn	51.60	0.030	0.118	29.190	3.928
Sb	48.0	0.031	0.095	30.486	4.132
Ba	36.813	0.047	0.079	37.410	5.247
La	36.161	0.052	0.054	38.931	5.489
Ce	31.916	0.067	0.037	40.449	5.729
Pr	33.392	0.075	0.057	41.998	5.968
Nd	34.117	0.084	0.031	43.571	6.215
Sm	38.14	0.113	0.025	46.846	6.721
Eu	34.397	0.139	0.031	48.515	6.983
Gd	33.91	0.141	0.021	50.229	7.252
Tb	33.341	0.158	0.018	51.998	7.519
Dy	35.312	0.215	0.030	53.789	7.850
Ho	32.476	0.23	0.017	55.615	8.047
Er	34.38	0.277	0.030	57.483	8.364
Tm	28.861	0.362	0.014	59.335	8.652
Yb	40.243	0.48	0.045	61.303	8.943
Lu	36.054	0.525	0.015	63.304	9.241

＊取自文献[3]的表6。

但若对地质样品而言，由于从 La 到 Lu 的 L 线能量区间为 $4.65 \sim 8.708 keV$，不仅相邻稀土元素之间存在严重干扰，Ba、Hf、Ta、W 的 L 线亦有干扰，更为严重的是由 Ti 到 Zn 的 K 系线的干扰，而 Ti、Mn、Fe、Zn 等元素的含量均在数百 ppm 以上，有时甚至高达百分之几十，这样低痕量（如 10ppm 左右）的稀土元素谱，是难以用谱拟合方法获得准确的净强度的，如图 11-15 所示，在 Mn 和 FeK 系线及部分稀土元素谱图中,与 FeK$_\alpha$ 谱相重叠的有 Sm、Eu、Gd 的 L$_\beta$ 线,Tb、Dy 和 Ho 的 L$_\alpha$ 线及 MnK$_\beta$ 线。即使用感兴趣区测定稀土 L 系线,扣除谱线干扰后,其校准曲线亦不如用 K 系线,如 Ce 的 L$_\alpha$ 线和 K$_\alpha$ 校准曲线图列于图 11-16,使用 L$_\alpha$ 线用于常规分析的效果不如 K$_\alpha$ 线。而重元素虽然由于仪器 X 射线管高压为 100kV,未能大于激发电位的 3 倍使之激发效率有所降低,但由于其 K$_\alpha$ 线几乎不存在谱线干扰,因此即使像 Eu、Tb、Ho、Tm、Lu 这些低痕量元素,其浓度范围在 0. x～3ppm 狭小范围内仍可得到可用的校准曲线(表 11-10)与可靠的分析结果(表 11-11)。

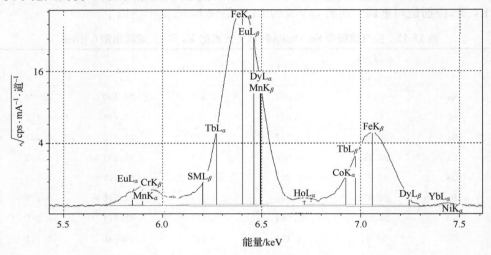

图 11-15　Ge 二次靶激发 GSD2 样品中 Mn 和 FeK 系线及部分稀土元素 L 系线谱图

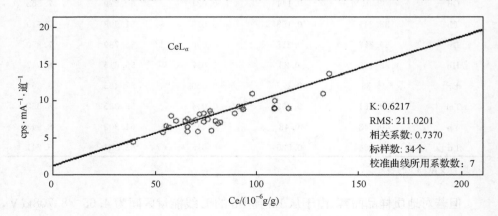

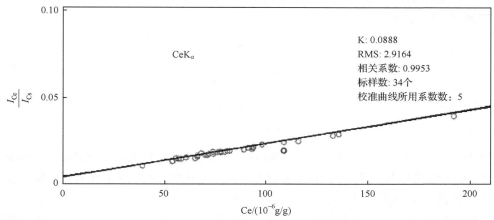

图 11-16　Ce 的 L_α 线（上）和 K_α（下）校准曲线

（2）作者在有关章节中已详细论述了康普顿散射线或背景作内标，不仅有助于对吸收效应的校正，还可校正试样形状、大小时分析结果的影响。使用巴克拉靶激发稀土样品时，没有合适的靶特征线的康普顿谱作内标，可选用较待测元素特征谱能量低的二次靶康普顿谱作内标，如 Ce 或 Cs 的二次靶康普顿谱作内标，均可取得理想结果。可参见第九章表 9-1 中列出的 Nd 在用与不用内标时校准曲线的 K、RMS、相关系数 R 及最大绝对差。

§11.4.3.5　检出限

全国科学技术名词审定委员会公布的《化学名词》对检出限（detection limit，编号 03.0090）与测定限（determination limit，编号 03.0091）作了规定，国际纯粹与应用化学联合会（IUPAC）1998 年发表的《分析术语纲要》（IUPAC Compendium of Analytical Nomenclature）中规定，检出限系指某一分析方法在合理的置信度下（一般为 95%），能检出与背景空白值相区别的最小测量值。然而在 X 射线荧光光谱分析样品时，如何结合具体的分析试样与分析方法的实际情况，计算出可信的检出限，并非是一件容易的事。因为在 X 射线荧光光谱分析中，检出限和样品的基体与组成有关。

近年来国内外学者对用 XRF 测量痕量元素的分析结果的检出限作了深入的研究，其中 Rousseau[8] 提出仪器检出限和方法检出限表达式。当置信度为 95% 时，仪器检出限的表达式分别为：

$$\text{LLD} = \frac{2 \times \sqrt{2}}{m_i} \cdot \sqrt{\frac{I_b}{T_b}} \approx \frac{3}{m_i} \cdot \sqrt{\frac{I_b}{T_b}} \tag{11-25}$$

$$\text{LLD} = \frac{3 \times C_i}{I_p - I_b} \cdot \sqrt{\frac{I_b}{T_b}} \tag{11-26}$$

当置信度为 95% 时,选择一适当样品,在同样条件下制备 $n(n=10)$ 个试样,并予以测定,其方法检出限为:

$$LDM = 2 \cdot \sqrt{\frac{\sum_{m=1}^{n} (C_m - \overline{C})^2}{n-1}} \qquad (11\text{-}27)$$

$$\overline{C} = \frac{\sum_{m=1}^{n} C_m}{n} \qquad (11\text{-}28)$$

式中:m_i,I_b,T_b,C_i 分别表示 i 元素的斜率、背景强度、背景测量时间和浓度。很显然,方法检出限与所测元素的含量、测定条件、制样方法等诸条件有关。梁国立等[9]曾就 X 射线荧光光谱分析低含量元素的检出限问题进行了多方面的探讨。从检出限的定义及其定义下的相对标准偏差到各种不同测量、校准与校正方法的检出限及其相对应的相对标准偏差进行计算。提出了以定义检出限的相对标准偏差为基准,对各种测量方法(外标法、内标法、背景散射内标法、靶线康普顿散射线内标法和谱线干扰等)计算出的检出限进行重新界定,并确认了一个具有可比性的、精度一致的检出限,以及如何计算进行有益的探讨,希望在检出限实际应用中的"简单化"使用现象不再出现。但要获得地质样品中多个痕量元素的空白值标样需要权威部门制备与认可,的确不是一般仪器使用者所能做到的。基于这些原因,文献中所给出的检出限通常是指所用仪器、测定条件、标样、校准曲线及特指标样的检出限。忽视这些前提对检出限进行比较似无太大意义。

表 11-13 是依据表 11-9 测定条件,由 6 个标准样按式(11-29)计算的各分析元素检出限的平均值。

$$LLD = \frac{3}{S} \sqrt{\frac{R_b}{t_b}} \qquad (11\text{-}29)$$

式中:S=灵敏度$(cps/g \cdot g^{-1})$;R_b=背景计数率(cps);t_b=测量活时间(s)。

表 11-13　部分元素的检出限[10]

元素	LLD	元素	LLD	元素	LLD
Ge	1.1	Nd	0.96	Er	0.64
Mo	0.12	Sm	1.46	Tm	0.20
Cd	0.30	Eu	0.35	Yb	0.70
Cs	0.49	Gd	1.5	Lu	0.16
La	1.14	Tb	0.30	Hf	1.0
Ce	1.30	Dy	0.40	Tl	0.20
Pr	0.28	Ho	0.20		

　　测定下限是指能对被测元素准确定量的最低浓度为检出限的浓度,低于检出限的测定值仅能作参考。它和要求分析准确度和精密度有关。如地质矿产行业标准(DZ/T 0130-2006)中对区域地球化学调查分析方法的准确度和精密度控制限的要求列于表 11-14。

表 11-14　1:2000000 分析方法的准确度和精密度控制限

含量范围	准确度		精密度
	$\Delta\lg C(\text{GBW})$	RE(GBW)/%	RSD(GBW)/%
检出限三倍以内	≤±0.10	≤±23	≤±17
检出限三倍以上	≤±0.05	≤±12	≤±10
1%～5%	≤±0.04	≤±10	≤±8
>5%	≤±0.02	≤±4	≤±3

表中 $\Delta\lg C(\text{GBW})=\lg C_j - \lg C_s$;

$$\text{RE(GBW)}=\frac{C_j - C_s}{C_s}\times 100;$$

$$\text{RSD(GBW)}=\frac{\sqrt{\dfrac{\sum\limits_{i=1}^{n}(C_i - C_j)^2}{n-1}}}{C_j}$$

式中:C_i、C_j、C_s 分别为标准物质 GBW 第 i 次测定的实测值、n 次测定的平均值和标准值。

　　按式(11-27)要求,依据表 11-9 测定条件,制备 ESS2 标样 10 个,测定后计算的方法检测限列于表 11-15。

表 11-15　地质样品中痕量元素方法检出限(LDM)

元素	平均浓度	标准偏差	LDM	元素	平均浓度	标准偏差	LDM
P	378.2	26.7	53.4	Sb	1.2	0.7	1.4
S	87.9	9.6	19.2	I	6.6	0.8	1.6
Cl	47.5	5.6	11.2	Cs	7.8	0.9	1.8
Sc	12.1	0.1	0.2	Ba	485.9	39.8	79.6
V	99.2	2.7	5.4	La	38.6	2.7	5.4
Cr	74.3	1.5	3	Ce	78.1	6.5	13
Mn	1104.8	3.2	6.4	Pr	8.2	1.1	2.2
Co	21.2	0.7	1.4	Nd	33.5	4	8
Ni	32.1	0.8	1.6	Sm	5.1	1	2

元素	平均浓度	标准偏差	LDM	元素	平均浓度	标准偏差	LDM
Cu	27.9	0.6	1.2	Eu	1.051	0.197	0.4
Zn	64	2	4	Gd	4.9	0.8	1.6
Ga	19.8	0.6	1.2	Tb	0.751	0.138	0.27
Ge	1.5	0.1	0.2	Dy	4.5	1	2
As	9.3	1.4	2.8	Ho	1	0.1	0.1
Se	0.2	0.3	0.6	Er	2	0.3	0.6
Br	3.8	0.2	0.4	Tm	0.4	0	
Rb	116	0.9	1.8	Yb	2.2	0.3	0.6
Sr	100.8	0.6	1.2	Lu	0.3	0	
Y	31	0.3	0.6	Hf	7.5	0.2	0.4
Zr	245.6	8.8	17.6	Ta	1.2	0.2	0.4
Nb	14.3	0.2	0.4	Tl	0.7	0	
Mo	0.5	0.1	0.2	Pb	22.7	0.8	1.6
Cd	0.114	0.102	0.2	Th	11.5	0.7	1.4
Sn	3.6	0		U	2.8	0.1	0.2

§11.5　定量分析方法的评价

　　制定校准曲线后,该曲线可否用于分析试样,这个问题在求回归方程和回归线的过程中并没有解决,因为任何一组实验点,即使两个变量之间不存在任何关系,也可以使用最小二乘法建立一个反映这些实验点实际分布状况的回归方程或一条回归线。因此用最小二乘法建立回归线之后,必须对建立的回归线的物理意义进行检验。即需要对分析方法予以评价,评价的内容有分析方法的准确度、精密度及适用范围。当然还有使用是否方便、经济等因素。分析方法的评价视用户要求或行业而有所不同,如地质矿产实验室测试管理规范中对区域地球化学调查和多目标地球化学调查就有各自的规范,分析方法必须满足规范的要求。这里仅就分析方法准确度评价常用的方法及商品仪器在制定校准曲线过程中提供的评价方法作简单的介绍[2]:

　　(1) 使用标准物质评价分析方法准确度是一种常用的有效方法,通常的做法是选择浓度、基体等方面与未知样相似的标准物质,用作未知样,与分析样品相同的制样方法和定量程序进行分析,对分析结果和标样参考值进行数理统计,若分析结果和标样参考值之间无显著性差异或在允许误差范围之内,则表明该分析方法所获得的数据是可信的。需要指出的是,有时仅用单一标准并不能完全说明问题,理想的方法是测定几个标准物质,扩大浓度范围,浓度可分低、中、高三种,这是在实际工作中常用的方法。

(2) 某些仪器在元素的校准曲线算好后,给出 K、RMS 值(均方根偏差)和相关系数值。其关系式:

$$K = \sqrt{\frac{1}{n-k}\sum\frac{(C^T-C^c)^2}{C^T+W}} \tag{11-30}$$

$$\mathrm{RMS} = \sqrt{\frac{1}{n-k}\sum(C^T-C^c)^2} \tag{11-31}$$

式中:C^c 是校准曲线计算值,C^T 是标样的标准值,k 是用于回归计算的系数,n 是参加计算的标样数。权重因子 $W = \sqrt{C^T+0.01}$。在对钢铁工业中所用的国际标准(ISO)的分析方法进行长期研究后发现,K 值在 $0.01\sim0.10$,对氧化物的分析值在 $0.02\sim0.07$。RMS 是未考虑权重因子情况下均方根偏差,是以所给出标准曲线的含量范围内计算的,通常 RMS 值$\leqslant$方法所要求的 RMS 值时,所制定方法可用于常规分析。

回归分析是处理变量之间相关关系的数学工具。就分析测试而言,可用相关系数 γ 确定实验结果和实验条件之间是否存在相关关系。其表达式为:

$$\gamma = \frac{n\sum_i^n C_i^T R_i - \sum_i^n C_i^T \sum_i^n R_i}{\sqrt{\left[n\sum_i^n(C^T)^2 - \sum_i^n(C_i^T)^2\right]\left[n\sum_i^n(R_i)^2 - \sum_i^n(R_i)^2\right]}} \tag{11-32}$$

通常以 γ 接近于 1 的程度表示其相关性。相关系数的显著性检验具体步骤如下[6]:

(1) 按照式(11-32)计算 γ;

(2) 给定显著性水平 a,按自由度 $f = n-2$,由相关系数临界值表(表 11-16)中查出临界值 $\gamma_{a,f}$;

表 11-16　检验相关系数的临界值表 $\gamma_{a,f}$[11]

$f = n-2$	置信度			
	90%	95%	99%	99.9%
1	0.988	0.997	0.9998	0.99999
2	0.900	0.950	0.990	0.999
3	0.805	0.878	0.959	0.991
4	0.729	0.811	0.917	0.974
5	0.669	0.755	0.875	0.951

$f = n-2$	置信度			
	90%	95%	99%	99.9%
6	0.622	0.707	0.834	0.925
7	0.582	0.666	0.798	0.898
8	0.549	0.632	0.765	0.872
9	0.521	0.602	0.735	0.847
10	0.497	0.576	0.708	0.823

（3）比较 $|\gamma|$ 与 $\gamma_{a,f}$ 的大小。若 $|\gamma| \geqslant \gamma_{a,f}$,则可判断浓度 C 和强度 R 间的线性关系是有意义的。反之则不存在相关关系。

作者以为使用相关系数判据校准曲线是否可用要十分小心,从表 11-4 和表 11-9可知,主量、次量元素的相关系数均接近于 1,而痕量元素在 $0.75 \sim 0.99$,但后者 20 多个样的测定值均参与标样定值,说明测定结果是可靠的。其原因在于痕量元素在制定校准曲线时,测量强度和浓度标准值均存在较大误差,其相关性并不理想。

用标准物质判别 XRF 法测定的准确性的方法,实际上还应考虑标准物质的标准的不确定度或标准偏差以及 XRF 分析一般能达到的测定精密度,根据误差传递理论,方法的标准偏差应表示为:

$$\delta = \sqrt{\delta_s^2 + \delta_{XRF}^2} \tag{11-33}$$

式中: δ_s 为标准物质的标准偏差; δ_{XRF} 是 X 射线荧光光谱法标准偏差,包括测量和制样误差,即 RMS。

§11.6　谱仪漂移校正

当谱仪定量分析条件和校准曲线一旦被建立,希望能长期使用。虽然现代谱仪的稳定性和再现性已达到很高的水平,但是随着时间的延长,由于 X 射线管和探测器会产生衰减,其他仪器参数也会产生变化,导致待测元素的 X 射线强度会随时间而变化,这种变化使得已建立的校准曲线可能不适应当前的试样分析。如若重新建立校准曲线则费时费力,这时通过测定一个或多个特殊的监控样品,使用监控样品的强度变化校正仪器漂移,可将谱仪工作状态校正到与制定校准曲线时相同的工作状态。漂移校正又被称作 X 射线强度标准化[5]。

监控样必须在制定校准曲线时,要求和标样同时测量。监控样与标样不同,不必要求与未知样品属同一类型,但必须具有长期稳定性,且有适当 X 射线强度的样品,通常选用金属或玻璃作为仪器监控样品。

谱仪漂移校正方法有一点校正法和两点甚至多点校正法[12]。EDXRF 谱仪监控样的使用与 WDXRF 谱仪虽有共同之处,但还是有差异的。EDXRF 谱仪通常配有特定的软件和监控样定时对谱仪的能量刻度和强度予以校正,如 PANalytical 公司生产的 MiniPal 系列 EDXRF 谱仪,将铝合金放在零号进样器位置,用作监控样,谱仪每小时自动进行测量,以 CuK_α 用于能量刻度校正,AlK_α 强度变化对谱仪漂移校正,每校正一次均通过调整谱仪参数,使谱仪漂移控制在允许误差范围之内。有些谱仪仍需要对校准曲线进行漂移校正,仅对定量分析中所设置的每个条件中某一元素予以校正,而不像 WDXRF 谱仪对校准曲线中每个元素均要校正。EDXRF 谱仪监控样和 WDXRF 谱仪一样,常用一点校正法。仅使用一个监控样通过对 X 射线强度进行校正,达到校正曲线斜率的目的。

令第一次测得监控样相应元素的强度为 I_S,存入数据文件,在分析未知样时,首先测定监控样,这时测得相应元素的强度为 I_M,以下式求得仪器漂移校正常数:

$$\varepsilon = \frac{I_S}{I_M} \tag{11-34}$$

测得试样的强度乘以校正常数 ε,即为校正后的强度,用于计算试样待测元素的浓度。则式(11-1) 被写成:

$$C_i = D_i + E_i\varepsilon I_i M_{ij} \tag{11-35}$$

ε 值通常应控制在 $0.8\sim1.1$,超越该值,校准曲线最好重新制定[12]。若在测定标样和未知样前先测定监控样,设定监控样 i 元素的强度(可以不扣除背景) 为 $I_{i,M}$,则式(11-35) 可改写为:

$$C_i = D_i + E_i \frac{I_i}{I_{i,M}} M_{ij} \tag{11-36}$$

当校准曲线含量范围较窄,高低强度相差较小时,用一点法校正谱仪漂移较好。

在质量控制分析过程中,还用测量管理样检查常规分析正常与否,依据管理样的分析结果,若在分析值误差上、下限要求范围内(由用户依据要求定),则可测量未知样。否则按图 11-17 流程进行操作。若最后校准曲线不能用,则可能要重新制备标样,经测量后重新制定校准曲线。

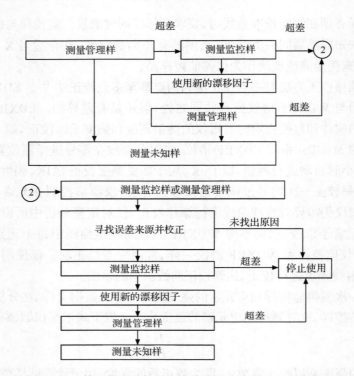

图 11-17　管理样和监控样在常规分析中应用流程示意图

参 考 文 献

［1］Bertin E P , Principles and practice of X-ray spectrometric analysis . 2nd ed . New York ; Plenum Press , 1975 ; 571～604 .

［2］吉昂 , 陶光仪 , 卓尚军 , 罗立强 . X 射线荧光光谱分析 . 北京 ; 科学出版社 . 2003 ; 135～141 .

［3］Willis J P , Duncan A R . Understading XRF spectrometry Volume 2　Copyright © 2008 PANalytical B . V . ISBN 978-90-809086-4-2 Printed in the Netherlands . 2008 ; 13 .1～13 .16 ; 14 .1～14 .23 ; 15 .1～15 .17 .

［4］Brouwer P . Theory of XRF . Copyright © 2003 by PANalytical BV , The Netherlands . 2003 ; 51～63 .

［5］梁钰 . X 射线荧光光谱分析基础 . 北京 ; 科学出版社 , 2007 ; 106～109 .

［6］邓勃 . 数理统计方法在分析测试中的应用 . 北京 ; 化学工业出版社 , 1984 ; 148～185 .

［7］Rousseau R M , Willis J P , Duncan A R . Practical XRF calibration procedures for major and trace elements . X-Ray Spectrometry . , 1996 , 25 ; 179～189 .

［8］Rousseau R M . Detection limit and estimate of uncertainty of analytical XRF results . The Regaku Journal . , 2001 , 18(2) ; 33～47 .

［9］梁国立 , 邓赛文 , 吴晓军 , 甘露 . X 射线荧光光谱分析检出限问题的探讨和建议 . 岩矿测试 , 2003 , 22(4) ; 291～296 .

[10] 李国会，吉昂.Epsilon 5 偏振能量色散 X 射线荧光光谱仪分析土壤中 63 个元素//中国环境科学会.全国土壤污染监测与控制修复、盐渍化利用技术交流研讨会论文集,2007:4～14.

[11] 郑用熙.概率统计基础与概率统计方法.北京:科学出版社,1979.

[12] Rousseau R M . Correction for long-term instrumental drift . X-Ray Spectrometry，2002，31（6）：401～407.

第十二章 定量分析(3)——镀层和薄膜材料分析

§12.1 概　述

镀层和薄膜材料分析是指对镀层和膜的厚度与组分的分析。常用的分析方法有湿化学分析、辉光放电-发射光谱分析(GD-OES)和 XRF 等。湿化学分析需选用适当溶剂溶解选定的层,逐层溶解后再行测定,方法准确但费时费力,特别是溶剂的选择也并非易事。GD-OES 方法用惰性原子逐层轰击及剥离试样表层,再用发射光谱测定之。这种方法可实现剖面或逐层分析,但测量重复性并不理想。XRF 法可以非破坏性完成组分和厚度的同时测定,厚度的测量范围视材料和元素而定,通常为 1nm~100μm。XRF 法分析镀层和薄膜材料分析与其常规定量分析法相比较,被测元素的特征 X 射线荧光强度不仅与薄膜中待测元素和基材的组成有关,而且与薄膜厚度有关。

用 X 射线荧光光谱测定膜厚度和组分始于 20 世纪 60 年代。对于单层薄膜或镀层厚度的测定方法大体分为吸收法、发射法。如在铁基上镀锌层厚度的测定,可以如图 12-1 所示分别测定镀层中 Zn(图 12-1 中左侧)或测定基材中 Fe 的特征 X 射线强度(图 12-1 中右侧),求得镀层 Zn 的厚度,前者为发射法,后者称作吸收法。这些方法的含义在已出版的书中有详细的介绍[1~3]。若单层薄膜试样中含有多个组分,需要测定组分和厚度,只要有相应的标样,亦可通过常规的定量分析方法获得组分和厚度数据。

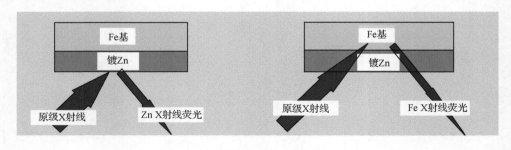

图 12-1　测定镀层厚度的发射法和吸收法

当仪器和样品确定后,原级谱激发薄样和厚样所产生的特征 X 射线荧光强度分别为 I_t 和 I_∞:

$$\frac{I_t}{I_\infty} = 1 - e^{-\mu\rho t} = 1 - e^{-k} \tag{12-1}$$

式中：μ 为待测样品所产生的特征 X 射线荧光发射出试样时的质量吸收系数，ρ 为薄样的密度，t 为薄样的厚度。依据式(12-1)将薄样分为：

(1) 薄样线性区，当 $k \leqslant 0.01$ 时，薄层内 X 射线荧光强度与厚度成正比，可认为不存在吸收增强效应，当 $k = 0.01$ 时，相对误差为 0.5%。

(2) 中间厚度区(指数区)，即 $0.1 < k < 6.91$、$k = 0.1$ 时，相对误差为 4.8%，X 射线荧光强度随厚度而增加，但因存在吸收增强效应，对于单元素镀层仅存在吸收效应，X 射线荧光强度增加的速率越来越小。

(3) 厚样区，即 $k > 6.91$ 时，样品的厚度效应消失，当组分一定时，厚度增加，强度不变。厚样的厚度取决于所测定谱线的能量和样品的组成。

早在 20 世纪 70 年代后期美国 IBM 公司相继提出使用 XRF 基本参数法测定多层膜的组成和厚度的 LAMA 1 和 LAMA 2 程序，改进后于 1984 年推出 LAMA 3 程序[4]。LAMA 3 程序的使用是基于基本参数法可分析块样、单层膜和多层膜试样。在计算过程中考虑了层内、层间和层与基材之间的吸收增强效应；标样可以是块样、单层膜或多层膜以及它们之间的组合，也可以是纯元素标样或含有待测元素的样。Mantler[4] 使用块状纯元素标样测定了特定条件下制备的单层膜标样，结果表明浓度的绝对差小于 0.3%，厚度的相对误差小于 5%。近年来对镀层和薄膜材料的分析需求急增，如半导体材料、钢铁工业中的金属镀层、磁光记录材料和光电功能陶瓷薄膜，因此 XRF 谱仪制造厂家相继开发出用基本参数测定多层膜的组成和厚度的商品程序，比较著名的是 PANalytical 公司的 FP-MULTI 软件[5]，可分析多至 10 层、最多含 25 个元素的薄膜样品。De Boer 等[6] 曾以镍基镀金层厚度的测定为例，应用 FP-MULTI 软件，以纯金和纯镍块样为标准的情况，讨论了用 NiKα、NiKβ、AuLα、AuLβ₁ 和 AuLβ₂ 谱线对测定 Au 厚度结果的影响。虽然从 4 个未知样分析结果与 BCR(The Community Bureau of Reference)标准值相比较而言，用 NiKα 线的吸收法最接近标准值，但作者依然认为测量上述 5 条特征谱线增大了计算的自由度，能够有效消除基本参数法计算过程的不确定度，测量的薄膜厚度值更准确，测定值与标准值的偏差在 2% 左右。陶光仪等[7] 结合实际工作对该软件的功能予以介绍。最近卓尚军等[8] 在其专著中论述了"多层膜样品 X 射线荧光强度计算中问题"，认为为了提高薄膜样品的分析准确度，散射增强效应也应该包括在荧光强度理论计算之中，当薄膜质量厚度较小的时候，散射效应对荧光强度的增强远大于二次增强的荧光强度。这也许是用块样作标样其结果的准确度较用与样品相似的薄膜标样要差些的原因。FP-MULTI 软件尚未用于 EDXRF 谱仪，一些厂家所生产的 EDXRF 谱仪推出计算多层膜组分和厚度的程序，如 Bruker 公司的 S2 RANGER EDXRF 谱仪。Qunt'X 磁性介质分析软件——MagMadia Analyzer 能解决多层共存元素的分析,其前提是每一镀层上各有其代表性元素可用于测定厚度,层之间共存元素不应多于 1 个。

近年来成功使用微束 X 射线荧光光谱法分析古陶瓷中釉胎之间过渡层[9]和油画颜料的组成[10]。特别是共聚焦 3D 微束 X 射线荧光光谱仪对试样直接进行样品深度和组成分析,这种方法虽仍处于研究阶段,但已显示出强大生命力。

§12.2　常规定量分析方法在单层样分析中的应用

§12.2.1　钢产品锌镀层的测量

2008 年公布了《钢产品镀 Zn 层质量试验方法》国家标准(GB/T 1839—2008)[11],并在附录中增加了《镀锌钢板锌层质量的荧光 X 射线测量法》。该标准适用于测量热浸的锌镀层、锌铁合金镀层、锌铝合金镀层(例如:锌-5‰ 铝合金镀层、55‰ 铝-锌合金镀层),以及电镀的锌镀层、锌镍合金镀层的质量。对于测定条件和校准方法给出了指导性建议。如吸收法用 FeK_{α} 线,发射法用 ZnK_{α} 线。锌铁合金镀层的基材是 Fe 基,分析的目的是测量镀层厚度和镀层中 Zn 和 Fe 的含量。

§12.2.1.1　标样的制备

按国家标准 GB/T 1839—2008[11]规定,标样的基材与镀层应与试样的基材与镀层具有相同的化学成分和镀敷工艺。选取一块镀层尺寸约为 230mm × 230mm 均匀的样块,依据所用谱仪样杯的尺寸按图 12-2 所示的十字形制取 5 片样品,用国家标准所规定的重量法测定 2、3、4、5 号样品的镀层质量(g/m^2)。如果 4 片试样的测定结果的复现性(四样片的极差值与平均值之比)不超出 3‰,则取 4 片试样的平均值作为样品 1 的镀层质量,样品 1 作为标准样品。

若测量的方法是常规的校准曲线法,则标样的厚度和 Fe 的浓度应包括待测样的镀层厚度和 Fe 的浓度最大和最小值,且有数个与合格产品值相近的厚度和 Fe 的浓度标样。若用薄试样的基本参数法,则仅需一个或数个高质量标样,甚至可用非相似标样,如纯元素块样或化合物等。对于个别实验室偶尔来一批镀锌试样,且没有标样,亦可先将试样当标样予以测定,收集强度数据后,取强度最大和最小两块试样按 GB/T 1839—2008 国家标准规定的质量法予以测定。然后将测定值当标准值输入程序中。

薄层标样对厚度的表示通常以质量厚度或面密度表示(mg/m^2),因为即使组分一致的薄膜,其密度也随厚度而变化,直至厚度达到一定值时方保持恒定,如表 12-1 所示。

表 12-1　Fe(19%)Ni(81)薄膜其密度随厚度而变化*

样品	d(厚度)/nm	ρd(面密度)/(mg/m²)	ρ(密度)/(g/cm³)	ρ(薄样)/ρ(厚样)/%
C1	5	35.47	7.09	81
C2	10	78.76	7.88	90
C3	20	159.1	7.96	91
C4	50	411.7	8.23	94
C5	100	875.5	8.76	100
C6	200	1745	8.75	100
C7	1000	8752	8.75	100

*陶光仪在帕纳科中国第十届 X 射线分析仪器用户技术交流会报告。

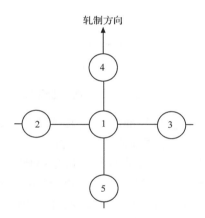

图 12-2　标准样品的取样方法

§12.2.1.2　中间厚度镀 Zn 层分析

在线性厚度范围内,校准曲线无需任何校正而直接将 X 射线荧光强度与厚度或面密度进行回归,即可制成校准曲线。薄样分析比较困难的是上述的中间厚度区。这里以镀锌层中间厚度区为例说明之。

标样面密度在 $47.5\sim183\mathrm{g/m^2}$ 范围内,共 11 个标样。本工作推荐 $\mathrm{ZnK_\beta}$ 线用于测定。这是基于按式(12-1)计算结果为依据作出的选择。质量吸收系数是按 Thinh 等[12]的经验公式计算的,计算得到的 $\mathrm{ZnK_\beta}$ 和 $\mathrm{ZnK_\alpha}$ 线在 Zn 中的质量吸收系数分别为 $29.70\mathrm{cm^2/g}$、$40.58\mathrm{cm^2/g}$。由于镀锌层密度无法准确获得,但可求得面密度,故需从元素和化合物密度表中,查得 Zn 的质量密度,其值为 $7.14\mathrm{g/cm^3}$。这样,可由式(12-1)算出:$\mathrm{ZnK_\beta}$ 线测定锌层无限厚度可达 $32.58\mu m$,而用 $\mathrm{ZnK_\alpha}$ 仅为 $23.85\mu m$。当面密度为 $183\mathrm{g/m^2}$ 时,计算其厚度为 $25.63\mu m$。标样中最小厚度

$47.5~\mathrm{g/m^2}$，按式 (12-1) 计算其 k 值为 0.141，亦大于 $\mathrm{ZnK_\beta}$ 线的线性范围，故所有标样均属于中间厚度区。因 $183\mathrm{g/m^2}$ 测得的 $\mathrm{ZnK_\alpha}$ 强度与 $170.3\mathrm{g/m^2}$（$\mathrm{ZnK_\alpha}$ 线在 Zn 层的临界厚度）强度已在计数统计误差范围之内，故不能用 $\mathrm{ZnK_\alpha}$ 予以测定。图 12-3 为将最小厚度强迫通过零点作图，标样中其他各点均在曲线下方，表明不是线性关系，这主要是由于 Zn 层对 $\mathrm{ZnK_\beta}$ 线自吸收所致。

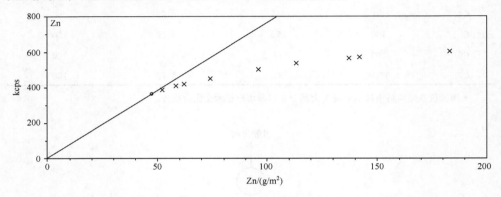

图 12-3　最小面密度一点法校准曲线（截距强迫通过零点）作图

　　若不用薄样的基本参数法作校准曲线或求得仪器灵敏度因子，则可用常规定量分析程序制定校准曲线，现分两种情况予以讨论。

　　方法 1：若未知样的镀锌层厚度在标样的厚度范围之内，因基材 Fe 的 K 系线对镀锌层中 $\mathrm{ZnK_\beta}$ 线不产生影响，故仅考虑 $\mathrm{ZnK_\beta}$ 线在射出样品的途径中被 Zn 吸收，用经验 α 系数校正，其校准曲线参数及计算值与化学值之间绝对差列于表 12-2。

　　方法 2：若用本系列标样分析面密度小于 $47.448\mathrm{g/m^2}$ 的样品，则需设截距 $D=0$，校准曲线示于图 12-4。其校准曲线参数及计算值与化学值之间绝对差列于表 12-2。因计算较准曲线时自由度由 3 减为 2，方法 2 的校准曲线 RMS、K 因子值比方法 1 大。即便如此，用表 12-2 中方法 2 的绝对差计算每个标样的相对误差值均小于 1‰。其值远小于国家标准中对标样 3‰ 复现性要求，因此可以满足现场质量控制的要求。

　　使用基本参数法，用块样或镀层标样，即可分析从薄样到无限厚样的厚度与组成，图 12-5 为 Zn 镀层厚度和用基本参数法计算 $\mathrm{FeK_\alpha}$、$\mathrm{ZnK_\alpha}$ 和 $\mathrm{ZnL_\alpha}$ 的理论相对强度关系图。图中 $\mathrm{ZnL_\alpha}$ 的无限厚为 $2\mu m$，是不准确的，实际为 $0.9~\mu m$，这是因为该图是从 $2\mu m$ 开始计算的。

　　韩小元等[12]研究了基本参数法测定 Fe 基上 Zn 镀层的质量厚度，厚度不同时选用不同谱线对测量结果的影响，发现在镀层质量厚度较小时（约 $<14\mathrm{mg/cm^2}$）测量 Zn 的 $\mathrm{K_\alpha}$ 线，质量厚度较大时选择 Zn 和 Fe 的 $\mathrm{K_\alpha}$ 线共同计算，用纯元素和相似

标样作校准曲线,两者测定结果之间的偏差最小。

表 12-2　镀锌层不同校准曲线参数及计算值与化学值之间绝对差

Model：　$C = D + E \cdot R \cdot M$

	方法 1			方法 2		
D：	6.77376			0		
E：	0.04923			0.06929		
RMS：	0.38299			0.67507		
K：	0.03928			0.05993		
系数值						
Alpha for	0.027			0.0183		
标样	C(Calc) /(g/m^2)	C(Chem) /(g/m^2)	Diff(C) /(g/m^2)	C(Calc) /(g/m^2)	Diff(C) /(g/m^2)	净强度 /(kcps)
538446-C4	182.391	182.89	−0.49902	181.406	−1.48384	601.1629
067607-D2	142.187	141.785	0.40218	142.24	0.45468	570.0726
388629-A1	137.534	137.432	0.10228	137.657	0.22476	564.2166
377679-D3	113.585	113.128	0.45678	114.098	0.97006	535.454
377679-A3	95.831	95.854	−0.02349	96.419	0.5652	504.4688
390008-A4	73.059	73.73	−0.67053	73.428	−0.30164	450.4557
390009-D2	62.232	62.177	0.05499	62.407	0.2301	420.7473
390008-C2	58.4	58.45	−0.05013	58.434	−0.01625	406.9566
386640-A1	52.456	52.602	−0.14553	52.227	−0.37456	383.591
386642-C2	52.368	52.157	0.21056	52.168	0.01114	384.7539
388642-B1	47.598	47.448	0.14957	47.136	−0.31197	363.6958

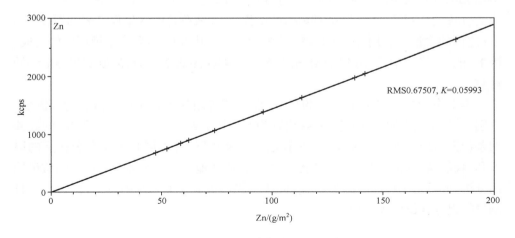

图 12-4　$D = 0$ 时的锌镀层校准曲线

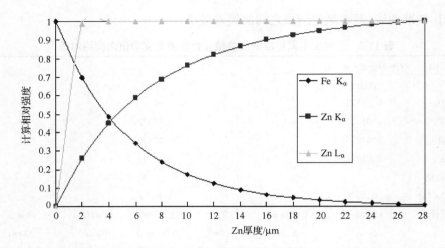

图 12-5　Zn 镀层厚度和用基本参数法计算的理论强度关系图

§12.2.2　锌铁合金镀层分析

Fe 基上锌铁合金镀层分析比纯镀 Zn 层要复杂一些,它不仅要分析镀层厚度,而且要分析 Fe 和 Zn 的含量,但仍可用常规的定量分析方法予以分析。当用 WDXRF 谱仪分析合金镀层时,可用 ZnKβ 线测厚度,用 Fe 或 Zn 的 Lα 线测合金镀层中的组成,在制定 Fe 或 Zn 的校准曲线时,对 Fe 而言要考虑 Zn 的增强效应,同样对 Zn 要用 Fe 校正,Fe 或 Zn 的校准曲线参见图 12-6 和图 12-7,校准曲线表明用 ZnLα 线,其 RMS 和 K 因子优于 FeLα 线,这是因为 ZnLα 线能量大于 FeLα 线,它在锌层中无限厚度为 0.79μm,可见若用 Lα 线测得的含量仅是表面厚度 0.8 μm 之内的含量。若用 EDXRF 谱仪分析,则仅能用 ZnLα 线测合金镀层中的组成,因 Fe 的 Lα 线能量低,用 SDD 或 Si-PIN 探测器探测效率低,通常难以获得足够的计数。

本书作者之一吉昂等在 20 世纪 90 年代初曾用封闭式正比计数管为探测器,分别用 ^{238}Pu 核素源和 Mo 靶 X 射线管为激发源,或以 Fe、Zn 的 Kα 和 Kβ 的线共四条特征谱线为感兴趣区,以 PLS 算法分析镀锌层、锌镍层和锌铁合金镀层的厚度和组成,从 20 世纪 90 年代初至 21 世纪初成功地用于宝钢多个生产线的质量控制分析,分析每个样品时间为 18s。此法的优点将谱处理与基体校正合二为一,且测量的组分含量代表整个合金层。

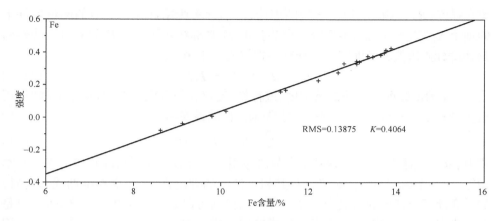

图 12-6 用 FeLα 线分析锌铁合金镀层中 Fe 的含量

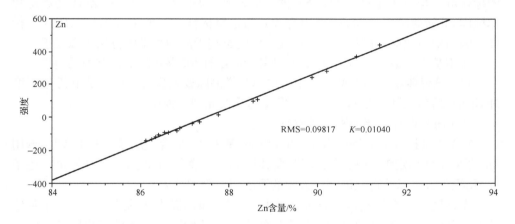

图 12-7 用 ZnLα 线分析锌铁合金镀层中 Zn 的含量

§12.3 基本参数法应用于多层镀膜分析

用于薄膜分析的基本参数法的基本原理与第八章介绍的基本参数相似,只是计算用于分析薄样品、衬底材料上的单层膜和多层膜的厚度和组分的理论强度公式中需考虑每层的厚度。如对于单层薄试样,对厚度为 T 的试样的单色激发,在不考虑增效应情况下,从 $t=0 \rightarrow T$ 积分,即可将式(7-1)改写为计算单层薄试样的理论 X 射线荧光强度,即

$$I_i = G_i C_i I_\lambda \mu_{i,\lambda} \frac{1 - \exp[-(\mu_s' + \mu_s'')\rho T]}{\mu_s' + \mu_s''} \quad (12\text{-}2)$$

多层薄膜试样理论公式表达式可参阅文献[1,2]中有关章节。将谱仪测得 X 射线

荧光强度(R_m)与浓度、厚度之间的理论公式,计算所用标样在相应的测量条件下的理论 X 荧光强度 I_i^{th},将理论 X 荧光强度 I_i^{th} 与标样实测强度 I_i^m 进行加权线性回归,以求得"谱仪灵敏度因子",计算公式与式(9-1)相似。

$$I_i^m = I_i^{cal} = D_i + E_i I_i^{th} \qquad (12\text{-}3)$$

式中:E_i 的倒数即为方法的灵敏度,或称作"谱仪灵敏度因子"。分析未知样时,用迭代计算使下式(12-4)最小化,以求得未知样的最终结果。

$$X^2 = \sum_i (I_i^m - I_i^{cal})^2 / \sigma_i^2 \qquad (12\text{-}4)$$

式中:σ_i^2 为加权因子。通常基本参数法应用于多层镀膜分析软件有如下三个基本功能:对一个给定组成的试样计算其相应谱线的理论强度;建立校准曲线;以测得的强度计算未知样的组成和厚度。分析的样品可以是多元组成的块样,也可以是单元或多元组成的单层或多层薄膜或镀层试样。因为是采用基本参数法,所选用的标样可以与未知样的类型完全不同,如分析镀层中 Zn 可用含有 ZnO 的熔融片作标样,分析薄膜中的 MnO 可用含 Mn 的金属标样。一般不宜用粉末压片作标样。因为颗粒效应及矿物效应对谱线强度的影响无法用数学的方法予以校正。

使用基本参数法分析镀层或膜的厚度与成分时要求知晓试样有关的信息:

(1)设置薄膜样品类型。对于多层薄膜样品除要设置每层的组成和近似厚度外,还应设置各层的次序,以便于计算 X 射线荧光理论强度;

(2)尚需设置每层的密度或质量厚度;

(3)要选择合适的特征谱线,如分析 Fe 基上 ZnFe 合金层厚度和组成时,选用 Zn 的 K 系线测定镀 ZnFe 合金层厚度,以 FeLα 线确定 Fe 的含量。在满足上述条件情况下,方可以获得准确镀层或膜的厚度与成分的结果。

丰梁垣[13,14]在用基本参数法分析块样和薄样时,提出新的迭代方法用于某些类型的多层膜分析,并通过使用强度比的方法以补偿因测量条件变化所带来的误差。在此基础上开发出 Fundex® PCFPW/PCFPW32 软件,并成功地用在 PANalytical 生产的 PW2400 和国内一些厂家生产的 EDXRF 谱仪,可用非相似标样如块样进行多层膜分析。

镀膜玻璃分析

(1)仪器配置:Bruker 公司 S2 RANGER EDXRF 谱仪,配备 XFlash LE 第 4 代硅漂移探测器;活性区面积 $10mm^2$,对于 MnKα 线在计数率为 $100\sim300$kcps 情况下其分辨率达到 129eV;最高计数率至 500kcps;采用高透光率的窗膜,与常规 SDD 探测器相比,测定 Na 的强度高 8 倍。端窗 X 射线管:Pd 靶,最大功率 50W,最大电压 50kV,最大电流 2mA。9 种一级滤光片供选择。使用薄膜分析软件 ML^{plus}。

(2)待测定玻璃镀层示于图 12-8。

ZnO 层
SnO$_2$ 层
TiO$_2$ 层
Ag 层
CrNi 层
基层 SiO$_2$

图 12-8 玻璃镀层分配

(3)所用标样为玻璃镀层样,其 ZnO、SnO$_2$、TiO$_2$、Ag 和 CrNi 层厚度分别为 5nm、60nm、3nm、14nm 和 7nm,CrNi 层浓度:Cr=15%,Ni=85%。

(4)测定条件设置为:

① Cr、Ni、Ti、Zn 均用 K$_\alpha$ 线,Sn 用 L$_\alpha$ 线。Al 滤光片(500 μm),管压 40kV,测定时间 100s。

② Ag 用 K$_\alpha$ 线,Cu 滤光片(250μm),测定时间 100s。

(5)校准曲线:用单标样法,故截距设置为零,分别用 Ni、Ti、Zn 的 K$_\alpha$ 线,Sn 的 L$_\alpha$ 线强度求得每层厚度校准曲线的灵敏度因子。以 CrK$_\alpha$ 线求得 NiCr 层中 Cr 的含量,依据 Cr%+Ni%=100%,算得 Ni 的含量。

(6)方法的准确度和精密度:将一已知厚度的样测定 12 次,其结果列于表 12-3。

表 12-3 方法的准确度和精密度

	标准值/nm	平均厚度/nm	绝对标准偏差/nm	最小值~最大值/nm
ZnO 层	5	4	0.01	4.1~4.2
SnO$_2$ 层	60	58.8	0.5	58.0~59.6
TiO$_2$ 层	3	3	0.1	2.9~3.2
Ag 层	14	13.1	0.8	11.5~14.0
CrNi 层	7	7	0.1	6.8~7.2

§12.4 三维共聚焦 XRF 谱仪用多层膜厚度分析

常用的 XRF 谱仪测定多层膜组成与厚度时,需要建立准确的试样模型:试样有几层;每层的大致组成及厚度;基材的组成和厚度。这些信息在分析薄膜或镀层试样时,均需作为初始值输入软件,以进行准确的计算。因为采用基本参数法进行计算,因此必须考虑所有的主要及次要组分,预知膜的组成和厚度,方可进行理论强度的计算。只有获得这些信息,方能用基本参数法得到准确结果,但上述条件并非在分析未知样时均能获得。

　　北京师范大学低能核物理研究所 X 射线室早在 20 世纪 90 年代中期就率先推出了最小束径 $50\mu m$ 的整体 X 射线透镜,并与国内外科研单位合作相继开发了用于不同光源如高功率的旋转靶、同步辐射光源和常规 X 射线管构建成的三维共聚焦 X 射线荧光光谱仪[15~17],谱仪结构在第五章§5.3.2 节中已作介绍。共聚焦 X 射线荧光分析与普通的微束 XRF 分析相比,有两大优点:①可以实现对样品的深度分析,当样品沿着垂直于共聚焦方向从上向下移动时,可得到样品由表及里的元素分布情况;②可以得到三维元素分布图,普通的微束 XRF 分析仅能获得样品的二维元素分布图。日本大板大学辻幸一[18]最近报道了利用北京师范大学的 X 射线透镜,建成三维共聚焦 X 射线荧光光谱仪,测量单元装置如图 12-9 所示。该谱仪对 AuL_β 线的深度分辨率为 $13.7\mu m$。

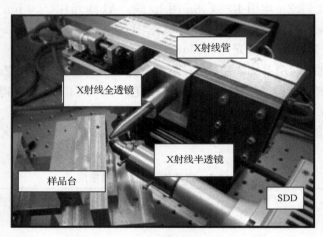

图 12-9　三维共聚焦 X 射线荧光光谱仪测量单元[16]

　　测量条件:

　　X 射线管(Mo 靶),管压:50 kV,管流:0.60 mA(最大功率 50 W);

　　SDD:Vortex - EX50(SII Nano Technology),灵敏区面积:50 mm^2,能量分辨率:128eV@ MnK$_\alpha$,X 射线透镜(XOS,光斑:约 10 mm)。

　　辻幸一[18]用 3D 共聚焦 X 射线荧光分析测定图 12-10 和图 12-11 两个样品,图 12-10 给出 Ti、Ni 和 Au 三层膜的特征谱图,虽未给出每层的厚度,但可以清楚地知道有三层 Ti、Ni 和 Au 膜,且膜中间存在 XRF 未测出的层;而图 12-11 镶在聚合物中的两块圆柱形 Au 块间的垂直距离和水平距离,其结果与光学显微镜观察的计算值基本相似。显然这种方法至少对薄膜样品信息毫无所知的样以可以提供有几层膜及膜的组成信息,若用同步辐射光源并且深度分辨率能达纳米量级,则用于多层膜组成和厚度分析是可能的。

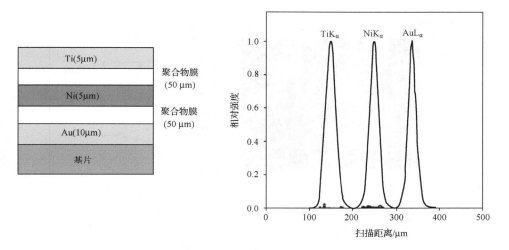

图 12-10　镀层样品(左)和深度扫描图(右)

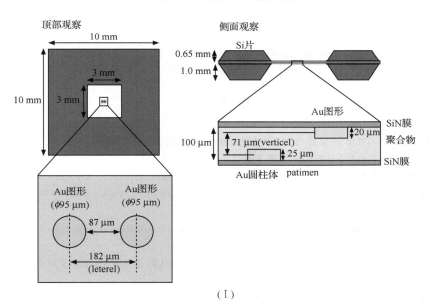

（Ⅰ）

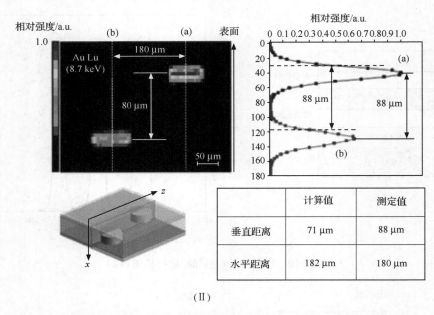

	计算值	测定值
垂直距离	71 μm	88 μm
水平距离	182 μm	180 μm

(Ⅱ)

图 12-11　圆柱形 Au 样品镶在聚合物塑料(Ⅰ)和深度扫描图(Ⅱ)[18]

参 考 文 献

[1] 吉昂,陶光仪,卓尚军,罗立强.X 射线荧光光谱分析.北京,科学出版社,2003;187~197.

[2] 梁钰.X 射线荧光光谱分析基础.北京:科学出版社,2007;109~119.

[3] 曹利国.能量色散 X 射线荧光方法.成都:成都科技大学出版社,1998;325~330.

[4] Mantler M.X-ray fluorescence analysis of multiple-layer films.Anal.Chim.Acta,1986,188;25~35.

[5] Philips Analytical.Application Study 91003,Almelo,1990.

[6] de Boer D K G.Calculation of X-ray fluorescence intensities from bulk and multi-layer samples.X-Ray Spectrom,1990,19(3):145~154.

[7] 陶光仪,吉昂,卓尚军.计算多层膜组分和厚度的软件 FPMULTI 及其应用.光谱学与光谱分析,1999,(2);215~218.

[8] 卓尚军,陶光仪,韩小元.X 射线荧光光谱的基本参数法.上海:上海科学技术出版社,2010;215~235.

[9] 梁宝鎏,毛振伟,李德卉,朱剑,等.能量色散 X 射线探针技术对汝瓷成分的线扫描分析.中国科学(B),2003,33(4);340~346.

[10] Cesareo R,Brunetti A,Castellano A,Rosales Medina M A.Portable Equipment for X-ray fluorescente analysisi//Tsji K,Injuk J,Van Greiken R.X-Ray Spectrometry;Recent Technological Advances.2004;307~341.

[11] GB/T 1839-2008 钢产品镀锌层质量试验方法.

[12] 韩小元,卓尚军,王佩玲,陶光仪.X 射线荧光光谱法测定 Zn 镀层质量厚度及计算谱线选择问题研究.分析实验室,2006;25(1)5~8.

［13］Liangyuan Feng ,Cross B J ,Richard W .New developments in FP-based software for both bulk and thin-film XRF analysis .Advance in X-Ray Analysis ,1992 ,35 ;703～709 .

［14］Liangyuan Feng .A simple approach to multilayer thin film analysis based on theoretical calculations using fundamental parameters method . Advance in X-Ray Analysis , 1993 ,36 ;279～286 .

［15］Wolfgang M ,Birgit K .A model for the confocal volme of 3D micro X-ray fluorescence Spectrometer［J］. Spectrochimica Acta ,2005 ,Part B(60) ;1334 .

［16］林晓燕 .实验和理论模拟研究共聚焦 X 射线荧光谱仪的性能及对古文物的层状结构分析 .北京师范大学博士论文 ,2008 ;28～32 .

［17］Wei X ,Lei Y ,Sun T ,et al . Elemental depth profile of faux bamboo paint Forbidden City studied by synchrotron radiation confocal μ-XRF .X-Ray Spectrom , 2008 ,37 ;595～598 .

［18］Kouichi Tsuji(辻 幸一) . Comparison of Analytical Performance of 3D-XRF Instruments . 全国第八届 X 射线荧光光谱学术报告会 ,上海 ,2010 .

第十三章 XRF 定量分析中不确定度评定

§13.1 引 言

XRF 主要用于物质化学元素组成的分析,在许多领域中,一些重要的决策都是以这些定量分析结果作依据的。例如,对于矿物来说,关键元素的含量作为是否有开采价值的主要依据,而在矿石的贸易中,关键元素的含量则用于定价的主要依据;在工业控制领域,被监控元素的含量通常是对产品质量具有重要影响的量,检测结果将用于是否需要调整配料的依据,如果用于产品检验,则往往作为产品质量判别的依据;在废弃物排放和环境评估中,关键元素的含量检测结果则将作为是否符合相关法规的依据等。很显然,当我们依据这些检测结果作出重要决策的时候,我们需要了解检测结果的质量,或者说检测结果在多大程度上是可靠的。所以提供 XRF 检测数据的实验室或检测人员,必须提供一种可以证明检测结果可信和适宜的度量,包括期望某个检测结果和其他方法检测结果相吻合的程度。评定测量不确定度就是用于这种度量的一种有效方法。所以,一份完整的定量分析报告不仅应给出测量结果,而且应表明测量不确定度,以方便报告使用者确定测量结果的可靠性,同时也使不同测量方法的测量结果之间具有可比性。为了提供质量保证,通常要求提供检测结果的实验室采取相应的措施,如使用标准方法、参加能力验证、建立质量管理体系(如计量认证和实验室认可)、建立测量结果的溯源性等。

1993 年,国际标准化组织(ISO)出版了《测量不确定度表达指南》[1],1999 年,中华人民共和国原国家技术监督局据此发布了中华人民共和国国家计量技术规范《测量不确定度评定与表示》[2](JJF1059—1999),正式确定了测量不确定度评估和表达的通用原则。但是,这是针对广泛的测量领域的通用指南性文件,对于具体的检测领域,需要有更加细化的可操作的指南。1995 年,欧洲分析化学组织(EU-RACHEM,a focus for analytical chemistry in Europe)和分析化学国际溯源性合作组织(CITAC,cooperation on international traceability in analytical chemistry)又共同发布了《分析测量中不确定度的量化》的指南[3],我国也据此制定了计量技术规范《化学分析测量不确定度评定》[4](JJF 1135—2005),它针对化学分析的具体情况,从科学性、规范性和实用性的角度出发,进一步明确了化学分析中不确定度的评定及表示方法。在文献[3]的附录中,列出了几个分析化学中常见的不确定度评定的实例,包括校准标准溶液的配制、氢氧化钠标准溶液的标定、酸碱滴定、面包中有机磷农药的测定、原子吸收光谱法测定陶瓷中镉的溶出量、动物饲料中粗纤维的测定、使用同位素稀释的电感耦合等离子体质谱法测定水中的铅含量。虽然指南中没有介绍 XRF 分析中不确定度评估的具体例子,但是,不确定度评定的步骤是类似的。本章主要结合 XRF 分析的具体特点,介绍 XRF 定量分析结果不确定度评定过程中应考虑的因素。

§13.2　名 词 术 语

1. 真值和约定真值

量的真值是与给定的特定量的定义一致的量值。量的真值要通过完美无缺的测量才能得到,而"完美无缺"是不存在的,所以量的真值是不能确定的,人们常用的是约定真值。

随着人们对客观世界认识的不断加深,以及科学技术的发展导致的测量技术的更加完善,对特定量的定义会变化。例如,目前对长度单位米的定义是:在真空中,光在 $1/299\ 792\ 458$ 秒内通过的距离。回溯至 18 世纪,制定长度标准时有两种意见,一种是将半周期为 1 秒的单摆长度定为 1 米,另一种意见是将地球子午线长度的四千万分之一作为 1 米。但由于重力加速度在地球表面的不同地方有变化,所以法国科学院决定采用后者,并把子午线从北极点经过巴黎到赤道的长度的一千万分之一作为 1 米,并用铂-铱合金制作了实物原型。然而最早的实物原型由于误算了地球自转的影响而短了 0.2mm,所以于 1889 年重作了标准米的实物原型。1927 年,米被更加严密地定义为 0℃时,刻在铂-铱合金棒上的两条中轴线间的距离。该实物原型保存在国际计量局(BIPM),并被第一届国际计量大会所承认。对标准米实物原型的保存也作了严格规定:标准大气压下,放在两根相距 571mm 的圆柱体上,这两根圆柱体必须直径至少 1cm,对称地置于同一平面。显然,这种定义方法可能受制造工艺的影响,所以 1960 年国际计量大会根据氪-86 的放射线的波长定义米,1983 年又根据光速来定义米,也就是现在的定义。

约定真值是对于给定目的的具有适当不确定度的、赋予特定量的值,有时该值是约定采用的。约定真值有时称为指定值、最佳估计值、约定值或标准值。约定真值常常采用多次测量结果来确定。同样,人们对约定真值的认识也会随测量技术的不断完善而更加接近真值。例如,常数委员会(CODATA)1986 年推荐的阿伏伽德罗常数的约定真值为 $6.0221367 \times 10^{23}\ \mathrm{mol^{-1}}$,而 1998 年的推荐值[5]为 $6.02214199(47) \times 10^{23}\ \mathrm{mol^{-1}}$,括号中的数值表明了该约定真值的不确定度,即标准不确定度为 $0.00000047 \times 10^{23}\ \mathrm{mol^{-1}}$。和 1986 年的推荐值相比,1998 年的推荐值不仅增加了一位有效数字,而且给出了相应的不确定度。

2. 测量结果

测量结果是由测量所得到的赋予被测量的值。测量结果可能是直接观测的结果,也可能是根据定义,或一定的函数关系才能得到的结果。多数情况下,测量结果是通过多次重复测量得到的。如果只说测量结果,则可能存在几种不同情况,即测量仪器的示值、未修正的测量结果或已修正的测量结果。测量仪器的示值是指在读数瞬间,测量仪器的指示装置所提供的,以被测量的单位(有时需要经过一定的换算达到被测量的单位)表示的被测量的值。未修正测量结果是指未经系统误差修正的结果,经过系统误差修正后的结果称为已修正的测量结果。完整的测量结果应包括测量不确定度描述,并说明测量条件。在 XRF 定量分析中,测量结果通常是浓度。特殊情况下也可能指谱线强度。

3. 测量结果的重复性和再现性

测量结果的重复性(repeatability)是指在相同测量条件下,对同一被测量的值进行连续多次测量所得结果之间的一致性。相同的测量条件是指相同的测量人员采用相同的测量程序,在相同的地点和相同的测量条件下,在相对较短的时间内重复测量,这样的测量条件也称为重复性条件。所谓"相对较短的时间"是指在这段时间内,测量结果随时间的变化可以忽略,即测量处于统计控制状态。测量结果的重复性可以用连续多次测量结果的实验标准偏差 s 定量衡量,s 越小,测量结果的分散性越小,测量结果的重复性也越好。

测量结果的再现性(reproducibility)是指在不同的实验室,由不同的操作者使用不同的设备,按相同的测试方法,同一被测量的测量结果之间的一致性。

4. 测量误差和相对误差

误差(error)是测量结果与测量真值之差。测量结果的误差和被测量具有相同的量纲。即

$$误差 = 测量结果 - 真值 \qquad (13-1)$$

测量结果是对被测值的近似估计,它不仅与被测量本身有关,而且与测量方法、仪器、环境和测量者对被测量的认识程度有关。真值是与被测量定义完全一致的值,由于真值无法确定,人们实际使用的是约定真值。约定真值本身具有一定的不确定度,所以测量结果的误差也是不能准确获得的。试图消除误差是不可能的。如果要消除误差,要求测量结果即是真值,前面已经介绍,这需要采用完美无缺的测量,而完美无缺的测量是不存在的,所以误差永远无法消除。但是,随着人们认识水平和科学技术水平以及测量技术水平的不断提高,可以尽量减少测量误差。

根据误差的定义,测量结果的误差是有符号的,非正即负。有时为了和相对误差区别,将误差称为绝对误差。相对误差是测量误差与被测量真值之比。通常将相对误差表示为绝对误差占真值的百分比,即

$$相对误差 = \frac{误差}{真值} \times 100\% \qquad (13\text{-}2)$$

显然,相对误差是没有量纲的。

当被测量的大小接近时,绝对误差即能反映测量的准确度。但是,如果被测量之间相差较大,则采用相对误差才能更好地反映测量的准确度。例如,如果分别测量质量为 10.0g 和 100.0g 的砝码,绝对误差都是 0.1g,则前者的相对误差为 1‰,而后者的相对误差为 0.1‰。显然,后者的相对误差小于前者,后者的测量也比前者更加准确。但是如果只看绝对误差,就难以判别,甚至得出与实际不相符合的结论。

5. 随机误差和系统误差

随机误差是测量结果与在重复性条件下对同一被测量进行无限多次测量所得结果的平均值之差。这一定义是由国际计量局(BIPM)、IEC(国际电工委员会)、ISO(国际标准化组织)和 OIM L(国际法制计量组织)等国际组织 1993 年确定的。在统计术语中,无限多次测量所得结果的平均值称为总体均值。即

$$随机误差 = 测量结果 - 总体均值 \qquad (13\text{-}3)$$

实际的测量只能进行有限次,有限次测量所得结果的平均值称为样本均值,测量结果与样本均值之差称为残差,所以实际上只能以残差来近似估计随机误差的大小。随机误差服从一定的统计规律,可以用统计的方法估计其对测量结果的影响。随机误差的统计规律可以归纳为对称性、有界性和单峰性。所谓对称性是指绝对值相等而符号相反的误差出现的次数大致相等,也就是说,测量结果以它们的算术平均值为轴而对称分布。正是由于这种对称分布,使所有随机误差的代数和趋于零。所谓有界性是指测量结果的误差以很大的置信度落在某一范围内,出现绝对值很大的误差的概率非常小。所谓单峰性是指绝对值小的误差出现的概率比绝对值大的误差出现的概率大,测量结果以它们的算术平均值为中心而相对集中分布。

系统误差是在重复性条件下,对同一被测量进行无限多次测量所得的平均值与被测量真值之差。即

$$系统误差 = 总体均值 - 真值 \qquad (13\text{-}4)$$

同样,由于只能进行有限次重复测量,而且真值也只能采用约定真值代替,所以系统误差也只是一个估计值,也存在一定的不确定度,也就是说,系统误差是不能完全获知的。

图 13-1 是测量误差的示意图[6]。图中 y_i 为某次测量的被测量测得值,$\bar{y}$ 为样

本均值, μ 为总体均值, t 为真值, σ 为标准偏差, $\mu \pm k\sigma$ 表示当 k 取不同值时,测量结果即测得值会以相应的概率出现在此区间内。

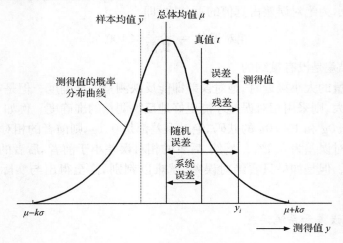

图 13-1　测量误差的示意图

根据式(13-1)、式(13-3)和式(13-4)可以得出

$$误差 = 随机误差 + 系统误差 \tag{13-5}$$

因此,任何误差均是随机误差和系统误差的代数和。有时,测量结果的误差是由多个分量组成,这些分量也是各自随机误差和系统误差的代数和。

6. 测量精密度和准确度

精密度是在规定条件下所获得的独立测量结果之间的一致程度,通常用标准偏差来度量精密度,标准偏差越大,则精密度越差。所谓"独立测量结果",意味着测量结果不受以前任何同样或类似测量结果的影响。定量测量的精密度关键取决于规定条件。重复性和复现性条件就是一种规定的条件。

测量准确度是指测量结果与真值之间的一致程度。它是一个定性的概念。精密度只取决于随机误差的分布,而与真值无关,所以不能用精密度代替准确度。精密度好并不一定代表准确度高。

§13.3　测量结果的分布

测量结果或其误差往往遵循一定的统计规律。最常见的是正态分布(也称高斯分布)。其他在分析化学中应用的分布包括 t 分布(学生分布)、泊松分布、均匀分布(矩形)、三角形分布等。

1. 正态分布

对化学分析,包括 X 射线荧光光谱分析的结果,一般认为接近正态分布,它是一种连续性概率分布。正态分布最早由棣莫弗在求二项分布的渐近公式中得到,高斯在研究测量误差时从另一个角度导出了它,并研究了它的性质,所以正态分布又称高斯分布。正态分布的概率密度函数如下:

$$P_n = \frac{1}{\sigma\sqrt{2\pi}}\exp\left[-\frac{1}{2}\left(\frac{x-\mu}{\sigma}\right)^2\right] \tag{13-6}$$

式中:σ 和 μ 是正态分布的两个重要参数,第一个参数 μ 是服从正态分布的随机变量的均值,第二个参数 σ 是此随机变量的标准差(σ^2 称方差)。所以正态分布记作 $N(\mu,\sigma^2)$。服从正态分布的随机变量的概率有如下规律:正态分布以均值 μ 为中心,左右对称;与 μ 接近的概率大,远离 μ 的值的概率小;σ 越小,分布越集中在 μ 附近,σ 越大,分布越分散。

正态曲线下横轴上区域的面积极限是 100%。在实际分析中,正态曲线下横轴上某一区域的面积占总面积的百分数,就是观察值落在该区域的概率,或称置信水平。正态曲线下一定区间的面积可以通过查表得到。对于正态或近似正态分布的测定结果,已知均值和标准差,就可对其置信水平作出估计。例如,观察值在 $\mu\pm\sigma$ 范围内的概率为 68.27%,在 $\mu\pm2\sigma$ 范围内的概率为 95.45%,在 $\mu\pm3\sigma$ 范围内的概率为 99.73%。有时,人们希望知道特定置信水平下观察值出现的区间。例如,95% 置信水平时,观察值出现的区间为 $\mu\pm1.96\sigma$,99% 置信水平时,观察值出现的区间为 $\mu\pm2.58\sigma$,见图 13-2。

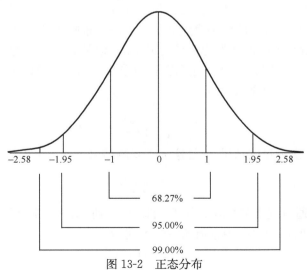

图 13-2　正态分布

正态分布是许多统计方法的理论基础。检验、方差分析、相关和回归分析等多种统计方法均要求分析的指标服从正态分布。许多统计方法虽然不要求分析指标服从正态分布,但相应的统计量在大样本时近似正态分布,因而大样本时这些统计推断方法也是以正态分布为理论基础的。此外,t 分布、二项分布、泊松分布的极限为正态分布,在一定条件下,可以按正态分布原理来处理。

2. 泊松分布

泊松分布是概率论中常用的一种离散型概率分布,由法国数学家泊松(Poisson)在 1838 年提出。若随机变量 x 只取非负整数值,均值为 μ,它取 k 值的概率记作 $P(k;\mu)$,则

$$P(k;\mu) = \frac{\mu^k}{k!}e^{-\mu} \tag{13-7}$$

泊松分布 $P(k;\mu)$ 中只有一个参数 μ,它既是泊松分布的均值,也是泊松分布的方差。所以,对于泊松分布,

$$\sigma = \sqrt{\mu} \tag{13-8}$$

当一个随机事件,以固定的平均瞬时速率(或称密度)随机且独立地出现时,那么这个事件在单位时间(面积或体积)内出现的次数或个数就近似地服从泊松分布。X射线光谱中光子的计数就是这种情况。

3. t 分布

正态分布是一种理论分布,其密度函数中的两个参数为总体均值 μ 和总体标准差 σ,它们是基于样本数 n 为无穷大时的理论值。当样本数量(即测量次数较少时),则不服从正态分布,而是服从自由度为 $v(v = n - 1)$ 的 t 分布(或称学生分布)。当 $n \rightarrow \infty$ 时,t 分布的概率密度曲线与正态分布曲线基本重合,按 t 分布或正态分布处理测量数据所得结果的差异是很小的。但是,在实际测量中,测量次数往往是较少的,如小于 20 次。此时,应用实验标准差 s,而不是总体标准差 σ。观测值的实验标准差 $s(x_i)$ 通过下式计算:

$$s(x_i) = \sqrt{\frac{1}{n-1}\sum_{i=1}^{n}(x_i - \bar{x})^2} \tag{13-9}$$

式中:x_i 是第 i 次测量的结果,$\bar{x}$ 是这 n 次观测结果的算术平均值,即

$$\bar{x} = \frac{1}{n}\sum_{i=1}^{n}x_i \tag{13-10}$$

对于 t 分布,要通过查表(表 13-1 为其一部分)得到 t 分布的临界值(t_p),用以确定一定的自由度和置信水平,观察值所在的区间为

$$x_i \pm t_p s(x_i) \tag{13-11}$$

通常报告的结果是 n 次观测结果的算术平均值，$\bar{x}$ 的标准差可通过下式计算：

$$s(\bar{x}) = \frac{s(x_i)}{\sqrt{n}} \qquad (13\text{-}12)$$

则报告值所在区间为：

$$\bar{x} \pm t_p s(\bar{x}) = \bar{x} \pm t_p \frac{s(x_i)}{\sqrt{n}} \qquad (13\text{-}13)$$

表 13-1　　t 分布不同置信水平 p 与自由度 v 时的临界值 t_p

自由度 v	置信水平 $p/\%$					
	68.27	90	95	95.45	99	99.73
1	1.84	6.31	12.71	13.97	63.66	235.80
2	1.32	2.92	4.30	4.53	9.92	19.21
3	1.20	2.35	3.18	3.31	5.84	9.22
4	1.14	2.13	2.78	2.87	4.60	6.62
5	1.11	2.02	2.57	2.65	4.03	5.51
6	1.09	1.94	2.45	2.52	3.71	4.90
7	1.08	1.89	2.36	2.43	3.50	4.53
8	1.07	1.86	2.31	2.37	3.36	4.28
9	1.06	1.83	2.26	2.32	3.25	4.09
10	1.05	1.81	2.23	2.28	3.17	3.96
11	1.05	1.80	2.20	2.25	3.11	3.85
12	1.04	1.78	2.18	2.23	3.05	3.76
13	1.04	1.77	2.16	2.21	3.01	3.69
14	1.04	1.76	2.14	2.20	2.98	3.64
15	1.03	1.75	2.13	2.18	2.95	3.59
16	1.03	1.75	2.12	2.17	2.92	3.54
17	1.03	1.74	2.11	2.16	2.90	3.51
18	1.03	1.73	2.10	2.15	2.88	3.48
19	1.03	1.73	2.09	2.14	2.86	3.45
20	1.03	1.72	2.09	2.13	2.85	3.42
30	1.02	1.70	2.04	2.09	2.75	3.27
40	1.01	1.68	2.02	2.06	2.70	3.20
50	1.01	1.68	2.01	2.05	2.68	3.16
100	1.005	1.660	1.984	2.025	2.626	3.077
∞	1.000	1.645	1.960	2.000	2.576	3.000

4. 均匀分布

均匀分布也称等概率分布,即在分布范围内,各处的概率密度相等,其分布密度函数为:

$$P_r = \frac{1}{2a} \tag{13-14}$$

式中:a 是测量结果分布范围的半宽度。均匀分布的标准差为:

$$\sigma = \frac{a}{\sqrt{3}} \tag{13-15}$$

5. 三角形分布

三角形分布也称辛普森(Simpson)分布,它是由两个相互独立但具有相同分布范围的均匀分布所合成的。若两个随机变量都是在 $(-a/2, a/2)$ 范围的均匀分布且独立,则其和就在 $(-a, a)$ 范围服从三角形分布。在 $(-a, a)$ 范围的三角形分布的标准差为:

$$\sigma = \frac{a}{\sqrt{6}} \tag{13-16}$$

§13.4　测量不确定度

§13.4.1　测量不确定度的定义

根据国际标准化组织(ISO)制定的《测量不确定度表达指南》[1](Guide to the Expression of Uncertainty in Measurement)和中华人民共和国原国家技术监督局发布的中华人民共和国国家计量技术规范[2](JJF1059—1999),测量不确定度的定义是:表征合理地赋予被测量之值的分散性,与测量结果相联系的参数。

测量过程中可能导致产生测量不确定度的原因包括:

(1) 被测量的定义不完整;

(2) 复现被测量的测量方法不理想;

(3) 取样代表性不够;

(4) 对测量过程受环境影响认识不够或控制不当;

(5) 仪器读数的人为偏移;

(6) 测量仪器性能的局限性;

(7) 测量标准或标准物质的不确定度;

(8) 引用的数据或其他参数的不确定度;

(9) 测量方法和测量程序的近似和假设；

(10) 在相同条件下被测量在重复观测中的变化。

这些不确定度来源之间有可能相关，例如，第 10 项可能与前面各项相关。

测量不确定度通常用标准差表示，此时称为标准不确定度。在评定标准不确定度时，根据评定方法的不同，分为标准不确定度的 A 类评定和 B 类评定。所谓标准不确定度的 A 类评定是指对 n 次重复观测进行统计分析的方法，而不同于标准不确定度 A 类评定的就属于标准不确定度的 B 类评定。

如果测量结果不是直接测定，而是由若干其他量通过某种函数关系计算得到，此时应用合成标准不确定度，它是根据其他各量的方差或（和）协方差计算得到的标准不确定度。假定被测量 Y 由 N 个其他对 Y 的测量结果产生影响的量 X_1，X_2，$\cdots$，X_N 通过函数关系 f 确定，即：

$$Y = f(X_1, X_2, \cdots, X_N) \tag{13-17}$$

如被测量 Y 的估计值为 y，输入量 X_i 的估计值为 x_i，则有：

$$y = f(x_1, x_2, \cdots, x_N) \tag{13-18}$$

在此，大写字母 Y 和 X 表示量的符号，而小写字母表示其值。用 $u_c(y)$ 表示被测量 Y 的估计值 y 的合成标准不确定度，$u(x_i)$ 表示输入量 X_i 的估计值 x_i 的标准不确定度，当所有输入量 X_i 相互独立或者说不相关时，有：

$$u_c^2(y) = \sum_{i=1}^{N} \left[\frac{\partial f}{\partial x_i} u(x_i) \right]^2 \tag{13-19}$$

这就是不确定度传播定律。式（13-14）～式（13-19）是基于 $y = f(x_1, x_2, \cdots, x_N)$ 的泰勒级数一阶近似，如果 f 明显是非线性的，则式（13-19）还应加上泰勒级数的高阶项。

§13.4.2　标准不确定度的 A 类评定

对随机变量 x 遵循的概率分布，当 $n \to \infty$ 时，x_i 的算术平均值即是 x 的期望值 μ_x，方差为 $\sigma^2(x_i)$，$\sigma^2(\bar{x}) = \sigma^2/n$。在实际测量中，$n$ 的次数总是有限的，此时只能用观测值 x_i 的算术平均值 $\bar{x}$、实验方差 $s^2(x_i)$ 和 $s^2(\bar{x})$ 对 μ_x、$\sigma^2(x_i)$ 和 $\sigma^2(\bar{x})$ 进行估计。

对随机变量 x 的 n 次独立重复观测，x 的期望值的最佳估计是这 n 次观测结果的算术平均值 $\bar{x}$，观测值的实验差 $s(x_i)$ 可以通过式（13-9）计算得到，它就是这 n 次观测结果的标准不确定度 $u(x_i)$，即

$$u(x_i) = s(x_i) \tag{13-20}$$

如果以这 n 次独立观测值的算术平均值作为测量结果，则测量结果 $\bar{x}$ 的标准不确定度 $u(\bar{x})$ 为

$$u(\bar{x}) = s(\bar{x}) = \frac{s(x_i)}{\sqrt{n}} \qquad (13\text{-}21)$$

计算标准不确定度时,还应给出自由度 v。如上述 n 次独立重复观测中,自由度为 $v = n - m$,其中 m 为需要根据 n 次独立观测值来计算参数的个数。如果对 X_i 的独立测量次数较少,而且在估计 X_i 接近正态分布的情况下,则可以用极差和极差系数近似计算单次测量结果 x_i 的实验标准差:

$$u(x_i) = s(x_i) = \frac{R}{C} \qquad (13\text{-}22)$$

式中:R 为极差,是观测结果中最大值和最小值之差,C 为极差系数。表 13-2 列出了独立测量次数 n 分别为 $2 \sim 9$ 时的极差系数 C 和自由度 v。

表 13-2 极差系数 C 和自由度 v

n	2	3	4	5	6	7	8	9
C	1.13	1.64	2.06	2.33	2.53	2.70	2.85	2.97
v	0.9	1.8	2.7	3.6	4.5	5.3	6.0	6.8

如果在被测量的多次观测中存在相关的随机效应,如均与时间相关,则不能按上述方法计算,而应采用专门为处理相关的随机变量而设计的统计方法来分析观测值。

§13. 4. 3 标准不确定度的 B 类评定

对式(13-17)中不能用重复观测的方法得到其标准不确定度的 X_i,要利用有关 X_i 可能变化的全部信息进行判断,计算出估计的方差 $u^2(X_i)$ 或标准不确定度 $u(X_i)$,这样的方法称为标准不确定度的 B 类评定方法。评定 B 类标准不确定度的信息来源可以但不限于:

以前的观测数据;对有关技术资料和测量仪器特性的了解和经验;生产部门提供的技术说明文件;校准证书、鉴定证书或其他文件提供的数据、准确度的等别或级别等;手册或某些资料给出的参考数据及其不确定度;规定实验方法的国家标准或类似技术文件中给出的重复性限 r 或再现性限 R。

显然,在标准不确定度的 B 类评定方法中,正确使用有效信息需要具有经验和认识上的洞察力。

下面介绍几种典型情况下的标准不确定度的 B 类评定。

(1)如果估计值 x_i 来源于厂商的技术指标、校准证书、手册或其他资料,并且明确给出了不确定度 $U(x_i)$ 是标准差 $s(x_i)$ 的 k 倍(U 称为扩展不确定度,k 称为包含因子),则标准不确定度 $u(x_i)$ 为:

$$u(x_i) = U(x_i)/k \qquad (13-23)$$

（2）如果给出置信区间的半宽度 U_p 和相应的置信概率 p，则除非另有说明，一般按正态分布考虑评定其标准不确定度 $u(x_i)$。在正态分布情况下，不同置信概率所对应的包含因子 k_p 可以计算或查表，则

$$u(x_i) = U_p/k_p \qquad (13-24)$$

表 13-3 列出了常用的包含因子和对应的置信概率。

表 13-3　正态分布常用的置信概率及其对应的包含因子 k_p

$p/\%$	50	68.27	90	95	95.45	99	99.73
k_p	0.67	1	1.645	1.960	2	2.576	3

（3）如果已知信息表明 X_i 的值 x_i 分散在区间的半宽度为 a，且 x_i 落在 $x_i - a$ 和 $x_i + a$ 之间的概率为 100%，通过对其分布的估计，标准不确定度可以如下计算：

$$u(x_i) = a/k \qquad (13-25)$$

式中的 k 与分布有关。常用分布的 k 和 $u(x_i)$ 列于表 13-4。表中的梯形分布的底宽为 $2a$，顶宽为 $2a\beta(0 \leqslant \beta \leqslant 1)$。当 $\beta \to 0$ 时，梯形分布接近于三角分布；当 $\beta \to 1$ 时，梯形分布接近于矩形分布。

（4）如果已知信息表明 X_i 的最佳估计值 x_i 分散在区间 $x_i - b_-$ 和 $x_i + b_+$ 之间的概率为 100%（$b_- \neq b_+$），则可按均匀分布处理：

$$u(x_i) = \frac{b_+ + b_-}{\sqrt{12}} \qquad (13-26)$$

表 13-4　常用分布的 k 和 $u(x_i)$ 及 $x_i - a$ 和 $x_i + a$ 之间的概率

分布类别	$p/\%$	k	$u(x_i)$
正态	99.73	3	$a/3$
三角形	100	$\sqrt{6}$	$a/\sqrt{6}$
梯形	100	$\dfrac{\sqrt{6}}{\sqrt{1+\beta^2}}$	$\dfrac{a}{\sqrt{6}}\sqrt{1+\beta^2}$
均匀	100	$\sqrt{3}$	$a/\sqrt{3}$
反正弦	100	$\sqrt{2}$	$a/\sqrt{2}$
两点	100	1	a

（5）在规定实验方法的国家标准或类似技术文件中，按规定的测量条件，如果明确指出了两次测量结果之差的重复性限 r 或再现性限 R，则除非特殊说明，测量结果标准不确定度为

$$u(x_i) = r/2.83 \qquad (13-27a)$$

$$u(x_i) = R/2.83 \qquad (13-27b)$$

（6）如果 X_i 的值 x_i 来源于测量仪器数字显示，如测量仪器分辨力为 δx，或者 x_i 是引用的已经修约的值，如修约间隔为 δx，则由此带来的标准不确定度为

$$u(x_i) = 0.29\delta x \tag{13-28}$$

B 类不确定度分量的自由度 v_i 与所得到的标准不确定度 $u(x_i)$ 的相对标准不确定度 $\dfrac{\sigma[u(x_i)]}{u(x_i)}$ 有关，其关系为：

$$v_i \approx \frac{1}{2}\frac{u^2(x_i)}{\{\sigma[u(x_i)]\}^2} \approx \frac{1}{2}\left[\frac{\Delta u(x_i)}{u(x_i)}\right]^{-2} \tag{13-29}$$

根据经验，按所依据的信息来源的可信程度来判断 $u(x_i)$ 的标准不确定度，从而推算出相对标准不确定度 $\dfrac{\sigma[u(x_i)]}{u(x_i)}$。表 13-5 列出了几种 $\dfrac{\sigma[u(x_i)]}{u(x_i)}$ 所对应的 v_i。

表 13-5　几种 $\dfrac{\sigma[u(x_i)]}{u(x_i)}$ 所对应的 v_i

$\dfrac{\sigma[u(x_i)]}{u(x_i)}$	0	0.10	0.20	0.25	0.30	0.40	0.50
v_i	∞	50	12	8	6	3	2

§13.4.4　合成标准不确定度和有效自由度

当式（13-18）中所有输入量 x_i 的标准不确定度都通过上述 A 类或 B 类评定方法计算出来后，如果 x_i 之间均不相关，则按式（13-19）可计算出合成标准不确定度。

合成标准不确定度 $u_c(y)$ 的自由度称为有效自由度，用 v_{eff} 表示。如果 $u_c^2(y)$ 由两个以上估计方差分量合成，即式（13-19）中 $N \geqslant 2$，则有效自由度可按 Welch-Satterthwaite 公式计算：

$$v_{eff} = \frac{u_c^4(y)}{\displaystyle\sum_{i=1}^{N}\frac{u_i^4(y)}{v_i}} \tag{13-30}$$

式中：$u_i(y) = \dfrac{\partial f}{\partial x_i}u(x_i)$。显然 $v_{eff} \leqslant \displaystyle\sum_{i=1}^{N} v_i$。

§13.4.5　扩展不确定度

扩展不确定度（U）是将合成标准不确定度 $u_c(y)$ 乘以一个包含因子 k 得到的。

$$U = ku_c(y) \tag{13-31}$$

它表示可以期望测量结果 y 以一定的置信概率 p 落在 $y-U$ 和 $y+U$ 的区间。包含

因子 k 的取值需根据 y 的分布情况而定。如果难以确定其分布,一般取 $2 \sim 3$。如果估计接近正态分布,可采用 t 分布的临界值确定 k 值。对于给定的自由度和置信概率,$k = t_p$。t_p 则可以查表得到(见表 13-1)。

§13.5　测量不确定度的报告

在测量报告中,不仅要报告被测量的估计值,而且应报告其测量不确定度。报告不确定度时应尽量包括以下内容:

说明被测量 Y 的定义;

所有输入量 X_i 的来源及其值 x_i,标准不确定度 $u(x_i)$ 的值及其评定方法,自由度 ν_i;

有相关输入量时给出协方差或相关系数;

被测量 Y 的估计值 y,合成标准不确定度 $u_c(x_i)$,它们的单位;有效自由度 ν_{eff};

扩展不确定度 U,包含因子 k 及相应的置信概率。

合成标准不确定度和扩展不确定度一般只保留两位有效数字,但在连续计算中可保留多余位数。

§13.6　计数统计误差和光子计数的不确定度

§13.6.1　计数统计误差和光子计数的不确定度的计算

X 射线光子的计数存在一定的不确定度。下面将要介绍的方法虽然是以往计算 CSE(counting statistics error)的方法,但实际上计算的是标准偏差即标准不确定度。当测定 X 射线光子数目时,多次重复测定总计数 N 的分布近似为高斯分布。如果总计数的真值为 N_0,那么 n 次测定的总计数 N 的标准方差为:

$$\sigma^2 = \frac{1}{n} \sum_{i=1}^{n} (N_i - N_0)^2 \tag{13-32}$$

在实际测量中,真值 N_0 是永远无法确知的,只能用 n 次测量结果的平均值来估计。即

$$N_0 \approx \bar{N} = \frac{1}{n} \sum_{i=1}^{n} N_i \tag{13-33}$$

此时,标准方差为:

$$s^2 = \frac{1}{n-1} \sum_{i=1}^{n} (N_i - \bar{N})^2 \tag{13-34}$$

根据高斯分布,测定结果落在 $\bar{N} \pm 1\sigma$ 的置信水平为 68.27%,在 $\bar{N} \pm 2\sigma$ 的置信水

平为 95.45%，在 $\bar{N}\pm3\sigma$ 的置信水平为 99.73%。

当 $N\geqslant100$ 时，标准偏差可以用下式近似计算：

$$\sigma_N = \sqrt{N} \tag{13-35}$$

σ_N 有时也记为 CSE(N)。用 R 表示计数率(cps)，T 为测量时间(s)，则

$$N = RT \tag{13-36}$$

$$\sigma_N = \sqrt{RT} \tag{13-37}$$

相对标准差为：

$$\varepsilon = \frac{\sigma_N}{N} \times 100\% = \frac{1}{\sqrt{RT}} \times 100\% \tag{13-38}$$

总计数标准不确定度和相对标准不确定度表示即为：

$$u(N) = \sqrt{RT} \tag{13-39}$$

$$u_{\text{rel}}(N) = \frac{1}{\sqrt{RT}} \times 100\% \tag{13-40}$$

例如，如果计数率 $R=1\text{kcps}(1000\text{cps})$，计数时间 $T=10\text{s}$，那么测量总计数 $N=10000$，$u(N)=100$，$u_{\text{rel}}(N)=1\%$。对于单次测量，总计数 N 落在 (10000 ± 100) 范围内的可能性为 68.3%，总计数 N 落在 (10000 ± 200) 范围内的可能性为 95.4%，总计数 N 落在 10000 ± 300 范围内的可能性为 99.7%。

式(13-40)清楚地表明，可以通过提高计数率 R 和/或延长计数时间 T 的方法降低总计数的相对标准不确定度。在上面的例子中，将计数率 R 从 1kcps 提高到 4kcps，或者将计数时间从 10s 延长为 40s($N=40000$)，都可以将相对标准不确定度 $u_{\text{rel}}(N)$ 从 1% 降低到 0.5%。如果将计数率 R 从 1kcps 提高到 4kcps，同时将计数时间从 10s 延长为 40s($N=160000$)，则相对标准不确定度 $u_{\text{rel}}(N)$ 可以降低到 0.25%。

那么如何评定计数率 R 的标准不确定度呢？我们知道

$$R = \frac{N}{T} \tag{13-41}$$

根据不确定度传播定律，有

$$u^2(R) = \left(\frac{\partial R}{\partial N}\right)^2 u^2(N) + \left(\frac{\partial R}{\partial T}\right)^2 u^2(T) \tag{13-42}$$

与总计数 N 的不确定度相比，时间 T 的不确定度可以忽略不计，则

$$u(R) = \frac{1}{T}u(N) = \frac{1}{T}\sqrt{RT} = \sqrt{\frac{R}{T}} \tag{13-43}$$

$$u_{\text{rel}}(R) = \frac{u(R)}{R} = \frac{1}{\sqrt{RT}} \tag{13-44}$$

可以发现，总计数 N 和计数率 R 的相对标准不确定度是相等的。

如果浓度 C 和计数率 R 存在如下线性关系：
$$C = D + ER \tag{13-45}$$
式中：D 为截距，E 为斜率。E 是灵敏度 S 的倒数，即
$$E = \frac{1}{S} \tag{13-46}$$
$$C = D + \frac{R}{S} \tag{13-47}$$
灵敏度是一定测量条件下，单位浓度的元素谱线的 X 射线荧光强度。如果浓度用质量百分数（%）表示，则灵敏度的量纲为 cps/%。同样，根据不确定度传播定律，有
$$u^2(C) = \left[\frac{\partial C}{\partial D} u(D) \right]^2 + \left[\frac{\partial C}{\partial R} u(R) \right]^2 + \left[\frac{\partial C}{\partial S} u(S) \right]^2 \tag{13-48}$$
若将 S 和 D 视为常数，上式中第一和第三项为 0，则联合式（13-43）可得：
$$u(C) = \frac{1}{S} \sqrt{\frac{R}{T}} \tag{13-49}$$
$$u(C) = E \sqrt{\frac{R}{T}} \tag{13-50}$$
实际分析中，D 和 E 或 S 通常是采用回归分析求得的。

计数时间的选择

实际用于定量分析的应该是扣除背景后的净强度。根据式（13-43），在峰位和背景位测得的计数率（即强度）的不确定度分别可以表示为：
$$u(R_p) = \sqrt{\frac{R_p}{T_p}} \tag{13-51a}$$
$$u(R_b) = \sqrt{\frac{R_b}{T_b}} \tag{13-51b}$$
式中：$u(R_p)$、R_p 和 T_p 分别是峰位处的计数率不确定度、计数率和计数时间，$u(R_b)$、R_b 和 T_b 分别是背景处的计数率不确定度、计数率和计数时间。由于净强度 $R_{net} = R_p - R_b$，所以，净强度的不确定度为
$$u(R_{net}) = \sqrt{\frac{R_p}{T_p} + \frac{R_b}{T_b}} \tag{13-52}$$
$$u_{rel}(R_{net}) = \frac{\sqrt{\dfrac{R_p}{T_p} + \dfrac{R_b}{T_b}}}{R_p - R_b} \tag{13-53}$$
如果给定测量时间 T，如何将它分配给峰位和背景的测量呢？一般有定时法、定数法和最佳定时法。

（a）定时法（FT）：定时法是指峰位和背景测量时间相等，即

$$T_p + T_b = T \qquad (13\text{-}54a)$$

$$T_b = T_p = \frac{T}{2} \qquad (13\text{-}54b)$$

从式(13-52)和式(13-53)可以得到:

$$u_{\text{FT}}(R_{\text{net}}) = \sqrt{\frac{2}{T}(R_p + R_b)} \qquad (13\text{-}55)$$

$$u_{\text{rel. FT}} = \sqrt{\frac{2}{T} \frac{R_p + R_b}{(R_p - R_b)^2}} \qquad (13\text{-}56)$$

(b)定数法(FC):定数法是指峰位和背景测量的总计数相等,即

$$R_p T_p = R_b T_b \qquad (13\text{-}57)$$

结合式(13-54a)可以求得

$$T_b = \frac{R_p T}{R_p + R_b} \qquad (13\text{-}58a)$$

同样可以得到

$$T_p = \frac{R_b T}{R_p + R_b} \qquad (13\text{-}58b)$$

将式(13-58)代入式(13-52)和式(13-53)可以求得:

$$u_{\text{FC}}(R_{\text{net}}) = \sqrt{\frac{R_p + R_b}{T}\left(\frac{R_p}{R_b} + \frac{R_b}{R_p}\right)} \qquad (13\text{-}59)$$

$$u_{\text{rel. FC}}(R_{\text{net}}) = \sqrt{\frac{R_p + R_b}{T(R_p - R_b)^2}\left(\frac{R_p}{R_b} + \frac{R_b}{R_p}\right)} \qquad (13\text{-}60)$$

(c)最佳定时法(FTO):最佳定时法,就是最佳分配 T_p 和 T_b,使净计数的不确定度最小。假定 $\dfrac{T_p}{T_b} = \alpha$,结合式(13-54a)可以求得 $T_p = \dfrac{\alpha T}{1 + \alpha}$,$T_b = \dfrac{T}{1 + \alpha}$,将其代入式(13-52)可得

$$u_{\text{FTO}}(R_{\text{net}}) = \sqrt{\frac{(1 + \alpha)R_p}{\alpha T} + \frac{(1 + \alpha)R_b}{T}} \qquad (13\text{-}61)$$

求式(13-61)的极小值,只要使 $\dfrac{\mathrm{d}u_{\text{FTO}}}{\mathrm{d}\alpha} = 0$,由此可以求出 $\alpha = \sqrt{\dfrac{R_p}{R_b}}$,即

$$\frac{T_p}{T_b} = \sqrt{\frac{R_p}{R_b}} \qquad (13\text{-}62)$$

结合式(13-54a)、式(13-62)和式(13-52)、式(13-53)可以求得

$$u_{\text{FTO}}(R_{\text{net}}) = \sqrt{\frac{1}{T}}\left(\sqrt{R_p} + \sqrt{R_b}\right) \qquad (13\text{-}63)$$

$$u_{\text{rel. FTO}}(R_{\text{net}}) = \frac{1}{\sqrt{T}} \frac{1}{\sqrt{R_p} - \sqrt{R_b}} \qquad (13\text{-}64)$$

可以证明,在总时间 T 给定后,

$$u_{FTO} < u_{FT} < u_{FC} \tag{13-65}$$

从式(13-64)可以看出,在总时间 T 内,净计数的相对不确定度与 $\sqrt{R_p} - \sqrt{R_b}$ 成反比。所以,通常将 $\sqrt{R_p} - \sqrt{R_b}$ 作为一个品质因素来衡量是否是最佳工作条件。

从式(13-64)还可以看出,为了获得小于某一不确定度而需要的总时间与峰背计数之间的关系。例如假定 $R_p = 10000$cps,$R_b = 100$cps,要求净计数的相对不确定度为 0.1%,则根据式(13-64)可以求出 $T = 121$s,再结合式(13-54a)和式(13-62)可以得出 $T_p = 110$s,$T_b = 11$s。在实际测量中,根据不同情况可能作些适当调整。假如取 $T_p = 100$s,$T_b = 10$s,则 $u_{rel} = 0.11\%$,而取 $T_p = 120$s,$T_b = 12$s,则 $u_{rel} = 0.097\%$。

§13.6.2　XRF 测定结果的不确定度评定

在 X 射线荧光光谱定量分析中,导致分析结果具有一定不确定度的因素很多。多数情况下,很难直接计算出每一种因素所引起的不确定度分量。但在实际分析过程中,所有不确定度分量中,往往其中的某个或者某几个分量就决定了合成不确定度的大小,因此,对于这几个不确定度分量必须仔细分析其来源,并正确估计其对合成标准不确定度的贡献。文献[77]对 XRF 分析中的不确定度来源进行了分析。

在 X 射线荧光光谱定量分析过程中,每一个步骤都有可能引起不确定度的因素,主要有以下几个方面:

(1) 取样。取样必须具有代表性。

(2) 样品处理。为了适于测量并且与标准比较,原始样品通常需要经过各种方法处理,如粉碎、干燥、压片、熔融等,在此过程中,污染、称量的准确性、均匀性、熔融时的挥发和分解、偏析、状态如化学态的改变、颗粒度、表面光滑程度、压片时的压力导致的密度差异、熔样时温度的稳定性等因素都是导致不确定度的因素,这可以用制样的重复性来估计。

(3) 强度测量。仪器稳定性、计数统计误差、谱线重叠和背景、仪器分辨力、样品的无限厚度假设、死时间校正、计数器饱和、光路和靶材杂质、真空度、宇宙射线、供电源稳定性、操作失误(如测量条件选择不当)、环境如温度的稳定性等都可以成为强度测量过程中不确定度的来源。

(4) 数据处理。标样数据的不确定度、基体校正的完善性(矿物效应、理论系数的准确性)、定义和理论(数学模型、高次荧光的忽略简化)的正确性、计算过程(如回归)、数值修约等都可以成为数据处理过程中不确定度的来源。

下面将介绍 X 射线荧光光谱分析中可能导致不确定度的主要因素。

1. 分析样品的准备过程中的不确定度来源

分析样品的准备过程包括取样、制样和将样品提供给分析仪器。

所取样品是否具有代表性对于所有基于取样或抽样的分析都是非常重要的。用于 X 射线荧光光谱定量分析的样品通常只有几十毫克到几克,但它们代表的对象的量却往往要大得多。所以,取样必须遵照一定的规范。如国际标准化组织(ISO)就制定了用于液体石油取样的标准程序 ISO3170 和 ISO3171[8]。

为了适于测量和进行定量分析,往往需要对样品进行某些处理,即所谓样品制备,如抛光、粉碎、压片、溶解或者熔融等,在此过程中又往往需要加入一些添加剂,如助磨剂、黏结剂、溶剂或熔剂、氧化剂、脱模剂等。必须保证提供给分析仪器测量的样品符合均匀性的要求,因为真正被 X 射线激发并用于分析的体积只是提供给分析仪器测量的样品的一部分。例如,提供的直径为 40mm,厚度为 5mm 的样品,真正用于分析的可能是直径为二十几毫米,厚度仅为数微米的样品表面部分(厚度将与激发源的能量、样品本身的组成和密度等有关)。在样品制备过程中由于使用工具和添加剂,有可能引入杂质,甚至样品制备过程中的环境,如空气中的粉尘等也会污染样品。而有些处理过程又可能改变样品的组成,如高温造成的挥发等。对于固体样品,样品测量面的光洁度的差异、气泡会给测量结果带来不确定度;对于液体样品,支撑膜的厚度均匀性、支撑膜中的杂质及其均匀性、气泡也会给测量结果带来不确定度。

在取样和制样的过程中,各种计量器具的使用,如用于称量的天平,移取液体的移液管等,也都存在引入不确定度的可能。

在将试样提供给分析仪器的过程中,则要考虑仪器各部分的机械重复性。采用多个试样杯时,试样杯之间的差异同样给测量结果带来不确定度。

另外,由于 X 射线的作用及发热可能引起的样品变化,如分解、挥发等也会给测量结果带来不确定度。

在现代 X 射线荧光光谱分析中,分析样品的准备过程是分析结果不确定度的一个重要来源,在很多情况下甚至是主要来源。然而,我们很难直接计算出这些来源所造成的标准不确定度分量的大小。可以通过一定的测量,并用适当的方法估计出测量结果的合成标准不确定度,同时估计出其他标准不确定度分量,进而估计出分析样品的准备过程中引起的标准不确定度分量的大小。

$$u^2(s) = u_c^2 - \sum u^2(o) \qquad (13\text{-}66)$$

式中:u_c 为测量结果的合成标准不确定度,$u(s)$ 为样品准备过程中引起的标准不确定度分量,$\sum u^2(o)$ 为除样品准备过程中引起的标准不确定度分量以外的其他所有标准不确定度分量的平方和。

例如,为了估计某样品制样过程导致的被测元素 A 的谱线强度的标准不确定度,通常采用制备平行样的方法。用一个均匀的样品,在重复性条件下制备 n 个试样。对这 n 个试样中 A 元素的测量谱线在重复性条件下测量其强度 I_A,则 I_A 的标准不确定度 $u(I_A)$ 可以通过计算 n 个 I 的实验标准偏差 $s(I_A)$ 来求得。同时,我们也知道,$u(I_A)$ 的 来源有两个不相关的过程,即样品制备和谱线强度测量。

$$u^2(I_A) = u^2(s) + u^2(m) \qquad (13-67)$$

式中:$u(m)$ 是谱线强度测量过程中引入的标准不确定度。$u(m)$ 可以用这样的方法估计:用一个稳定的含有元素 A 的试样,元素 A 的含量要使采用上述测量条件测量分析线时的强度接近 I_A,或者采用上述 n 个样品中的一个在上述重复性条件下测量 m 次元素 A 的谱线强度 I_A',然后计算 m 个谱线强度测量值的实验标准偏差 $s(I_A')$。如果测量过程中的系统误差可以忽略,则有 $u(m) \approx s(I_A')$。根据式(13-67)可以估计出采用上述条件测量元素 A 的谱线强度 I_A 时,用上述制样方法导致的标准不确定度 $u(s)$ 的大小。

这样估计出的 $u(s)$ 可以作为其他过程类似的样品准备过程引起的标准不确定度分量的经验估计值。

2. 测量过程中的不确定度来源

这里的测量过程是指获取分析元素特征谱线强度的过程。样品激发以及光子从样品到探测器的光路中的各个环节都存在导致不确定度的因素。一般是将仪器作为一个整体来考察,则表现为两种不同的特性,即仪器的短期和长期稳定性。

(1) 仪器的短期稳定性:仪器的短期稳定性可以在较短时间内,对同一均匀稳定样品在相同的测量条件下进行多次重复测量,然后观察测量结果,通常用相对标准差表示。现代波长色散 X 射线荧光光谱仪 24h 内重复测定结果的相对标准差小于 0.1%。

影响仪器短期稳定性的因素有环境因素、仪器本身的因素和计数的不确定度(UC)。环境因素包括电源的稳定性、环境温度等;仪器本身的因素包括如激发源的稳定性、测角仪和其他部件机械运动的重复性等;计数的不确定度则是由于测定光子计数的结果遵循统计分布规律(见 §13.6 节)。

(2) 仪器的长期漂移及其校正:仪器的长期漂移是指在较长的一段时间内,相同的样品在相同的测量条件下对同一谱线强度重复测量的标准差超过仪器短期内标准差的情况。导致仪器长期漂移的因素是多样的,如 X 射线管原级谱的变化、分光晶体反射效率的降低、探测器分辨率的降低等。仪器的长期漂移可以用测量漂移监控样、内控标样等方法进行校正。

3. 数据处理过程中的不确定度

在这里,数据处理过程是指从测量的谱线强度计算样品中元素浓度的过程,包括根据标准样品建立校准曲线和根据校准曲线计算未知样的浓度。

在采用多重线性回归方法确定校准曲线的过程中,校正模型的选用、其中基体校正方法、谱线重叠的校正方法、标准数据的准确性甚至分析浓度的范围等都对分析结果的准确度产生影响。要对这些因素进行逐一精确分析是比较困难的。但对于一些比较简单的体系,还是能作比较完全的计算。

4. 标准不确定度的估计

前面对 X 射线荧光光谱分析中的不确定度来源进行了介绍,下面介绍几个主要过程的标准不确定度估计方法。

测量结果的标准不确定度实际上是由多个不确定度分量合成的。将在 X 射线荧光光谱分析中不确定度的来源分别从以下几个方面考虑,即取样(u_1)、样品制备(u_2)、强度测量(u_3)和回归分析(u_4,包括校正模型、校正系数的选择和标准样品的标准值的准确性),此处的标准不确定度均采用相对标准不确定度,以免量纲的不一致,在本节下面的计算中,如不说明,标准不确定度均指相对标准不确定度,实验标准偏差也指相对标准偏差。在实际分析中,可能其中的一个或几个是对分析结果的合成标准不确定度起决定作用的分量,那么就应采取措施尽量减小其不确定度。

(1) 样品制备过程(u_2)

样品制备过程的不确定度估计方法前面已经介绍,在此再将操作过程具体化。

第一步,制备 n 个(如 $n = 10$)平行样,并用选定的测量谱线和测量条件对这 n 个样品每个测量一次,并据此 n 个强度数据计算实验标准偏差 s_1;

第二步,选定第一步中 n 个样品中的任意一个,在上述条件下测量 m 次(如 $m = 10$),并据此 m 个强度数据计算实验标准偏差 s_2;

第三步,计算样品制备过程的标准不确定度分量,即

$$u_2 = \sqrt{s_1^2 - s_2^2} \tag{13-68}$$

(2) 强度测量过程(u_3)

实际上,前面估计样品制备过程的标准不确定度分量 u_2 时,第二步中的实验标准偏差 s_2 就是选定的样品和测量条件下强度测量过程的标准不确定度,即

$$u_3 = s_2 \tag{13-69}$$

同时,u_3 也是其他几个因素合成的,如 X 射线光子计数的标准不确定度应该按 §13.6 节的方法计算。如果将一个样品重复测量多次(如 100 次),所得强度数据的实验标准偏差为 s_3,根据测量强度计算的光子计数的标准偏差(即光子计数的标准不确定度)为 s_4,则除光子计数外的仪器因素导致的标准不确定度 u_i 可以估计为

$$u_i = \sqrt{s_3^2 - s_4^2} \tag{13-70}$$

u_i 可以是静态的也可以是动态的。静态是指重复测量时仪器的所有参数都不变，而动态则是在两次强度测量时改变部分或全部参数。通过有意改变某一参数或过程，可以考察仪器相应部分或过程可能的不确定度影响。例如，为考察测角计移动的影响，可以在测量 s_3 时，两次测量之间移动测角计。假定测量位置在 $2\theta_1$，可以在每次测量之前，先将测角计移动到 $2\theta_2$ 位置，然后再移回到 $2\theta_1$ 位置测量。对于有多个测量位置的仪器，则在测量 s_3 时可以通过每次改变测量位置来估计由于测量位置的改变造成的不确定度。

（3）取样过程（u_1）

用选定的取样方法取出 n 批（如 $n=10$）适量样品，从这 n 批样品中，每批制备一个试样用于测量，并对这 n 个试样每个测量一次，可得到实验标准偏差 s_5，则

$$u_1 = \sqrt{s_5^2 - u_2^2 - u_3^2} \tag{13-71}$$

其中 u_2 和 u_3 是前面介绍的样品制备和强度测量过程的标准不确定度。

（4）回归分析（u_4）

通过回归分析可以确定选定校正模式中的各种基体校正系数（如 α、β、γ 等）、谱线重叠校正系数 L，以及校准曲线的斜率 E 和截距 D，目标是使 RMS 最小。

$$\mathrm{RMS} = \sqrt{\frac{\sum (C_{\mathrm{calc}} - C_0)^2}{n - k}} \tag{13-72}$$

式中：C_{calc} 为回归计算得到的浓度，C_0 为校正标样的浓度，n 为校正标样数，k 为需要计算的参数数量。则回归分析过程中的相对标准不确定度可以下式估计

$$u_4 = \frac{\mathrm{RMS}}{C} \times 100\% \tag{13-73}$$

其中：C 为所考察的浓度。它实际上包含有校正标样的制备、测量、标准数据的不确定度、基体和谱线重叠校正等的影响。

在实际分析中，α 系数通常用基本参数计算（理论 α 系数），并且最好满足 $n \geqslant 3k$。

5. 检出限

在给定的体系和测量条件下，分析元素特征谱线的强度随分析元素浓度的降低而下降，当分析元素的浓度低至一定水平时，特征谱线将淹没在背景中。通常将能够和背景区分开来的最低浓度，称为在该体系和测量条件下，该分析元素的检出限或最低检出限。那么，究竟特征谱线的强度要比背景值高出多少才算区分开呢？这要看要求的置信水平。假定背景的标准偏差为 σ_{R_b}，要求 $R_p > R_b + k\sigma_{R_b}$，取不同的 k 值，有不同的置信水平。由于计数近似高斯分布，通常我们取 $k=3$，此时置信水平为 99.7%。由于 $R_{\mathrm{net}} = R_p - R_b$，所以，在最低检测限时，$R_{\mathrm{net}} = 3\sigma_{R_b}$。所以，最低检出限 LLD 为

$$LLD = \frac{3\sigma_{R_b}}{S} \qquad (13\text{-}74)$$

式中：S 为灵敏度。结合式(13-43)，则

$$LLD = \frac{3}{S}\sqrt{\frac{R_b}{T_b}} \qquad (13\text{-}75)$$

如果测量总时间为 T，且采用定时计数法，即 $T_p = T_b$，则

$$LLD = \frac{3\sqrt{2}}{S}\sqrt{\frac{R_b}{T}} \qquad (13\text{-}76)$$

显然适当延长测量时间可以降低检出限。但是，由于背景强度的总不确定度包括了仪器的稳定性因素，当仪器的稳定性导致的不确定度成为背景强度的不确定度的主要贡献者时，再延长测量时间将毫无意义。

§13.7　异常数据的剔除

异常数据是指由于操作失误、偶然因素的干扰（如环境条件的波动）等因素造成的测量结果。对于已经确定存在失误，或外界异常干扰情况下得到的数据，应舍弃。但不能随意舍弃重复测量的一组数据中的最大或最小值，必须进行分析。剔除异常数据有许多不同的准则，较常用的有 Grubbs 准则。Grubbs 准则表达如下：

$$| \text{残差} | > G\sigma \qquad (13\text{-}77)$$

式中：σ 为一组测量数据的样本标准偏差，G 的值随测量次数和置信水平而变化（见表 13-6）。

表 13-6　Grubbs 准则中的 G 值

测量次数	置信概率	G
3	0.95	1.153
	0.99	1.155
4	0.95	1.463
	0.99	1.492
5	0.95	1.672
	0.99	1.749

续表

测量次数	置信概率	G
6	0.95	1.822
	0.99	1.944
7	0.95	1.938
	0.99	2.097
8	0.95	2.032
	0.99	2.221
9	0.95	2.110
	0.99	2.323
10	0.95	2.176
	0.99	2.410
11	0.95	2.234
	0.99	2.485
12	0.95	2.285
	0.99	2.550
13	0.95	2.331
	0.99	2.607
14	0.95	2.371
	0.99	2.659
15	0.95	2.409
	0.99	2.705
16	0.95	2.443
	0.99	2.747
17	0.95	2.475
	0.99	2.785
18	0.95	2.504
	0.99	2.821
19	0.95	2.532
	0.99	2.854
20	0.95	2.557
	0.99	2.884

参 考 文 献

[1] ISO. Guide to the expression of uncertainty in measurement. Geneve 20 , Switzerland ,1993 .

[2] 中华人民共和国国家计量技术规范 JJF1059—1999.《测量不确定度评定与表示》,国家技术监督局颁布，1999 年 1 月 11 日发布,1999 年 5 月 1 日实施.

[3] S L R Ellison , M Rosslein , A Williams . Quantifying uncertainty in analytical measurement , EURA-CHEM / CITAC Guide CG 4 ,2nd Edition , 2000 .

[4] 中华人民共和国国家计量技术规范 JJF 1135—2005 ,《化学分析测量不确定度评定》.

[5] Mohr P J , Taylor B N . J . Phys . Chem . Ref . Data .1999 , 28(6) ;1713-1852 .

[6] 国家质量技术监督局认证与实验室评审管理司 .计量认证/审查认可(验收)评审准则宣贯指南 .中国计量出版社 ,北京 ,2001 ;49 .

[7] 吉昂 ,陶光仪 ,卓尚军 ,罗立强 . X 射线荧光光谱分析 . 北京 ;科学出版社 ,2003 ;232-236 .

[8] ISO3170 ;1988 ,Petroleum liquids-manual sampling ;ISO3171 ;1988 ,Petroleum liquids-automatic pipeline sampling .

第十四章 XRF 标准方法

§14.1 概　述

我国于 1988 年 12 月 29 日通过并公布了《中华人民共和国标准化法》,并于 1989 年 4 月 1 日起施行。1989 年 4 月 1 日原国家技术监督局发布了对该法的条文解释。1990 年 4 月 6 日,国务院发布了该法的实施条例。1990 年 8 月 14 日,原国家技术监督局发布了《国家标准管理办法》和《行业标准管理办法》,2001 年 11 月 21 日,国家质量监督检验检疫总局发布了《采用国际标准管理办法》。这些法律和法规的发布和实施,为全国所有标准化工作提供了法律依据,使中国的标准化工作走上了正轨,并极大地促进了中国的标准化工作的开展。

§14.2 标准的分类

§14.2.1 标准的分类方法

按标准的制定和类型及使用范围划分有国际标准、区域标准、国家标准、行业标准和企业标准。

国际标准是指国际标准化组织(ISO)、国际电工委员会(IEC)和国际电信联盟(ITU)制定的标准,以及国际标准化组织确认并公布的其他国际组织(见表 14-1)制定的标准。

《中华人民共和国标准化法》第六条规定,"对需要在全国范围内统一的技术要求,应当制定国家标准。国家标准由国务院标准化行政主管部门制定。对没有国家标准而又需要在全国某个行业范围内统一的技术要求,可以制定行业标准。行业标准由国务院有关行政主管部门制定,并报国务院标准化行政主管部门备案,在公布国家标准之后,该项行业标准即行废止。对没有国家标准和行业标准而又需要在省、自治区、直辖市范围内统一的工业产品的安全、卫生要求,可以制定地方标准。地方标准由省、自治区、直辖市标准化行政主管部门制定,并报国务院标准化行政主管部门和国务院有关行政主管部门备案,在公布国家标准或者行业标准之后,该项地方标准即行废止。企业生产的产品没有国家标准和行业标准的,应当制定企业标准,作为组织生产的依据。企业的产品标准须报当地政府标准化行政主管部门和有关行政主管部门备案。已有国家标准或者行业标准的,国家鼓励企业制定严于国家标准或者行业标准的企业标准,在企业内部适用。法律对标准的制定另有规定的,依照法律的规定执行。"这就对国内各种标准的适用范围和它们之间的关系进行了明确界定。

　　按标准性质划分:国家标准和行业标准分为强制性标准和推荐性标准。根据《中华人民共和国标准化法条文解释》,下列标准属于强制性标准:

　　(1)药品标准,食品卫生标准,兽药标准;

　　(2)产品及产品生产、储运和使用中的安全、卫生标准,劳动安全、卫生标准,运输安全标准;

　　(3)工程建设的质量、安全、卫生标准及国家需要控制的其他工程建设标准;

　　(4)环境保护的污染物排放标准和环境质量标准;

　　(5)重要的涉及技术衔接的通用技术术语、符号、代号(含代码)、文件格式和制图方法;

　　(6)国家需要控制的通用的试验、检验方法标准;

　　(7)互换配合标准;

　　(8)国家需要控制的重要产品质量标准。

　　强制性标准以外的标准是推荐性标准。

　　省、自治区、直辖市标准化行政主管部门制定的工业产品的安全、卫生要求的地方标准,在本行政区域内是强制性标准。

表 14-1　国际标准化组织确认并公布的其他国际组织

国际组织名称	外文名称	缩写
国际计量局	Bureau International des Poids et Mesures（法）	BIPM
国际人造纤维标准化局	Bureau International pour la Standardization des Fibres Artificielles（法）	BISFN
食品法典委员会	Codex Alimentarius Commission	CAC
空间数据系统咨询委员会	The Consultative Committee for Space Data Systems	CCSDS
国际建筑结构研究与改革委员会	Conseil International du Bâtiment	CIB
国际照明委员会	Commission Internationale de L'Eclairage	CIE
国际内燃机会议	the International Council on Combustion Engines	CIMAC
国际牙科联合会	Federation Dentaire Internationale	FDI
国际信息与文献联合会	Fédération Internationale de Documentation	FID
国际原子能机构	International Atomic Energy Agency	IAEA
国际航空运输协会	International Air Transport Association	IATA

续表

国际组织名称	外文名称	缩写
国际民航组织	International Civil Aviation Organization	ICAO
国际谷类加工食品科学技术协会	International Association for Cereal Science and Technology	ICC
国际排灌委员会	International Commission on Irrigation and Drainage	ICID
国际辐射防护委员会	International Commission on Radiological Protection	ICRP
国际辐射单位和测量委员会	International Commission on Radiation Units and Measurements	ICRU
国际乳品业联合会	International Dairy Federation	IDF
因特网工程特别工作组	Internet Engineering Task Force	IETF
国际图书馆协会与学会联合会	International Federation of Library Associations and Institufions	IFTA
国际有机农业运动联合会	International Federation of Organic Agriculture Movements	IFOAM
国际煤气工业联合会	International Gas Union	IGU
国际制冷学会	International Institute of Refrigeration	IIR
国际劳工组织	International Labour Office	ILO
国际海事组织	International Marine Organization	IMO
国际种子检验协会	International Seed Testing Association	ISTA
国际电信联盟	International Telecommunications Union	ITU
国际理论与应用化学联合会	International Union of Pure and Applied Chemistry	IUPAC
国际毛纺组织	International Wool Textile Organisation	IWTO
国际兽医局	Office International Des Epizooties	OIE
国际法制计量组织	International Organization of Legal Metrology	OIML
国际葡萄与葡萄酒局	Organization Internationle de la Vigna et du Vin	OIV
材料与结构研究实验所国际联合会	International Union of Laboratories and Experts in Construction Materials ,Systems and Structures	RILEM
贸易从息交流流促进委员会	Trade Facilitation Information Exchange	TraFIX
国际铁路联盟	International Union of Railways	UIC
经营、交易和运输程序和实施促进中心	United Nations Center for the Facilitation of Procedures and Practices for Administration Commerce and Transport	UN/CEFACT
联合国教科文组织	United Nations Educational , Scientific and Cultural Organization	UNESCO
国际海关组织	World Customs Organization	WCO
世界卫生组织	World Health Organization	WHO
世界知识产权组织	World Intellectual Property Organization	WIPO
世界气象组织	World Meteorological Organization	WMO

§14.2.2　我国标准和国际标准的关系

《中华人民共和国标准化法》第四条规定,"国家鼓励积极采用国际标准"。对此,原国家技术监督局发布条文解释时说,"本法所指'采用国际标准',包括采用国外先进标准。国际标准是指国际标准化组织(ISO)、国际电工委员会(IEC)所制定的标准,以及 ISO 所出版的国际标准题内关键词索引(KWIC Index)中收录的其他国际组织制定的标准等。国外先进标准包括有影响的区域标准、工业发达国家的标准和国际公认为有权威的团体标准和企业标准等。'采用国际标准'的含义是指,把国际标准和国外先进标准的技术内容,通过分析,不同程度地纳入我国标准,并贯彻执行。采用国际标准的产品,技术水平相当于国外先进水平或国际一般水平。"

《采用国际标准管理办法》第十二条规定,"我国标准采用国际标准的程度,分为等同采用和修改采用。"

1. 等同采用

等同采用(identical,IDT),指与国际标准在技术内容和文本结构上相同,或者与国际标准在技术内容上相同,只存在少量编辑性修改。

2. 修改采用

修改采用(modified,MOD),指与国际标准之间存在技术性差异,并清楚地标明这些差异以及解释其产生的原因,允许包含编辑性修改。修改采用不包括只保留国际标准中少量或者不重要的条款的情况。

修改采用时,我国标准与国际标准在文本结构上应当对应,只有在不影响与国际标准的内容和文本结构进行比较的情况下才允许改变文本结构。

根据国际标准制定的我国标准应当在封面标明和前言中叙述该国际标准的编号、名称和采用程度;在标准中引用采用国际标准的我国标准,应当在"规范性引用文件"一章中标明对应的国际标准编号和采用程度,标准名称不一致的,应当给出国际标准名称。

3. 非等效

我国标准与国际标准的对应关系除等同、修改外,还包括非等效。非等效(not equivalent,NEQ)不属于采用国际标准,只表明我国标准与相应国际标准有对应关系。

非等效指与相应国际标准在技术内容和文本结构上不同,它们之间的差异没有被清楚地标明。非等效还包括在我国标准中只保留了少量或者不重要的国际标准条款的情况。

另外，一些发达国家或地区的技术标准也是我们经常遇到的，如美国国家标准协会标准（ANSI）、美国材料和实验协会标准（ASTM）、英国标准协会标准（BS）、德国标准（DIN）、欧洲标准（EN）、美国电气与电子工程师协会标准（IEEE）、日本工业标准（JIS）等。

§14.3　我国标准的编号

§14.3.1　国家标准的编号

国家标准的代号由大写汉语拼音字母构成。强制性国家标准的代号为"GB"，推荐性国家标准的代号为"GB/T"。国家标准的编号由国家标准的代号、国家标准发布的顺序号和国家标准发布的年号（即发布年份）构成。国家标准编号格式为

（1）强制性国家标准：

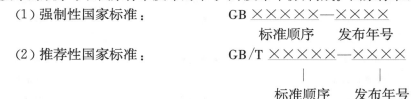

（2）推荐性国家标准：

§14.3.2　行业标准的编号

行业标准的编号由行业标准代号、标准顺序号及年号组成。行业标准强制性和推荐性标准编号的区别是，推荐性标准在行业标准代号后有"/T"。行业标准代号中的行业代号见表 14-2。

（1）强制性行业标准编号

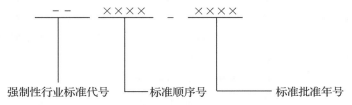

（2）推荐性行业标准编号

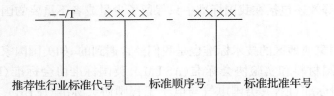

表 14-2　中华人民共和国行业标准代号

标准代号	行业名称	标准代号	行业名称	标准代号	行业名称
AQ	安全	JG	建筑工业行业	SJ	电子行业
BB	包装	JR	金融系统行业	SL	水利行业
CB	船舶行业	JT	交通运输行业	SY	石油天然气行业
CH	测绘行业	JY	教育行业	SN	进出口检验行业
CJ	城镇建设行业	LB	旅游	TB	铁路运输行业
CY	新闻出版行业	LD	劳动和劳动安全行业	TD	土地管理行业
DA	档案工作行业	LS	粮食	TY	体育
DB	地震			WB	物资管理行业
DL	电力行业	LY	林业	WH	文化行业
DZ	地质矿产行业			WJ	兵工民品行业
EJ	核工业行业	MH	民用航空行业	WM	外贸
FZ	纺织行业	MT	煤炭行业	WS	卫生行业
GA	公共安全行业	MZ	民政工作行业	XB	稀土行业
GJB	国家军用标准	NJ	机械工业部部标准	YC	烟草行业
GY	广播电影电视行业	NY	农业行业	YB	黑色冶金行业
HB	航空工业行业	QB	轻工行业	YD	通信行业
HG	化工行业	QC	汽车行业	YS	有色金属行业
		QJ	航天工业行业	YY	医药行业
HJ	环境保护行业	QX	气象	YZ	邮政
HS	海关	SB	商业行业	ZY	中医药行业
HY	海洋工作行业	SC	水产行业		
JB	机械行业	SD	能源部、水利部部标准		
JC	建材行业	SH	石油化工行业		

§14.3.3　地方标准和企业标准的编号

1. 地方标准的编号

地方标准的编号格式是:"DB"+××+ /T + 标准顺序号 + "一"+标准批准年号,其中"××"表示省级行政区代码的前两位数字(见表14-3),"/T"只出现在推荐性标准中。

（1）强制性地方标准

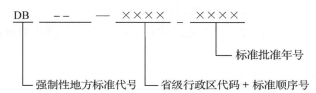

（2）推荐性地方标准

表 14-3　地方标准中的省级行政区代码

11	北京市	35	福建省	53	云南省
12	天津市	36	江西省	54	西藏自治区
13	河北省	37	山东省	61	陕西省
14	山西省	41	河南省	62	甘肃省
15	内蒙古自治区	42	湖北省	63	青海省
21	辽宁省	43	湖南省	64	宁夏回族自治区
22	吉林省	44	广东省	65	新疆维吾尔自治区
23	黑龙江省	45	广西壮族自治区	71	中国台湾
31	上海市	46	海南省	81	香港特别行政区
32	江苏省	50	重庆市	91	澳门特别行政区
33	浙江省	51	四川省		
34	安徽省	52	贵州省		

2. 企业标准的编号

1990 年 8 月 14 日,原国家技术监督局发布了《企业标准化管理办法》。办法第六条中说明,企业标准有以下几种:①企业生产的产品,因没有国家标准、行业标准和地方标准的,而制定的企业产品标准;②为提高产品质量和技术进步,制定的严于国家标准、行业标准或地方标准的企业产品标准;③对国家标准、行业标准的选择或补充的标准;④工艺、工装、半成品和方法标准;⑤生产、经营活动中的管理标准和工作标准。

企业标准编号由企业标准代号、顺序号和标准发布年代号组成。企业标准一经制定颁布,即对整个企业具有约束性,是企业法律性文件。企业标准没有强制性和推荐性之分。

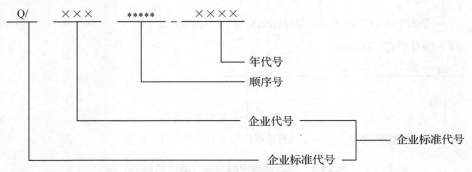

企业代号可用汉语拼音字母或阿拉伯数字或两者兼用组成。

企业代号,按中央所属企业和地方企业分别由国务院有关行政主管部门和省、自治区、直辖市政府标准化行政主管部门会同同级有关行政主管部门规定。

§14.4　我国的 XRF 标准

虽然 XRF 是一种广泛使用的检测方法,但无论在国内还是在国际上,在所有化学成分的检测标准中,XRF 标准方法只占很小一部分。这反映了标准化工作落后于实际应用的现状。据初步统计,我国现行有效的 XRF 检测方法国家和行业标准只有二十多项(见表 14-4),其中相当一部分是修改采用国外标准后形成的。

表14-4　我国现行有效的XRF国家和行业标准

序号	标准号	类型(采用国际标准情况)	标准名称	适用仪器	制样方法	适用范围	测量元素及其测定范围
1	GB/T 14506.28—1993 (1994-2-1实施)	国家标准	硅酸盐岩石化学分析:X射线荧光光谱法测定主,次元素量	波长色散	熔融	包括超基性岩在内的硅酸盐岩石	Na_2O(0.3~7),MgO(0.2~41),Al_2O_3(0.3~36),SiO_2(19~98),P_2O_5(0.01~0.95),K_2O(0.1~7.4),CaO(0.1~20),TiO_2(0.02~7.5),C_2O_3(0.005~1.5),MnO(0.02~0.32),Fe_2O_3(0.3~24),Cu(0.02~0.21),Ni(0.002~0.25),Cu(0.002~0.12),Sr(0.005~0.12),Zr(0.009~0.15)
2	GB/T 11140—2008 (2009-2-1实施)	国家标准(修改采用ASTMD2622:2007)	石油产品硫含量的测定:波长色散X射线荧光光谱法	波长色散	液体	柴油,喷气燃料,煤油,其他馏分油,石脑油基础油,润滑油基础油,液压油,原油,车用汽油,含醇汽油和生物柴油	总S
3	GB/T 16597—1996 (1997-4-1实施)	国家标准	冶金产品分析方法:X射线荧光光谱法通则			制(修)定冶金产品的X射线荧光光谱法国家或行业标准	
4	GB/T 17040—2008 (2009-2-1实施)	国家标准(修改采用ASTMD4294:2003)	石油和石油产品硫含量的测定:能量色散X射线荧光光谱法	能量色散	液体	测定包括柴油,石脑油,煤油,渣油,润滑油基础油,液压油,喷气燃料,原油,车用汽油和其他馏分油在内的碳氢化合物中的硫含量	总硫(0.150%~5.00%)
5	GB/T 17416.2—1998 (1999-01-01实施)	国家标准	锆矿石化学分析方法:X射线荧光光谱法测定锆量和铪量	色散	熔融	锆矿石	ZrO_2(0.0016%~8.7%),HfO_2(0.0034%~3.0%)

续表

序号	标准号	类型（采用国际标准情况）	标准名称	适用仪器	制样方法	适用范围	测量元素及其测定范围
6	GB/T 18043—2008（2009-7-1实施）	国家标准	首饰 贵金属含量的测定：X射线荧光光谱法	能量色散	无损	首饰及其他工艺品中贵金属（金、银、铂、钯）等含量的测定	
7	GB/T 21114—2007（2008-2-1）	国家标准（修改采用 ISO 12677:2003）	耐火材料：X射线荧光光谱化学分析熔铸玻璃片法	波长色散	熔融	由氧化物组成的耐火材料和制品及技术陶瓷的化学分析方法	0.01%~99%
8	GB/T 24231—2009（2010-4-1实施）	国家标准	铬矿石 铝、硅、钛、钙、铬、锰、铁和镍含量的测定 波长色散 X 射线荧光光谱法	波长色散			
9	GB/T 24519—2009（2010-5-1实施）	国家标准	锰矿石 镁、铝、硅、磷、硫、钾、钙、钛、锰、铁、镍、铜、锌、钡和铝含量的测定 波长色散 X 射线荧光光谱法	波长色散	熔融	定锰矿石中镁、铝、硅、磷、硫、钾、钙、钛、锰、铁、镍、铜、锌、钡和铝的含量	Al_2O_3（0.24~9.78），BaO（0.08~2.96），CaO（0.09~19.8），CuO（0.012~0.045），Fe_2O_3（1.8~30.0），K_2O（0.02~4.99），MgO（0.04~3.82），MnO（20.33~75.9），NiO（0.03~0.13），P_2O_5（0.066~0.619），PbO（0.003~0.25），SiO_2（2.0~47.6），SO_3（0.018~0.67），TiO_2（0.04~0.54），ZnO（0.005~0.199）
10	GB/T 6609.30—2009（2010-2-1实施）	国家标准（修改采用 AS 2879.7—1997）	氧化铝化学分析方法和物理性能测定方法 第 30 部分：X 射线荧光光谱法测定微量元素含量	波长色散	熔融	定氧化铝中以下元素的含量：钠、硅、铁、钙、钾、钛、磷、钒、锌、镓	Na_2O（0.10~1.20），SiO_2（0.005~0.30），Fe_2O_3（0.005~0.10），K_2O（0.0010~0.15），CaO（0.010~0.12），TiO_2（0.0010~0.010），P_2O_5（0.0010~0.050），V_2O_5（0.0010~0.015），ZrO（0.0010~0.020），Ga_2O_3（0.0010~0.060）

续表

序号	标准号	类型（采用国际标准情况）	标准名称	适用仪器	制样方法	适用范围	测量元素及其测定范围
11	GB/T 6730.62—2005（2006-1-1实施）	国家标准（修改采用 ISO9516:1992）	铁矿石钙、硅、镁、钛、磷、锰、铝和钡含量的测定波长色散X射线荧光光谱法	波长色散	熔融	铁矿石	Ca(0.02~15.00)，Si(0.08~15.00)，Mg(0.15~5.00)，Ti(0.004~8.00)，P(0.005~5.00)，Mn(0.009~3.00)，Al(0.002~5.00)，Ba(0.002~3.00)
12	GB/Z 21277—2007	国家标准化指导性技术文件（修改采用 ISO9516:1992）	电子电气产品中限用物质铅、汞、铬、镉和溴的快速筛选 X射线荧光光谱法	波长色散或能量色散		X射线荧光光谱法快速筛选用电子电气产品中限制使用物质铅、汞、铬、镉和溴的测定方法，其中所测定的铬和溴是指样品中的总铬和总溴	
13	SH/T 0631—1996（1996-12-1实施）	石油化工行业标准（等效采用 ASTM D4927:1993）	润滑油和添加剂中钡、钙、磷、硫和锌测定法（X射线荧光光谱法）	波长色散		润滑油和添加剂中钡、钙、磷、硫和锌	S(0.01~2.0)，其余元素 0.03~1.0
14	YS/T 273.11—2006（2006-12-1实施）	有色金属行业标准	冰晶石化学分析方法和物理性能测定方法 第11部分：X射线荧光光谱分析法测定硫含量	波长色散	粉末压片	冰晶石中硫含量测定	S≤2.00%
15	YS/T 273.14—2008（2008-9-1实施）	有色金属行业标准	冰晶石化学分析方法和物理性能测定方法 第14部分：X射线荧光光谱分析法测定元素含量	波长色散	熔融	冰晶石中氟、铝、钠、硅、铁、硫、磷、钙、钙含量的测定	F(40.00~60.00)，Al(11.00~18.00)，Na(20.00~35.00)，SiO_2(0.010~0.60)，Fe_2O_3(0.010~0.50)，SO_4^{2-}(0.10~2.00)，P_2O_5(0.0010~0.30)，CaO(0.0060~1.00)

续表

序号	标准号	类型(采用国际标准情况)	标准名称	适用仪器	制样方法	适用范围	测量元素及其测定范围
16	YS/T 483—2005 (2005-12-1 实施)	有色金属行业标准	铜及铜合金分析方法 X 射线荧光光谱法(波长色散型)	波长色散		铜及铜合金中元素和主要杂质元素	Cu(40.00～98.00)、Ni(0.010～35.00)、Zn(0.010～45.00)、Al(0.010～15.00)、Fe(0.010～10.00)、Sn(0.010～15.00)、Pb(0.010～10.00)、Mn(0.010～15.00)、Si(0.010～6.00)、Cr(0.010～2.00)、As(0.010～0.50)、P(0.010～1.00)、Mg(0.010～1.00)、Ag(0.010～1.00)
17	YS/T 575.23—2009 (2010-6-1 实施)	有色金属行业标准 (修改采用 AS 2564—1982)	铝土矿石化学分析方法第 23 部分:X 射线荧光光谱法测定元素含量	波长色散	熔融	铝土矿石、黏土、高岭土等	Al₂O₃(30.00～80.00)、Fe₂O₃(0.30～30.00)、K₂O(0.050～3.00)、CaO(0.050～5.00)、P₂O₅(0.010～5.00)、MnO(0.0030～0.20)、SiO₂(1.00～50.00)、TiO₂(0.50～8.00)、Na₂O(0.050～3.00)、MgO(0.030～3.00)、Ga(0.0020～0.050)、S(0.050～3.00)、V(0.0080～0.40)、Zn(0.0015～0.30)
18	YS/T 581.10—2006 (2006-8-1 实施)	有色金属行业标准	氟化铝化学分析方法和物理性能测定方法 第 10 部分 X 射线荧光光谱分析法测定硫含量	波长色散	压片	氟化铝	S(0.01～2.00)

续表

序号	标准号	类型（采用国际标准情况）	标准名称	适用仪器	制样方法	适用范围	测量元素及其测定范围
19	YS/T 581.16—2008 （2008-9-1 实施）	有色金属行业标准	氟化铝化学分析方法和物理性能测定方法第 16 部分：X 射线荧光光谱分析法测定元素含量	波长色散	熔融	氟化铝中氟、铝、钠、硅、铁、硫、磷含量	F（50.00～68.00），Al（25.00～36.00），Na（0.020～10.00），SiO$_2$（0.010～0.60），Fe$_2$O$_3$（0.010～0.50），SO$_4^{2-}$（0.10～2.00），P$_2$O$_5$（0.0020～0.30）
20	YS/T 63.16—2006 （2006-8-1 实施）	有色金属行业标准 （修改采用 ISO12980：2000）	铝用炭素材料检测方法 第 16 部分 微量元素的测定 X 射线荧光光谱分析方法	波长色散	压片	预焙阳极	Na，Al，Si，S，Ca，Ti，V，Fe，Ni
21	YS/T 702—2009 （2010-6-1 实施）	有色金属行业标准	X 射线荧光光谱法测定氢氧化铝中 SiO$_2$，Fe$_2$O$_3$，Na$_2$O 含量	波长色散	熔融	氢氧化铝	SiO$_2$（0.005～0.08），Fe$_2$O$_3$（0.004～0.07），Na$_2$O（0.20～0.80）
22	YS/T 703—2009 （2010-6-1 实施）	有色金属行业标准	X 射线荧光光谱法测定石灰石中 CaO，MgO，SiO$_2$ 含量	波长色散	熔融	石灰石	CaO（42.54～55.48），MgO（0.31～10.62），SiO$_2$（0.19～7.80）
23	SH/T 0742—2004 （2004-4-30 实施）	石油化工行业标准 （修改采用 ASTMD 6445—1999）	汽油中硫含量测定法	能量色散		汽油	S

§14.5　XRF 国际标准

在 XRF 领域,常见的国际标准包括国际标准化组织(ISO)和国际电工委员会(IEC)所制定的标准、美国材料和实验协会标准(ASTM)、英国标准协会标准(BS)、德国标准(DIN)、欧洲标准(EN)、日本工业标准(JIS)等。从表 14-4 可以看出,通过修改采用,一些 ISO 和 ASTM 标准转化成了我国的国家或行业标准。

中国合格评定国家认可委员会(CNAS)在 2006 年发布的检测和校准实验室能力认可准则(CNAS-CL01)中(5.4)关于方法的选择,明确应该优先使用以国际、区域或国家标准发布的方法。到目前,我国已有近 5000 家机构获得了 CNAS 的认可,所以,在我国除了国家标准和行业标准外,一些国际标准也在被采用,其中有些因使用广泛而被转化成我国标准。

XRF 国际标准较多,无法一一列举。表 14-5 列出了部分和 XRF 有关的 ASTM 标准。ASTM 标准号后两位数代表标准最初实施的年份,随后括号中 4 位数的年份代表最后一次重审的年份,右上角的"e"表示最后一次重审后经过了编辑性修改,"e"后的数字表示修改次数。表 14-6 列出了 ISO 网站上公布的现行有效的 XRF 方面的 ISO 标准[2]。

表 14-5　部分 ASTM 的 XRF 标准

序号	标准号	标准名称
1	D2332-84(1999)	Standard Practice for Analysis of Water-Formed Deposits by Wavelength-Dispersive X-ray Fluorescence
2	D4452-85(1995)e1	Standard Methods for X-ray Radiography of Soil Samples
3	E1172-87(1996)	Standard Practice for Describing and Specifying a Wavelength-Dispersive X-ray Spectrometer
4	C982-88(1997)e1	Standard Guide for Selecting Components for Energy-Dispersive X-ray Fluorescence (XRF) Systems
5	C1110-88(1997)e1	Standard Practice for Sample Preparation for X-ray Emission Spectrometric Analysis of Uranium in Ores Using the Glass Fusion or Pressed Powder Method
6	D4764-88(1993)e1	Standard Test Method for Determination by X-ray Fluorescence Spectroscopy of Titanium Dioxide Content in Paint
7	D2929-89(2000)	Standard Test Method for Sulfur Content of Cellulosic Materials by X-ray Fluorescence

续表

序号	标准号	标准名称
8	C1118-89(2000)	Standard Guide for Selecting Components for Wavelength-Dispersive X-ray Fluorescence (XRF) Systems
9	E539-90(1996)[e1]	Standard Test Method for X-ray Emission Spectrometric Analysis of 6Al-4V Titanium Alloy
10	E1361-90(1999)	Standard Guide for Correction of Interelement Effects in X-ray Spectrometric Analysis
11	F1375-92(1999)	Standard Test Method for Energy Dispersive X-ray Spectrometer (EDX) Analysis of Metallic Surface Condition for Gas Distribution System Components
12	C1255-93(1999)	Standard Test Method for Analysis of Uranium and Thorium in Soils by Energy Dispersive X-ray Fluorescence Spectroscopy
13	E1622-94(1999)[e1]	Standard Practice for Correction of Spectral Line Overlap in Wavelength-Dispersive X-ray Spectrometry
14	E1621-94(1999)	Standard Guide for X-ray Emission Spectrometric Analysis
15	E572-94(2000)	Standard Test Method for X-ray Emission Spectrometric Analysis of Stainless Steel
16	E1085-95	Standard Test Method for X-Ray Emission Spectrometric Analysis of Low-Alloy Steels
17	C1296-95	Standard Test Method for Determination of Sulfur in Uranium Oxides and Uranyl Nitrate Solutions by X-ray Fluorescence (XRF)
18	D4962-95[e1]	Standard Practice for NaI(Tl) Gamma-ray Spectrometry of Water
19	D5723-95	Standard Practice for Determination of Chromium Treatment Weight on Metal Substrates by X-ray Fluorescence
20	E322-96[e1]	Standard Test Method for X-ray Emission Spectrometric Analysis of Low-Alloy Steels and Cast Irons
21	E1031-96	Standard Test Method for Analysis of Iron-Making and Steel-Making Slags by X-ray Spectrometry
22	D4927-96	Standard Test Methods for Elemental Analysis of Lubricant and Additive Components-Barium, Calcium, Phosphorus, Sulfur, and Zinc by Wavelength-Dispersive X-ray Fluorescence Spectroscopy
23	D5839-96	Standard Test Method for Trace Element Analysis of Hazardous Waste Fuel by Energy-Dispersive X-ray Fluorescence Spectrometry

序号	标准号	标准名称
24	C1343-96	Standard Test Method for Determination of Low Concentrations of Uranium in Oils and Organic Liquids by X-ray Fluorescence
25	A754/A754M-96(2000)	Standard Test Method for Coating Weight (Mass) of Metallic Coatings on Steel by X-ray Fluorescence
26	D4326-97	Standard Test Method for Major and Minor Elements in Coal and Coke Ash By X-ray Fluorescence
27	D6052-97	Standard Test Method for Preparation and Elemental Analysis of Liquid Hazardous Waste by Energy-Dispersive X-ray Fluorescence
28	PS95-98	Standard Provisional Practice for Quality Systems for Conducting In Situ Measurements of Lead Content in Paint or Other Coatings using Field-Portable X-ray Fluorescence (XRF) Devices
29	D6334-98	Standard Test Method for Sulfur in Gasoline by Wavelength Dispersive X-ray Fluorescence
30	D6247-98	Standard Test Method for Analysis of Elemental Content in Polyolefins By X-ray Fluorescence Spectrometry
31	D5059-98	Standard Test Methods for Lead in Gasoline by X-ray Spectroscopy
32	D4294-98	Standard Test Method for Sulfur in Petroleum Products by Energy-Dispersive X-ray Fluorescence Spectroscopy
33	B890-98	Standard Test Method for Determination of Metallic Constituents of Tungsten Alloys and Tungsten Hardmetals by X-ray Fluorescence Spectrometry
34	B761-98	Standard Test Method for Particle Size Distribution of Powders and Related Compounds by X-ray Monitoring of Gravity Sedimentation
35	B568-98	Standard Test Method for Measurement of Coating Thickness by X-ray Spectrometry
36	D2622-98	Standard Test Method for Sulfur in Petroleum Products by Wavelength Dispersive X-ray Fluorescence Spectrometry
37	D3649-98a	Standard Test Method for High-Resolution Gamma-ray Spectrometry of Water
38	C1402-98	Standard Guide for High-resolution Gamma-ray Spectrometry of Soil Samples
39	PS116-99	Provisional Practice for the Performance Evaluation of the Portable X-ray Fluorescence Spectrometer for the Measurement of Lead in Paint Films

续表

序号	标准号	标准名称
40	C1416-99	Standard Test Method for Uranium Analysis in Natural and Waste Water by X-ray Fluorescence
41	C1254-99	Standard Test Method for Determination of Uranium in Mineral Acids by X-ray Fluorescence
42	D6502-99	Standard Test Method for On-Line Measurement of Low Level Particulate and Dissolved Metals in Water by X-ray Fluorescence (XRF)
43	D6481-99	Standard Test Method for Determination of Phosphorus, Sulfur, Calcium, and Zinc in Lubrication Oils by Energy Dispersive X-ray Fluorescence Spectroscopy
44	D6376-99	Standard Test Method for Determination of Trace Metals in Petroleum Coke by Wavelength Dispersive X-ray Fluorescence Spectroscopy
45	D6445-99	Standard Test Method for Sulfur in Gasoline by Energy-Dispersive X-ray Fluorescence Spectrometry
46	D6443-99	Standard Test Method for Determination of Calcium, Chlorine, Copper, Magnesium, Phosphorus, Sulfur, and Zinc in Unused Lubricating Oils and Additives by Wavelength Dispersive X-ray Fluorescence Spectrometry (Mathematical Correction Procedure)
47	C1271-99	Standard Test Method for X-ray Spectrometric Analysis of Lime and Limestone
48	C1456-00	Standard Test Method for the Determination of Uranium or Gadolinium, or Both, in Gadolinium Oxide-Uranium Oxide Pellets or by X-ray Fluorescence (XRF)

表 14-6　ISO 的 XRF 标准

序号	标准号	标准名称
1	ISO 14596:2007	Petroleum products — Determination of sulfur content — Wavelength-dispersive X-ray fluorescence spectrometry
2	ISO 12980:2000	Carbonaceous materials used in the production of aluminium — Green coke and calcined coke for electrodes — Analysis using an X-ray fluorescence method
3	ISO 17331:2004	Surface chemical analysis — Chemical methods for the collection of elements from the surface of silicon-wafer working reference materials and their determination by total-reflection X-ray fluorescence (TXRF) spectroscopy

序号	标准号	标准名称
4	ISO 8754 :2003	Petroleum products -- Determination of sulfur content --Energy-dispersive X-ray fluorescence spectrometry
5	ISO 15597 :2001	Petroleum and related products -- Determination of chlorine and bromine content --Wavelength-dispersive X-ray fluorescence spectrometry
6	ISO 14706 :2000	Surface chemical analysis -- Determination of surface elemental contamination on silicon wafers by total-reflection X-ray fluorescence (TXRF) spectroscopy
7	ISO 13464 :1998	Simultaneous determination of uranium and plutonium in dissolver solutions from reprocessing plants -- Combined method using K-absorption edge and X-ray fluorescence spectrometry
8	ISO 14597 :1997	Petroleum products -- Determination of vanadium and nickel content -- Wavelength-dispersive X-ray fluorescence spectrometry
9	ISO 4883 :1978	Hardmetals -- Determination of contents of metallic elements by X-ray fluorescence -- Solution method
10	ISO 4503 :1978	Hardmetals -- Determination of contents of metallic elements by X-ray fluorescence -- Fusion method
11	ISO 20884 :2011	Petroleum products -- Determination of sulfur content of automotive fuels -- Wavelength-dispersive X-ray fluorescence spectrometry
12	ISO/TR 12389 :2009	Methods of testing cement -- Report of a test programme -- Chemical analysis by X-ray fluorescence
13	ISO 17054 :2010	Routine method for analysis of high alloy steel by X-ray fluorescence spectrometry (XRF) by using a near-by technique
14	ISO 29581-2 :2010	Routine method for analysis of high alloy steel by X-ray fluorescence spectrometry (XRF) by using a near-by technique
15	ISO 20847 :2004	Petroleum products -- Determination of sulfur content of automotive fuels -- Energy-dispersive X-ray fluorescence spectrometry
16	ISO 16795 :2004	Nuclear energy -- Determination of Gd_2O_3 content of gadolinium fuel pellets by X-ray fluorescence spectrometry
17	ISO 9516-1 :2003	Iron ores -- Determination of various elements by X-ray fluorescence spectrometry -- Part 1 : Comprehensive procedure
18	ISO 3497 :2000	Metallic coatings - Measurement of coating thickness - X-ray spectrometric methods

§14.6　标　准　物　质

在 XRF 定量分析中,常常要用到标准物质,用于校准仪器、评价测量方法、校正基体效应等。

§14.6.1　标准物质的定义

根据 ISO 指南 30[3] (ISO Guide 30 :1992 , Terms and definitions used in connection with reference materials)的定义,标准物质(Reference Material , RM)是具有一种或多种足够均匀和已确定了的特性值,用以校准设备,评价测量方法或给材料赋值的材料或物质。有证标准物质(Certified Reference Material ,CRM)是附有证书的标准物质,其一种或多种特性值用建立了溯源性的程序确定,使之可溯源到准确复现的用于表示该特性值的计量单位,而且每个标准值都附有给定置信水平的不确定度。后来又提出了基准标准物质(Primary Reference Material , PRM)的概念。在定义基准标准物质之前,先要介绍基准测量方法(Primary Method of Measurement , PMM),它是指具有最高计量品质的测量方法,它的操作可以完全地被描述和理解,其不确定度可以用国际单位(SI 单位)表述,测量结果不依赖被测量的测量标准。基准标准物质是指具有最高计量品质,用基准方法确定量值的标准物质。

ISO 导则 35 :2006[4] 对标准物质的定义是:采用计量学上有效程序测定了一个或多个特性值的标准物质,并附有证书,证书提供了规定特性值及其不确定度和计量溯源性声明。

从标准物质的定义可以看出,标准物质具有可溯源性,可以确保在不同时间和空间对相同的被测量物质进行测量时的一致性和可比性。

§14.6.2　我国标准物质的分级、分类和编号

1. 我国标准物质的分级

我国将标准物质分为一级与二级,它们都符合有证标准物质的定义。

一级标准物质必须符合如下条件:①用绝对测量法或两种以上不同原理的准确可靠的方法定值。在只有一种定值方法的情况下,则用多个实验室以同种准确可靠的方法定值;②准确度具有国内最高水平,均匀性在准确度范围之内;③稳定性在一年以上,或达到国际上同类标准物质的先进水平;④包装形式符合标准物质

技术规范的要求。

二级标准物质须符合如下条件：①用与一级标准物质进行比较测量的方法或一级标准物质的定值方法定值；②准确度和均匀性未达到一级标准物质的水平，但能满足一般测量的需要；③稳定性在半年以上，或能满足实际测量的需要；④包装形式符合标准物质技术规范的要求。

2. 我国标准物质的分类

我国将标准物质分为 13 类，每一类赋予一个分类号。我国标准物质分类情况参见表 14-7。

表 14-7　我国的标准物质分类表

类别	分类号	类别	分类号
钢铁	01	环境	08
有色金属	02	临床化学与药品	09
建材	03	食品	10
核材料	04	煤炭、石油	11
高分子材料	05	工程	12
化工产品	06	物理	13
地质	07		

3. 我国标准物质的编号

我国一级标准物质的编号是以"GBW"开头（"国"、"标"和"物"的拼音首字母），后跟一个 5 位数的编号。编号的前两位数是标准物质的分类号、第三位数是标准物质的小类号，最后两位是顺序号。生产批号用英文小写字母表示，排于标准物质编号的最后一位。例如，一种水系沉积物（地质，分类号 07）的一级标准物质的编号为 GBW07312。每大类标准物质分为 1～9 个小类，第四、第五位是同一小类标准物质中按审批的时间先后顺序排列的顺序号，最后一位是标准物质的生产批号，用英文小写字母表示，批号顺序与英文字母顺序一致。

我国二级标准物质的编号是以"GBW（E）"开头（"E"是"二"的拼音首字母），后跟一个 6 位数的编号。编号的前两位数是标准物质的分类号，后四位数为顺序号，生产批号用英文小写字母表示，排于编号的最后一位。例如，一种小麦（食品，分类号 10）粉营养成分分析标准物质编号为 GBW（E）100010。

§14.6.3　我国的实物标准样品

在我国,除标准物质外,还有实物标准样品,有时简称为标准样品。标准物质和标准样品的主要区别是,标准物质主要是作为量值传递的工具和手段,而标准样品则是为了保证国家标准或行业标准的实施而制定的国家实物标准。有时,使用实物标准能够更直观地反映技术指标的要求。例如当有些产品的技术性能指标难以用文字叙述清楚时,就可以用实物作为文字标准的补充,如外观观感,颜色色光等。我国的标准样品分为 16 类[5](见表 14-8)。

表 14-8　我国的标准样品分类表

类别	分类号	类别	分类号
地质、矿产成分	01	核材料成分分析	09
物理特性与物理化学特性	02	高分子材料成分分析	10
钢铁成分	03	生物、植物、食品成分分析	11
有色金属成分	04	临床化学	12
化工产品成分	05	药品	13
煤炭石油成分和物理特性	06	工程与技术特性	14
环境化学分析	07	物理与计量特性	15
建材产品成分分析	08	其他	16

我国标准样品分为国家标准样品和行业标准样品,它们都属于"有证标准"样品。行业标准样品不等于在水平上低于国家标准样品,只是批准的主管部门不同。

我国国家标准样品的编号为 GSB("国"、"实"和"标"的拼音首字母)开头,其后加上《标准文献分类法》的一级类目、二级类目的代号与二级类目范围内的顺序号和年代号,就组成了国家标准样品的编号。对于行业标准样品的编号,各个行业有本行业的编号规则,例如有色为"YSS",冶金为"YSB"等。例如一个铝合金光谱标准样品的编号为 GSB 04-2188-2008。

参 考 文 献

[1] 于立欣主编,出入境检验检疫标准化工作手册,中国标准出版社,北京,2004.

[2] http://www.iso.org/iso/.

[3] ISO Guide 30:1992, Terms and definitions used in connection with reference materials.

[4] ISO Guide 35:2006, Reference materials - General and statistical principles for certification.

[5] 胡晓燕,我国标准物质/标准样品发展综述,山东冶金,2006,28(4):1-4.

第十五章 样品制备

§15.1 概　述

　　X 射线荧光光谱定量分析采用的是比较分析方法,即通过比较未知样和校正标样中同一元素的谱线强度来确定未知样中元素的浓度。影响测量谱线强度的因素有很多,如测量仪器、测量的条件、仪器的稳定性、测量环境、样品的均匀性、固体样品的表面形状和粗糙度、粉末和粉末压片样品中试样的颗粒度、薄样样品的厚度、测量面积的大小、计数统计误差等。由于现代 X 射线荧光光谱仪能达到很好的稳定度(对于 X 射线荧光光谱仪,长期动态稳定性 RSD 很容易达到小于千分之一),使得选择和制定合理的分析方法成为影响 X 射线荧光光谱定量分析准确度的主要因素。制定分析方法,一般应根据具体的样品和具体分析要求,选择合理的样品处理方法、采用适当的测量条件、选择和处理校正标样、采用合理的基体校正方法以及数据处理方法等,其中样品处理(包括未知样和标准样品的处理)过程是测量结果不确定度的主要来源之一。所以样品处理在整个 X 射线荧光光谱定量分析中都受到非常特别的重视。

　　样品处理包括取样(抽样)和样品制备(制样)两个重要的环节。取样是从被调查的全部样品中抽取一部分样品用于测量,其基本要求是要保证所抽取的部分样品对全部样品来说具有充分的代表性。对于不同的样品,以及被调查样品量的大小,取样一般应制定严格的操作规程,本章将不涉及这部分内容。本章主要介绍的是取样后的样品处理,即制样。制样是将样品制备成适合仪器测量的形式,并保证定量分析所需的均匀性和重复性以及和校正标样间的可比性。

　　常规 X 射线荧光光谱定量分析常采用的样品形式包括固体块状样、粉末或粉末压片、液体样、薄层样等,下面将分别介绍它们的制样方法和所需注意的问题。在 X 射线荧光光谱定量分析中,不管采用什么制样方法,总有一些基本制样原则需要遵循,例如,制备的样品应是均匀的;制备后的样品要适合测量;校正标样和未知样在尽量相同的条件下制备;样品制备过程不能引入污染元素或影响测定的干扰元素,也不能有不可定量预知的样品组分损失;样品制备应该是可重复的等等。

§15.2　固体块样的制备

　　这里所说的固体块样是指样品本身化学组成均匀的固体块状样品,只需要将它们加工成为大小、形状和表面状态符合定量测定需求的试片后就可以直接测量的样品,如各种金属、合金、玻璃、微晶玻璃、陶瓷、塑料等。对于不同的样品,要根据不同的分析要求,采用合适的样品制备方式,如切割、打磨或抛光、表面清洁等,可采用的工具包括车床、铣床、切割机、砂轮、抛光机、砂纸、磨片机等。

　　对于大块的金属和合金样品(如钢板),先将其切割成合适的大小和厚度,然后对测量面进行抛光,并清洁后即可用于测量。对于延展性好的金属和合金,可以采用加压成型后测量,如贵金属和焊料等。

　　对于金属或合金碎屑,可以用高频真空炉熔融后离心浇铸的方法制备成块状材料,然后将表面抛光后用于测量。熔融通常采用真空或惰性气氛保护,以免金属被氧化。

　　工具和工艺都可能会影响测量结果。

1. 加工工具的影响

　　加工工具可能对加工样品的表面造成污染。虽然加工工具的材料都是高硬度的材料,但因加工而导致的污染是不可避免的。这就要求分析人员对所使用的工具有充分的了解,同时根据分析要求选择加工工具。砂带或砂纸所用的磨料,如果是金刚砂(碳化硅),则可能造成样品表面硅的污染,对于需要测量硅(尤其是低含量硅)的样品(如钢铁)应避免采用以金刚砂为磨料的工具,可以考虑刚玉(烧结氧化铝)磨料的工具;同样,对于需要测量铝(尤其是低含量铝)的样品,则应避免采用以刚玉为磨料的工具,可以考虑金刚砂磨料的工具。另外,如果使用同一工具加工不同样品,则前一样品所含元素有可能对下一样品表面造成污染,所以,像砂纸这种价值较低的消耗性材料,可以考虑一次性使用。对于必须反复使用的工具,也应在加工一个样品后,进行必要的清洁,然后处理下一个样品。

　　加工工具还可能对加工样品表面粗糙度造成影响,从而影响测量的谱线的强度,特别是长波长的谱线影响更加显著。用不同牌号的砂纸、砂带、砂轮或铣床处理的样品表面粗糙度可能不一致,XRF 分析工作者应充分认识其对分析结果的影响。

2. 加工工艺的影响

　　各种材料,如合金、陶瓷、微晶玻璃、玻璃等都需要经过不同的生产和加工工艺得到,特别是热处理(加热和冷却)工艺的不同,往往导致材料中相组成的变化,从而改变元素在材料中的分布,影响定量分析准确度。

　　在用高频真空炉熔融后离心浇铸的方法制备合金样品时,液态合金的冷却方式可能会导致组成的不均匀。理想状态下,合金液体冷却过程中,在开始出现固相后,如果结晶过程中液相和固相都要满足相应温度时的平衡组分,液相和固相中的原子必须能充分扩散,然后才能通过平衡结晶得到均一的固溶体,这要靠极缓慢的冷却才能实现。实际情况是,液体合金在浇铸后,往往快速冷却,在某一温度下,固相和液相中的原子还来不及充分扩散,温度就已经下降,导致不平衡结晶。其结果是使固溶体先结晶部分与后结晶部分出现成分差异,即不平衡结晶的固溶体内部含高熔点组分较多,而后结晶的外部则低熔点组分较多,这就是所谓的晶内偏析。为了降低或消除晶内偏析,可以将浇铸样加热到一定温度后进行长时间保温,使偏析元素能充分扩散以实现均匀化,这种过程称为退火。在实际分析中,退火处理往往是不现实的,因此,XRF 分析工作者必须对所加工的样品特性有充分的了解。

　　在使用合金标准参考物质作校正标样时,必须确认未知样和标准参考物质有尽量相同的固溶相,否则,未知样的分析结果准确度很难得到保证。一种解决办法是,实验室采用部分内部标样和外购标准参考物质一起,作为制作校正工作曲线的校正标样,实验室内部标样应是和未知样通过相同的工艺制备的,通常是选择有代表性的未知样通过精确定值而得到的。如果实验室的内部标样和外购标准参考物质能很好地统一到一条校正直线,说明它们之间没有明显差异,可以用于未知样的分析。

3. 表面清洁

　　固体样品表面的清洁常采用高纯且易挥发的有机溶剂,如甲醇、乙醇、异丙醇等,也可以先用去离子水清洁样品表面,然后用有机溶剂。不管采用何种清洁方式,必须注意溶剂和水不能在测量面有残留,必要时可用专用纱布、棉球、吸水纸等擦拭。对表面易氧化的金属样品,不宜用水等可能导致表面易氧化的物质清洁。

§15.3　粉末和粉末压片的制备

§15.3.1　粉末对荧光强度的影响

　　粉末样品是 XRF 分析最常见的样品形式之一,将样品处理成粉末也是使样品均匀化的一种常用手段。然而,在粉末样品中,不同颗粒的化学组成可能是不一致的,颗粒的分布也不可能是完全均匀的,从而导致矿物效应影响测量的荧光强度[1]。除了矿物效应外,颗粒度的影响也不可忽略(参见图 6-5)。颗粒使 X 射线的有效激发面积小于同一材料块样的表面积,可能导致所测得的荧光强度小于理论强度。特别是波长较长的谱线,这种效应的影响更加明显。所以,XRF 分析人员必须根据具体的样品情况和测量要求,决定是否选择粉末或其他形式的样品制备方式。

§15.3.2　粉末的制备

实际上,在 XRF 分析中,对于固体样品,除了直接采用块样的方法外,其他制样技术中多数情况下都牵涉粉末制备。不同的样品、不同的分析要求以及最后的用于测量的样品形式决定了样品需要达到的颗粒度,再根据不同的颗粒度需求,选择研磨样品的方法。

1. 粉碎方法和工具

粉末的制备一般是将粗颗粒的样品处理成细颗粒,最传统的方法是手工研磨,在现代分析实验室中则可以采用各种自动研磨工具,如球磨机、振动磨机、气体粉碎机等。为了避免对样品造成污染,必须选用合适材质的工具。文献[2]列出了一些实验室中常用研磨工具料钵的化学组成和物理性能(见表 15-1),可供分析者参考。

表 15-1　常用料钵的化学组成及物理性能

料钵材料	化学组成	硬性	莫氏硬度	对料钵有影响的化学试剂	力学性能/(N/mm)
玛瑙	$SiO_2 > 99.9\%$,可能含 Na、Al、Fe、K、Ca、Mg、Mn 等杂质	耐磨性为硬质磁的 200 倍	7	氢氟酸	抗压 11 000 断裂 21 000
氧化锆	ZrO_2,可能含 Hf、Mg 等杂质	耐磨性为热压烧结刚玉的 10 倍	8.5	硫酸和氢氟酸	抗压 18 500 抗拉 2 400
碳化钨	WC 93.5%,其他元素大致含量 Co 6%, Ti 0.5%, Ta 0.5%,Fe 0.3%,还可能有其他杂质	耐磨性大于玛瑙 200 倍	8.5	硝酸和高氯酸	抗压 54 000 断裂 17 000
硬质铬钢	Fe69.8%, Cr19.0%, Ni 9.0% Mn 2.0%, Si 1.0%, S 0.15%, C 0.07%	耐磨性较好		酸	
烧结刚玉	Al_2O_3 99.7%,可能含 Si、Fe、Mg、Ca 等杂质	耐磨性好	9.0	浓酸	抗压 4 000 抗拉 320
氮化硅	Si_3N_4,可能含 Y、Al、Fe、Ca 等杂质	耐磨性很好	8.5		
碳化硼	BC,可能含 Al、Fe、Ca、Si 等杂质	耐磨性很好	9.5		

2. 助磨方法

如果样品研磨时容易变黏结或团聚，就很难进一步粉碎。水分、发热、静电积累、颗粒受压后熔化都可能导致黏结。如果黏结是由水分引起的，则只需烘干样品后再磨就可以的。

避免黏结的一种方法是采用湿磨法。在研磨前，在料钵中加入水、乙醇或其他液体，加入液体的量必须要浸没样品，形成浆液或悬浮液。研磨后要将样品干燥。这种研磨方式虽然研磨效果好，但比较费时费力。

比较简单的方法是加入某种助磨剂。必须根据不同的样品特性选择合适的助磨剂。常用的助磨剂包括聚乙烯醇、三乙醇胺、硬脂酸等。加入助磨剂必须针对引起黏结的原因，如石墨能抗静电，且有润滑作用。选择助磨剂还应考虑到不能引入影响分析的杂质元素，同时容易清洗。

3. 气氛保护和冷冻粉碎

有些样品需要在某种保护气氛下粉碎，如惰性气氛可以避免样品和空气接触，防止不希望发生的氧化等。有的厂家生产的样品粉碎机带通气装置供使用。

对于有些样品，在常温下可能较难粉碎，如含有机物较多的样品。此时可以考虑采用冷冻粉碎技术。将样品在液氮中冷却后，再粉碎。液氮能将样品冷却到近 $-200℃$ ，在这样的温度下，多数生物样品都能很容易粉碎。有许多厂家生产的样品粉碎机都带有液氮冷却附件，供使用者选用。

4. 料钵清洗

料钵在每次磨样后都应清洗干净，以免将造成样品间的交叉污染。清洗程度要视具体样品、分析要求和料钵特性而定。清洗可以采用的方法包括（但不限于）：①吹刷料钵后，用酒精擦拭；②研磨纯石英砂后，再彻底清洁料钵，可以根据需要多次研磨石英砂；③如果样品量允许，可用下一个准备粉碎的少量样品研磨清洗，这样的方法也可重复多次。当然这三种方法可以组合使用。对于多数料钵，一种简单有效的清洁方法是先将纯石英砂、热水和洗洁剂混合研磨，然后冲洗料钵，吹干或烘干后备用。

清洗有时还可能用到化学试剂。例如硬质合金钢可能会生锈，用热的草酸稀溶液擦洗可除去表面的锈层。使用化学试剂时，必须考虑它们对料钵的腐蚀。

当料钵使用多次后，内表面因变得更加粗糙而影响清洁效果。此时应多次清洗，或重新抛光表面。

5. 过筛

为了使样品粉碎到一定颗粒度,常用的一种方法是过筛。可以买到各种筛孔的筛子,筛孔的大小常常用目、毫米、微米或英寸等表示,其中微米作为国际单位,也是我国的法定计量单位,但传统上人们习惯用目数表示,所以应注意它们之间的换算关系(见表 15-2)。

表 15-2　筛孔大小表示对照表

目数	英寸	毫米	微米
20	0.0328	0.84	840
50	0.0116	0.30	297
100	0.0058	0.15	149
200	0.0029	0.074	74
325	0.0017	0.044	44
400	0.0015	0.037	37
625	0.0008	0.02	20
1250	0.0004	0.01	10

在经过粉碎后的样品中,不同大小颗粒中的化学组成可能是不一样的,所以在采用粉碎-过筛技术过程中,必须注意方式。如果过筛后,还有没有通过筛孔的残余物,必须将这些残余物继续粉碎,直到所有样品全部通过筛孔。样品经过多次粉碎-过筛步骤,当所有样品过筛后,还应将它们混匀。

6. 污染控制

样品粉碎过程很容易引入污染,必须根据分析要求,采取适当措施加以控制。可能的污染源包括空气中的粉尘、粉碎过程中的各种添加物(如助磨剂等)、料钵和磨球以及清洁它们所采用的试剂、筛网(采用时)、样品之间的交叉污染等。

必须对不同样品的特性(如硬度、与料钵之间的相互作用等)以及研磨时间造成的样品污染进行评估。最简单的方法是用一个空白样品(不含污染元素)或已知组分的样品研磨后,观察其浓度的变化情况。如果采用未知样,也可以通过不同的研磨时间观察杂质元素增加的情况。观察污染情况所采用的样品最好不含污染元素或污染元素含量很低。一旦污染水平确定,在实际分析过程中就应加以考虑。

§15.3.3　粉末试样的制备

用粉末直接测量进行定量分析时,通常是将一定量的粉末装入液体样杯中,采用和测量液体样品相似的方式测量。如果是半定量分析,也可以将少量粉末样品夹在两层支撑膜(如 Mylar 膜或聚丙烯膜)中,固定后用于测量(见图 15-1)。

 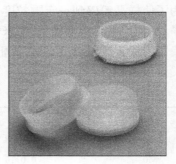

图 15-1　粉末样品的支撑

用粉末直接测量进行定量分析的应用不多,这是因为用粉末直接测定,制备成试样时,密度和表面状况难以控制,容易导致测量的重复性不好。另外因为要使用支撑膜,支撑膜对长波长的谱线有明显的衰减,不利于轻元素的测量。图 15-2 是 SPEX CertiPrep 几种支撑膜对不同波长 X 射线的透过特性[3]。少量应用的例子包括轻基体中低含量的重元素测量。也有人在分析要求不高的情况下,直接用粉末测量。

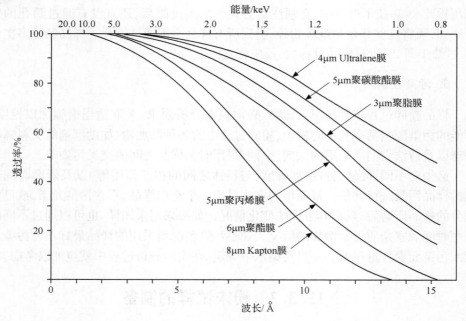

图 15-2　撑膜对不同波长 X 射线的透过特性

§15.3.4 粉末压片的制备

为了得到稳定、均一和重复性好的试样,常将粉碎均匀的粉末压制成片状后用于测量。将粉末装入特制的压模中,然后在压片机上加压就可以得到可用于 XRF 分析的样片。如果粉末样品因黏性不够而不易压制成合适的圆片,也可以加入黏结剂到粉末样中混匀后再压制。压好片后应尽快测量,对于需要保存的样片应保存在干燥器中。

1. 压片机

压片一般采用液压机,包括手动和自动压片机。常见的压片机能提供 30kN 以上的压力。

2. 压模

不同压片机,往往采用不同的压模。常用压模有平板式和活塞式两种。平板式压模由上下两块表面抛光的硬质合金(也可以是其他硬质材料)组成,压样时将试样放在上下平板之间,在压片机上压制。活塞式压模由底座、模套和活塞组成,有些压模和压片机是一体的,不能分开(见图 15-3)

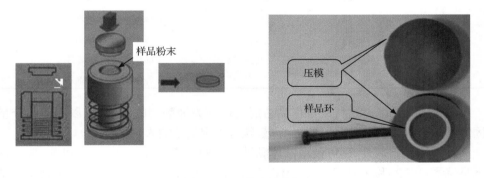

图 15-3　压模和压片机

3. 压片增强材料

为了获得稳定、强度高、表面平整光滑的压片,常常采用一些压片增强材料。例如在平板式压模中使用的塑料或金属环,在活塞式压模使用的铝杯、金属环、镶边材料等。

4. 黏结剂

有些样品通过加压后不易形成适合 XRF 仪器测量的样片,在外压释放后,样片开裂甚至重新变得松散。多数情况下通过添加黏结剂可以解决这种问题。黏结剂通常是在样品粉碎好后加入样品中,混匀后再压片。有的黏结剂同时也可作为助磨剂,它们可以在样品粉碎时就加入,如阿司匹林等。

有多种黏结剂可供选择,它们可以是固体、液体。常用的黏结剂包括微晶纤维素、石蜡、硼酸、高纯石墨、硬脂酸、低压聚乙烯、阿司匹林等。黏结剂的选择原则是,使用尽量少的黏结剂就能获得满意的压片,同时由黏结剂引入的污染元素不影响样品的定量测定。由于黏结剂大多是轻元素组成,所以添加黏结剂后,样品增加了对 X 射线管原级谱(激发源)的散射,从而增加了背景。另外由于稀释减少了分析线强度,不利于痕量元素的分析。

常用的黏结剂及配方列于表 15-3,这样的配方对一般样品都可获得满意的压片。但是对于具体样品,分析者应进行试验,以获得最佳配方。

表 15-3　常用的黏结剂及配方

黏结剂	配　　　方
微晶纤维素	5g 样＋2g 黏结剂
低压聚乙烯	5g 样＋2g 黏结剂
石　蜡	8g 样＋2g 黏结剂
硼　酸	5g 样＋2g 黏结剂
硬脂酸	10g 样＋0.5g 黏结剂
石墨	5g 样＋5g 黏结剂

对于像阿司匹林这样既可作黏结剂也可作为助磨剂的试剂,可以制作成分量固定的片,粉碎时可以方便地不用称量就可以定量地加入到样品中。

除固体黏结剂外,还可使用液体黏结剂。例如聚乙烯醇(PVA)、甲苯、聚乙烯吡咯烷酮(PVP)和甲基纤维素(MC)混合溶于乙醇和水中就形成一种液体黏结剂,使用时只需在粉碎好的样品中加几滴,混匀后就可以压片。液体黏结剂容易制成均匀、重复性好、坚固耐用的压片。制备 PVP-MC 液体黏结剂的方法是:将 70g PVP 溶于 350mL 乙醇,制得溶液 A;40g MC 溶于 90℃蒸馏水中,搅拌冷却至 40℃制得溶液 B;然后将 A 慢慢地加入 B 中,即可制得淡黄色液体 PVP-MC。

5. 压片

将制备好的粉末,小心地放入压模中,用压片机在一定压力下压制成片。压成的样片应尽早测量,需要保存的压片应保存在干燥器中。压片制样时,应采用足够的试样量,以保证所得样品的厚度满足所有分析谱线的"无限厚"的要求。

压片过程包括装样、加压、保压、释压和退模几个步骤。

对于平板式压模,一般采用塑料(如 PVC)环。将塑料环放在平板式压模的底板中央,将粉末样品装入环中,加上平板式压模的上板,然后在压机上加压。对于活塞式压模,可以将粉末样直接放入压模中压制,也可以采用铝杯,或镶边以及镶边加衬底的方式。可以购买到方便镶边的小工具,操作也非常简便。使用铝杯和镶边以及镶边加衬底的方式可以减少样品对压模的摩擦或可能存在的腐蚀,便于清洁压模,延长压模使用寿命,同时使样片强度增加。但在测量短波谱线时,应注意样品是否达到"无限厚"和铝杯及衬底材料中杂质元素可能造成的影响。

压片时所设定的最大压力应随不同样品特性和压片大小而变化。最大压力不能超过压模所能承受的极限;最大压力的设定还要考虑压模的大小,因为同样的压力,对于小的压模来说,单位面积所受压力就越大;同时必须考虑样品的特性,如在什么压力下容易获得满意的样片等。有些样品在很低的压力下就能得到好的样片,但仍推荐采用较高的压力,以便获得密度更高的样片,提高测量重复性和准确度。

一般情况下,在最高压力下的保压时间至少 30s,有的样品甚至需要保压数分钟。保压完成后,压力应逐渐释放,一般释压过程不能低于 15~20s。对于黏结性差的样品需要更加缓慢的释压过程。如果保压时间不够,或释压过快,可能导致样片开裂或松散。这可能是由于保压时间短,样品中的空气在压力下还未完全排出,所以在快速释压后,气体膨胀导致的;对于使用黏结剂的情况,也可能是黏结剂还未来得及和样品颗粒完成黏结。可使用带抽气功能的压机,它能及时排除粉末样品中的气体,有时可以改善压片效果。

退模必须仔细,以免损坏样片。必要时可以加润滑剂。

为了防止样片表面的污染,同时防止样片和压模间的黏结,改善样片质量,减少压模清洗,可以在压样前,在测量面覆盖一层 XRF 分析专用膜,压制的样片在测量前,再将膜揭下。最好将膜剪成样片一样大小,以免膜的皱褶影响样片表面光洁。

§15.4 玻璃熔片的制备

将样品制备成玻璃熔片可以完全消除矿物效应和颗粒度效应的影响,使理论影响系数校正基体或基本参数法发挥其优势,同时还可方便地用纯物质配制校正标样,或用已有的标准样品通过添加的方法扩展浓度范围,而且玻璃熔片可以长期保存,所以玻璃熔片制样法是一种受 XRF 分析工作者欢迎的方法,也是分析准确度最好的制样方法。熔融法最早是由 Claisse 等在 20 世纪 50 年代提出的[4,5],经过几十年的发展,已经发展成为一种非常成熟、应用非常普遍的制样方法。方法的提出者 Claisse 等在总结了 50 多年的发展后,出版了 XRF 熔融制样的专著[6],此书已由卓尚军翻译出版[7],下面介绍的内容很多都源于该书。

§15.4.1　熔　　剂

XRF 熔融制样的常用熔剂、特点及其应用范围见表 15-4。其中四硼酸锂(LiT)、偏硼酸锂(LiM)、四硼酸锂与偏硼酸锂以不同比例混合的混合熔剂是最常用的"万能"熔剂,大部分的样品都可以用它们来熔融。所以下面重点介绍以它们为熔剂的理论和方法。

表 15-4　常用熔剂、特点及其应用范围[2]

熔剂基本组分	熔剂组成	性　质	应　用
偏硼酸锂及与四硼酸锂混合物	$LiBO_2$ $LiBO_2$ 和 $Li_2B_4O_7$ 混合物	好的机械性能,低的 X 射线吸收,熔融玻璃有时易破	酸性氧化物(如 SiO_2,TiO_2);硅、铝耐火材料
四硼酸锂	$Li_2B_4O_7$	具有良好的机械性能	碱性氧化物(Al_2O_3);金属氧化物,碱金属、碱土金属氧化物、碳酸盐、水泥
无水硼砂	$Na_2B_4O_7$	熔块黏度低,吸潮	金属氧化物;岩石;耐火材料;铝土矿
偏磷酸钠	$NaPO_3$		各种氧化物(如 MgO,Cr_2O_3)
偏磷酸锂	$LiPO_3$		$YBa_2Cu_3O_x$;$LiNbO_3$;$CdWO_3$;$\gamma\text{-}Al_2O_3$;$\alpha\text{-}Al_2O_3$
偏磷酸锂和碳酸锂混合物	90% $LiPO_3$+10% Li_2CO_3		$Bi_{0.7}Pb_{0.3}SrCaCu_2O_x$;$SrTiO_3$;$Gd_2SiO_5$;$La_3Ga_5SiO_{14}$;$La_2O_3$;等
硫酸氢钠(钾)	$Na(K)HSO_4$		非硅酸盐矿(铬酸盐,钛铁矿)
焦硫酸钠(钾)	$Na_2(K)S_2O_7$		

1. 四硼酸锂熔剂(LiT)

分子式为 $Li_2O \cdot 2B_2O_3$ 或 $Li_2B_4O_7$,化学组成为 17.7% Li_2O 和 82.3% B_2O_3;熔点为 917℃。LiT 是一种弱酸性熔剂,能与碱性样品相容。Li_2O 代表熔

剂中三分之一的分子,与纯的 B_2O_3 相比,这很大程度上减小了熔体的黏性。LiT 熔剂的黏度流动性较差,这可以阻止结晶的发生。

2. 偏硼酸锂熔剂(LiM)

分子式为 $Li_2O \cdot B_2O_3$ 或 $LiBO_2$,化学组成为 30.0% Li_2O 和 70.0% B_2O_3;熔点为 849℃。LiM 比 LiT 易熔,是一种碱性熔剂,能与酸性样品相容。在 LiM 中,硼和锂原子的浓度相同,这使它在高温下成为一种流动性较好的玻璃,因而在冷却过程中结晶就非常有可能发生。

3. LiT-LiM 混合熔剂

LiT-LiM 混合熔剂的组成介于 LiT 和 LiM 之间,它们的低共熔混合物的组成含 80% LiM 和 20% LiT,熔点为 832℃,这是组成范围在 LiT 和 LiM 之间的熔点最低的混合物。这种熔剂很容易结晶。实际上任何由 LiT 和 LiM 混合而成的熔剂都会从 832℃开始熔化。

4. 四硼酸钠熔剂(NaT)

分子式为 $Na_2O \cdot 2B_2O_3$ 或 $Na_2B_4O_7$,化学组成为 27% Na_2O 和 73% B_2O_3,熔点为 742℃。NaT 是一种中性或弱碱性熔剂,NaT 比 LiT 黏性更强。早期熔融实验采用的是无水硼砂 $Na_2B_4O_7$,硼砂能方便地用于成功制备熔融片,因为熔片不开裂,也不会黏在通常用于浇注的热的铝板上。然而,用这种熔剂制备的熔片很容易吸潮,并慢慢被一层白色的硼砂 $Na_2B_4O_7 \cdot 10H_2O$ 所覆盖。因为这个原因,NaT 不太适合于制备作校正标样的熔片,校正标样一般需要多次测量。保存在干燥器中有助于延长其使用寿命。

5. 偏磷酸钠熔剂(NaP)

分子式为 $NaPO_3$ 或 $Na_2O \cdot P_2O_5$,化学组成为 29% Na_2O 和 71% P_2O_5,熔点为 627℃。NaP 是一种弱碱性熔剂,能分解和熔融大多数氧化物,特别是过渡元素的氧化物。过渡元素的氧化物在含锂熔剂中的溶解度较小。当用四硼酸锂熔融容易黏在铂坩埚或模具上时,偏磷酸钠也是一种很好的选择。NaP 易吸潮,所以在潮湿的空气中,用它制备的熔片表面变得发黏。当它和一些含锂熔剂混合后,吸水性就降低了。偏磷酸钠也许是氧化铬溶解度最大的熔剂。氧化铬在 6g 锂的硼酸盐熔剂中最多只能溶解 30～50mg,而在偏磷酸钠中能溶解约 500mg。

§15.4.2　氧化物的酸度

如果氧化物化学式中的金属原子数为 M,氧原子数为 O,本书中将 O/M 比称作该氧化物的"酸度指数"。例如,Al_2O_3 和 Fe_2O_3 两者的酸度指数都是 1.5。

复合氧化物的酸度指数计算和简单氧化物类似,即化学式中氧原子和金属原子的个数比。例如,钛铁矿($FeO \cdot TiO_2$ 或 $FeTiO_3$)的酸度指数为 1.5。四硼酸锂($Li_2B_4O_7$)的酸度指数为 7/6 或 1.17,偏硼酸锂($LiBO_2$)的酸度指数为 1.0。

氧化物的酸碱性没有明确的酸度指数区分点。酸度指数小于或等于 1 的氧化物肯定是碱性的,而酸度指数大于 1.2 的氧化物肯定是酸性的。酸性和碱性的分界点在 $1.0 \sim 1.2$,似乎接近于 1.13。所以四硼酸锂可能是弱酸性的,而偏硼酸锂则肯定呈碱性。

复杂样品的组成通常用各组分的质量百分数表示,为了计算样品的酸度指数,必须用摩尔百分数。例如,对于水泥样品,其质量百分比浓度如下:25% SiO_2、65% CaO、5% Al_2O_3、3% Fe_2O_3 和 2% SO_3,金属的摩尔质量分别是 28、40、27、56 和 32,氧的摩尔质量为 16。

对 SiO_2,物质的量为 $25/(28+16 \times 2) = 0.416$

对 CaO,物质的量为 $65/(40+16) = 1.161$

类似地可以计算 Al_2O_3、Fe_2O_3 和 SO_3 的物质的量分别为 0.049、0.019 和 0.025

总的氧原子物质的量为:$0.416 \times 2 + 1.161 \times 1 + 0.049 \times 3 + 0.019 \times 3 + 0.025 \times 3 = 2.275$

总的金属原子物质的量为:$0.416 \times 1 + 1.161 \times 1 + 0.049 \times 2 + 0.019 \times 2 + 0.025 \times 1 = 1.738$

则该样品的酸度指数为:$2.275/1.738 = 1.3$。

通过比较,Fe_2O_3 的酸度指数为 1.5,这意味着水泥比 Fe_2O_3 酸性稍弱,或碱性稍强。通常情况下,碱性氧化物倾向于和酸性氧化物结合,并产生稳定的产物。

§15.4.3　熔片中氧化物的溶解度

在本书中将氧化物在特定熔剂中的溶解度定义为:该氧化物能溶于一定量熔剂中的最大量,并且通过熔融和冷却后,能得到非常均匀透明的玻璃熔片。当样品量超过溶解度时,熔片中会因含不溶的颗粒而出现云层,或结晶甚至开裂。在下文中,溶解度表示为"6g 熔剂中能溶解氧化物的质量(g)"。显然,对同一样品,溶解度随熔剂组成而变化,甚至和熔融设备有关,但熔剂组成的影响不会随熔融设备的变化而有大的改变。

1. 简单氧化物的溶解度与酸度指数(A.I.)的关系

当氧化物熔于某种熔剂中时,它们仅仅离解成原子或分子,有点像它们仍然是处于固态。熔剂和氧化物的酸度可能匹配,也可能不匹配。当它们的酸度确实匹配时,该氧化物在相应熔剂中的溶解度就高。如果它们的酸度不匹配,则溶解度就会随不匹配程度的增加而下降。

碱性氧化物是指那些酸度指数≤1 的氧化物。图 15-4 显示的是测定的 CaO 的溶解度随熔剂组成变化的情况。熔剂是 LiT-LiM 混合物。我们看到 CaO 的溶解度在 LiT 中最大,因为 LiT 是所有这些熔剂中酸度更强的。LiM 的含量逐渐增加时,溶解度逐渐下降,因为熔剂的碱性变得越来越强,并且与碱性氧化物 CaO 的相容性变得越来越差。溶解度曲线的斜率为负,是碱性氧化物的特征。偏硼酸锂是一种碱性熔剂,对于碱性氧化物肯定不是一个很好的熔剂。

酸性氧化物是指那些酸度指数大于 1 的氧化物。图 15-4 同时显示了测定的 SiO_2 的溶解度随熔剂组成变化的情况,它正好和 CaO 相反,溶解度在 LiM 中最大,在 LiT 中最小,LiM 是这些熔剂中碱性更强的熔剂。酸性氧化物的溶解度曲线的斜率通常是正的。

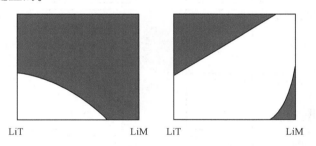

LiT　　　　　　　LiM　　LiT　　　　　　　LiM

图 15-4　在 LiT 和 LiM 之间 CaO 和 SiO_2 的溶解度图

2. 溶解度曲线

氧化物的溶解度曲线可以用图 15-5 来解释。每种氧化物在与之酸度相匹配的熔剂中都有一个最大溶解度。对于 CaO,这个最大值出现在酸度指数为 1 时,而对 SiO_2 则出现在酸度指数为 2 时。在酸度指数更高或更低时,溶解度逐渐降低。比较图 15-4 和图 15-5,可以确定 LiT(A.I.=1.17)和 LiM(A.I.=1)的位置,在图 15-6中它们的位置用两条竖线表示。在两条竖线之间的溶解度曲线和图 15-5中所显示的一模一样。从这两种熔剂的酸度指数值,有可能将熔剂的酸度指数线性外推至 LiT-LiM 范围以外组成的其他熔剂。图 15-6 显示了一些常见物质的溶解度曲线。

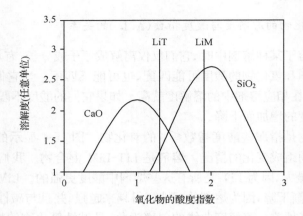

图 15-5　氧化物溶解度曲线的扩展

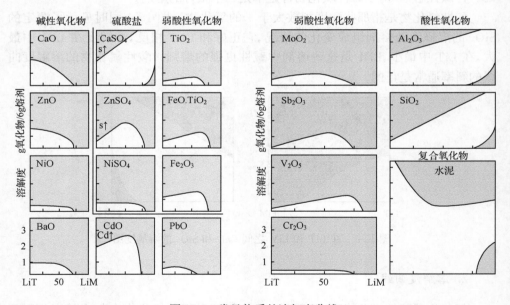

图 15-6　常见物质的溶解度曲线

（1）碱性氧化物　CaO、ZnO、NiO 和 BaO 都是典型的碱性氧化物，它们的溶解度曲线也相似。四硼酸锂呈弱酸性，一般被推荐用于熔融碱性氧化物，所以它们在纯 LiT 中溶解度最大。然而，在 LiT 中，镍、铜和锌的氧化物会黏附在坩埚和模具上，而且这些氧化物很容易被还原，需要碱性更强的环境，因此 LiT 和 LiM 以1∶1比例混合的熔剂更好。

（2）酸性氧化物　酸性氧化物包括所有酸度指数大于 1 的氧化物，它们在

LiM 这种酸度指数为 1 的碱性熔剂中的溶解度比其他多数氧化物都高，而在酸性熔剂中的溶解度就低。比 LiM 氧化锂含量更高的熔剂和这些酸性氧化物具有更好的相容性，但这种熔剂流动性更好，因而更容易结晶。Fe_2O_3、TiO_2 和 Sb_2O_3 等酸性氧化物的溶解度逐渐上升至 LiT-LiM 的中间附近，然后开始下降，在 80% 四硼酸锂附近时接近 0，而不是和 SiO_2 一样继续上升，这是因为受结晶的影响。

（3）过渡元素氧化物　　对于过渡元素的氧化物，碱性熔剂更好，但必须注意，在熔融片中，只有最高氧化态或接近最高氧化态的组分才是可重现的。在过渡元素中，只有氧化铬在硼酸锂中的溶解度特别低，在 6g 熔剂中的溶解量小于 50mg。Cr_2O_3 呈强酸性，因而需要强碱性熔剂，但不能用 LiM，因为会结晶。偏磷酸钠 $NaPO_3$ 是一种很好的选择，其溶解度高约 10 倍。

（4）水泥　　水泥含有两种主要氧化物，即 CaO 和 SiO_2，组成是约 65% 的 CaO 和 22% 的 SiO_2，还有少量的其他氧化物。波特兰水泥中的 CaO 可以看做是溶于由 LiT 加 SiO_2 和其他氧化物组成的熔剂中，由于 SiO_2 是酸性的，这使得熔剂的酸性比纯 LiT 更强，因此，水泥中氧化钙的溶解度比在纯 LiT 中的溶解度大。因此图 15-6 中观察到的 CaO 的溶解度约是 0.56，与纯 CaO 在 LiT 中的溶解度（图 15-5）0.33 相比，增加了 70%，这主要归因于 SiO_2 增加了熔剂的酸性（与 LiT 比较）。

（5）硫酸盐　　在 $CaSO_4$ 和 $ZnSO_4$ 的溶解度曲线图中，当熔剂组分接近 LiT 时，硫的损失是很明显的。熔融过程中为了防止硫的损失，应采用碱性熔剂。通常 LiT 和 LiM 以 1∶1 混合就足够了。当样品中的主量氧化物呈碱性时，LiM 在熔剂中的比例可以降至约 35%，例如水泥就是这样。在 $CaSO_4$（或 $CaO \cdot SO_3$）中，SO_3（A.I.＝3）呈强酸性，当 SO_3 与 CaO 结合时，形成的硫酸盐的酸性较弱（A.I.＝2），因而与 LiM 更相容，则在其中的溶解度就高。对于水泥，情况正好相反。水泥的组成大致为 $3CaO \cdot SiO_2$，在 $CaO \cdot SO_3$ 中，SO_3 起主要作用，其在 LiT 中的溶解度非常高。

§15.4.4　坩埚和模具

1. 坩埚和模具

在 XRF 熔融制样中，95% 铂-5% 金的合金被认为是制备坩埚和模具的最好材料。其优点是熔融物不易黏附在坩埚壁和模具上，熔融物可方便地从坩埚中倒出和脱模。直径大于 30mm 的模具难以长时间保持平整，用不平整的模具浇铸的熔片表面难以满足 XRF 定量分析的需求。所有模具都会随着使用次数增多而逐渐变形，模具越厚越经久耐用，但一开始的花费较高。

熔融制备样品时必须注意对铂-金器皿的维护和保养。模具在不断反复地加热和冷却后通常因逐渐重结晶而质量下降。每熔融 100 次左右就将模具抛光一次,可以很大程度推迟变质的发生,坩埚则可在使用 200 次左右后抛光一次。用一个大小适当的平头工具,平头上覆以绒布来抛光模具是一个实用的方法。常规的抛光也有助于熔片的剥离。如果有时熔片仍黏在模具上,则将模具倒转轻扣于平的桌面,如果还不行,可以加热模具约 15s,然后重复前述步骤,绝对不要用尖锐物体将熔片从模具撬下来。在熔融过程中,某些元素(如 As、Pb、Sn、Sb、Zn、Bi、P、S、Si 和 C 等)可与 Pt 形成低熔点合金或共晶混合物,造成对坩埚的损害。如 As 与 Pt 形成低熔点化合物 As_2Pt,其熔点为 1500℃(Pt 熔点 1769℃),而该化合物与 72% Pt 形成共晶混合物,其熔点为 597℃,因此坩埚由于少量 As 的存在,在 600℃ 即破裂。这些元素以及合金等在熔融前应氧化成氧化物以免对坩埚构成损害。Ag、Cu 和 Ni 等元素也容易与 Pt 形成合金,Ag 的化合物特别用以分解出单质 Ag,熔融这类试样需特别注意。此外若用燃气喷灯加热,坩埚外壁不能接触还原焰,以免 Pt 与碳形成碳化物。

2. 黏附

含 Fe、Cu、Ni 和 Zn 等过渡元素的熔体在 LiT 这样的酸性熔剂中熔融时,会强烈地黏附在坩埚或模具上。在这种情况下,即使使用脱模剂,效果也不好,特别是对 Cu 和 Zn。这可能是酸性熔剂增加了脱模剂的挥发。强黏附常常导致熔片在模具中冷却时开裂,在裂痕下面的模具底部,可以发现细小的线条状黏附玻璃,而在这种线条之间几乎没有黏附。这一现象是由于冷却过程中玻璃中形成对流单元造成的,见图 15-7。

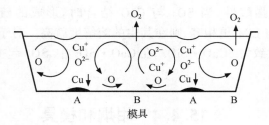

图 15-7　模具底部的黏附

在模具中,熔融玻璃的表面在空气中通过热辐射和对流传热而冷却,所以熔片的表面变得比其下面温度低且密度大,这就产生了一种趋向,即下层往上移动,同时上层表面较冷的玻璃向下移动的趋势。由于这两个过程不可能在整个坩埚中同时发生,所以就形成了往上移动的大的单元,它们被下沉的较冷的玻璃隔开。这种现象很容易在有色玻璃熔片冷却的过程中观察到。向上移动的玻璃温度较高,且看起来更清亮,而下沉的玻璃温度较低,并在单元之间形成较暗的带状。在最后形成的有色熔片中,残留的这种结构仍然可见。在熔清的熔片中,通过熔片表面的切线方向去看,有时仍然还可以观察到这些螺旋线。在单元之间的下沉玻璃来自表面,并含有与 Cu^+ 和 O^{2-} 平衡的 Cu_2O。在模具底部的 A 点,一些 Cu^+ 可能会黏附在铂上面,并使铂镀上一层铜,因为 O^{2-} 留在后面,并向对流单元(B 点)的中心移动,然后被上升流带入大气中。在对流单元的底部,Cu^+ 不会镀在铂上,因为在这里 O^{2-} 是过量的。结果是,在模具中观察到镀在铂上的铜为线条状的痕迹,它们位于对流单元交界的地方。

避免这种黏附的最简单的办法,就是通过以 Li_2SO_4 的形式加入 SO_3,从而使氧化物部分转变为硫酸盐。Zn 和 Ni 的氧化物和硫酸盐的比较见图 15-6,它显示硫酸盐比氧化物在碱性熔剂中更易溶解,所以它们不会黏在模具上。

§15. 4. 5　熔片的结晶

1. 熔剂结晶现象

LiT 和 LiM 的熔片在冷却过程中以不同方式结晶。

在四硼酸锂熔体中,在冷却过程中,晶核起始于靠模具的一边,然后延伸至整个熔片,最后,当玻璃的黏度变得很大而不能继续形成晶体的时候,结晶就停止了。一个或两个其他的晶体也可能以这种方式形成,并且单独生长。生长得好的晶体面会扩展至熔片的表面之上,熔片的其他部分仍然是玻璃体。这些晶体通常在玻璃快要变成固体时的中等温度(估计为 $300\sim500℃$)下形成。这种类型的结晶通常被外部因素诱导,否则,熔片仍然是玻璃态。

在偏硼酸锂熔体中,结晶从在整个熔片中形成的小晶体同时开始。这是典型的正常结晶。当温度达到低于熔点的某一个值时,偏硼酸锂的生长点形成,产生热量,从而使晶体生长的速度降下来。结晶发生后,整个熔片呈现白色,但表面仍然是平的。

有时,结晶在偏硼酸盐的熔点附近发生。在这种情况下晶体生长得更快,它们变大,甚至可能明显地延伸至熔片表面之上。偶尔可以观察到晶体和玻璃熔体界面冒气泡,气泡可能是由封闭在成长的枝晶之间的空气产生的,而不是来自熔片的气体引起的。

2. 结晶机理

在硼酸锂结晶过程中,起关键作用的两个因素是正常的结晶机理和熔体的黏度。用于制备熔片的硼酸锂通常的组成范围从 LiT 至 LiM。根据正常的结晶机理,组成在 LiT 和 LiM 之间的任何玻璃冷却过程中,只会形成这两种化学计量比的化合物。

　　图 15-8 是 LiT-LiM 相图,图中的实心圆点代表在 900℃时,约含 55% LiT 和 45% LiM(约 23% Li₂O)的混合物。在这一点上玻璃是熔融的,且均匀。逐渐冷却至液相线,不会观察到特别变化。从这个温度再往下降,第一个晶体形成了,当温度进一步下降,其他晶体不断形成,因为晶体现在比其周围的玻璃处于较低能量水平,所以更稳定。刚过液相线后,仅有两个相同时并存,它们是 LiT 和比起始玻璃含更多 Li₂O 的玻璃液相,所以必定形成 LiT 晶体。第一粒晶体从仅由几个原子偶然形成的晶核开始。这就在成核微晶和其周围的液相之间自动产生了一个界面。界面是一个在两种结构间存在应力的区域,这使得能量升高。如果从形成初始微晶所获得的能量小于产生界面所需的能量,则微晶就是不稳定的,不会长大,并且会自发地溶解。通常,成核微晶稳定并能长大的临界大小必须至少有 4～10 个化合物的分子。

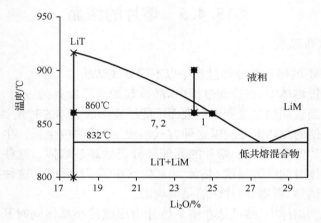

图 15-8　　50% LiM-50% LiT 熔体在冷却过程中的变化

3. 熔剂的结晶

　　在纯的 LiT 和 LiM 熔体中,对于某一给定原子,它旁边的硼原子和锂原子不会自动正好是形成一个晶体的比例,但是也有可能在某些地方这一比例正好合适。然而,原子可能会不在形成有序晶体的合适位置。在高温下,锂原子有很好的移动性,因而晶体成核更有可能。所以应该明白,结晶应该是容易的,但是,另一个因素也必须考虑。

　　第二个要考虑的因素是黏度,即氧化硼结晶的阻力。纯的氧化硼的黏度很高,但加入氧化锂形成 LiT 和 LiM 后黏度就下降了。高黏度影响使结晶速度降低。

　　为了比较在 LiT 和 LiM 中结晶的可能性,假定一个稳定的微晶必须至少包含 5 个分子,所以在一个四硼酸锂 Li₂B₄O₇ 的成核微晶中原子的数目必须至少 65 个,即一个相当大的原子数量。

为了在给定的 LiT 熔体中引发结晶,至少必须有 65 个原子在接近完美晶体的位置,这种概率是很小的。考虑到原子不停的热振动,这种理想状态只能持续很短时间。另一方面,如果这种情况出现在比 LiT 的熔点温度低很多时,由于玻璃的黏度很大,成核结晶就根本没有机会形成。然而,在冷却中的熔片和模具接触的部位,结晶的可能性更大。在平静的空气中冷却时,发现每 10 次中有 2～3 次 LiT 会结晶,结晶出现在模具和支撑模具的金属支架接触的位置的熔片边缘。对于 LiM 来说,5 个偏硼酸锂分子($Li_2O \cdot B_2O_3$)只含 40 个原子,且 B_2O_3 的浓度比 LiT 低。所以和 LiT 相比,它成核微晶更小,结晶的概率高得多,B_2O_3 的含量较低,因而玻璃的黏度低。所以 LiM 很易自发地结晶,只有非常快的冷却(骤冷)才能阻止结晶发生。与 LiT 组成不同的熔剂,含相同数目的 B_2O_3 分子,却有更多的 Li_2O 分子。以市售 65LiT：35LiM 熔剂为例,将质量比转换成分子摩尔比,我们得到的组成是 $1.31Li_2O \cdot 2B_2O_3$,这相当于 $Li_2O \cdot 2B_2O_3 + 0.31Li_2O$。冷却时,首先形成的晶体仍然是 LiT。这种情况导致了 LiT 临界大小的微晶,它比需要的情况多了 3 个锂原子和 6 个氧原子。可能只有等到 3 个额外的 Li_2O 分子离开后晶体才能形成。考虑到在缝隙中的 Li 原子在玻璃中不停地移动,当一个 Li 原子离开可能形成微晶的位置时,另一个又进来了。等待所有额外的 Li_2O 分子都离开某一位置,可能需要很长的时间。实际上,熔融的玻璃有足够的时间冷却而不会结晶。这些玻璃非常稳定,而正是其中额外的 Li_2O 才使这种有利局面出现。

获得稳定玻璃的概率和 LiT-LiM 组成的关系如图 15-9 所示。纯的 LiT 不完全稳定,它往往能生成玻璃态的熔片,但任何小干扰都有可能引发结晶。然而,混合熔剂中百分之几的 LiM 就足以使玻璃相稳定。随着 LiM 含量的增加,稳定性会保持较高,然后下降。当靠近低共熔组成 80LiM：20LiT 时,黏度下降,形成 LiM 的概率上升。因为当组成允许时,LiM 晶体会自发形成,在低共熔组成和纯的 LiM 之间,结晶变得不可避免。

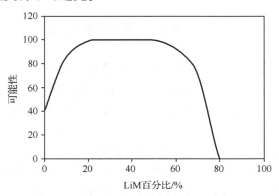

图 15-9　用纯熔剂成功获得玻璃熔片的概率

4. 氧化物样品溶于熔剂后的结晶

氧化物样品加入 LiT 中后，在加热到高温的过程中溶解。在冷却时，氧化物的作用相当于外来原子，减慢了 LiT 微晶的形成。因此，用 LiT 制备的氧化物样品的熔片变得更稳定，特别是当这些氧化物是碱性的时候。酸性氧化物的溶解度低，且熔片稳定度较差。

LiM 结晶的高概率，是由于引发稳定微晶的最小必须尺寸较小，且由于其较大的流动性，使原子在其中能更自由地移动。为了阻止结晶的发生，溶解的外来氧化物样品的原子数量必须较多。例如，当 SiO_2 在每 6g LiM 中的浓度达到 2g 时，SiO_2 开始溶于 LiM 中，此时，成核微晶的大小约 64 个原子，微晶中来自 SiO_2 的原子数为 20；而对于 Fe_2O_3，在 LiM 中的浓度为 2/6 时，微晶来自 Fe_2O_3 的原子数仅为 8，所以，在 6g LiM 中加入 2g SiO_2 可以阻止 LiM 的结晶，而加入同样量的 Fe_2O_3 却不能阻止 LiM 的结晶。碱性氧化物在同样是碱性的 LiM 中溶解度很小。而对多数酸性氧化物而言，每个阳离子带有两个或三个氧原子，通常它们比熔剂的原子要大，这限制了熔剂可以接受氧化物分子的数目。所以，由于所接受的原子数太少，不能阻止 LiM 微晶成核，因而通常会发生结晶。只有在阳离子很小的情况下，即 Si、Al、P 和 S 的氧化物时，结晶才不会发生。这些氧化物在 LiM 中溶解非常好，并在样品/熔剂比例在 1/3～2/3 甚至更高时，冷却后可得到透明的玻璃熔片。这些氧化物的溶解度以质量计，至少比其他氧化物的最大溶解度大 5 倍。而低于 1/3 的样品/熔剂比，结晶是不可避免的。

在 LiT-LiM 体系中靠近 LiM 的区域，由于加入 LiT，相当于 LiM 少了一些 Li_2O，或多了一些 B_2O_3，这降低了结晶的可能性。此时，轻元素氧化物的最少必需量可以较少就足以产生好的熔片。这一点在 SiO_2、Al_2O_3 和 Na_2SO_4 等的溶解度图的右下方可以清楚地看见(见图 15-6)。

§15.4.6　熔片的爆裂

引起熔片爆裂的原因多数是熔片自身内部存在的应力。在 LiT 熔片中，熔剂的高黏度可能导致熔片不完全结晶。在熔片冷却过程中，结晶通常在熔片边缘的一点或几点开始，并持续结晶，直到黏度太大而无法形成结晶。有时，形成的成核微晶肉眼能看见。

熔片中存在的微晶可能因为太小而不会被留意，但却会导致在微晶与玻璃界面处产生很强的应力，使熔片很易碎裂。有时轻微但突然的温度变化，就足以引起熔片的爆裂。用手拿一下就可能引起这种温度的变化。避免熔片爆裂的办法是不要用 LiT 来熔很少量的样品。

§15.4.7　脱　模　剂

卤素被用作脱模剂以防止熔融的玻璃黏附或润湿铂坩埚和模具。脱模剂可以在熔融前加入坩埚里的混合物中,较好的是用溶液加入,因为这样可以更精确地控制加入量。脱模剂也可以在浇注前注入坩埚,这种方法更好,因为需要的量更少。

1. 脱模剂的脱模效率

常用的脱模剂是卤化物,特别是锂、钠、钾和铵的溴化物和碘化物。锂和铵更好,因为它们不会对其他分析元素的荧光辐射造成干扰。脱模剂的行为随其卤化物的组成的不同而变化很大。

用不同的卤化物作脱模剂的最明显的区别是它们的效率和挥发性,这与它们的沸点(挥发性)和原子大小(溶解度)(见表15-5)有关。一般说来,脱模剂的效率和挥发性随卤素元素原子序数的增大而增加。

表 15-5　脱模剂的性质

脱模剂	沸点/℃	阳离子半径/nm	阴离子半径/nm
LiBr	1265	9	18.2
LiI	1180	9	20.6
NaBr	1390	11.6	18.2
NaI	1304	11.6	20.6
KBr	1435	15.2	18.2
KI	1330	15.2	20.6
NH_4Br	452 升华		18.2
NH_4I	551 升华		20.6
CsI	1280	18.1	18.2

卤素原子比金属原子大,因而是决定脱模剂的挥发性和效率的主要组分。已知碘化物的熔点比溴化物的熔点低,这就意味着在熔融中更容易离解和更快地失去。这是因为碘的离子半径比溴的离子半径大,这使碘化物比溴化物更不稳定。

2. 脱模剂对 XRF 谱线强度的影响

往熔片中加入脱模剂就好比加入了一种稀释剂,结果是分析元素的 XRF 谱线强度随着加入脱模剂量的增加而相应降低。图 15-10 所示的两个例子是加入不同量的 LiBr 时制得的水泥熔片。最大的 LiBr 加入量是在 1g 水泥和 6g 熔剂中加入 50~70mg,但理论计算表明,熔融后最多只有 20mg 仍保留在熔片中。测得的 Sr

和 Na 的 K_α 线的强度随 BrK_α 线的强度变化作图,而 BrK_α 线的强度近似正比于熔片中 LiBr 的含量。相对不加脱模剂的熔片,X 射线强度的减弱对 Na_2O 来说是 4%,对 SrO 是 9%。尽管实际上 LiBr 的谱线强度变化较小,但引起的分析误差却可能是不可忽略的,并且随不同元素而变化。所以,如果在熔片中仍有脱模剂的残留,应在分析中进行校正。

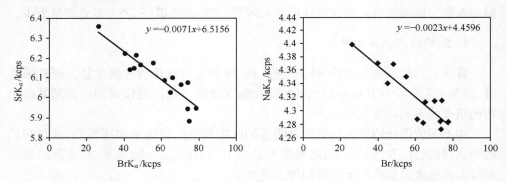

图 15-10　水泥熔片中 LiBr 脱模剂对 SrK_α 和 NaK_α 强度的影响

§15.4.8　预　氧　化

硫化物、金属、过渡金属以最低氧化态存在的氧化物(如 Cu_2O)在熔融前必须先氧化。如果预氧化在熔融程序中进行,坩埚可能会被腐蚀。所以最好熔融前在坩埚中预氧化样品,然后加入熔剂熔融。

常用的固体氧化剂有 $LiNO_3$、$NaNO_3$、$Sr(NO_3)_2$、Li_2CO_3、Na_2CO_3、BaO_2、KIO_3、Na_2O_2、V_2O_5 等。每种氧化剂都在某一温度范围具有氧化活性,激活温度受许多因素的影响,如氧化介质的类型和浓度、基体、样品的性质等。有些氧化剂,如硝酸盐和过氧化物,在相对较低温度(通常在 200~500℃范围)具有活性,并能提供一种有效、快速而直接的氧化作用。一个典型的例子是用硝酸锂将硫化锌转化成氧化锌:

$$ZnS(s) + 4LiNO_3(s) \longrightarrow ZnSO_4(s) + 2Li_2O(s) + NO_x(g)$$

氧化剂分解的产物激发了氧化反应。例如,碳酸锂的氧化性来自于碳酸盐分解过程中产生的二氧化碳(CO_2)。二氧化碳具有氧化某些金属的能力,如铁、锰和一些铁合金。以铁为例,下面是牵涉的有关反应:

$$2Fe(s) + 3CO_2(g) \longrightarrow Fe_2O_3(s) + 3CO(g)$$

硫化物可以通过两步成功熔融。例如,对于硫化物精矿样品,0.3~0.5g 样品首先与 1g 或 2g 硝酸锂和 1g 四硼酸锂充分混合,其余的熔剂覆盖在样品混合物上,脱模剂加在最上面。慢慢开始加热并逐渐升温。在约 400℃的较低温度下保持 2min 或 3min 以促进样品氧化,然后在约 1000℃ 的正常熔融温度下保持 4min 或 5min,使样品均匀。在样品混合物中加入几滴水或稀硝酸有助于消除空气,空气会将硫化物氧化成 SO_2(一种气体)而不是 SO_3(可溶的氧化物)。

铁合金的熔融除了所用氧化剂为碳酸锂外,其他与硫化物有些相似。更安全的程序包括首先在坩埚的内壁用约 5g 四硼酸锂作一缓冲层。样品混合物的组成为 0.5g(最多)铁合金加 1.25g 碳酸锂作氧化剂,将它们充分混合。要确保各种材料没有结块或成团。用 1.25g 碳酸锂覆盖,然后再在上面盖上一层 1.8g 氧化硼。和硫化物一样开始慢慢加热。但在熔融硅铁和金属硅时必须更加小心,采用更少的样品量,并确保颗粒度小于 $50\mu m$,样品和熔剂必须充分混合,否则反应将非常剧烈,甚至会熔掉坩埚。当熔融铬铁时,样品量不应超过 100mg。

除了采用传统的固体氧化剂外,样品的预氧化还可以在坩埚中用酸、碱等湿化学方法处理,然后加熔剂熔融。有时湿法预氧化更有效,速度更快。

某些金属和合金非常耐酸。例如,金属硅在常规条件下和大多数酸不反应。能氧化金属硅的唯一的酸是氢氟酸(HF)。反应显然是由 Si(IV)的氟化络合物 $[SiF_6]^{2-}$ 的稳定性驱动的:

$$Si(s) + 6HF(aq) \longrightarrow [SiF_6]^{2-}(aq) + 2H^+(aq) + 2H_2(g)$$

硅以这种络合物形式存在可能有失去的风险,因为按下面的反应,硅能以四氟化硅失去:

$$2H^+(aq) + [SiF_6]^{2-}(aq) + 热量 \longrightarrow SiF_4(g) + 2HF(g)$$

而硅对用于氧化-熔融的传统固体氧化剂表现出极大的耐氧化性,且金属硅对铂坩埚极易损坏。而用碱可以解决这一问题[9],一水合氢氧化锂这样的强碱会很快按下述反应氧化金属硅:

$$Si(s) + 4LiOH \cdot H_2O(s) + H_2O(aq) \longrightarrow [SiO_4]^{4-}(aq) + 4Li^+(aq) + 2H_2(g)$$

这一反应是自发的,并且极度放热。反应通过慢慢加入几滴水至样品-碱的粉末混合物中来启动和调节。水电离和释放的氢氧根离子能迅速和金属反应。在链式反应中,氧化快速扩展至整个混合物。

所用的碱可以是固体,也可以是液体形态。固体更好的原因是因为液体太过活泼,使过程难以控制。粉末形态也使对反应速度有较好的控制,这可以通过控制加入混合物中的水的量和加入速度来实现。氧化过程完成之后,就可以加入硼酸盐熔剂和脱模剂,然后对氧化物进行常规的硼酸盐熔融。需要指出的很重要的一点是,为了调节最后的熔剂组成使其处于适当的酸度范围,通常需要加入一种酸性的硼酸盐熔剂,如 B_2O_3 或 H_3BO_3。

§15.4.9 熔　　融

现在大部分熔融都用自动熔样机完成,采用自动熔样机有许多优点,包括高效率、好得多的重复性和操作人员更安全。

最重要的熔融条件是:

(1) 从约 400℃ 开始逐渐开始升温程序,如果需要,在这一温度保持约 2min 以助于样品的氧化。

(2) 正常的熔样温度应尽可能低,并在 5～6min 内得到完全均匀的熔体。对大多数样品类型,不超过 1000℃ 的温度应该就足够了。如果不行,就延长熔融时间,而不是试图升高熔融温度。这样的策略能防止因蒸发而失去更多熔剂,并保证熔片中保留的脱模剂的量更一致。

(3) 浇铸入模具后,玻璃应在空气中凝固 1.5～2min,然后可以用风扇快速冷却,最好是压缩空气。

§15.5 其他样品制备方法

本节将介绍液体样品制备方法。

液体样品分两种情况:一种是原始样品本身就是液体,如各种形式的水(海水、淡水、污水等)、各种形式的液体溶液(水溶液、有机溶剂溶液等)、各种液体化学试剂(如乙醇等)、各种液体的石油化工产品(如汽油等)、各种天然液体(如植物油等)等;另一种是将其他形式的样品经处理后形成的液体样品。分析工作者应根据具体的样品情况、分析要求和实验室仪器设备的情况选择合适的制样方法。文献[1]和[2]都详细介绍了液体样品的处理和测量方法。

1. 液体样品直接测定

只要仪器功能允许,液体样品可直接放在液体样杯中测定。与固体制样方法相比:样品是均匀的,不存在矿物和颗粒度效应,也不需要考虑样品表面粗糙度对测量的影响,基体效应因稀释而减小,有时甚至可以忽略。波长色散 XRF 测量液体样品时,不能采用真空光路,一般是充氦气(He)。能量色散 XRF 测量液体样品时可以在空气光路中测量,用于过程分析时,可将探测器直接放在靠近液体样品表面,或将样品用泵输送至测量探头处。

液体样品测量存在的主要问题包括:①液体样品的组成通常是以轻元素为主,所以散射背景高,使检出限变差;②由于采用支撑膜,它对谱线有衰减作用,特别是对低能 X 射线衰减明显,不利于轻元素的测量;③由于不能在真空下测定,光路为空气或充 He 气,这些气体对荧光谱线(特别是对低能 X 射线)也有衰减作用,同时充 He 气增加了分析成本;④液体在受激发源辐照时会发热,这可能导致产生气泡而使 X 射线强度产生变化;⑤液体样杯所用支撑膜可能因强碱或酸腐蚀而产生泄漏,使仪器受到污染。表 15-6 列出了常用支撑膜对常见液体介质的抗腐蚀性[2]。

表 15-6　常用支撑膜对常见液体介质的抗腐蚀性

薄膜材料	聚酯	聚丙烯	聚酰亚胺	聚丙烯纤维
商品名	Mylar		KAPTON	
膜中含有的杂质	Cu、P、Zn、Sb	Al、Ti、Fe、Cu、Si	很纯	
介　质				
强　酸	F-P	G	F-P	G
弱　酸	G	G-P	G-F	G
浓酸,氧化性	G	G	G-F	G
矿物油、动、植物油	G	G	G	G
乙　醇	G	G	G	G
强　碱	G	G	P	G
弱　碱	F-P	G	F-P	G
酯类,酮类	G	G	G	G
脂族烃	G	G	G	G
芳香烃	G	G	G	G

注:G-好,F--一般,P-差。

　　测量液体样品时还应注意样品或溶剂的挥发会腐蚀仪器部件。另外液体样品大多数情况下是轻基体,在测量能量高的谱线时,应注意样品量是否达到"无限厚"的要求。

2. 薄样的制备

　　液体试样也可以滴在滤纸片、Mylar膜、离子交换膜、聚四氟乙烯基片等上面,经自然干燥或烘干,即可得到一种很薄的样品,所以称为薄样。薄样法的优点是:①基体效应基本可以忽略;②样品用量少,几十至几百微升的液体即可用于测试;③与液体直接法比,可以采用真空光路,因而提高了轻元素的测量灵敏度;④样品很薄,大幅度降低背景,有利于提高检测灵敏度;⑤由于溶剂蒸发,相当于富集,有利于改善检出限。

　　薄样制备时应考虑载体中的杂质元素的影响,最好能做空白检查。

　　制备薄样的另一个问题是均匀性,均匀性不好的结果就是重复性不好。滤纸片在捕集液体样品过程中,层析效应是影响样片均匀性的重要因素。当溶液滴在滤纸中心上,后一滴溶液会溶解前一滴溶液,向边缘扩散,为防止这种无限制扩散,可在滤纸边上加一圈高纯石蜡。

　　近年来使用 $0.15\mu m$ 聚酯薄膜(polymer film)装在中空的支架板上,薄膜的中心 $\phi=2mm$ 处经过特殊处理。用微型移液管点滴溶液 $50\sim500\mu L$,进行干燥。通常在 70℃干燥时间约 40min，析出物聚集于中心部位。如图 15-11 所示。这种方法特别适用于地下水中痕量元素分析，使用波长色散谱仪测定地下水中 Mg、Al、As、Ba、Bi、Ca、Cr、Co、Cu、Fe、Ga、K、Mn、Ni、Pb、Sr、Tl、V 等元素，其检测限均小于 11ppb。特别是对 Hg 的测定，在 0.05～0.5ppb 含量范围内，方法的标准偏差为 0.016ppb。

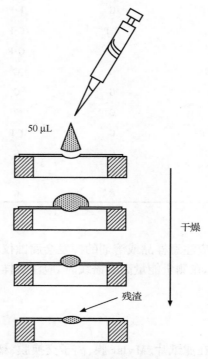

图 15-11　聚酯薄膜微量分析示意图

3. 将固体样品处理成液体溶液

将固体样品处理成液体溶液并不是 XRF 分析专用技术，有大量化学分析和光谱分析的文献可供查阅，在此不再详细描述。

参 考 文 献

[1] 罗立强，詹秀春，李国会 . X 射线荧光光谱仪 . 北京：化学工业出版社，2008，110 .

[2] 吉昂，陶光仪，卓尚军，罗立强 . X 射线荧光光谱分析 . 北京，科学出版社，2003，150 .

[3] Obenauf R H，Bostwick R，Fithian W，McCann M，McCormack J D，Selem D. SPEX CertiPrep handbook of sample preparation and handling. USA：SPEX CertiPrep，Inc. ，1999，175 .

[4] Claisse F. Norelco report. 1957, 4 :3～7.

[5] Rose M J, Adler J, Flanagan F J. Applied Spectroscopy. , 1963,17 :81～85.

[6] Claisse F, Blanchette J S. Physics and chemistry of borate—for X-ray fluorescence spectroscopists. Canada : Fernand Claisse Inc. , 2004.

[7] Claisse F, Blanchette J S 著. 硼酸盐熔融的物理与化学——献给 X 射线荧光光谱学工作者. 卓尚军译. 上海 :华东理工大学出版社,2006.

[8] Sear L G. X-ray spectrum. The correct use of Platinum in the XRF Laboratory. 1997, 26 :105～110.

[9] Blanchette J. A quick and reliable method for silicon and ferrosilicon, Advances in X-ray Analysis, 2002, 45 :415～420.

第十六章　地质样品分析

§16.1　引　　言

　　地质样品是人类社会发展中最重要、最基本的原材料,种类繁多、成分复杂,几乎涉及周期表中所有天然存在的元素,而且其含量跨度达 10 多个数量级。因此地质样品分析一直是分析化学应用领域中最复杂的任务之一。现代地学研究工作的深入和研究领域的扩展推动了地质分析的发展,诸如行星地质、天体化学、海洋地质、极地地质研究等促进新的分析方法的出现,其中使用 EDXRF 谱仪用于火星、海洋地质的现场分析就是例证。地质实验测试工作是地质科学研究和地质调查工作的重要技术手段之一。其产生的数据是地质科学研究、矿产资源及地质环境评价的重要基础,是发展地质勘查事业和地质科学研究的重要技术支撑。现代地球科学研究领域的不断拓宽对地质实验测试工作的需求日益增强,迫切要求地质实验测试技术不断地创新和发展,以适应现代地球科学研究日益增长的需求。近年来地质分析领域的发展紧密围绕现代地球科学发展需求的特点,充分体现了地质实验测试技术从单纯资源分析向资源环境物料分析并重的发展趋势。21 世纪初王毅民等[1]提出地质分析的重点领域及热点技术有:整体分析技术、显微分析及元素分布特征研究、气体、流体地球化学分析技术、野外或现场分析技术、地质标准物质的研制与应用和"绿色"分析技术等。XRF 分析由于具有高精度、高准确度、自动化、智能化、小型化和多元素快速分析以及非破坏性等特点,在今后相当长的时间内不仅仍将是地质样品整体分析技术中主量、次量和许多痕量元素的主要分析手段,且在现场和原位分析、微区和元素空间分布等领域均占有重地位。尹明[2]在阐述我国地质分析优先支持和发展的领域和课题时指出 XRF 依然有许多工作要做,如建立、完善以现代分析测试技术为主的重要金属与非金属矿产资源(矿物、单矿物)实验测试技术方法体系,要求 XRF 建立快速分析方法。

　　我国将 XRF 分析方法应用于地质样品分析始于 20 世纪 60 年代初,主要用于化学分析较难分离的 Nb、Ta、Zr、Hf、U、Th 和稀土氧化物中 15 个稀土元素。20世纪 70 年代至 80 年代中期,硼酸盐熔融制样技术、元素间吸收增强效应数学校正方法日渐完善和计算机技术普及,使 XRF 分析成为地质样品主量、次量组分例行分析的主要方法,对大多数痕量元素的检出限可达 $\mu g/g$ 级水平,基本上替代了长期使用的经典化学分析方法。在化探样品分析所要分析的 39 个元素中,WDXRF

谱仪承担 Na、Mg、Al、Si、P、K、Ca、Ti、V、Cr、Mn、Fe、Co、Ni、Cu、Zn、Sr、Y、Zr、Nb、Ba、Pb、La 和 Th 等 24 个元素,形成了以 X 射线荧光光谱和 ICP-AES 为主,其他方法相配合的两大分析系统,发挥了显著的经济效益和社会效益。这期间才书林和李国会[3~4]于 1986 年和 1987 年先后发表了化探样品中多元素分析方法,吉昂等[5]曾对理论影响系数法和基本参数法在化探扫面工作中的应用作过较系统的研究,这些方法对现在进行化探扫面工作仍有参考价值。21 世纪初国家启动 76个元素地球化学填图工作,与化探扫面工作相比,不仅分析元素多,而且准确度和精密度要求也有所提高,见表 16-1 和表 16-2。国内学者[6~8]在原化探扫面工作基础上,针对不同厂家的 WDXRF 谱仪提出新的分析方法,除上述 24 个元素外,还增加了 S、Cl、Br、Ga、Rb 和 Ce,对 C 和 N 的分析也作了探讨。

表 16-1　地球化学调查样品的元素分析方法对检出限要求(D/T 0130.5—2006)

元素	检出限 (3S)	元素	检出限 (3S)	元素	检出限 (3S)	元素或 氧化物	检出限 (3S)
Ag	0.02	F	100	Rb	10	Zn	4
As	1	Ga	2	S	50	Zr	2
Au	0.0003	Ge	0.1	Sb	0.05	SiO_2	0.1[a]
B	1	Hg	0.003	Sc	1	Al_2O_3	0.05[a]
Ba	10	I	0.5	Se	0.01	TFe_2O_3	0.05[a]
Be	0.5	La	5	Sn	1	MgO	0.05[a]
Bi	0.05	Li	1	Sr	5	CaO	0.05[a]
Br	1.5	Mn	10	Th	2	Na_2O	0.1[a]
Cd	0.03	Mo	0.3	Ti	10	K_2O	0.05[a]
Ce	1	N	20	Tl	0.1	TC	0.1[a]
Cl	20	Nb	2	U	0.1	Corg.	0.1[a]
Co	1	Ni	2	V	5		
Cr	5	P	10	W	0.4		
Cu	1	Pb	2	Y	1		

a 计量单位为 10^{-2},其他元素单位为 $\mu g/g$;T 为总量。

表 16-2　元素分析方法准确度、精密度要求(D/T 0130.5—2006)

含量范围	控制限	
	准确度 $\Delta \lg \overline{C}(GBW) = \left| \lg \overline{C_i} - \lg \overline{C_s} \right|$	精密度 $RSD(\%)(GBW) = \dfrac{\sqrt{\dfrac{\sum\limits_{i=1}^{i}(C_i - C_s)^2}{n-1}}}{C_s} \times 100$
检出限三倍以内	≤0.1	17
检出限三倍以上	≤0.05	10
>1%	≤0.04	8

注:$\overline{C_i}$ 为每个 GBW 标准物质 12 次实测值的平均值;C_i 为每个 GBW 标准物质单次实测值;C_s 为 GBW 标准物质的标准值;n 为每个 GBW 标准物质测量次数。

　　能量色散 X 射线荧光光谱仪用于地质样品分析在我国虽起步较晚，但从 20 世纪 80 年代初至 90 年代末，在谱仪研制和应用 EDXRF 谱仪于矿产资源评价及成矿规律的研究方面，做了大量的工作并取得可喜的成果，曹利国等[9]在专著中作过系统的介绍，对今天的读者仍有可借鉴之处。葛良全等[10~14]为开展地质勘查时实施原位或现场分析，于 20 世纪 90 年代中期相继开展取样技术的理论研究与校正、非规则样品的校正和轻便型或手提式 X 射线荧光仪器的研制等，对天然岩石、土壤和沉积物及其样品进行原位或驻地分析，为解决地质勘查各阶段中地学研究与找矿问题提供一种有效手段，亦可供其他非地质行业进行类似工作时参照使用。张学华等[15]应用核素源和封闭式正比计数管的国产 EDXRF 谱仪于大洋锰结核中 Mn、Fe、Co、Ni、Cu 现场分析，三个航次的现场分析结果与实验室分析结果比照表明，可满足现场分析中矿物品位的测定。张勤等[16]用便携式 EDXRF 谱仪分析了地质样品中 30 余种元素，表明便携式 EDXRF 谱仪可用于现场分析。詹秀春等[17]用 Spectro Lab 2000 偏振能量色散 X 射线荧光光谱仪分析了地质样品中 34 种元素，并在同样条件下将其结果与 WDXRF 谱仪分析结果作了比较。樊守忠等[18]用 Epsilon 5 偏振-能量色散 X 射线荧光光谱仪分析了地质样品中 40 多个元素。吉昂等[19]对高能偏振 EDXRF 谱仪的原理、二次靶的选择和应用作了阐述和总结，文中总结了用粉末压片法参与土壤和水系沉积物中的痕量元素国家标样定值工作，Cd、Cs、Tl 和 14 个稀土元素均参与定值。本书第十章中在讲述校准曲线过程中所引用的实例，即是粉末压片法分析地质样品中 60 个元素，因此本章对这方面内容不作重点介绍，仅就 EDXRF 谱仪应用于实验室地质样品分析（熔融法）、现场分析和原位分析中影响分析结果所涉及的一些问题如制样方法、基体效应和样品表面效应的校正等作介绍。

　　最近十年，国产多种型号的 EDXRF 谱仪已商品化，其性能在许多方面已达到国际先进水平，为 EDXRF 谱仪普及和应用提供了可靠物质基础。

§16.2　EDXRF 谱仪在地质样品现场分析中的应用

　　利用现代分析测试技术，开展野外现场分析技术研究，为地学科研和矿产勘查提供及时、可靠乃至决策性的现场测试数据支持，是地质实验测试技术发展的重要方向之一。长期以来地质工作基本上沿用"野外观察、采样—室内实验室分析—资料、数据综合分析—进一步工作规划"的工作方式，周期长，矿产资源的勘查效率低。这种工作方式还存在如下问题：因运输上的困难，采集和测试的样品数量受限制；有些样品的组成会因存放环境变化或因长时间放置而发生变化。在我国西部和偏远地区，这种矛盾尤为突出。为加快速度、节约成本，迫切需要能在现场进行快速取样和分析的设备和技术。现场分析测试仪器和制样设备要具备体积小、质量轻、便于车载或携带、功耗低、不污染环境等性能,并要求制样简单、多元素同时测量、速度快和易于发现元素异常。现场分析目前大体分为两类:现场分析和原位分析。目前国内外生产的小型 EDXRF 谱仪和手持式谱仪可分别用于这两类分析。詹秀春等[20]开展的"车载小型 EDXRF 光谱仪在野外驻地和现场的分析应用"研究表明,将小型 EDXRF 谱仪和粉碎机搬到面包车上是可行的。车载实验室整体布局示于图 16-1,车厢划分为前后两个相互隔离的区域。前部为仪器舱室,配备小型气体质谱仪、偏振 EDXRF 谱仪、光导比色计、塞曼测汞仪等仪器设备,并配备水箱和在线式 UPS 系统。后舱室放置碎样机等,碎样机可借助事先设计好的滑竿和绞轮从舱室中取出,避免其工作时产生的振动对仪器的影响。在车厢后部的左右两侧各有一个发电机舱室,舱门从两侧开启。

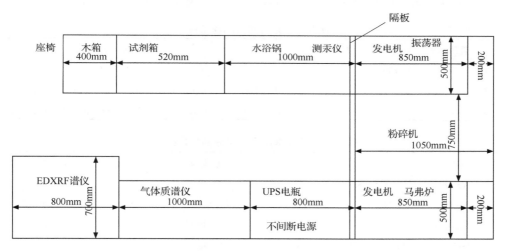

图 16-1　车载实验室平面图

§16.2.1　EDXRF 谱仪在车载实验室中的应用

车载实验室是近年来为满足现场分析要求发展起来的,与驻地实验室相比,条件虽简陋,但基本能满足现场分析要求。而与原位分析相比,在于它通过制样获得均匀的颗粒小于 76μm 的粉状试样,取一定量放在液体样杯中直接予以测定,从而避免了因样品表面凹凸不平造成的影响,有效提高了分析精度和准确度,当然由粒度效应所产生的阴影效应并不能消除。现将功率 50W 的 SpectroXEPOS＋偏振 EDXRF 谱仪[2]和 9W 的 MiniPal 4 EDXRF 谱仪[16]用于车载实验室的预研究和 Spectro Lab2000 偏振 EDXRF 谱仪在车载实验室使用情况[20]作一简单介绍。所用谱仪均使用 SDD 探测器,Spectro 谱仪用 Pd 靶,MiniPal4 用 Rh 靶,测定条件分别列于表 16-3 和表 16-4,这些条件适用于多种野外分析要求。选用国家地质标样:土壤 GBW07401～GBW07415,水系沉积物 GBW0732～GBW07317 和岩石 GBW07103～GBW07109 作为制定校准曲线的标准样品。

表 16-3　Spectro XEPOS＋偏振 EDXRF 谱仪在车载实验室中测量条件[20]

	管压/kV	管流/mA	二次靶	测量时间/s	分析元素*
1	40	0.88	Mo	300	^{26}Fe～^{39}Y、Hf、Ta、W、Bi、Tl、Pb、Th、U
2	49.5	0.7	Al_2O_3	300	Zr、Nb、Mo、Ag、Cd、In、Sn、Sb、I、Cs、Ba、La、Ce
3	35	1.0	Co	300	^{19}K～^{25}Mn、Pr、Nd
4	17.5	2.0	HOPG	300	^{11}Na～^{17}Cl

* Pr、Hf、Ta、W、Bi、Tl、Th、U 等元素采用 L_α 线;Pb 为 L_{β_1} 线;其他元素均采用 K_α 线进行分析。

表 16-4　分析元素测量条件[16]

	管压/kV	管流/mA	测量时间/s	过滤片	分析元素谱线
1	8	750	500	无	^{11}Na～^{16}S
2	13	650	400	Al-200μm	K、Ca、Ba、Ce、Co、Cr、Fe、La、Mn、Ti、V
3	30	200	400	Al-500μm	As、Br、Ga、Nb、Pb、Rb、Sr、Th、Y、Zn、Zr、Cu

表 16-5　校准样品中各组分的含量范围*

组分	含量范围	组分	含量范围	组分	含量范围
Na_2O	0.4～3.86	Co	1～98	La	5～164
MgO	0.08～7.77	Fe_2O_3	0.24～24.75	Nb	1～95
Al_2O_3	0.68～29.26	Ni	2.3～276	Pb	5～636
SiO_2	6.65～90.36	Co	1～98	Rb	4～1470
K_2O	0.13～7.48	Cu	3.1～390	Sr	24～1160
CaO	0.1～51.1	As	2～412	Th	0.5～79.3
P	140～4130	Br	0.8～8	Y	2～67
Ti	1380～20200	Ga	5.3～39	Zn	7～680
V	3.8～768	Cu	3.1～390	Zr	11～1540
Cr	3.6～410	Ce	4.2～412.0		
Mn	28～2490	Ba	10～1210		

* 表中除氧化物质量分数单位为 %,其余组分的质量分数单位为 μg/g。

通过测定标样并经谱处理获取净强度,使用谱仪配备的基体校正程序,对谱线干扰和元素间吸收增强效应校正,并制定校准曲线。Spectro 公司生产的 EDXRF 谱仪的校准步骤:①根据所给定的各标准物质的组成计算其平均原子序数,以测得的二次靶 Mo 靶特征谱的康普顿散射线强度与瑞利散射线强度的比值为纵坐标,以平均原子序数为横坐标,按对数函数拟合,用于平均原子序数校准,目的是在未知样品分析时,当被测组分的量不足 100% 的情况下,也可通过基本参数法计算相应元素的含量。②对用 Mo、Al_2O_3 和 Co 二次靶测量得到的数据,以 Mo 靶特征谱的康普顿散射线为内标进行基体校正和方法校准;对用 HOPG 靶测量得到的数据,用基本参数法进行基体校正和方法校准。

詹秀春等[21]将 5 个标样(GBW07106、GBW07121、GBW07123、GBW07124 和 GBW07425)作未知样测定,其结果参照中国地质调查局多目标地球化学调查规范(1∶25 万,表 16-2),表明该方法在常规情况下可定量分析 K、Ca、Ti、V、Cr、Mn、Fe、Ni、Cu、Zn、Ga、As、Rb、Sr、Y、Zr、Nb、Ba、Pb、Th 等 20 个元素。樊兴涛等[20]认为 Al_2O_3、SiO_2、P_2O_5、Cl、Hf 仅获得近似定量分析结果,而 MgO、SO_3 和 CoO 仅能获得半定量分析结果,现将他们的这几个元素分析结果整理列于表 16-6,并按 $\Delta \lg C = \lg C_{测量值} - \lg C_{标准值}$ 计算所得的 $\Delta \lg C$ 值也列于表 16-6。按 DZ/T 0130.4—2006 地质矿产实验室测试质量管理规范围 1∶5 万的所规定的准确度和精密度控制限要求。准确度超过控制限部分与表 16-6 吻合。由表 16-6 可知 SiO_2、P_2O_5 和 Hf 均在准确度控制限之内,而 Al_2O_3、MgO 有一个超出,Cl、SO_3 和 CoO 则有 50% 以上不合格。樊兴涛等[20]将该法用于车载实验室现场分析时,用 6 个标样(GSR4、GSR14～GSR17 和 GSS1)作未知样,用作准确度检查,其结果表明 Cl、P_2O_5、K_2O、CaO、TiO_2、V_2O_5、Cr_2O_3、MnO、Fe_2O_3、NiO、CuO、ZnO、Ga、As_2O_3、Rb_2O、SrO、Y、ZrO_2、Nb_2O_5、Ba、Hf、PbO、Th 共 23 个元素,满足多目标地球化学调查规范(1∶25 万,表 16-2)控制限要求,其中 6 个未知样有 1 个超差的元素有:As、Ba、Hf、Th、Cl,其他 18 个元素均在误差范围之内。而 Br、WO_3、Ge、Bi、U 等尚待进一步验证。

詹秀春等[21]的实验结果表明,主量元素的总分析精度优于 2%,不同含量的痕量元素的总分析精度一般优于 5%,含量低时可达约 20%。作者通过实验表明制样精度在分析点精度中所占的比例一般大于 50%,且元素原子序数越小、含量越高,所占的比例越大。樊兴涛[20]还对金窝子 L3 号孔钻探取样砷元素现场分析数据与实验室数据进行对比,对比数据参见图 16-2。图中 XEPOS 为现场直接粉末法制样小型台式 EDXRF 谱仪分析数据;Lab2000:采用 XEPOS 分析后的样品在实验室采用大型 EDXRF 谱仪分析得到的数据;RIX2100:现场粉碎后的样品在实验室采用粉末压片用 WDXRF 谱仪分析得到的数据;X7:现场粉碎后的样品在实验室采用封闭酸溶后,以 ICP-MS 分析得到的数据。从图 16-2 可知用 WDXRF 谱仪和 EDXRF 谱仪分析 As 的结果基本相一致,对含量大于 $40\mu g/g$ 的试样,ICP-MS数据稍偏高。

表 16-6　用粉末法测定部分元素准确度验证

组分	项目	GBW07124	GBW07123	GBW07121	GBW07106	GBW07425
	测量值	3.36	14.1	14.85	2.25	13.08
Al_2O_3	标准值	3.73	13.21	16.3	3.52	13.14
	$\Delta \lg C$	0.045	0.028	0.040	**0.19**	0.002
	测量值	32.9	52.37	71.2	91.28	68.25
SiO_2	标准值	35.88	49.88	66.3	90.36	69.42
	$\Delta \lg C$	0.038	0.021	0.031	0.0044	0.0044
	测量值	2778	6694	1295	2441	1135
P_2O_5	标准值	3000	5500	1306	2223	ND
	$\Delta \lg C$	0.033	0.085	0.0037	0.041	
	测量值	326	366	178	63	101
Cl	标准值	400	400	127	42	ND
	$\Delta \lg C$	0.089	0.038	**0.14**	**0.18**	
	测量值	4.9	10.4	2.5	4.9	6.1
Hf	标准值	4.9	9.2	3.3	6.6	7.7
	$\Delta \lg C$	0	0.053	0.12	0.13	0.10
	测量值	21.95	5.89	1.26	<0.0034	1.02
MgO	标准值	15.76	5.08	1.63	0.082	1.20
	$\Delta \lg C$	**0.14**	0.064	0.11		0.07
	测量值	2890	3160	<5.0	1205	667
SO_3	标准值	6800	4400	125	2147	ND
	$\Delta \lg C$	**0.37**	**0.14**		**0.25**	
	测量值	74	38.5	<3.9	<8.6	9.1
CoO	标准值	50.9	47.7	9.5	8.1	14.8
	$\Delta \lg C$	**0.16**	0.093			**0.21**

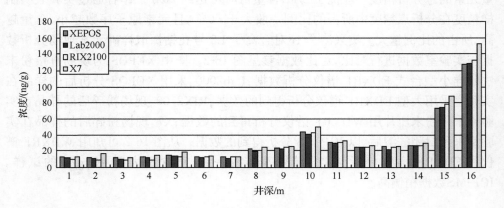

图 16-2　金窝子 L3 号孔 As 的分析结果对比

张勤等[16]将在制定校准曲线时使用多个校正系数对基体和谱线干扰进行校正,他们对 GSS31、GSD09 和 GSS34 三个标样作未知样测定,结果列于表 16-7。由表 16-7 可知,除低含量 Na_2O 外,MgO、Al_2O_3、SiO_2、P、K_2O、CaO、Ti、V、Cr、Mn、Fe_2O_3、Ni、Co、Cu、Zn、Br、Ga、As、Rb、Sr、Y、Zr、Nb、Ba、Hf、Pb、Th、La、Ce 共 30 个元素均可满足 1∶50000 的分析结果准确度控制限的要求。

表 16-7 分析结果对照

组分	GSS31			GSD09			GSS34		
	标准值	本法	$\Delta\lg C$	标准值	本法	$\Delta\lg C$	标准值	本法	$\Delta\lg C$
Na_2O	1.37	1.28	0.030	1.44	1.52	−0.023	0.11	0.4	−0.561
MgO	2.6	2.66	−0.010	2.39	1.7	0.148	0.78	0.93	−0.076
Al_2O_3	9.45	9.34	0.005	10.58	8.8	0.080	16.2	14.8	0.039
SiO_2	64.64	66.17	−0.010	64.891	62.74	0.015	65.87	67.5	−0.011
K_2O	1.86	1.89	−0.007	1.996	1.75	0.057	1.62	1.39	0.067
CaO	6.12	6.18	−0.004	5.35	5.1	0.021	0.13	0.11	0.073
Fe_2O_3	5.03	5.17	−0.012	4.86	4.31	0.052	6.35	6.59	−0.016
As	5.97	8.9	−0.173	8.4	8.7	−0.015	15.9	13.5	0.071
Ba	408	430	−0.023	430	462.7	−0.032	406	360	0.052
Ce	59.3	75	−0.102	78	73.1	0.028	116	136	−0.069
Co	14.2	11	0.111	14.4	12.8	0.051	20.6	18.7	0.042
Cr	71.7	80.4	−0.050	85	70.2	0.083	94	98.2	−0.019
Cu	38.7	36.6	0.024	32	33.3	−0.017	28.8	25.8	0.048
La	32	31	0.014	40	32	0.097	43.1	41.3	0.019
Mn	596	622.5	−0.019	620	557	0.047	898	922.1	−0.012
Ni	31.6	33.3	−0.023	32	34.3	−0.030	41.3	42.7	−0.014
Ti	5275	5454.7	−0.015	5500	4650	0.073	6773	6930	−0.010
V	96.3	107.7	−0.049	97	89	0.037	127	127.8	−0.003
Br	1.8	2	−0.046	1.2	2	−0.222	2.31	2.3	0.002
Ga	13	13.3	−0.010	14	13.4	0.019	21.7	22.7	−0.020
Nb	15	15.4	−0.011	18	15.6	0.059	23.5	23.4	0.002
Pb	22.6	22.1	0.010	23	18	0.106	30.8	31	−0.003
Rb	71.8	71.3	0.003	80	80.3	−0.002	122	111.5	0.039
Sr	180	177.5	0.006	166	163.5	0.007	39.3	39.8	−0.005
Th	8.9	10.5	−0.072	12.4	12.5	−0.003	18.7	20.7	−0.044
Y	20.7	21.3	−0.012	27	25.8	0.020	31.8	31.4	0.005
Zn	77.2	75	0.013	78	75.3	0.015	77.2	72.8	0.025
Zr	211	213.9	−0.006	370	360.3	0.012	342	334.8	0.009
P	576	549.4	0.021	670	695	−0.016	314.2	340	−0.034
Mo	0.91	0.6	0.181	0.64	0.3	0.329	1.08	1.7	−0.197

　　张勤等[16]用未参加制定校准曲线的 GSS34 样测定 12 次,所测元素含量大于检出限 3 倍时,方法的精密度(RSD)为 0.056% ～12.11%,其中 SiO_2 测得值为64.9%,其 RSD 为 1.05%,Na、Mg、Al、K、Ca 的氧化物的含量小于 10%,其 RSD均小于 2.1%,Mo 的检出限为 0.6$\mu g/g$,测得值为 1.3$\mu g/g$,RSD 值是 20.2%。

　　检出限和样品的基体有关,不同的样品因其组分和含量不同,散射的背景强度也不同,故选用一个含量适中的标准样品作为未知样品,通过测量得到的检出限列于表 16-8 中。

表 16-8　　MiniPal 4 EDXRF 谱仪粉末压片法检出限[16]

组分	Lo/$(\mu g/g)$	组分	Lo/$(\mu g/g)$
Na_2O	1000	Mo	0.6
MgO	500	Ti	5
Al_2O_3	130	V	2
SiO_2	100	As	0.6
K_2O	20	Br	0.4
CaO	10	Ga	1.5
Fe_2O_3	6	Nb	1.7
Ba	5	Pb	2.0
Ce	5.0	Rb	1.2
Co	1	Sr	1.4
Cr	1.5	Th	1.4
Cu	0.7	Y	0.8
La	5	Zn	1.0
Mn	4	Zr	1.7
Ni	0.5	P	30

　　从两种谱仪分析结果来看,对轻元素使用基本参数法校正基体效应,其效果不如经验影响系数法,主要原因在于地质试样矿物结构效应对轻元素影响严重,正如第八章所述,对土壤或水系沉积物而言,Na_2O、MgO、Al_2O_3 和 SiO_2 含量加和高达70% 左右,在这种情况下用基本参数或理论影响系数法进行校正是不能获得准确结果的。应准备足够多标样,使用经验系数法特别是 Lucas-Tooth 和 Pyne 强度校正模式进行基体校正。戴振麟等[22]在使用 Si-PIN 探测器和放射性核素源为激发源的便携式 XRF 分析仪,建立了强度校正模型:

$$C_i = a_0 + a_{ii} I_i + \sum_{j=0} a_{ij} I_j \tag{16-1}$$

式中:C_i 为待测元素的含量,I_i、I_j 分别为待测元素和干扰元素特征谱和放射性核素源散射峰的净强度, a_0、a_i、a_j 为强度影响系数。根据标样的含量和强度通过多元回归求得经验影响系数,其系数根据经验选择。

综上所述,车载实验室集浅钻取样、制样和现场分析于一体。从实际应用效果来看,便携式 EDXRF 谱仪是车载实验室中必不可少的分析仪器,已基本能满足地质样品野外现场分析要求。

§16.2.2　EDXRF 谱仪在原位分析中的应用

原位(*in situ*)分析是现场分析中一种,它通常是指对测定对象无需通过制样直接进行分析。从 20 世纪 60 年代末以来,我国众多科技工作者根据各单位涉及的学科领域和具备的实验条件从不同方面进行了大量工作,取得了可喜的成绩。便携式 XRF 谱议用于现场单元素或少量元素的测定始于 20 世纪末,21 世纪以来将 Si-PIN 半导体探测器替代闪烁计数器或封闭式正比计数器,并用多道脉冲幅度分析器作数据采集处理,从而为多元素同时分析奠定了基础。成都理工大学早在 1974 年研制成功携带式 X 射线荧光分析仪,无论在应用性基础研究[10~13]和仪器制造方面,还是在地质找矿、矿山开采、选矿和海底沉积物等领域的应用研究上均取得了可喜的成果。如手持式多元素快速分析仪已成功应用于土壤原位多元素测量;岩矿露头原位多元素测量;山地工程表面多元素品位测量;钻孔岩心测量、矿层划分、钻探指导;坑道、巷道壁多元素品位测量;岩矿石粉末样品室内多元素定量分析等。所涉及的矿种有铝、硅、磷、硫、钾、钙、钛、钒、铬、锰、铁、镍、铜、锌、砷、锶、钼、银、锡、锑、钡、钨、金、铅、铀等。

§16.2.2.1　表面效应及校正

对地质样品进行原位分析与实验室分析相比其主要困难是试样表面不平度效应,以及共同存在的矿物结构不均匀效应和基体效应对分析结果造成的影响。表面不平度效应主要表现在三个方面:原级谱或放射性核素源产生的初级射线和样品受激发而产生的 X 射线荧光在空气中路程的变化;遮盖和屏散 X 射线束;有效探测面积的减小或扩大。葛良全等[10~13]对表面不平度效应作过较系统的研究,他们的实验表明:当测量面凹凸起伏达 ± 14mm 时,FeK$_\alpha$ X 射线照射量率变化达 27%;ZnK$_\alpha$ X 射线照射量率变化达 23%;PbL$_\alpha$ X 射线照射量率变化达 32%。当测量面凹凸起伏达 ± 23mm 时,MoK$_\alpha$ X 射线照射量率变化达 20% 以上;SnK$_\alpha$ X 射线照射量率变化达 20%。他们从 X 射线照射量率(强度)的基本公式出发,引出"等效平面"和"等效源样距"的概念,从而提出解决"不平度效应"的方法,经 Pb、Zn、Sn、Mo 等多种矿山的实践,取得良好的效果。他们通过制作三套 Sn、Mo、Pb(Zn)模型用以模拟岩壁表面,模型是由岩石粉和黏合剂水泥混匀制成,模型的一面为平面,另一面为高低起伏约 10mm 的凹凸面。所用仪器的探测器为 NaI(Tl)闪烁计数器,对 Sn 采用[241]Am 源,对 Mo、Pb(Zn)采用[241]Am-[238]Pu 双束源,以[241]Am 59.6keV 射线在试样中为瑞利散射线,分别测得模型平面和凹凸面上上述元素特征谱 X 射线强度(I_x)与[241]Am 瑞利散射线强度(I_s)。在推导的理论公式中,其特散比(散射线为内标)仍含有源样距 H_0 的项。通过实验发现,H_0 在一定的变化范围内存在一最佳 H_0 值,从逻辑上构造了下列表达式[11]:

$$\varepsilon_j(\%) = \sum_{i=1}^{n} \left| R(H_j + \Delta H_i) - R(H_j) \right| / [nR(H_j)] \times 100\% \qquad (16\text{-}2)$$

式中:$\varepsilon(\%)$ 为仪器源样距为 H_j 时源样距在 10~40mm 内变化±20mm 所引起的相对误差绝对值的平均值;$R(H_j)$ 为源样距为 H_i 时的特散比值;ΔH_i 为源样距的变化量(−20~+20mm);n 为 ΔH_i 取值的个数。式(16-2)中使 ε 最小的 H_j 值即为所求的最佳源样距。图 16-3 是在 Sn、Mo、Pb(Zn)三套模型的平面上测得 $\varepsilon(\%)$ 最小值所对应的 H 值即为最佳源样距,由此得出 Sn、Mo、Pb(Zn)等矿种的 X 射线辐射取样的最佳源样距分别为 23mm、24mm、14mm。

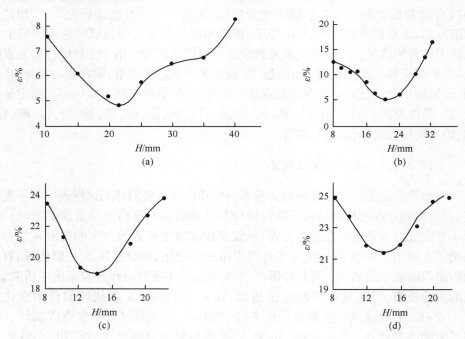

图 16-3　最佳源样距实验曲线[12]

(a) SnK$_\alpha$；(b) MoK$_\alpha$；(c) PbL$_\alpha$；(d) ZnK$_\alpha$

表 16-9 为最佳源样距下在三套模型的平面与凹凸面测得的特散比 R 的平均值,由表 16-9 可以看出,以特散比作基本参数,则由测量面凹凸不平所引起的相对

误差绝对值的平均值小于 5。

表 16-9　模拟岩壁模型 X 辐射取样结果[12]

矿种	$\overline{R}$（平面）	$\overline{R}$（凹凸面）	$ER^{1)}$ /%	$E^{2)}$ /%	模型数
Sn	0.1055	0.1080	−2.37	3.36	15
Mo	0.0559	0.0555	0.72	1.38	6
Pb	0.0865	0.0890	−2.89	4.19	3
Zn	0.1646	0.1620	1.58	3.82	3

　1) ER 为凹凸面相对于平面的相对误差的平均值;2) E 为凹凸面相对于平面的相对误差的绝对值的平均值

作者之所以以较多篇幅引用葛良全等[12]部分研究结果,是想说明如下问题：

试样中待测元素强度与激发源之间的距离影响是不同的,这与激发源对待测元素的有效激发能在空气中被吸收的程度是有差异的,因此对不同元素而言,用特散比校正源样距是不同的,通常只适用一个或几个少量元素的测定,如图 16-3 中特征谱能量相差不多的 PbL$_\alpha$ 和 ZnK$_\alpha$,虽最佳源样距为 14mm,但 ε‰ 与 H 之间的关系图形并不一样。在商品仪器中通常使用固定的源样距对样品进行分析,即将测量窗口紧贴样品表面,在可能的情况下力求样品表面是平的。对轻元素的原位分析校正源样距和辐照试样的面积差异的校正用散射线作内标效果并不理想,用散射线作内标时,在待测元素特征谱和散射线之间必须不存在其他主量、次量元素。散射线作内标除在特定条件对源样距和辐射试样的面积进行校正外,对基体效应的校正也仅能一定条件下校正元素间吸收效应,若有足够多的标样可将散射线内标法与强度校正经验系数法结合使用,则有效得多,即将式(16-1)改写为：

$$C_i = b_0 + b_{ii}R_i + \sum_{j=0} b_{ij}R_j \tag{16-3}$$

式中：$R_i = \dfrac{I_i}{I_{c,or,r}}$,即待测元素特征谱净峰面积（$I_i$）与源或 X 射线管的特征谱的康普顿散射线峰面积（I_c）或瑞利散射线峰面积（I_r）之比,b_0、b_{ii}、b_{ij} 为通过回归求得的影响系数。式(16-1)适用于粉末压片或粉末直接测定,式(16-3)则在特定条件下用于表面凹凸不平的矿样。

§16.2.2.2　原位(现场)分析工作中标样的准备

由于矿物结构效应影响分析结果的准确性,需准备现场校准标样（SSCS）用于在工作区对仪器的现场标定和质量监控。

1. 对现场校准标样的要求[23]

（1）SSCS 必须能代表分析样品的基体组成,而且有很好的均匀性,要从实地获得至少十个样品,它们要覆盖整个待测元素和干扰元素的含量范围,建议选取的样品大小为 50～100g，并要使用标准玻璃取样瓶保存。

（2）从工作区现场采集的标样，在低于 150℃的温度下烘干 2～4h。若要分析 Hg，要分出一部分样品不被烘干，因为加热可使 Hg 挥发。样品烘干后，所有大块的有机碎屑和不具代表性的物质，如细枝、树叶、树根、昆虫、沥青和石块都应捡去，然后用研钵和杵研磨样品并用 60 目的滤网过滤，直到滤网上只剩下粗岩石碎块为止。

（3）使用分样器混匀样品或把 150～200g 干燥的已过滤的样品放在一张大约 40cm 见方的牛皮纸上，交替着举起这张纸的每个角，使土壤自身翻转并朝对角翻转，翻转 20 次后，取出大约 20～50g 样品放入样品杯里做 XRF 分析。剩下的样品应送分析实验室或测试中心确定元素含量。

2. 空白样品

空白样品应来自纯净的石英或二氧化硅基体，它不含有含量超过方法检出限的任何被分析物。这些样品用于监控交叉污染及检验仪器可能引起的污染或干扰。

3. 标准参考物质

标准参考物质（SRM）是含有确定元素含量的土壤、岩石或沉积物标样，主要用于对 FPXRF 仪器的标定、质量监控或准确度、精确度与检出限评估。SRM 可以是地球化学标准物质，如 GSR1-6、GSS1-8 和 GSD9-12 等。

§16.2.2.3　野外 X 射线荧光技术的工作方法

根据野外 X 射线荧光技术特点及其在地质找矿中可能发挥的效能，野外 X 射线荧光工作方法主要包括仪器准备、野外工作方法和资料整理与数据处理三大部分。其中野外工作方法根据被测对象不同，又可分为驻地 X 射线荧光分析方法和现场 X 射线荧光分析方法。车载实验室中 X 射线荧光分析方法与驻地 X 射线荧光分析方法本质上是相似的。

1. 仪器准备

在野外工作之前，应对拟使用的 X 射线荧光仪进行全面的检查、测试，使之处于正常的工作状态。仪器准备的内容包括能量线性检查，长期稳定性检查，仪器标定或标定系数的检查，准确度、精确度和检出限检查等内容。这种检查有助于确认所用仪器是否适用于野外工作任务。

（1）仪器能量刻度检查

通常 EDXRF 谱仪具有能量刻度自校正软件，若没有，用户可自行进行能量线性刻度，方法是测定含不同元素的纯元素标样的特征 X 射线特征谱及其峰位（道数）。对不同元素特征 X 射线能量与其对应峰位作图，亦可进行一元线性回归得线性方程：

$$E_i = a + bCH_i \tag{16-4}$$

式中：E_i 为 i 元素特征 X 射线谱的峰位能量，CH_i 为仪器微分谱上 i 元素特征 X 射线特征谱峰位所对应的道数。并根据上述方程和不同元素特征 X 射线特征谱峰位值，计算能量非线性 η，由下式确定：

$$\eta_i = \frac{E_i - E_{ci}}{E_i} \times 100\% \tag{16-5}$$

式中：E_{ci} 为根据 i 元素特征 X 射线特征谱峰位由式(16-4)计算得出的能量；η 为 i 元素的能量非线性。一台工作正常的 X 射线荧光仪，在仪器微分谱上，某元素特征 X 射线特征谱峰位(道数)与该元素特征 X 射线的能量是一一对应的线性关系。非线性误差对闪烁探测器，其一般要求小于 2%，对正比计数器，一般为 1%，对半导体探测器为 0.5%[22]。

(2) 稳定性检查

仪器的稳定性是保证高质量分析数据的重要指标，通常有长期稳定性和短期稳定性两种，长期稳定性指标由仪器厂家给出指标和检查方法，其指标在10h 内连续测定的值相对标准偏差应小于计数 N 相对统计误差 $\dfrac{\sqrt{N}}{N} \times 100\%$ 的三倍，正常情况一年检查一次即可，但在新的工作环境中，由于环境温度、湿度等外界因素影响使探测器的性能、放大器增益等指标发生变化，从而引起测量结果的畸变，致使仪器测得特征 X 射线特征谱形状与峰位发生位移，需要通过测定以确立是否需进行能量刻度，或予维修。

长期稳定性的测量方法是[21]，以单元素标样、SSCS 或 SRM 为样品，在不改变仪器测量条件的状态下，每隔一小时检查一遍仪器的短期稳定性，每遍连续测定至少 30 次，测定时间在 6h 内并分别求出各次测量所得某元素(如 Fe)特征谱的峰位和全峰面积，及其每遍(30 次或以上)的平均值。然后按式(16-6)～式(16-8)计算各待测元素特征谱峰面积的总平均值、均方差及其相应的变异系数。

$$M_{ZPJ}(i) = \sum M(i)_j / N \tag{16-6}$$

$$S(i) = \left\{ \sum \left[M(i)_j - M_{ZPJ}(i) \right]^2 / (N-1) \right\}^{1/2} \tag{16-7}$$

$$\eta(i) = \frac{S(i)}{M_{ZPJ}(i)} \times 100\% \tag{16-8}$$

式中：$M_{ZPJ}(i)$ 为第 i 种待测元素全峰面积的总平均值；$S(i)$ 为第 i 种待测元素全峰面积的根方差；$\eta(i)$ 为第 i 种待测元素全峰面积的变异系数；$M(i)_j$ 为第 j 遍测量第 i 种待测元素全峰面积的平均值；N 为 j 的值域。

当 $\eta(i)$ 不大于 1.00% 时，可以认为仪器的八小时工作稳定性可靠。

2. 校准曲线的建立

使用现场校准标样和与现场待分析对象相似的国家标样，用选择好的谱仪条件予以测定,用谱仪配备或自编的软件对测得谱进行处理,获得净强度,用强度校正模式的经验系数法[如式(16-1)或式(16-3)]进行校正,制成校准曲线后通过准确度和精密度检查,以确定所制定的分析方法是否满足 DZ/T 0011—91《1∶5 万地球化学普查规范》的准确度和精密度的要求。计算结果应符合表 16-10 要求。

表 16-10　野外 X 射线荧光测量准确度和精确度检查指标[21]

计算公式	含量范围		检出限三倍以内	检出限三倍以上
准确度	$\Delta \lg \overline{C}(GSD) = \lg \overline{C}_{测} - \lg C_s$		≤±0.20	≤±0.13
准确度	$RSD\%(GSD) = \dfrac{\sqrt{\dfrac{\sum\limits_{i=1}^{n}(C_2 - \overline{C}_{测})^2}{n-1}}}{\overline{C}_{测}} \times 100$		≤±40	≤±25

注:式中,m 为重复测量次数;C_i 为第 i 次测量某一元素的计算含量;$\overline{C}_{测}$ 为某一元素的 n 次计算含量均值;C_s 为某一元素的标准值。

(1) 分析方法准确度检查

建议用校准曲线中低、中和高含量不同的标准样品予以测量以评估含量对方法准确度的影响。用于准确度检查的标样,原则上不应参与校准曲线制定,最好选择与现场土壤或岩石元素丰度接近的标准样品来检查方法的准确度。仪器分析准确度样品要同分析其他样品一样,采用相同的分析时间。表 16-10 和表 16-2 相比,准确度和精密度的要求均要低。

(2) 分析方法精密度检查

野外 X 射线荧光分析精确度的好坏,取决于测定过程的偶然误差的大小。精密度的检查是通过对 SCSS 或 SRM 或其他监控样在同一测量条件下进行至少 30 次测定获得的相对标准离差(RSD)统计得到的(计算公式见表 16-10)。仪器分析精确度样品要同分析其他样品一样,采用相同的分析时间。

测量的精确度或重现性要靠增加计数时间来改进,一般增加 4 倍的计数时间只能把精确度提高 2 倍,所以存在一个最佳的分析时间点。增加计数时间也能降低检出限,但却减少了样品的处理量。在实际工作中要依据情况予以权衡。

(3) 检出限检查

检出限是指一种分析方法在合理的置信度下,能检出与背景或空白值相区别的最小测量值(或浓度值)。检出限反映的是某一种分析方法或分析仪能可靠测定的最低的元素含量。通常在测定标样后,选择某一元素含量低的标样,谱仪的软件会自动算出检出限。

$$L_D = \frac{3}{S}\sqrt{\frac{R_b}{t_b}} \tag{16-9}$$

式中:S 为灵敏度(cps/g·g^{-1});R_b 为背景计数率(cps);t_b 为有效测量时间(s)。

检出限不仅和样品的基体有关,也和仪器有关。表 16-11 是成都理工大学生产的 IED-2000 系列手持式多元素快速分析仪主要技术指标。表 16-11 中检出限等指标仅供参考,因并未给出测定条件,同时每家仪器的指标并不一样。

表 16-11　IED-2000 系列手持式多元素快速分析仪主要技术指标

可分析元素范围	实验室分析 铝(Al)～铀(U)		原位测量 钾(K)～铀(U)
体积质量	探头质量 <0.8kg		操作台质量/体积 <2.0kg/30×18×12cm³
X 射线探测器	Si-PIN,FWHM:182eV(对 5.9keV X 射线)		
X 射线激发源	微型微功耗 X 射线管(Rh 或 W 靶,也可选其他靶材)、²³⁸Pu,²⁴¹Am		
分析时间	3～5min(微量元素),20s(常量元素)		
功耗	平均功耗<4.8W,电池可连续工作 14 小时以上		
数据存储	可存贮 100 多万个测点的数据处理和保存		
检出限 μg/g	≤10	Cu、Zn、Ga、Ge、As、Se、	
	11～100	Co、Ni、Br 到 Mo、Ag 到 U	
	101～1000	K、Ca、Sc、Cr、Mn、Fe、Tc、Ru、Rh、Pd	
	>1000	Al、Si、P、S、Cl、Ar	
准确度	基本达到 DZ/T0011-91《1:5 万地球化学普查规范》对化探样品分析的准确度要求,即:lgΔC(GSD)≤0.13(元素含量大于三倍检出限)、lgΔC(GSD)≤0.2(元素含量小于三倍检出限)		
精确度	RSD%≤20%,优于 DZ/T0011-91《1:5 万地球化学普查规范》要求		

3. 原位 X 射线荧光测量工作方法

要保证原位 X 射线荧光测量数据可靠性,涉及测网的布置、质量控制与评估、资料整理与图件等,可以说是个系统工程,对保证分析质量均是很重要的。这里不作介绍,可参照我国"地球化学普查规范"(DZ/T 0011-91)、"土壤地球化学测量规范"(DZ 0003-91)、美国 EPA"Method 62000"以及"固体矿产预查和普查中物探化探遥感工作要求"(中地调函[2001]216 号文)等有关国内、外规范与要求。葛良全等在参考上述规范的基础予以总结,提出了《野外 X 荧光技术应用指南》。指南要求在每个工作日开始、结束,以及操作者认为分析期间有仪器谱漂移时,都应进行准确度检查。具体工作方法是选定 SSCS 或 SRM 等标准样品 1～3 个,应用野外 X 射线荧光仪测定目标元素的含量,计算标样推荐值 $C_标$ 与仪器实测值 $C_测$ 之间的平均对数偏差(X)与对数标准偏差(λ值),计算公式为:

$$X = \frac{\sum \Delta \lg C}{n} = \frac{\sum (\lg C_标 - \lg C_测)}{n} \tag{16-10}$$

$$\lambda = \sqrt{\frac{\sum (\Delta \lg C - X)^2}{n-1}} = \sqrt{\frac{\sum (\Delta \lg C)^2 - nX^2}{n-1}} \tag{16-11}$$

式中：n 为测定的标准样品的个数。将计算得到的 X 值与 λ 值绘制 FPXRF 谱仪准确度检查日常分析质量监控图，并符合表 16-12 的误差限要求，否则应查找原因，或重新予以标定。

　　该指南还提出现场原位 X 射线荧光重复测量考核两个指标，一是在同一测量点上同一部位连续重复测量两次，在同一测线上评价两次测量结果的差异；二是在同一测线上，不同测量时间，不同测量点位（先后两点位间隔应不大于 50cm，以尽可能减小土壤中元素分布的不均匀性），不同操作者进行检查测量，评价两次测量结果的差异。要求在重复测量剖面上，基本测量得出的元素含量与检查测量得出的元素含量在显著偏高点（或异常点）的位置、强度、形态等吻合程度达到 70%，且在整条剖面线上各测点值的平均相对误差小于 30%。

　　为客观、公正地评价野外 X 射线荧光分析的质量水平，要求进行外检分析。外检分析的样品数或测点数应占全部样品数或测点数的 5%～10%。被抽取的外检样品应具有主要目标元素的高、中、低含量，密码送室内分析实验室分析。驻地粉样 X 射线荧光测量外检分析的方法与要求同重复分析。即以基本分析值 C_1 与外检分析值 C_2 之间的相对偏差（RE%）来衡量，并达到表 16-12 中重复分析监控限要求，其合格率应达到 70%。

$$RE\% = \frac{C_1 - C_2}{(C_1 + C_2)/2} \times 100 \tag{16-12}$$

表 16-12　野外 X 射线荧光分析准确度检查监控限要求

含量范围	标准样品监控限要求		重复分析监控限要求
	X 值	λ 值	RE% 值
≤3×检出限含量	≤0.25	≤0.41	≤85
≥3×检出限含量	≤0.2	≤0.33	≤66.6

　　现场原位 X 射线荧光测量外检分析样品的采样位置要求与现场原位 X 射线荧光测量点同点、同位。首先进行原位 X 射线荧光测量；第二步在 FPXRF 谱仪探头的有效探测面积内（一般为 25cm^2），采集土壤、岩石或沉积物样；第三步（建议）在采样后，再进行第二次原位 X 射线荧光测量；以前后两次原位 X 射线荧光测量的分析值的平均值作为该测点的基本 X 射线荧光分析值。以原位 X 射线荧光测量的基本分析值（两次测量的平均值）C_1 与外检分析值 C_2 之间的相对偏差（RE%），即按式（16-1）计算。监控限的要求为表 16-12 中重复分析监控限要求的 3 倍，且要求达到 70% 的合格率。

§16.3　EDXRF 谱仪在实验室分析中的应用

数十年来国内外学者在实验室将 EDXRF 谱仪用于地质样品分析积累了丰富的经验,并取得丰硕的成果。当代谱仪具有高度的稳定性和测量精度,能否获得准确结果主要取决于样品制备。其实车载实验室所设置的仪器测定条件与实验室分析条件基本一致,实验室的优势在于可选用多种方法制备样品,提高分析结果准确度。

§16.3.1　地质样品制备

X 射线荧光光谱定量分析对试样的基本要求是:均匀且具有平整的表面,在常温下稳定并具有一定的耐 X 射线辐射的能力;依据仪器结构和实际可能,试样应具有一定的直径和厚度。一般说来块状地质材料大多是不均匀的,除非要求做非破坏性原样形态的定性或半定量分析,应依据地质矿产行业标准(DZ/T 0130.2—2006)进行制样,制成具有代表性的分析试样。水系沉积物和土壤试样细碎加工的粒度要求达到 $76\mu m$,符合粒度要求的试样质量不少于加工前试样质量的 90%。本节讨论的制样方法不涉及原样的加工处理和缩分等步骤,仅对已可用作化学分析的粉末样品为对象,如何制成适用于 X 射线荧光光谱分析用的试样。需要指出的是作为一个有经验的分析工作者要关注取样对分析结果的影响。

X 射线荧光光谱用于地质样品分析的制样方法依据分析对象、要求而定。通用或偏振型 EDXRF 谱仪主要用于以满足主量、次量和痕量元素分析。在大多数情况下,用于次量和痕量元素的测定,用粉末压片法即可获得准确结果。为消除土壤、水系沉积物和岩石类试样中主量元素结构效应,若要获得这些元素(Na_2O、MgO、Al_2O_3、SiO_2、CaO、Fe_2O_3)准确定量结果(测量值与真值间相对误差小于等于 0.5%),则必须应用熔融法。而 TXRF 分析则要求将试样制成液体。现仅就熔融法和粉末压片法作介绍。

1. 熔融法

硼酸盐熔融法能有效消除样品的矿物效应和颗粒度效应,又能制成均匀且有平整表面的玻璃体试样,因而成为精确分析地质样品主次要元素的最主要的制样方法。岩石矿物与硼酸盐混合熔融时所发生的物理化学过程前人已作了仔细研究[23],下面仅就常用熔融设备的特点和选择,熔剂的种类和使用以及样品和熔剂比例等问题逐一介绍。

(1) 熔样设备

制备硼酸盐熔融玻璃片的设备种类很多,按加热方式分有电热和高频加热两种主要类型。按熔融玻璃片成型方式又有直接成型和浇铸成型两种。

电热型(电热丝或炭精棒加热)主要有:帕纳科的 EATONR 双锅双模,自动浇铸;澳大利亚电炉式四头直接成型熔样机;国家地质岩矿测试中心四头熔样机,在 Pt/Au 合金坩埚内直接成型;洛阳电炉式 N-10A 型四头直接成型熔样机;上海宇索 DY501 型熔样机,四锅四模半自动熔样机。

电炉式熔样机温度控制较准确,制样的重现性好。缺点是打开熔样机盖时,温度很高,操作者劳动强度大。

高频熔样机主要有:Rigaku 高频自动熔样机,单锅并在锅内成型;帕纳科 PERL-S3 高频单锅单模全自动熔样机;国家地质岩矿测试中心单头直接成型高频熔样机;成都多林 HMST-11-MX2 触摸屏控制双锅双模高频熔样机和 HMDT-1A-NX2 自动浇铸单锅单模高频熔样机等。

高频熔样机操作较简单,操作者的劳动强度较小。缺点是该熔样机温度控制的精度稍大一点。

(2)熔剂和各种添加剂

制备硼酸盐玻璃片常用的熔剂有:无水 $Li_2B_4O_7$、$LiBO_2$ 及用二者按不同比例(12∶22,34∶66 等)混合制备的混合熔剂和 $Na_2B_4O_7$。为了增加熔剂的熔样性能,提高制样的成功率,要在熔剂中添加其他有专门性能的试剂。熔剂的使用要根据样品的性质而定。可单独使用一种,也可混合使用。岩石类样品一般采用 $Li_2B_4O_7$ 或 $Li_2B_4O_7$ 与 $LiBO_2$ 的混合物。$LiBO_2$ 具有较强的碱性,熔融酸性岩石(如含 SiO_2 较高的样品)最有效;$Li_2B_4O_7$ 偏中性,对一般岩石有较强的适应性,但两者的混合物即混合熔剂应用较广。

稀释比(样品∶熔剂):熔制硅酸盐样品一般稀释比为 1∶10,而 1∶3 到 1∶5 的小稀释比使用较少。稀释比大些制备的熔片质量较好,但元素的灵敏度下降。对于铬矿和铜矿类矿石和小量样品常用大比例稀释(1∶20;1∶30;1∶40;1∶50)。

助熔剂:LiF 能增加熔融物的流动性;Li_2CO_3 能增加熔剂的碱性,提高对酸性样的溶解能力并能降低熔点。

氧化剂:$LiNO_3$、NH_4NO_3、$NaNO_3$、$Sr(NO_3)_2$、BaO_2 等,它能氧化样品中的还原物质而保护坩埚,并将易挥发的低价化合物氧化成高价氧化物且留在熔片中。

脱模剂:为了增加熔融物的流动性并使熔片与坩埚易于剥离,一般都加入少量的卤化物(10～50mg 或以溶液形式加入),如 LiBr、NH_4Br、NH_4I、LiI 等。经常使用的是溴化物,它在熔融物中保留时间较长,制样时加入量要固定;碘化物的作用更强,加入几毫克后熔融物立即变稀,但挥发较快;LiF 在熔融物中不挥发,但效果较差,加入量较大(约 0.4g)。残留在熔片中的 Br 干扰 Al 的测定,而 I 对 Ti 有干扰,都要扣除。

综上所述,硼酸盐玻璃熔片法是准确分析地质物料主量、次量元素的比较理想的制样方法。但该法成本高,制样速度较慢。对准确度和精度要求不高的主量、次量元素,则不必用此法。

2. 粉末压片法

将制成的通过 $76\mu m$ 筛的粉末样品直接压片,制样操作简单,快速,成本低,不经化学处理,因而对环境没有污染。当样品量足够多时(约 15g),可以不称量。该制样方法特别适合大量化探样品分析。

(1) 制样设备

制样设备比较简单,主要是一个 20～50 吨(压力可调)的电动或手动压力机和与谱仪样杯相匹配的模具。

(2) 试样成型方法

粉末样品压片有两种:

① 直接粉末样品压片法,手续简单,速度快,成本低,是分析化探样品较理想的制样方法。某些样品用该法制样难以成型。为此常用下面一些做法:

镶边垫底压片。将称量样品放于模具中间拨平,四周及底部用黏结剂填充,在压力机上压制成片。所用黏结剂通常为低压聚乙烯、硼酸及两者的混合物。

② 样品与黏结剂混合压片

样品与黏结剂 混合压片能适用于各种类型样品,不需要另外辅助成型手段和材料,制样成功率可达 100%。所制样片光滑坚固,可长期保存。但该法制样步骤较多(称量、混匀),耗时,制样效率较低。由于所加黏结剂的稀释,也影响元素的检出限。常用的黏结剂有微晶纤维素、低压纤维素、硼酸、石蜡和聚乙烯醇等。样品与黏结剂比为 2:1～5:1。样品与黏结剂混合可用研磨的办法,但速度较慢。在塑料球中加 Si_3N_4 球或 ZrO_2 球在振荡机上混合的办法是比较快的,一次可混匀多个样品。

低压聚乙烯粉黏结剂的优点是不吸潮,压制的样片便于长期保存。缺点是会有极少的聚乙烯粉沾污样杯,要及时清理样品杯。硼酸黏结剂,压制的样片坚实。但在样片由模具退出时,对于硅含量较高的样品易分层。低压聚乙烯和硼酸混合黏结剂(各半混合),所压制的样片较光亮坚实。

加黏结剂制样方法不仅试样与黏结剂要准确称量,混匀时间要通过实验确定,以确保制样误差小于方法允许误差。

§16.3.2　熔融法分析地质样品中主量、次量和痕量元素

基于粉末压片法分析地质样品中主量、次及痕量元素在本书一些章节的实例中已涉及,且本章现场分析一节也予以介绍,故本节仅介绍熔融法和使用高能偏振 EDXRF 谱仪用于地质样品中主量、次和痕量元素的测定。

1. 标样及样品制备

选用国家标样作为校准样品,其中有水系沉积物 GSD2、4、7、8、和 12,GSR4、7,GSS9 和 GBW07296 共 9 个标样,通常每个标样熔融两片供测量。为了便于分析样品中的微量元素,采用样品和熔剂的比为 1∶5。样品在 105℃烘 2h,称取烘过的样品 1.0000g 和 5.000g 混合熔剂(Li₂B₄O₇∶LiBO₂ = 66∶34)、1.00g NH₄NO₃,放于铂金和金的坩埚中,搅拌均匀,滴加 LiBr 饱和溶液 3～5 滴,置于熔样机上,在 700℃预氧化 5min,让还原物质充分氧化,升温至 1150℃,熔融和摇动各 5min,静置 1min,然后倒入模具内浇铸成玻璃熔片。标准样品和被测样品采用相同的制样方法。

2. 测量条件和校准曲线的制定

Epsinon 5 谱仪的测量条件列于表 16-13。其中绝大部分元素利用谱拟合方法获得净强度,但某些痕量元素如 Se、Tb、Eu、Er、Yb、Lu 等则用感兴趣区获得强度与扣除背景。在基体校正前要获得待测元素的净强度,虽然该谱仪在谱处理方面具有较多和较强的功能,如可扣除谱线干扰和和峰谱的干扰等,但有时仍需对谱线干扰进行校正。获得净强度后,对 Na₂O、MgO、Al₂O₃、SiO₂、K₂O、CaO、Fe₂O₃ 用基本参数法校正基体效应,原子序数大于 27 的痕量元素用二次靶的康普顿散射线作内标,其中巴克拉靶(Al₂O₃)激发的元素用 CsKα 线的康普顿线作内标。若从谱图中发现干扰元素,且含量较低,特别是来自于 L 系线的通常不予扣除,否则有可能引起过度校正。校准曲线参数和标样含量范围列于表 16-14。

表 16-13 熔融法元素测量条件

测量顺序	管压 /kV	管流 /mA	偏振靶 (二级靶)	测量时间 /s	分析元素
1	100	6	Al₂O₃	250	Sb、Sn、Ba、Cs、La、Ce、Pr、Nd、Sm、Eu、Gd、Tb、Dy、Ho、Er、Tm、Yb、Lu,用 Kα 线
2	100	6	CsI	250	Cd,用 Kα 线
3	100	6	Ag	250	Nb、Zr、Mo,用 Kα 线
4	100	6	Mo	600	Se、Sr、Rb、Y,用 Kα 线;Pb 用 Lβ 线;Tl 用 Lα 线
5	100	6	KBr	250	Ga、Ge、As,用 Kα 线,Hf、W,用 Lα 线
6	75	8	Ge	250	V、Ti、Cr、Mn、Fe、Co、Ni、Cu、Zn,用 Kα 线,Ta 用 Lα 线
7	40	15	Ti	250	Al、Si、S、P、Cl、K、Ca、Sc,用 Kα 线
8	25	24	Al	300	Na、Mg,用 Kα 线

表 16-14　校准曲线参数及标样样含量范围

参数	P/ppm	S/ppm	Sc/ppm	Ti/ppm	V/ppm	Cr/ppm	Mn/ppm	Co/ppm	Ni/ppm	Cu/ppm	Zn/ppm	Ga/ppm	Ge/ppm	As/ppm
K	3.6586	2.1221	0.0104	0.6604	0.1322	0.3004	0.0928	0.055	0.8168	0.1535	0.1947	0.0231	3.90E.03	0.076
RMS	2.93E+02	1.69E+02	0.8055	64.6947	10.2835	23.4372	7.4674	4.2653	63.4457	11.9197	15.5209	1.7941	0.3019	5.8959
相关系数	0.8663	0.9444	0.9873	0.9991	0.9968	0.9007	0.9999	1	0.9999	1	0.9995	0.9899	0.7564	0.9953
最小值	78.6	80	4.1	1270	26	3.6	155	6.4	1.75	4.1	20	6.4	0.4	2.4
最大值	1615	1235	15.4	5340	442	136	322000	1700	15500	13600	1600	35.8	1.87	115

参数	Se/ppm	Rb/ppm	Sr/ppm	Y/ppm	Zr/ppm	Nb/ppm	Mo/ppm	Cd/ppm	Sn/ppm	Sb/ppm	Cs/ppm	Ba/ppm	La/ppm	Ce/ppm
K	1.29E.03	0.0344	0.2485	0.0382	0.0922	0.0211	0.0477	9.31E.03	0.0343	0.0372	0.0285	0.4583	0.0294	0.0669
RMS	0.0997	2.6992	20.0794	2.9709	7.2952	1.6401	3.7186	0.7212	2.6596	2.8857	2.2086	41.4122	2.2866	5.2192
相关系数	0.3735	0.9998	0.9987	0.993	0.9999	0.9988	0.9999	0.9954	0.9909	0.9865	0.9209	0.9984	0.999	0.9983
最小值	0.05	17	24	14	70	5.9	0.4	0.07	1.1	0.15	1.2	42	13	48
最大值	0.29	470	1160	84	1540	95	622	1.12	29	6.3	16.6	2400	149	249

参数	Pr/ppm	Nd/ppm	Sm/ppm	Eu/ppm	Gd/ppm	Tb/ppm	Dy/ppm	Ho/ppm	Er/ppm	Tm/ppm	Yb/ppm	Lu/ppm	Hf/ppm	Ta/ppm
K	0.0171	0.0469	0.0231	0.0109	0.0221	7.21E-03	0.058	7.65E-03	0.0252	1.09E-03	0.0136	1.18E-03	4.85E-03	0.0501
RMS	1.3287	3.6391	1.793	0.8423	1.7146	0.5584	4.4945	0.5929	1.9516	0.0842	1.0514	0.0912	0.3755	3.8825
相关系数	0.9861	0.9924	0.9698	0.9528	0.958	0.9359	0.8719	0.8892	0.8749	0.9883	0.9551	0.9831	0.9995	0.4285
最小值	3.2	11.8	2.4	0.47	2.2	0.42	2.2	0.45	1.3	0.2	1.9	0.19	1.8	0.38
最大值	29	121	31	7.6	28	4.6	11	5.1	8.2	1.9	3.7	1.6	34	15.3

参数	W/ppm	Pb/ppm	Bi/ppm	Th/ppm	U/ppm	Na_2O/%	MgO/%	Al_2O_3/%	SiO_2/%	K_2O/%	CaO/%	Fe_2O_3/%
K	0.0269	0.2936	4.37E-03	0.0474	0.011	0.1539	0.0749	0.0858	0.0306	0.0343	0.0931	0.0228
RMS	2.085	23.131	0.3387	3.6761	0.8485	0.2114	0.1121	0.2361	0.2505	0.0532	0.1263	0.048
相关系数	0.9962	0.9875	0.9968	0.9916	0.9919	0.9966	0.9964	0.9992	1	0.9997	0.9989	0.9997
最小值	1.2	7.6	0.18	5	2.1	0.039	0.082	2.84	12.3	0.125	0.24	1.9
最大值	61	350	10.9	79.3	14.6	7.16	3.56	17.72	90.36	7.48	7.54	6.72

3. 准确度

　　为验证方法的准确度,使用国家标样 GSS13～15 和 GSR8 作未知样,采取与标样制备相同的方法制或熔片,供测量,其有用结果列于表 16-15。

表 16-15　熔融法准确度[*]

标样	GSS13		GSS14		GSS15		GSR8	
	测量值	标准值	测量值	标准值	测量值	标准值	测量值	标准值
Sc	11	10.5	12.4	11.7	17.1	14.8	**14.1**	7.52
V	86.3	74	126.6	86	110.6	119	57.1	64.3
Cr	79	65	179	70	93.4	87	**38.3**	7.7
Mn	564.8	580	636.8	688	953.4	963	683.4	689
Co	13	11.3	103	4.6	13.5	17.6	10.2	7.9
Ni	32	28.5	35	33	45	41	13	12.6
Cu	26	21	28	27.4	32	37	11.8	9.1
Zn	7	6	64.2	96	87.6	94	178.8	164
Ga	17.3	15	23	18.8	15.6	20.5	22.5	19.8
Ge	1.3	1.27	1.6	1.42	1.4	1.63	1.7	1.11
As	12.4	10.6	6.7	6.5	14.9	21.7	**40.1**	5.96
Se	0.1	0.16	0.2	0.116	**0.1**	0.31	**0.2**	0.03
Rb	94.1	91	107.1	108	115.3	116	184.8	183
Sr	207	195	162.5	152	121.1	115	322.6	318
Y	25.2	24.5	24.2	25	34.3	33	26.7	28
Zr	280.5	257	239.4	227	277.4	272	369.8	335
Nb	13.7	14	13.8	14.4	19.4	18.6	21.9	20.8
Sn	6.3	3.3	4.3	3.1	2.6	4.5	4.6	3.12
Cs	7.3	6	2.8	7	6.2	8.9	10.2	7.16
Ba	481.6	500	588.2	608	736.7	716	1060.8	1053
La	30.5	34	31.8	41	50.5	47	74.1	62.5
Ce	63.2	66	77	80	90	93	120.2	117
Pr	6.2	7.9	8.9	9.2	12.3	10.3	17.5	13.2
Nd	26.3	30	31.1	36	35.5	41	46	47.2

续表

标样	GSS13		GSS14		GSS15		GSR8	
	测量值	标准值	测量值	标准值	测量值	标准值	测量值	标准值
Sm	7.8	5.6	10.1	6.4	8.1	7.8	8.7	8.63
Eu	2.91	1.18	**2.64**	1.36	1.38	0.56	1.72	1.96
Gd	2.8	4.9	5.8	5.5	3.6	6.8	7.6	6.54
Tb	1.01	0.8	0.99	0.87	0.95	1.08	0.88	0.99
Dy	8.6	4.5	1.7	4.8	7.1	6.2	5.6	5.32
Ho	**0.2**	**0.92**	1.3	0.93	0.8	1.23	**1.9**	1.1
Er	3.3	2.57	3.9	2.6	3.5	3.4	3	2.93
Tm	0.4	0.4	0.4	0.41	0.4	0.53	0.4	0.5
Yb	2.7	2.6	2.8	2.53	2.3	3.5	2.1	3.15
Lu	0.4	0.41	0.5	0.42	0.4	0.54	0.4	0.49
Hf	7.4	7	6.6	6.4	7.6	7.6	9.4	7.5
Pb	23.6	21.6	32.6	31	38	38	106	97.7
Th	16.5	11	20.2	12.7	15.3	14.5	23.2	16.7
U	3.7	2.19	4.8	2.45	4	3	5.6	3.04
P	780	833	661.7	730	387.7	560	1661.1	1571
Ti	3799.9	3820	4056.5	4060	5519.8	5270	4507.7	4796
Na_2O	**1.64**	1.24	1.27	**1.59**	1.04	1.26	3.37	3.06
MgO	1.57	2.05	1.54	1.9	1.27	1.8	0.71	0.84
Al_2O_3	**11.36**	11.76	**13.92**	14.43	**14.23**	15.27	15.99	16.1
SiO_2	65.01	64.88	64.511	64.51	**64.173**	63.63	63.198	63.06
K_2O	2.233	2.27	2.425	2.46	2.348	2.36	5.18	5.17
CaO	4.89	5	2.41	2.45	1.55	1.53	2.61	2.47
Fe_2O_3	4.11	4.11	5.28	5.32	6.43	6.44	4.8	4.51

* 氧化物浓度单位为%,其他元素为 $\mu g/g$。

表 16-16 中以粗黑示之的测量结果超差。

4. 方法的测量精度

采用 GBW07401 熔融制片,按表 16-13 的测量条件重复测量 10 次,将所测结果进行统计,其结果见表 16-16。

表 16-16　熔融片法仪器测量精度*

元素	$\overline{X}$	RSD%	元素	$\overline{X}$	RSD%
Na_2O	1.47	6.35	Cd	4.10	5.70
MgO	1.65	8.54	Sn	7.9	12.30
Al_2O_3	14.45	1.69	Sb	0.93	22.0
SiO_2	63.65	0.34	Cs	10.3	11.3
Fe_2O_3	5.44	0.29	Ba	638.4	0.48
K_2O	2.65	0.18	Ta	1.45	3.19
CaO	1.75	0.11	W	3.6	30.00
P	569.8	3.75	Tl	0.9	4.17
S	393.1	11.11	Pb	97.7	0.85
Sc	10.9	12.70	Bi	2.0	24.00
Ti	5004.9	0.70	La	34.3	14.00
V	91.5	10.70	Ce	67.5	7.88
Cr	62.00	9.64	Pr	8.1	30.0
Mn	1816.3	0.60	Nd	30.9	16.1
Co	15.2	4.30	Sm	5.6	9.36
Ni	26.3	8.33	Eu	1.26	5.96
Cu	21.1	4.51	Gd	5.45	1.05
Zn	678.5	1.10	Tb	0.85	15.10
Ga	20.6	3.42	Dy	4.50	8.37
Ge	1.40	7.15	Ho	0.92	4.41
As	44.0	1.35	Er	2.61	5.51
Se	0.29	1.60	Tm	0.42	1.94
Br	3.1	0.002	Yb	2.53	8.09
Rb	141.1	0.56	Lu	0.48	4.03
Sr	162.7	0.33	U	3.1	7.00
Y	26.3	1.70	Mo	1.8	27.90
Zr	261.8	0.35	Th	13.6	4.47
Nb	17.6	1.39			

* 氧化物浓度单位为%,其他元素为 $\mu g/g$。

5. 熔融法检出限

元素的检出限和样品的基体有关,基于不同样品其组成不同,亦与测量条件如测定时间、背景的拟合方法等因素有关,导致同一元素的检出限有较大差异。本法用 GSD2 和 GSR7 两个标样测得的检出限、所用二次靶及测量时间列于表 16-17。

表 16-17　高能偏振 EDXRF 谱仪熔融法检出限

二次靶	Ti	测量时间	200s		二次靶	Ag	测量时间	300s	
	标准值	LLD/ppm	标准值	LLD/ppm		标准值	LLD/ppm	标准值	LLD/ppm
P	100	41.7	78.6	14.7	Zr	460	1.19	1540	2.57
S	89		110		Nb	95	0.97	66.9	1.09
Sc	4.4		2.2		Mo	2		0.3	0.06
CaO	0.25	7.97	1.39	16.59	二次靶	Al_2O_3	测量时间	500	
Al_2O_3	15.72	1281	17.72	1601	Sn	29	2.53	6.5	1.27
SiO_2	69.91	804.2	54.48	957	Sb	0.5	0.08	0.1	0.02
K_2O	5.2	18.52	7.48	28.95	Ba	185	3.98	251	4.35
二次靶	Ge	测量时间	300s		La	90	4.7	149	5.28
V	16.5	12.26	179	21.78	Ce	192	6.01	242	6.2
Cr	12	7.29	3.6	2.09	Pr	18.6	0.52	22.5	0.64
Mn	240	6.26	929	9.47	Nd	62	2.17	65.1	2.31
Co	2.6	0.74	4.6	0.37	Sm	10.8	4.0	9.7	4.89
Ni	5.5	0.88	1.7	0.07	Gd	9.5	3.48	7	2.36
Cu	4.9	0.33	11.8	0.98	Dy	11	1.93	4.7	0.84
Fe_2O_3	1.90	5.94	6.04	7.58	Er	8.2	1.43	2.5	0.41
Ti	1	17.5	2878	23.8	Tm	1.6	0.4	0.5	0.1
二次靶	Mo	测量时间	300s		Yb	11	0.33	2.6	0.08
Se	0.2	0.01			Lu	1.6	0.06	0.4	0.02
Rb	470	0.99	130	1.03	Ho	2.6	1.29	1	0.37
Sr	28	0.72	1160	0.92	Cs	16.6	1.36	2.1	0.24
Y	67	1.61	24.7	1.86	Cd	0.065	0.04	0.07	
Hf	20	1.99	34	3.78	Tb	1.8	1.02	1.02	0.54
W	24	0.62	1.2	0.04	Eu	0.49	0.13	2.35	0.54
Bi	1.6	0.62	0.4	0.02	二次靶	KBr	测量时间	300	
Pb	32	1.5	196	2.2	Zn	44	1.59	Zn	2.15
Th	70	1.52	79.3	2.01	Ga	27.4	1	35.8	1.38
Ta	15.3	2.98	2	0.48	Ge	1.7	0.07	1	0.06
二次靶	Al	测量时间	300s						
Na_2O	0.21	442	0.65	930					
MgO	3.03	3861	7.16	12415					

　*　氧化物浓度单位为%,其他元素为 $\mu g/g$。

从上述表中可知，Na_2O、MgO、Al_2O_3、SiO_2 等校准曲线的 *K* 因子、标准偏差（RMS）和分析结果准确度虽较粉末压片法有较大改进，但仍不如 WDXRF[25] 谱仪的熔融法结果，而其他 43 个主量、次和痕量元素分析结果与标准值相比较，是较理想的，某些元素的含量在检出限的三倍内，误差较大，这则是正常的。

§16.4　μ-EDXRF 谱仪在地质分析中的应用

μ-EDXRF 谱仪的结构与功能在本书第五章已作了较详细的介绍，商品仪器的焦斑在 $20\sim300\mu m$，用会聚 X 射线透镜的谱仪焦斑可达 $20\mu m$，它与采用准直管获得的微束 X 射线相比，在照射到样品上光斑大小相同的条件下，多导管的毛细管透镜产生的光子通量要高 1.5×10^3 倍以上，这为用 X 射线光源进行微区分析奠定了物质基础。与电子探针 X 射线显微分析仪（EPMA）相比，μ-EDXRF 具有如下优点：①谱仪设备购置费仅为 EPMA 百分之几，维护简单；②不导电试样可直接测量；③分析元素范围从 Na～U，检出限通常为 $0.002\%\sim0.02\%$，原子序数大于 15 的元素检出限优于 EPMA；④样品不会产生辐射损伤。EPMA 具有如下特点：①可利用 $0.1\sim1\mu m$ 的高能电子束激发样品，可直接将试样的微区化学成分与显微结构对应起来，对材料的显微结构和性能关系进行研究；②采用 WDXRF 谱仪和 EDXRF 谱仪联合使用，分析元素范围可从 Be～U，检出限在 $0.01\%\sim0.05\%$。与传统的 EDXRF 谱仪相比，μ-EDXRF 谱仪对样品表面要求相对较低，可忽略不平度效应。基于上述特点，已广泛用于古陶瓷中主量、次和痕量元素分析、单矿分析、宝石鉴定、司法鉴定等领域。

宋卫杰等[26]将该类谱仪用于矿石中微小颗粒的分析，在 2cm×3cm×1cm 矿石样品的抛光面上，用 CCD 相机观察矿石中颗粒的外貌特征，判断出样品中主要有黄铁矿、云石、石英石、褐铁矿等颗粒。对不同测量点（如图 16-4）进行测量，测量焦斑为椭圆形状，横向半径为 $28\mu m$，纵向半径为 $22\mu m$。每点测 5 次，每次测量时间 40s，其结果列于表 16-18。通过比较测量结果可将颗粒区分开来。

表 16-18　不同测量点分析结果

	1 号点 石英石	2 号点 黄铁矿	3 号点 白云石	4 号点 石英石	5 号点 黄铁矿	6 号点 褐铁矿
Ca/%	0.00	0.36	46.1	8.97	0.28	0.11
Ti/%	0.44	0.40	0.48	0.00	0.19	0.43
Fe/%	0.23	41.9	21.8	0.17	42.3	54.9
Cu/ppm	0.00	0.00	0.00	0.00	8.53	9.61

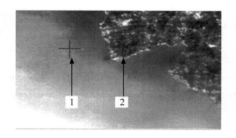 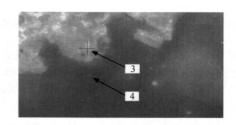

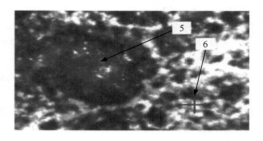

图 16-4　测量点镜像图

近年来国家地质实验测试中心在国内率先开展了样品粒度与分析测试中最低样品消耗量间关系的研究[2]，对涉及不同类型地质样品的粒度、样品代表性和最小取样量的应用基础理论进行了探讨，实验表明了当样品粒度＜30μm 时，取样量减小到 2 mg 仍能保证试样的代表性。若将 μ-EDXRF 谱仪用于这类试样分析，则将在地质分析领域开拓出新的局面。

EDXRF 谱仪作为高效、低成本无污染或低污染的"绿色"分析技术，通过多年实践现已基本适应现场、实验室分析的要求；同时我国已将多种类型的谱仪商品化，并具有较好的性能，为普及推广提供重要物质基础。在未来相当长的时间内，为地质分析提供重要的支撑。

参 考 文 献

[1] 王毅民,王晓红,高玉淑. 地质分析的历史发展及当今热点,分析化学,2001,29(7);845～851.

[2] 尹明. 我国地质分析测试技术发展现状及趋势. 岩矿测试,2009,28(1);37～35.

[3] 才书林,李洁,逯义. X 射线荧光光谱法在区域化探中的应用. 分析试验室,1986,5(12);5～13.

[4] 李国会,范守忠等. 水系沉积物 25 个主元素和微量元素的 X 射线荧光光谱测定. 岩矿测试,1987,6(1);15～18.

[5] 吉昂,陶光仪,汪玉琴,王慧娟等. 光谱学与光谱分析,1989,9(6);40～43.

[6] 张勤,樊守忠,潘宴山等. X 射线荧光光谱法同时测定多目标地球化学调查样品中主次痕量组分[J]. 岩矿测试,2004,23(1);19～24.

[7] 梁述廷,刘王纯,胡浩. X 射线荧光光谱法同时测定土壤中碳氮等多元素[J]. 岩矿测试,2004,23(2);

102～108.

[8] 于波,严志远,杨乐山,等. X 射线荧光光谱法测定土壤和水系沉积物中碳氮等 36 个主次痕量元素[J].
岩矿测试,2006,25(1):74～78.

[9] 曹利国,丁训良,黄志琦. 能量色散 X 射线荧光方法. 成都:成都科技大学出版社.1998:284～316.

[10] Ge Liang-Quan(葛良全),Zhang Ye(章晔),Lai Wan-Chang(赖万昌),Zhou Si-Chun(周四春),Xie
Ting-Zhou(谢庭周). Study and application of X radiation sampling technique. Nuclear Science and Tech-
niques,1996,7(4):243～246.

[11] Ge Liangquan,Zhang Ye,Chen Yeshun and Lai Wangchang. The surface geolmetrical structure effect in
in situ X-ray fluorescence analysis of rocks. Appl. Radiat. Isot. ,1998,49(12):1713～1720

[12] 葛良全,章晔. X 辐射取样中不平度效应的研究. 核技术,1995,18(6):331～337.

[13] 张帮,葛良全,程峰,戴振麟,贾牧霖. 不规则样品中元素含量 XRF 测定的校正. 核电子学与探测技术,
2008,28(5):961～964,914.

[14] 徐海峰,李成文,葛良全,张庆贤,李凤林. 手提式 X 荧光分析仪在矿产普查中寻找伴生矿的应用研究.
核电子学与探测技术,2009,29(2):445～448.

[15] 张学华,吉昂,卓尚军,陶光仪. SZ-1 型同位素 X 射线荧光分析仪分析多金属结核中锰铁钴镍铜. 岩矿
测试,1999,18(2):124～130.

[16] 张勤,樊守忠,潘宴山,李国会,李小莉. Minipal 4 便携式能量色散 X 射线荧光光谱仪在勘查地球化学
中的应用[J]. 岩矿测试,2007,26(5):377～380.

[17] 詹秀春,罗立强. 偏振激发-能量色散 X-射线荧光光谱法快速分析地质样品中 34 种元素[J]. 光谱学与
光谱分析,2003,34(4):804～807.

[18] 樊守忠,张 勤,李国会,吉 昂. 偏振能量色散 X-射线荧光光谱法测定水系沉积物土壤样品中多种组分
[J]. 冶金分析,2006,26(6):27～31.

[19] 吉昂,李国会,张 华. 高能偏振能量色散 X 射线荧光光谱仪应用现状和进展. 岩矿测试,2008,27(6)
451～462.

[20] 詹秀春.车载小型 EDXRF 光谱仪在野外驻地和现场的分析应用.第八届全国 XRF 学术报告会论文集.
2010 年 9 月 15 日,上海.

[21] 詹秀春,樊兴涛,李迎春,王祎亚. 直接粉末制样-小型偏振激发能量色散 X 射线荧光光谱法分析地质
样品中多元素.岩矿测试,2009,28(6):501～506.

[22] 戴振麟,葛良全,程 锋,张庆贤.XRF 强度影响系数法测定地质样的组分. 核电子学与探测技术,2008,
28(2):428～429.

[23] 葛良全,赖万昌,林延畅. 野外 X 荧光技术应用指南.成都理工大学 2008 年 12 月.

[24] Claisse F,Blanchette JS. 硅酸盐熔融的物理与化学. 卓尚军译. 上海:华东理工大学出版社,2006.

[25] 吉昂,陶光仪,卓尚军,罗立强. X 射线荧光光谱分析. 北京:科学出版社,2003:170～182.

[26] 宋卫杰,葛良全,杨健,张帮,殷经鹏. 微束微区 X 荧光探针分析仪在矿石微粒分析中的应用. 核电子
学与探测技术,2009,29(4):828～830.

第十七章 电子电气产品中限用物质分析

§17.1 概 述

欧盟 RoHS 指令(2002/95/EC)于 2006 年 7 月 1 日在欧盟正式实施,该指令指出可用 EDXRF 谱仪作为筛选工具。为应对欧盟指令,我国已相继制定了电子电气产品中限用物质铅、汞、镉、铬和溴的快速筛选 X 射线荧光光谱法国家标准草案、中国检验行业标准(SN/T2003-2006)和中国电子行业标准(SJ/T11365-2006);美国材料与试验协会制定了聚合物材料中铅、镉、汞和溴的定性和定量测试方法——能量色散 X 射线荧光光谱法(ASTM WK 11200-2006)。

我国的《电子信息产品污染控制管理办法》也已经在 2007 年 3 月 1 日开始实施。其中规定所有在欧盟及中国市场出售的电子电气设备限制使用铅、汞、镉、六价铬和多溴联苯(PBB)、多溴联苯醚(PBDE)[1,2]。这些指令或管理办法均规定 EDXRF 谱仪用作筛选的分析方法,该法测得 Cr 和 Br 系试样中元素总量。我国检验检疫行业公布的波长色散 X 射线荧光光谱法定量筛选电子电气产品中 Pb、Hg、Cr、Cd 和 Br 的测定方法[4]适用的待测元素浓度范围如表 17-1 所示。

表 17-1 不同基体材料 Pb、Hg、Cr、Cd 和 Br 的定量筛选测定范围[4]*

元素	聚合物材料	金属制品	电子元件
Cd	$P \leqslant (70-3\sigma) <$ $X < (130+3\sigma) \leqslant F$	$P \leqslant (70-3\sigma) < X$ $< (130+3\sigma) \leqslant F$	$LOD < X < (130+3\sigma) \leqslant F$
Pb	$P \leqslant (700-3\sigma) <$ $X < (1300+3\sigma) \leqslant F$	$P \leqslant (700-3\sigma) <$ $X < (1300+3\sigma) \leqslant F$	$P \leqslant (500-3\sigma) < X <$ $(1500+3\sigma) \leqslant F$
Hg	$P \leqslant (700-3\sigma) <$ $X < (1300+3\sigma) \leqslant F$	$P \leqslant (700-3\sigma) <$ $X < (1300+3\sigma) \leqslant F$	$P \leqslant (500-3\sigma) < X <$ $(1500+3\sigma) \leqslant F$
Br	$P \leqslant (300-3\sigma) < X$		$P \leqslant (250-3\sigma) < X$
Cr	$P \leqslant (700-3\sigma) < X$	$P \leqslant (700-3\sigma) < X$	$P \leqslant (500-3\sigma) < X$

* X 表示待测元素测定值,P 表示合格,F 表示不合格;LOD 表示该元素的检测限,3σ 表示精密度。

欧盟 RoHS 执行指南文件(2006 年 5 月第一版)在确认 EDXRF 谱仪可用作筛选工具的同时,指出对于 XRF 技术的局限性必须掌握且要加以考虑。因为在使用不同仪器时,首先必须了解仪器的性能,如微束 XRF 谱仪可测小面积样品,用准直器方法可测直径 0.3～1mm 样品,而用会聚 X 射线透镜最小可测直径 $25\mu m$ 的样品。手持式、微束、便携式或专业用以及高能偏振型 EDXRF 谱仪均可用于 RoHS 分析,这些谱仪各有特点,适用于不同场合和用户。手持式使用方便,适用于现场筛选;微束 EDXRF 谱仪有利于元器件分析,如线路板上集成电路及元器件、焊点和塑料等不同材质的非破坏分析;便携式或专业用 EDXRF 谱仪适合于原料供应商的准确定量分析;高能偏振型 EDXRF 谱仪适用于多种材料的筛选和定量分析。新一代无标定量分析方法(如 PANalytical 公司的 Omnian 程序)可满足电子电气产品筛选分析的需要,其前提是要求知道样品的性质和 XRF 谱仪不能测定的超轻元素的组成。此外需要清楚不同仪器存在局限性,如微束 EDXRF 谱仪在测定非均质试样时测多少点的平均值方有代表性,深层有害元素可否被检测。在许多情况下取样是否有代表性很重要,即便均匀材质的取样代表性依然是误差的主要来源。

欧盟 RoHS 执行指南文件(2006 年 5 月第一版)对制样和测试均作了规定,规定指出 RoHS 检测的材料经过机械拆分后大体可分为两类:①均质试样,均质意为同样的成分且组成均匀分布在整个材料中。如塑料、陶瓷、玻璃、金属、合金、纸张、面板、树脂和镀层等。这类试样只要有相应之标样,XRF 可按常规定量分析方法进行分析,分析结果应该说是可靠的,定量结果准确度可与其他方法如 ICP 相当。若检出 Br 或 Cr,为确认 Br 是否为多溴联苯和多溴二苯醚则需用气相色谱-质谱联用法(GC-MS)等方法予以测定;六价铬的测定用二苯碳酰二肼分光光度法或离子色谱法。②均质材料,指用机械拆分方法无法再分的物质。该定义正如欧盟 RoHS 指令所说,它是解释性指导,而不是对检测方法的指导,且并不表示提交检测的样品必须要进行机械拆分,或适用于所有检测方法。这种取样和制样的不确定性,对于如印刷电路板(PCB)这样复杂的产品,要通过拆分获得均质材料进行测试,制备相应的标样显然非常困难。因它不仅含有数以千计的独立的组件,且常含有多个复杂和可变的层,对进行筛选的工作者而言,通常是一无所知,对 XRF 工作者无疑是很大的挑战。因此不难理解,像有人指出的那样,使用简单 XRF 谱仪进行筛选得到的数据的相对不确定性约为 30%。

其实,对这类电子电气产品,用 XRF 谱仪筛选后,对表 17-1 中有害元素处于临界值(合格和不合格之间)的产品则需用其他方法如 ICP-AES、AAS 和 ICP-MS 方法进行复检定量。在复检过程中首先要将试样化学处理成液体,但对于像塑料这类样品,或垃圾掩埋场中废弃物由于基体的复杂性,使得待测元素可能在样品处理消解过程中损失或沾污,从而增大了测量的难度,因此上述方法检测结果的准确性和可靠性也难以得到保证。最近国家认可委员会公布的两项《CNAS T0329/T0399 塑料中重金属元素检测能力验证计划结果报告》[5,6],表明我国各个实验室塑料中重金属元素的检测结果差别很大。由此可见,RoHS 分析过程,无论用 EDXRF 谱仪筛选还是用 ICP-AES 等方法进行复检定量,机械拆分和制样是所有分析结果误差的主要来源,对此问题视而不见,即使正确使用仪器仍可能获得错误的结果。

因此有必要对 EDXRF 谱仪在 RoHS 分析中如何进行样品制备、怎样筛选、是否可用做定量分析或用作定量分析的必要条件是什么予以探讨。

§17.2　样 品 制 备

RoHS 指令中所规定的分析对象极其繁杂,其中有许多由复合性材料、有机材料和无机材料构成一个部件,因此,为了将复杂的成品拆分为独立的均质材料,通常使用机械拆分,即原则上适用于原材料的机械分离方法,如削、钻、磨、割等。

拆分步骤应由外及内、由大至小、先易后难、分类整理,拆分到均质检测单元或非均质检测单元,并提交检测,豁免单元免予检测。有关电子电气产品中有害物质检验样品拆分方法和要求,可参见 GB/Z 20288—2006 号中国国家标准指导性技术文件和 SN/T 2001.1—2006 中国检验检疫行业标准。以电子元件和印刷电路板为例,SN/T2001.1—2006 标准中规定,样品经冷冻粉碎机粉碎成小于 1.0mm 的颗粒,混匀,再取一定代表性样品压制成片。

为了说明粉碎在 RoHS 筛选分析中的重要性,这里以 Heiden 等[7]工作为例,说明使用机械拆分印刷电路板(PCB,如图 17-1 中最左面)后,粉碎与否及粉碎颗粒大小对 PCB 分析结果的影响。该文按照 RoHS 法规(2006)拆解 PCB,并将豁免组件丢弃。接着将 PCB 板划格,编码并剪裁成 1cm×2cm 的小块进行分析。取其中一块试样,使用偏振型 EDXRF 谱仪分别予以测量,测定条件:Gd 阳极靶,Zr 荧光靶,Al 滤光片;管压 100kV,管流 5mA,活时间 120s。将样品重复测定 3 次,每次测定后,取出样品,将位置作适当微小变动后再进行测量,其结果列于图 17-2,它验证了 PCB 的复杂性和异质性。

图 17-1　PCB 板、机械拆分、粉碎和压片

为比较颗粒大小对分析结果的影响,Heiden 等[7]将样品(S3_Sh1_Mo)切割为 0.45mm 后制成三块样品,测定结果列于表 17-2。结果表明制样精度并不理想。他们还将合格与不合格两种 PCB 未制备的原样与切碎至 0.3mm 粉末样进行测试,结果列于表 17-3。

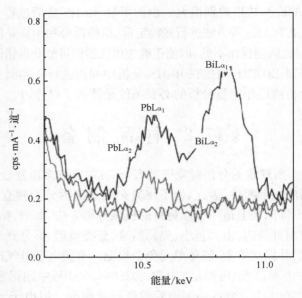

图 17-2　拆分后的 PCB 板重复测定三次的结果谱图[7]

表 17-2　对粗切(0.45mm)的不符合 RoHS 的 PCB 的分析结果[7]

样品(S3_Sh1_Mo)	Cr/(mg/kg)	Pb/(mg/kg)
二次样品(粗粉)1	200	3220
二次样品(粗粉)2	241	2900
二次样品(粗粉)3	209	3700

表 17-3　两种 PCB 板(符合和不符合 RoHS)未制备与切碎后(0.3mm)分析结果比较[7]

不符合 RoHS 的 PCB 样	Cr/(mg/kg)	Pb/(mg/kg)
PCB1-2(未制备)	50154	9000
PCB1-2(粉碎)	674	10100
PCB2-3(未制备)	11300	8900
PCB2-3(粉碎)	516	5760
符合 RoHS 的 PCB 样	Cr/(mg/kg)	Pb/(mg/kg)
α-AB3(未制备)	881	387
α-AB3(粉碎)	357	<1
α-AB4(未制备)	<1	<1
α-AB4(粉碎)	239	63
α-AB6(未制备)	2450	501
α-AB6(粉碎)	501	54

本书作者对拆分后 PCB 板进行分析,首先将有 IT 线路原板(焊锡未除去)直接进行测量,其结果列于表 17-4;将焊锡和 IT 线路除去后,再粉碎成粉状放在液体样杯中测定,其结果列于表 17-5。结果表明当焊锡和 IT 线路直接进行测定,PCB 板中 Br 未被检出(表中以 nd 示之);除去焊锡和 IT 线路后,Br、Pb 均超标。

表 17-4 PCB 板测得结果

样品号码	Cr/ppm	Br/ppm	Cd/ppm	Hg/ppm	Pb/ppm
2	nd	nd	nd	19	834
8	nd	nd	nd	14	833
9	nd	nd	nd	17	835

表 17-5 PCB 板磨成粉测得结果

样品号码	Cr/ppm	Br/ppm	Cd/ppm	Hg/ppm	Pb/ppm
2	nd	9241	nd	17	2112
8	14	7902	nd	nd	2686
9	12	8858	nd	15	2778

用切割机将 PCB 板剪切成小于 1mm 颗粒后,可用 WC 振动磨粉碎,其粒度与振动磨振动时间参见图 17-3。粉碎过程中不会引起化学反应,澳大利亚学者 Gore (Damian. Gore@ mq. edu. au)研究工作表明,研磨 30s、60s、90s 对 Cr、Pb 和 Cd 分析结果并无明显影响(图 17-4),因此对 PCB 板振动粉碎时间 30s 即可满足要求。

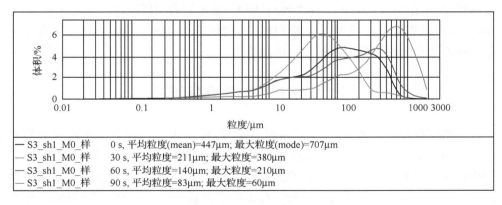

— S3_sh1_M0_样	0 s,平均粒度(mean)=447μm;最大粒度(mode)=707μm
— S3_sh1_M0_样	30 s,平均粒度=211μm;最大粒度=380μm
— S3_sh1_M0_样	60 s,平均粒度=140μm;最大粒度=210μm
— S3_sh1_M0_样	90 s,平均粒度=83μm;最大粒度=60μm

图 17-3 振动磨振动时间与 PCB 粉末粒度关系[7]

从 Heiden 等[7]工作及我们的工作实践表明,对像 PCB 板这类试样,制样对 RoHS 分析结果可靠性是多么重要!随着实际工作不断深入,无论是对 RoHS 进行筛选还是作常规定量分析,为获得可靠的结果,分析工作者都要以极大的热情关注和研究不同样品如何机械拆分和制样。

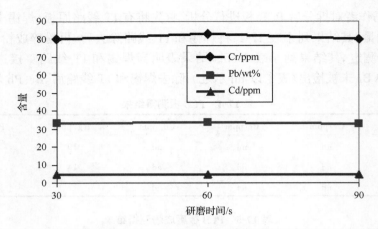

图 17-4　振动磨振动时间与 Cr、Pb、Cd 浓度关系[7]

其他类型的样品如陶瓷、玻璃、涂料、金属或合金等试样的制样方法可参见上述的国家标准或行业标准、本书样品制备一章或其他书籍中有关章节[8]。

§17.3　RoHS 筛选的方法

上述的我国国家标准或行业标准以及美国的 ASTM WK 11200—2006 方法对筛选有一些原则性规定,如制样、方法适用范围、仪器和试剂、实验过程和报告均有所规定,但制定方法的细节并未列出,因此,依然需利用所配备的设备,优化实验条件,给出可靠的分析结果。应用 EDXRF 谱仪于 RoHS 筛选的方法主要有半定量标样方法和通过标样测定制定校准曲线法。

§17.3.1　半定量分析法

经机械拆分后的陶瓷、金属或合金等试样,使用近年来改进的半定量分析程序,如 PANalytical 公司用于 WDXRF 和 EDXRF 谱仪的 Omnian 软件,测定结果的相对误差约为 5% ～15%。应该说其方法误差小于取样和制样误差。在一般情况下是可以满足筛选的要求的。若要对提高半定量分析结果有兴趣的话,且要获得好的半定量结果,则可依据所用仪器的性能并结合第十章所推荐的方法实施之,每个厂家提供的半定量分析程序性能是有差异的。

如用便携式 EDXRF 谱仪(MiniPal 4)测定 Al 合金(CKD 238)、低合金钢(BAS SS403)和焊锡的结果如表 17-6～表 17-8,其中表 17-8 中焊珠直接放在液体样杯中测定和将焊珠压成片(以 * 表示)进行测量。

表 17-6 Al 合金（CKD 238）半定量分析结果比较

	标准值（wt）/%	半定量法（wt）/%	ASC 法（wt）/%
Mg	0.32	0.30	0.30
Si	11.78	13.95	12.08
Ti	0.16	0.16	0.14
Cr		0.004	0.004
Mn	0.145	0.133	0.138
Fe	0.56	0.58	0.58
Ni	0.03	0.025	0.021
Cu	0.37	0.47	0.40
Zn	0.32	0.31	0.24
Ga		0.008	0.008
Zr		0.001	0.001
Pb		0.007	0.007
Al（平衡项）		84.07	86.06

表 17-7 低合金钢（BAS SS403）半定量分析结果比较

	标准值（wt）/%	半定量法（wt）/%
Si	0.08	0.093
Cr	0.42	0.46
P	0.064	0.062
S	0.036	0.055
Mn	1.69	1.74
Ni	0.24	0.23
Cu	0.17	0.17
Mo	0.08	0.074
Fe（平衡项）		96.87

表 17-8 从线路板上将焊珠刮下直接分析与压片（表中以 * 号）分析结果比较

样品编号	Cu/%	Ag/%	Pb/ppm	As/ppm	Sn/%	Bi/ppm
1	2.09	2.79	172	135	96.8	32
1*	1.81	4.05	184	111	95.1	54
2	1.75	2.73	138	135	97.1	78
2*	2.42	2.73	136	126	94.3	132
8	1.62	2.27	169	138	98.0	31
8*	1.92	2.27	191	119	95.0	92
9	2.56	3.13	176	128	95.1	33
9*	1.99	3.13	192	111	94.9	71

　　半定量分析的另一优点是可以获得试样中从 Na～U 所有元素的谱图,这无疑对筛选是有利的。然而用半定量分析要获得好的结果,应按本书第九章中有关规定,在一般情况下,对金属试样进行半定量分析是可以满足 RoHS 筛选分析要求的。

§17.3.2　黄铜试样中 Cd 和 Pb 的分析

　　黄铜制品中 Cd 和 Pb 的测定是 RoHS 分析的主要对象之一。样品通常是不规则的。黄铜中主量、次量元素分析的校准曲线的制定已在 §11.4.2 节中予以介绍。本节介绍测定 Cd 和 Pb 所涉及的问题,分析方法所用标样为 MH1～5[MBH Analytical Ltd(UK)]其含量列于表 17-9。测定 Cd 和 Pb 的条件为:Cd 用 CsI 二次靶,100kV;Pb 用 Zr 二次靶,100kV。MH2 标样在该条件下测得的谱图(10～40keV 能量区内)示于图 17-5。

表 17-9　标样 MH1～5 组成

标样	Mn/ppm	Fe/%	Ni/%	[Cu]/%	Zn/%	As/ppm	Ag/ppm	Cd/ppm	Pb/ppm
MH1	350	0.02	0.26	66.1626	33.42	670	29	260	65
MH2	110	0.03	0.22	68.448	31.2	410	110	180	210
MH3	850	0.08	0.1	71.3656	28.26	160	65	89	780
MH4	17	0.13	0.05	69.9943	29.49	11		29	3300
MH5	720	0.19	0.01	72.898	26.6	38	250	12	2000

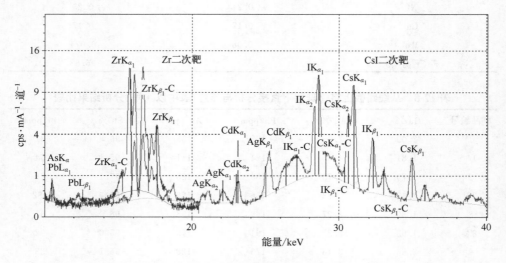

图 17-5　MH2 试样在 10～40keV 能量区谱图

　　由图 17-5 可知,在黄铜样品中二次靶 CsI 的瑞利散射线强度远高于其康普顿散射线强度。制定 Cd 校准曲线时,在同样测定条件下分别选 Cs 和 I 的瑞利散射线和康普顿散射线作内标,$D = 0$,干扰元素为 Ag,其校准曲线的 K、RMS 和相关系数的结果比较列于表 17-10。表 17-10 表明用 Cs 的瑞利散射线作内标效果最佳(图 17-6)。Pb 的校准曲线可用 Zr 的瑞利散射线作内标,$D = 0$,干扰元素为 As(图 17-7)。

表 17-10　制定 Cd 校准曲线时选用不同散射线作内标的结果比较

	IK$_\alpha$	IK$_\alpha$-C	CsK$_\alpha$	CsK$_\alpha$-C
K	0.2072	0.5205	0.1922	1.6968
RMS	7.1293	17.8080	6.5712	59.2892
相关系数	0.9983	0.9894	0.9986	0.8878

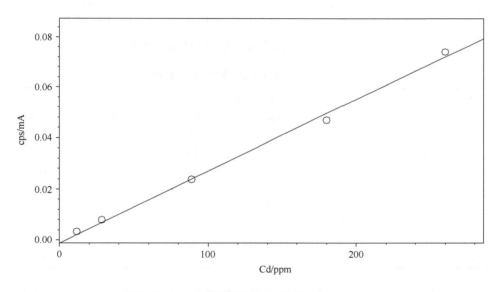

图 17-6　Cs 瑞利散射线作内标的 Cd 校准曲线

　　Matsuda 等[8]详细研究了黄铜试样中有害元素 Pb、Cr、Cd 的测定,他们分别使用 PANalytical 公司生产的 Axious WDXRF 谱仪和 Epsilon 5 EDXRF 谱仪,测定时间均为 300s,Cr 和 Cd 用 K$_\alpha$ 线,Pb 用 L$_\beta$ 线,Axious WDXRF 谱仪选用 RhK$_\alpha$线康普顿散射线作内标,EDXRF 谱仪用 Cs 的瑞利散射线作内标,其结果如表17-11。

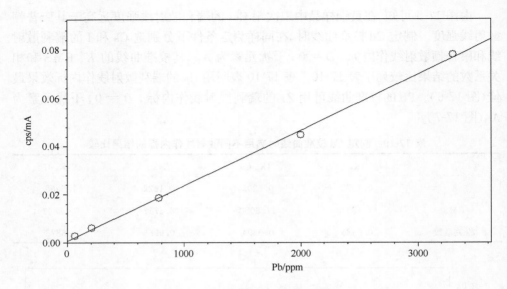

图 17-7　Zr 瑞利散射线作内标的 Pb 校准曲线

表 17-11　非规则黄铜样品中 Cd 的测定[8]

样品编号	样品质量/mg	测得 Cd 值/ppm			LLD	
		ICP-AES	Epsilon 5	Axious	Epsilon 5	Axious
1	34425	70	71	69	4	9
2	3440	70	67	74	4	10
3	1822	70	73	73	4	11
4	1122	70	65	72	5	21
5	1110	60	58	69	4	16
6	280	41	38	49	4	42
7	64	68	70	229	12	277
8	59	68	65	55	15	298

　　非规则黄铜样中 Cd 的测定,试样形状如图 17-8,试样质量及 ICP-AES、Epsilon 5 和 Axios 的分析结果如表 17-11 所示。

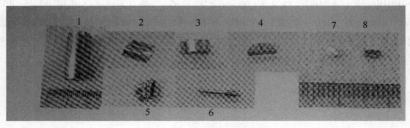

图 17-8　非规则黄铜样[8]

非规则黄铜样中 Pb 的测定,试样形状如图 17-9。试样质量及 Epsilon 5 和 Axios 的分析结果如表 17-12 所示。

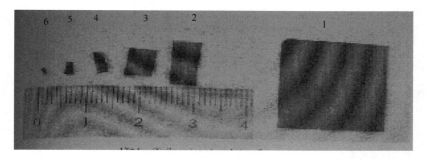

图 17-9　非规则黄铜样(左下侧标尺为 mm)[8]

表 17-12　非规则黄铜样品中 Pb(130ppm)的分析结果[8]

样品编码	样品质量/mg	测得 Pb 值/ppm		LLD	
		Epsilon 5	Axious	Epsilon 5	Axious
1	2713	131	136	33	8
2	140	132	128	29	14
3	93	131	128	32	20
4	33	128	136	29	58
5	15	130	158	64	149
6	5	163	2582	192	1373

从表 17-11 和表 17-12 结果可知,Epsilon 5 高能偏振 EDXRF 谱仪用 Cs 的瑞利散射线作内标分析不同形状和质量样品中 Cd 和 Pb 的准确度优于 WDXRF 谱仪,基于该谱仪配备多个二次靶,为测定不同元素提供相应的瑞利或康普顿散射线作内标提供方便,与 WDXRF 谱仪相比较,即使对于小样品和非规则样品,用 EDXRF 谱仪亦可获得准确可靠的分析结果,特别是 RoHS 试样的分析。

同一样品 CRM BNF C48.06 在一天内连续测 20 次(repeatbility,再现性)、10 天内未作仪器漂移校正,每天测定一次(reproducibility,可再现性),结果列于表17-13[9]。

上述结果表明采用高能偏振 EDXRF 谱仪用 Cs 的瑞利散射线作内标分析不同形状和质量样品中 Cd 和 Pb,准确度可与 WDXRF 谱仪和 ICP 结果相媲美,且精密度和稳定性同样是可以满足常规分析要求的。该方法同样适用于多种金属和合金中有害元素的测定。

表 17-13　CRM BNF C48.06

	Cd	Pb
重复性（repeatability）		
平均值 /%	0.0077	0.024
标准偏差（RMS）	0.0001	0.0016
相对标准偏差 /%	1.73	6.43
再现性（reproducibility）		
平均值 /%	0.007	0.0024
标准偏差（RMS）	0.0002	0.0014
相对标准偏差 /%	1.95	5.86
CSE		
相对 CSE /%	1.08	3.02

§17.3.3　聚合物材料中 Cr、Br、Hg、Cd 和 Pb 的分析

聚合物种类繁多，其主要组成是碳、氢和氧，且不能用 EDXRF 谱仪直接测定，这给基体校正时使用基本参数法或理论影响系数法带来困难。本节将着重介绍聚合物分析中标样的选择、校准曲线的制定等有关问题。若标样与待分析样物理化学性质相似，如聚合物原料生产厂，即使用便携式谱仪亦可获得准确定量结果。按国家标准，在筛选时适用于均质的聚合物单体和化合物，某些聚合物中不能通过切割、粉碎和研磨等物理手段进一步拆分的代表性样品可以认为是均质材料。ASTM WK 11200—2006 标准方法指出聚合物材料中有害元素分析方法不适合于组件（如电子元件或 PCB 板）。

在制样时若有待分析对象的组成说明，可较方便地通过压铸、挤铸和热压等制样方法制成平面块状试样；其在制样过程与温度、压力和冷却速率等条件有关。热压时压力和温度太低导致样品不均匀，太高则从模具边缘逸出。按 ASTM WK 11200—2006 标准方法要求，样品测试表面如有油污、石蜡等，需用无污染的有机溶剂清洗。测试样品和标准样品都尽可能要求平面块样，其厚度、直径和大小都要求基本一致。

聚合物标样国内外均可购买，有不少仪器生产商备有聚合物标样，但这些标样不可能适用于所有聚合物试样分析。因此，若有条件可自制标样，用含有待分析元素的有机化合物（如 Pb 可用分析纯硬脂酸铅）或添加剂与空白的聚合物材料均匀混合，然后热压成标准样品。或将未知块样当标准样品测试后，送数家计量认可单位测试，数据处理后可作为标样数据输入。有了与样品的物理化学形态标样，按常

规的定量方法制定校准曲线即可获得未知样的准确结果。

在对聚合物进行筛选分析时,所遇到的难题大体有:

(1)聚合物试样与标样之间基体和物理化学形态的差异有下面三种情况:
①相同基体但形态不同的样品分析;②形态相同基体不同的样品分析;③基体和形态均不同。

(2)因分析对象不同对待测有害元素的干扰也有所不同。ASTM WK 11200—2006标准方法指出元素间干扰如表 17-14。表 17-14 所列的谱线干扰包括特征谱线间干扰、和峰的干扰及元素间吸收增强效应。

表 17-14　元素间的相互干扰

元素	Cd	Pb	Hg	Cr	Br
干扰元素	Br、Pb、Sn、Ag、Sb	Br、As、Bi	Br、Pb、Bi、Au、Ca、Fe	Cl	Fe、Pb

如何解决这些难题,标准方法[1-4]并未给出具体方法。虽然不同类型仪器对这些难题解决有所不同,如试样形状和大小对使用微束 EDXRF 谱仪分析结果的影响可以忽略,但对其他类型谱仪则有影响。在本节中将试图破解这些难题,而不是介绍某种仪器测试具体方法。

§17.3.3.1　基体不同而物理形态相同的聚合物材料中有害元素的分析

以 PE(聚乙烯)、PVC(聚氯乙烯)和 ABS(丙烯腈-丁二烯-苯乙烯)等常见聚合物材料为例,说明基体对分析结果的影响。为阐述这种影响最简单的办法是利用不同基体的聚合物制定校准曲线,通过校准曲线的 K、RMS 和相关系数等来衡量校准曲线的质量。多种基体材料中的有害元素标样成分列于表 17-15。Toxel 和 RM 系列标样为 PE 基体,由 PANalytical 公司提供,其他为日本生产的标样。

表 17-15　PE、ABS 和 PVC 等聚合物标样中有害元素含量

标准样	Cr /ppm	Br /ppm	Cd /ppm	Hg /ppm	Pb /ppm	Ba /ppm	As /ppm	Sb /ppm	Cu /ppm	Zn /ppm	Sn /ppm	Cl /ppm	S /ppm
Toxel 1	0.96	4.9	1	0.24	0.72	16.5	0.18		1.12	0.33			
Toxel 2	2.01	9.2	2	0.48	1.42	33.1	0.35		2.13	0.48			
Toxel 3	5.9	38.5	6.6	1.29	5.2	145.2	1.44		6	1.25			
Toxel 4	24.8	163.3	28.4	5.3	22.3	600.7	6.4		25.1				
JSAC 0611	0	0	0	0	0								
JSAC 0612	25.5		4.5		26.1								
JSAC 0613	52		10		54.6								
JSAC 0614	98.6		23.8		106.8								

标准样	Cr /ppm	Br /ppm	Cd /ppm	Hg /ppm	Pb /ppm	Ba /ppm	As /ppm	Sb /ppm	Cu /ppm	Zn /ppm	Sn /ppm	Cl /ppm	S /ppm
JSAC 0615	212.8		43.4		202.2								
ABS 00	0	0	0	0	0								
ABS 31	31	32	23		27								
ABS 32	50	54	45		41								
ABS 33	110	110	92		77								
ABS 34	290	280	240		230								
ABS 35	560	550	490		480								
ABS 36	1010	960	980		1010								
ABS 41				29									
ABS 42				56									
ABS 43				110									
ABS 44				300									
ABS 45				590									
ABS 46				1160									
680	114.6	808	140.8	25.3	107.6		30.9					810	670
681	17.7	98	21.7	4.5	13.8		3.93					92.9	78
PVC 00	0	0	0	0	0								
PVC 31	24	28	24		26							475000	
PVC 32	44	46	50		53								
PVC 33	84	93	99		110								
PVC 34	210	240	240		290								
PVC 35	370	470	490		530								
PVC 36	1020	970	1000		1120								
PVC 41				26									
PVC 42				51									
PVC 43				130									
PVC 44				1250									
PVC 45				630									
PVC 46				290									502000	
RM-1	104	1007	12.9	483	53		145	34		49.5	19	1075	107
RM-2	973	51	25	25	99		7.8	345		98	178	70	63
RM-3	259	383	252	188	1033		60	17.8		976	41	430	591
RM-4	459	101	100	49	406		14.7	136		384	85	120	

例 1 高能偏振 EDXRF 谱仪测定多种聚合物中有害元素

除 Pb、Hg 分别用 L_{β_1} 和 L_α 线外,其他元素均用 K_α 线。Br、Hg、Pb 用 Zr 二次靶,Cd 用 CsI 二次靶,Cr 用 Fe 靶。Zr 和 CsI 二次靶所用高压 100kV,Fe 二次靶所用高压 60kV,X 射线管靶材为 Gd。

制定校准曲线时,先扣除谱线间干扰,但不进行元素间吸收增强校正,采用两种方法:不用内标和使用内标。其结果列于表 17-16。由表 17-16 可知使用内标后 5 个有害元素的校准曲线的质量均有提高,尤以 Br、Hg 和 Pb 明显。为了确定两种方法误差,以 Br 和 Cd 为例,校准曲线计算值与标准值之间的绝对差分别列于表 17-17 和表 17-18。

表 17-16　内标道使用否对不同基体有害元素校准曲线影响

	Cr/ppm	Br/ppm	Hg/ppm	Pb/ppm	Cd/ppm
不用内标道					
K	3.221	4.2863	4.6994	4.2962	0.9163
RMS	1.28E+02	1.78E+02	1.92E+02	1.71E+02	34.393
相关系数	0.9123	0.8696	0.8744	0.8732	0.9929
使用内标道	Ge-C	Zr-C	Zr-C	Zr-C	Cs-C
K	1.3125	0.8331	1.437	0.7133	0.1633
RMS	50.2704	32.9673	59.4663	28.0436	5.7512
相关系数	0.9865	0.9951	0.9886	0.9968	0.9998

表 17-17　不同方法计算 Br 的校准曲线参数

标准样品	强度 (cps/mA)	参考值 ppm	D： E： 内标道： K： RMS： 相关系数： 绝对差 ppm	绝对差 ppm	绝对差 ppm	绝对差 ppm
D：			0	84.616	0	12.066
E：			0.636	0.5677	2100	2070
内标道：			不用	不用	Zr-C	Zr-C
K：			4.4691	4.3732	1.5709	1.599
RMS：			190	181	67.994	69.018
相关系数：			0.8644	0.8674	0.9818	0.9819
Toxel 1	6.2585	4.9	−0.9328	82.591	−0.85	11.0576
Toxel 2	11.9149	9.2	−1.642	81.1543	−1.2642	10.5328
Toxel 3	52.3003	38.5	−5.2958	72.766	−5.5104	5.6048
Toxel 4	204	163	−32.4722	26.9438	−27.1996	−18.885
JSAC 0611	4.0661	0	2.5786	86.5394	1.7275	13.7128

D:		0	84.616	0	12.066	
E:		0.636	0.5677	2100	2070	
JSAC 0612	5.1628		3.1376	80.0573	4.0702	15.0421
JSAC 0613	0.7283		0.2715	75.1971	2.9208	13.5896
JSAC 0614	0		−0.2855	69.9704	3.9148	13.9066
JSAC 0615	1.6948		0.7044	66.4206	5.8199	15.1614
ABS 00	0.016	0	8.70E-04	84.1493	0.1362	12.1348
ABS 31	45.97	32	−2.8572	73.7527	−4.6017	6.34
ABS 32	94.71	54	6.0849	76.464	2.155	12.2254
ABS 33	191	110	10.8544	66.4524	4.1661	12.1451
ABS 34	479	280	24.0631	48.8836	10.0536	13.6375
ABS 35	937	550	45.2896	44.9855	31.3586	31.0923
ABS 36	176	960	159	123	199	192
ABS 41	1.2505		11.7199	105	7.1644	20.5397
ABS 42	1.4845		25.2453	129	15.1149	30.1527
ABS 43	2.9175		46.6072	167	27.871	45.4426
ABS 44	4.4019		123	304	72.7813	99.7351
ABS 45	7.8105		241	517	142	184
ABS 46	0		437	876	255	321
680	1.27E+03	802	11.1537	−24.4	−135	−138
681	1.66E+02	98	8.9125	73.9	−17.5572	−7.9184
PVC 00	0	0	−0.0084	84.2	0.115	12.1203
PVC 31	13.8168	28	−19.2368	63.2109	2.8302	14.2262
PVC 32	21.0196	46	−32.6619	48.981	0.7218	11.817
PVC 33	41.859	93	−66.4101	13.6982	0.1381	10.467
PVC 34	101	240	−176	−100	−13.4378	−5.3478
PVC 35	179	470	−356	−284	−63.4512	−57.9613
PVC 36	343	970	−752	−690	−178	−179
PVC 41	2.1715		3.0022	88.4948	5.8305	17.9795
PVC 42	2.681		4.99	91.81	7.9199	20.2602
PVC 43	7.3913		13.0668	104	21.143	33.9556
PVC 44	10.1101		89.1324	240	71.2803	93.252
PVC 45	6.5324		46.6499	165	39.5131	56.6037
PVC 46	6.5302		24.2433	124	26.3	40.6036
RM-1ROHS	1350	1010	2.695	16.6404	−1.0534	0.9453
RM2-ROHS	71.4453	51	0.9964	64.504	3.7011	12.7547
RM3-ROHS	514	383	−9.4844	−61.3654	32.5929	24.7628
RM4-ROHS	135	101	−5.1129	13.5879	10.5475	13.103

表 17-18 不同方法计算 Cd 的校准曲线计算值与标准值之间的绝对差

标准样品	强度 (cps/mA)	参考值 ppm	绝对差 ppm	绝对差 ppm	绝对差 ppm	绝对差 ppm
D：			0.00	−0.7085	2.4947	0.00
E：			8.110	8.12	20400	20500
内标道：			不用	不用	Cs-C	Cs-C
K：			0.8974	0.9132	0.2472	0.2493
RMS：			3.65E+01	3.71E+01	8.619	8.7451
相关系数：			0.991	0.991	0.9995	1.00
Toxel 1	0.1875	1	0.5201	−0.1866	3.0665	0.5783
Toxel 2	0.294	2.00	0.3849	−0.3207	3.0639	0.5798
Toxel 3	0.7503	6.6	−0.5159	−1.2171	2.1206	−0.3485
Toxel 4	2.80	28.4	−5.6832	−6.3645	−1.5864	−3.9811
JSAC 0611	0.1237	0	1.0031	0.2958	3.0501	0.5577
JSAC 0612	1.2919	4.5	5.9753	5.2793	3.8048	1.334
JSAC 0613	2.4861	10	10.1591	9.4747	3.6746	1.2259
JSAC 0614	5.7337	23.8	22.6927	22.0398	4.6199	2.2318
JSAC 0615	10.2074	43.4	39.3692	38.7597	5.2965	2.9917
ABS 00	0.1288	0	1.0447	0.3374	3.3924	0.9014
ABS 31	3.18	23.0	2.7653	2.0876	1.8815	−0.5211
ABS 32	6.90	45.0	10.9262	10.2846	6.1359	3.8412
ABS 33	13.1	92.0	14.5748	13.9938	3.5534	1.4412
ABS 34	33.8	240	33.6998	33.3188	2.77	1.2614
ABS 35	66.9	490	52.0718	52.012	−4.10	−4.6106
ABS 36	132	980	93.7517	94.3283	0.0808	1.6049
ABS 41	0.117		0.9487	0.2413	3.31	0.8197
ABS 42	0.1091		0.8843	0.1768	3.26	0.7639
ABS 43	0.0724		0.5873	−0.1205	3.00	0.5077
ABS 44	0.0888		0.7197	0.0121	3.11	0.6218
ABS 45	11.5		0.936	0.2286	3.30	0.8075
ABS 46	883		0.7164	0.0087	3.12	0.6275
680	20.1	141	21.8879	21.3741	−13.6	−15.6315
681	3.18	21.7	4.0451	3.3674	0.0068	−2.4089
PVC 00	0.0754	0	0.6117	−0.0961	3.0253	0.5328

			0.00	−0.7085	2.4947	0.00
D:						
PVC 31	2.5729	24	−3.1371	−3.8207	1.2685	−1.1326
PVC 32	5.51	50.0	−5.3617	−6.0168	1.03	−1.2669
PVC 33	11.1	99.0	−8.7215	−9.32	2.16	0.0713
PVC 34	27.0	240	−21.2879	−21.7346	4.06	2.5544
PVC 35	53.7	490	−54.699	−54.8865	4.4004	3.9278
PVC 36	108	1000	−121	−121	7.29	8.9264
PVC 41	0.055		0.446	−0.262	2.97	0.4814
PVC 42	0.0522		0.423	−0.285	2.95	0.4546
PVC 43	0.0655		0.5315	−0.1764	3.06	0.5653
PVC 44	0.1016		0.8239	0.1164	3.40	0.9045
PVC 45	670		0.5432	−0.1646	3.0876	0.5954
PVC 46	0.0309		0.2508	−0.4574	2.7628	0.2692
RM-1ROHS	1.26	12.9	−2.7081	−3.4044	0.2683	−2.1825
RM2-ROHS	2.58	25.0	−4.0508	−4.7343	−0.7861	−3.1915
RM3-ROHS	24.6	252	−52.7942	−53.2643	−36.4884	−38.1074
RM4-ROHS	9.88	100	−19.8793	−20.4919	−13.4006	−15.5496

由表 17-17 可知,多种不同基体中 Br 用二次靶的康普顿线为内标,并将截距设置为零,校准曲线计算值与标准值之差的最大相对误差分别为:浓度在 100～1000ppm 范围内,小于 15% (Toxel 4),50～100ppm 范围内,小于 25% (ABS 36),50ppm 以下小于 32%。对于 Br 而言,将截距设置为零($D = 0$)明显改善了低含量校准曲线质量,ABS41-46 和 PVC41-46 诸标样仅含 Hg 不含 Br,若 D 不等于零,校准曲线计算均高达几十至数百 ppm。但截距设置为零时,其最大值仅为 2.3ppm,可予忽略。

由表 17-18 可知,对 Cd 在使用 Cs 作内标后,表述校准曲线质量的参数 K、RMS 和相关系数虽有改善,但不像 Br、Cr 等元素那么明显;是否将截距设置为零,对校准曲线质量并无明显影响。其他元素的内标选择亦应依据实验数据予以优化。

为什么 Br 与 Cd 相比,基体结构对其影响更大,作者以 K_α 与 K_β 的强度比的变化予以说明。由表 17-19 可知 Br 的 K_β/K_α 强度比随基体变化从 0.1261 到 0.1891,两者相对误差高达 30% 以上,而 Cd 则均为 0.2603,没有产生变化。对 Br 而言,这不仅影响解谱,也直接导致激发因子发生变化,从而影响 Br 的净强度与其含量间的关系。

表 17-19　不同聚合物基体对 Br 和 Cd 的 K_β/K_α * 强度比的影响

	Br				Cd			
	K_β	K_α	K_β/K_α	ppm	K_β	K_α	K_β/K_α	ppm
Toxel 4	30.689	202.191	0.1518	163.3	6.01	23.086	0.2603	28.4
ABS 35	158.26	936.629	0.16897	550	158.261	607.907	0.2603	490
ABS 36	302.402	1759.619	0.1718	960	310.011	1190.804	0.2603	980
680	217.786	1271.176	0.17138	808	47.006	180.559	0.2603	140.8
PVC 35	32.866	178.967	0.1836	470	118.149	453.832	0.2603	490
PVC 36	64.946	343.433	0.1891	970	235.748	905.548	0.2603	1000
RM4	17.043	135.719	0.1261	101	23.382	89.814	0.2603	100

* $K_\alpha = K_{\alpha_1} + K_{\alpha_2}$; $K_\beta = K_{\beta_1} + K_{\beta_2} + K_{\beta_3}$ 。

例 2　便携式 EDXRF 谱仪在聚合物材料中 Cr、Br、Hg、Cd 和 Pb 的应用

由本节例 1 可知，在聚合物材料中进行 RoHS 分析，要获得良好的分析结果，使用靶材的散射线作内标是很重要的。在通用（如便携式）EDXRF 谱仪中如何选择散射线作内标就显得十分重要了。本节主要针对最高高压为 30kV 的谱仪，管流可依据计数率大小自动调节。靶材为 Mo 或 Rh。

1. 分析条件如表 17-20。表中背景道感兴趣区最早由 PANalytical 公司提供。背景道用 Al(200 μm)滤光片而不用 Cu(75μm)是为提高背景强度，待测元素用滤光片可降低背景。

表 17-20　通用（如便携式）EDXRF 谱仪测试聚合物中有害元素条件

待测元素	谱线	感兴趣区上限/keV	感兴趣区下限/keV	高压/kV	管流/μA	滤光片	测量时间/s
As	K_α			30	300	Cu(75μm)	600
Ba	L_α			30	300	Al(200μm)	180
Br	K_α			30	300	Cu(75μm)	600
Cd	K_α			30	300	Cu(75μm)	600
Cl	K_α			30	40	Al(200μm)	180
Cr	K_α	5.343	5.54	30	300	Cu(75μm)	600
Cu	K_α			30	300	Cu(75μm)	600
Hg	L_α			30	300	Cu(75μm)	600
Mo	K_α-C			30	300	Cu(75μm)	600
Pb	L_{β_1}			30	300	Cu(75μm)	600
S	K_α			30	300	Al(200μm)	180
Sb	L_α			30	300	Al(200μm)	180
Sn	L_α			30	300	Al(200μm)	180
Zn	K_α			30	300	Cu(75μm)	600
Bs		10.860	11.200	30	40	Al(200μm)	180
Bs1		23.500	23.700	30	40	Al(200μm)	180
Bs2		10.220	10.280	30	40	Al(200μm)	180
Bs3		6.650	6.850	30	40	Al(200μm)	180

标准样品：表 17-15 中 ABS、Toxel 和 BCR 680、681。

2. 校准曲线的 K 因子、RMS、相关系数、内标道及干扰元素列于表 17-21。

表 17-21　ABS、Toxel、BCR680 和 681 校准曲线

	Br	Br	Cd	Cd	Cr	Hg	Pb(L$_\alpha$)	Pb(L$_\beta$)
K	0.00826	0.01148	0.00473	0.00549	0.00623	0.00159	0.00326	0.00392
RMS	34.0	49.0	15.7	17.4	20.5	5.36	12.2	14.7
相关系数	0.9941	0.9877	0.9987	0.99845	0.99766	0.9999	0.99901	0.9988
标样浓度 范围/ppm	0.960	0.960	0.980	0.980	0.1010	0.1100	0.1010	0.1010
内标道	Bs2	MoK$_\alpha$-C	Bs1	MoK$_\alpha$-C	Bs3	Mo	Mo	Mo
干扰元素	Hg		Ag,Br	Ag,Br		Br	Br	Br

表 17-21 可知，在非偏振式 EDXRF 谱仪中选择适合的背景区（如表 17-19 中 Bs-Bs3）作内标道优于用靶线的康普顿谱。

§17.3.3.2　方法的检出限

当置信度为 95% 时，方法的检出限表达式分别为：

$$\text{LLD} = \frac{2 \times \sqrt{2}}{m_i} \cdot \sqrt{\frac{I_b}{T_b}} \approx \frac{3}{m_i} \cdot \sqrt{\frac{I_b}{T_b}} \tag{17-1}$$

$$\text{LLD} = \frac{3 \times C_i}{I_p - I_b} \cdot \sqrt{\frac{I_b}{T_b}} \tag{17-2}$$

以 BCR680 标样为对象，活时间均为 100s 时，上述例 1 和例 2 所制定的方法检出限列于表 17-22。Cd 的检出限两种谱仪相差近 70 倍，因例 2 的谱仪高压仅为 30kV，为改善检出限，测量活时间最好用 600s，这样 Cd 的检出限从 43ppm 可改善到 18ppm，用于筛选是可以的。

表 17-22　例 1（高能偏振 EDXRF 谱仪）和例 2（便携式 EDXRF 谱仪）所制定方法检出限

（ppm）

方法	Pb	Hg	Br	Cd	Cr
例 1	1.89	0.90	0.64	0.61	1.60
例 2	3.2	1.7	1.0	43	3.8

近年来国内外厂商推出微束 EDXRF 谱仪或手持式 EDXRF 重金属元素分析仪，这些分析仪采用集成可视化技术，对塑料和电子元器件中 RoHS 指令限制的物质提供了一种快速、可靠、无损样品的筛选分析手段。这类谱仪可将彩色 CCD 摄像头应用于分析仪，便于用户直观地筛选、确定需测试的"小点"（50μm～

3mm），并将该图像定位、确认和保存；同时亦可对单一元件进行分析。在分析时只需轻扣扳机，能迅速在数十秒内对 PCB 板、电子元器件、塑料外壳、电缆等电子材料中镉、铅、汞、总铬、总溴及其他构成元素进行快速定量分析。其主要优点是可以将部分实验室工作直接在现场分析，提高分析效率。

综上所述，EDXRF 谱仪用于电子产品 RoHS 筛选分析，只要正确拆分并选择合适的制样的方法，即使使用便携式谱仪也是可行的方法。若已知分析对象材料属性，并且在有相应标样的情况下，其准确度和精度均是可以满足常规定量分析要求的。

参 考 文 献

[1] DIRECTIVE 2002/95/EC OF THE EUROPEAN PARLIAMENT AND OF THE OUNCIL《On the restriction of the use of certain hazardous substances in electrical and electronic equipment》，2003，1.

[2] 中国国家标准化管理委员会.《电子信息产品污染控制管理办法》[M].北京：信息产业部，2007.

[3] ASTM WK 11200-2006.

[4] SN/T2003.3-2006.

[5] 中国合格评定国家认可委员会.《CNAS T0329 塑料中重金属元素检测能力验证计划结果报告》[M]，2007，4.

[6] 中国合格评定国家认可委员会.《CNAS T0399 塑料中铅、汞、镉、铬的测定能力验证计划结果报告》[M]，2009，4.

[7] Heiden，E. S.，Gore，D. B.，RoHS 分析：对复合产品和复合成分进行 XRF 筛选分析.GLOBE.2007，(2)：1，18-19(中文版，出版商 PANanytical B. V.，P. O. Box13，7600 AA Almelo The Netherlands).

[8] Matsuda K，Mizuhira M，Yamamoto N. Determination of trace toxic metals in brass by using X-ray fluorescence spectrometer. Adv. x-Ray. Japan.，2006，37：121-132.

[9] PANalitical，Epsilon5 Analysis of Cd and Pb in brass for RoHS，WEEE and ELV compliance，www. panalytical. com.

第十八章 文物分析

§18.1 引 言

"文物是指人类历史各个时期留存至今的全部遗物遗迹及其所有信息,它具有历史性、社会性、民族性、文化性、鉴赏性、人文社会生态性、科学和艺术性及相应的价值。文物的多样性决定了文物分析和保护要涉及化学、物理学、微生物学、材料学、地质学、土壤学、环境科学、生态学、医学以及历史学、民族、社会学和文化学等,是一门具有综合性、交叉性的边缘学科"[1]。考古学是一门"研究人类过去的物质文化"的科学,是研究如何发现和获取古代人类遗留的实物遗存,以及如何通过这些实物来了解人类社会历史的学科。20 世纪中期形成了"科技考古学"新的学科,它是利用自然科学和考古学的理论、方法和手段,分析研究古代实物遗存,获取丰富的"潜"信息,以探索人与自然的关系及古代人类社会历史的科学[2]。由于文物的不可再生性,要求对文物进行非破坏分析,尽可能做到无损或微损分析。

早在 19 世纪 50 年代,奥地利 J. E. Wocel 首次提出文物的制作年代与产地可能与其成分有关,1895 年美国 Richards 对雅典古陶瓷进行过化学分析,发规其化学组成具有相关一致性。20 世纪 20 年代末到 30 年代初,周仁院士[3]在此期间曾先后三探南宋官窑遗址,化学分析了 10 种有关残片,在国内开创了中国古陶瓷科学技术的先河。新中国成立后,在他的带领下,李家治教授等和他一起获得了许多重要的科学成果。在他们发表的论文中,最主要的研究方法是用化学分析方法分析了大量名瓷的化学组成。陈士萍等[4]总结了 19 世纪末至 1982 年 11 月在公开发表的刊物中有关中国各朝代的瓷器胎、釉的化学组成的分析数据,对近千个胎、釉样数据在表中都依次列出它的质量分数、摩尔分数组成和釉(胎)式。这些数据为建立古陶瓷数据库奠定了基础。

英国牛津大学于 20 世纪 50 年代中期建立了考古研究室,并配有 X 射线荧光分析仪器。1956 年 S. Young[5]用波长色散 X 射线荧光光谱(WDXRF)分析了 100 多个中国 1300~1900 年青花瓷样品。1977 年 12 月有关专家在复旦大学静电加速器上,以质子 X 射线荧光(PIXE)无损分析了越王勾践剑的组成,揭示剑的主要成分是铜和锡,还含有少量的 Pb、Fe、W 和 S,剑身的黑色菱形花纹是经过硫化处理的,剑刃的精磨技艺水平可同现在精密磨床生产的产品相媲美,充分显示了当时越国铸剑的高超技艺。20 世纪 80 年代后期,陶光仪[6]和毛振伟[7]分别使用

WDXRF 谱仪对古陶瓷和古钱币主次量元素进行非破坏性定量分析。新加坡
Yap[8,9]在此时期用核素作为激发源的 EDXRF 谱仪对中国清代、民国期间和现代
陶瓷样品中痕量元素进行了测定,着重研究痕量元素的含量与产地和年代的关系。
2002 年陶光仪等[10]和吉昂等[11]从不同角度论证了使用 WDXRF 谱仪和
UniQuant 半定量分析软件,分析古陶瓷主量、次和痕量元素结果,基本可满足古
陶瓷分析要求,为在无标样情况下获得近似定量的分析结果提供了捷径。

　　近二十年来现代核分析和 XRF 分析技术在文物分析中获得广泛的应用,冯松
林等[12]根据现代核分析技术(仪器中子活化分析、同步辐射 X 射线荧光分析和 X
射线荧光分析)的功能,阐述了它在古陶瓷研究中可发挥的作用和应用前景。仪器
中子活化分析的优点是多元素分析,可测 60 余种元素的含量,灵敏度高、准确度
高、基体效应小和精密度好。灵敏度可达 $10^{-2} \sim 10^{-4} \mu g/g$,取样量仅需数十毫克。
但需要取样,且测定后的试样可能存在残留放射性。SRXRF 是利用高能电子对
撞机产生的同步辐射 X 射线光源,该光源具有高辐射强度、高准直度和光源斑点
小等优点。SRXRF 既适合样品破损分析又能进行整体器件分析,在考古中适合
进行古陶瓷、铜镜和玉石等成分分析研究,尤其适合分析极其珍贵的古文物。
PIXE 的优点除灵敏度高、取样量少、非破坏性和多元素同时测量外,还可将样品
置于大气中,不受靶室几何条件的限制。适用于周期表中原子序数大于 11 的元素
测量,相对灵敏度优于 10^{-6} 量级,对某些元素检测下限可达 10^{-16} g。朱剑等[13]叙
述了 X 射线荧光分析在文物的鉴定、断代、产地及其原料来源分析、制作工艺和保
护等考古研究中的应用现状,还就目前研究工作中待解决的一些问题进行探讨,并
展望了 XRF 技术在考古中的应用前景和发展方向。

　　由于 X 射线荧光光谱法分析具有非破坏性、可对周期表中从原子序数 9 号的
F 到 92 号的 U 范围内主量、次和痕量水平的诸元素同时进行分析,同时设备简
单、操作方便和使用成本低等特点,因此自 20 世纪 80 年代起,成为应用于文物特
别是古陶瓷断源断代的一种比较理想和有效的测试手段。

§18.2　EDXRF 谱仪在文物分析中的应用

文物分析除了要避免损伤外,还存在下述困难:

　　(1) 样品元素分布的不均匀性:表面各区域分布的不均匀性和样品沿深度分
布的不均匀性。

　　(2) 样品的腐蚀。有些文物因腐蚀而使表面元素含量发生变化。

　　(3) 器物外形不规则,有时难以找到合适的放置方式进行定量分析。

　　(4) 文物种类繁多,要制备合适的标样有时几乎是不可能的。

　　(5) 大型油画、壁画、石窟和纪念碑等文物在很多场合是唯一的,难以在实验

室进行分析,需要在现场进行在位非破坏分析。

　　EDXRF 谱仪已发展成多种类型谱仪,如在第四章已介绍的台式(通用型)、微束、手持式、高能偏振和全反射谱仪,这些谱仪各有特点,基本上可以满足不同尺寸、不同地点和不同类型文物的检测。台式、微束谱仪可检测的元素从周期表中 Na 到 U,手持式谱仪由于配有充氦或真空装置,在位分析时轻元素可扩展到镁,全反射谱仪取毫克级样制成数微升溶液即可进行 Na 到 U 的分析。EDXRF 谱仪与实验室中子活化分析、WDXRF、SRXRF 和 PIXE 相比,具有如下优势:

　　(1) EDXRF 谱仪是一种无损检测方法,由于谱仪功率低(1~600W),基本上不存在辐照损伤。如宝石、玻璃、陶瓷等试样经 WDXRF 谱仪分析可能会产生色斑。中子活化分析、SRXRF 和 PIXE 装置已广泛用于文物分析,特别是在古陶瓷方面,但这些装置只能在特定实验室中可以进行,不仅投资大且运转费用亦高于 EDXRF 谱仪。同时这些方法在测定过程中仍有可能导致可察觉的损伤,如 PIXE 就可能使样品过热、电离、碳污染、起泡和产生放射性等。

　　(2) 可以对样品进行宏观和微区分析,如对古陶瓷样品的釉层和胎层之间过渡层进行分析;若所选测试方法适当,可获得准确的定量结果,通常相对误差可控制在 1‰ ~10‰ 范围;分析方法检测限对大多数元素而言可达到 10^{-6} g/g。

　　(3) 自动化程度高,易于操作,适用于现场分析或在位分析。

　　(4) 普通 EDXRF 谱仪价格便宜,一般实验室均可购买或依据需要自行组装。

现以 μ-EDXRF、手持式和高能偏振谱仪为例说明在文物分析中的应用。

§18.2.1　μ-EDXRF 谱仪在文物分析中的应用

　　μ-EDXRF 谱仪在文物分析中获得广泛的应用,在很长一段时间内,古陶瓷研究者们主要依赖古陶瓷的主量、次量化学组成进行断源、断代的工作,并取得了很大进展。但由于不同地区同一类型陶瓷原料往往具有类似的化学组成,而且有的古陶瓷的胎、釉配方采用二元配方、二元配方的组成及配比差异的影响,使得主量、次量化学组成进行断源、断代的应用受到一定的限制,研究表明微量元素在陶瓷中的含量对古陶瓷的断源、断代极为有利。

　　进行古陶瓷分析需要解决的难题是:

　　(1) 古窑挖掘的碎片凹凸不平,如图 18-1 所示,样品不是一个平整面;

　　(2) 完整的瓷器样品,如花瓶,普通的商用 XRF 谱仪样品室不能放入;

　　(3) 需要研究和测试胎和釉之间过渡层的组成。

　　为解决上述三个难题,在 20 世纪 90 年代中后期推出具有超大型真空样品室微束 XRF 谱仪,目前 μ-EDXRF 谱仪具有超大型真空样品室(长高宽均为 65cm)、可视化操作、三维自动送样平台、可变束斑(20μm、40μm、100μm、300μm 和

图 18-1 青瓷残片正、反两面的外貌

$2000\mu m$)等功能,如图 18-2 所示,基本上为解决这些难题提供了可能。通过十多
年实践表明该类仪器已是利用古陶瓷元素组成进行古陶瓷断源、断代的一种比较
理想和有效的测试手段。

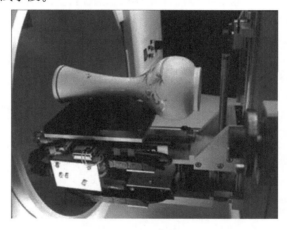

图 18-2 Engle 型 μ-EDXRF 谱仪大型样品室

　　十多年来国内外学者利用 μ-EDXRF 谱仪为古陶瓷断源、断代做了大量行之
有效的工作,1999 年第四届古陶瓷科学技术国际讨论会论文集中已有报道。吴隽
等[14]采用飞利浦 DX-95 型 EDXRF 谱仪测定越窑青瓷的样品,为尽可能避免由样
品表面形状不规则所带来的误差,作者使用束径为 $50mm^2$ 的准直器和参照大量古
陶瓷的化学组成数据所配制的含有 Na、Mg、Al、Si、Ti、Ba、Cr、Mn、Fe、NI、Cu、Zn、
Pb、Rb、Sr、Y、Zr 等的 12 块标样,使用 Mo 靶和 Si(Li) 探测器,测定 Na、Mg、Al、
Si、Ti、Ba、Cr、Mn、Fe、NI、Cu、Zn 时使用管压、管流分别为 18kV、$500\mu A$;测定 Pb、
Rb、Sr、Y、Zr 使用 50kV 和 45 μA,测定时间 600s。作者认为其结果与中子活化分
析越窑青瓷的结果相比,尽管在元素范围和灵敏度方面存在不足,但也足以满足越
窑青瓷的断源需要。梁宝鎏等[15]利用微束 XRF 谱仪在视屏上可看清陶瓷剖面的

胎层的"Sandwich"结构(釉层-过渡层-胎层),不需要磨去表面的釉层或磨平瓷片的表面,直接对釉和胎的化学组成进行测定。作者给出 Mg、Al、Si、K、Ca、Cr、Mn、Fe、Ni、Cu 和 Zn 的氧化物数据。对 Al、Si、K、Ca、Mn、Fe 的氧化物测试精度为＜4%,MgO＜±10%,Na₂O＜±20%。朱铁汉等[16]利用 Engle-2 型 μ-EDXRF 谱仪,照射在样品上光斑为 40mm,X 射线荧光经狭缝进入探测器,测定了釉层和胎层之间的化妆土、中间层和析晶层的组成,为这三层的区分和机理研究提供一定的依据,并可提供元素在样品中的分布图。

夏冬青等[17]利用 Eagle-2 型 μ-EDXRF 谱仪和 X 射线衍射仪研究了鄂州出土的数枚锈蚀明显的清代黄铜钱币,如图 18-3 所示。测量条件:40kV、150μA,Si(Li)探测器,每个样品测 3 个点,取平均值。并对其中两样品本体与腐蚀区过渡部位也进行检测。测试结果表明,这批样品均为铜锌合金中的高铅黄铜。XRF 分析结果与 XRD 分析结果确认腐蚀产物中有绿铜锌矿 $Zn_3Cu_2(OH)_6(CO_3)_2$、ZnO、CuCl、CuO 等,并结合当地土壤理化性及相关文献讨论了这些产物及"蛙虫式"腐蚀形成的原因。

图 18-3　鄂州出土的清代黄铜钱币外貌 [17]

§18.2.2　三维共聚焦 μ-EDXRF 谱仪在文物分析中的应用

北京师范大学低能核物理研究所 X 光室早在 20 世纪 90 年代中期率先推出了最小束径 50μm 的整体 X 光透镜,并与用于不同光源如高功率的旋转靶、同步辐射光源和常规 X 射线管构建成 μ-XRF 谱仪,近年来又研制出三维共聚焦 X 射线荧光光谱仪,谱仪结构示意图如图 18-4 所示。图中虚线方框内是共聚焦谱仪的核心工作区。结构紧凑是该谱仪的一大特点。谱仪中会聚透镜和半透镜由北京师范大学低能核物理研究所研制。谱仪透镜参数列于表 18-1。共聚焦 X 射线荧光分析与普通的微束 XRF 分析相比,有两大优点:①可以实现对样品的深度分析,当样品沿着垂直于共聚焦方向从上向下移动时,可得到样品由表及里的元素分布情况。②可以得到三维元素分布图,普通的微束 XRF 分析仅能获得样品的二维元素分布图。

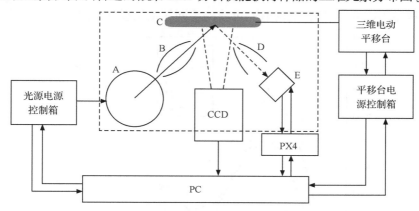

图 18-4 共聚焦 XRF 谱仪示意图

A. X 射线管;B. 会聚透镜;C. 样品;D. 半透镜;E. 探测器

表 18-1 实验用透镜参数

	l/mm	$\phi/\mu m$	f/mm
L_1	62	39(17.4keV)	$f_前 = 41.9, f_后 = 17.1$
L_2	20.2	30.9(17.4keV)	10.8

表 18-1 中 L_1 表示光源用会聚透镜,L_2 表示探测器用半透镜,l 表示透镜长度,f 表示焦距,ϕ 表示焦斑大小。共聚焦 μ-XRF 谱仪实物装置如图 18-5。

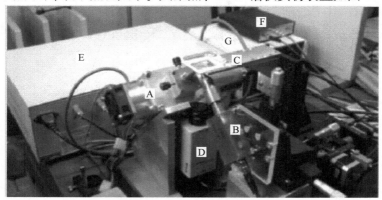

图 18-5 三维共聚焦 μXRF 谱仪[18]

A. X 射线管;B. Si 探测器;C. 样品台;D. CCD;E. X 射线管电源控制箱;

F. PX4 数字脉冲处理器;G. 样品台三维平移电动控制箱

　　林晓燕[18]利用三维共聚焦 μ-XRF 谱仪对三国时期青瓷样品的断面直接进行线扫描,测定条件为 35kV、600μA,步长 20μm,测量时间 150s。结果见图 18-6 和图 18-7。虽然线扫描深度仅为 240μm,仅能测到釉层,由于受到待测元素的特征 X 射线在样品穿透厚度的影响,尚不能测到胎层,但这种分析与二维 μ-EDXRF 谱仪相比,样品不破坏即可对深度扫描,可获得不同深度元素分布图。

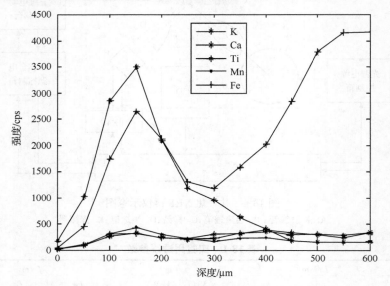

图 18-6　青瓷 1 号截面从釉到胎的连续扫描图[18]

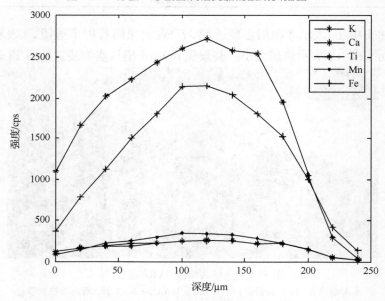

图 18-7　青瓷 1 号从釉到胎的深度连续扫描图[18]

林晓燕[18]利用三维共聚焦 μ-XRF 谱仪还对故宫壁画进行深度分析,其深度扫描图示于图 18-8。测定条件:30kV,350μA,步长 20μm,测量 22 个点,每点记谱时间 120s。为了有利于看出层状结构,将不同元素的荧光强度均作归一化处理。由图 18-8 可知,在整个扫描距离内,壁画大概分成三层:第一层主要元素有 Ca 和 Fe,这与壁画的表面棕色相对应;第二层主要元素是 Pb 和 As,最后一层为 Fe。这些分析结果为壁画修复提供了依据。

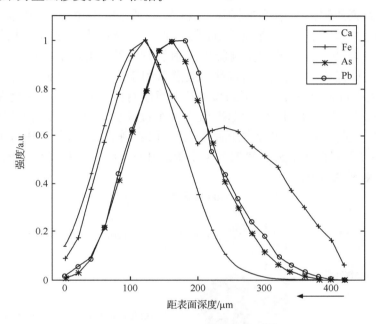

图 18-8 故宫壁画深度扫描图[18]

§18.2.3 手持式 EDXRF 谱仪在文物分析中的应用

μ-EDXRF 谱仪为分析大件样品提供了可能,然而对野外或博物馆中不能搬动的更大的文物分析依然存在困难。手持式(或测量头可移动)EDXRF 谱仪则特别适用于现场分析。1999 年 Cesareo 等[19]用手持式 EDXRF 谱仪对壁画和石质纪念碑中 Cl 和 S 的测定,可用 Ca 阳极 X 射线管、薄窗 Si-PIN 探测器和 AMPTEK 袖珍 MCA 组装的谱仪,为了不激发 Ca,使用 5kV,0.1mA。通过检测含有 Cl 和 S 的信息,表明壁画和石材纪念碑已被污染,需要处理和给予保护。Cesareo 等[20]于 2004 年对手持式 EDXRF 谱仪的光路、探测器、X 射线管及几种产品作了详细评述,并以较大篇幅介绍了在 "考古测定(archaeometry)" 方面的应用。其中介绍了使用 EDXRF 谱仪测定意大利名画(A general view of The Last

Judgement by Giotto in the Chapel of the Scrovegni ,Padua ,Italy)中不同部分测得的谱图中特征谱强度,依据含金和不含金部分测得的 PbLα 和 PbLβ 强度比,从 PbLα 和 PbLβ 对 Au 层衰减的差异,计算出画中金层厚度为(1.6±0.5)μm(最薄 1.0 μm,最厚 2.6 μm)。

Hocquet[22]等在 IPNAS 实验室研制成功可移动测量头的 EDXRF 谱仪,他们使用电制冷的 SDD 探测器,探测器面积为 5mm²,在 MnKα 分辨率和 Oxford 5000/HP 系列的侧窗 X 射线管,阳极材料为 W 或 Rh,Be 窗厚为 125μm,并在 X 射线出射的窗口处预安装直径 1mm 的准直孔。测量头和谱仪结构示意图如图 18-9和图 18-10。测量头由探测器和 X 射线管及其电源组成,它固定在可独立进行水平或垂直移动的装置上,该移动装置可用于 3m×3m 壁画分析,其移动间距可精确到 10μm,从图 18-10 可知移动装置系统有四个独立的马达允许进行 X、Y、Z 和 θ 移动,且移动由计算机微调,装有两个摄像机,这保证探测器能精确测量壁画中任何一点。测量时在空气光路中进行,仅能测定元素周期表中大于 16 的元素,欲测轻元素需在测量头装置配充氦系统。Hocquet[22]等对移动装置有较详细描述,有兴趣的可阅原文。

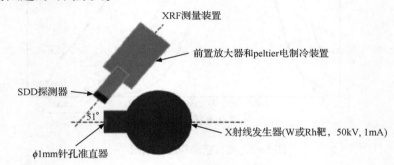

图 18-9　测量头装配示意图[22]

对壁画不同部位的分析表明,正如图 18-11 所示那样,壁画均含铅白层,Mary 蓝色服饰颜料由 Cu、Co 盐类为主构成,而 St John 肉色脸部则由 Hg 盐为主。该作者[22]给出这幅壁画不同部分的元素组成的定性分析结果,并未给出每一层画的组成含量和厚度,其实若能与古文物学家结合,准确给出壁画是由几层组成及每层的元素组成,则可用基本参数法计算出组成与厚度。

基于可持式 EDXRF 谱仪在文物分析中具有独特地位,一些公司已有这一类产品,如 Bruker 公司将微束 XRF 做成可携式 EDXRF 谱仪(ARTAX 系列),用于现场分析,取得可喜的结果。该系列谱仪是由金属陶瓷 X 射线管、SDD 探测器组成,谱仪的外形和核心部件测量头配置示于图 18-12。谱仪主要参数列于表 18-2。Gross[22]使用该谱仪对 16 世纪古代版画不同部位的颜料进行分析,其测定条件:30kV,600μA,Mo 靶 X 射线管,测定时间 100s。测定结果示于图 18-13。

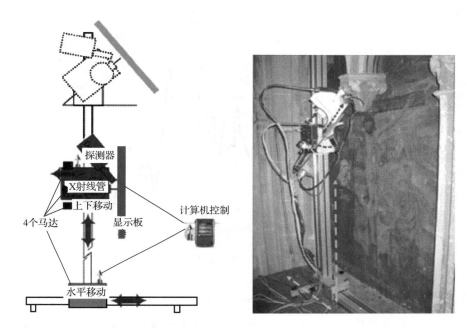

图 18-10 可控移动 XRF 系统结构图（左侧）和用于壁画弯曲表面分析[22]

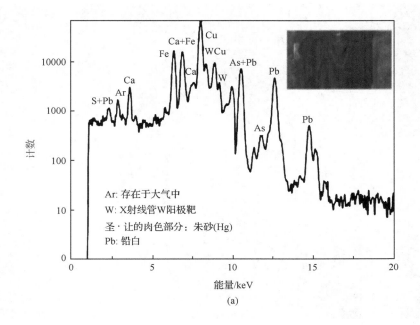

(a)

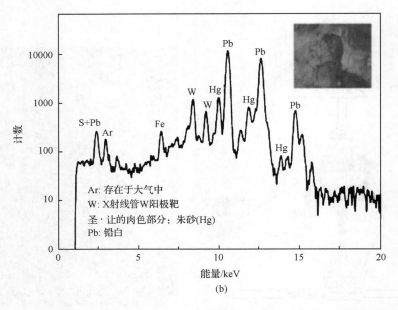

(b)

图 18-11　耶稣被钉在十字架上(Crucifixion)壁画中 St Mary 服饰中点分析谱图(a)，
St Paul′教堂中 . Crucifixion 壁画 St John 肉色脸部分析谱图(b)

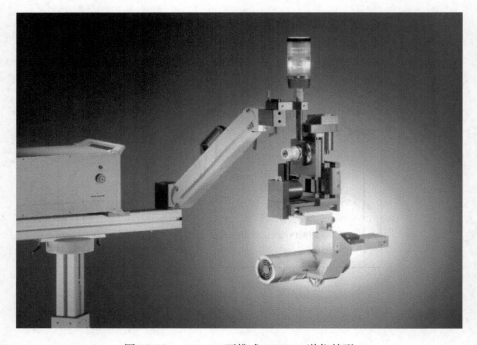

图 18-12　ARTAX 可携式 EDXRF 谱仪外形

表 18-2　ARTAX EDXRF 谱仪主要参数

测定元素范围	微聚焦尺寸 /μm	XFlash(R)探测器	XYZ 样品台运动范围/mm	样品观测	功率 /W	最高 X 射线管电压/kV
Z>19（空气光路）	100(8.0～9.0keV)，强度增益：2090	<165eV	50	彩色 CCD 照相机	40	50
Z>11（充氦）	75(16-0～19.0keV)，强度增益：1120					

1	赭石(ochre)	$Fe_2O_3 \cdot mH_2O$
2	天青(azurite)	$2CuCO_3 \cdot Cu(OH)_2$
3	白铅(white lead)	$PbCO_3 \cdot Pb(OH)_2$
4	金(gold)	Au
5	朱砂(vermilion)	HgS
6	红铅(red lead)	Pb_3O_4
7	孔雀石(malachite)	$CuCO_3 \cdot Cu(OH)_2$
8	方解石(calcite)	$CaCO_3$

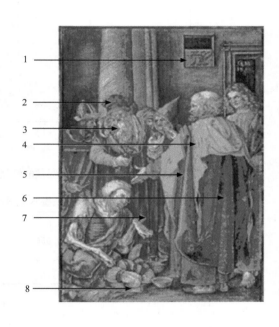

图 18-13　用 Bruker 公司 ARTAX μ-XRF 谱仪分析 16 世纪版画的结果[22]

Gross 还应用 ARTAX μ-XRF 谱仪分析莫扎特的《魔笛》、巴赫的《Serenade for Leopold of Saxony-Koethen》和歌德的《浮士德》手稿，谱仪的测量参数：Mo 靶 X 射线光管，30 W，电压为 45 kV，电流为 600 μA。采用线扫描，测定 10 个测量点，每点测 15s，将 10 个测量点加和，其结果示于图 18-14 和表 18-3。在 16～18 世纪，欧洲采用鞣酸铁墨水书写手稿。鞣酸铁墨水的制作：将硫酸铁[Fe(II)]与五倍子汁混合，然后在空气中氧化，产生黑色的擦不掉的邻苯三酚铁混合物。通过分析鞣酸铁墨水，除了可以判断手稿的年代，还可以选择合适的方法来保护文物。根据 XRF 光谱的分析结果，可以获得不同鞣酸铁墨水的特征的"指纹信息"，可以鉴定一个艺术家所用墨水及其年代。从而，可以判断一件艺术品的产生年代。歌德用了几十年的时间来完成他的作品《浮士德 II》（图 18-15）。Gross 希望在不久的将来，借助 μ-XRF 光谱仪 ARTAX 可以清楚地了解作家写作的详细进程。

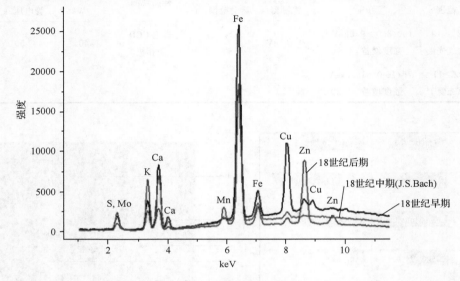

图 18-14　18 世纪鞣酸铁墨水的 X 射线光谱[22]

表 18-3　鞣酸铁墨水成分的 XRF 分析结果[22]

	Mg	K	Mn	Cu	Zn
18 世纪早期	0.015	0.056	0.020	0.582	0.103
18 世纪中期	0.017	0.055	0.054	0.025	0.020
18 世纪晚期	0.025	0.153	0.115	0.010	1.140

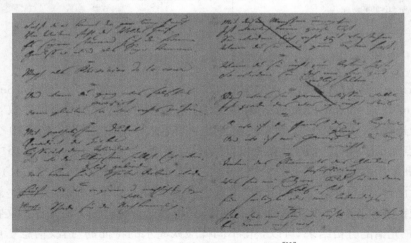

图 18-15　歌德《浮士德 II》手稿[22]

§18.2.4 高能偏振 EDXRF 谱仪在古陶瓷分析中应用

众多学者研究表明微量元素在古陶瓷中的含量对古陶瓷的断源、断代极为有利。高能偏振 EDXRF 谱仪在测定古陶瓷中痕量元素方面具有很大的潜力,特别对原子序数大于 26 的痕量元素的测定,由于可使用二次靶的康普顿线作内标,对试样的形状、矿物结构及基体吸收效应均可予以某种程度的校正,即以国家地质标样为标准样品,用粉末压片法,可以测定陶瓷中包括稀土 15 个元素在内的 56 个元素,除 Na、Mg、Al、Si 四个元素外,K、Ca、Ti 和 Fe 的氧化物和原子序数大于 26 的痕量元素均可获得准确结果。

1. 测量条件

所用高能偏振 EDXRF 谱仪是 PANalytical 公司的产品 Epsilon 5,功率:600W,最高管电压:100kV,最高管电流:24mA,X 射线管:侧窗 Gd 靶;PAN-32探测器,晶体:30mm²,厚:5mm,Be 窗:8μm,分辨率:MnK$_\alpha$(1000cps)小于135eV;最高计数率:200kcps;配有 15 个二次靶。诸元素的测量条件参见表18-4。

表 18-4 元素测量条件

测量顺序	管压/kV	偏振靶（二级靶）	测量时间/s	分析元素
1	100	Al₂O₃	250	Sb、Sn、Cs、Ba、La、Ce、Pr、Nd、Sm、Eu、Gd、Tb、Dy、Ho、Er、Tm、Yb、Lu 等元素的 K$_\alpha$ 线
2	100	Ag	250	Nb、Zr、Mo 等元素的 K$_\alpha$ 线
3	100	Mo	600	Se、Rb、Sr、Y 等元素的 K$_\alpha$ 线,Hf、W、Tl、Bi、Th、U 等元素的 L$_\alpha$ 线,PbL$_{\beta_1}$
4	100	KBr	250	Ga、Ge、As 等元素的 K$_\alpha$ 线
5	75	Ge	250	Mn、Fe、Co、Ni、Cu、Zn、Ti、V、Cr 等元素的 K$_\alpha$线,Ta L$_\alpha$
6	40	Ti	250	S、P、Cl、K、Ca、Sc、Al、Si 等元素的 K$_\alpha$ 线
7	25	Al	300	Na、Mg 等元素的 K$_\alpha$ 线

2. 标准样品

XRF 定量分析是一种比较分析方法,要获得准确的定量分析结果,测试样品与标准样品的物理化学形态需相似。这对于非破坏分析古陶瓷胎来说,标样是很难得到的,因不同产地的古陶瓷甚至同一窑的不同批次的产品,其工艺条件也不尽相同。

有些作者依据胎和瓷的组成,用 12 块以粉末状纯化学试剂配比压制的圆饼作为标样[23]。中国科学院上海硅酸盐研究所在北京大学等单位协助下设计配制了 13 件烧结的标准物质[24]。中国科学院高能物理研究所为研制古陶瓷标准参考物质,从福建、江西、浙江等近十个省采集了具有代表性窑口的出土古陶瓷碎片,通过筛选和去釉,制成 19 个纯胎标样[25]。该所[26]还根据 GB/T15000.5—1944 标准样品工作导则的要求和古陶瓷无损定量分析的实际需要,参照中国各大型名窑古瓷胎主成分含量数据,用古瓷主要产区采集的传统陶瓷原料,烧制成定窑(DY)、耀州窑(YZ)、汝窑(RY)、钧窑(YJ)、越窑(YY)、官窑(GY)、龙泉窑(LQ)、建窑(JY)、景德镇窑(JDZ)和德化窑(DH)系列共 31 种配方的陶瓷棒状标准样品。但这些标样的定值均未获得权威部门认可。

对于釉而言,可用与釉组成相近的氧化物烧制成玻璃体,再用化学分析和 XRF 熔融法定量后作标准。甚至可以购买组成相似的玻璃标准样,如美国 NIST 提供的 620、621 等标样。

因各地生产的陶瓷的配方、烧结工艺差异甚大。故作者认为欲要求对古陶瓷中主量、次量元素进行非破坏定量分析,不妨将一批来样先进行半定量分析,选其中几个样品当标样在 EDXRF 谱仪进行测定,用熔融法或其他分析方法定值后当标样输入,以建立有损和无损分析数据间关系,保证无损分析数据可靠性。若欲建立 μ-EDXRF 谱仪分析标样,尤其要注意标样均匀性。

这里介绍用地质标样粉末压片法和用地质样品按胎烧结工艺烧制的标样两种标样制定工作曲线,这两类标样为:

(1) 地质标样有:水系沉积物(GSD1a、GSD2,GSD4-6,GSD8-9,GSD11,GSD14)、土壤(GSS3-16)和 GBW0719-07329 共 31 个标样,取 6.00g 样以硼酸镶边在 30t 下压制成片。标样的浓度范围列于表 18-5。

(2) 使用不同配比的地质标样,成型后依据组分选择不同的烧结工艺制成胎标样,共 13 个。依据地质标样值,计算每个烧结标样的参考值。每个烧结标样均用熔融法,以 WDXRF 谱仪测定主量、次量元素和部分痕量元素。并取其中 1～4 号、6 号和 9 号烧结标样,NIST620、621 和 1141 玻璃标准样。

表 18-5 粉末压片法地质标样浓度范围

组分	$W_B/10^{-2}$	组分	$W_B/10^{-6}$	组分	$W_B/10^{-6}$
Na_2O	0.074~3.4	As	2.4~512	Ce	39~192
MgO	0.21~3.4	Se	0.094~2.8	Pr	4.8~18
Al_2O_3	7.7~29.26	Pb	14~731	Nd	18.4~62
SiO_2	38.05~82.89	Rb	16~470	Sm	3.3~10.8
K_2O	0.20~5.2	Sr	26~486	Eu	0.6~3.4
CaO	0.095~16.4	Y	16~67	Gd	2.9~9.5
Fe_2O_3	2.00~18.76	Zr	132~524	Tb	0.49~1.82
P	255~1150	Nb	8.6~95	Dy	2.6~11
S	80~784	Mo	0.3~18	Ho	0.53~1.46
Cl	36~1400	Cd	0.15~3.76	Er	1.5~8.2
Sc	5~28	Sn	2.0~370	Tm	0.25~1.55
Ti	1380~20200	Sb	0.3~60	Yb	1.63~11
V	16.6~247	Cs	2.7~21.4	Lu	0.25~1.6
Cr	7.6~410	Ba	118~1210	Th	6~70
Mn	240~2490	Hf	4~20	U	1.3~17
Co	2.6~45.2	Ta	0.75~5.3	Ga	10.8~39
Ni	2.7~760	W	0.95~126	Ge	0.94~3.2
Cu	31~797	Tl	0.47~2.9	Bi	0.17~89.8

注：表中以元素表示，单位为 μg/g，氧化物为%。

3. 校准曲线的制定

（1）校准曲线 1：按表 18-4 条件测量，测定所列国家地质标准样品，经解谱、扣除干扰后求得净强度，制定校准曲线。在制定工作曲线过程中，分析原子序数 12 号至 26 号元素时，使用 1~2 个经验系数校正基体效应，如测定 SiO_2 时用 Al_2O_3 校正；对大于原子序数 26 号的元素则用二次靶的康普顿线作内标，用巴克拉靶 Al_2O_3 测定的元素以 CsK_α 的康普顿线作内标，诸元素的校准曲线中 K、RMS、相关系数和相对误差列于表 18-6。

（2）校准曲线 2：取烧结标样中 1~4 号、6 号和 9 号（使用熔融法数据）和 NIST620、621 和 1141 玻璃标准样用作标样。按本节 1 法制定校准曲线。诸元素的校准曲线中 K、RMS、相关系数和相对误差列于表 18-7。

表 18-6　粉末压片法诸元素的校准曲线中 K, RMS, 相关系数和相对误差值

	P/ppm	S/ppm	Cl/ppm	Sc/ppm	V/ppm	Cr/ppm	Mn/ppm	Co/ppm	Ni/ppm	Cu/ppm	Zn/ppm	Ga/ppm	Ge/ppm	As/ppm	Se/ppm
K	2.4332	1.7703	0.7673	0.0863	0.6022	0.1998	1.2433	1.2097	0.1833	0.3264	0.2452	0.0853	9.67E-03	0.2998	7.14E-03
RMS	99.5923	67.5198	26.0411	2.743	19.7566	6.6934	56.4506	49.8221	6.0376	11.8372	8.289	2.7342	0.306	10.1528	0.226
相关系数	0.9858	0.9109	0.9324	0.8674	0.948	0.998	0.9947	0.9934	0.9936	0.9999	1	0.9359	0.7815	0.9974	0.9602
相对误差	0.0604	0.0473	0.0226	2.71E-03	0.0184	5.98E-03	0.0284	0.0317	5.57E-03	9.08E-03	7.33E-03	2.66E-03	3.05E-04	8.90E-04	2.26E-04

	Rb/ppm	Sr/ppm	Y/ppm	Zr/ppm	Nb/ppm	Mo/ppm	Cd/ppm	Sn/ppm	Sb/ppm	Cs/ppm	Ba/ppm	La/ppm	Ce/ppm	Pr/ppm	Nd/ppm
K	0.5475	0.9415	0.0828	0.2654	0.0475	0.0198	0.0132	0.0399	0.0246	0.0268	1.3525	0.1234	0.1583	0.0359	0.0709
RMS	19.1112	34.3247	2.6446	9.1541	1.5149	0.6269	0.4193	1.2692	0.7774	0.8526	52.6652	4.0129	5.24	1.1384	2.2855
相关系数	0.9846	0.9783	0.9702	0.9975	0.9973	0.9938	0.9356	0.9998	0.9989	0.9869	1	0.9622	0.9859	0.9151	0.9743
相对误差	0.0157	0.0258	2.59E-03	7.71E-03	1.49E-03	6.23E-04	4.18E-04	1.26E-04	7.76E-04	8.43E-04	0.0353	3.80E-03	4.78E-03	1.13E-03	2.20E-03

	Sm/ppm	Eu/ppm	Gd/ppm	Tb/ppm	Dy/ppm	Ho/ppm	Er/ppm	Tm/ppm	Yb/ppm	Lu/ppm	Hf/ppm	Ta/ppm	W/ppm	Tl/ppm	Bi/ppm
K	0.0395	7.86E-03	0.0219	5.55E-03	0.0421	2.58E-03	0.0168	3.20E-03	0.0223	3.30E-03	0.0411	0.0916	0.2255	0.0101	0.1809
RMS	1.2546	0.2486	0.695	0.1755	1.3359	0.0817	0.5326	0.1012	0.7051	0.1044	1.3104	2.9113	7.1826	0.319	5.846
相关系数	0.7675	0.9248	0.9035	0.8284	0.6858	0.9498	0.9223	0.9207	0.9252	0.9165	0.9416	0.5304	0.9773	0.8864	0.9818
相对误差	1.25E-03	2.48E-04	6.92E-04	1.75E-04	1.33E-03	8.16E-05	5.31E-05	1.01E-04	7.03E-04	1.04E-04	1.29E-03	2.88E-03	7.08E-03	3.19E-04	5.60E-03

	Pb/ppm	Th/ppm	U/ppm	Na$_2$O/%	MgO/%	Al$_2$O$_3$/%	SiO$_2$/%	K$_2$O/%	CaO/%	TiO$_2$/%	Fe$_2$O$_3$/%
K	0.1192	0.1135	0.025	0.4451	0.1526	0.3318	0.2421	0.1855	0.1284	5.1571	0.1023
RMS	3.9846	3.6392	0.7922	0.454	0.2117	1.3416	1.805	0.3425	0.2016	4.43E+02	0.1718
相关系数	0.9998	0.9619	0.9793	0.8989	0.9728	0.9732	0.9807	0.9253	0.9983	0.9952	0.9995
相对误差	3.60E-03	3.54E-04	7.88E-04	0.5948	0.1457	0.0869	0.0331	0.1617	0.1211	0.0865	0.1597

表 18-7　主量、次量元素的校准曲线的 K、RMS、相关系数和相对误差值

	P /ppm	Mn /ppm	Al₂O₃ /%	Fe₂O₃ /%	MgO /%	CaO /%	Na₂O /%	Ti /ppm	SiO₂ /%	K₂O /%
K	6.2316	1.2265	0.531	0.3134	0.2171	0.0757	0.5068	3.982	0.1403	0.1234
RMS	2.50E+02	60.1738	1.2104	0.764	0.3799	0.0874	1.3623	3.33E+02	1.0833	0.1734
相关系数	0.9577	0.9949	0.9934	0.9877	0.974	0.9997	0.9806	0.9974	0.9917	0.9929
相对误差	0.1569	0.0254	0.3171	0.1593	0.194	0.0955	0.5496	0.0583	0.0182	0.0974
标样最小浓度	2.70E+02	4.57E+02	1.8	0.04	0.27	0.2	0.135	83.9	54.01	0.41
标样最大浓度	2.37E+03	1.87E+03	31.03	11.44	4.27	10.71	14.39	11020	73.34	5

4. 检出限

检出限和样品的基体有关，不同的样品因其组分和含量不同，散射的背景强度、分析元素的灵敏度都会发生变化，因而检出限也不同。表 18-8 是由 3 个标准计算的各分析元素检出限的平均值。按下式计算检出限：

$$\text{LD} = \frac{3}{S} \sqrt{\frac{R_b}{t_b}} \tag{18-1}$$

式中：S 为灵敏度（cps/g·g^{-1}）；R_b 为背景计数率（cps）；t_b 为有效测量时间（s）。

表 18-8　元素的检出限

元素	LD/(μg/g)	元素	LD/(μg/g)	元素	LD/(μg/g)
K₂O	23	Se	0.1	Bi	0.1
CaO	20	Rb	0.32	La	1.1
Sc	0.55	Sr	0.29	Ce	1.4
P	49	Y	0.56	Pr	0.42
S	16	Zr	0.43	Nd	0.92
Cl	19	Nb	0.36	Sm	1.5
Ti	14	Mo	0.1	Eu	0.3
V	6.0	Cd	0.23	Gd	4.5
Cr	5.0	In	0.1	Tb	0.48
Mn	3.3	Sn	0.49	Dy	0.55
Co	0.5	Sb	0.33	Ho	0.5
Ni	1.0	Cs	0.61	Er	0.6
Cu	0.6	Ba	1.0	Tm	0.2
Zn	0.95	Hf	0.6	Yb	0.2
Ga	0.69	Ta	0.2	Lu	0.2
Ge	0.8	W	0.1	Th	0.89
As	0.2	Pb	0.7	U	0.28

5. 结果和讨论

（1）用校准曲线 1，测定烧结胎样（st1～st6）中主量、次量元素的氧化物和痕量元素，其测定值（E5）、标准值（st）的结果列于表 18-9。表 18-9 中标准值（st）是依据国家地质标样扣除烧失量后计算而得。为考察其误差，作者对烧结胎样用熔融法制样，以 WDXRF 谱仪测定主量、次量元素和部分痕量元素的结果示于表 18-9 中。

表 18-9　高能偏振 EDXRF 和 WDXRF 谱仪分析熔样结果与其标准值比较*

元素	st6 E5	st6 st	st6 WDXRF	st5 E5	st5 st	st5 WDXRF	st4 E5	st4 st	st4 WDXRF	st3 E5	st3 st	st3 WDXRF	st2 E5	st2 st	st2 WDXRF	st1 E5	st1 st	st1 WDXRF	Unit
Sc	19.8	17.4		6.2	5.1±0.6		13.2	12.2±0.9		25.6	22.4±2		13.7	17.2±1.4		5.4	6.1±0.6		ppm
V	121.3	158.1	196	51.9	40±4		89.6	94±6		225.2	277±21		109.3	144.4±11		22.8	24.2±3		ppm
Cr	131.7	111.1	130	39.8	32.9±6		83.7	67.8±6		398.5	415.3±24		75.6	83.3±		9.6	3.6±1.1		ppm
Co	33	28.1		979.2	5.6±1.0		282.2	15.5±	4186	199.1	24.7±3		24.7	8.4±		4.7	3.4±1.0		ppm
Ni	126.2	101.7		272.5	12.3±2		81.6	223±2.7		97.5	72±7		55.9	58.9±		63	2.3±1.2		ppm
Cu	278	242		5.8	11.7±1.6		9.2	22.9±2	10	44.8	44.9±4	32	469.5	433.3±22	306	4.5	3.2±1.3		ppm
Zn	161.1	131.2		14.6	31.8±4	27	793.3	743.9±39	748	279.9	235.7±19	244	98.5	107.8±9	104	31.2	28.2±4	83	ppm
Ga	31.9	29.5		14.5	14.1±1.4		24.5	21.1±1.7		39.6	34.8±5		28.7	33.3±4		23.5	19.1±2		ppm
Ge	2.3	2.31		1	1.2±0.22		2.5	1.46±0.21		2.2	2.1±0.4		3	3.5±0.4		16	2.0±0.3		ppm
As	72.4	122.4		11.2	4.5±0.9		48	37.2±5		7.9	65.1±8		75.6	244±21		6.7	2.1±0.5		ppm
Se	0.9			0	0.094±0.045		0.3	15±0.04		0.4	0.72±0.18		0.9	1.49±0.24		0.1	0.04±		ppm
Br	2.5			1.2	4.4±0.7		1.4	3.2±0.5		13	4.48±1.1		1.5	7.2±		1	±		ppm
Rb	162.4	150.6	149	140.6	87.3±6	153	94.4	84.1±6		96.2	86.4±9	84	257.6	263±12	238	482.3	469±26	465	ppm
Sr	680.9	589	610	386.4	390±25	173	186.8	169.6±10		96.2	86.4±9	88	44	43.3±6	40	107.6	106.7±9	111	ppm
Y	23.4	40.8	30	15	15.4±2	34	30.6	27.3±4		48.1	43.8±8	39	22.8	21.1±3	34	64.2	62.4±7	97	ppm
Zr	352.8	264.8	220	266.7	252.7±21	252	345.5	268±18		703.7	561.2±65	563	283.2	244.4±22	243	197.5	168.2±14	203	ppm
Nb	63.6	50	53	11	9.5±2.3	6	21.7	18.1±2.2		51	42.6±5	43	31.6	30±4	26	42	40.3±4	55	ppm
Mo	14.7	11.3		18	0.31±0.13		3	1.53±0.2		6.4	2.92±0.4		23.1	20±3		4.4	3.5±0.3		ppm
Cd	0.215			0.032	0.06±0.022		3.13	4.7±0.6		0.381	0.39±0.08		0.265	0.14±0.04		0.143	0.029±0.014		ppm
Sn	44.6	41		39	2.57±0.4		3.8	6.67±1.0		6.7	6.4±1.3		81.1	80±10		12.3	12.5±2.0		ppm
Sb	32.9	33.34		4.6	0.46±0.15		3.8	0.95±0.32		6.3	7.1±1.7		65.9	66.6±10		1.6	0.21±0.09		ppm
Cs	4.4	6.36		4.9	3.3±0.5		12.6	9.8±0.9		30.3	24.0±1.3		8.2	12±0.7		43.4	38.7±1.5		ppm
Ba	470.1	337	166	1372.5	1243±110	1607	801.9	645±50		313.2	239±31	705	130.7	131.1±21	242	368.4	345±45	1570	ppm
La	55	45.6		22.5	21.6±2	244	43.7	37.2±3		75.8	59.5±6	150	38.5	33.3±3		62.7	54.3±5	219	ppm
Ce	112.6	90.7	91	38.9	40±6	359	89.2	76.5±5		189	152.6±16	189	84.4	73.3±8	109	132.2	108.8±11	246	ppm
Pr	11.6	30		7.4	4.9±0.4		9.2	8.20±0.5		15.8	9.4±1.9		9.2	6.44±0.6		11	12.7±0.8		ppm
Nd	51.8	39.4		21.5	18.9±2.4		37.4	30.6±3		44.4	30.3±3		27.8	23.3±3		48	47.3±5		ppm
Sm	8.7	7.4		4.3	3.39±0.3		6.6	5.68±0.4		8.9	4.9±0.5		5.2	4.2±0.6		8	9.7±1.2		ppm

续表

	st6			st5			st4			st3			st2			st1			Unit
	E5	st	WDXRF	E5	st	WDXRF	E5	st	WDXRF	E5	st	WDXRF	E5	st	WDXRF	E5	st	WDXRF	
Eu	1.895	2		0.54	0.74±0.06		1.24	1.1±0.1		2.307	0.95±0.11		1.878	0.73±0.06		1.231	0.85±0.10		ppm
Gd	6.8	6.23		4.7	3.0±0.4		5.9	5.03±0.3		6.2	5.3±0.6		2.5	3.7±0.3		7.4	9.3±0.8		ppm
Tb	0.838	4		0.6	0.5±0.09		0.687	0.82±0.09		1.165	1.05±0.13		0.624	0.68±0.12		0.835	1.65±0.13		ppm
Dy	7.9	4.7		3	2.7±0.2		10.5	5.03±0.3		8.2	7.4±0.7		4	3.7±0.3		6.1	102±0.5		ppm
Ho	0.7	0.83		0.5	0.54±0.07		0.9	0.95±0.08		1.7	1.64±0.14		0.8	0.77±0.06		2.3	2.05±0.22		ppm
Er	3.9	2.2		1.4	1.54±0.3		3.2	2.84±0.2		5.3	5.1±0.8		31	2.4±0.3		6.1	6.5±0.4		ppm
Tm	0.7	0.37		0.3	0.29±0.06		0.4	0.46±0.07		0.7	0.78±0.12		0.5	0.44±0.07		0.7	1.06±0.11		ppm
Yb	5.3	2.3		2	1.75±0.3		2.7	2.95±0.4		5.8	5.4±0.8		4.2	3.0±0.5		5.9	7.4±0.7		ppm
Lu	0.8	0.37		0.3	0.3±0.03		0.4	0.45±0.06		0.8	0.84±0.09		0.6	0.47±		0.9	1.15±0.12		ppm
Hf	10.8	7.4		16.7	7.0±0.9		15.6	7.43±0.9		20.6	15.7±2		10.4	8.3±0.8		6.5	6.3±0.8		ppm
Ta	0.2	5.17		9.6	0.78±0.2		4.6	1.5±0.2		1.9	3.5±0.3		4.4	5.9±0.6		0.9	7.2±0.7		ppm
W	85.5	50.2		0.8	0.98±0.29		17.2	3.39±0.4		27.6	6.9±0.7		107	100±10		37.5	8.4±0.7		ppm
Tl	1	1.36		0.5	0.51±0.2		1.4	1.1±0.2		1	1.05±0.33		1.8	2.6±0.6		1.1	1.93±0.55		ppm
Pb	178.1	128.6	152	28.1	26.7±4	41	112.4	107±8	114	71	65.1±7	62	351.9	349±20	277	57.7	31.2±4	45	ppm
Bi	21.2	27.2		0.8	0.18±0.06		7.8	1.31±0.2		1.9	1.17±0.20		33.8	54.4±7		1	0.53±0.09		ppm
Th	20.8	15.9		6.1	6.1±0.7		14.3	12.7±1.1		33	30.3±2		29	25.5±2		48.8	54.4±4		ppm
U	5.1	4.4		1.1	1.3±0.4		3.6	3.6±0.6		6.2	7.5±1.2		8	7.4±1.1		11.8	18.8±2.2		ppm
Na_2O	1.53	1.4	1.88	2.49	2.78±0.08	2.74	1	1.81±0.05	1.78	0.16	0.12±0.03	0.13	−0.08	0.21±0.02	0.2	2.45	3.15±	3.11	%
MgO	3.61	4.2	4.28	0.58	0.59±0.05	0.6	2	1.98±0.12	1.93	0.49	0.55±0.07	0.52	−0.01	0.38±0.07	0.29	0.47	0.42±	0.42	%
Al_2O_3	17.96	18.83	18.56	10.74	12.57±0.14	12.4	14.19	15.51±0.21	15.55	24.77	26.32±0.29	26.27	29.83	23.59±0.25	30.82	11.83	13.51±	13.34	%
SiO_2	55.578	54.7	54.05	79.235	76.77±0.29	75.59	72.757	68.48±0.22	68.3	59.127	57.18±0.21	57.28	58.175	63.25±0.27		76.452	73.4±	73.27	%
P	2976.5	2298	2358	376.9	329±28	304	650.1	804±43	794	1035	780±43	746	579.8	336.7±47	267	577.6	407.8±30	399	ppm
S	514.2	196	36	125.1	123±20	36	396.2	339±	224	223.5	202±40	224	997.2	288±50	55	249	382.6±43	63	ppm
Cl	75.6	113		63.5	61.6±		185.4	72.2±15		54.4	36±		77.8	108±20		1357	127.9±19		ppm
K_2O	2.163	2.15	2.12	2.937	3.12±0.07	2.15	2.938	2.83±0.06	3.1	1.117	1.16±0.09	2.82	1.856	1.89±0.08	1.16	4.796	5.05±	4.98	%
CaO	4.97	4.66	4.86	1.19	1.30±0.06	1.28	1.92	1.88±	1.86	0.3	0.29±0.05	0.28	0.23	0.24±0.04		1.52	1.56	1.56	%
Ti	8851.5	10162	10143	2567.1	2301±120	2029	5159.7	5283±250	5189	10977.6	12121±470	11917	4792	4877±180	4272	993.9	1732±100	1491	ppm
Mn	1407.7	1481	1433	320.2	312±21	326	2033.9	1925±98	2029	1543.7	1594±120	1847	1612.6	1611±130	1601	479.6	463±27	1409	ppm
Fe_2O_3	12.36	11.39	11.39	2	2.05±0.07	2.04	5.9	5.68±0.13	5.73	12.2	11.56±0.16	11.38	8.82	8.96±0.19	7.95	1.93	2.16	2.12	%

* 6 号标样系用多种地质标样合成,未列出不确定度值。

用高能偏振 EDXRF 谱仪测定烧结样中痕量元素，由表 18-9 可知，其中 Sc、V、Mn、Cr、Zn、Ga、Ge、Rb、Sr、Y、Zr、Nb、Cd、Sn、Cs、Ba、La、Ce、Pr、Nd、Gd、Ho、Er、Tm、Yb、Lu、Th、U 等 28 个痕量元素测定值均在参考值的不确定度 3～4 倍范围内，其他痕量元素如 Ni(4)、Cu(4)、Mo(3)、Sb(3)、Sm(5)、Eu(4)、Tb(4)、Hf(4)、W(2)、Pb(5)、Bi(4) 等 11 个元素有 3～5 个标样是合格的（括弧中数字为合格的标样数）。Co 的测定值除 st1 和 st2 外，高出参考值的几个数量值，显然在制备过程中引入误差。Na、Mg、K、Ca、Fe 的氧化物和 Ti 等 6 个项目均在允许误差范围之内。Cl、S、P 的合格率均为 4 个。

目前国内外用作古陶瓷断源、断代的痕量元素主要有 Rb、Sr、Zr、Nb、Ba、Cr、Ni、Cu、Zn 和 Y 等；现用地质标样粉末压片后作校准曲线，测定胎样，所提供 39 个痕量元素已覆盖了李虎候用中子活化方法分析唐三彩胎体中成色元素(Zn、Co、Cr、Rb、Cs、Th、U)和稀土元素(La、Ce、Nd、Sm、Eu、Tb、Yb、Lu)全部痕量元素。但这 39 个痕量元素是否能成为新的指纹元素，有待于古陶瓷研究者进一步探讨。

(2) 表 18-10 列出用校准曲线 1 测得 SiO_2、Al_2O_3 的结果和 WDXRF 谱仪熔融法结果相比，绝对差分别在 0.99%～2.1% 和 0.05%～4.46%。由表 18-10 可知用地质标样粉末压片后烧结成胎，按地质标样参考值的换算值与熔融结果相比较，对 Al_2O_3 而言，6 个样中有 4 个基本一致，而 st2 和 st6 则相差较大；而 SiO_2 的换算值与熔融结果相比较仅有 3 个在误差范围之内，st2 两者绝对差高达 6.02%。因此用地质标样按胎的烧结工艺烧制成的标样，主量元素仍需要用数种分析手段予以分析，所得数据经处理后方可用作标准。

表 18-10　高能偏振 EDXRF 和 WDXRF 谱仪熔融法分析烧结参考样结果比较*

	Al_2O_3 /%					SiO_2 /%				
	E5 测定值/%	参考值/%	绝对差 1/%	WDXRF 测定值/%	绝对差 2/%	E5 测定值/%	参考值/%	绝对差 1/%	WDXRF 测定值/%	绝对差 2/%
St1	11.83	13.51±0.11	1.68	13.34	1.51	76.45	73.40±0.15	3.05	73.27	3.18
St2	29.83	23.59±0.25	6.24	30.82	0.99	58.18	63.25±0.27	5.08	57.23	0.05
St3	24.77	26.32±0.29	1.55	26.27	1.5	59.13	57.18±0.21	1.95	57.28	1.85
St4	14.19	15.51±0.21	1.32	15.55	1.36	72.76	68.48±0.22	4.28	68.3	4.46
St5	10.74	12.57±0.14	1.83	12.4	1.66	79.24	76.77±0.29	2.47	75.59	3.65
St6	17.96	18.83±	0.87	15.86	2.1	55.58	54.7±	0.88	54.05	1.53
平均值%			1.99		1.52			2.95		2.45

* 绝对差 1＝E5 测定值%－参考值%；绝对差 2＝E5 测定值%－WDXRF 测定值%。

(3) 为了说明用烧结样作标样是否改善原子序数小于 26 号的主量、次量元素的分析结果，使用校准曲线 1 和 2 测定 st7、st8 及 st10～st13 六个烧结样，其分析结果和熔融法分析结果列于表 18-11。表 18-11 中 E5-胎是使用校准曲线 2 分析结

表 18-11　分别用工作曲线 1 和 2 测定 6 个熔结样结果比较

	st7					st8					st10					绝对差 1 平均值
	E5-胎	E5-地质	WDXRF-F	绝对差 1	绝对差 2	E5-胎	E5-地质	WDXRF-F	绝对差 1	绝对差 2	E5-胎	E5-地质	WDXRF-F	绝对差 1	绝对差 2	
$Na_2O\%$	2.07	1.92	1.35	0.32	0.57	2.59	1.96	2.24	0.35	0.28	0.34	0.83	0.58	0.24	0.25	0.33
$MgO\%$	2.52	1.95	3.02	0.5	1.07	0.77	0.52	0.66	0.11	0.14	1.32	0.97	1.48	0.16	0.51	0.24
$Al_2O_3\%$	19.76	18.1	20.22	0.46	2.12	25.56	23.11	25.63	0.07	2.52	23.39	21.01	23.86	0.47	2.85	0.35
$SiO_2\%$	58.46	60.33	57.25	1.21	3.08	59.72	63.02	58.68	1.04	4.34	58.76	61.04	57.47	1.29	3.77	1.1
$K_2O\%$	2.07	2.05	2.04	0.03	0.01	3.97	3.88	4.07	0.1	0.19	1.53	1.45	1.51	0.02	0.06	0.05
$CaO\%$	3.42	3.34	3.36	0.06	0.02	2.02	1.84	1.8	0.18	0.04	1.43	1.47	1.45	0.02	0.02	0.14
$Fe_2O_3\%$	10.78	10.82	10.55	0.23	0.27	4.35	4.53	5.44	1.09	0.91	11.38	11.55	11.07	0.31	0.48	0.45

	st11					st12					st13					绝对差 2 平均值
	E5-胎	E5-地质	WDXRF-F	绝对差 1	绝对差 2	E5-胎	E5-地质	WDXRF-F	绝对差 1	绝对差 2	E5-胎	E5-地质	WDXRF-F	绝对差 1	绝对差 2	
$Na_2O\%$	2.87	2.32	2.61	0.26	0.29	2.66	2.04	2.33	0.33	0.29	3.09	3.34	2.57	0.52	0.77	0.4
$MgO\%$	1.14	1.01	0.99	0.15	0.02	1.53	1.32	1.31	0.21	0.01	1.61	1.34	2.08	0.47	0.74	0.42
$Al_2O_3\%$	13.91	12.01	14.28	0.37	2.17	14.26	12.35	14.67	0.41	2.32	15.28	13.79	15.63	0.35	1.84	2
$SiO_2\%$	72.49	74.35	71.78	0.71	2.57	71.54	73.09	70.46	1.08	2.63	66.55	68.12	65.1	1.15	3.01	2.99
$K_2O\%$	4.13	3.73	4.17	0.04	0.44	3.67	3.72	3.79	0.12	0.07	3.77	3.89	3.76	0.01	0.13	0.15
$CaO\%$	1.89	1.81	1.66	0.23	0.15	1.96	1.81	1.74	0.22	0.05	3.08	2.84	2.95	0.13	0.11	0.065
$Fe_2O_3\%$	3.22	3.67	3.57	0.35	0.1	4.3	4.71	4.32	0.02	0.39	5.41	5.57	6.16	0.75	0.59	0.47

果,使用校准曲线 1 分析结果用 E5-地质示之。表 18-11 结果表明,用 5 个烧结样的 WDXRF 谱仪熔融法分析结果为标准值,用基本参数法分析另外 6 个烧结样,SiO_2、Al_2O_3 为分析结果与用粉末压片法分析结果相比较获得明显改善,Na 和 Mg 亦有改善,K、Ca 和 Fe 改善不明显。上述结果表明:用烧结后胎样定值后作标样分析可用作古陶瓷中胎样的主量、次量元素分析。

(4)方法的精密度:取一土壤标样,压片后按校准曲线 1 测定 10 次,计算方法的精密度,其结果列于表 18-12。主量、次量元素当含量小于 5%,相对标准偏差小于 6%,大于 5% 时则小于 1%,痕量元素含量范围 50~1000ppm,除 P、S、Cl 外,相对标准偏差小于 3%,即使在 1ppm 附近的元素,其相对误差也小于 20%,完全可以满足精确定量分析要求。

表 18-12　方法的精密度

	P /ppm	S /ppm	Cl /ppm	Sc /ppm	V /ppm	Cr /ppm	Mn /ppm	Co /ppm	Ni /ppm	Cu /ppm	Zn /ppm	Ga /ppm	Ge /ppm	As /ppm
平均值	378.2	87.9	47.5	12.1	99.2	74.3	1104.8	21.2	32.1	27.9	64	19.8	1.5	9.3
标准偏差	26.7	9.6	5.6	0.1	2.7	1.5	3.2	0.7	0.8	0.6	2	0.6	0.1	1.4
相对标准偏差/%	7.1	11	11.7	1.2	2.7	2	0.3	3.5	2.4	2.2	3.1	2.9	4.6	15.6

	Br /ppm	Rb /ppm	Sr /ppm	Y /ppm	Zr /ppm	Nb /ppm	Sn /ppm	Cs /ppm	Ba /ppm	La /ppm	Ce /ppm	Pr /ppm	Nd /ppm	Sm /ppm
平均值	3.8	116	100.8	31	245.6	14.3	3.6	7.8	485.9	38.6	78.1	8.2	33.5	5.1
标准偏差	0.2	0.9	0.6	0.3	8.8	0.2	0	0.9	39.8	2.7	6.5	1.1	4	1
相对标准偏差/%	5.8	0.8	0.6	0.8	3.6	1.7	0.8	11.3	8.2	7	8.4	14	12.1	18.9

	Gd /ppm	Dy /ppm	Eu /ppm	Er /ppm	Tb /ppm	Ho /ppm	Tm /ppm	Yb /ppm	Lu /ppm	Hf /ppm	Ta /ppm	Tl /ppm	Pb /ppm	Th /ppm
平均值	4.9	4.5	1.051	2	0.751	1	0.4	2.2	0.3	7.5	1.2	0.7	22.7	11.5
标准偏差	0.8	1	0.197	0.3	0.138	0.1	0	0.3	0	0.2	0.2	0	0.8	0.7
相对标准偏差/%	15.8	23.1	18.733	17.2	18.339	6.1	7.5	14.8	11.7	3.3	13	2.7	3.7	5.7

	U /ppm	Na₂O /%	MgO /%	Al₂O₃ /%	SiO₂ /%	K₂O /%	CaO /%	Ti /ppm	Fe₂O₃ /%
平均值	2.8	1.44	1.46	15.09	62.992	2.376	0.81	5229.3	6.18
标准偏差	0.1	0.03	0.08	0.16	0.279	0.016	0.01	29.4	0.1
相对标准偏差/%	4	2.02	5.61	1.06	0.443	0.666	0.63	0.6	1.56

(5)非规则样品的分析:古陶瓷残片样是非规则样,样品表面曲率相差较大,在本法分析未知样时采用归一至 99.9%,结果表明不仅痕量元素,主量、次量元素亦可获得相当准确的结果。表 18-13 是五个古陶瓷残片凹凸两面釉的分析结果。

表 18-13　五个古陶瓷残片凹凸两面釉的分析结果

	P /ppm	S /ppm	Cl /ppm	Sc /ppm	V /ppm	Cr /ppm	Mn /ppm	Co /ppm	Ni /ppm	Cu /ppm	Ga /ppm	Ge /ppm	As /ppm	Rb /ppm	Sr /ppm	Y /ppm	Zr /ppm
D-6-G凸	272.6	4027.5	552.8	15.2	100.3	111.4	187.2	6.3	30.4	46.5	48.2	2.7		109.4	133.3	38.5	310
D6-G凹	314.7	2102.4	347.3	14.5	129.4	57.6	72.2	6.8	30.6	50.4	53.3	2.3		113.6	142.7	42.5	344.5
D-5-G凸	1775.9	77.1	144.4	13	48	22.1	624.3	3.4	28.9	76.3	21.2	1.3	10.8	76	362.5	16.2	249.3
D5-G凹	1097.1	89	142.1	10.4	44.7	54.9	609.6	5.9	31.6	78	18.1	1.3	10.6	70.2	366.4	14.8	236.8
D-4-G凸	2558.9	88	213.7	5.2	17.6	63.3	473.8	2.4	45.2	1962.9	25.9	0.7	12.8	64.2	362.1	11.2	98.6
D4-G凹	1844.7	69.8	55.8	7.3	37.6	40.8	446.7	3.7	37.5	199.3	20.2	1	10.3	66.4	364.5	12.3	111.4
D-3-G凸	577.7	85.8	86.2	13.6	22.3	52.4	324.6	2.9	31.5	79.1	33.2	1.5	2.5	81.3	301.9	12.4	95.8
D3-G凹	428.2	207.1	1217.3	13	40.1		295.7	0	36.1	102.2	36.9	1.8	7.4	95.7	359.9	14.2	110
D-2-G凸	2834.8	139.1	643.7	14.4	17.4	55.7	322.2	5.6	39.7	112.2	42.7	1.7		75.4	349.9	17.6	133
D2-G凹	2476.7	108.6	404.7	6.1	37.4		275.9	0.8	36.6	112.6	42.8	1.7	4.5	78.5	381.3	19.8	148.1
D-1-G凸	2470.4	75.5	113.2	12	25.8	61	460.3	4.4	30	108.2	18.9	1.1	9.6	61.2	369	13.7	90.3
D1-G凹	2546.3	66.8	123.4	5.3	40.5	13.3	451.5	1.4	30.3	110.8	15.2	1.1	11.8	62.3	378.4	13.9	94.4

	Nb /ppm	Sn /ppm	Cs /ppm	Ba /ppm	La /ppm	Ce /ppm	Pr /ppm	Nd /ppm	Sm /ppm	Eu /ppm	Gd /ppm	Tb /ppm	Dy /ppm	Ho /ppm	Er /ppm	Tm /ppm	Yb /ppm
D-6-G凸	26.7	4.5	18.3	390.7	74.8	150.6	11.4	61.1	4.7	0.89	8.1	0.421	4.1	1.2	2.1	0.5	3.3
D6-G凹	27.1	6.5	20.6	331.2	56.6	130.5	12.6	38.5	9	1.21	4.8	0.726	6.4	1.2	3.3	0.4	2.8
D-5-G凸	10.5	5.1	5.2	592.2	40.3	88	14.6	33.8	10.5	1.411	4.5	1.256	6	0.5	3.4	0.2	1.4
D5-G凹	10.4	3.9	4.5	517	43.6	81.1	10.3	38.6	6.8	1.038	6.4	0.99	5.6	0.5	1.9	0.3	1.8
D-4-G凸	10.9	76.9	6.3	730.3	59.2	108.9	11.8	53.2	7.6	0.987	9	1.05	7	0.5	1.2	0.5	2.2
D4-G凹	11.2	9.3	7.2	678.4	51.4	103.2	12.4	41.9	8.6	1.467	6.3	1.008	4.9	0.5	1.8	0.3	2.2

续表

	Nb /ppm	Sn /ppm	Cs /ppm	Ba /ppm	La /ppm	Co /ppm	Pr /ppm	Nd /ppm	Sm /ppm	Eu /ppm	Gd /ppm	Tb /ppm	Dy /ppm	Ho /ppm	Er /ppm	Tm /ppm	Yb /ppm
D-3-G凸	26.5	3.9	11.9	716.6	54.1	104.1	10	45.4	6.3	1.023	7.4	0.588	6.1	0.5	1.2	0.5	4.1
D3-G凹	30.9	5	14.9	792.3	36.6	94.8	15.5	24.3	13.7	1.224	3.7	1.196	7.4	0.8	5.3	0.4	3.5
D-2-G凸	20	4.3	12.4	840.7	53.6	100.1	9.3	47.5	3.5	0.318	7.3	0382	3	0.6	2	0.5	3.4
D2-G凹	20.7	4.9	14	886.3	37.7	93.2	14.7	27.6	11.7	0.893	4.1	1.149	5.6	0.7	4.4	0.3	2.4
D-1-G凸	10.3	4	6.3	675.7	53	98	10.1	47.5	4.4	0.509	7.2	0.632	3.5	0.4	1.4	0.4	1.8
D1-G凹	8.8	4	6.2	639	36.4	78.5	10.3	27.5	7.9	0.909	4.6	1.034	5.6	0.5	1.7	0.3	1.8

	Lu /ppm	Hf /ppm	Tl /ppm	Pb /ppm	Th /ppm	U /ppm	Na_2O /%	MgO /%	Al_2O_3 /%	SiO_2 /%	K_2O /%	CaO /%	Ti /ppm	Fe_2O_3 /%
D-6-G凸	0.5	11.4	1.8	46.1	30	6.6	0.17	0.54	28.92	62.61	2.017	1.18	6242.8	3.13
D6-G凹	0.5	8.9	1.7	36.4	30.9	6.1	0.65	0.66	26.88	64.15	1.712	1.2	5981.9	3.59
D-5-G凸	0.3	8.1	0.6	17.9	8	1.5	2.02	0.69	10.26	71.874	4.755	7.61	1947.1	2.05
D5-G凹	0.3	8.7	0.5	17.4	8.2	1.5	2.16	0.61	8.88	74.632	4.383	6.75	2070.7	1.89
D-4-G凸	0.3	9.6	0.6	72.6	3.7	0.8	2.29	1.39	8.13	75.337	2.864	7.17	1927.3	1.8
D4-G凹	0.4	4.1	0.7	26.2	6.3	1.1	2.24	1.19	8.76	76.008	3.025	6.27	1941	1.76
D-3-G凸	0.6	4.1	1	9.1	5.7	1	1.98	0.47	10.41	75.655	2.667	6.95	1550.6	1.31
D3-G凹	0.6	2.5	0.9	7.1	7.8	1.6	2.74	0.55	9.13	76.397	2.458	6.37	1631.8	1.68
D-2-G凸	0.5	5.7	1.2	5.8	12.2	2.1	2.49	1.19	8.98	71.364	2.299	10.71	1590.7	2.09
D2-G凹	0.4	3.6	1	4.3	12.2	2.1	2.77	1.06	8.77	72.399	2.43	9.52	1613.7	2.25
D-1-G凸	0.3	3.6	0.6	8.9	5.2	0.8	2.28	1.15	8.6	74.398	2.838	8.05	1925.6	1.89
D1-G凹	0.3	2.9	0.5	8.6	6.9	1.1	2.32	1.12	8.54	74.505	2.847	7.91	1766.1	2

§18.3　EDXRF 谱仪应用于古陶瓷断源、断代的必要条件

古陶瓷的断源、断代是一个非常复杂的系统工程,利用古陶瓷的元素组成进行断源、断代分析,通过多年的积累,现在已采用从已知探未知的方法。即依据相应时代、地域古陶瓷样品存在的元素组成特征和变化规律对未知样品进行归类和判别分析。

古陶瓷实际上一种手工制品,在当时生产条件下,即使同一批产品不同个体中一些元素含量的波动也是不可避免的,因此仅依据古陶瓷样品中个别元素的含量的测定值进行断源、断代,其可靠性很难保证。只有结合相关的陶瓷专业知识,了解古陶瓷的制作原料,以及制品化学组成的变化和制作原料的选择、加工之间的关系,在发现和把握相应时代和地域的古陶瓷样品元素组成的总体本质特征后,方能对未知样进行相应的归类和判别。判别分析是根据观察或测量到的若干变量值判断研究对象如何分类的方法,这一点和聚类分析有些相似,但是聚类和判别之间存在一些区别。聚类分析是在未知类别数目的情况下,对样本数据进行分类;而判别分析则是在已知分类数目的情况下,根据一定的指标对不知类别的数据进行归类。判别分析的目的是得到体现分类的函数关系式,即判别函数。基本思想是在已知观测对象的分类和特征变量值的前提下,从中筛选出能提供较多信息的变量,并建立判别函数,目标是使得到的判别函数对观测量进行判别时的错判率最小。早期的古陶瓷数据分析,直接以化学成分为坐标,或合并减少特征变量,图示古陶瓷样本的分布情况和相互关系、最近三十年来多元统计分析、模式识别算法、人工神经网络算法和支持相机变量算法等应用于古陶瓷研究。因此,对于从事 XRF 分析工作者,若要从事古陶瓷断源、断代的研究,不仅要掌握 XRF 对古陶瓷进行组成分析的方法,还要掌握数据的专业技术处理方法及基本的陶瓷专业知识,善于使用国内已建立的古陶瓷数据库[27]。否则只能根据用户要求提供可靠的分析数据。

§18.4　小　　结

(1) μ-EDXRF 谱仪是文物分析特别是古陶瓷组成分析的主要分析仪器,不仅可对大件样品和残片的主量、次量和部分痕量元素进行非破坏分析,且可在视屏上看清剖面的釉层-过渡层-胎层的"Sandwich"结构,对釉和胎的化学组成进行研究,不需要磨去表面的釉层或磨平瓷片的表面,简化了程序,节省了时间。通常可给出 Mg、Al、Si、K、Ca、Cr、Mn、Fe、Ni、Cu 和 Zn 的氧化物数据。对 Al、Si、K、Ca、Mn、Fe 的氧化物测试精度为 <4%、$MgO<\pm10\%$、$Na_2O<\pm20\%$[15]。

　　（2）手持式 EDXRF 谱仪更适用于现场在位分析，已成功用于壁画、石碑等不可移动的文物组成分析。手持式 EDXRF 谱仪在测试文物方面势必有更大的发展，特别是将 XRF 很多成功的方法如半定量分析、多层膜分析方法予以充分利用。

　　（3）高能偏振 EDXRF 谱仪用于文物特别是古陶瓷残片的分析显然是很有成效的分析方法，几乎可提供从 Na 到 U 所有元素的准确分析结果。对过去只能用中子活化分析的 Cs、Th、U 和稀土元素（La、Ce、Nd、Sm、Eu、Tb、Yb、Lu）等痕量元素均能获得准确分析结果。另一优点是有多个二次靶用于分析不同能量的元素，由于使用二次靶的康普顿散射线作内标，即使用地质参考物质直接用粉末压片为标准样品，测定古陶瓷残片中原子序数大于 26 号的痕量元素，同样可获得很满意的结果。

参 考 文 献

[1] 胡之德．文物分析与保护的战略目标、机遇、挑战和对策//梁文平，庄乾坤．分析化学的明天．北京：科学出版社，2003，102～111．

[2] Wang Changcui. Analects of archaeology. Vol. 3. Hefei：University of Science and Technology of China Press，2003.

[3] 周仁．发掘杭州南宋官窑报告书．"国立中央研究院"二十年总度报告，1931～1932，136～144．

[4] 陈士萍，陈显求．中国古代各类瓷器化学组成总汇//李家治，陈显求，张福康，郭演仪，陈士萍．中国古代陶瓷科学技术成就．上海：上海科学技术出版社，1985；31～131．

[5] Young S. Oriental Art 2，1956：43．

[6] 陶光仪．中国古代陶瓷的 X 射线荧光非破坏分析//李家治，陈显求．'89 古陶瓷科学技术国际讨论会论文集（ISAC'89）.上海：上海科学技术文献出版社，1989，A-3：20～24．

[7] 毛振伟．X 射线荧光光谱单标样无损法测定古钱主要成分.中国钱币，1989，（4）：32-36，70．

[8] Yap C T . X-ray fluorescence studies of low-Z elements of straits chinese porcelains using ^{55}Fe and ^{109}Cd annular Source. X-Ray spectrum. ，1987，16，55～56．

[9] Yap C T . EDXRF studies of the Nanking Cargo with principal-component analysis of trace elements . Appl .Spectrosc .，1991，45（4）：584～587．

[10] 陶光仪，陈士萍，陈显求．中、南美洲古陶的 X 射线荧光光谱分析//郭景坤．02 古陶瓷科学技术国际讨论会论文集（ISAC'02）.上海：上海科学技术文献出版社，2002，A-3；20～24．

[11] 吉昂，陈显求，陈士萍．唐新会官冲窑胎和釉的化学组成// 郭景坤．02 古陶瓷科学技术国际讨论会论文集（ISAC'02），上海：上海科学技术文献出版社，2002，A-16；102～108．

[12] 冯松林，徐清，冯向前等．核分析技术在古陶瓷中的应用研究．原子核物理评论，2005，22（1）：131～134．

[13] 朱剑，毛振伟，张仕定．X 射线荧光光谱分析在考古分析中的应用现状和展望.光谱学与光谱分析，2006，26（12）：2341～2345．

[14] 吴隽，李家治，郭景坤，梁宝鎏．中国越窑青瓷的 EDXRF 研究//郭景坤．99 古陶瓷科学技术国际讨论会论文集（ISAC'99）.上海：上海科学技术文献出版社，1999，E-2，544-550．

[15] 梁宝鎏，彭子成，李国清等．用微探针 EEXRF 法对比研究采自中国、印度尼西亚和泰国古瓷胎的化学

组成:对"海上陶瓷之路"的科技分析//郭景坤.05古陶瓷科学技术国际讨论会论文集(ISAC'05).上海:上海科学技术文献出版社,2005,B-32;333～339.

[16] 朱铁汉,王昌燧,毛振伟等.不同窑口古瓷断面能量色散 X 射线荧光光谱扫描分析.岩矿测试,2007,26(5);381～384.

[17] 夏冬青,秦颍,毛振伟,金普军,董亚巍.湖北省鄂州出土黄铜钱币的腐蚀产物及机理分析.腐蚀科学与防护技术,2010,22(3);234～237.

[18] 林晓燕.实验和理论模拟研究共聚焦 X 射线荧光谱的性能及对古文物的层状结构分析.[博士论文].北京:北京师范大学低能物理所,2008.

[19] Cesareo R,Cappio Borlino C,Boccolieri G , Marabellii M .A portable appara-tus for energy-dispersive X-ray fluorescente analtsis of sulful and chlorine in frescoes and stone monuments .Nucl. Instrum. Methods Phys. Res. B,1999,155;326～330.

[20] Cesareo R,Brunetti A,Castellano A ,Rosales Medina M A. Portable equipment for X-ray fluorescente analysisi// Tsji K ,Injuk J , Van GreikenR. X-Ray Spectrometry ;Recent Technological Advances. 2004；307～341.

[21] Hocquet F P ,Garmir H P ,Marchal A ,Clar M ,Oger C , Strivay D. A remote controlled XRF system for field analysis of cultural heritage objects. X-Ray Spectrom. ,2008;37,304-308.

[22] Gross A. Lab Report XRF422 ARTAX(Bruker 公司),The characterization of historic pigment by μ-XRF;Lab Report XRF421 ARTAX(Bruker 公司),Non-destrictive characterization of historic ink using Micro X-Ray Fluorescence.

[23] 梁宝鎏,Stokes M J,陈铁梅,秦大树.磁州窑和定窑瓷片的 X 荧光分析研究.'99古陶瓷科学技术国际讨论会论文集(ISAC'99).上海:上海科学技术文献出版社,1999,89～92.

[24] 吴隽,李家治,吴瑞.EDXRF 在古陶瓷断源断代无损分析中的应用//郭景坤.'05古陶瓷科学技术国际讨论会论文集(ISAC'06). 上海:上海科学技术文献出版社,2005,C-5;502～507.

[25] 冯松林,张颖,徐清,等.古陶瓷标准参考物质的研制进展//郭景坤.02古陶瓷科学技术5国际讨论会论文集(ISAC'02). 上海:上海科学技术文献出版社,2002,C-4;555～557.

[26] 李丽,朱继浩,冯松林,等.陶瓷无损定量分析标准样品均匀性的 μ-XRF 初步检验.第七届全国 X 射线光谱学术报告会论文集,中国地质学会岩矿测试技术专业委员会,2008;40.

[27] 罗宏杰,高力明.中国古陶瓷胎釉化学组成数据库初步建成,西北轻工业学院学报.1989,7(2);91.

第十九章　水泥原材料分析

§19.1　引　　言

20世纪70年代我国已引进波长色散X射线荧光光谱仪用于水泥原材料的质量控制分析,该分析手段具有快速、准确、经济等特点,经多年的实践已被公认为是大中型水泥企业的首选的组成分析仪器。在20世纪80年代初我国学者已用波长色散谱仪分析水泥及其原料[1,2],主要分析水泥工业中原料、生料、熟料和成品中的主要成分:Na_2O、MgO、Al_2O_3、SiO_2、SO_3、CaO、Fe_2O_3,有时还要分析 Cl 及痕量元素等。国外早在二十年前就对水泥中 Tl、Pb、Cd、Cr、Zn 等痕量元素的分析给予足够的重视。近年来随着环境保护的需要,已有人测定了煤和石灰石中 Sc、V、Cr、Co、Ni、Cu、Zn、Ga、Ge、As、Se、Br、Eb、Sr、Y、Zr、Nb、Mo、I、Cs、Ba、La、Ce、Nd、Sm、Yb、Hf、Ta、W、Pb、Th 和 U 等30多个痕量元素[3]。

20世纪70年代开发成功的钙铁分析仪,在80年代后期国内已能批量生产,于90年代初用小功率X射线管激发的 Si、Al、Ca、Fe 四元素能量色散分析仪问世;吉昂[4]曾用 Cu 靶X射线管和正比计数管为探测器的 MiniMate 能量色散X射线荧光光谱仪分析水泥中 Mg、Al、Si、K、S、Ca 与 Fe 的氧化物,可满足现场分析要求。由于现在生产水泥时有时使用工业废渣或旧轮胎等,因此痕量及有害元素的分析就显得十分重要。国内水泥厂已将高能偏振能量色散X射线荧光光谱仪用于分析工业废渣中 S、Cl、Cr、Mn、Ni、Cu、Zn、As、Mo、Cd、Ba、Pb 等有害元素。

我国绝大多数中型以上水泥厂,以使用波长色散X射线谱仪控制生产质量为主,他们充分利用和开发 XRF 分析技术优势,及时、准确地为生产质量控制提供大量的分析数据,配合熟料生产,使产量和质量达到较高的水平,可从某水泥厂使用情况(表19-1)窥见一斑。

表 19-1　某水泥厂应用 XRF 分析水泥原材料情况*

	1995 年	1996 年	1997 年	1998 年	1999 年	2000 年
仪器运转率/%	95.1	99.66	93.62	94.00	95.57	91.51
分析项目/种类	4	5	6	6	7	8
样品数/个	8130	8696	9245	11483	20547	29675
人员	12	12	11	11	10	8

* 1999 年新窑投入生产。

从分析结果准确度和精度以及测量时间来看,波长色散谱仪优于能量色散谱仪,前者测定常见组成 Na_2O、MgO、Al_2O_3、SiO_2、SO_3、K_2O、CaO、Fe_2O_3,通常在不到 60s 的测定时间内,即可满足要求,而能量色散通常需要 $120\sim1200s$,Na 和 Mg 的数据尚不如波长色散谱仪。若需要测定多个痕量元素,在测定时间方面两类谱仪相差无几。但这并不妨碍能量色散谱仪用于矿山现场分析或作为生产质量控制的备用仪器。

为规范和提高我国水泥厂 X 射线荧光分析的水平,我国已制定《水泥 X 射线荧光分析通则》国家标准(GB/T 19140—2003),该标准的特点是注重结果而不过分强调过程。刘玉兵等对该标准作了详细介绍[5]。现在国外一些生产仪器厂家已经推出用于水泥原材料分析的波长色散谱仪和能量色散谱仪专用仪器。国内生产的用于水泥行业的能量色散和波长色散 X 射线荧光光谱仪在我国已占有相当大的市场。

这里从分析对象、制样方法、标样的配制、基体校正特别是结构效应对分析结果的影响予以探讨,并就能量色散 X 射线荧光光谱仪在水泥原材料分析中应用作简单介绍。

§19.2　分　析　对　象

水泥厂生产质量控制涉及生料配料控制、原料的检验、进厂原煤中硫的测定、熟料质量检验和水泥成品的检验等。其中原料主要有:石灰石、白云石、黏土或砂岩或页岩、矿渣(如铁渣、铜渣)、铁粉、煤灰和石膏等。为便于了解概况,将配料比例之一列于表 19-2。作为一个实例,在表 19-3 中列出原材料主要成分。

表 19-2　配料比例

原料	生 料		熟料	水泥	水分
	干基	湿基			
石灰石	84.10%	81.78%	88.97%	84.52%	2.00%
黏土	13.48%	15.48%	8.87%	8.42%	17.00%
铁渣	2.42%	2.75%	1.55%	1.48%	16.00%
煤灰			0.61%	0.58%	
石膏				5.00%	3.00%

表 19-3　原材、半成品和成品的参考组成

组成/%	石灰石	黏土	铁渣	生料	煤灰	熟料	石膏	水泥
SiO_2	5.44	68.12	14.47	14.11	32.1	21.80	0.06	20.72
Al_2O_3	0.95	14.01	3.68	2.78	12.28	4.33	0.62	4.14
Fe_2O_3	0.43	5.84	63.36	2.68	12.24	4.18	0.03	3.98
CaO	50.25	1.00	7.52	42.48	28.50	65.38	29.66	63.60
SO_3	0.27		4.48		8.20	0.56	41.19	2.60
K_2O	0.04	2.22	0.47	0.34	0.65	0.53	0.05	0.51
Na_2O	0.05	1.18	0.14	0.20	1.87	0.32	0.03	0.31
MgO	0.54	1.44	2.52	0.71	1.69	1.10	1.14	1.10
灼烧减量	40.88	4.91	2.66	35.11	0.65			

　　水泥制品中主量和痕量元素分析范围参见表 19-4 和表 19-5,特种水泥不在其例。

表 19-4　水泥主要成分含量范围(%)

	LOI	不溶物	SiO_2	Al_2O_3	Fe_2O_3	CaO	MgO	SO_3	Na_2O	K_2O	TiO_2	P_2O_5	MnO
最小值	0.5	0.05	20.0	3.5	1.3	49	0.5	1.0	0.05	0.25	0.15	0.03	0.04
最大值	2.0	5.0	30.0	11.0	4.3	65.5	5.1	3.3	0.3	0.55	0.75	0.40	0.60

表 19-5　水泥中微量元素含量范围(ppm)

	V	Cr	Ni	Cu	Zn	As	Sr	Zr	Mo	Cd	Ba	Pb
最小值	30	45	10	10	100	2.0	200	40	10	0.6	140	30
最大值	300	300	80	300	1200	40	420	200	110	30	700	500

§19.3　基 体 效 应

§19.3.1　元素间吸收增强效应

　　水泥中经常要分析的主量、次量元素的吸收限能量和特征 X 射线能量列于表19-6。

表 19-6　水泥中经常要分析的主量、次量元素的吸收限能量和特征 X 射线能量

待分析元素	F	Na	Mg	Al	Si	S	K	Ca	Fe
K 系吸收限/keV	0.687	1.08	1.303	1.559	1.837	2.470	3.606	4.037	7.101
K_α 线能量/keV	0.677	1.04	1.254	1.487	1.740	2.307	3.311	3.690	6.400

　　表19-6表明原子序数 Z 可以激发 $Z-1$ 的元素,如配制 SiO_2 和 Al_2O_3 二元体系,分别测定 Si、Al 的 K_a 线强度,如图19-1所示。图19-1显示了 SiO_2 和 Al_2O_3 二元体系中的元素间吸收增强效应,硅的 K 系线激发铝,使其强度增加,而硅的强度减弱。但在生料、熟料水泥的分析,如表19-4所示其基体组成变化很小,正如在第七章的§7.2.2节中所表述的那样,对生料而言元素间吸收增强效应可以忽略。

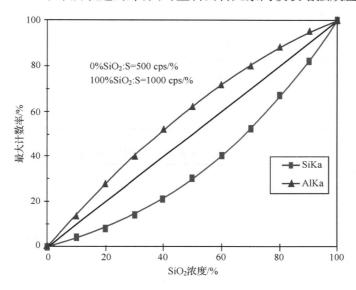

图 19-1　SiO_2 和 Al_2O_3 二元体系间吸收增强效应

§19.3.2　矿物结构效应

　　在分析生料中诸元素时,若不存在矿物结构和粒度效应时,即使用粉末压片法制样亦可获得准确定量分析结果,然而正如表19-2所示,生料是由四种以上矿物配制而成,各地矿山的矿物组成差异很大。以生料主要成分石灰石为例,它在生料中约占总量的80%左右,我国目前水泥厂使用的石灰岩地质年代系从寒武系到三叠系;若按石灰岩成因区分,既有沉积岩,又有变质岩;依化学成分 CaO 的含量则从 55.2% 到 30.0%。即使在同一石灰石矿山,不同粒径的矿石中 $CaCO_3$ 的含量也是有很大差异的,如表19-7所示。表19-8为同一水泥厂来自5个不同矿山的石灰石组成,CaO 含量从 34.89% 到 55.38%,SiO_2 从 0.25% 到 35.20%。

表 19-7　石灰石粒度与 CaCO₃ 的含量关系

颗度/mm	97-10-31-15-00		97-10-31-15-30		97-11-03-16-20		97-11-26-16-00	
	颗度分布/%	$CaCO_3$/%	颗度分布/%	$CaCO_3$/%	颗度分布/%	$CaCO_3$/%	颗度分布/%	$CaCO_3$/%
≥50	0	0	5	0	1.78	97.13	17.50	97.1
50~25	19.49	93.75	26.28	95.25	20.90	97.00	20.30	94.9
25~10	35.49	91.75	29.57	86.13	34.40	94.38	31.30	94.3
10~5	13.96	92.00	13.69	82.75	16.17	90.63	12.50	91.13
5~1	17.44	91.50	19.33	67.38	19.23	81.00	14.40	84.40
≤1	13.27	60.75	11.14	51.38	7.52	74.50	4.0	73.75
平均		88.88		71.13		90.30		92.27

表 19-8　同一水泥厂来自四个不同矿山石灰石含量

产地	LOSS	SiO_2	Al_2O_3	Fe_2O_3	CaO	MgO	合计
1	43.25	0.25	0.11	0.11	55.38	0.40	99.50
2	41.65	2.95	0.35	0.31	54.05	0.30	99.61
1	42.31	1.94	0.20	0.18	54.18	0.85	99.66
3	41.06	5.55	0.31	0.25	52.66	0.60	100.43
3	40.50	6.70	0.47	0.40	51.40	0.35	99.82
4	39.33	8.66	0.50	0.30	50.74	0.45	99.98
3	39.87	6.70	0.55	0.60	49.31	2.00	99.03
5	38.38	9.98	0.75	0.45	48.75	0.95	99.26
3	38.42	7.50	3.85	0.78	47.85	0.80	99.20
4	36.71	14.17	1.30	0.89	46.22	0.62	99.91
4	37.80	10.15	3.22	1.15	44.34	2.50	99.16
4	33.56	19.56	3.90	1.75	40.60	0.50	99.87
3	27.84	35.20	1.38	0.27	34.89	0.68	100.26

§19.3.2.1　化学位移

　　为了说明这些影响,作者以泥质灰岩(GBW07108,GSR6)、石灰岩(GBW07120,GSR13)和花岗岩(GBW07103,GSR1)为对象作一简单说明。这三个样均为国家一级标样,粒度小于 0.074mm 以上的占 98%,粒度分布较均匀,故可忽略粒度效应。

　　不同矿物由于待测元素的价态、配位及晶体结构差异而使特征 X 射线能量发生位移,如 S^{-2} 和 S^{-6} 的 2θ 角度相差 0.11°。这里以粉末压片法制备 GSR1、GSR6 和 GSR13 三个标样,分别用 PW2424 波长色散 X 射线荧光谱仪对 Al、Si、Ca 和 Fe 四个元素的峰位进行测定。测定 Fe 时用 LiF_{220} 晶体,Ca 用 LiF_{200} 晶体,用 $150\mu m$ 准直器,Al 和 Si 用 PE_{002} 晶体,均用 $300\mu m$ 准直器,50kV,50mA。每个样品在测定峰位角度时测定三次,取平均值。其结果列于表 19-9。

表 19-9　Al、Si、Ca 和 Fe 四个元素的峰位三次测量平均值及浓度

	GSR1(花岗岩)		GSR6(泥质灰岩)		GSR13(石灰岩)	
	2θ	浓度 /%	2θ	浓度 /%	2θ	浓度 /%
SiO_2	108.9786	72.83	108.9789	15.60	108.9784	6.65
Al_2O_3	144.8283	13.40	144.7974	5.03	144.7967	0.68
CaO	113.1383	1.55	113.1379	35.67	113.1384	51.1
Fe_2O_3	85.8006	2.14	85.8018	2.52	85.8113	0.21
LOI		0.70		34.1		40.2

从表 19-9 可知,除 Al 相差 0.03°外,其他元素的 2θ 角度差均小于 0.01°,对强度虽有影响,但很小。因矿物结构效应导致峰位强度变化对 WDXRF 和 EDXRF 谱仪而言是完全可以忽略的。

§19.3.2.2　不同产地的矿物对 X 射线荧光分析结果的影响

以不同产地石灰石为例,说明矿物结构效应对分析结果的影响,本试验所用石灰来源于 5 个不同产地的 13 个石灰石样,其组成如表 19-8。将来样 (约 $80\mu m$)以 30t 压成片,以理论影响系数法校正元素间影响制定工作曲线,工作曲线的 RMS、 K 因子和校准曲线计算值与标样化学值绝对差列于表 19-10。从表 19-10 可知,仅用理论 α 系数校正元素间相互影响,除 Fe_2O_3 外其结果均不能满足分析要求。显然矿物结构效应对分析结果有很大的影响。

表 19-10　用理论影响系数法校正元素间影响的校准曲线

	MgO	Al_2O_3	SiO_2	CaO	Fe_2O_3
RMS	0.15463	0.17541	3.18203	0.82125	0.06677
K	0.1664	0.11691	0.62565	0.11598	0.08796
最大绝对差 /%	0.3232	0.3783	8.6371	1.32414	0.1370

由此可见,矿物结构效应是粉末压片法分析水泥生料误差的主要来源。

§19.3.3　颗粒度效应

颗粒度的大小直接影响待测元素的特征 X 射线荧光强度,当颗粒度足够大时将产生所谓阴影效应。在分析生料时,情况较复杂,如用不同研磨时间研磨粉料,原则上试样颗粒度随研磨时间增加而变化,而实际上与待测元素有关。其结果列于表 19-11。

表 19-11　生料粉碎时间与强度(kcps)的关系

粉碎时间/s	Mg	Al	Si	K	Ca	Fe
90	1.8175	3.3855	63.126	11.176	222.259	3.335
180	1.8274	3.2777	64.3614	11.2186	218.659	3.428
240	1.8345	3.2205	64.3914	11.2133	218.4455	3.4313
300	1.8321	3.1764	64.5826	11.2285	217.9739	3.4964
300s 与 90s 结果比较	1.0080	0.9382	1.023	1.0047	0.9807	1.048
240s 与 180s 结果比较	1.0039	0.9824	1.0005	1.0005	0.9990	1.0096

从表 19-11 可知 Al、Si、Ca、Fe 粉碎时间从 90s 增加到 300s,其相对强度变化随不同元素而有较大变化,变化幅度从 2% ～ 7.2% 。因此,应该根据实际情况选择研磨时间,其原则大体上每个元素的强度随研磨时间增加变化较小,如研磨时间从 180s 增加到 240s 时,主量元素 Si 和 Ca 的强度变化均为 0.1% ,因此,像这种生料研磨时间选择 180s 为好。表 19-11 中 Mg、Si、K 和 Fe 随研磨时间增加,强度也随之增加;而 Al 和 Ca 的情况则相反,其原因尚待研究。

§19.4　样 品 制 备

依据 GB/T 12573 方法进行取样,送往实验室的样品应是具有代表性的均匀样品。采用四分法缩分至约 100g,经 0.08mm 方孔筛筛析,用磁铁吸去筛余物中金属铁,将筛余物经过研磨后使其全部通过 0.08mm 方孔筛。将样品充分混匀后,装入有磨口塞的瓶中并密封。

水泥原材料的制样方法,最常用的是粉末压片法和熔融片法。

粉末压片法的特点是经济、制样方便,在一定条件下能满足常规分析要求。但如前所述矿物结构效应对分析结果影响很大, 对矿物来源多变的工厂要获得很好的结果并不是一件很容易的事, 需要在相当长一段时间内, 将粉末压片法结果与化学法或熔融法相互验证。

熔融片法的优点是可克服矿物效应和颗粒度效应,标样制备方便,可应用非相似标样,并可用一套标准样品,用于生料、熟料和水泥组成分析[6]。但与粉末压片法相比,经济上较贵,制样时间较长。较理想的办法是将熔融法与粉末压片法结合起来,发挥各自特长。在原料来源相对稳定的情况下,常规控制分析可用粉末压片法。所有制样方法均应在样品均匀情况下,制 10 个样片,确认制样误差小于国家标准允许误差。

§19.4.1 粉末压片法

粉末压片法是否要加助磨剂或黏结剂、研磨时间等条件的确定要依据实际分析样品,通过实验确定。

在制样时必须满足如下条件:

标准样品的化学组成和矿物组成必须与待分析样品相一致。待分析试样的矿物组成和含量尽可能位于校准曲线中部。

标准样品和试样的制备方法要严格一致,采用粉末压片法时,样品和助磨剂、黏结剂的称量、研磨粉碎时间、压力和保压时间要严格一致。

常用的方法推荐如下:

生料、石灰石、电收尘、增温塔和泥灰岩通常取 10.00g 样加 0.10g 硬脂酸 [stearic acid ,$CH_3(CH_2)_{16}CO_2H$]和 2 滴三乙醇胺,在振动磨中研磨 2.5min,在 20t 压力下压制成片,并保持压力 30s。

砂页岩、河砂和铁渣等取 9.0g 样加 0.3g 硬脂酸和 2 滴三乙醇胺,在振动磨中研磨 2.5min,在 20t 压力压片,并保压 30s。

熟料和干基生料则取 10.0g 样分别加 0.3g 和 0.4g 硬脂酸和 2 滴三乙醇胺,在振动磨中研磨 2.5min,在 20t 压力压片,并保压 30s。

加硬脂酸的优点是,不仅助磨,且方便清洗振动磨具,通常对于同类试样,用吸尘器吸去残留样即可。

使用碳化钨研磨容器,对水泥厂而言最好多配备几个容器,分别用于生料、熟料等,以防相互污染。生料和熟料直接用振动磨研磨 210s,用 PVC 环在压力 20~30t 下压片,并保持压力 30s。在 HERZE 振动磨机上,取 30.0g 生料,加 1.0g 硼酸、3 滴无水酒精,振动 20s,在 150N 压力下压制成片,保压 50s。

§19.4.2 熔融片法

熔融片方法中,要有材质为 5% Au-95% Pt 的铂金坩埚及模具、最高温度不得低于 1150℃的高温炉,熔剂有无水四硼酸锂、偏硼酸锂及其混合物,如 A12(66% $Li_2B_4O_7$＋34% $LiBO_2$)熔剂。熔融方法视试样不同而有所不同,用 A12 熔剂与试样比例建议使用表19-12中所推荐的方法。表19-12中所用熔融时间应根据熔融设备确定,若熔融设备无搅拌功能,应人工将熔融体摇动三次以上,保证熔融体均匀,浇铸前,模具(直径通常为33～40mm)加热至红,浇铸后,冷却温度应根据试样选择,保证玻璃片透明、无析晶。

表 19-12　熔融方法的制样条件

样品名称	试样与熔剂比	氧化剂	预氧化温度	熔融温度*
水泥和白云岩	1.8：9	1gNH₄NO₃	500℃1min	1100℃4min
黏土和高岑土	1.8：8	同上	同上	1100℃5min
砂岩和土址	1：8,1 份 Li₂CO₃			1100℃6min
矿	1.8：8,1 份 Li₂CO₃	2gNH₄NO₃	200℃预热 3min	1100℃7min
矿渣	1.8：8,1 份 Li₂CO₃	1gNH₄NO₃	500℃预热 2min	1100℃5min
含硫矿渣	1.8g 样加 10mL 硝酸, 8g 熔剂,1gLi₂CO₃		200℃预热 3min, 500℃预热 2min	1100℃5min
铝土矿	1.8：8,1 份 Li₂CO₃	1gNH₄NO₃	500℃预热 2min	1100℃3.5min
石膏	1.8：8,1 份 Li₂CO₃	1gNH₄NO₃	500℃预热 1min	1100℃3.5min
生料	1.8：8,1 份 Li₂CO₃	1gNH₄NO₃	500℃预热 2min	1100℃3.5min
熟料	1：8,1 份 Li₂CO₃	1gNH₄NO₃	500℃预热 1min	1100℃4min
水泥	1.6：8	1gNH₄NO₃	550℃预热 3min	1120℃6.5min

* 熔融时间与熔样设备有关,这里是用高频炉。

§19.4.3　标样的制备

§19.4.3.1　生料标样的制备

刘玉兵等[7]提出了采用高低两个端点样品配制中间样品的制样方法和通过测高含量元素确定最低含量元素的定值方法,使定值工作量显著减小。他使用高镁石灰石、低镁石灰石、黏土、铁粉和矾土等原料,分别研磨,并用 0.080mm 方孔筛子,进行筛分处理,弃去筛余部分,对细粉进行筛混,然后对各原料进行分析。依据常规确定系列标准样品二端点主成分含量及所用原料比例分别列于表 19-13,表19-14。

表 19-13　高钙生料的标样 (XS1) 的配制及其化学成分的估算 (%) [7]

成分	配比	SiO₂	Al₂O₃	Fe₂O₃	CaO	MgO	K₂O	Na₂O	Loss
石灰石 1	0.83	1.50	0.25	0.17	44.95	0.46			
黏土	0.12	8.18	1.72	0.65	0.17	0.26			
铁粉	0.05	1.40	0.30	2.99	0.02	0.05			
XS1	1	11.08	2.27	3.81	45.14	0.77	0.35	0.22	36.00
XS1*		11.13	2.14	3.82	45.10	0.81	0.35	0.22	36.05

* 为化学分析值。

表 19-14　低钙生料的标样 (XS2) 的配制及其化学成分的估算 (%) [7]

成分	配比	SiO₂	Al₂O₃	Fe₂O₃	CaO	MgO	K₂O	Na₂O	Loss
石灰石 2	0.78	1.87	0.66	0.17	38.93	2.96			
黏土	0.21	14.32	3.01	1.13	0.29	0.45			
矾土	0.01	0.08	0.86						
XS2	1	16.27	4.53	1.3	39.22	3.41	0.68	0.42	33.87
XS2*		16.41	4.55	1.37	39.06	3.43	0.68	0.42	33.79

* 用化学方法和原子吸收光谱法对诸元素进行分析,每种元素至少获取 9 个分析数据,最多有 32 个数据,计算出不确定度。

将两端点样品 XS1 和 XS2 分别以 1:9、2:8、3:7、4:6、5:5、6:4、7:3、8:2 和 9:1 的比例混合,配制成 9 个标准样品各 5kg,每个标样用振动筛筛混四次,再用人工筛筛混三次,装入试样桶中,在装桶过程中,随机各取样品 8 个,每个样品 25g,用于均匀性试验。在进行均匀性试验时,系对每个试样分析钙 2 次,所得数据列表后用方差分析法 (F 法) 进行检验。应该指出应用这种方法配制生料的标准,适用于熔融的方法,并不适用于实际生产控制分析,且不同元素的含量均存在相关性。若原料来源复杂,应在此基础上,尽可能包含各个矿山的原料的生料经化学分析或用熔融法分析后,加入标样中。

张攸沙[8] 针对生产过程各环节样品特点,采用矿山取样、配样、生产过程取样、日常分析留样等方法获取标准样品,标准样品中各个元素的化学成分,由有经验的化学分析工进行平行实验或送国家质检中心分析。这种方法所选择的标样大体上能满足标样与实际试样物理化学形态相似的要求,从而满足生产质量控制要求。生产过程取样、日常分析留样等方法获取标准样品是目前比较适用的方法,有益于消除矿物结构效应,但需要时间积累。

§19.4.3.2　熔融法标样的制备

由表 19-3 可知,水泥生产中所涉及的原材料分析有水泥、熟料、生料、黏土、煤灰、铝矾土、硅石、铁粉、矿渣、石灰石、白云石、石膏、石灰等十多种，可以采用基准样氧化物作标样，用四硼酸锂熔融，再熔制一个四硼酸锂空白样，制定工作曲线时用理论影响系数或基本参数法校正基体效应[6]。或如张秀彬等[9]所介绍的那样，可选用标准样与高纯化学试剂作标样，如表 19-15，制定一种可适用于原材料的分析方法。

表 19-15　熔融法所用化学试剂

成分\试剂	SiO$_2$	Al$_2$O$_3$	Fe$_2$O$_3$	CaO	MgO	SO$_3$	Na$_2$O	K$_2$O	TiO$_2$	P$_2$O$_5$	MnO
石英(标准样)	99.52	0.451	0.012				0.007	0.005	0.020		
Al$_2$O$_3$(分析纯)		100									
Fe$_2$O$_3$(光谱纯)			100								
CaCO$_3$(基准试剂)				56.03							
MgO(光谱纯)					100						
CaSO$_4$(分析纯)				41.19		58.81					
Na$_2$CO$_3$(基准试剂)							58.48				
K$_2$CO$_3$(分析纯)								68.16			
TiO$_2$(光谱纯)									100		
KH$_2$PO$_4$(基准试剂)								34.61		52.15	
KH$_2$PO$_4$(基准试剂)								34.61		52.15	
KMnO$_4$(分析纯)								29.80			44.88

将选定的试剂按表 19-16 的方法处理备用。

表 19-16　试剂预处理条件

试剂名(样品名)	干燥条件	备注
石英(标准样)	1000℃灼烧 1h 以上	
Al$_2$O$_3$(分析纯)	1000℃灼烧 1h 以上	根据试剂包装瓶上标签，Al$_2$O$_3$ 含量按 99.50% 计
Fe$_2$O$_3$(光谱纯)	1000℃灼烧 1h 以上	
CaCO$_3$(基准试剂)	250℃干燥 2h 以上	
MgO(光谱纯)	1000℃灼烧 1h 以上	
CaSO$_4$(分析纯)	600℃灼烧 1h 以上	根据试剂包装瓶上标签，CaSO$_4$ 含量按 99.50% 计
Na$_2$CO$_3$(基准试剂)	250℃干燥 2h 以上	
K$_2$CO$_3$(分析纯)	250℃干燥 2h 以上	根据试剂包装瓶上标签，K$_2$CO$_3$ 含量按 99.50% 计
TiO$_2$(光谱纯)	1000℃灼烧 1h 以上	
KH$_2$PO$_4$(基准试剂)	干燥器内室温干燥 24h 以上	
KMnO$_4$(分析纯)	干燥器内室温干燥 24h 以上	根据试剂包装瓶上标签，KMnO$_4$ 含量按 99.75% 计
Li$_2$B$_4$O$_7$ 或混合熔剂	650℃干燥 2h 以上	放干燥器中备用

依据组成设计确定化学试剂称量值,称量所需的化学试剂和熔剂,记录实际称量值。计算每个熔片中组成含量,列于表 19-17。

表 19-17 非相似标样组成

片号\成分	SiO$_2$	Al$_2$O$_3$	Fe$_2$O$_3$	CaO	MgO	SO$_3$	Na$_2$O	K$_2$O	TiO$_2$	P$_2$O$_5$	MnO
1#	99.639	0.451	0.012	0.000	0.000	0.000	0.007	0.005	0.020	0.000	0.000
2#	89.607	10.435	0.011								
3#	74.600	20.258	0.009			4.999					
4#	59.672	30.120	0.007			10.028					
5#	43.868	0.199		23.025		32.874					
6#	29.617	44.869	10.104	6.254		8.930					
7#		4.975	40.060	10.025	40.060	4.986					
8#	0.000	0.000	60.060	13.943		19.907		6.009			
9#	19.944	59.850	20.102								
10#			5.000	39.854	5.040	49.750				0.000	0.000
11#	0.000	0.000	80.000	0.000	0.000	0.000	19.939	0.000	0.000	0.000	
12#	0.000	0.000	0.000	84.998	0.000	0.000	14.971	0.000	0.000	0.000	
13#	0.000	0.000	0.000	99.991	0.000	0.000					
14#	0.000	0.000	0.000	70.015	20.000	0.000	9.969	0.000	0.000	0.000	
15#	16.620	0.075	0.002	60.008	9.940	0.000	0.001	2.126	5.023	1.992	1.209
16#	19.227	0.087	2.002	64.981	1.960	2.013	0.996	2.662	2.064	3.025	0.985
17#	8.977	2.568	1.021	79.018	1.060	1.030	0.515	1.993	1.042	1.022	1.979
18#	23.885	15.053	3.083	55.040	0.500	0.538		0.685	0.465	0.511	0.519

§19.5 测 定 条 件

测定条件视使用仪器而定,现以两个实例予以说明。

例1 使用封闭式正比计管的 EDXRF 谱仪

EDXRF 谱仪使用充氖气封闭式正比计管,相对分辨率 12% ～14% ,X 射线管阳极为 Cu 靶的低分辨率谱仪,功率 9W,2048 道多道分析器,以 Ti 为参考样校正仪器增益及峰位。通常设置两个条件:①K、Ca、Fe 和背景测定条件为 12kV ,0.006mA ;②Al、Si、S 和背景测定条件 4kV 和 0.6mA。如条件许可最好抽真空或通 He 气。测定标样前需设置感兴趣区,通常谱仪依据峰位自动选择,如表 19-18所示。用纯元素或其化合物与塑料为空白样确定待测元素的峰位和谱形,通过谱仪提供的程序计算出待测元素间干扰因子列于表 19-19，表中 B（K～Fe）和 B（Mg ～S）为背景干扰因子。使用封闭式正比计管的 EDXRF 谱仪测得生料的谱图如图 19-2 所示。

表 19-18　待测元素的峰位及感兴趣区

元素	K	Ca	Fe	Mg	Al	Si	S
峰位/keV	3.31	3.69	6.398	1.25	1.486	1.739	2.307
ROI/keV	3.01～3.42	3.48～4.03	5.94～6.79	1.02～1.31	1.31～1.55	1.55～1.90	1.99～2.54

表 19-19　水泥生料中 Fe、Ca、K、S、Si、Al 和 Mg 的干扰因子

元素	K	Ca	Fe	B(K～Fe)	Mg	Al	Si	S	B(Mg～S)
K	1.236	−0.480	−0.012	−0.109	0.000	0.000	0.000	0.000	0.000
Ca	−0.591	1.235	−0.012	−0.189	0.000	0.000	0.000	0.000	0.000
Fe	−0.010	0.003	1.015	−0.218	0.000	0.000	0.000	0.000	0.000
B(K～Fe)	0.000	0.000	0.000	1.000	0.000	0.000	0.000	0.000	0.000
Mg	0.000	0.000	0.000	0.000	1.437	−0.969	0.283	−0.024	−0.004
Al	0.000	0.000	0.000	0.000	−0.757	1.817	−0.670	0.041	−0.007
Si	0.000	0.000	0.000	0.000	0.362	−1.017	1.391	−0.106	−0.016
S	0.000	0.000	0.000	0.000	−0.793	0.615	−0.283	1.056	−0.0250
B(Mg～S)	0.000	0.000	0.000	0.000	0.000	0.000	0.000	0.000	1.000

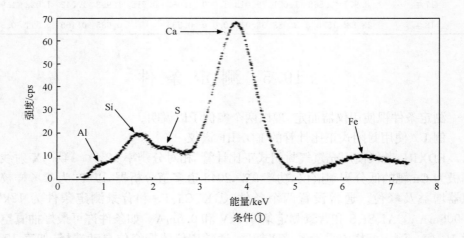

条件①

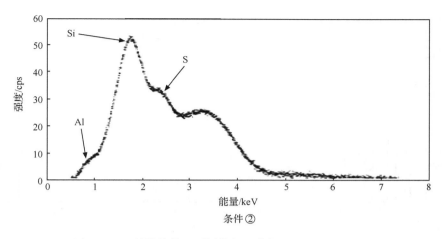

图 19-2　X 射线管使用不同管电压激发 Al、Si、S、K、Ca、Fe

例 2　使用高分辨率 SDD 探测器的 EDXRF 谱仪

谱仪使用 SDD 探测器,X 射线管阳极为 Rh 靶的高分辨率谱仪,功率 9W,4182 道多道分析器。以含 CuAl 合金为参考样校正仪器增益及峰位,配有 Kapton ($50\mu m$)、Al(50、$200\mu m$)、Mo($100\mu m$) 和 Ag($100\mu m$) 滤光片。设置两个条件:① Al、Si、S 和背景测定条件 4kV 和 1mA;②K、Ca、Fe 和背景测定条件为 18kV,0.18mA;Al($50\mu m$) 滤光片。若条件许可,最好抽真空或通 He 气。测定时间分别为 600s 和 400s。以谱拟合方法解谱。解谱后谱图示于图 19-3。

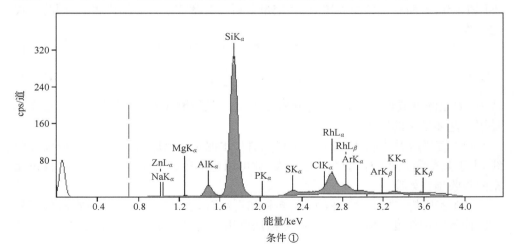

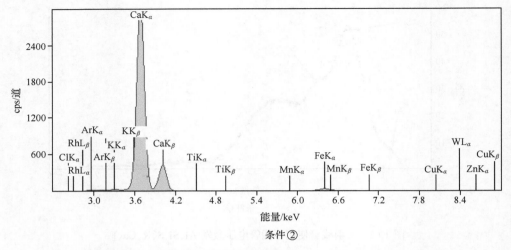

条件②

图 19-3　X 射线管使用不同管电压激发 Mg、Al、Si、S、K、Ca、Fe

§19.6　校准曲线的制定

§19.6.1　校准模式

校正基体常用的有经验系数法、理论影响系数法和基本参数法。校正模式视不同生产厂家而有不同的表述,这在定量分析有关章节中有详细描述,常用的模式之一为:

$$C_i = LO_i + D_i + E_i \times R_i \times [1 + M_i] \tag{19-1}$$

$$[1 + M]_i = 1 + \sum_{j=1}^{n} \alpha_{ij} \times C_j \tag{19-2}$$

式中:C 是浓度或计数率,n 是待分析元素数,i 是待测元素,j 是基体校正元素,α 是用于基体校正的因子。

(1)若用熔融法制样,为分析生料、熟料、水泥及矿物原料,可共用一根校准曲线,由于其待测元素的含量变化范围大,故可用基本参数法或理论 α 系数法校正元素间吸收增强效应。

(2)若用粉末压片法分析生料、熟料和石灰石,通常用经验影响系数法校正矿物结构效应和粒度效应。经验影响系数法可用强度模式亦可用浓度模式。

§19.6.2　生料校准曲线

为验证经验系数法可否校正生料矿物效应,作者用国家标准样(XS1、XS2、

XS7、XS10、XS11)和国内三省市不同的三家水泥生产厂的生料标样(M1、M4、M5、M10、M13,HUA1～HUA8;RAW-M1、RAW-M2、RAW-M6)共 21 个标样制定校准曲线,这些标样均未对来样再粉碎,直接用 PVC 环压样,压力 30t,保压 30s。校准曲线的结果列于表 19-20。

表 19-20　四种不同生料的校准曲线

元素	Na₂O	MgO	Al₂O₃	SiO₂	K₂O	CaO	Fe₂O₃
RMS	0.02132	0.17635	0.16273	0.21157	0.03039	0.22576	0.15636
K	0.0366	0.16276	0.08875	0.05845	0.03723	0.03463	0.09884
校正项		Si、Ca、Al	Si、Ca	Al、Ca、Fe	Si、Ca	Si、Al、Fe	Si、Al
最大绝对差/%	0.04	0.20	0.26	0.22	0.15	0.35	0.19
含量范围/%	0.04～0.42	0.44～3.43	2.14～4.58	11.13～16.41	0.35～0.68	39.06～45.15	1.37～3.82

表中校正项系用经验系数法求经验系数,表 19-20 结果表明,在一定条件下经验系数法可以校正矿物结构效应和颗粒度效应。其结果基本符合GB17-87规定的不同试验室分析结果的允许误差范围。

§19.6.3　石灰石校准曲线

若用经验系数法对表 19-8 中 13 个石灰石进行校正,其结果列于表 19-21。该结果是可以满足常规分析要求的。而表 19-10 中用理论影响系数校正,SiO₂ 和 CaO 最大绝对误差分别为 8.64% 和 1.32%,使用经验系数法后则小于 0.38%。

表 19-21　用经验校正元素间影响的校准曲线

	MgO	Al₂O₃	SiO₂	CaO	Fe₂O₃
RMS	0.13679	0.0668	0.28115	0.27579	0.06875
K	0.15277	0.07614	0.17357	0.03849	0.09441
校正项	Si、Ca、Al	Si、Ca	Al、Ca、Fe	Si、Al、Fe	Si、Al
最大绝对差/%	0.16	0.09	0.38	0.37	0.14
含量范围/%	0.3～2.5	0.11～3.9	0.25～35.2	34.89～55.38	0.11～1.75

§19.7　精　密　度

以§19.5 节中例 2 所用的谱仪条件分析水泥样,在充氮气情况下,16h 内连续测定 40 次,每次测定实时间约 21min,其结果列于表 19-22。结果表明所有元素平均相对误差均小于 0.05%。

表 19-22　MiniPal4 EDXRF 谱仪分析水泥样的精密度

	Na$_2$O	MgO	Al$_2$O$_3$	SiO$_2$	SO$_3$	K$_2$O	CaO	TiO$_2$	Mn$_2$O$_3$	Fe$_2$O$_3$	ZnO	P$_2$O$_5$
平均值/%	0.268	1.512	5.891	20.74	1.997	0.469	64.014	0.353	0.057	2.899	0.054	0.455
标准偏差	0.002	0.034	0.034	0.073	0.01	0.011	0.0299	0.002	0.0006	0.002	0.0006	0.015
最小值/%	0.264	1.480	5.832	20.604	2.017	0.448	63.967	0.349	0.056	2.897	0.052	0.433
最大值/%	0.271	1.549	5.946	20.894	1.985	0.485	64.081	0.356	0.059	2.904	0.055	0.471

§19.8　准　确　度

这里仅列出以本章 §19.5 节条件 1 中所述的仪器(封闭式正比计数管为探测器),将未参加校准曲线的标样当未知样测定,其结果列于 19-23。

表 19-23　分析结果对照(质量分数 /%)[4]

测定成分	NIST1885		样品 A		样品 B	
	推荐值	EDXRF 值	推荐值	EDXRF 值	推荐值	EDXRF 值
MgO	4.02	4.40	2.80	3.17	1.80	2.15
Al$_2$O$_3$	3.68	3.73	4.20	4.17	4.18	4.15
SiO$_2$	21.20	21.36	21.60	21.51	21.75	21.52
K$_2$O	0.83	0.84	0.51	0.51	0.60	0.68
SO$_3$	2.22	2.17	2.70	2.79	2.00	2.13
CaO	62.14	62.37	63.60	63.71	63.80	63.51
Fe$_2$O$_3$	4.40	4.22	3.00	2.94	4.29	4.17

综上所述,目前国内外水泥行业已广泛将波长色散 X 射线荧光光谱分析应用于生产质量控制,多年实践表明,是成功的。EDXRF 谱仪虽然在分析速度和测定低含量 Na 和 Mg 的准确度方面尚不如功率≥1kW 的 WDXRF 谱仪,但是可以用于水泥矿山的现场分析和生产质量控制的备用仪器。

参 考 文 献

[1] 李彦成,李乃珍. 仪器分析在水泥工业中的应用. 北京:建筑工业出版社,1981.

[2] 袁汉章,吴自德,丁颂亚等. 水泥生料的 X 射线荧光光谱分析. 分析化学,1986,14(1):40～43.

[3] Dirken M M. Determining trace concentrations. World cement April 2003,(4):64～68.

［4］吉昂,卓尚军,陶光仪 . MiniMate EDXRF 谱仪在水泥工业分析中的应用 . 理化检验-化学分册,1999,35(11):483～485.

［5］刘玉兵,赵鹰立,游良俭 . X 射线荧光分析技术及相关标准介绍 . 水泥 2004,(12):43～46.

［6］吉昂,陶光仪,卓尚军,罗立强 . X 射线荧光光谱分析,北京:科学出版社,2003:170～175.

［7］刘玉兵,赵鹰立,黄小楼 . X 射线荧光光谱仪用水泥生料标准样品的研制 .水泥,1999,(11):35～40.

［8］张攸沙 . XRF 定量分析中水泥生产各物料标准样品的制取 .第六届 Panalytical 用户会议文集 .

［9］张秀彬,张博,赵海等 . 水泥及其原材料 X 荧光分析用"万能"工作曲线的建立 .大连小野田水泥有限公司试验室,内部通信 .

附 录

附录 1 和 2 取自吉 昂 ,陶光仪 ,卓尚军 ,罗立强 . X 射线线荧光光谱分析 . 北京 :科学出版社 . 2003 ,272-281

附录 3 取自 Wills J M ,Duncan A R . Uderstanding XRF Spectrometric Analysis .
Almelo :Copyright © PANalytical B V Lelyweg 1 ,7602EA. 2008 ,

附录 3 中表 3 可查阅 Thinh T P ,Leroux J. New Basic Empirical Expression for Computing Tables of X-ray Mass Attennuation Coefficients. X-Ray Spectrom. 1979. 8 ;85-95

附录 1 荧光产额和 COSTER-KRONIG 跃迁几率 （FLUORESCENCE YIELDS AND COSTER-KRONIG TRANSITION PROBABILITIES ）

表 1 K 壳层荧光产额 ω_K（K Shell Fluorescence Yield ω_K ）

原子序数	元素	ω_K	原子序数	元素	ω_K
6	C	0.0009	19	K	0.140
7	N	0.0015	20	Sc	0.165
8	O	0.0022	21	Ca	0.190
10	Ne	0.0100	22	Ti	0.220
11	Na	0.020	23	V	0.240
12	Mg	0.030	24	Cr	0.26
13	AI	0.040	25	Mn	0.285
14	Si	0.055	26	Fe	0.32
15	P	0.070	27	Co	0.345
16	S	0.090	28	Ni	0.375
17	CI	0.105	29	Cu	0.41
18	Ar	0.125	30	Zn	0.435

原子序数	元素	ω_K	原子序数	元素	ω_K
31	Ga	0.47	57	La	0.905
32	Ge	0.50	58	Ce	0.91
33	As	0.53	59	Pr	0.915
34	Se	0.565	60	Nd	0.92
35	Br	0.60	61	Pm	0.925
36	Kr	0.635	62	Sm	0.93
37	Rb	0.665	63	Eu	0.93
38	Sr	0.685	64	Gd	0.935
39	Y	0.71	65	Tb	0.94
40	Zr	0.72	66	Dy	0.94
41	Nb	0.755	67	Ho	0.945
42	Mo	0.77	68	Er	0.945
43	Tc	0.785	69	Tm	0.95
44	Ru	0.80	70	Yb	0.95
45	Rh	0.81	71	In	0.95
46	Pd	0.82	72	Hf	0.955
47	Ag	0.83	73	Ta	0.955
48	Cd	0.84	74	W	0.96
49	In	0.85	75	Re	0.96
50	Sn	0.86	76	Os	0.96
51	Sb	0.87	77	Ir	0.96
52	Te	0.875	78	Pd	0.965
53	I	0.88	79	Au	0.965
54	Xe	0.89	80	Hg	0.965
55	Cs	0.895	82	Pb	0.97
56	Ba	0.90	92	U	0.97

表 2　L 子壳层荧光产额实测值(Experimental L Subshell Fluorescence Yields)ω_i

原子序数	元素	ω_1	ω_2	ω_3
54	Xe	0.06		0.10±0.01
56	Ba	0.18		0.05±0.01
65	Tb		0.165±0.018	0.188±0.016
67	Ho			0.22±0.03
			0.170±0.055	0.169±0.030
68	Er			0.21±0.03
			0.185±0.060	0.172±0.032
70	Yb			0.20±0.02
			0.188±0.011	0.183±0.011
71	Lu			0.22±0.03
				0.251±0.035
72	Hf			0.22±0.03
				0.228±0.025
73	Ta		0.25±0.02	0.27±0.01
			0.257±0.013	0.25±0.03
				0.191
				0.228±0.013
				0.254±0.025
74	W			0.207
				0.272±0.037
75	Re			0.284±0.043
76	Os			0.290±0.030
77	Ir			0.244
				0.262±0.036
78	Pt		0.331±0.021	0.262
				0.31±0.04
				0.317±0.029
				0.291±0.018
79	Au			0.276

原子序数	元素	ω_1	ω_2	ω_3
				0.31 ± 0.04
				0.317 ± 0.025
80	Hg		0.39 ± 0.03	0.40 ± 0.02
			0.319 ± 0.010	0.32 ± 0.05
				0.367 ± 0.050
				0.300 ± 0.010
81	T1	0.07 ± 0.02	0.319 ± 0.010	0.37 ± 0.07
			0.373 ± 0.025	0.386 ± 0.053
				0.306 ± 0.010
				0.330 ± 0.021
82	Pb	0.07 ± 0.02	0.363 ± 0.015	0.337
		0.09 ± 0.02		0.315 ± 0.013
				0.32
				0.35 ± 0.05
				0.354 ± 0.028
83	Bi	0.12 ± 0.01	0.32 ± 0.04	0.367
		0.095 ± 0.005	0.38 ± 0.02	0.36
				0.37 ± 0.05
				0.362 ± 0.029
				0.40 ± 0.05
90	Th			0.42
				0.517 ± 0.042
91	Pa			0.46 ± 0.05
92	U			0.44
				0.500 ± 0.040
96	Cm	0.28 ± 0.06	0.552 ± 0.032	0.515 ± 0.034
			0.55 ± 0.02	0.63 ± 0.02

表 3　测得 L 壳层 Coster-Kronig 产额 f_{ij}

原子序数	元素	f_{12}	f_{13}	f_{23}
56	Ba	0.66±0.07		
65	Tb	0.41±0.36	0.43±0.28	0.066±0.014
67	Ho			0.205±0.034
68	Er			0.225±0.025
70	Yb			0.142±0.009
73	Ta	<0.14	0.19	0.148±0.010
			<0.36	0.20±0.04
74	W		0.27±0.03	
75	Re		0.30±0.04	
77	Ir		0.46±0.06	
78	Pt		0.50±0.05	
79	Au	0.25±0.13	0.51±0.13	0.22
			0.61±0.07	
80	Hg	0.74±0.04		0.22±0.04
				0.08±0.02
				0.188±0.010
81	T1	0.17±0.05	0.76±0.10	0.25±0.13
		0.14±0.03	0.57±0.10	0.169±0.010
			0.56±0.07	0.159±0.013
			0.56±0.05	
82	Pb	0.15±0.04	0.57±0.03	0.164±0.016
		0.17±0.05	0.61±0.08	0.156±0.010
83	Bi	0.19±0.05	0.58±0.05	+0.14
				0.06 - 0.06
		0.18±0.02	0.58±0.02	0.164
92	U			0.23±0.12
93	Np	0.10±0.04	0.55±0.09	+0.05
				0.02 - 0.02
94	Pu			0.22±0.08
				0.24±0.08
96	Cm	0.038±0.022	0.68±0.04	0.188±0.019

表 4　L 子壳层荧光产额 ω_i 和 Coster-Kroning 产额 f_{ij} 理论值

（Theoretical L Subshell Fluorescence Yields ω_i and Coster－Kroning Yields f_{ij}）

原子序数	元素	ω_1	ω_2	ω_3	f_{12}	f_{13}	$f_{12} + f_{13}$	f_{23}
13	Al	3.05-6		2.40-3			0.982	
14	Si	9.77-6		1.08-3			0.975	
15	P	2.12-5		4.1-4			0.971	
16	S	3.63-5		2.9-4			0.968	
17	Cl	5.60-5		2.3-4			0.964	
18	Ar	8.58-5		1.9-4			0.965	
19	K	1.15-4		2.1-4			0.962	
20	Ca	1.56-4		2.1-4			0.955	
22	Ti	2.80-4		1.18-3	0.313	0.629		
24	Cr	2.97-4		3.29-3	0.317	0.636		
26	Fe	3.84-4	1.43-3	5.59-3	0.302	0.652		7.24-2
				1.49-3				
28	Ni	4.63-4	2.69-3	8.02-3	0.325	0.622		9.97-2
29	Cu		3.57-3	3.83-3				0.109
30	Zn	5.23-4		1.08-2	0.322	0.624		
32	Ge	7.70-4	7.72-3	1.44-2	0.266	0.671		2.49-2
33	As	1.40-3	8.85-3	9.74-3	0.282	0.547		4.13-2
34	Se	1.30-3	9.94-3	1.78-2	0.302	0.616		5.95-2
35	Br		1.09-2					7.64-2
36	Kr	1.85-3	2.20-2	2.36-2	0.230	0.686		8.97-2
		2.19-3	1.19-2	1.23-2	0.225	0.858		9.22-2
37	Rb	1.32-2						0.107
38	Sr	3.00-3	2.24-2	2.43-2	0.249	0.646		0.115
40	Zr	3.97-3	2.94-2	2.95-2	0.236	0.648		0.118
		3.96-3	1.89-2	2.01-2	0.271	0.522		0.123
42	Mo	5.75-3	3.50-2	3.73-2	0.166	0.689		0.124
		6.34-3	2.45-2	2.59-2	0.048	0.692		0.126
44	Ru	7.74-3	4.18-2	4.50-2	0.057	0.779		0.136
47	Ag	1.02-2	5.47-2	6.02-2	0.052	0.786		0.152
		1.01-2	4.30-2	4.49-2	0.064	0.695		0.130
50	Sn	1.30-2	6.56-2	7.37-2	0.052	0.784		0.162
		1.30-2	5.67-2		0.072	0.693		0.136
51	Sb	3.11-2	6.16-2	6.33-2	0.164	0.316		0.138
54	Xe	5.84-2	9.12-2	9.70-2	0.179	0.274		0.173
56	Ba	4.46-2	9.07-2	8.99-2	0.168	0.336		0.151
60	Nd	7.46-2	0.133	0.135	0.207	0.303		0.141
		6.00-2	0.120	0.120	0.165	0.332		0.142
65	Tb		0.166	0.160				0.131
67	Ho	0.112	0.203	0.201	0.202	0.309		0.138
		0.094			0.178	0.317		
70	Yb	0.112			0.180	0.316		
74	W	0.115	0.287	0.268	0.195	0.332		0.123
		0.138	0.271	0.253	0.160	0.324		0.117
79	Au	0.105	0.357	0.327	0.083	0.644		0.132
80	Hg	0.098	0.352	0.321	0.101	0.618		0.108
83	Bi	0.120	0.417	0.389	0.069	0.656		0.101
85	At	0.129	0.422	0.380	0.082	0.612		0.100
90	Th	0.197	0.529	0.461	0.069	0.575		0.102
93	Np		0.460	0.472				0.209

注：表中 6.00-2 代表 6.00×10^{-2}．

表5　测得 M 壳层荧光产额和 Coster-Kroning 跃迁几率 (Measured M Shell Fluorescence Yields and Coster-Kroning Probabilities)

原子序数	元素	ω_M	ωf_M^a	ωf_M^b	$\omega_1 + f_{12}\omega_2$	ν_i	ω_i
76	Os		0.013±0.0024	0.016±0.003			
79	Au	0.023±0.001					
79	Au		0.024±0.005	0.030±0.006			
82	Pb	0.029±0.002					
82	Pb		0.026±0.005	0.032±0.006			
83	Bi	0.037±0.007					
83	Bi	0.035±0.002					
83	Bi		0.030±0.006	0.037±0.005			
92	U	0.06					
93	Np				0.002+0.003 −0.002	V1=0.065±0.014 V2=0.080±0.029 V3=0.062±0.005 V4=0.065±0.012 V4,5=0.081±0.016	ω_5=0.06±0.012
96	Cm				+0.0089 0.0075 −0.0075	V1=0.068±0.023 V2=0.062±0.019 V3=0.080±0.006 V4,5=0.075±0.012	+0.0051 ω_2=0.0046 −0.0046 ω=0.075±0.012

a Corrected for a 20% contribution from double M shell vacancies.

b Uncorrected values.

附　录　2

表 1　K 系 X 射线辐射跃迁几率

原子序数	元素	$K_{\alpha_2}/K_{\alpha_1}$	K_{β_3}/K_{β_1}	$(K_{\beta_1}+K_{\beta_3})/K_{\alpha_1}$	$K_{\beta_1}^{a}/K_{\alpha_1}$	$K_{\beta_2}^{b}/K_{\alpha_1}$	$K_{\beta}^{c}/K_{\alpha}^{d}$
20	Ca	0.505		0.116	0.116		0.069
22	Ti	0.505		0.137	0.137		0.095
24	Cr	0.506		0.155	0.156		0.114
26	Fe	0.506		0.172	0.171		0.128
28	Ni	0.507		0.189	0.187		0.133
30	Zn	0.509		0.202	0.202		0.137
32	Ge	0.511		0.215	0.215		0.142
34	Se	0.513		0.225	0.225	0.006	0.153
36	Kr	0.515		0.235	0.235	0.013	0.164
38	Sr	0.518		0.244	0.244	0.022	0.175
40	Zr	0.520		0.251	0.252	0.034	0.185
42	Mo	0.523		0.258	0.259	0.043	0.193
44	Ru	0.526		0.264	0.265	0.048	0.201
46	Pd	0.528		0.270	0.271	0.051	0.209
48	Cd	0.531		0.275	0.277	0.054	0.216
50	Sn	0.533	0.516	0.280	0.282	0.056	0.222
52	Te	0.536	0.517	0.285	0.287	0.060	0.226
54	Xe	0.537	0.518	0.290	0.292	0.064	0.232
56	Ba	0.542	0.519	0.294	0.297	0.070	0.240
58	Ce	0.545	0.521	0.298	0.301	0.076	0.244
60	Nd	0.549	0.522	0.303	0.306	0.082	0.247
62	Sm	0.551	0.523	0.307	0.311	0.085	0.250
64	Gd	0.556	0.525	0.310	0.314	0.088	0.253
66	Dy	0.560	0.526	0.314	0.318	0.089	0.256
68	Er	0.565	0.527	0.317	0.322	0.090	0.259
70	Yb	0.568	0.529	0.320	0.325	0.090	0.261
72	Hf	0.572	0.531	0.324	0.329	0.091	0.263
74	W	0.576	0.532	0.326	0.332	0.092	0.267
76	Os	0.580	0.534	0.330	0.336	0.094	0.270
78	Pt	0.585	0.535	0.333	0.339	0.097	0.274
80	Hg	0.590	0.537	0.336	0.343	0.100	0.277
82	Pb	0.595	0.539	0.339	0.346	0.103	0.282
84	Po	0.600	0.541	0.342	0.350	0.106	0.285
86	Rn	0.605	0.542	0.345	0.353	0.110	0.288
88	Ra	0.612	0.544	0.348	0.356	0.113	0.291
90	Th	0.619	0.546	0.351	0.360	0.118	0.295
92	U	0.624	0.548	0.354	0.363	0.123	0.299
94	Pu	0.631	0.550	0.356	0.366	0.125	0.301
96	Cm	0.638	0.552	0.359	0.370	0.130	0.305
98	Cf	0.646	0.554	0.362	0.374	0.134	0.309
100	Em	0.652	0.556	0.364	0.377	0.138	0.312

a　$K_{\beta_1}=KM_{II}+KM_{III}+KM_{IV,V}$.

b　$K_{\beta_2}=KN_{II,III}+KO_{II,III}$.

c　$K_{\beta}=K_{\beta_1}+K_{\beta_2}$

d　$K_{\alpha}=K_{\alpha_1}+K_{\alpha_2}$.

表2 L_I X 射线辐射跃迁几率(令 $L_{\beta_3}=100$)

原子序数	元素	L_{β_3}	L_{β_4}	L_{Y_3}	L_{Y_2}	原子序数	元素	L_{β_3}	L_{β_4}	L_{Y_3}	L_{Y_2}
36	Kr	100	—	10.8	—	66	Dy	100	67.8	31.4	—
38	Sr	100	—	14.7	—	68	Er	100	67.6	31.4	—
40	Zr	100	—	18.1	—	70	Yb	100	67.5	31.4	18.5
42	Mo	100	71.0	21.0	—	72	Hf	100	67.6	31.4	20.0
44	Ru	100	64.9	23.4	—	74	W	100	68.3	31.6	21.5
46	Pd	100	61.9	25.5	—	76	Os	100	69.6	31.9	23.2
48	Cd	100	61.0	27.2	—	78	Pt	100	71.7	32.3	25.0
50	Sn	100	61.4	28.5	—	80	Hg	100	74.8	33.0	26.9
52	Te	100	62.6	29.5	—	82	Pb	100	78.8	34.0	28.8
54	Xe	100	64.1	30.3	—	84	Po	100	83.9	35.2	30.9
56	Ba	100	65.5	30.8	—	86	Rn	100	98.8	36.8	33.1
58	Ce	100	66.7	31.2	—	88	Ra	100	95.0	38.7	35.3
60	Nd	100	67.5	31.4	—	90	Th	100	102.0	41.0	37.7
62	Sm	100	69.7	31.5	—	92	U	100	110.0	43.8	40.2
64	Gd	100	68.0	31.5	—	94	Pu	100	120.0	47.5	44.0

表3 L_II X 射线辐射跃迁几率(令 $L_{\beta_1}=100$)

原子序数	元素	L_{β_1}	L_{η}	L_{Y_1}	L_{Y_6}	原子序数	元素	L_{β_3}	L_{η}	L_{Y_1}	L_{Y_6}
30	Zn	100	12.3	—	—	64	Gd	100	2.10	16.1	—
32	Ge	100	10.4	—	—	66	Dy	100	2.10	16.5	—
34	Se	100	8.75	—	—	68	Er	100	2.10	17.0	—
36	Kr	100	7.40	—	—	70	Yb	100	2.12	17.6	—
38	Sr	100	6.25	—	—	72	Hf	100	2.13	18.4	—
40	Zr	100	5.25	0.91	—	74	W	100	2.16	19.2	0.375
42	Mo	100	4.35	6.71	—	76	Os	100	2.20	20.1	1.73
44	Ru	100	3.63	10.6	—	78	Pt	100	2.23	20.9	2.42
46	Pd	100	3.0	13.1	—	80	Hg	100	2.28	21.7	2.98
48	Cd	100	2.6	14.5	—	82	Pb	100	2.33	22.3	3.45
50	Sn	100	2.35	15.3	—	84	Po	100	2.40	22.8	3.88
52	Te	100	2.25	15.4	—	86	Rn	100	2.45	23.2	4.29
54	Xe	100	2.2	15.6	—	88	Ra	100	2.50	23.4	4.74
56	Ba	100	2.16	15.6	—	90	Th	100	2.60	23.7	5.25
58	Ce	100	2.12	15.7	—	92	U	100	2.80	24.0	5.88
60	Nd	100	2.10	15.8	—	94	Pu	100	2.30	24.2	6.65
62	Sn	100	2.10	15.9	—						

表 4　L$_{\text{III}}$ X 射线辐射跃迁几率（令 L$_{\alpha_1}$ ＝100）

原子序数	元素	L$_{\alpha_1}$	L$_{\beta_{2,1,5}}$	L$_{\alpha_2}$	L$_{\beta_5}$	L$_{\beta_6}$	L$_l$
22	Ti	100	—	—	—	—	40.37
24	Cr	100	—	—	—	—	26.13
26	Fe	100	—	—	—	—	15.35
28	Ni	100	—	—	—	—	10.29
30	Zn	100	—	—	—	—	7.56
32	Ge	100	—	—	—	—	5.96
34	Se	100	—	—	—	—	4.98
36	Kr	100	—	—	—	—	4.36
38	Sr	100	—	—	—	—	3.98
40	Zr	100	2.43	—	—	—	3.75
42	Mo	100	6.40	12.5	—	—	3.65
44	Ru	100	9.55	12.2	—	—	3.58
46	Pd	100	12.1	12.1	—	—	3.55
48	Cd	100	13.9	11.9	—	—	3.56
50	Sn	100	15.4	11.7	—	—	5.59
52	Te	100	16.4	11.5	—	—	3.62
54	Xe	100	17.2	11.3	—	—	3.67
56	Ba	100	17.8	11.2	—	—	3.73
58	Ce	100	18.2	11.1	—	—	3.79
60	Nd	100	18.5	11.1	—	—	3.86
62	Sm	100	18.8	11.0	—	—	3.92
64	Gd	100	19.2	11.1	—	—	3.99
66	Dy	100	19.6	11.1	—	—	4.07
68	Er	100	20.0	11.2	—	—	4.15
70	Yb	100	20.5	11.2	—	—	4.23
72	Hf	100	21.2	11.3	—	1.15	4.32
74	W	100	21.9	11.3	0.242	1.28	4.42
76	Os	100	22.7	11.4	0.873	1.38	4.53
78	Pt	100	23.5	11.4	1.74	1.46	4.65
80	Hg	100	24.4	11.5	2.62	1.55	4.78
82	Pb	100	25.3	11.5	3.24	1.59	4.93
84	Po	100	26.2	11.4	3.85	1.65	5.09
86	Rn	100	26.8	11.4	4.28	1.70	5.27
88	Ra	100	27.3	11.3	4.69	1.75	5.46
90	Th	100	27.5	11.1	4.94	1.80	5.69
92	U	100	27.5	11.0	5.20	1.85	5.93
94	Pu	100	27.0	10.5	5.40	1.89	6.18

附　录　3

表 1　K 和 L 系特征谱线能量

元素	特征谱线能量/keV							
	K_{α_1}	K_{α_2}	K_{β_1}	L_{α_1}	L_{α_2}	L_{β_1}	L_{β_2}	L_{γ_1}
4-Be	0.110		—	—	—	—	—	—
5-B	0.185		—	—	—	—	—	—
6-C	0.282		—	—	—	—	—	—
7-N	0.392		—	—	—	—	—	—
8-O	0.523		—	—	—	—	—	—
9-F	0.677		—	—	—	—	—	—
10-Ne	0.851		—	—	—	—	—	—
11-Na	1.041		1.067	—	—	—	—	—
12-Mg	1.254		1.297	—	—	—	—	—
13-Al	1.487	1.486	1.553	—	—	—	—	—
14-Si	1.740	1.739	1.832	—	—	—	—	—
15-P	2.015	2.014	2.136	—	—	—	—	—
16-S	2.308	2.306	2.464	—	—	—	—	—
17-Cl	2.622	2.621	2.815	—	—	—	—	—
18-Ar	2.957	2.955	3.192	—	—	—	—	—
19-K	3.313	3.310	3.589	—	—	—	—	—
20-Ca	3.691	3.688	4.012	0.341		0.344	—	—
21-Sc	4.090	4.085	4.460	0.395		0.399	—	—
22-Ti	4.510	4.504	4.931	0.452		0.458	—	—
23-V	4.952	4.944	5.427	0.510		0.519	—	—
24-Cr	5.414	5.405	5.946	0.571		0.581	—	—
25-Mn	5.898	5.887	6.490	0.636		0.647	—	—
26-Fe	6.403	6.390	7.057	0.704		0.717	—	—
27-Co	6.930	6.915	7.649	0.775		0.790	—	—
28-Ni	7.477	7.460	8.264	0.849		0.866	—	—
29-Cu	8.047	8.027	8.904	0.928		0.948	—	—
30-Zn	8.638	8.615	9.571	1.009		1.032	—	—

续表

元素	特征谱线能量/keV							
	K_{α_1}	K_{α_2}	K_{β_1}	L_{α_1}	L_{α_2}	L_{β_1}	L_{β_2}	L_{γ_1}
31-Ga	9.251	9.234	10.263	1.096		1.122	—	—
32-Ge	9.885	9.854	10.981	1.186		1.216	—	—
33-As	10.543	10.507	11.725	1.282		1.317	—	—
34-Se	11.221	11.181	12.497	1.379		1.419	—	—
35-Br	11.923	11.877	13.230	1.480		1.526	—	—
36-Kr	12.648	12.597	14.112	1.587		1.638	—	—
37-Rb	13.394	13.335	14.960	1.694	1.692	1.752	—	—
38-Sr	14.164	14.097	15.834	1.806	1.805	1.872	—	—
39-Y	14.957	14.882	16.736	1.922	1.920	1.996	—	—
40-Zr	15.774	15.690	17.666	2.042	2.040	2.124	2.219	2.302
41-Nb	16.614	16.520	18.621	2.166	2.163	2.257	2.367	2.462
42-Mo	17.478	17.373	19.607	2.293	2.290	2.395	2.518	2.623
43-Tc	18.410	18.328	20.585	2.424	2.420	2.538	2.674	2.792
44-Ru	19.278	19.149	21.655	2.558	2.554	2.683	2.836	2.964
45-Rh	20.214	20.072	22.721	2.696	2.692	2.834	3.001	3.144
46-Pd	21.175	21.018	23.816	2.838	2.833	2.990	3.172	3.328
47-Ag	22.162	21.988	24.942	2.984	2.978	3.151	3.348	3.519
48-Cd	23.172	22.982	26.093	3.133	3.127	3.316	3.528	3.716
49-In	24.207	24.000	27.274	3.287	3.297	3.487	3.713	3.920
50-Sn	25.270	25.042	28.483	3.444	3.435	3.662	3.904	4.131
51-Sb	26.357	26.109	29.723	3.605	3.595	3.843	4.100	4.347
52-Te	27.471	27.200	30.993	3.769	3.758	4.029	4.301	4.570
53-I	28.610	28.315	32.292	3.937	3.926	4.220	4.507	4.800
54-Xe	29.802	29.485	33.644	4.111	4.098	4.422	4.720	5.036
55-Cs	30.970	30.623	34.984	4.286	4.272	4.620	4.936	5.280
56-Ba	32.191	31.815	36.376	4.467	4.451	4.828	5.156	5.531
57-La	33.440	33.033	37.799	4.651	4.635	5.043	5.384	5.789
58-Ce	34.717	34.276	39.255	4.840	4.823	5.262	5.613	6.052
59-Pr	36.023	35.548	40.746	5.034	5.014	5.489	5.850	6.322
60-Nd	37.359	36.845	42.269	5.230	5.208	5.722	6.090	6.602

元素	特征谱线能量 /keV							
	K_{α_1}	K_{α_2}	K_{β_1}	L_{α_1}	L_{α_2}	L_{β_1}	L_{β_2}	L_{γ_1}
61-Pm	38.649	38.160	43.945	5.431	5.408	5.956	6.336	6.891
62-Sm	40.124	39.523	45.400	5.636	5.609	6.206	6.587	7.180
63-Eu	41.529	40.877	47.027	5.846	5.816	6.456	6.842	7.478
64-Gd	42.983	42.280	48.718	6.059	6.027	6.714	7.102	7.788
65-Tb	44.470	43.737	50.391	6.275	6.241	6.979	7.368	8.104
66-Dy	45.985	45.193	52.178	6.495	6.457	7.249	7.638	8.418
67-Ho	47.528	46.686	53.934	6.720	6.680	7.528	7.912	8.748
68-Er	49.099	48.205	55.690	6.948	6.904	7.810	8.188	9.089
69-Tm	50.730	49.762	57.576	7.181	7.135	8.103	8.472	9.424
70-Yb	52.360	51.326	59.352	7.414	7.367	8.401	8.758	9.779
71-Lu	54.063	52.959	61.282	7.654	7.604	8.708	9.048	10.142
72-Hf	55.757	54.579	63.209	7.898	7.843	9.021	9.346	10.514
73-Ta	57.524	56.270	65.210	8.145	8.087	9.341	9.649	10.892
74-W	59.310	57.973	67.233	8.396	8.333	9.670	9.959	11.283
75-Re	61.131	59.707	69.298	8.651	8.584	10.008	10.273	11.684
76-Os	62.991	61.477	71.404	8.910	8.840	10.354	10.596	12.094
77-Ir	64.886	63.278	73.549	9.173	9.098	10.706	10.918	12.509
78-Pt	66.820	65.111	75.736	9.441	9.360	11.069	11.249	12.939
79-Au	68.794	66.980	77.968	9.711	9.625	11.439	11.582	13.379
80-Hg	70.821	68.894	80.258	9.987	9.896	11.823	11.923	13.828
81-Tl	72.860	70.820	82.558	10.266	10.170	12.210	12.268	14.288
82-Pb	74.957	72.794	84.922	10.549	10.448	12.611	12.620	14.762
83-Bi	77.097	74.805	87.335	10.836	10.729	13.021	12.977	15.244
84-Po	79.296	76.868	89.809	11.128	11.014	13.441	13.338	15.740
85-At	81.525	78.956	92.319	11.424	11.304	13.873	13.705	16.248
86-Rn	83.800	81.080	94.877	11.724	11.597	14.316	14.077	16.768
87-Fr	86.119	83.243	97.483	12.029	11.894	14.770	14.459	17.301
88-Ra	88.485	85.446	100.136	12.338	12.194	15.233	14.839	17.845
89-Ac	90.894	87.681	102.846	12.650	12.499	15.712	15.227	18.405
90-Th	93.334	89.942	105.592	12.966	12.808	16.200	15.620	18.977
91-Pa	95.851	92.271	108.408	13.291	13.120	16.700	16.022	19.559
92-U	98.428	94.648	111.289	13.63	13.438	17.218	16.425	20.163
93-Np	101.005	97.023	114.181	13.945	13.758	17.740	16.837	20.774
94-Pu	103.653	99.457	117.146	14.279	14.082	18.278	17.254	21.401

表 2　M 系线特征谱线能量

元素	特征谱线能量/keV						
	M_{α_1}	M_{α_2}	M_β	M_γ	M_{ξ_1}	M_{ξ_2}	$M_2\text{-}N_4$
35-Br	—	—	—	—	0.064	0.065	—
36-Kr	—	—	—	—	—	—	—
37-Rb	—	—	—	—	0.096	0.097	—
38-Sr	—	—	—	—	0.114	0.115	—
39-Y	—	—	—	—	0.133		—
40-Zr	—	—	—	0.323	0.151		0.335
41-Nb	—	—	—	0.355	0.172		0.375
42-Mo	—	—	—	0.379	0.193		0.395
43-Tc	—	—	—	0.412	0.208		0.430
44-Ru	—	—	—	0.461	0.237		0.486
45-Rh	—	—	—	0.496	0.260		0.507
46-Pd	—	—	—	0.532	0.284		0.561
47-Ag	—	—	—	0.568	0.312		0.600
48-Cd	—	—	—	0.606	0.337		0.639
49-In	—	—	—	0.645	0.373		0.680
50-Sn	—	—	—	0.691	0.397		0.732
51-Sb	—	—	—	0.733	0.430		0.776
52-Te	—	—	—	0.778	0.464		0.825
53-I	—	—	—	0.826	0.503		0.876
54-Xe	—	—	—	0.874	0.538		0.931
55-Cs	—	—	—	0.924	0.572		0.985
56-Ba	—	—	—	0.972	0.601		1.043
57-La		0.833	0.854	1.026	0.638		1.099
58-Ce		0.883	0.902	1.075	0.676		1.160
59-Pr		0.929	0.949	1.127	0.713		1.218
60-Nd		0.978	0.996	1.180	0.753		1.278
61-Pm		—	—	1.233	0.791		1.339
62-Sm		1.081	1.100	1.291	0.831		1.402
63-Eu		1.131	1.153	1.346	0.872		1.467

表 3-1a　Leroux 和 Thinh 质量吸收系数算法中的参数

$$[\mu = C \cdot E \cdot \lambda^n = C \cdot E_{ab}(12.3981/E)^n \, \text{cm}^2 \cdot \text{g}^{-1}]$$

原子序数	元素	C	$E>K$ $\mu = CE_K\lambda^n$		$E'>E>K$ $\mu = CE_K\lambda^n$			$K>E>L_{I}$ $\mu = CE_{L_{I}}\lambda^n$		$L_{I}>E>L_{II}$ $\mu = CE_{L_{II}}\lambda^n$		$L_{II}>E>L_{III}$ $\mu = CE_{L_{III}}\lambda^n$	
			K	n	E'	K	n	L_{I}	n	L_{II}	n	L_{III}	n
1	H	—	—	—	—	—	—	—	—	—	—	—	—
2	He	1.0727	0.0246	3.030	—	—	—	—	—	—	—	—	—
3	Li	1.8894	0.0548	3.030	—	—	—	—	—	—	—	—	—
4	Be	2.4604	0.1110	3.030	—	—	—	—	—	—	—	—	—
5	B	3.0824	0.1880	3.030	—	—	—	—	—	—	—	—	—
6	C	3.8531	0.2838	3.094	1.75	0.5684	2.7345	—	—	—	—	—	—
7	N	4.5355	0.4016	3.066	2.12	0.7188	2.7345	—	—	—	—	—	—
8	O	5.3268	0.5320	3.041	2.50	0.8654	2.7345	—	—	—	—	—	—
9	F	6.1058	0.6854	3.019	3.00	1.0236	2.7345	—	—	—	—	—	—
10	Ne	6.8419	0.8669	3.000	3.55	1.1985	2.7345	—	—	—	—	—	—
11	Na	7.5844	1.0721	2.983	4.40	1.3831	2.7345	0.0633	2.835	—	—	—	—
12	Mg	8.3105	1.3050	2.967	6.40	1.5811	2.7345	0.0894	2.820	—	—	—	—
13	Al	8.5946	1.5596	2.953	6.20	1.8803	2.7345	0.1177	2.805	—	—	—	—
14	Si	9.1309	1.8389	2.940	5.90	2.1433	2.7345	0.1487	2.790	—	—	—	—
15	P	9.6522	2.1455	2.927	6.70	2.4233	2.7345	0.1893	2.775	—	—	—	—
16	S	10.1931	2.4720	2.916	7.50	2.7107	2.7345	0.2292	2.760	—	—	—	—
17	Cl	10.7343	2.8224	2.905	8.40	3.0109	2.7345	0.2702	2.745	—	—	—	—
18	Ar	11.2540	3.2029	2.895	9.50	3.3295	2.7345	0.3200	2.730	—	—	—	—
19	K	11.7770	3.6074	2.886	11.09	3.6580	2.7345	0.3771	2.730	—	—	—	—
20	Ca	12.2904	4.0381	2.850	13.30	4.0023	2.7345	0.4378	2.730	—	—	—	—
21	Sc	12.5125	4.4928	2.850	13.20	4.4595	2.7345	0.5004	2.730	—	—	—	—
22	Ti	12.7473	4.9664	2.850	13.00	4.9367	2.7345	0.5637	2.730	—	—	—	—

续表

原子序数	元素	C	E>K $\mu=CE_K\lambda^n$		E'>E>K $\mu=CE_K\lambda^n$			K>E>L$_I$ $\mu=CE_{L_I}\lambda^n$		L$_I$>E>L$_{II}$ $\mu=CE_{L_{II}}\lambda^n$		L$_{II}$>E>L$_{III}$ $\mu=CE_{L_{III}}\lambda^n$	
			K	n	E'	K	n	L$_I$	n	L$_{II}$	n	L$_{III}$	n
23	V	12.9768	5.4651	2.850	12.95	5.4397	2.7345	0.6282	2.730	—	—	—	—
24	Cr	13.2009	5.9892	2.850	12.90	5.9685	2.7345	0.6946	2.730	—	—	—	—
25	Mn	13.4196	6.5390	2.850	12.60	6.5248	2.7345	0.7690	2.730	—	—	—	—
26	Fe	13.6384	7.1120	2.850	12.50	7.1042	2.7345	0.8461	2.730	—	—	—	—
27	Co	13.8555	7.7089	2.850	12.40	7.7096	2.7345	0.9256	2.730	—	—	—	—
28	Ni	14.0657	8.3328	2.850	12.40	8.3423	2.7345	1.0081	2.730	0.8719	2.6144	—	—
29	Cu	14.2775	8.9789	2.850	12.10	8.9988	2.7345	1.0961	2.730	09510	2.6144	—	—
30	Zn	14.4732	9.6586	2.850	12.00	9.6903	2.7345	1.1936	2.730	1.0428	2.6144	1.0197	2.3554
31	Ga	14.6620	10.3671	2.850	12.00	10.4113	2.7345	1.2977	2.730	1.1423	2.6144	1.1154	2.3554
32	Ge	14.8464	11.1031	2.850	12.00	11.1610	2.7345	1.4143	2.730	1.2476	2.6144	1.2167	2.3554
33	As	15.0268	11.8667	2.850	12.00	11.9393	2.7345	1.5265	2.730	1.3586	2.6144	1.3231	2.3554
34	Se	15.2038	12.6578	2.850	—	—	—	1.6539	2.730	1.4762	2.6144	1.4358	2.3554
35	Br	15.3807	13.4737	2.850	—	—	—	1.7820	2.730	1.5960	2.6144	1.5499	2.3554
36	Kr	15.5452	14.3256	2.850	—	—	—	1.9210	2.730	1.7272	2.6144	1.6749	2.3554
37	Rb	15.7132	15.1997	2.850	—	—	—	2.0651	2.730	1.8639	2.6144	1.8044	2.3554
38	Sr	15.8756	16.1046	2.850	—	—	—	2.2163	2.730	2.0068	2.6144	1.9396	2.3554
39	Y	16.0348	17.0384	2.850	—	—	—	2.3725	2.730	2.1555	2.6144	2.0800	2.3554
40	Zr	16.1942	17.9976	2.850	—	—	—	2.5316	2.730	2.3067	2.6144	2.2223	2.3554
41	Nb	16.3507	18.9856	2.850	—	—	—	2.6977	2.730	2.4647	2.6144	2.3705	2.3554
42	Mo	16.5071	19.9995	2.850	—	—	—	2.8655	2.730	2.6251	2.6144	2.5202	2.3554
43	Tc	16.6595	21.0440	2.850	—	—	—	3.0425	2.730	2.7932	2.6144	2.6769	2.3554
44	Ru	16.8097	22.1172	2.850	—	—	—	3.2240	2.730	2.9669	2.6144	2.8379	2.3554
45	Rh	16.9573	23.2199	2.850	—	—	—	3.4119	2.730	3.1461	2.6144	3.0038	2.3554

续表

原子序数	元素	C	E>K $\mu=CE_K\lambda^n$		E'>E>K $\mu=CE_K\lambda^n$			K>E>L_I $\mu=CE_{L_I}\lambda^n$		L_I>E>L_II $\mu=CE_{L_{II}}\lambda^n$		L_II>E>L_III $\mu=CE_{L_{III}}\lambda^n$	
			K	n	E'	K	n	L_I	n	L_{II}	n	L_{III}	n
46	Pd	17.1037	24.3503	2.850	—	—	—	3.6043	2.722	3.3303	2.6144	3.1733	2.3554
47	Ag	17.2453	25.5140	2.850	—	—	—	3.8058	2.714	3.5237	2.6144	3.3511	2.3554
48	Cd	17.3834	26.7112	2.850	—	—	—	4.0180	2.706	3.7270	2.6144	3.5375	2.3554
49	In	17.5165	27.9399	2.850	—	—	—	4.2375	2.698	3.9380	2.6144	3.7301	2.3554
50	Sn	17.6481	29.2001	2.850	—	—	—	4.4647	2.690	4.1561	2.6144	3.9288	2.3554
51	Sb	17.7775	30.4912	2.850	—	—	—	4.6983	2.682	4.3804	2.6144	4.1322	2.3554
52	Te	17.9048	31.8138	2.850	—	—	—	4.9392	2.674	4.6120	2.6144	4.3414	2.3554
53	I	18.0291	33.1694	2.850	—	—	—	5.1881	2.666	4.8521	2.6144	4.5571	2.3554
54	Xe	18.1326	34.5614	2.850	—	—	—	5.4528	2.658	5.1037	2.6144	4.7822	2.3554
55	Cs	18.2062	35.9846	2.850	—	—	—	5.7143	2.650	5.3594	2.6144	5.0119	2.3554
56	Ba	18.2781	37.4406	2.850	—	—	—	5.9888	2.650	5.6236	2.6144	5.2470	2.3554
57	La	18.3506	38.9246	2.850	—	—	—	6.2663	2.650	5.8906	2.6144	5.4827	2.3554
58	Ce	18.4209	40.4430	—	—	—	—	6.5488	2.650	6.1642	2.6144	5.7234	2.3554
59	Pr	18.4913	41.9906	—	—	—	—	6.8348	2.650	6.4404	2.6144	5.9643	2.3554
60	Nd	18.5613	43.5689	—	—	—	—	7.1260	2.650	6.7215	2.6144	6.2079	2.3554
61	Pm	18.6282	45.1840	—	—	—	—	7.4279	2.650	7.0128	2.6144	6.4593	2.3554
62	Sm	18.6932	46.8342	—	—	—	—	7.7368	2.650	7.3118	2.6144	6.7162	2.3554
63	Eu	18.7564	48.5190	—	—	—	—	8.0520	2.650	7.6171	2.6144	6.9769	2.3554
64	Gd	18.8179	50.2391	—	—	—	—	8.3756	2.650	7.9303	2.6144	7.2428	2.3554
65	Tb	18.8773	51.9957	—	—	—	—	8.7080	2.650	8.2516	2.6144	7.5140	2.3554
66	Dy	18.9350	53.7885	—	—	—	—	9.0458	2.650	8.5806	2.6144	7.7901	2.3554
67	Ho	18.9909	55.6177	—	—	—	—	9.3942	2.650	8.9178	2.6144	8.0711	2.3554
68	Er	19.0446	57.4855	—	—	—	—	9.7513	2.650	9.2643	2.6144	8.3579	2.3554

续表

原子序数	元素	C	E>K $\mu=CE_K\lambda^n$ K	n	E'>E>K $\mu=CE_K\lambda^n$ E'	K	n	K>E>L_I $\mu=CE_{L_I}\lambda^n$ L_I	n	L_I>E>L_II $\mu=CE_{L_{II}}\lambda^n$ L_{II}	n	L_II>E>L_III $\mu=CE_{L_{III}}\lambda^n$ L_{III}	n
69	Tm	19.0969	59.3896	—	—	—	—	10.1157	2.650	9.6169	2.6144	8.6480	2.3554
70	Yb	19.1472	61.3323	—	—	—	—	10.4864	2.650	9.9782	2.6144	8.9436	2.3554
71	Lu	19.1957	63.3138	—	—	—	—	10.8704	2.650	10.3486	2.6144	9.2441	2.3554
72	Hf	19.2376	65.3508	—	—	—	—	11.2707	2.650	10.7394	2.6144	9.5607	2.3554
73	Ta	19.2812	67.4164	—	—	—	—	11.6815	2.650	11.1361	2.6144	9.8811	2.3554
74	W	19.3223	69.5250	—	—	—	—	12.0998	2.650	11.5440	2.6144	10.2068	2.3554
75	Re	19.3611	71.6764	—	—	—	—	12.5267	2.650	11.9587	2.6144	10.5353	2.3554
76	Os	19.3979	73.8708	—	—	—	—	12.9680	2.650	12.3850	2.6144	10.8709	2.3554
77	Ir	19.4320	76.1110	—	—	—	—	13.4185	2.650	12.8241	2.6144	11.2152	2.3554
78	Pt	19.4643	78.3948	—	—	—	—	13.8799	2.650	13.2726	2.6144	11.5637	2.3554
79	Au	19.4943	80.7249	—	—	—	—	14.3528	2.650	13.7336	2.6144	11.9187	2.3554
80	Hg	19.5219	83.1023	—	—	—	—	14.8393	2.650	14.2087	2.6144	12.2839	2.3554
81	Tl	19.5466	85.5304	—	—	—	—	15.3467	2.650	14.6979	2.6144	12.6575	2.3554
82	Pb	19.5696	88.0045	—	—	—	—	15.8608	2.650	15.2000	2.6144	13.0352	2.3554
83	Bi	19.5909	90.5259	—	—	—	—	16.3875	2.650	15.7111	2.6144	13.4186	2.3554
84	Po	19.6083	93.1050	—	—	—	—	16.9393	2.650	16.2443	2.6144	13.8138	2.3554
85	At	19.6248	95.7299	—	—	—	—	17.4930	2.650	16.7847	2.6144	14.2135	2.3554
86	Rn	19.6395	98.4040	—	—	—	—	18.0490	2.650	17.3371	2.6144	14.6194	2.3554
87	Fr	19.6510	101.1370	—	—	—	—	18.6390	2.650	17.9065	2.6144	15.0312	2.3554
88	Ra	19.6607	103.9219	—	—	—	—	19.2367	2.650	18.4843	2.6144	15.4444	2.3554
89	Ac	19.6695	106.7553	—	—	—	—	19.8400	2.650	19.0832	2.6144	15.8710	2.3554
90	Th	19.6749	109.6509	—	—	—	—	20.4721	2.650	19.6932	2.6144	16.3003	2.3554
91	Pa	19.6786	112.6014	—	—	—	—	21.1046	2.650	20.3137	2.6144	16.7331	2.3554
92	U	19.6808	115.6061	—	—	—	—	21.7574	2.650	20.9476	2.6144	17.1663	2.3554

表 3-1b　Leroux 和 Thinh 质量吸收系数算法中的参数

$$[\mu = C \cdot E \cdot \lambda^n = C \cdot E_{ab}(12.3981/E)^n \, \mathrm{cm}^2 \cdot \mathrm{g}^{-1}]$$

原子序数 元素	C	$EL_{III}>E>EM_I$ $\mu=CE_{M_I}\lambda^n$ M_I	n	$EM_I>E>EM_{II}$ $\mu=CE_{M_{II}}\lambda^n$ M_{II}	n	$EM_{II}>E>EM_{III}$ $\mu=CE_{M_{III}}\lambda^n$ M_{III}	n	$EM_{III}>E>EM_{IV}$ $\mu=CE_{M_{IV}}\lambda^n$ M_{IV}	n	$EM_{IV}>E>EM_V$ $\mu=CE_{M_V}\lambda^n$ M_V	n	$EM_V>E>EN_I$ $\mu=C_{N_I}\lambda^n$ N_I	n
1　H	—	—	—	—	—	—	—	—	—	—	—	—	—
2　He	1.0727	—	—	—	—	—	—	—	—	—	—	—	—
3　Li	1.8894	—	—	—	—	—	—	—	—	—	—	—	—
4　Be	2.4604	—	—	—	—	—	—	—	—	—	—	—	—
5　B	3.0824	—	—	—	—	—	—	—	—	—	—	—	—
6　C	3.8531	—	—	—	—	—	—	—	—	—	—	—	—
7　N	4.5355	—	—	—	—	—	—	—	—	—	—	—	—
8　O	5.3268	—	—	—	—	—	—	—	—	—	—	—	—
9　F	6.1058	—	—	—	—	—	—	—	—	—	—	—	—
10　Ne	6.8419	—	—	—	—	—	—	—	—	—	—	—	—
11　Na	7.5844	—	—	—	—	—	—	—	—	—	—	—	—
12　Mg	8.3105	—	—	—	—	—	—	—	—	—	—	—	—
13　Al	8.5946	—	—	—	—	—	—	—	—	—	—	—	—
14　Si	9.1309	—	—	—	—	—	—	—	—	—	—	—	—
15　P	9.6522	—	—	—	—	—	—	—	—	—	—	—	—
16　S	10.1931	—	—	—	—	—	—	—	—	—	—	—	—
17　Cl	10.7343	—	—	—	—	—	—	—	—	—	—	—	—
18　Ar	11.2540	—	—	—	—	—	—	—	—	—	—	—	—
19　K	11.7770	—	—	—	—	—	—	—	—	—	—	—	—
20　Ca	12.2904	—	—	—	—	—	—	—	—	—	—	—	—
21　Sc	12.5125	—	—	—	—	—	—	—	—	—	—	—	—
22　Ti	12.7473	—	—	—	—	—	—	—	—	—	—	—	—

续表

原子序数 元素	C	$EL_{III}>E>EM_I$ $\mu=CE_{M_I}\lambda^n$		$EM_I>E>EM_{II}$ $\mu=CE_{M_{II}}\lambda^n$		$EM_{II}>E>EM_{III}$ $\mu=CE_{M_{III}}\lambda^n$		$EM_{III}>E>EM_{IV}$ $\mu=CE_{M_{IV}}\lambda^n$		$EM_{IV}>E>EM_V$ $\mu=CE_{M_V}\lambda^n$		$EM_V>E>EN_I$ $\mu=C_{N_I}\lambda^n$	
		M_I	n	M_{II}	n	M_{III}	n	M_{IV}	n	M_V	n	N_I	n
23 V	12.9768	—	—	—	—	—	—	—	—	—	—	—	—
24 Cr	13.2009	—	—	—	—	—	—	—	—	—	—	—	—
25 Mn	13.4196	—	—	—	—	—	—	—	—	—	—	—	—
26 Fe	13.6384	—	—	—	—	—	—	—	—	—	—	—	—
27 Co	13.8555	—	—	—	—	—	—	—	—	—	—	—	—
28 Ni	14.0657	—	—	—	—	—	—	—	—	—	—	—	—
29 Cu	14.2775	—	—	—	—	—	—	—	—	—	—	—	—
30 Zn	14.4732	0.1359	2.600	—	—	—	—	—	—	—	—	—	—
31 Ga	14.6620	0.1581	2.600	—	—	—	—	—	—	—	—	—	—
32 Ge	14.8464	0.1800	2.600	—	—	—	—	—	—	—	—	—	—
33 As	15.0268	0.2035	2.600	—	—	—	—	—	—	—	—	—	—
34 Se	15.2038	0.2315	2.600	—	—	—	—	—	—	—	—	—	—
35 Br	15.3807	0.2565	2.600	—	—	—	—	—	—	—	—	—	—
36 Kr	15.5452	0.2850	2.600	—	—	—	—	—	—	—	—	—	—
37 Rb	15.7132	0.3221	2.600	—	—	—	—	—	—	—	—	—	—
38 Sr	15.8756	0.3575	2.600	—	—	—	—	—	—	—	—	—	—
39 Y	16.0348	0.3936	2.600	—	—	—	—	—	—	—	—	—	—
40 Zr	16.1942	0.4303	2.600	—	—	—	—	—	—	—	—	—	—
41 Nb	16.3507	0.4684	2.600	—	—	—	—	—	—	—	—	—	—
42 Mo	16.5071	0.5046	2.600	—	—	—	—	—	—	—	—	—	—
43 Tc	16.6595	0.5400	2.600	—	—	—	—	—	—	—	—	—	—
44 Ru	16.8097	0.5850	2.600	—	—	—	—	—	—	—	—	—	—
45 Rh	16.9573	0.6271	2.600	—	—	—	—	—	—	—	—	—	—

续表

原子序数	元素	C	$EL_{III}>E>EM_I$ $\mu=CE_{M_I}\lambda^n$		$EM_I>E>EM_{II}$ $\mu=CE_{M_{II}}\lambda^n$		$EM_{II}>E>EM_{III}$ $\mu=CE_{M_{III}}\lambda^n$		$EM_{III}>E>EM_{IV}$ $\mu=CE_{M_{IV}}\lambda^n$		$EM_{IV}>E>EM_V$ $\mu=CE_{M_V}\lambda^n$		$EM_V>E>EN_I$ $\mu=C_{N_I}\lambda^n$	
			M_I	n	M_{II}	n	M_{III}	n	M_{IV}	n	M_V	n	N_I	n
46	Pd	17.1037	0.6699	2.600	—	—	—	—	—	—	—	—	—	—
47	Ag	17.2453	0.7175	2.600	—	—	—	—	—	—	—	—	—	—
48	Cd	17.3834	0.7702	2.600	—	—	—	—	—	—	—	—	—	—
49	In	17.5165	0.8256	2.600	—	—	—	—	—	—	—	—	—	—
50	Sn	17.6481	0.8838	2.600	—	—	—	—	—	—	—	—	—	—
51	Sb	17.7775	0.9437	2.600	—	—	—	—	—	—	—	—	—	—
52	Te	17.9048	1.0060	2.600	0.8697	2.4471	—	—	—	—	—	—	—	—
53	I	18.0291	1.0721	2.600	0.9305	2.4471	—	—	—	—	—	—	—	—
54	Xe	18.1326	1.1400	2.600	0.9990	2.4471	—	—	—	—	—	—	—	—
55	Cs	18.2062	1.2171	2.600	1.0650	2.4471	0.9976	2.4471	—	—	—	—	—	—
56	Ba	18.2781	1.2928	2.600	1.1367	2.4471	1.0622	2.4471	0.7961	2.4	—	—	—	—
57	La	18.3506	1.3613	2.600	1.2044	2.4471	1.1234	2.4471	0.8485	2.4	—	—	—	—
58	Ce	18.4209	1.4346	2.600	1.2728	2.4471	1.1854	2.4471	0.9013	2.4	—	—	—	—
59	Pr	18.4913	1.5110	2.600	1.3374	2.4471	1.2422	2.4471	0.9511	2.4	—	—	—	—
60	Nd	18.5613	1.5753	2.600	1.4028	2.4471	1.2974	2.4471	0.9999	2.4	—	—	—	—
61	Pm	18.6282	1.6540	2.575	1.4714	2.4471	1.3569	2.4471	1.0515	2.4	1.0269	2.2	0.3300	2.498
62	Sm	18.6932	1.7228	2.575	1.5407	2.4471	1.4198	2.4471	1.1060	2.4	1.0802	2.2	0.3457	2.492
63	Eu	18.7564	1.8000	2.575	1.6139	2.4471	1.4806	2.4471	1.1606	2.4	1.1309	2.2	0.3602	2.485
64	Gd	18.8179	1.8808	2.575	1.6883	2.4471	1.5440	2.4471	1.2172	2.4	1.1852	2.2	0.3758	2.479
65	Tb	18.8773	1.9675	2.575	1.7677	2.4471	1.6113	2.4471	1.2750	2.4	1.2412	2.2	0.3979	2.472
66	Dy	18.9350	2.0468	2.575	1.8418	2.4471	1.6756	2.4471	1.3325	2.4	1.2949	2.2	0.4163	2.466
67	Ho	18.9909	2.1283	2.575	1.9228	2.4471	1.7412	2.4471	1.3915	2.4	1.3514	2.2	0.4357	2.460
68	Er	19.0446	2.2065	2.575	2.0058	2.4471	1.8118	2.4471	1.4533	2.4	1.4093	2.2	0.4491	2.454

续表

原子序数	元素	C	$EL_{III}>E>EM_I$ $\mu=CE_{M_I}\lambda^n$		$EM_I>E>EM_{II}$ $\mu=CE_{M_{II}}\lambda^n$		$EM_{II}>E>EM_{III}$ $\mu=CE_{M_{III}}\lambda^n$		$EM_{III}>E>EM_{IV}$ $\mu=CE_{M_{IV}}\lambda^n$		$EM_{IV}>E>EM_V$ $\mu=CE_{M_V}\lambda^n$		$EM_V>E>EN_I$ $\mu=C_{N_I}\lambda^n$	
			M_I	n	M_{II}	n	M_{III}	n	M_{IV}	n	M_V	n	N_I	n
69	Tm	19.0969	2.3068	2.575	2.0898	2.4471	1.8845	2.4471	1.5146	2.4	1.4677	2.2	0.4717	2.448
70	Yb	19.1472	2.3981	2.575	2.1730	2.4471	1.9498	2.4471	1.5763	2.4	1.5278	2.2	0.4872	2.442
71	Lu	19.1957	2.4912	2.575	2.2635	2.4471	2.0236	2.4471	1.6394	2.4	1.5885	2.2	0.5062	2.436
72	Hf	19.2376	2.6009	2.575	2.3654	2.4471	2.1076	2.4471	1.7164	2.4	1.6617	2.2	0.5381	2.430
73	Ta	19.2812	2.7080	2.575	2.4687	2.4471	2.1940	2.4471	1.7932	2.4	1.7351	2.2	0.5655	2.425
74	W	19.3223	2.8196	2.575	2.5749	2.4471	2.2810	2.4471	1.8716	2.4	1.8092	2.2	0.5950	2.419
75	Re	19.3611	2.9317	2.575	2.6816	2.4471	2.3673	2.4471	1.9489	2.4	1.8829	2.2	0.6250	2.414
76	Os	19.3979	3.0485	2.575	2.7922	2.4471	2.4572	2.4471	2.0308	2.4	1.9601	2.2	0.6543	2.408
77	Ir	19.4320	3.1737	2.575	2.9087	2.4471	2.5507	2.4471	2.1161	2.4	2.0404	2.2	0.6901	2.403
78	Pt	19.4643	3.2960	2.575	3.0263	2.4471	2.6454	2.4471	2.2019	2.4	2.1216	2.2	0.7220	2.398
79	Au	19.4943	3.4249	2.575	3.1478	2.4471	2.7430	2.4471	2.2911	2.4	2.2057	2.2	0.7588	2.393
80	Hg	19.5219	3.5616	2.575	3.2785	2.4471	2.8471	2.4471	2.3849	2.4	2.2949	2.2	0.8003	2.388
81	Tl	19.5466	3.7041	2.575	3.4157	2.4471	2.9566	2.4471	2.4851	2.4	2.3893	2.2	0.8455	2.383
82	Pb	19.5696	3.8507	2.575	3.5542	2.4471	3.0664	2.4471	2.5856	2.4	2.4840	2.2	0.8936	2.378
83	Bi	19.5909	3.9991	2.575	3.6963	2.4471	3.1769	2.4471	2.6876	2.4	2.5746	2.2	0.9382	2.373
84	Po	19.6083	4.1494	2.575	3.8541	2.4471	3.3019	2.4471	2.7980	2.4	2.6830	2.2	0.9953	2.368
85	At	19.6248	4.3170	2.575	4.0080	2.4471	3.4260	2.4471	2.9087	2.4	2.7867	2.2	1.0420	2.364
86	Rn	19.6395	4.4820	2.575	4.1590	2.4471	3.5380	2.4471	3.0215	2.4	2.8924	2.2	1.0970	2.359
87	Fr	19.6510	4.6520	2.575	4.3270	2.4471	3.6630	2.4471	3.1362	2.4	2.9999	2.2	1.1530	2.355
88	Ra	19.6607	4.8220	2.575	4.4895	2.4471	3.7918	2.4471	3.2484	2.4	3.1049	2.2	1.2084	2.350
89	Ac	19.6695	5.0020	2.575	4.6560	2.4471	3.9090	2.4471	3.3702	2.4	3.1290	2.2	1.2690	2.346
90	Th	19.6749	5.1823	2.575	4.8304	2.4471	4.0461	2.4471	3.4908	2.4	3.3320	2.2	1.3295	2.341
91	Pa	19.6786	5.3669	2.575	5.0009	2.4471	4.1738	2.4471	3.6112	2.4	3.4418	2.2	1.3871	2.337
92	U	19.6808	5.5480	2.575	5.1822	2.4471	4.3034	2.4471	3.7276	2.4	3.5517	2.2	1.4408	2.333

表 4　　K、L、M 能级临界激发电位（kV）和结合能（keV）

元素	K	L$_I$	L$_{II}$	L$_{III}$	M$_I$	M$_{II}$	M$_{III}$	M$_{IV}$	M$_V$
3-Li	0.055	—	—	—	—	—	—	—	
4-Be	0.116	—	—	—	—	—	—	—	
5-B	0.192	—	—	—	—	—	—	—	
6-C	0.283	—	—	—	—	—	—	—	
7-N	0.399	—	—	—	—	—	—	—	
8-O	0.531	—	—	—	—	—	—	—	
9-F	0.687	—	—	—	—	—	—	—	
10-Ne	0.874	0.048	0.022	0.022	—	—	—	—	—
11-Na	1.080	0.055	0.034	0.034	—	—	—	—	—
12-Mg	1.303	0.063	0.050	0.049	—	—	—	—	—
13-Al	1.559	0.087	0.073	0.072	—	—	—	—	—
14-Sl	1.838	0.118	0.099	0.098	—	—	—	—	—
15-P	2.142	0.153	0.129	0.128	—	—	—	—	—
16-S	2.470	0.193	0.164	0.163	—	—	—	—	—
17-Cl	2.819	0.238	0.203	0.202	0.020	—	—	—	—
18-Ar	3.203	0.287	0.247	0.245	0.026	—	—	—	—
19-K	3.607	0.341	0.297	0.294	0.033	—	—	—	—
20-Ca	4.038	0.399	0.352	0.349	0.040	—	—	—	—
21-Sc	4.496	0.462	0.411	0.406	0.046	—	—	—	—
22-Ti	4.964	0.530	0.460	0.454	0.054	—	—	—	—
23-V	5.463	0.604	0.519	0.512	0.061	—	—	—	—
24-Cr	5.988	0.679	0.583	0.574	0.072	—	—	—	—
25-Mn	6.537	0.762	0.650	0.639	0.082	—	—	—	—
26-Fe	7.111	0.849	0.721	0.708	0.093	—	—	—	—
27-Co	7.709	0.929	0.794	0.779	0.104	—	—	—	—
28-Ni	8.331	1.015	0.871	0.853	0.120	—	—	—	—
29-Cu	8.980	1.100	0.953	0.933	0.135	0.090	—	0.015	—
30-Zn	9.660	1.200	1.045	1.022	0.151	0.106	—	0.022	—

元素	K	L_I	L_II	L_III	M_I	M_II	M_III	M_IV	M_V
31-Ga	10.368	1.300	1.134	1.117	0.169	0.125	0.115	0.030	—
32-Ge	11.103	1.420	1.248	1.217	0.190	0.137	0.132	0.041	—
33-As	11.863	1.529	1.359	1.323	0.211	0.156	0.150	0.052	—
34-Se	12.652	1.652	1.473	1.434	0.234	0.177	0.170	0.066	—
35-Br	13.475	1.794	1.599	1.552	0.265	0.198	0.191	0.082	—
36-Kr	14.323	1.931	1.727	1.675	0.294	0.225	0.217	0.095	—
37-Rb	15.201	2.067	1.866	1.806	0.328	0.250	0.240	0.114	0.112
38-Sr	16.106	2.221	2.008	1.941	0.358	0.280	0.270	0.136	0.134
39-Y	17.037	2.369	2.154	2.079	0.394	0.312	0.300	0.159	0.156
40-Zr	17.998	2.547	2.305	2.220	0.435	0.348	0.335	0.187	0.184
41-Nb	18.987	2.706	2.450	2.374	0.468	0.379	0.362	0.207	0.204
42-Mo	20.002	2.684	2.627	2.523	0.507	0.412	0.394	0.232	0.228
43-Tc	21.054	3.054	2.795	2.677	0.551	0.449	0.429	0.260	0.257
44-Ru	22.118	3.236	2.966	2.837	0.591	0.488	0.467	0.290	0.288
45-Rh	23.224	3.419	3.145	3.002	0.637	0.531	0.506	0.321	0.315
46-Pd	24.347	3.617	3.329	3.172	0.684	0.573	0.546	0.354	0.349
47-Ag	25.517	3.810	3.528	3.352	0.734	0.019	0.588	0.389	0.383
48-Cd	26.712	4.019	3.727	3.536	0.781	0.666	0.632	0.423	0.420
49-ln	27.928	4.237	3.939	3.729	0.839	0.716	0.678	0.464	0.456
50-Sn	29.190	4.464	4.157	3.926	0.894	0.772	0.720	0.506	0.497
51-Sb	30.486	4.697	4.381	4.132	0.952	0.822	0.774	0.546	0.536
52-Te	31.809	4.938	4.613	4.341	1.010	0.873	0.822	0.586	0.575
53-I	33.164	5.190	4.856	4.559	1.071	0.929	0.873	0.630	0.618
54-Xe	34.579	5.452	5.100	4.782	1.147	0.989	0.926	0.677	0.662
55-Ca	35.859	5.720	5.358	5.011	1.199	1.048	0.981	0.722	0.704
56-Ba	37.410	5.995	5.623	5.247	1.266	1.111	1.036	0.770	0.750
57-La	38.931	6.283	5.894	5.489	1.330	1.173	1.092	0.823	0.801
58-Ce	40.449	0.561	6.165	5.729	1.401	1.240	1.152	0.870	0.851

元素	K	L$_I$	L$_{II}$	L$_{III}$	M$_I$	M$_{II}$	M$_{III}$	M$_{IV}$	M$_V$
59-Pr	41.998	6.846	6.443	5.968	1.476	1.305	1.210	0.923	0.898
60-Na	43.571	7.144	6.727	6.215	1.544	1.372	1.266	0.969	0.946
61-Pm	45.207	7.448	7.018	6.466	1.642	1.439	1.327	1.019	0.994
62-Sm	46.846	7.754	7.281	6.721	1.689	1.512	1.388	1.073	1.048
63-Eu	48.515	8.069	7.624	6.983	1.767	1.584	1.450	1.129	1.101
64-Gd	50.229	8.393	7.940	7.252	1.849	1.653	1.511	1.185	1.153
65-Tb	51.998	8.724	8.258	7.519	1.937	1.737	1.583	1.245	1.211
66-Dy	53.789	9.083	8.621	7.850	2.019	1.805	1.642	1.304	1.266
67-Ho	55.615	9.411	8.920	8.074	2.104	1.886	1.715	1.365	1.327
68-Er	57.483	9.776	9.263	8.364	2.184	1.973	1.783	1.430	1.385
69-Tm	59.335	10.144	9.628	8.652	2.291	2.071	1.861	1.498	1.451
70-Yb	61.303	10.486	9.970	8.943	2.387	2.165	1.948	1.566	1.518
71-Lu	63.304	10.367	10.345	9.241	2.488	2.262	2.025	1.637	1.586
72-Hf	85.313	11.264	10.734	9.556	2.601	2.366	2.109	1.718	1.664
73-Ta	67.400	11.676	11.130	9.876	2.698	2.459	2.184	1.783	1.725
74-W	69.508	12.090	11.535	10.198	2.812	5.566	2.273	1.864	1.803
75-Ru	71.662	12.522	11.955	10.531	2.926	2.676	2.361	1.946	1.879
76-Os	73.860	12965	12.383	10.869	3.047	2.792	2.453	2.033	1.963
77-lr	76.097	13.413	12.619	11.211	3.171	2.908	2.551	2.119	2.040
78-Pt	78.379	13.873	13.268	11.559	3.296	3.036	2.649	2.204	2.129
79-Au	80.173	14.353	13.733	11.919	3.379	3.149	2.744	2.307	2.220
80-Hg	83.106	14.841	14.212	12.285	3.566	3.287	2.848	2.392	2.291
81-Tl	85.517	15.346	14.697	12.657	3.702	3.418	2.957	2.483	2.389
82-Pb	88.001	15.870	15.207	13.044	3.853	3.558	3.072	2.586	2.484
83-Bi	90.521	16.393	15.716	13.424	4.003	3.709	3.186	2.694	2.586
84-Po	93.112	16.935	16.244	13.817	4.147	3.863	3.312	2.798	2.681
85-At	95.740	17.490	16.784	14.215	4.350	4.008	3.428	2.905	2.780
86-Rn	98.418	18.058	17.327	14.618	4.524	4.156	3.536	3.014	2.882
87-Fr	101.147	18.638	17.904	15.028	4.678	4.324	3.645	3.125	2.986
88-Ra	103.927	19.233	18.481	15.442	4.811	4.477	3.779	3.237	3.093
89-Ac	106.759	19.842	19.078	15.865	5.019	4.637	3.892	3.352	3.202
90-Th	109.630	20.460	19.688	16.296	5.176	4.810	4.030	3.474	3.313
91-Pa	112.581	21.102	20.311	16.731	5.355	4.993	4.164	3.597	3.416
92-U	115.591	21.753	20.943	17.163	5.532	5.177	4.293	3.712	3.533

表 5　　K 和 L_Ⅲ 吸收限跃迁比和吸收限跃迁因子

元素	K Edge		L_Ⅲ Edge		元素	K Edge		L_Ⅲ Edge	
	r	$(r-1)/r$	r	$(r-1)/r$		r	$(r-1)/r$	r	$(r-1)/r$
4-Be	35.00	0.970	—	—	46-Pd	6.93	0.856	3.40	0.706
5-B	28.30	0.965	—	—	47-Ag	6.58	0.848	3.22	0.690
6-C	24.20	0.959	—	—	48-Cd	6.50	0.846	3.25	0.692
7-N	21.40	0.953	—	—	49-In	6.26	0.840	3.25	0.693
8-O	19.30	0.948	—	—	50-Sn	6.47	0.845	3.06	0.673
9-F	17.50	0.943	—	—	51-Sb	6.35	0.843	2.94	0.660
10-Ne	15.94	0.937	—	—	52-Te	6.21	0.839	2.98	0.664
11-Na	14.78	0.932	—	—	53-I	6.16	0.838	2.86	0.650
12-Mg	13.63	0.927	—	—	54-Xe	6.08	0.835	2.88	0.653
13-Al	13.68	0.921	—	—	55-Cs	5.95	0.832	2.85	0.649
14-Si	11.89	0.916	—	—	56-Ba	5.80	0.828	2.84	0.648
15-P	11.18	0.911	—	—	57-La	6.05	0.835	2.72	.632
16-S	10.33	0.903	—	—	58-Ce	5.90	0.830	2.74	.635
17-Cl	9.49	0.895	—	—	59-Pr	5.82	0.828	2.70	.629
18-Ar	9.91	0.899	—	—	60-Nd	5.99	0.833	2.66	.624
19-K	8.84	0.887	—	—	61-Pm	5.91	0.831	2.70	.630
20-Ca	9.11	0.890	—	—	62-Sm	5.79	0.827	2.68	.627
21-Sc	8.58	0.883	—	—	63-Eu	5.69	0.824	2.72	.633
22-Ti	8.53	0.883	—	—	64-Gd	5.77	0.827	2.70	.630
23-V	8.77	0.886	—	—	65-Tb	5.52	0.819	2.71	.631
24-Cr	8.78	0.886	—	—	66-Dy	5.48	0.818	2.75	.636
25-Mn	8.61	0.884	—	—	67-Ho	5.33	0.812	2.86	.650
26-Fe	8.22	0.878	—	—	68-Er	5.50	0.818	2.93	.659
27-Co	8.38	0.881	—	—	69-Tm	5.34	0.813	2.76	.637
28-Ni	7.85	0.873	2.77	0.639	70-Yb	5.19	0.807	2.57	.611
29-Cu	7.96	0.874	2.87	0.652	71-Lu	5.22	0.808	2.62	.618
30-Zn	7.60	0.668	5.68	0.824	72-Hf	5.45	0.816	2.42	.586
31-Ga	7.40	0.865	5.67	0.624	73-Ta	5.02	0.801	2.60	.615
32-Ge	7.23	0.862	5.76	0.825	74-W	5.12	0.805	2.62	.618
33-As	7.19	0.861	4.88	0.795	75-Re	4.79	0.791	2.68	.626
34-Se	6.88	0.855	4.59	0.782	76-Os	5.06	0.803	2.53	.605
35-Br	6.97	0.857	4.58	0.782	77-Ir	5.18	0.807	2.39	.581
36-Kr	7.04	0.858	4.17	0.760	78-Pt	5.12	0.805	2.63	.620
37-Rb	6.85	0.854	4.22	0.763	79-Au	4.92	0.797	2.44	.590
38-Sr	7.06	0.858	3.91	0.744	80-Hg	5.02	0.801	2.40	.583
39-Y	6.85	0.854	4.04	0.752	81-Tl	4.88	0.795	2.50	.600
40-Zr	6.75	0.852	3.98	0.748	82-Pb	4.79	0.791	2.47	.591
41-Nb	7.13	0.860	3.77	0.735	83-Bl	4.73	0.788	2.34	.572
42-Mo	6.97	0.856	3.68	0.728	86-Rn	4.72	0.788	2.34	.573
43-Te	6.80	0.853	3.59	0.722	90-Th	4.39	0.772	2.39	.581
44-Ru	6.76	0.852	3.43	0.708	92-U	4.41	0.773	2.28	.562
45-Rh	6.53	0.847	3.72	0.731	94-Pu	4.53	0.779	2.25	.556

表 6　K 系和 L 系谱线的相对强度

元素	Z	$K_{\alpha_{1.2}}$	$K_{\beta_{1.3}}$	不考虑 K 线激发			考虑 K 线激发		
				L_{α_1}	L_{β_1}	L_{γ_1}	L_{α_1}	L_{β_1}	L_{γ_1}
Be	4	1.000	—	—	—	—	—	—	—
B	5	1.000	—	—	—	—	—	—	—
C	6	1.000	—	—	—	—	—	—	—
N	7	1.000	—	—	—	—	—	—	—
O	8	1.000	—	—	—	—	—	—	—
F	9	1.000	—	—	—	—	—	—	—
Ne	10	0.996	0.004	—	—	—	—	—	—
Na	11	0.992	0.008	—	—	—	—	—	—
Mg	12	0.987	0.013	—	—	—	—	—	—
Al	13	0.981	0.019	—	—	—	—	—	—
Si	14	0.974	0.026	—	—	—	—	—	—
P	15	0.959	0.041	—	—	—	—	—	—
S	16	0.942	0.058	—	—	—	—	—	—
Cl	17	0.925	0.075	—	—	—	—	—	—
Ar	18	0.907	0.093	—	—	—	—	—	—
K	19	0.896	0.104	—	—	—	—	—	—
Ca	20	0.888	0.112	—	—	—	—	—	—
Sc	21	0.887	0.113	—	—	—	—	—	—
Ti	22	0.885	0.115	—	—	—	—	—	—
V	23	0.884	0.116	0.507	0.270	0.000	0.390	0.402	0.000
Cr	24	0.886	0.114	0.517	0.281	0.000	0.407	0.405	0.000
Mn	25	0.882	0.118	0.527	0.287	0.000	0.425	0.405	0.000
Fe	26	0.882	0.118	0.539	0.296	0.000	0.443	0.406	0.000
Co	27	0.881	0.119	0.546	0.303	0.000	0.457	0.405	0.000
Ni	28	0.881	0.119	0.568	0.290	0.000	0.491	0.379	0.000
Cu	29	0.882	0.119	0.576	0.292	0.000	0.505	0.373	0.000
Zn	30	0.880	0.120	0.577	0.295	0.000	0.513	0.369	0.000
Ca	31	0.877	0.123	0.576	0.298	0.000	0.520	0.364	0.000
Ge	32	0.875	0.125	0.591	0.284	0.000	0.543	0.342	0.000
As	33	0.872	0.128	0.590	0.286	0.000	0.547	0.338	0.000
Se	34	0.863	0.130	0.585	0.290	0.000	0.548	0.337	0.000

元素	Z	$K_{\alpha_{1.2}}$	$K_{\beta_{1.3}}$	不考虑 K 线激发			考虑 K 线激发		
				L_{α_1}	L_{β_1}	L_{γ_1}	L_{α_1}	L_{β_1}	L_{γ_1}
Br	35	0.859	0.131	0.584	0.292	0.000	0.550	0.335	0.000
Kr	36	0.856	0.131	0.583	0.294	0.000	0.554	0.332	0.000
Rb	37	0.852	0.133	0.579	0.294	0.000	0.555	0.329	0.000
Sr	38	0.849	0.134	0.575	0.295	0.000	0.557	0.325	0.000
Y	39	0.845	0.136	0.570	0.294	0.002	0.555	0.321	0.002
Zr	40	0.843	0.138	0.570	0.286	0.005	0.558	0.311	0.005
Nb	41	0.840	0.139	0.576	0.260	0.008	0.560	0.293	0.009
Mo	42	0.838	0.141	0.568	0.259	0.011	0.556	0.290	0.012
Tc	43	0.836	0.142	0.560	0.259	0.014	0.550	0.287	0.015
Ru	44	0.834	0.144	0.552	0.258	0.017	0.544	0.284	0.019
Rh	45	0.832	0.145	0.544	0.257	0.020	0.538	0.281	0.022
Pd	46	0.830	0.146	0.531	0.259	0.025	0.526	0.282	0.027
Ag	47	0.828	0.	0.520	0.261	0.028	0.517	0.283	0.030
Cd	48	0.826	0.148	0.509	0.263	0.031	0.508	0.283	0.033
In	49	0.823	0.150	0.501	0.264	0.033	0.502	0.284	0.036
Sn	50	0.821	0.150	0.434	0.266	0.035	0.473	0.283	0.038
Sb	51	0.820	0.151	0.430	0.264	0.037	0.473	0.279	0.040
Te	52	0.817	0.152	0.428	0.265	0.039	0.471	0.278	0.041
I	53	0.815	0.153	0.424	0.264	0.041	0.468	0.277	0.043
Xe	54	0.815	0.154	0.425	0.259	0.042	0.469	0.272	0.044
Cs	55	0.814	0.154	0.422	0.261	0.044	0.465	0.274	0.046
Ba	56	0.812	0.155	0.420	0.261	0.045	0.464	0.274	0.047
La	57	0.810	0.156	0.419	0.261	0.046	0.463	0.274	0.048
Ce	58	0.809	0.157	0.419	0.261	0.047	0.462	0.274	0.049
Pr	59	0.807	0.157	0.418	0.262	0.047	0.461	0.274	0.049
Nd	60	0.805	0.158	0.418	0.262	0.047	0.460	0.275	0.050
Pm	61	0.804	0.159	0.416	0.264	0.048	0.458	0.276	0.050
Sm	62	0.802	0.159	0.413	0.266	0.049	0.456	0.278	0.051
Eu	63	0.801	0.160	0.411	0.267	0.049	0.455	0.280	0.051
Gd	64	0.799	0.160	0.410	0.269	0.049	0.453	0.281	0.052
Tb	65	0.798	0.161	0.410	0.269	0.050	0.453	0.282	0.052

元素	Z	$K_{\alpha_{1.2}}$	$K_{\beta_{1.3}}$	不考虑 K 线激发			考虑 K 线激发		
				L_{α_1}	L_{β_1}	L_{γ_1}	L_{α_1}	L_{β_1}	L_{γ_1}
Dy	66	0.796	0.162	0.408	0.270	0.050	0.452	0.283	0.053
Ho	67	0.795	0.163	0.404	0.273	0.051	0.448	0.286	0.053
Er	68	0.794	0.164	0.404	0.275	0.052	0.447	0.288	0.054
Tm	69	0.793	0.164	0.401	0.277	0.052	0.445	0.290	0.055
Yb	70	0.792	0.165	0.400	0.279	0.053	0.443	0.291	0.056
Lu	71	0.791	0.166	0.398	0.282	0.054	0.441	0.293	0.056
Hf	72	0.790	0.167	0.399	0.282	0.055	0.440	0.293	0.057
Ta	73	0.789	0.168	0.399	0.282	0.055	0.438	0.292	0.057
W	74	0.788	0.168	0.399	0.281	0.056	0.437	0.291	0.058
Ro	75	0.787	0.169	0.404	0.278	0.055	0.437	0.290	0.058
Os	76	0.786	0.170	0.408	0.274	0.055	0.438	0.288	0.058
Ir	77	0.785	0.170	0.413	0.270	0.055	0.437	0.286	0.058
Pt	78	0.784	0.171	0.416	0.268	0.055	0.436	0.285	0.059
Au	79	0.783	0.171	0.418	0.266	0.055	0.436	0.283	0.059
Hg	80	0.782	0.170	0.418	0.263	0.055	0.435	0.282	0.059
Ti	81	0.781	0.170	0.418	0.261	0.055	0.433	0.281	0.060
Pb	82	0.781	0.169	0.417	0.259	0.056	0.431	0.280	0.060
Bi	83	0.780	0.169	0.415	0.258	0.056	0.429	0.279	0.061
Po	84	0.779	0.168	0.413	0.257	0.056	0.427	0.279	0.061
At	85	0.779	0.168	0.411	0.254	0.056	0.425	0.278	0.062
Rn	86	0.778	0.167	0.406	0.254	0.057	0.421	0.278	0.062
Fr	87	0.778	0.167	0.403	0.253	0.057	0.419	0.278	0.063
Ra	88	0.777	0.167	0.401	0.251	0.057	0.417	0.277	0.063
Ac	89	0.777	0.167	0.397	0.248	0.057	0.415	0.275	0.063
Th	90	0.776	0.167	0.394	0.247	0.058	0.413	0.274	0.064
Pa	91	0.776	0.167	0.401	0.236	0.055	0.420	0.263	0.062
U	92	0.776	0.167	0.405	0.227	0.054	0.426	0.254	0.060
Np	93	0.775	0.167	0.409	0.220	0.052	0.430	0.246	0.059